U0184992

"十四五"时期国家重点出版物出版专项规划项目

机器人科学与技术丛书 10

机械工程前沿著作系列 HEP MEF
HEP Series in Mechanical Engineering Frontiers

机器人控制：理论、建模与实现

Robot Control: Theory, Modeling and Implementation

赵韩　甄圣超　孙浩　吴其林　著

JIQIREN KONGZHI:
LILUN, JIANMO YU
SHIXIAN

中国教育出版传媒集团
高等教育出版社·北京

内容简介

本书根据机器人控制系统高精度、高速度、高负载的实际需要，从机器人系统运动学、动力学控制的基础理论到控制系统的开发，提出了提升控制系统控制效果和控制精度的解决方案，形成了能够实用的运动学与动力学控制方法以及综合应用技术。

本书主要分为四篇：第一篇为机器人基础知识，第二篇为机器人运动学与动力学，第三篇为机器人控制，第四篇为综合应用。内容涉及方程推导、基础硬件与软件设计、实时控制算法和多个应用开发项目，并结合 MATLAB/Simulink 强大的运算能力，以 SCARA 机器人、协作机器人、并联机器人和移动机器人为研究对象，进行了算法分析和仿真，可极大地降低学习者的学习难度，提高其学习兴趣。本书结合公式推导、理论证明、数值仿真、实验验证，将基础、理论、应用有层次地组织起来，并配合图表等将机器人系统的运动学、动力学控制理论及其应用方法系统地、清晰地呈现给广大读者。

本书可供机电工程、机器人、电力电子、自动控制等领域的科研工作者和工程技术人员学习与阅读，也可作为高等院校相关专业的教学参考。

图书在版编目（CIP）数据

机器人控制：理论、建模与实现 / 赵韩等著 .-- 北京：高等教育出版社，2022.12

ISBN 978-7-04-059440-9

Ⅰ. ①机… Ⅱ. ①赵… Ⅲ. ①机器人控制 Ⅳ. ①TP24

中国版本图书馆 CIP 数据核字（2022）第 174226 号

JIQIREN KONGZHI：LILUN，JIANMO YU SHIXIAN

策划编辑 刘占伟　责任编辑 张 冉　封面设计 杨立新　版式设计 王艳红
责任绘图 黄云燕　责任校对 马鑫蕊　责任印制 朱 琦

出版发行	高等教育出版社	网　址	http://www.hep.edu.cn
社　址	北京市西城区德外大街 4 号		http://www.hep.com.cn
邮政编码	100120	网上订购	http://www.hepmall.com.cn
印　刷	保定市中画美凯印刷有限公司		http://www.hepmall.com
开　本	787mm × 1092mm 1/16		http://www.hepmall.cn
印　张	24.5		
字　数	460 千字	版　次	2022年12月第 1 版
购书热线	010-58581118	印　次	2022年12月第 1 次印刷
咨询电话	400-810-0598	定　价	129.00 元

本书如有缺页、倒页、脱页等质量问题，请到所购图书销售部门联系调换

物 料 号 59440-00

"机器人科学与技术丛书" 编委会

前　言

机器人技术是一种综合了仿生学、控制论、机构学、信息和传感技术、人工智能等多学科而形成的高新技术,它不断集成多学科的发展成果,始终是高新技术的发展前沿和热点研究方向。我国对机器人的研究在多个领域取得了重要的进展,但由于应用场景的多变性、机器人系统的复杂性、现有理论方法的局限性以及精确控制的难实现性,对机器人运动学、动力学、控制理论及其应用等的研究都需进一步加强。因此,深入研究机器人控制,包括理论、建模和实现等,对机器人技术的发展具有重要的意义和深远的影响。

高精度的机器人系统建模与控制是当前机器人领域的迫切需求,也是机器人朝着高精度、高速度、高负载方向发展的重要保证。本书从机器人系统运动学、动力学和控制的基础理论到控制系统的开发,提出了提升控制系统控制效果和控制精度的解决方案,介绍了能够实用的机器人动力学控制理论、方法及其应用技术。即在传统机器人控制的基础上,增加新的动力学和控制方面的基础理论以及新的控制技术,同时还给出了相应的自主开发的实用软件以及一些机器人系统的实际解决方案。由此,本书形成如下的两大特色。一是将系统动力学领域近年出现的具有突破性的新方法——Udwadia–Kalaba 方法引入机器人系统控制领域,同时将其与自适应理论和模糊集理论相结合,建立了机械系统约束跟随鲁棒 / 自适应鲁棒控制方法以及模糊控制方法,形成了基于 Udwadia–Kalaba 方程 (U–K 方程) 的机器人动力学建模及机电系统动力学控制理论体系。二是针对机器人应用开发,自主开发并完善了 cSPACE 控制与半实物仿真系统。该系统结合计算机仿真和嵌入式实时控制技术,能实现硬件在环 (hardware in the loop, HIL) 和快速控制原型 (rapid control prototype, RCP) 设计的功能,是基于模型设计 (model-based design, MBD) 的典型应用。采用 MBD 方法进行机器人的设计开发,可以减轻产品开发过程对物理模型的高依赖度。它摒弃了纯粹采用文字来描述需求和技术规格,将模型贯穿于整个产品的生命周期,可以基于模型做设计、分析、评审、生成报告,甚至生成代码。它还融合了单片机、C 语言编程、电动机、传感器与检测、理论力学、建模仿真等一系列技术,能更好地帮助相关人员利用所学专业知识进行综合应用和融会贯通,从而提升综合研发能力, 快速上手解决实际问题。

本书主要分为四篇。第一篇为机器人基础知识, 包括第 1 章至第 3 章, 主要介绍机器人的发展历程、控制系统和数学基础等。第二篇为机器人运动学与动力学, 包括第 4 章至第 6 章, 除介绍运动学和动力学常用方法外, 着重介绍了 Udwadia–Kalaba 动力学方法。第三篇为机器人控制, 包括第 7 章至第 9 章, 内容涵盖插值运算、轨迹规划、参数辨识、轨迹跟踪控制以及机器人柔顺控制等。这一部分为本书的特色内容之一, 着重阐述了基于 U–K 方程的动力学控制, 包括基于 U–K 方程的名义控制、基于 U–K 方程的鲁棒控制器设计、基于 U–K 方程的自适应鲁棒控制器设计、基于 U–K 方程的模糊鲁棒控制器设计等。第四篇为综合应用, 包括第 10 章至第 14 章, 是本书的另一主要特色。该部分以空间 SCARA 机器人、协作机器人、空间并联机器人和移动机器人为研究对象, 使用 MATLAB/Simulink 对这些机器人的运动学和动力学控制算法模型进行搭建与仿真, 并使用 cSPACE 系统作为快速控制原型进行实验分析, 自动生成嵌入式代码, 利用上位机界面实时地修改被控参数, 从而控制这些机器人系统。通过这些具体案例, 将理论与实践有机地结合, 从硬件和软件方面对机器人控制的相关理论进行了详细的叙述与透彻的分析, 既体现了各知识点之间的联系, 又兼顾了其渐进性。因此, 本书不仅适合机器人领域的科研工作者和工程技术人员阅读, 也可作为高等院校相关专业的教学参考。

全书的体系框架和具体内容由赵韩提出, 孙浩和甄圣超共同撰写了第一篇, 甄圣超、孙浩和吴其林共同撰写了第二、三、四篇。作者科研团队的博士研究生王冕昊、秦菲菲、李晨鸣、郑运军、朱梓诚、鲜媛洁、刘晓黎、陈晓飞, 以及硕士研究生张猛、彭鑫、赵子怡、崔王旭等参与了书中的一些仿真与实验工作。书稿的撰写得到了高等教育出版社的指导和支持。在此对本书所获得的所有支持表示衷心的感谢! 限于作者的水平和经验, 疏漏或者错误之处在所难免, 敬请读者批评指正。

作者

2021 年 10 月于合肥

目　录

第一篇　机器人基础知识

第三篇 机器人控制

第四篇 综 合 应 用

第一篇

机器人基础知识

第 1 章　机器人控制概述

控制系统是机器人的重要组成部分，它对于机器人的功能和性能起着决定性作用。控制效果的优劣更是决定了使用机器人所生产产品的质量、产量以及生产设备的运行寿命，也影响到生产的安全、稳定和工人的劳动强度。因此，研究和应用先进的机器人控制理论与方法对于推动机器人乃至科技、经济和社会的发展，都有非常重要的意义。

对于简单的机器人，采用传统的经典控制理论方法或现代控制理论方法，即可获得满意的控制效果。而对于复杂的机器人，由于其具有非线性、时变、纯滞后、不确定等特性，采用传统的控制方法则难以取得好的控制效果，必须不断探索和推广更先进的机器人控制理论与方法。

本章首先介绍机器人的由来、现状和未来趋势，使读者通过对机器人发展历程的了解，能更好地理解机器人及其控制的概念和功能。其次介绍机器人控制系统，包括系统定义、组成、分类、特点和重要性，以及针对不同场景如何选择不同的控制策略和控制方法。最后介绍机器人的运动学控制和动力学控制及其动力学建模的主要内容及方法。

1.1　机器人概述

1.1.1　机器人的由来

机器人的起源要追溯到三千多年前。“机器人”是存在于多种语言和文字的新造词，它体现了人类长期以来的一种愿望，即创造出一种像人一样的机器或人造人，以便能够代替人进行各种工作 [1]。但直到 60 多年前，“机器人”才作为专业术语加以引用。

早在我国西周时代 (公元前 1046—前 771), 就流传着有关巧匠偃师献给周穆王一个艺妓 (歌舞机器人) 的故事。春秋时代 (公元前 770—前 476) 后期, 被称为木匠祖师爷的鲁班, 利用竹子和木料制造出一只木鸟, 它能在空中飞行, “三日不下”, 这件事在古书《墨经》中有所记载, 这可称得上是世界上第一个空中机器人。东汉时期 (25—220), 我国大科学家张衡, 不仅发明了震惊世界的“候风地动仪”, 还发明了测量路程用的“计里鼓车”, 车上装有木人、鼓和钟, 每走 1 里, 击鼓 1 次, 每走 10 里击钟一次, 奇妙无比。三国时期的蜀汉 (221—263), 丞相诸葛亮既是一位军事家, 又是一位发明家, 他成功地创造出“木牛流马”, 可以用来运送军用物资, 可称为最早的陆地军用机器人。

人类历史进入近代之后, 出现了第一次工业革命, 随着各种自动机器、动力系统的问世, 机器人开始由设想时期转入自动机械时期, 许多机械式控制的机器人问世, 主要是各种精巧的机器人玩具和工艺品。在 1768—1774 年间, 瑞士钟表匠贾奎特 – 道兹父子三人, 设计制造出像真人一样大小的机器人——写字偶人和弹风琴偶人。它们是由凸轮控制、弹簧驱动的自动机器, 至今还保存在瑞士的博物馆内。同期, 还有德国梅林制造的巨型泥塑偶人“巨龙戈雷姆”、日本物理学家细川半藏设计的各种自动机械图形、法国杰夸特设计的机械式可编程织造机等。1893 年, 加拿大摩尔设计了以蒸汽为动力的能行走的机器人“安德罗丁”。这些机器人工艺珍品标志着人类在机器人从梦想到现实这一漫长的道路上前进了一大步。

进入 20 世纪, 机器人已孕育于人类社会和经济的母胎之中。1920 年, 捷克剧作家卡雷尔 · 恰佩克在他的幻想情节剧《罗萨姆的万能机器人》中, 第一次提出了“robot”这个名词, 各国对机器人的译法几乎都是捷克语“robota”的音译, 中国则译为“机器人”。1950 年, 美国著名的科学幻想作家阿西莫夫在他的小说《我, 机器人》中, 提出了著名的“机器人三定律”:

1) 机器人必须不危害人类, 也不允许它眼看着人将受害而袖手旁观;

2) 机器人必须绝对服从于人类, 除非这种服从有害于人类;

3) 机器人必须保护自身不受伤害, 除非为了保护人类或者是人类命令它做出牺牲。

这三条定律, 给机器人社会赋予了新的伦理性, 并使机器人概念通俗化。

国际标准化组织对机器人的定义为: 机器人是一种能够通过编程和自动控制来执行诸如作业或移动等任务的机器。

中国对机器人的定义为: 机器人是一种自动化的机器, 所不同的是这种机器具备一些与人或生物相似的智能能力, 如感知能力、规划能力、动作能力和协同能力, 是一种具有高度灵活性的自动化机器。

美国机器人工业协会对机器人的定义为: 机器人是一种用于移动各种材料、零件、工具或专用装置, 通过可编程动作来执行各种任务, 并具有编程能力的多功能操作机。

日本工业标准调查会针对制造业提出, 机器人是利用自动控制技术, 能自动控制、移动, 按程序设定开展各项作业的工业用机械。日本经济产业省撰写的《机器人政策研究会报告书》中, 将机器人定义为“由传感器、智能控制、驱动装置三大技术要素构成的智能化机械系统”。

目前普遍认为, 机器人无明确的界定标准。机器人学被定义为研究感知与行动之间智能连接的一门科学。根据这一定义, 机器人通过安装移动装置实现在空间中的移动, 通过操作装置对物体进行加工, 其中一些合适的装置赋予了机器人“人”的特性, 通过分析由传感器得来的状态参数以及与周边环境相关的参量, 机器人就具有了感知能力, 其中可通过包含编程规划和控制的控制框架来实现其智能连接 [2]。这种结构依赖于机器人的感知、运动模式、周围环境以及自身学习能力和技能的习得过程。

1.1.2 机器人的发展历程

进入 20 世纪, 机器人发展趋于实用化。1954 年, 美国人乔治 · 德沃尔设计了第一台电子程序可编的工业机器人。1962 年, 美国万能自动化公司的第一台机器人 Unimate 在美国通用汽车公司 (GM) 投入使用, 这台工业机器人用于生产汽车的门、车窗摇柄、换挡旋钮、灯具固定架, 以及汽车内的其他硬件装置等, 这标志着第一代机器人的诞生。1969 年, 通用汽车公司在其洛兹敦装配厂安装了首台点焊机器人 Unimate, 大大提高了生产率, 90% 以上的车身焊接作业可通过该机器人自动完成, 只有 20%~40% 的传统生产厂的焊接工作由人工完成。从此, 机器人开始成为人类生活中的帮手。

20 世纪 70 年代, 随着计算机技术、现代控制技术、传感技术、人工智能技术的发展, 机器人技术得到迅猛发展。1973 年, 第一台机电驱动的 6 轴机器人面世。德国库卡 (KUKA) 将其使用的 Unimate 机器人改造成其第一台产业机器人, 命名为 Famulus, 这是世界上第一台机电驱动的 6 轴机器人。1974 年, 瑞典通用电机公司 (ASEA, ABB 公司的前身) 开发出世界上第一台全电力驱动、由微处理器控制的工业机器人 IRB6。IRB6 主要用于工件的取放和物料的搬运。1978 年, Unimation 公司推出通用工业机器人 PUMA, 应用于通用汽车装配线, 这标志着工业机器人技术已经完全成熟。1978 年, 日本山梨大学的牧野洋发明了平面关节型机器人, 亦称选择顺应性装配机器手臂 (selective compliance assembly robot arm, SCARA), SCARA 具有 4 个轴和 4 个运动自由度, 特别适用于装配工作。这一阶段的主要成果还有美国斯坦福国际咨询研究所 (SRI) 于 1968 年研制的移动式智能机器人夏凯

(Shakey) 和辛辛那提 · 米拉克龙 (Cincinnati Milacron) 公司于 1973 年制成的第一台适于投放市场的机器人 T3 等。这一时期的机器人属于“示教再现”型机器人: 只具有记忆、存储能力, 按相应编制的程序重复作业, 对周围环境基本没有感知与反馈控制能力, 这种机器人也被称作第一代机器人。

进入 20 世纪 80 年代, 随着传感技术, 包括视觉传感器、非视觉 (力觉、触觉、接近觉等) 传感器以及信息处理技术的发展, 出现了第二代机器人, 即有感觉的机器人, 它能够获得作业环境和作业对象的部分有关信息, 并进行一定的实时处理, 引导机器人进行作业。第二代机器人已面向实用化, 主要代表是工业机器人, 在汽车、飞机、钢铁冶炼、电子通信等核心工业生产中发挥了重要作用。

第三代机器人正是目前正在研究与发展的智能机器人, 以达芬奇内窥镜手术机器人和 iRobot 扫地机器人等为代表, 在医疗/康复和家庭服务等领域取得了成功应用。随着人工智能理论与技术的发展, 第三代机器人不仅具有比第二代机器人更加完善的环境感知能力, 而且还具有逻辑思维、判断、学习、推理和决策能力, 可根据作业要求与环境信息进行自主决策, 出现了以 ASIMO、Atlas、Robonaut2、Yume、Big Dog 等为代表的智能机器人与系统, 可提升人类的生活质量, 并能够在复杂、危险的环境中代替人类进行作业 [3]。

1.1.3 机器人控制的发展趋势

目前, 国际机器人界都在加大科研投入, 进行机器人共性技术的研究, 并朝着智能化和多样化的方向发展。机器人领域的主要研究方向有: 机器人机械结构设计、机器人传感器研发、机器人运动轨迹设计与规划以及机器人运动学与动力学、机器人控制、机器人语言、机器人视觉、机器人听觉、机器人智能化等 [4]。目前, 机器人学已成为高技术领域的代表, 不仅具有技术集成度高的特点, 还综合了多门学科, 包括机械工程学、计算机技术、控制工程学、电子学、生物学等, 体现了多学科的交叉与融合, 是当今实用科学技术的前沿。一般而言, 机器人由几大部分组成, 分别为机械本体部分、驱动部分、传感和控制部分。在机器人控制方面, 伴随着其他学科的发展, 通过学科交叉, 形成以下发展趋势。

(1) 高精度控制

现代工业的快速发展迫切需要进一步提高生产效率、产品质量及产品更新换代的速度, 为了更好地满足工业生产要求, 工业机器人已进入高速、高精度、智能化和模块化的发展阶段, 尤其在高速和高精度方面, 其已成为现代工业机器人发展的主要趋势。例如, 应用于激光焊接、激光切割的工业机器人需要更高的跟踪精度。

(2) 网络化控制

网络化机器人控制延伸了人的感知能力及操作能力, 使人类能够在远离现场的地方直接地对设备进行控制和操作, 以用于未知环境的探索 (如空间探索和海洋勘探等)、危险环境下事件的处理 (如核材料与有毒物质处理) 以及远程医疗等领域。网络化机器人控制是以计算机网络为通信传输通道来实现主从机器人两端之间的信息相互传递 (如位置、速度和反馈力信息等), 并使用相关的控制算法达到相应的控制目的, 这结合了网络通信传输技术、机器人工程学理论和控制理论, 是近几年来机器人技术研究的主要趋势之一, 也是该研究领域中热门的研究课题之一。

(3) 高柔顺控制

近年来, 工业机器人已广泛应用于生产自动化中, 而现在生产应用中的大部分工业机器人都是离线工作的, 对于需要与环境发生接触的复杂工况, 机器人的自主适应动态变化环境的能力有限, 需要由熟练的技术人员反复进行离线编程调整路径, 工作效率较低。实现机器人的高柔顺控制则能够较好地应对这些问题。基于柔顺控制技术, 机器人可根据接触情况随时调整机器人姿态和任务, 从而协助人类做一些繁复、危险的工作, 如在零部件装配场景中, 可以通过控制相应方向的主动柔顺, 模拟人手来顺应位置偏差, 从而进行柔顺装配。因而高柔顺控制在现在人机协作加工中能够起到非常重要的作用, 促进人机协作加工的发展。

(4) 5G 技术应用

5G 时代将会实现机器人与人之间的无延迟数据回传。机器人的触觉传感器能够为操作人员提供实时反馈, 而 5G 数据的传输无需线缆, 机器人可实时同步操作人员的动作, 执行任务时更加柔顺。5G 技术可以实现机器人的超远程控制。例如, 5G 远程驾驶可以让人类控制远在 1 000 km 以外的车辆, 在毫秒间即可完成汽车的启动、转向与停止操作。新型冠状病毒疫情暴发后, 用 5G 机器人检测体温更加高效, 搭载的红外线测量设备在 5 m 以内可一次性测量 10 个人的体温, 误差低于 0.3 ℃。基于 5G 网络将检测到的体温数据可实时同步到控制室, 同时也降低了人工测温带来的交叉感染的风险。

(5) ROS 技术应用

机器人操作系统 (robot operating system, ROS) 是专门为机器人设计的一套新型开源操作系统, 属于次级操作系统, 因为不修改用户的主函数, 代码可被其他机器人软件使用, 所以易于移植。ROS 集成了强大的功能包, 在机器人控制设计方面具有十分广泛的应用, 目前基于 ROS 已经实现智能语音控制、视觉导航识别、路径规划、机器人运动控制、智能小车控制等多种应用。

(6) 人机自然交互

人与机器交流互动是实现人机协作的关键。这里的“交互”并不仅仅停留于语音或肢体层面, 更多是指广义上的控制与反馈, 使人机交互更为自然。多传感器和多信息的融合, 使得在控制方法上可拓展空间巨大。例如, 传统方法是使用控制器编辑指令对机器人运动进行控制, 如今随着人与机器人的近距离接触, 拖动示教已被广泛应用。其中部分机器人还集成了视觉系统。此外, 还有研究人员利用惯性测量单元对机器人进行体感示教, 让机器人实现与人的非接触同步运动, 这在对精度要求不高的服务业领域非常实用。

1.2 机器人控制系统概述

1.2.1 机器人控制系统的组成

机器人由机械本体、驱动系统和控制系统三个基本部分组成。本体即机座和执行机构, 如机械手的臂部、腕部和手部, 有的机器人还有行走机构。大多数工业机器人有 3~6 个运动自由度, 其中腕部通常有 1~3 个运动自由度。驱动系统包括动力装置和传动机构, 用于使执行机构产生相应的动作。控制系统可以按照输入的程序对驱动系统和执行机构发出指令信号, 并进行操作控制。

控制系统性能在很大程度上决定了机器人的整体性能。控制系统是机器人的指挥中枢, 相当于人的大脑, 负责对作业指令信息、内外环境信息进行感知和处理, 并依据预定的本体模型、环境模型和控制程序做出决策, 产生相应的控制信号, 并通过驱动器驱动执行机构的各个关节按所需的顺序、沿确定的位置或轨迹运动, 从而完成特定的作业。机器人控制系统的基本要素包括电动机、减速器、运动特性检测传感器、驱动电路、控制系统硬件和软件。电动机是驱动机器人运动的动力源, 常见的有液压驱动、气压驱动、直流伺服电动机驱动、交流伺服电动机驱动和步进电动机驱动。减速器是为了增加驱动力矩, 降低运动速度。由于直流伺服电动机或交流伺服电动机的流经电流较大, 机器人常采用脉冲宽度调制 (pulse width modulation, PWM) 驱动电路方式进行驱动。机器人运动特性传感器用于检测机器人运动时的位置、速度、加速度等参数。

随着机器人控制技术的发展, 针对结构封闭的机器人控制系统的缺陷, 开发了具有开放式结构的模块化、标准化机器人控制系统, 这是当前机器人研究的一个热门方向。开放式结构的机器人控制系统是指控制器设计的各个层次对用户开放, 用户可以方便地扩展和改进其性能, 其主要思想是利用基于非封闭式计算机平台的开发系统, 有效利用标准计算机平台的软、硬件资源, 为控制系统扩展创造条件 [5]; 采用标准总线结构, 使为扩展控制系统性能而必需的硬件 (如各种传感器、I/O 板、运动控制板等) 可以很容易地集成到原系统上。根据上述思想设计具有开放式结构的机器人控制系统时还要尽可能做到模块化。模块化是系统设计和建立的一种现代方法, 按模块化方法设计, 系统由多种功能模块组成, 各模块完整而单一, 这样建立起来的系统, 不仅性能好、开发周期短而且成本较低。此外, 模块化还能使系统开放, 具有易于修改、重构和添加配置等功能。

开放式结构的机器人控制系统如图 1.1 所示, 主要由控制器 (cSPACE)、集成化伺服驱动器、六轴机械臂和末端执行器等构成。cSPACE 控制与半实物仿真系统是基于 TMS320F28335 DSP 或双核 ARM Cortex-A9 架构和 MATLAB/Simulink 开发的, 拥有 AD、DA、I/O、Encoder、PWM、CAN、SPI、EtherCAT 等丰富的硬件外设接口以及一套功能强大的监控软件, 结合计算机仿真和嵌入式实时控制技术, 可实现硬件在环 (hardware in the loop, HIL) 和快速控制原型 (rapid control prototype, RCP) 设计的功能; 机械臂关节模组采用智能集成化设计, 将谐波减速机、力矩电动机、高精度绝对值编码器、高精度增量式光电编码器、驱动器等集成为一体, 每个机器人关节都可通过 EtherCAT 总线或 CAN 总线组网; 执行器可包含吸盘、两指夹爪、三指夹爪、柔性夹爪等; 传感器可包含关节力矩传感器、六维力传感器和相机等。

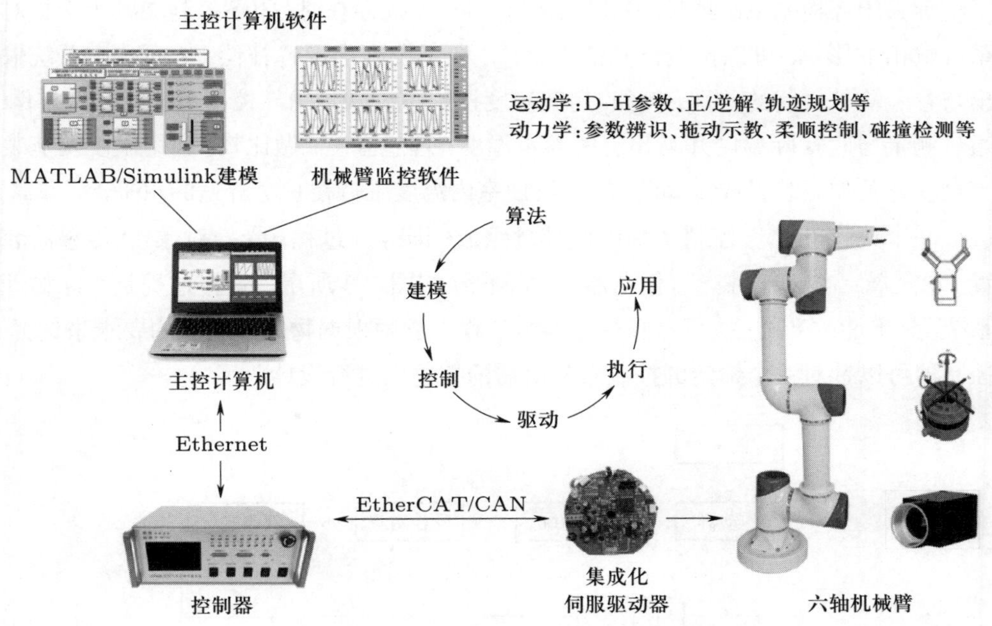

图 1.1　开放式结构的机器人控制系统示意

1.2.2　常见控制系统简介

机器人控制十分复杂, 一个机器人可能只涉及某一类控制, 也可能涉及多个控制的混合控制。以下介绍 3 种常见的基本控制类型及其特点。

(1) 开环控制系统

输出信号对控制系统没有任何影响的称为开环控制系统，如图 1.2 所示。也就是说，在开环控制系统中，输出信号既不需要测量也不需要反馈作为补偿输入，输出不与参考输入做比较。因此，对于每个参考输入，都对应一个固定的运行环境，系统的控制精确度依赖于校正方法。当有干扰存在时，开环控制系统就不能理想地完成控制任务。

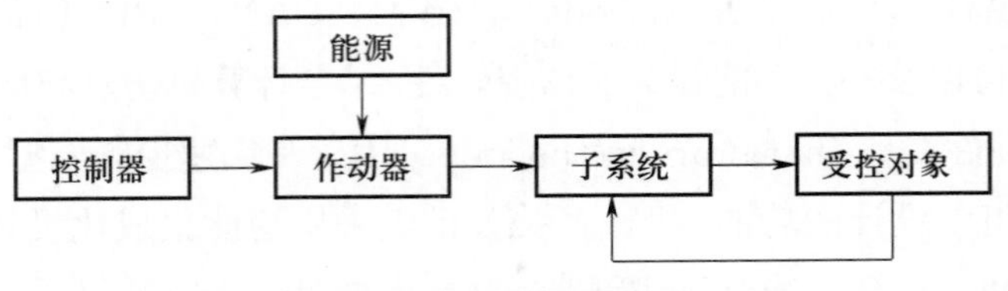

图 1.2　开环控制系统框图

(2) 闭环控制系统

将比较和使用差异作为控制手段以达到维持系统输出与参考输入之间关系的系统称为闭环控制系统或反馈控制系统。当有干扰存在时，闭环控制能减小干扰对系统输出的影响，可以预测已知的干扰，并在系统内部设置补偿，从而减小系统输出与参考输入之间的差别。例如，房间温度控制系统就是闭环控制系统的一个实例，通过测量房间实际温度并与预定的参考温度 (理想温度) 做比较，利用温度调节装置自动开关加温装置或冷却装置，就可使室内温度维持在一个舒适的水平上。

一个典型的闭环控制系统由四部分组成，即被控过程 (受控对象)、传感器装置 (观测器)、执行器装置 (作动器)、控制器，如图 1.3 所示。被控过程是实际物理系统，是不能改变的；执行器和观测器由过程工程师根据物理和经济的要求来选择；控制器可以针对一个给定的控制对象所需的控制而进行设计 [6]。

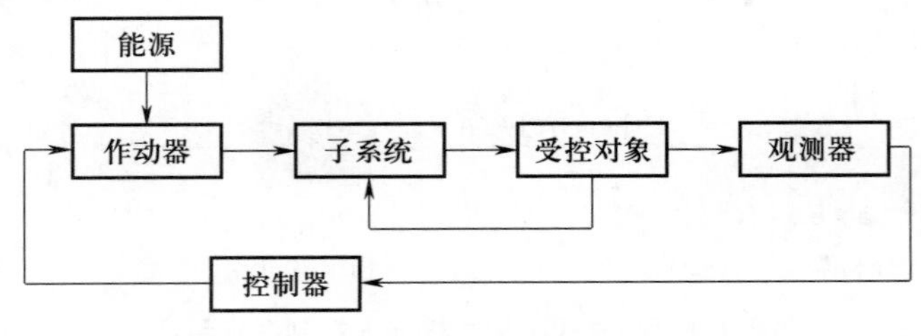

图 1.3　闭环控制系统框图

激光制导系统就是典型的随动控制系统，系统的给定值就是目标参考量 (位移、速度、加速度等)，导弹运行过程中需要测量装置 (如位置检测装置和速度检测装置) 来检测导弹的运动状态 (位置和速度)，并同时与目标参考量相比较得到误差，以这个误差来产生控制作用，从而控制导弹的飞行状态 (位移和速度)，使其向着减小误差的方向变化, 直到击中目标 (误差为零)。

在激光制导控制系统中, 误差检测是将参考输入与来自传感器的反馈信号进行比较以产生误差信号。控制器是一个重要的部件, 由于控制方法不同, 所以就产生了各种各样的控制器。一般控制器信号经过放大后推动执行器来将控制施加到被控对象上, 由于测量传感器时时刻刻检测被控对象的输出, 因此被控对象的输入取决于误差信号的大小。执行器 (状态操作装置) 是根据控制信号对被控对象产生输入的元件。测量传感器的任务是把输出变量转化为另一种变量的装置, 可以转化为位移、压力或电压, 使其与参考输入信号有相同的量纲, 以便产生误差信号。

(3) 复合控制系统

复合控制是开环控制和闭环控制相结合的一种控制方式。这种控制方式把按偏差控制和按扰动控制结合起来, 对于主要扰动采用适当的补偿装置, 以实现按扰动控制 [7], 同时, 再组成反馈控制系统实现按偏差控制, 以消除其余扰动产生的偏差。复合控制的主要特点是:

1) 具有很高的控制精度;

2) 可以抑制几乎所有的可测扰动量, 其中包括低频强扰动;

3) 补偿器的参数要有较高的稳定性。

复合控制常被用于高精度的控制系统中, 如火炮随动系统, 飞机自动驾驶仪以及人造地球卫星控制系统等。典型的复合控制系统的原理框图如图 1.4 所示。图 1.4(a) 所示为按给定值进行前馈补偿的系统, 当输入指令发生变化时, 系统的输出能比纯反馈控制系统更及时地作出响应; 图 1.4(b) 所示为按主要扰动进行前馈补偿的系统, 当主要扰动发生时, 补偿装置将扰动信号输入控制器, 控制器输出一个力求抵消扰动影响的控制信号作用到控制对象, 以减小扰动对输出的影响。

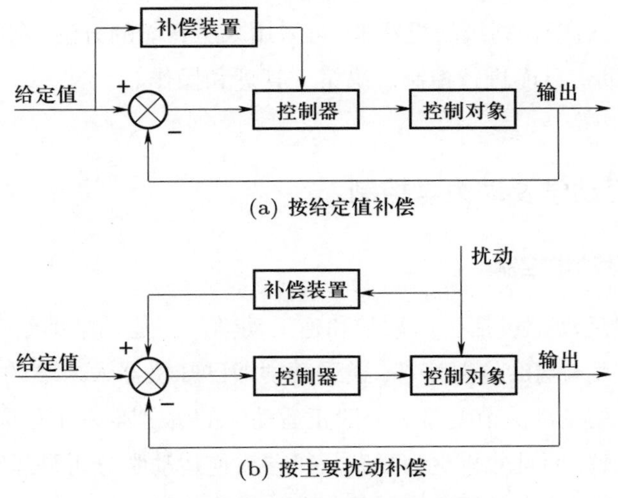

图 1.4 复合控制系统的原理框图

1.2.3 机器人控制系统的特点

机器人从结构上讲属于一个空间开链机构, 其中各个关节的运动是独立的, 为了实现末端点的运动轨迹, 需要多关节的运动协调, 其控制系统较普通的控制系统要复杂得多 [8]。控制系统的任务是根据机器人的作业指令程序以及传感器反馈回来的信号支配机器人的执行机构去完成规定的运动和功能。若工业机器人不具备信息反馈特征, 则为开环控制系统; 若具备信息反馈特征, 则为闭环控制系统。机器人控制系统的特点如下:

1) 机器人的控制是与机构运动学和动力学密切相关的。在各种坐标系下都可以对机器人运动部件的状态进行描述, 但应根据具体的需要对参考坐标系进行选择, 并要做适当的坐标变换。经常需要正运动学和逆运动学的解, 除此之外还需要考虑惯性力、外力 (包括重力) 和向心力的影响。

2) 即使是一个较简单的机器人, 也至少需要 3~5 个自由度, 比较复杂的机器人则需要十几个甚至几十个自由度。每一个自由度一般都包含一个伺服机构, 它们必须协调起来, 组成一个多变量控制系统。

3) 由计算机来实现多个独立的伺服系统的协调控制和使机器人按照人的意志行动, 甚至可赋予机器人一定“智能”的任务。所以, 机器人控制系统一定是一个计算机控制系统。同时, 计算机软件担负着艰巨的任务。

4) 由于描述机器人状态和运动的是一个非线性数学模型, 随着状态的改变和外力的变化, 其参数也随之变化, 并且各变量之间还存在耦合。所以, 只使用位置闭环是不够的, 还必须要采用速度甚至加速度闭环。系统中经常使用重力补偿、前馈、解耦或自适应控制等方法。

5) 由于机器人的动作往往可以通过不同的方式和路径来完成, 所以存在一个“最优”的问题。对于较高级的机器人, 可采用人工智能的方法, 利用计算机建立庞大的信息库, 借助信息库进行控制、决策、管理和操作。

1.3 机器人运动学及动力学控制

1.3.1 机器人运动学控制

机器人位置运动学包括正运动学和逆运动学。正运动学即给定机器人各关节变量, 计算机器人末端的位置姿态; 逆运动学即已知机器人末端的位置姿态, 计算机器人对应位置的全部关节变量。一般正运动学的解是唯一且容易获得的, 而逆运动学往往有多个解, 而且分析更为复杂。机器人逆运动学分析是运动规划控制中的重要问题, 但由于机器人逆运动问题的复杂性和多样性, 无法建立通用的解析算法。

逆运动学问题实际上是一个非线性超越方程组的求解问题, 其中包括解的存在性、唯一性及求解的方法等一系列复杂问题 [9]。

(1) 正运动学

机器人运动方程的表示问题, 即正运动学。对一给定的机器人, 已知连杆的几何参数和关节变量, 欲求机器人末端执行器相对于参考坐标系的位置, 这就需要建立机器人运动方程。

(2) 逆运动学

机器人运动方程的求解问题, 即逆运动学, 是已知机器人连杆的几何参数, 给定机器人末端执行器相对于参考坐标系的期望位置, 求解机器人能够达到预期位置的关节变量, 即对运动方程进行求解。

(3) 运动学正、逆问题的应用

运动学正问题主要用于动态仿真和运动学优化。运动学逆问题主要用于设计和控制。

1.3.2 轨迹规划运动控制

机器人轨迹是指机器人在运动过程中的位移、速度和加速度, 确定了机器人的轨迹, 便能确定机器人的运动状态。在机器人实际应用过程中, 执行的动作往往不只是空间中某一点的位置, 通常涉及空间中多个位置或者确定的运动路径, 因此为了完成给定的运动控制任务, 常常需要对机器人的轨迹进行规划。机器人轨迹规划 (图 1.5) 是指在机械人运动学和动力学的基础上, 讨论在关节空间和笛卡儿空间中机器人运动的轨迹规划和轨迹生成方法。这在机器人的控制中具有重要的作用, 直接影响机器人的作业任务的实现效果。

在进行轨迹规划之前, 需要通过传感器对机器人的位置和关节信息进行数据采集。轨迹规划器则主要用于输入路径和轨迹相关的约束, 具体的规划问题由任务规划器解决。例如, 用户需要给出机器人末端的目标位姿和运动路线, 轨迹规划器负责工作空间约束和关节角度限制, 由任务规划器确定到达该目标的持续时间、轨迹路径和运动速度等参数, 并利用控制器计算出运动过程中所需的力矩信息。最后, 根据系统内部的轨迹描述, 实时计算机器人各关节运动的位移、速度和加速度, 从而

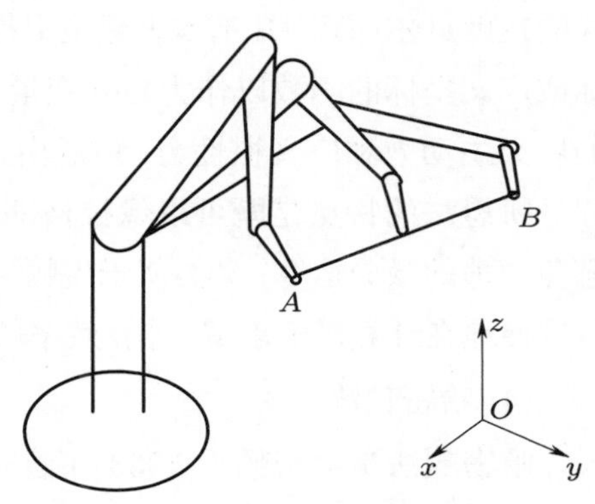

图 1.5 机器人轨迹规划

生成运动轨迹 [10]。

1.3.3 机器人动力学建模

机器人动力学建模主要研究机器人运动部件在力/力矩作用下的运动特性, 包括正向动力学和逆向动力学两类问题。正向动力学是根据作用力/力矩求解运动部件运动状态 (位置、速度、加速度等); 逆向动力学则是根据运动部件运动状态求解作用力/力矩。本节将对几种常用的机器人动力学建模方法进行简要介绍。

(1) 牛顿 – 欧拉法

牛顿 – 欧拉法本质上是基于矢量力学的动力学建模方法, 其通过将系统中每个单元做隔离处理, 应用牛顿第二定律和质心动量矩定理推导单元质心的平动方程, 并基于欧拉原理推导质心的转动方程, 得到系统中各个单元的动力学方程; 根据各单元之间的约束关系, 递推得出整个系统的动力学方程。其形式直观, 物理意义明确, 推导出的动力学方程容易进行变换。

(2) 拉格朗日法

1788 年, 拉格朗日以动力学普遍方程为基础, 基于系统能量对广义坐标和广义速度的偏导数建立了形式简洁的动力学方程, 该方法被称为拉格朗日法。它从能量角度出发建立动力学方程, 首先根据系统的自由度选取合适的广义坐标, 再用广义坐标表示各单元的动能和势能, 并代入拉格朗日方程中, 进而推导出系统的动力学方程。其优点是从能量角度出发, 避免了方程中出现内力项, 动力学方程简洁, 计算效率高, 但建模过程对动能和势能的推导较为复杂, 且广义坐标的选取也有一定难度。

(3) 凯恩法

凯恩法是有别于矢量力学和分析力学的一种新的动力学建模方法, 又称虚功形式的达朗贝尔原理, 其基本思想是根据系统的特点, 灵活选取广义速度取代广义坐标或广义坐标的函数以作为独立变量, 通过引入偏速度、偏角速度概念, 求出系统的广义主动力和广义惯性力, 最后由达朗贝尔 – 拉格朗日原理导出凯恩动力学方程。凯恩法的特点是既可以像拉格朗日法一样避免方程中出现内力项, 简化方程, 避免烦琐的微分运算, 又类似于牛顿 – 欧拉法, 方程物理意义明确, 不含待定乘子, 可方便地在计算机上求解, 计算效率较高。

(4) 哈密顿法

哈密顿法是哈密顿于 1833 年建立的经典力学的重新表述, 它由拉格朗日力学演变而来。哈密顿原理阐明, 一个物理系统的拉格朗日函数所构成的泛函的变分问题解答, 可以表达这物理系统的动力行为。以泛函驻值的变分形式, 从能量守恒的角度出发建立机器人运动部件的动力学方程, 特点与拉格朗日法一样, 可避免动力学方程中出现内力项。哈密顿力学与拉格朗日力学不同的是前者可以使用辛空间而不依赖于拉格朗日力学表述。

(5) Udwadia–Kalaba 法

Udwadia–Kalaba 法是 Udwadia 和 Kalaba 在 20 世纪 90 年代提出的一种崭新的多体动力学建模方法, 该方法介绍了一种适用于完整约束或非完整约束机械系统的新颖、通用、简洁的运动方程, 其最大特点就是将系统的约束关系融入动力学方程中, 针对传统方法建立动力学模型中存在的过程复杂、约束难以确定等问题, 可以在不出现拉格朗日乘子的条件下, 得出约束力的解析表达式, 建模方法系统、高效, 是分析动力学领域的一个重要突破。

总结以上机器人运动部件动力学建模方法及其特点如表 1.1 所示。

表 **1.1** 机器人动力学建模方法及其特点总结

动力学建模方法	方法原理	方法特点
牛顿 – 欧拉法	矢量力学	利用牛顿第二定律和欧拉方程对运动部件的各个连杆运动及受力进行详细分析, 可以推导出系统各部分的受力情况
拉格朗日法	分析力学	利用拉格朗日方程从系统整体的能量角度出发, 建立系统动力学方程来描述系统的动力学特性, 但仅可求出各关节的输出力矩及基座受力/力矩
凯恩法	兼顾矢量力学和分析力学	采用了广义速率为独立变量, 引入偏速度、偏角速度的概念, 求出系统的广义主动力和广义惯性力, 建立起代数方程形式的动力学方程
哈密顿法	变分原理	以泛函驻值的变分形式给出力学系统动力学原理, 从能量守恒的角度出发建立动力学方程, 可避免动力学方程中出现内力项
Udwadia–Kalaba 法	分析力学	基于达朗贝尔原理和高斯原理, 提出了理想约束条件下多体系统的基本运动方程, 并考虑非理想约束系统的情况, 增加了非理想约束的解析表达式

1.3.4 机器人动力学控制

机器人系统是一个多变量、非线性、强耦合的不确定系统, 机器人的动态特性可用一组数学方程来描述, 称为机器人动态运动方程 [11]。机器人动力学是研究如何建立机器人运动的数学方程。其动态性能直接取决于机器人动力学模型和控制算法的效率, 控制问题包括实际机器人系统动力学模型的建立和选定相应的控制策略, 以达到预定的系统响应和性能要求。

1.3.4.1 动力学系统辨识

机器人是一个多杆链接的复杂动力学系统, 机器人模型是机器人控制的重要基础。而在动力学建模中, 都必须知道机器人运动部件的惯性参数, 又称动力学参数, 一个机器人连杆具有 10 个惯性参数, 即连杆的质量、相对于连杆坐标系的质心三维坐标、相对于连杆坐标系的三维质量惯性积和三维质量惯性矩。无论是对机器人运动部件动态特性的辨识还是对其惯性参数的辨识, 都属于系统辨识的问题, 需要用到系统辨识的方法和理论 [12]。因此, 系统辨识方法的研究对提高机器人动态特性和动力学参数具有很重要的意义。

通过系统辨识方法建模可细分为两种: 一种是以输入和输出数据为基础, 从给定的一组模型中确定一个与所测系统等价的模型; 另一种是按照规定准则在一类模型中选择一个与数据拟合得最好的模型。

迄今为止, 系统辨识方法有很多种, 按照模型的形式可分为静态模型和动态模型两类。动态模型包含非参数模型和参数模型, 其对应的系统辨识方法也称为经典辨识方法, 其获得的模型为非参数模型。该方法在假定系统过程为线性的前提下, 无须事先确定模型的具体结构, 因此可应用于任意复杂过程。至今, 工程上经常应用该方法, 经典辨识方法与经典控制理论对应, 建立的数学模型有传递函数、脉冲响应函数、幅频及相频特性函数。参数模型辨识方法也称为现代辨识方法, 系统的模型结构无论是静态模型还是动态模型, 实际系统的特性均表现在变化着的输入、输出数据, 辨识只是利用数学方法从输入、输出数据中提取系统的数学模型, 表 1.2 概括了两种方法的特点、适用的算法及数学模型。

表 1.2 经典辨识方法与现代辨识方法

	辨识算法	特点	数学模型
经典辨识方法	卷积辨识法	确定性、时域、非参数型	脉冲响应函数
	相关辨识法	随机性、时域、非参数型	幅频、相频特性函数
	频域 FFT 法	随机性、频域、非参数型	频率响应函数
现代辨识方法	最小二乘法 最大似然法 卡尔曼滤波法 有限元法	随机性、时域、参数型	状态空间方程 差分方程
	神经网络方法	学习性、参数型	非线性映射

1.3.4.2 动力学控制方法简介

早期的机器人研究中, 与机器人的机械结构相比, 其控制用计算机的价格高且运算能力有限, 只能采用极简单的控制方案, 难以满足高速、高精度机器人的性能要求。自 20 世纪 70 年代以来, 随着电子技术与计算机科学的发展, 计算机运算能力大大提高且成本不断下降, 这就使得人们越来越重视发展各种基于机器人动力学模型的计算机实时控制方案 [13]。

控制系统按被控系统的动力学微分方程来分, 可以分类为线性和非线性控制系统、时变和定常控制系统。具体控制方法按控制量作用在系统中的不同位置还可以分为前馈控制和反馈控制以及前馈反馈控制。机器人控制的目的是根据预定的系统性能和预期的目标达到计算机控制的机器人动态响应, 针对机器人系统的多变量、非线性、强耦合以及不确定性等特点, 目前已有多种控制方法, 按是否基于模型可分为基于模型的控制和不基于模型控制两大类 (参见表 1.3)。

表 1.3 机器人控制方法及其特点

分类	具体控制方法	特点
基于模型的控制	变结构控制	滑动模态可以设计且与对象参数和扰动无关, 快速响应、对参数变化和扰动不灵敏、无须系统在线辨识、物理实现简单, 易出现抖振现象
	自适应控制	通过自适应率并可根据系统的不确定性, 实时改变控制参数或调整控制器结构, 从而解决系统的不确定问题
	鲁棒控制	非常适用于不确定因素变化范围大、稳定裕度小的系统, 但一般鲁棒控制系统的设计是以一些最差的情况为基础, 因而系统的稳态精度差
	U−K 控制	可处理完整约束和非完整约束、理想约束和非理想约束, 无须引入其他附加变量即可得到约束力的解析解
不基于模型的控制	模糊控制	利用模糊数学知识模仿人脑思维对模糊的现象进行识别和判断, 给出精确的控制量, 鲁棒性强, 尤其适合于非线性、时变及纯滞后系统
	神经网络控制	利用神经网络这种工具从机理上对人脑进行简单结构模拟, 既可以是模型也可以是控制器, 具有非线性、非局限性、非常定性及非凸性特点

(1) 变结构控制

20 世纪 60 年代, 苏联学者 Emelyanov 提出了变结构控制。自 20 世纪 70 年代以来, 变结构控制经过其他控制学者的传播和研究工作, 经历几十年来的发展, 在国际范围内得到广泛的重视, 形成了一个相对独立的控制研究分支。

变结构控制方法对于系统参数的时变规律、非线性程度以及外界干扰等不需要精确的数学模型, 只要知道它们的变化范围, 就能对系统进行精确的轨迹跟踪控制。变结构控制方法设计过程本身就是解耦过程, 因此在多输入多输出系统中, 多个控制器设计可按各自独立系统进行, 其参数选择也不是十分严格。滑模变结构控制系统快速性好, 无超调, 计算量小, 实时性强。

(2) 自适应控制

控制器参数的自动调节最早于 20 世纪 40 年代末被提出来讨论, 同时自适应控制的名称首先用来定义控制器对过程的静态和动态参数的调节能力。自适应控制方法就是在运行过程中不断测量受控对象的特性, 根据测得的特征信息使控制系统按最新的特性实现闭环最优控制。自适应控制不是一般的系统状态反馈或系统输出反馈控制, 而是一种比较复杂的反馈控制, 实时性要求严格, 实现比较复杂, 特别是当存在非参数不确定性时, 自适应控制难以保证系统的稳定性。

(3) 鲁棒控制

鲁棒控制的研究始于 20 世纪 50 年代, 鲁棒控制可以在不确定因素的一定变化范围内保证系统稳定和维持一定的性能指标, 它是一种固定控制, 比较容易实现。一般鲁棒控制系统的设计是以一些最差的情况为基础, 因此一般系统并不工作在最优状态。自适应鲁棒控制对控制器实时性能要求比较严格。

(4) U–K 控制

20 世纪 90 年代, 南加利福尼亚大学的 Udwadia 和 Kalaba 提出了 Udwadia–Kalaba 方程, 成为分析动力学领域的一项重大突破。此方法可以在不出现拉格朗日乘子的条件下, 相对简单地求出完整约束和非完整约束状态下的系统运动方程并给出解析解。CHEN Ye-Hwa 在其基础上较为详细地提出了机械系统伺服约束控制的概念及如何利用伺服控制来实现约束力设计, 并针对不确定系统的自适应鲁棒控制进行了深入研究。Schutte 对完整和非完整约束状态下非线性机械系统的控制问题进行了深入的研究, 针对系统质量矩阵奇异的情况扩展了运动方程, 使其能够解决质量矩阵奇异时运动方程无解的问题。

(5) 模糊控制

1965 年, 控制学者首次提出一种完全不同于传统数学与控制理论的模糊集合理论, 把信息科学推进到人工智能的新方向。模糊逻辑系统或模糊控制系统是由模糊规则基、模糊推理、模糊化算子和解模糊化算子 4 个部分组成。

机器人的模糊控制简化了控制算法, 但模糊控制系统的可控性和可观性问题还没有得到解决, 模糊控制器的设计没有统一的设计准则, 控制器的设计存在随意性。

模糊系统稳定性判据都是基于具体的控制对象, 且假设条件千差万别, 没有统一的方法。

(6) 神经网络控制

人工神经网络是由许多具有并行运算功能的、简单的信息处理单元 (人工神经元) 相互连接组成的网络。神经网络控制模型建立后, 在输入状态信息不完备的情况下, 也能快速做出反应, 进行模型辨识, 这对于机器人的智能控制是十分理想的 [14]。神经网络系统具有快速并行处理运算能力、很强的容错性和自适应学习能力的特点。神经网络控制主要处理传统技术不能解决的复杂的非线性、不确定、不确知系统的控制问题。

参考文献

[1] 蔡自兴, 谢斌. 机器人学 [M]. 北京: 清华大学出版社, 2015.

[2] 郭洪红. 工业机器人技术 [M]. 西安: 西安电子科技大学出版社, 2006.

[3] Niku S B. 机器人学导论: 分析、系统及应用 [M]. 孙富春, 朱纪洪, 等译. 北京: 电子工业出版社, 2004.

[4] 陈恩伟. 机器人动态特性及动力学参数辨识研究 [D]. 合肥: 合肥工业大学, 2006.

[5] 张建伟, 张立伟, 胡颖, 等. 开源机器人操作系统——ROS[M]. 北京: 科学出版社, 2012.

[6] 胡寿松. 自动控制原理 [M]. 6 版. 北京: 科学出版社, 2013.

[7] 胡燕, 胡自强. 自动控制原理 [M]. 武汉: 华中科技大学出版社, 2007.

[8] 郭良康, 张启先. 机器人动力学参数辨识 [J]. 北京航空学院学报, 1988(2): 14–17.

[9] 罗璟, 赵克定, 陶湘厅, 等. 工业机器人的控制策略探讨 [J]. 机床与液压, 2008, 36(10): 95–97.

[10] 王田苗, 陶永. 我国工业机器人技术现状与产业化发展战略 [J]. 机械工程学报, 2014, 50(9): 1–13.

[11] 蒋志宏. 机器人学基础 [M]. 北京: 北京理工大学出版社, 2018.

[12] 陈钢. 空间机械臂建模、规划与控制 [M]. 北京: 人民邮电出版社, 2019

[13] 郑棋棋, 汤奇荣, 张凌楷, 等. 空间机械臂建模及分析方法综述 [J]. 载人航天, 2017, 23(1): 82–97.

[14] 刘善增, 余跃庆, 杜兆才, 等. 柔性机器人动力学分析与控制策略综述 [J]. 工业仪表与自动化装置, 2008(2): 18–24.

第 2 章　机器人系统的基本构成

机器人系统是指由机器人本体结构、驱动及控制系统、机器人传感器采集系统组成, 具有自身目标和功能的管理系统, 通过它可以按照所希望的方式保持和改变机器、机构或其他设备内任何感兴趣或可变化的量, 使被控制对象达到预定的理想状态, 或使被控制对象趋于某种需要的稳定状态 [1−3] 。

作为机器人系统的核心组成部分, 控制系统一直是机器人领域研究的热点。目前, 成熟而有竞争力的工业机器人控制系统需具备至少两个条件: 开放性和模块化。前者采用开放的系统结构可以方便地更新和拓展机器人控制系统的功能, 使机器人性能得到增强; 后者使得控制系统在硬件层面容易搭建、在软件层面结构清晰, 从而使机器人的可靠性得以提高。

本章将介绍机器人本体结构的构成, 包括连杆、关节、底盘、机械臂及末端执行器; 机器人驱动系统, 包括驱动电机及驱动器; 机器人控制系统, 包括控制器及机器人操作系统; 机器人传感器采集系统中常用的七类传感器。

2.1　机器人本体结构

机器人本体由底盘、机械臂和末端执行器等部分构成。从运动学和控制角度考虑, 需要研究的是其运动部件。对于固定式机器人来说, 仅需要考虑机械臂, 它是由连杆以及连接关节所组成, 并形成一个运动链。对于移动式机器人, 则要考虑包含移动底盘在内的整个机器人 [4−5] 。

2.1.1　连杆

连杆是一刚性元件, 它相对于底盘和其他所有连杆做相对运动。不同的连杆和

关节 (运动副) 构成不同的机构, 简单地可分为仅做平面运动的平面机构和可做空间运动的空间机构。

各种平面连杆机构的名称是按其运动特性确定的, 如曲柄摇杆机构、曲柄滑块机构、双曲柄机构等。空间机构的名称则用运动副名称表示。同时, 按组成空间连杆机构的运动链是否封闭, 空间连杆机构又分为闭链空间连杆机构和开链空间连杆机构。图 2.1(a) 所示 RSSR 机构为闭链空间连杆机构, 因为其构件 1、2、3、4 通过转动副和球面副连接, 形成一个封闭运动链, 构件 4 为机架。图 2.1(b) 所示机构则是一 4R 型开链空间连杆机构, 因为构件 1、2、3、4、5 通过转动副连接, 形成一个不封闭运动链, 构件 1 为机架。机器人一般都是开链空间连杆机构, 该机构就是一种典型的机器人机构。

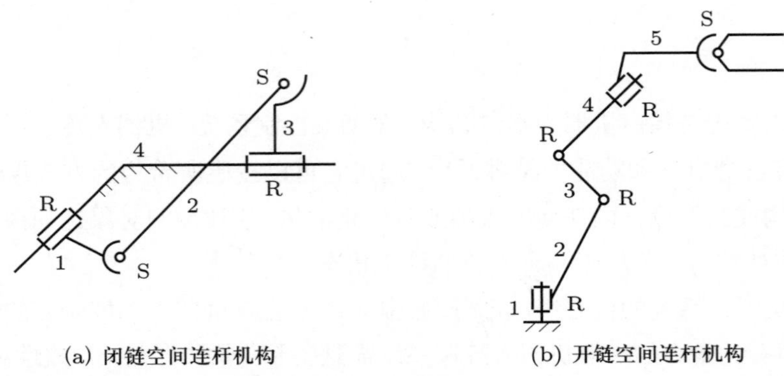

(a) 闭链空间连杆机构　　(b) 开链空间连杆机构

图 2.1　空间机构运动链

2.1.2　关节

两个连杆在关节处通过接触而连接, 在关节处它们的相对运动可以用同一坐标表示。关节根据其运动方式可分为旋转关节、平移关节、螺旋关节、圆筒关节、混合关节和球形关节等, 如图 2.2 所示。机器人常用关节一般有旋转和平移两种, 旋转关节 R 允许两连杆之间存在相对旋转运动, 平移关节 P 允许所连接两构件之间有相对移动。

由关节相连的两构件分为主动构件与从动构件, 主动构件由驱动器控制, 而从动构件则没有驱动器。从动构件变量是主动构件变量和机械臂几何参数的函数。因此, 从动构件也可称为非主动构件或者自由构件。

机器人的关节数就是机器人的自由度。由于从理论上讲, 机器人机械臂有 6 个自由度时就能到达所及范围的任意点位, 所以具有 6 个以上自由度的机器人机械臂在运动学上是冗余机械臂。

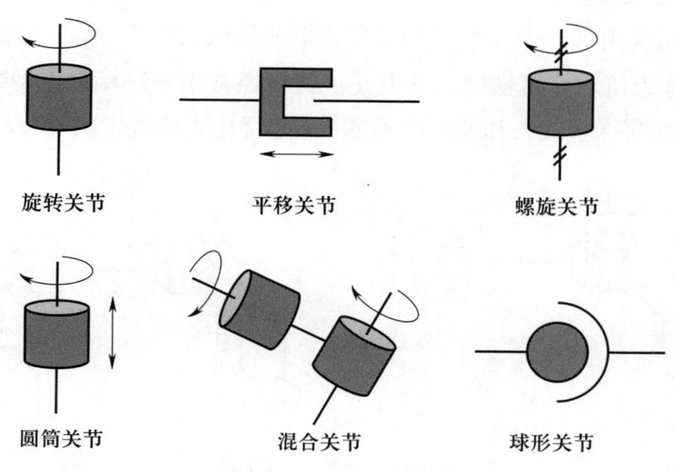

图 2.2 关节的类型

2.1.3 底盘

固定式机器人的底盘主要起到承载和固定机器人的作用; 而移动机器人的底盘为使机器人能够完成移动的任务, 不仅有承载功能, 还需要有定位、导航及避障等功能。总的来说, 常见的移动机器人底盘主要有以下三大功能。

(1) 定位建图

为了能向所定目标移动, 移动机器人需要确定自己的位置和周边的环境, 由此需要有定位建图功能。例如采用激光即时定位与建图 (simultaneous localization and mapping, SLAM) 技术, 系统启动即可在未知环境中实时提供定位, 无须预先给定位置。

(2) 路径规划

为了能快捷、有效地到达目的地, 机器人必须有路径规划功能。该功能在使用 SLAM 技术的基础上, 还要融合激光雷达、深度摄像头、超声波、防跌落等多种传感器数据, 配合导航算法, 以灵活地规划行走路线。

(3) 自主避障

为了规避路径中出现的障碍物, 移动机器人需要有自主避障功能。当雷达扫描区域上方出现障碍物时, 将使用融合导航技术, 通过深度摄像头、超声波、雷达等传感器全面探测周围环境, 规避障碍物并重新规划路线。利用超声波传感器精准探测玻璃、镜面等高透材质障碍物, 从而在靠近这些物体前及时避让, 实现在各种障碍物之间穿梭自如。

2.1.4 机械臂

机械臂可以由多种不同类型的连杆和关节组合而成, 不同的组合有不同的优缺点。图 2.3 所示为由 3 个移动关节组成的串联机器人, 因其工作空间成笛卡儿坐标系的形状, 又称为笛卡儿机械臂。笛卡儿机械臂通常用于码垛和重型装备, 具有定位精度高、刚度高、承载大和控制简单的优点, 而其缺点是体积较大。

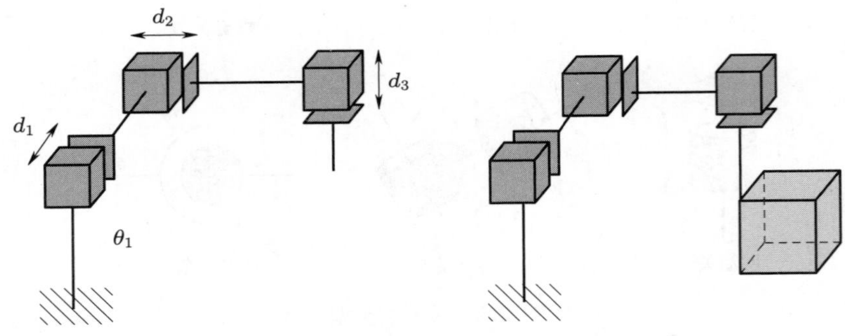

图 **2.3** 笛卡儿串联机器人

图 2.4 所示为由 1 个转动关节和 2 个移动关节组成的串联机器人, 因为其工作空间的形状呈圆柱体, 又称为圆柱机械臂, 常用于精密装配和货物搬运。

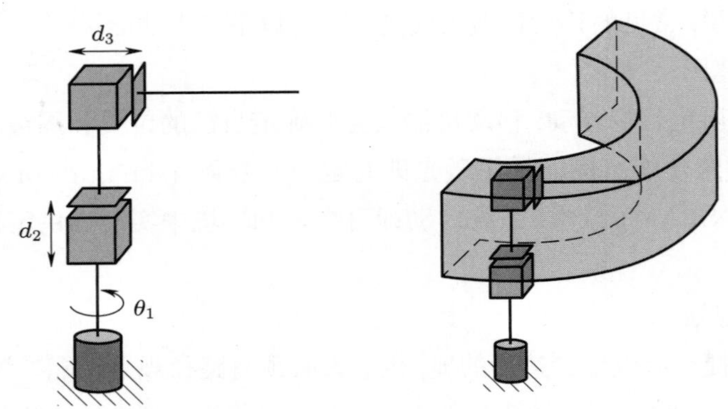

图 **2.4** 圆柱形串联机器人

图 2.5 所示为由 2 个旋转关节和 1 个移动关节组成的串联机器人, 又称为 SCARA (selective compliance assembly robot arm) 机器人。SCARA 机器人在底部部位可以容纳前两个旋转关节的执行机构, 因此执行器可以非常大并且移动连杆相对较轻。通过这种设计可以获得非常高的角速度。臂在垂直方向 (z 向) 刚度非常好, 但在 xOy 平面上相对柔顺, 这使其在完成诸如装配螺钉或接插件等任务时十分高效。

图 2.6 所示为由 3 个旋转关节组成的串联机器人, 因为其第一个关节具有垂直旋转的轴, 像是模仿人类的腰部旋转, 另两个旋转关节像是人类的肩部和肘部, 所以又称为拟人机械臂。拟人机械臂可以提供相对较大的工作空间和紧凑的设计, 常用于焊接、喷漆、去毛刺、物料搬运等。

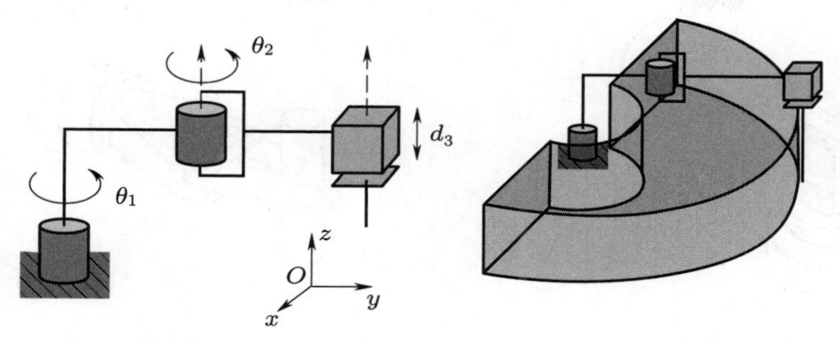

图 2.5 SCARA 机器人

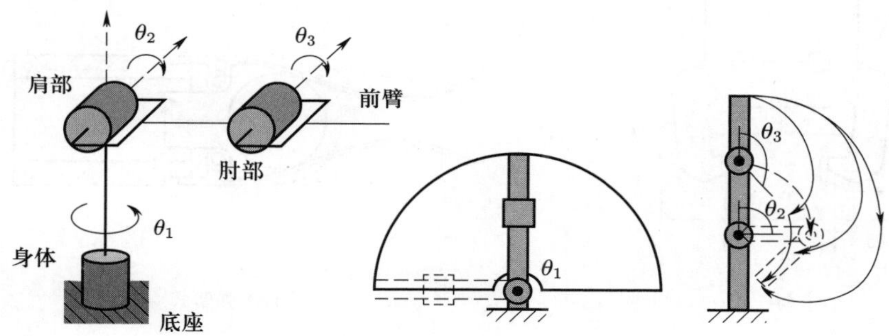

图 2.6 拟人机械臂

2.1.5 机器人末端执行器

一个机器人末端执行器指的是任何一个连接在机器人边缘处 (关节), 用于完成机器人所要求工作的部件。由于被握持工件的形状、尺寸、质量、材质及表面状态不同, 末端执行器多种多样。大部分的末端执行器都是根据特定的工件要求而专门设计的, 故原理不同, 形态各异。

有些机器人在末端执行器的部位, 直接安装了用于喷漆的喷枪以及用于焊接的点焊设备或弧焊设备等工具, 当然也有用机械手持握这些工具进行作业的。采用直接安装的办法可简化结构, 并且还可以减轻质量, 提高性能。因此, 可将这些机器人看作机械手与工具融为一体的机器人手。

机器人末端执行器最大的特点是能够握持物体, 常用的末端执行器按其握持原理可以分为如下三类。

(1) 夹持类末端执行器

常用的夹持类末端执行器是夹钳式的, 包括内撑式和外夹式两种, 其区别仅在于夹持工件的部位不同, 手爪的动作方向相反, 如图 2.7(a)(b) 所示。除此之外, 还有勾托式和弹簧式, 如图 2.7(c)(d) 所示。

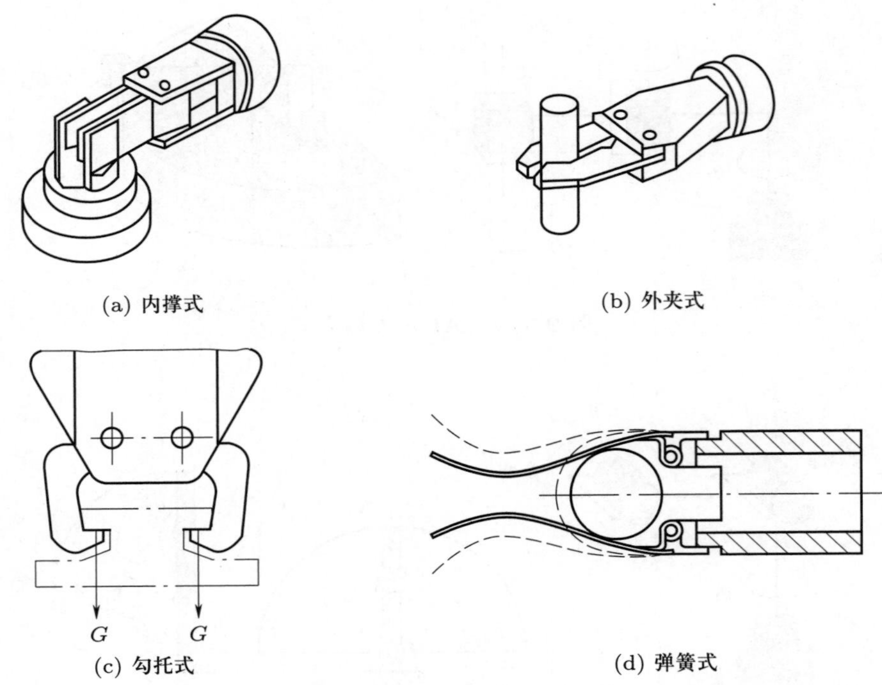

(a) 内撑式　(b) 外夹式　(c) 勾托式　(d) 弹簧式

图 **2.7**　夹持类末端执行器

(2) 吸附类末端执行器

吸附类末端执行器一般有气吸式和磁吸式两类, 如图 2.8 所示。气吸式按负压的产生方式不同, 又分为挤压式和中空式两种。

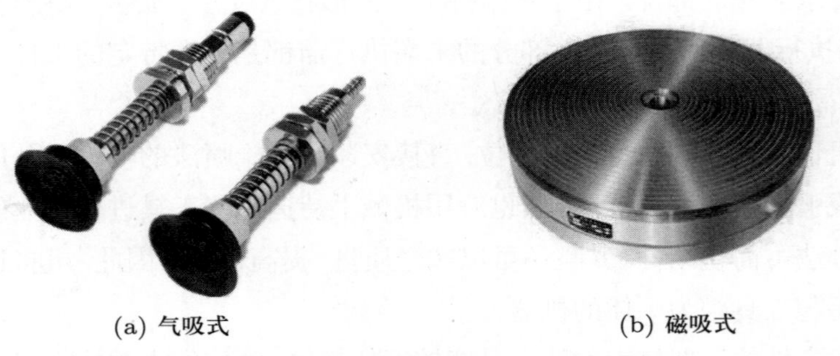

(a) 气吸式　(b) 磁吸式

图 **2.8**　吸附类末端执行器

(3) 柔性末端执行器

近年来, 人们逐步提出了柔性夹爪的概念, 利用柔性夹爪结构刚度低的优点, 可降低操作过程中的接触碰撞力, 使其能够在狭窄、复杂的环境中工作 (图 2.9)。

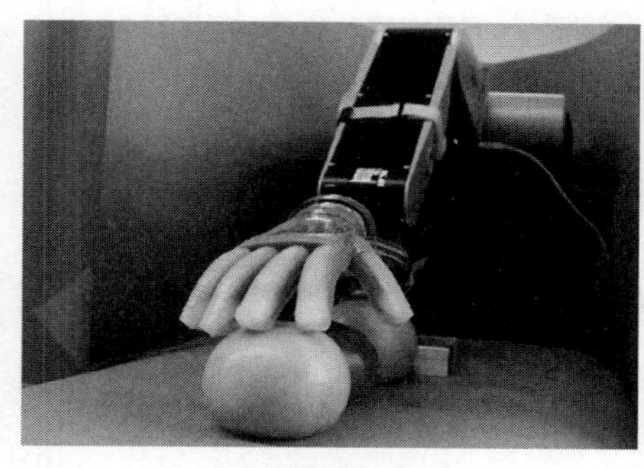
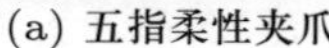

(a) 五指柔性夹爪

(b) 四指柔性夹爪

图 2.9　柔性末端执行器

2.2　机器人驱动系统

机器人的驱动方式一般分为气压驱动、液压驱动和电动机驱动。这三种驱动各有优缺点, 被运用在不同的场景中 [6−7]。

气压驱动, 是通过压缩气体推动执行机构运动。采用气压驱动的气体介质一般为空气, 所以介质来源方便, 成本低廉, 且对环境零污染。采用气压驱动执行动作迅速, 但是因为气体介质的压缩比很大, 使得动力源驱动的执行机构稳定性差, 且在压缩排放空气的时候会产生较大的噪声。气压驱动的机器人一般适用于需要高速运动但是负载很轻且定位精度要求较低的场景。

液压驱动, 是通过液压油缸驱动执行机构。液压驱动的特点是负载端承受质量大, 运行过程中执行机构平稳。由于液压油本身的固有属性, 在使用液压驱动时对介质的要求较高, 需要液压油清洁无害, 且对液压设备中的阀体、管道、接口的密封性要求严格。一旦液压回路出现漏油, 会导致压力不稳定, 机器人控制精度难以保证, 并且漏油会对环境造成污染。液压油对温度的敏感性较大, 液压驱动的机器人控制会随着温度的变化而产生变化。

电动机驱动, 是机器人最常用的驱动方式, 常用的电动机包括伺服电动机、步进电机和直流电动机。伺服电动机控制精确, 但是价格较贵; 步进电机可以提供大力矩; 直流电动机控制精度较低, 但价格也较低。为了获得较大的力矩, 在机器人中常使用减速器与电动机直接连接形成的执行机构。电动机易于控制、布置灵活、通用性强, 且使用电动机驱动时, 机器人中的执行机构和动力源之间的传动链短, 所以其结构简单, 传动精度高, 占用空间小。

2.2.1　驱动电动机

根据供电方式不同, 电动机主要分为直流电动机和交流电动机两大类。

(1) 直流电动机

直流电动机调速性能好, 抗负载能力强, 适用于调速要求高、负载较大的场合, 如电动车、机车等。其缺点也较多, 如结构复杂、成本高、维修困难等。

传统的有刷直流电动机具有电刷和机械换向器, 电动机通过这两个装置实现换向, 从而完成电动机的控制。然而机械装置结构复杂, 在反复换向后会大大缩短寿命, 从而失效。无刷直流电动机的出现, 将机械电刷替换为电子换向器, 解决了噪声、换向电火花等问题, 大大提高了工作的可靠性。

(2) 交流电动机

交流电动机是由交流电供电, 结构简单、效率高; 缺点是控制复杂, 需要变频器或者驱动控制器来实现电动机的调节控制。

根据结构和工作原理, 交流电动机可以分为两大类: 永磁同步电动机 (permanent magnet synchronous motor, PMSM) 和感应电动机 (induction motor, 又称异步电动机)。感应电动机结构简单、成本低, 但控制复杂、调速困难、低速时效率低、易发热, 在一些不需要精确调速的场合应用较多。随着永磁材料的发展, 其性能越来越优越, 成本越来越低, 以永磁体为转子的永磁同步电动机开始广泛应用于工业生产。永磁同步电动机有如下特点:

1) 结构紧凑不复杂。因为永磁体具有自激发的特性, 转子不需要复杂的机械结构去激发磁场, 因而同等功率下所需要的体积更小, 运行更加稳定。

2) 效率高。由于转子由永磁材料构成, 不需要励磁线圈, 不存在感应电流, 从而避免了铁损和铜损, 从而大大提高了能量传递效率。

3) 功率因数高。与异步电动机不同, 其不存在定、转子之间的转差角, 因此功率因数接近 1, 功率因数高。

4) 启动转矩大。永磁同步电动机具有较大的启动转矩, 在需要大转矩工作起步的环境下均可适应。

2.2.2 驱动器

驱动器的作用是控制电动机的旋转角度和运转速度, 一般有 3 种控制方式: 位置控制模式、转矩控制模式、速度控制模式。

(1) 转矩控制模式

转矩控制模式是通过外部模拟量的输入或直接赋值来设定电动机轴对外输出转矩的大小, 可以通过即时地改变模拟量的设定来改变设定的力矩大小, 也可通过通信方式改变对应的地址的数值来实现。

(2) 速度控制模式

通过模拟量的输入或脉冲的频率都可以进行转动速度的控制, 在有上位控制装置的外环 PID 控制时速度控制模式也可以进行定位, 但必须把电动机的位置信号或直接负载的位置信号给上位反馈以做运算用。位置控制模式也支持直接负载外环检测位置信号, 此时的电动机轴端的编码器只检测电动机转速, 位置信号就由直接的最终负载端的检测装置来提供了, 这样的优点在于可以减少中间传动过程中的误差, 增加了整个系统的定位精度。

如果对电动机的速度、位置都没有要求, 只要输出一个恒转矩, 当然是用转矩控制模式。如果对位置和速度有一定的精度要求, 而对实时转矩不是很关心, 用转矩控制模式不太方便, 用速度或位置控制模式比较好。如果上位控制器有比较好的闭环控制功能, 用速度控制效果会好一点; 如果本身要求不是很高, 或者基本没有实时性的要求, 宜采用位置控制模式。

(3) 位置控制模式

位置控制模式一般是通过外部输入脉冲的频率来确定转动速度的大小, 通过脉冲的个数来确定转动的角度, 也有些伺服控制器可以通过通信方式直接对速度和位移进行赋值, 由于位置控制模式对速度和位置都有很严格的控制, 所以一般应用于定位装置。

驱动器的力矩、速度、位置控制模式分别对应了三环控制的电流环、速度环、位置环。采用三环控制方式可对电动机的力矩、速度和位置进行快速、精确的控制。电动机三环控制原理如图 2.10 所示, 给定位置和实际位置经过 PI 控制器得到控制量, 得到的控制量和实际速度进行 PI 控制, 得到电流控制量, 最后通过电流环进行 PI 控制。如此称作三环控制。

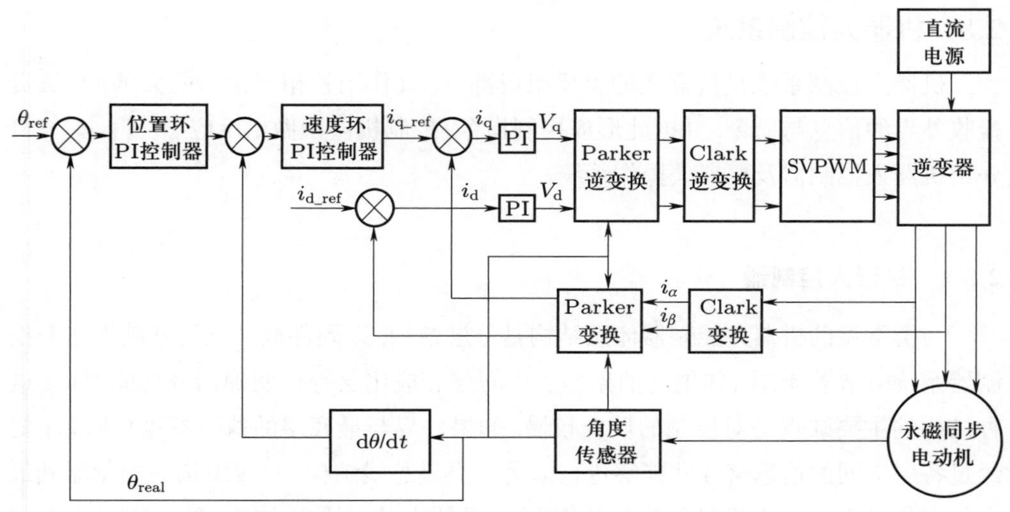

图 **2.10** 电动机三环控制原理

1) 电流环。此环完全在伺服驱动器内部进行, 通过霍尔装置检测驱动器给电动机各相的输出电流以及负反馈给电流的设定进行 PID 调节, 从而达到输出电流尽量接近设定电流, 电流环就是控制电动机转矩的, 所以在转矩控制模式下驱动器的运算量最小, 动态响应最快。

2) 速度环。通过检测的伺服电动机编码器的信号来进行负反馈 PID 调节, 它的环内 PID 输出直接就是电流环的设定, 所以速度环控制时就包含了速度环和电流环。换句话说, 任何形式都必须使用电流环, 电流环是控制的根本。在速度和位置控制的同时, 系统实际也在进行电流 (转矩) 的控制, 以达到对速度和位置的相应控制。

3) 位置环。它是最外环, 可以在驱动器和伺服电动机编码器间构建, 也可以在外部控制器和电机编码器或最终负载间构建, 要根据实际情况来定。由于位置环内部输出就是速度环的设定, 位置控制模式下系统进行了所有 3 个环的运算, 此时的系统运算量最大, 动态响应速度也最慢。

空间矢量脉宽调制 (space vector pulse width modulation, SVPWM) 从电动机的角度出发, 着眼于如何使电动机获得幅值恒定的圆形旋转磁场, 即磁通正弦。它以三相对称正弦波电压供电时交流电动机的理想磁通圆为基准, 用逆变器不同的开关模式所产生的实际磁通去逼近基准圆磁通, 并由它们比较的结果决定逆变器的开关状态, 形成 PWM 波形。由于该控制方法把逆变器和电动机看成一个整体来处理, 所得的模型简单, 便于微处理器实时控制, 并具有转矩脉动小、噪声低、电压利用率高的优点, 因此目前在开环调速系统和闭环调速系统中均得到广泛的应用。

2.3 机器人控制系统

机器人控制系统是机器人的重要组成部分, 其作用就相当于人的大脑, 它负责接收外界的信息与命令, 并据此形成控制指令, 控制机器人做出反应 [8−10]。本节将介绍机器人控制器及机器人操作系统。

2.3.1 机器人控制器

一类常见的机器人控制器体系结构是分层结构, 以硬件或功能为基础把整个控制器系统分成若干层 (如硬件抽象层、中间层和应用层等), 明确划分功能模块, 这种结构的主要缺点是对控制的反应较慢, 如果外界与最底层的执行器进行联系, 要经过各层之间的信息交互才能够进行。另一类是总线结构, 总线结构的控制器其最大优点是易于扩展传感器和其他设备, 系统总线有的是用以太网 (图 2.11) , 也有的是用现场总线 (如 CAN 总线), 但是缺点也很明显, 控制器系统中的功能单元与外界设备信息交互都必须由主控制处理器决策，由于系统内部总线与外部设备总线在通信协议的不一致问题，在信息量大时容易产生通信瓶颈。

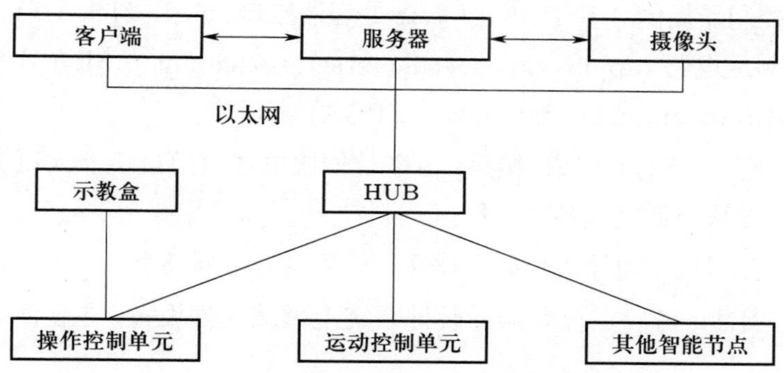

图 **2.11** 总线式机器人控制器的体系结构

以太网控制自动化技术 (Ethernet control automation technology, EtherCAT) 是一种用于确定性以太网的高性能工业通信协议，它使得数据传输中具有可预测性定时及高精度同步等特点，常用于机器人运动控制等应用中。

使用 EtherCAT 协议实现控制器与各模块间的通信，机器人控制系统硬件结构如图 2.12 所示。控制系统可以根据需求任意增减硬件模块，组成各种拓扑结构，通过扩展多个控制器，实现多机器人作业系统。系统由 EtherCAT 主站和 EtherCAT 从站组成，从站分为运动控制模块、I/O 模块和数据采集模块等。

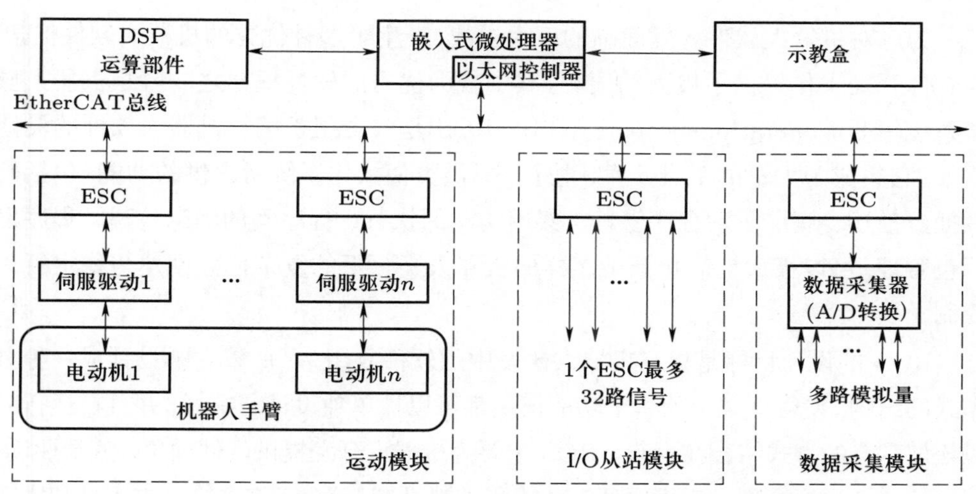

图 **2.12** 基于 **EtherCAT** 协议的机器人控制系统硬件结构

EtherCAT 主站采用嵌入式微处理器 ARM 来控制调度整个系统的运行，主要负责 EtherCAT 状态机管理及运动控制。示教盒作为主站的辅助工具，主要起离线路径规划及示教作用。数字信号处理 (digital signal processing, DSP) 作为主站的协处理器, 主要完成运动轨迹的插补。

EtherCAT 从站由 EtherCAT 从站控制器 (EtherCAT slave controller, ESC) 实现。从站控制器提供 3 种 PDI 接口: 微处理器接口、SPI 接口、I/O 接口。ESC 是采用专用集成电路 (application specific integrated circuit, ASIC) 或现场可编程门阵列 (field programmable gate array, FPGA) 实现的。

运动模块具有 EtherCAT 接口, 由多轴伺服电动机组成机器人以完成实际任务, 并配合末端执行器完成各种工作。

总体来说, 开放式机器人控制器体系结构应具有下列要求。

1) 可扩展性: 可以在控制器的硬件系统上增减硬件设备, 在软件上扩展功能模块。

2) 互操作性: 能与外界的其他控制器交换信息, 实现多控制器协调。

3) 可移植性: 控制器的软件系统可以移植到不同的软件环境。

2.3.2 机器人操作系统

硬件技术的飞速发展, 在促进机器人领域快速发展和复杂化的同时, 也对机器人系统的软件开发提出了巨大挑战。机器人平台与硬件设备越来越丰富, 致使软件代码的复用性和模块化需求越加强烈, 而已有的机器人系统又不能很好地适应需求。

为应对机器人软件开发面临的巨大挑战, 产生了多种优秀的机器人软件框架, 为软件开发工作提供了极大的便利, 其中较为优秀的软件框架之一就是机器人操作系统(robot operating system, ROS)。ROS 是一个用于编写机器人软件的灵活框架, 它集成了大量的工具、库、协议, 提供类似操作系统所提供的功能, 包括硬件抽象描述、底层驱动程序管理、共用功能的执行、程序间的消息传递、程序发行包管理, 可以极大地简化繁杂多样的机器人平台下的复杂任务创建与稳定行为控制。

ROS 的设计目标是提高机器人研发中的软件复用率, 所以它被设计成一种分布式的结构, 使得框架中的每个功能模块都可以被单独设计、编译, 并且在运行时以松散耦合的方式结合在一起。ROS 主要为机器人开发提供硬件抽象、底层驱动、消息传递、程序管理、应用原型等功能和机制, 同时整合了许多第三方工具和库文件, 以帮助用户快速完成机器人应用的建立、编写和多机整合。ROS 中的功能模块都封装于独立的功能包 (package) 或元功能包 (meta package) 中, 便于在社区中共享和分发。例如, 一个拥有室内地图建模领域专家的实验室可能会开发并发布一个先进的地图建模系统, 一个拥有导航方面专家的组织可以使用建模完成的地图进行机器人导航, 另一个专注于机器人视觉的组织可能开发出了一种物体识别的有效方法。ROS 为这些组织机构提供了一种相互合作的高效方式, 可以在已有成果的基础上继续自己工作的构建。

ROS 的核心——点对点的分布式网络, 使用了基于 TCP/IP 的通信方式, 实现模块间点对点的松耦合连接, 可以执行若干种类型的通信, 包括基于话题 (topic) 的异步数据流通信, 基于服务 (service) 的同步远程过程调用 (remote procedure call, RPC) 通信, 还有参数服务器上的数据存储等。

总体来讲, ROS 的特点主要有以下几点。

(1) 点对点的设计

在 ROS 中, 每一个进程都是以一个节点的形式运行, 可以分布于多个不同的主机。节点间的通信消息通过一个带有发布和订阅功能的 RPC 传输系统, 从发布节点传送到接收节点。这种点对点的设计, 可以分散定位、导航等功能带来的实时计算压力, 适应多机器人协同工作遇到的挑战。

(2) 多语言支持

为支持更多应用的移植和开发, ROS 被设计成一种语言弱相关的框架结构。ROS 使用简洁、中立的定义语言描述模块之间的消息接口, 在编译的过程中再产生所使用语言的目标文件, 为消息交互提供支持, 同时也允许消息接口的嵌套使用。目前已经支持 Python、C++、Java、Octave 和 LISP 等多种不同的计算机语言, 也可以同时使用这些语言完成不同模块的编程。

为了支持交叉语言, ROS 利用了简单的、语言无关的接口定义语言去描述模块之间的消息传送。接口定义语言使用了简短的文本去描述每条消息的结构, 也允许消息的合成。

(3) 架构精简、集成度高

在已有的繁杂的机器人应用中, 软件的复用性是一个巨大的问题。很多驱动程序、应用算法、功能模块在设计时过于混乱, 导致其很难在其他机器人或应用中进行移植和二次开发。而 ROS 框架具有的模块化特点, 使得每个功能节点可以进行单独编译, 并且使用统一的消息接口让模块的移植、复用更加便捷。同时, ROS 开源社区中移植、集成了大量已有开源项目中的代码, 如 OpenCV 库、点云库 (point cloud library, PCL) 等, 开发者可以使用丰富的资源实现机器人应用的快速开发。

(4) 组件化工具包丰富

移动机器人的开发, 往往需要一些友好的可视化工具和仿真软件。ROS 采用组件化的方法将这些工具和软件集成到系统当中, 可以作为一个组件直接使用, 例如 3D 可视化工具 (Robot Visualizer) 可以帮助开发者显示机器人 3D 模型、环境地图、导航路线等信息。此外, ROS 中还有消息查看、物理仿真等组件, 提高了机器人开发的效率。

(5) 免费并且开源

ROS 遵照的 BSD 许可给使用者较大的自由, 允许其修改和重新发布其中的应用代码, 甚至可以进行商业化的开发与销售。ROS 开源社区中的应用代码以维护者来分, 主要包含由 Willow Garage 公司和一些开发者设计、维护的核心库部分, 以及由不同国家的 ROS 社区组织开发和维护的全球范围的开源代码。在短短的几年里, ROS 软件包的数量呈指数级增长, 开发者可以在社区中下载、复用琳琅满目的机器人功能模块, 大大加速了机器人的应用开发。

2.4 机器人传感器

机器人需要检测和收集内外环境状况信息, 如关节位置、速度、加速度以及任务对象的信息和障碍信息等, 而获取这些信息就要依靠各种类型的传感器 [11–14]。这些传感器把获取的信息发送到控制单元, 控制单元再决定机器人的下一步操作。传感器的种类很多, 需要根据所需获取的信息情况、价格等因素选择。以下介绍在机器人中常见的七类传感器。

2.4.1 力传感器

力传感器主要用于测量外部作用在机械臂上的力或力矩。一般是在关节中安装力传感器, 以测量出作用在机器人关节上的力和力矩的直角坐标分量, 并将各分量合成矢量。对于直流电动机驱动关节, 通过测量转子电流也可简单地实现关节力的测量。本节讨论的主要是腕力传感器, 它大多被安装在机器人臂与末端执行器之间, 包括应变式力传感器和六维力传感器。

(1) 应变式力传感器

应变式力传感器是由电阻应变片、弹性元件和其他附加构件所组成, 是利用静力效应测力的位移型传感器。在利用静力效应测力的传感器中, 弹性元件是必不可少的组成环节, 它也是传感器的核心部分, 其结构形式和尺寸、力学性能、材料选择和加工质量等是保证测力传感器使用质量和测量精度的决定性因素。衡量弹性元件性能的主要指标是: 非线性、弹性滞后、弹性模量的温度系数、热膨胀系数、刚度、强度和固有频率等。弹性元件的结构可根据被测力的性质和大小以及允许的安放空间等因素设计成各种不同的形式。可以说弹性元件的结构形式一旦确定, 整个测力传感器的结构和应用范围也就基本确定。常用的测力弹性元件有柱式、梁式等 (图 2.13)。

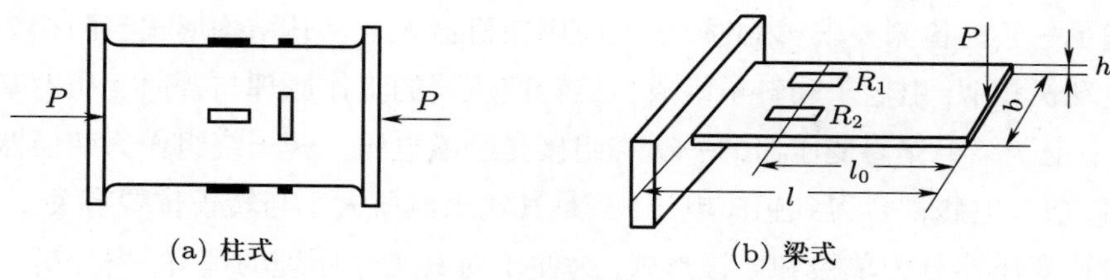

(a) 柱式　(b) 梁式

图 2.13　常用的测力弹性元件

(2) 六维力传感器

六维力传感器能够感知三维空间中的全部力信息, 即实现对三维正交力 $[F_x \quad F_y \quad F_z]^{\mathrm{T}}$ 和三维正交力矩 $[M_x \quad M_y \quad M_z]^{\mathrm{T}}$ 的同时测量, 在机器人领域得到广泛应用。六维力传感器通常采用复合梁结构的弹性体, 在外力作用下弹性体产生受力变形, 借助贴在弹性体上的电阻应变片感知弹性体受力状态。六维力传感器根据其基本结构可分为竖梁式、十字梁式、复合梁式、Stewart 式等 (图 2.14)。

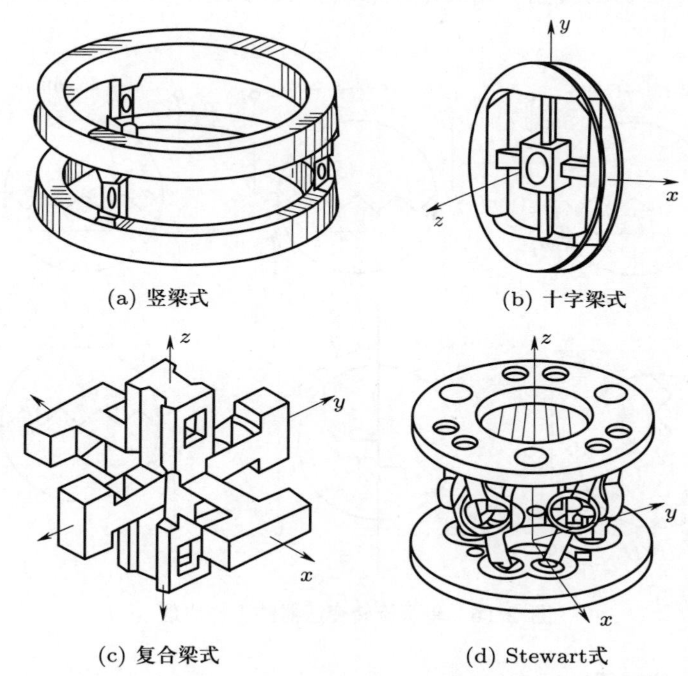

(a) 竖梁式　(b) 十字梁式

(c) 复合梁式　(d) Stewart式

图 2.14　典型六维力传感器

2.4.2　角度传感器

常用的角度传感器有旋转变压器和光电编码器。

2.4.2.1　旋转变压器

旋转变压器是一种常用的转角检测元件, 由于它结构简单, 工作可靠, 而且精度能满足一般的检测要求, 因此被广泛应用在机器人上。其结构形式与两相绕线式异步电动机相似, 由定子和转子组成。旋转变压器的工作原理与普通变压器基本相似, 其中定子绕组作为变压器的一次绕组接受励磁电压。转子绕组作为变压器的二次绕组, 通过电磁耦合得到感应电压, 只是其输出电压大小与转子位置有关。

旋转变压器分为单极和多极形式, 为便于对其工作原理的理解, 先分析一下单极工作情况, 如图 2.15 所示, 单极旋转变压器的定子和转子各有一对磁极, 假设加到定子绕组的励磁电压为 $U_1 = U_m \sin \omega t$, 则转子通过电磁耦合, 产生感应电压 U_2。当转子转到使它的磁轴和定子绕组磁轴垂直时转子绕组感应电压 $U_2 = 0$; 当转子绕组的磁轴自垂直位置转过一定角度 θ 时, 转子绕组中产生的感应电压为

$$U_2 = KU_1 \sin \theta = KU_m \sin \omega t \sin \theta \tag{2.1}$$

式中, K 是变压比 (即绕组匝数比); U_m 是励磁信号的幅值; ω 是励磁信号的角频率; θ 是旋转变压器的转角。角度发生相对位置的改变, 因而其电压的大小也随之变化。

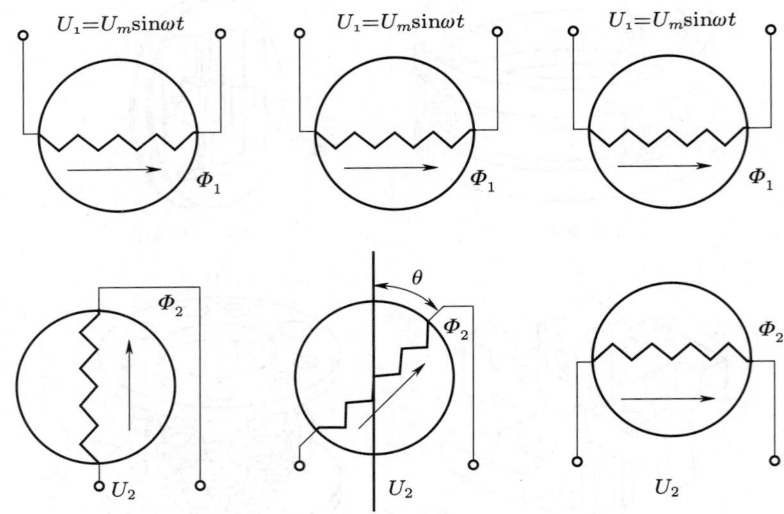

图 **2.15** 单级旋转变压器的工作原理

2.4.2.2 光电编码器

光电编码器是机器人中最常用的角度传感器, 能采用 TTL 二进制码提供轴的角度位置。有两种光电编码器——增量式编码器和绝对式编码器。

(1) 增量式编码器

增量式编码器又称脉冲光电编码器, 它是将位移转换成周期性变化的电信号, 再把这个电信号转变成计数脉冲, 用脉冲的个数表示位移的大小。其结构简单, 一般只有 3 个码道, 不能直接产生几位编码输出。

在增量式编码器码盘的最外圈码道上均匀分布着相当数量的透光与不透光的扇形区, 用于产生计数脉冲的增量码道 S_1。扇形区的多少决定了编码器的分辨率, 扇形区越多, 分辨率越高。例如, 一个每转 3 000 脉冲的增量式编码器, 其码盘的增量码道上共有 3 000 个透光和不透光的扇形区。中间码道上有与外圈码道相同数目的扇形区, 但错开了 1/2 个扇形区, 作为辨向码道 S_2。码盘旋转时, 增量码道与辨向码道的输出波形如图 2.16 所示。这种辨向方法与光栅的辨向原理相同。第三圈码道 Z 上只有一条透光的狭缝, 它作为码盘的基准位置所产生的脉冲信号将给计数系统提供一个初始的清零信号。

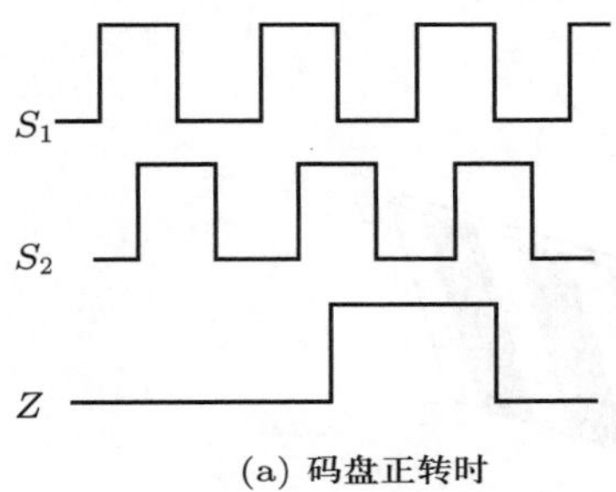

(a) 码盘正转时

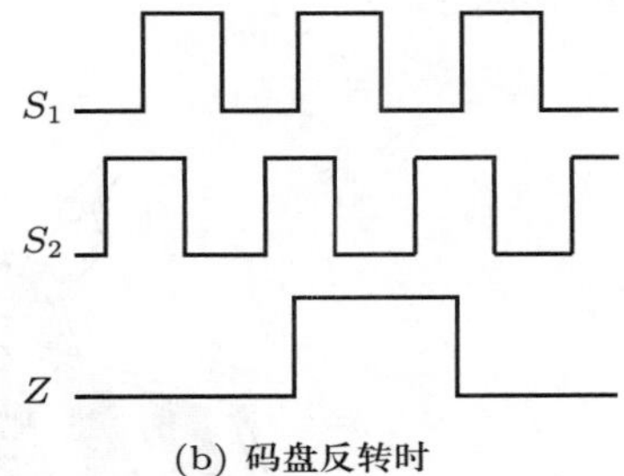

(b) 码盘反转时

图 **2.16** 增量式编码器的输出波形

增量式编码器制造简单, 可按需要设置零位。但是, 测量结果与中间过程有关, 抗振、抗干扰能力弱, 测量速度受限制。

(2) 绝对式编码器

绝对式编码器也是圆盘式的, 但其线条图形与增量式编码器不同。在绝对式编码器的圆盘上安排有黑白相间的图形, 使得任何半径方向上黑白区域的顺序组成驱动轴与已知原点间转角的二进制表示。4 位二进制码盘如图 2.17 所示。

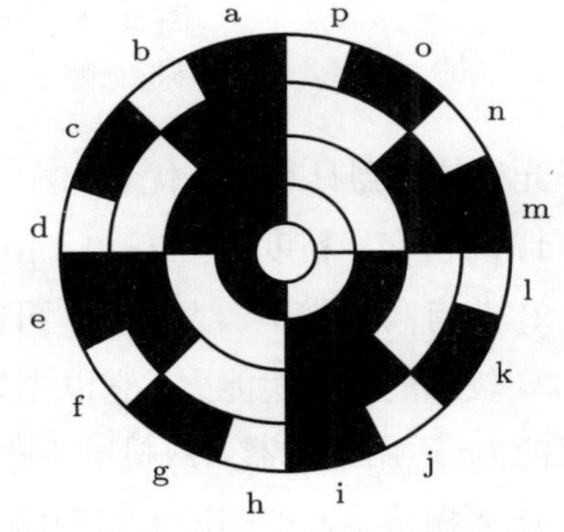

图 **2.17** 4 位二进制码盘

应用绝对式编码器能够得到对应于编码器初始锁定位置的驱动轴瞬时角度值。当设备受到压力时, 这种编码器就特别有用。只要读出每个关节编码器的读数, 就能够对伺服控制的给定信号进行调整, 以防止机器人启动时产生过于剧烈的运动。

2.4.3 位移传感器

(1) 光栅位移传感器

光栅位移传感器是模—数传感器的一种, 基于光栅莫尔条纹信息变换的原理实现位移测量，可以用作自动控制系统中的反馈信号来校正系统的误差。

所谓光栅，就是在透明的玻璃板上均匀地刻出许多明暗相间的条纹，或在金属镜面上均匀地划出许多间隔相等的条纹。通常，线条的间隙和宽度是相等的。以透光的玻璃为载体的称为透射光栅，以不透光的金属为载体的称为反射光栅。根据外形，光栅可分为直线光栅和圆光栅。光栅位移传感器的结构如图 2.18 所示。它主要由标尺光栅、指示光栅、光电器件和光源等组成。通常，标尺光栅与被测物体相连，随被测物体的直线位移而产生位移。一般标尺光栅和指示光栅的刻线密度是相同的，而刻线之间的距离 W 称为栅距。光栅条纹密度一般为每毫米 25、50、100、250 条，等等。

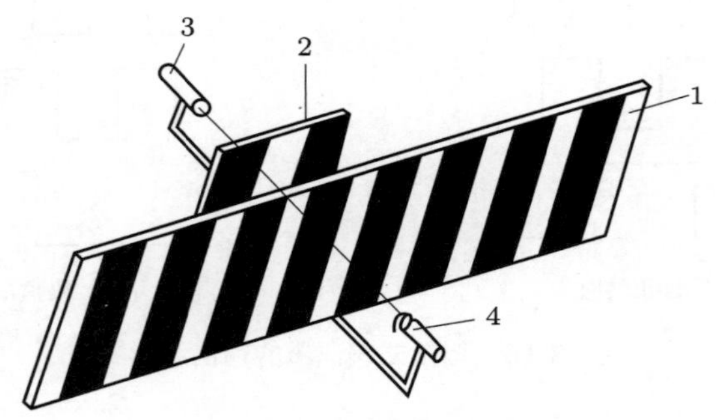

图 **2.18** 光栅位移传感器的结构原理

1—标尺光栅；2—指示光栅；3—光电器件；4—光源

光栅传感器具有如下优点。

1) 高精度。精度为 0.2～0.4 μm/m。

2) 兼有高分辨率、大量程。可制作分辨率为微米量级，量程 2 m。

3) 较强的抗干扰能力。它以光为媒介实现位移—数字变换，具有较强的抗电磁干扰能力，适用于机器人或机电干扰较强的场合。

4) 光栅传感器的辅助电路和信号处理电路简单。

检测装置由光栅传感器和数显仪组成，数显仪包括放大器、电子细分电路、鉴零整形电路、判向电路、可逆计数器、数显电路和电源等部分。在光电读数头里装有指示光栅，当光电读数头与标尺光栅相对运动时，便产生位移信号至放大器，位移信号经放大、细分、整形后得到相位差为 $\pi/2$ 的两路脉冲信号，然后由方向判别器判别两路脉冲信号的先后顺序 (即位移方向)，再控制可逆计数器加或减计数。最后测量结果以十进制数字显示出来，并使用“+”“−”符号表示位移方向。

(2) 感应同步器

感应同步器是利用电磁感应原理把两个平面绕组间的位移量转换成电信号的一种位移传感器。按测量机械位移的对象不同，感应同步器可分为直线式和圆盘式两类, 分别用来检测直线位移和角位移。由于它成本低、受环境温度影响小、测量精度高, 且为非接触测量, 所以在位移检测中得到广泛应用, 特别是用于各种机床的位移数字显示、自动定位和数控系统。

直线式感应同步器由定尺和滑尺两部分组成, 如图 2.19 所示。图 2.20 为直线式感应同步器定尺和滑尺的结构。其制造工艺是先在基板 (玻璃或金属) 上涂上一层绝缘黏合材料, 将铜箔粘牢, 用制造印刷线路板的腐蚀方法制成节距 T 一般为 2 mm 的方齿形线圈。定尺绕组是连续的。滑尺上分布着两个励磁绕组, 分别称为正弦绕组和余弦绕组。当正弦绕组与定尺绕组相位相同时, 余弦绕组与定尺绕组错开 1/4 节距。滑尺和定尺相对平行安装, 其间保持一定间隙 (0.05~0.2 mm)。

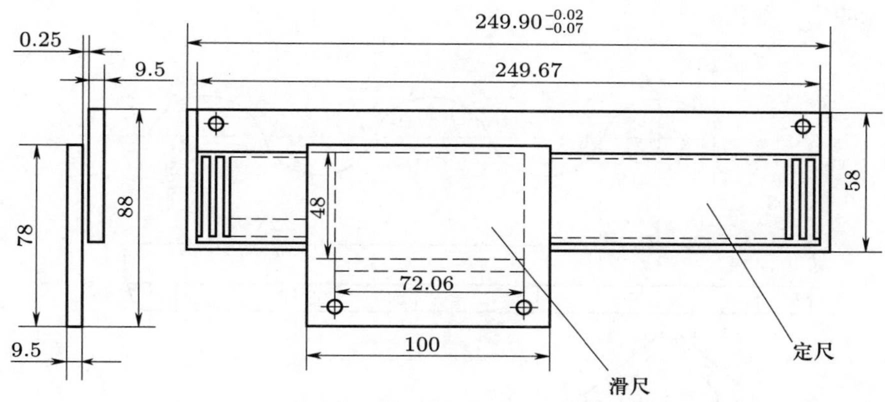

图 **2.19** 直线式感应同步器的组成 (单位: **mm**)

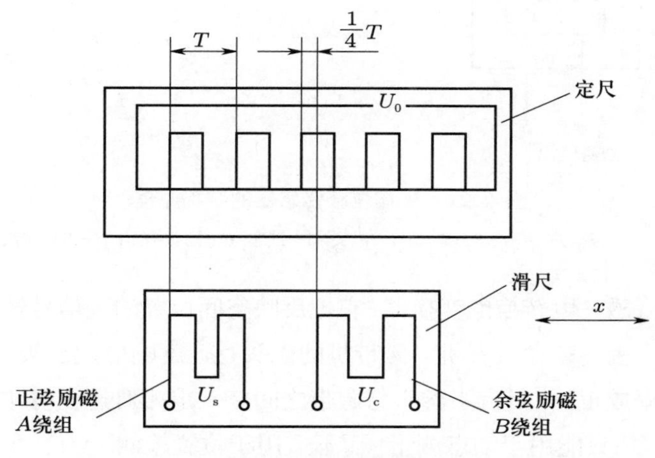

图 **2.20** 直线式感应同步器定尺、滑尺的结构

感应同步器是利用感应电压的变化来进行位置检测的。根据对滑尺绕组供电方式的不同以及对输出电压检测方式的不同, 感应同步器的测量方式分为相位和幅

值两种工作法。前者是通过检测感应电压的相位来测量位移, 后者是通过检测感应电压的幅值来测量位移。

(3) 磁栅位移传感器

磁栅是利用电磁特性来进行机械位移的检测。与其他类型的位移传感器相比, 磁栅位移传感器具有结构简单、使用方便、动态范围大 (1~20 m) 和磁信号可以重新录制等特点。其缺点是需要屏蔽和防尘。

磁栅位移传感器的结构原理如图 2.21 所示。它由磁尺 (磁栅)、磁头和检测电路等部分组成。磁尺是采用录磁的方法, 在一根基体表面涂有磁性膜的尺子上记录下一定波长的磁化信号, 以此作为基准刻度标尺。磁头把磁栅上的磁信号检测出来并转换成电信号。检测电路主要用来供给磁头激励电压和将磁头检测到的信号转换为脉冲信号输出。

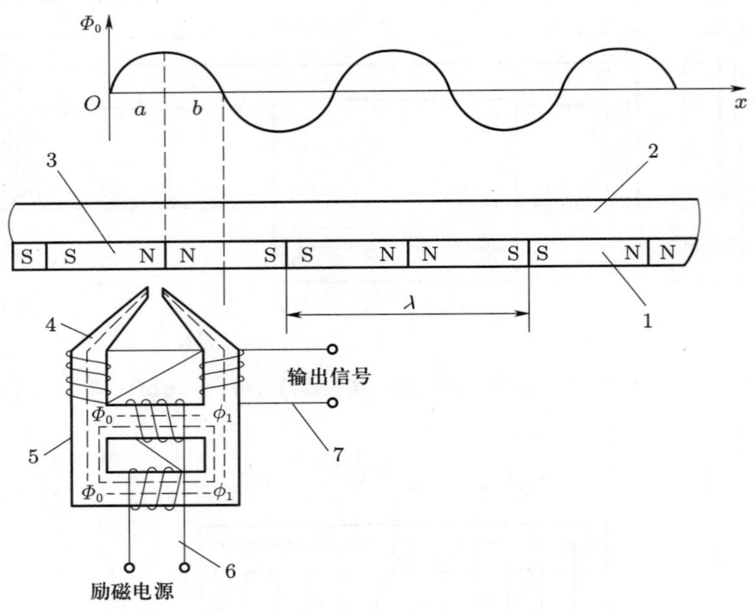

图 **2.21** 磁栅位移传感器的结构原理

1—磁性膜; 2—基体; 3—磁尺; 4—磁头; 5—铁芯; 6—励磁绕组; 7—拾磁绕组

磁头是进行磁—电转换的变换器, 它把反映空间位置的磁信号转换为电信号输送到检测电路中去。普通录音机、磁带机的磁头是速度响应型磁头, 其输出电压幅值与磁通变化率成正比, 只有当磁头与磁带之间有一定相对速度时才能读取磁化信号, 所以这种磁头只能用于动态测量, 而不适用于位置检测。为了在低速运动和静止时也能进行位置检测, 必须采用磁通响应型磁头。磁通响应型磁头是利用带可饱和铁芯的磁性调制器原理制成的。它在用软磁材料制成的铁芯上绕有两个绕组, 一个为励磁绕组, 另一个为拾磁绕组, 这两个绕组均由两段绕向相反并绕在不同的铁芯臂上的绕组串联而成。将高频励磁电流通入励磁绕组时, 磁头上产生磁通 Φ_1。当磁头靠近磁尺时, 磁尺上的磁信号产生的磁通 Φ_0 进入磁头铁芯, 并被高频励磁电流所产生的磁通 Φ_1 所调制。于是拾磁线圈中的感应电压为

$$U = U_0 \sin\frac{2\pi x}{\lambda}\sin\omega t \tag{2.2}$$

式中, U_0 为输出电压系数; λ 为磁尺上磁化信号的节距; x 为磁头相对磁尺的位移; ω 为励磁电压的角频率。为了辨别磁头在磁尺上的移动方向, 通常采用间距为 $(m \pm 1/4)\lambda$ 的两组磁头 (其中 m 为任意正整数)。将两个线圈差动连接, 得到感应电压, 将其送入到鉴相测量电路, 可以解算出磁头在磁尺上移动的距离。

2.4.4 速度传感器

速度传感器是指能够感知和测量单位时间内线位移或角位移 (角度) 的增量, 并将其转变为电量变化的元件。速度包括线速度和角速度, 与之相对应的就有线速度传感器和角速度传感器, 统称为速度传感器。速度传感器按照工作原理可以分为磁电式速度传感器、光电式速度传感器、光断续器式速度传感器、离心式速度传感器、电涡流式速度传感器、霍尔式速度传感器、电动式速度传感器、电磁式速度传感器、多普勒速度传感器等。下面对常用的速度传感器进行介绍。

(1) 光电式转速传感器

光电传感器是将光信号转换成电信号的光敏器件, 它可用于检测直接引起光强变化的非电量, 如光强、辐射测温、气体成分分析等; 也可用来检测能转换成光量变化的其他非电量, 如零件线度、表面粗糙度、位移、速度、加速度等。光电传感器具有响应快、性能可靠、能实现非接触测量等优点, 因而在检测和控制领域获得广泛应用。光电式转速传感器是光电传感器中主要进行转速测量的一种传感器, 其作用原理是基于物质的光电效应。光电式转速传感器原理如图 2.22 所示。

(2) 光纤多普勒速度传感器

利用激光多普勒效应, 在激光照射用测头或散射光拾波用测头上使用光纤的速度传感器, 称为光纤激光多普勒速度传感器, 简称光纤多普勒速度传感器或者光纤 LDV。光纤 LDV 除了具有非接触、远距离、高精度和速度测定范围广等特征以外, 作为光纤传感器的典型实例, 其还具有绝缘性、无诱导特性、本征安全防爆性、可挠性、轻量和小型等特征。因此, 在恶劣环境中的各种工业设备内, 可以用它作为产品的速度和长度测量、刚体的微幅振动测量以及流体的流量测量传感器。它不仅可作为监测用传感器, 也可作为控制用传感器。光纤多普勒速度传感器原理如图 2.23 所示。

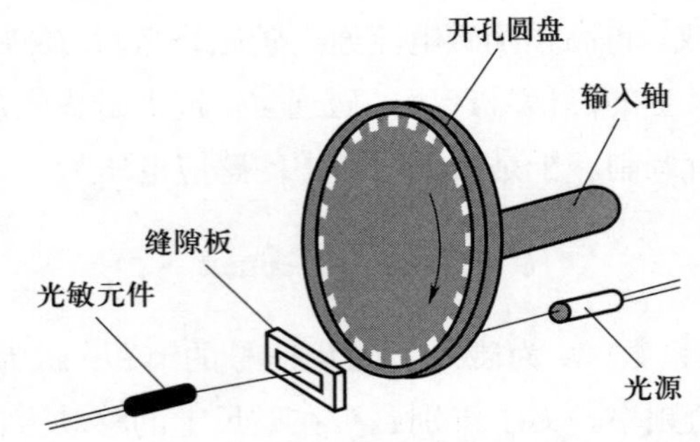

(a) 透射式光电转速传感器

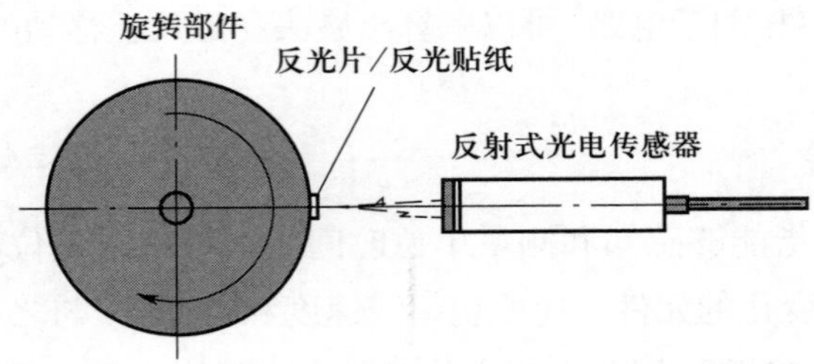

(b) 反射式光电转速传感器

图 **2.22** 光电式转速传感器原理

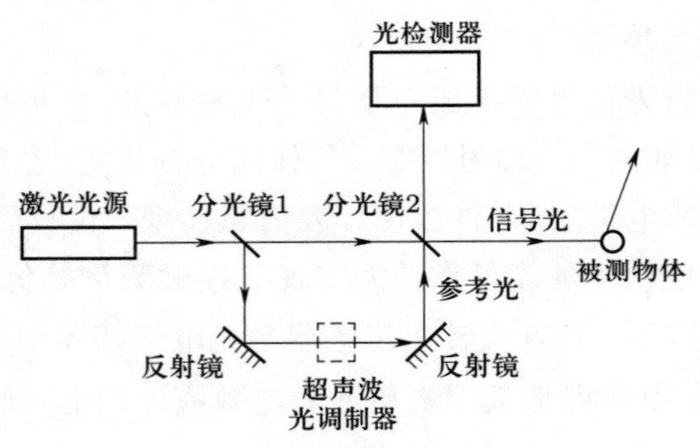

(a) 参考光型LDV

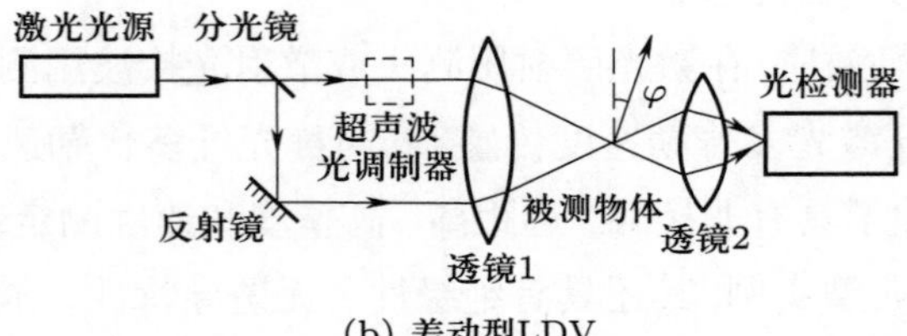

(b) 差动型LDV

图 **2.23** 光纤多普勒速度传感器原理

2.4.5 加速度传感器

加速度传感器用来检测机器人的加速度, 同样包括本体的加速度和各关节角加速度。有时候为抑制各关节的机械振动, 也需要检测加速度。机器人本体的运动加速度和重力加速度对控制其姿态有重要作用, 而各关节加速度对其动态性能、稳定性等有重要影响。由于微分对噪声的放大作用, 工程上一般不能通过对位移信号的二次微分来获得加速度信号, 而必须用专门的加速度传感器。根据原理可分为应变式、压电式和 MEMS 等。

(1) 应变式加速度传感器

应变式加速度传感器主要用于物体加速度的测量。其基本工作原理是: 物体运动的加速度与作用在它上面的力成正比, 与物体的质量成反比, 即 $a = F/M$。

图 2.24 所示为应变式加速度传感器的结构, 图中 1 是等强度梁, 自由端安装质量块 2, 另一端固定在壳体 3 上。等强度梁上粘贴 4 个电阻应变敏感元件 4。为了调节振动系统阻尼系数, 在壳体内充满硅油。

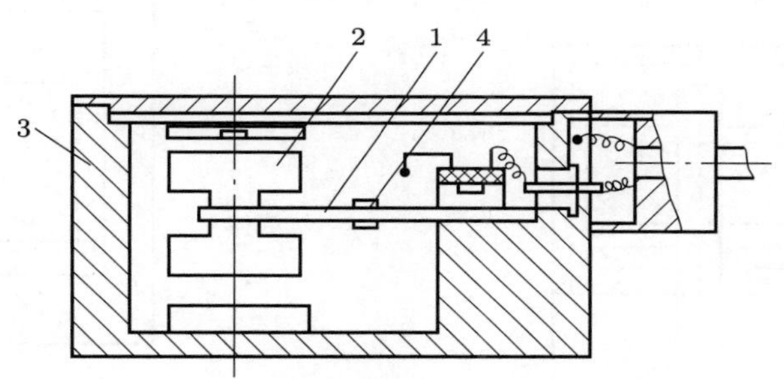

图 2.24 应变式加速度传感器结构

1—等强度梁; 2—质量块; 3—壳体; 4—电阻应变敏感元件

在测量时, 将传感器壳体与被测对象刚性连接, 当被测物体以加速度 a 运动时, 质量块受到一个与加速度方向相反的惯性力作用, 使悬臂梁变形, 该变形被粘贴在悬臂梁上的应变片感受到并随之产生应变, 从而使应变片的电阻发生变化。电阻的变化引起应变片组成的桥路出现不平衡, 从而输出电压, 即可得出加速度 a 的大小。

应变式加速度传感器不适用于频率较高的振动和冲击场合, 一般适用频率为 10～60 Hz。

(2) 压电式加速度传感器

压电式加速度传感器就是利用压电原理, 即利用某些物质如石英晶体的压电效应, 测量标准质量块所受到的惯性力, 再根据牛顿第二定律计算加速度。加速度传感器在受振时, 质量块加在压电元件上的力也随之变化。当被测振动频率远低于加速度传感器的固有频率时, 力的变化与被测加速度成正比。压电式加速度传感器具有动态范围大、频率范围宽、坚固耐用、受外界干扰小, 以及压电材料受力自产生电荷信号、不需要任何外界电源等特点。压电式加速度传感器主要由压电元件、质量块、锁定弹簧、基座及外壳等组成 (图 2.25)。

(3) MEMS 加速度传感器

MEMS 加速度传感器由于采用了微机电系统 (micro-electro-mechanical system, MEMS) 技术, 尺寸大大缩小, 因而质量小、功耗低、线性度好。由于微机械结构制作精确、重复性好、易于集成化、适于大批量生产, 具有很高的性价比。MEMS 加速度传感器有很多种分类方法: 按照惯性检测质量的运动方式可分为线加速度传感器和角加速度传感器; 按照有无反馈信号可分为开环加速度传感器和闭环加速度传感器; 按照材料可分为硅微加速度传感器、石英加速度传感器、金属加速度传感器; 按照信号检测方式可分为压阻式、电容式、压电式、隧道电流式、谐振式等。图 2.26 是一种典型的压电式 MEMS 加速度传感器结构。

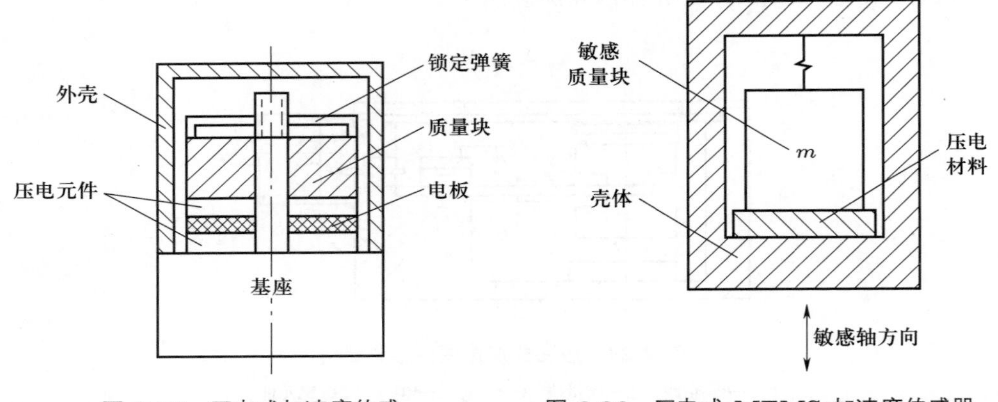

图 **2.25**　压电式加速度传感　　图 **2.26**　压电式 **MEMS** 加速度传感器

2.4.6　环境感知传感器

在机器人环境感知技术中, 传感器负责采集机器人所需要的信息, 包括感知机器人自身、机器人工作的周围环境等, 为机器人控制系统提供及时、准确、可靠的决策依据。因此, 在机器人环境感知技术中, 传感器就相当于系统的感受器官, 可以快速、精确地获取信息, 是实现机器人安全有效工作的前提。目前常用的环境感知传感器包括超声波传感器、红外传感器、激光雷达等。

(1) 超声波传感器

超声波传感器是利用超声波的特性研制而成的传感器 (图 2.27)。超声波是一种振动频率高于声波的机械波, 具有频率高、波长短、绕射现象小, 特别是方向性好, 能够成为射线而定向传播等特点。超声波传感器的数据处理简单快速, 检测距离较短, 主要用于近距离障碍物检测。超声波在空气中传播时能量会有较大的衰减, 难以得到准确的距离信息, 一般不单独用于环境感知, 或者仅仅应用于对感知精度要求不高的场合。

(2) 红外传感器

红外传感器是指利用红外线的物理性质进行测量的传感器 (图 2.28)。红外线具有反射、折射、散射、干涉、吸收等性质。红外传感器与超声波传感器性能相似, 只是红外线传感器不受光线、风、沙、雨、雪、雾的影响, 因此它的环境适应性好, 且功耗低。与超声波传感器相比, 其探测视角小, 但方向性和测量精度有所提高。

图 **2.27** 超声波传感器

图 **2.28** 红外传感器

(3) 激光雷达

激光雷达是以发射激光束来探测目标位置的雷达系统。根据扫描机构的不同, 激光雷达有二维和三维两种 (图 2.29)。它们大部分都是靠旋转的反射镜将激光发射出去并通过测量发射光与物体表面反射光之间的时间差来测距。三维激光雷达的反射镜还附加一定范围内的俯仰, 以达到面扫描的效果。用激光雷达测量时间差主要有脉冲检测法、相干检测法和相移检测法。其中, 脉冲检测法是利用激光脉冲传播往返时间差的测量来完成的。二维激光雷达和三维激光雷达在移动机器人上得到了广泛应用。与三维激光测距雷达相比, 二维激光雷达只在一个平面上扫描, 结构简单, 测距速度快, 系统稳定可靠; 但是也不可否认, 将二维激光雷达用于地形复杂、路面高低不平的环境时, 由于其只能在一个平面上进行单线扫描, 故不可避免地会出现数据失真和虚报的现象。同时, 由于数据量有限, 用单个二维激光雷达也无法完成复杂环境下的地形重建工作。

2.4.7 视觉传感器

视觉传感器 (又称智能相机, smart camera) 并不是一台简单的相机, 而是一种高度集成化的微小型机器视觉系统。它将图像的采集、处理与通信功能集成于单一相机内, 从而提供了具有多功能、模块化、高可靠性、易于实现的机器视觉解决方

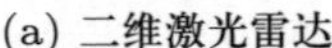

(a) 二维激光雷达

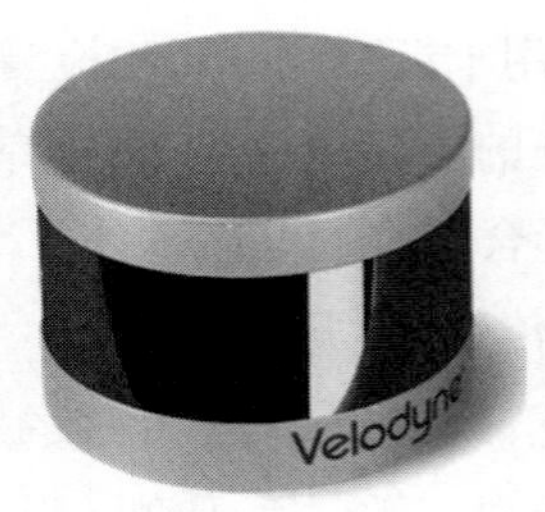

(b) 三维激光雷达

图 **2.29** 激光雷达

案。同时, 由于应用了最新的 DSP、FPGA 及大容量存储技术, 其智能化程度不断提高, 可满足多种机器视觉的应用需求。视觉传感器具有易学、易用、易维护、安装方便等特点, 可在短期内构建起可靠而有效的机器视觉系统。

视觉传感器一般由图像采集单元、图像处理单元、图像处理软件、网络通信装置、显示设备等构成, 各部分的功能简述如下。

(1) 图像采集单元

在视觉传感器中, 图像采集单元相当于传统 PC 式视觉系统上的 CCD/CMOS 相机和图像采集卡。它将光学图像转换为模拟/数字图像, 并输出至图像处理单元。

(2) 图像处理单元

图像处理单元类似于图像采集/处理卡及微机。它可对图像采集单元的图像数据进行实时的存储, 并在图像处理软件的支持下进行图像处理。图像处理系统可由 FPGA 或 DSP 等高速数字处理器件来完成图像处理, 用户可在计算机上离线编写 C 或汇编应用程序, 或通过模块设计的专用软件设计检测软件, 并在计算机上调试成功后下载到视觉传感器中。图像处理程序可以任意修改和上传, 具有无限的二次开发能力。

(3) 图像处理软件

图像处理软件主要为硬件图像处理单元提供支持。一般的视觉传感器都带有相应的图像处理软件, 根据测量任务在计算机上运用图像处理软件自带的模块化工具包 (软传感器), 用户可直接应用而无须编程, 从而搭建相应的处理平台, 并进行仿真测量。一般的模块化工具包包括边缘的提取、Blob、灰度直方图、OCV/OVR、特征计数、数学工具等。图像处理软件在计算机上调试成功后, 生成的相应固件可通过通信接口下载到视觉传感器中。

(4) 网络通信装置

网络通信装置是视觉传感器的重要组成部分, 主要完成控制信息、图像数据的通信任务。视觉传感器一般均内置以太网通信装置, 并支持多种标准网络和总线协议, 如 TCP/IP、FTP、Telnet、SMTP、EtherNet/IP、ModBus/TCP 等, 从而使多台视觉传感器构成更大的机器视觉系统, 将数据信息分享至工厂及企业的网络中, 能够轻松地将视觉传感器连接至 PLC 或其他支持 EtherNet/IP 的设备。

(5) 显示设备

显示设备为可选设备, 视觉传感器带有标准视频接口, 可以配置监视器以监视图像的处理过程, 利于用户即时发现故障, 采取补救措施。也可以通过网络通信装置或高速接口将处理结果在计算机的图形界面上显示。视觉传感器的整体架构如图 2.30 所示。

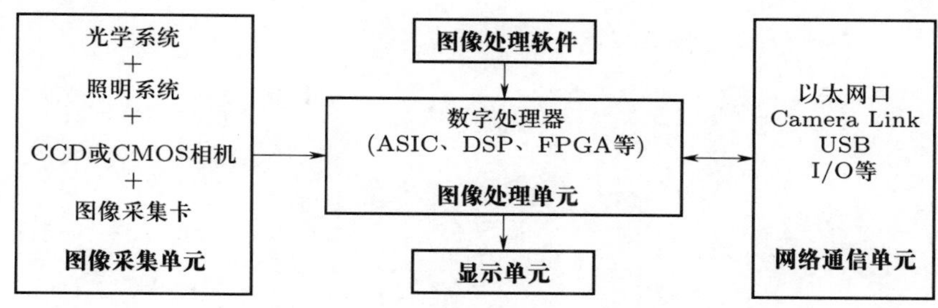

图 **2.30** 视觉传感器的整体架构

参考文献

[1] 施文龙. 六轴工业机器人控制系统的研究与实现 [D]. 武汉: 武汉科技大学, 2015.

[2] 刘极峰, 易际明. 机器人技术基础 [M]. 北京: 高等教育出版社, 2006: 7−8.

[3] 张策. 机械原理与机械设计 [M]. 北京: 机械工业出版社, 2004.

[4] 于登云, 潘博, 孙京. 空间机械臂关节动力学建模与分析的研究进展 [J]. 宇航学报, 2010, 31(11): 1−10.

[5] 殷际英, 何广平. 关节型机器人 [M]. 北京: 化学工业出版社, 2003.

[6] 王敏, 吕学勤, 瞿艳, 等. 机器人驱动方式及其在焊接机器人中的应用 [J]. 机械制造文摘 (焊接分册), 2018, 274(2): 30−35.

[7] 克来格. 机器人学导论 [M]. 3 版. 贠超, 王伟, 译. 北京: 机械工业出版社, 2006.

[8] Tang H, He Z, Ma Y, et al. A step identification method for kinematic calibration of a 6−DOF serial robot [M]//Zhang X, Wang N, Huang Y. Mechanism and Machine Science.Singapore: Springer, 2017.

[9] Flores F G, Röttgermann S, Weber B, et al. Generalization of the virtual redundant axis method to multiple serial−robot singularities [M]//Arakelian V, Wenger P. ROMANSY 22−Robot Design, Dynamics and Control. Cham: Springer, 2019: 499−506.

[10] Wang H, Gao T, Kinugawa J, et al. Finding measurement configurations for accurate robot calibration: Validation with a cable−driven robot [J]. IEEE Transactions on Robotics, 2017, 33(5): 1156−1169.

[11] 高国富, 谢少荣, 罗均. 机器人传感器及其应用 [M]. 北京: 化学工业出版社, 2005.
[12] 卞正岗. 机器人产业的现状和发展趋势 [J]. 智慧工厂, 2016(10): 55−58.
[13] 张凯. SCARA 机器人鲁棒控制及控制系统开发 [D]. 合肥: 合肥工业大学, 2019.
[14] 贺淑娟. 六自由度机械臂路径规划的分析与设计 [D]. 沈阳: 东北大学, 2008.

第 3 章 机器人控制数学基础

3.1 引言

机器人控制涉及很多数学知识, 本章首先介绍向量矩阵法, 它可以更紧凑地表示质点系的运动方程。首先重点介绍一些与基本方程推导和应用相关的矩阵代数的基本知识, 包括矩阵的基本运算和广义逆的概念。然后介绍李雅普诺夫函数判定的稳定性理论, 它主要用于证明基于基本方程的鲁棒控制器的一致有界和一致最终有界的性能。李雅普诺夫稳定性理论讨论的是动态系统各平衡态附近的局部稳定性问题。它是一种具有普遍性的稳定性理论, 不仅适用于线性定常系统, 而且也适用于非线性系统、时变系统、分布参数系统。本章介绍李雅普诺夫稳定性的几种定义, 为控制器的稳定性证明打好基础。最后介绍模糊集合理论, 包括模糊集基本理论、模糊集合的概念和基本运算, 以给基于基本方程的模糊动力学系统控制及优化奠定理论基础。

3.2 向量矩阵法

考虑一个质量为 m 的质点, 对于任意给定的时间 t, 质点在直角坐标系下的坐标为 $\{x(t), y(t), z(t)\}$, 作用在质点上的外力表示为 $\{F_x(t), F_y(t), F_z(t)\}$。

下面考虑一组质点 $m_1, m_2, \cdots, m_3$, 它们的坐标在任何时刻 t 都可以由 $3n$ 个分量 $\{x_1(t), y_1(t), z_1(t)\}$, $\{x_2(t), y_2(t), z_2(t)\}$, $\cdots$, $\{x_n(t), y_n(t), z_n(t)\}$ 来描述。假设直角坐标系是"惯性的", 施加在每一个质点上的力可以分别表示为 $\{F_{1x}(t), F_{1y}(t), F_{1z}(t)\}, \{F_{2x}(t), F_{2y}(t), F_{2z}(t)\}$, $\cdots$, $\{F_{nx}(t), F_{ny}(t), F_{nz}(t)\}$。

根据牛顿第二定律, 如果每个质点相对其他质点独立, 可自由运动, 则这组质

点的运动方程可以由 $N=3n$ 个方程表示:

$$\begin{cases} m_i\ddot{x}_i = F_{ix}, \\ m_i\ddot{y}_i = F_{iy}, \quad i=1,2,\cdots,n \\ m_i\ddot{z}_i = F_{iz}, \end{cases} \tag{3.1}$$

或者

$$\begin{cases} \ddot{x}_i = \dfrac{1}{m_i}F_{ix} = a_{ix}, \\ \ddot{y}_i = \dfrac{1}{m_i}F_{iy} = a_{iy}, \quad i=1,2,\cdots,n \\ \ddot{z}_i = \dfrac{1}{m_i}F_{iz} = a_{iz}, \end{cases} \tag{3.2}$$

a_{ix} 等于施加在第 i 个质点上的 x 向上的力除以相应质点的质量 m_i。排除两个质点在任一给定时刻处于相同位置的可能性, 这个状态称为一组质点中不可预知的条件。

下面给出一个更紧凑的方式来表示式 (3.1) 和式 (3.2), 即向量矩阵法 [1]。用一个列向量 $\boldsymbol{X}_1(t)$ 来表示时刻 t 的 3 个变量 $x_1(t)$, $y_1(t)$, $z_1(t)$, 即

$$\boldsymbol{X}_1(t) = \begin{bmatrix} x_1(t) \\ y_1(t) \\ z_1(t) \end{bmatrix} \tag{3.3}$$

变量 $x_1(t)$, $y_1(t)$, $z_1(t)$ 称为矢量 $\boldsymbol{X}_1(t)$ 的分量。矢量 $\boldsymbol{X}_1(t)$ 是一个 3 行 1 列的矩阵, 记为 3×1 阶矩阵, 或简称为三维矢量。类似地, 可定义矢量 $\boldsymbol{F}_1(t)$ 为

$$\boldsymbol{F}_1(t) = \begin{bmatrix} F_{1x}(t) \\ F_{1y}(t) \\ F_{1z}(t) \end{bmatrix} \tag{3.4}$$

矢量 $\boldsymbol{X}_1(t)$ 对时间求导, 有

$$\dot{\boldsymbol{X}}_1(t) = \frac{\mathrm{d}}{\mathrm{d}t}\boldsymbol{X}_1(t) = \frac{\mathrm{d}}{\mathrm{d}t}\begin{bmatrix} x_1(t) \\ y_1(t) \\ z_1(t) \end{bmatrix} = \begin{bmatrix} \dfrac{\mathrm{d}}{\mathrm{d}t}x_1(t) \\ \dfrac{\mathrm{d}}{\mathrm{d}t}y_1(t) \\ \dfrac{\mathrm{d}}{\mathrm{d}t}z_1(t) \end{bmatrix} \tag{3.5}$$

对时间的二次导数 $\ddot{\boldsymbol{X}}_1(t)$ 可以类似地定义为列矢量 $\dot{\boldsymbol{X}}_1(t)$ 的一次导数。

因此, 对于质点 m_1, 通过矢量方程表达的牛顿运动定律为

$$m_1\ddot{\boldsymbol{X}}_1(t) = \boldsymbol{F}_1(t) \tag{3.6}$$

定义矢量 $\ddot{\boldsymbol{X}}_1(t)$ 与标量 m_1 的乘积即为矢量 $\ddot{\boldsymbol{X}}_1(t)$ 的 (3 个) 分量与标量 m_1 的乘积。矢量方程式 (3.6) 实际包含了 3 个标量方程。因此, 用向量矩阵法可将式 (3.1) 写为

$$\begin{bmatrix} m_1 & 0 & 0 & \cdots & 0 & 0 & 0 \\ 0 & m_1 & 0 & \cdots & 0 & 0 & 0 \\ 0 & 0 & m_1 & \cdots & 0 & 0 & 0 \\ \vdots & \vdots & \vdots & & \vdots & \vdots & \vdots \\ 0 & 0 & 0 & \cdots & m_n & 0 & 0 \\ 0 & 0 & 0 & \cdots & 0 & m_n & 0 \\ 0 & 0 & 0 & \cdots & 0 & 0 & m_n \end{bmatrix} \begin{bmatrix} \ddot{x}_1 \\ \ddot{y}_1 \\ \ddot{z}_1 \\ \vdots \\ \ddot{x}_n \\ \ddot{y}_n \\ \ddot{z}_n \end{bmatrix} = \begin{bmatrix} F_{1x} \\ F_{1y} \\ F_{1z} \\ \vdots \\ F_{nx} \\ F_{ny} \\ F_{nz} \end{bmatrix} \tag{3.7}$$

或更简洁地写为

$$\boldsymbol{M}\ddot{\boldsymbol{X}}(t) = \boldsymbol{F}(t) \tag{3.8}$$

式中, $\ddot{\boldsymbol{X}}(t) = [\ddot{\boldsymbol{X}}_1^{\mathrm{T}}(t) \quad \ddot{\boldsymbol{X}}_2^{\mathrm{T}}(t) \quad \cdots \quad \ddot{\boldsymbol{X}}_n^{\mathrm{T}}(t)]^{\mathrm{T}}$, $\boldsymbol{F}(t) = [\boldsymbol{F}_1^{\mathrm{T}}(t) \quad \boldsymbol{F}_2^{\mathrm{T}}(t) \quad \cdots \quad \boldsymbol{F}_n^{\mathrm{T}}(t)]^{\mathrm{T}}$。上标 T 表示矩阵的转置。矢量 $\ddot{\boldsymbol{X}}(t)$、$\boldsymbol{F}(t)$ 各有 $N = 3n$ 个分量, 每个矢量 $\boldsymbol{X}_i(t)\,(i = 1, 2, \cdots, n)$ 有 3 个分量。式 (3.8) 中的 $\boldsymbol{M}$ 是除了对角线其余位置均为零的 N 阶矩阵, 称作对角矩阵, 可表示为 $\boldsymbol{M} = \mathrm{diag}\,(m_1, m_1, m_1, \cdots, m_n, m_n, m_n)$。注意在矩阵 $\boldsymbol{M}$ 的对角线上, 质点的质量每三个为一组。

定义 $m \times n$ 阶矩阵 $\boldsymbol{A}$ (a_{ij} 代表其第 i 行、第 j 列的元素) 与 $n \times 1$ 的列向量 $\boldsymbol{b}$ 的乘积为 $m \times 1$ 的列向量 $\boldsymbol{c}$。矢量 $\boldsymbol{c}$ 的各分量为

$$c_i = \sum_{k=1}^{n} a_{ik} b_k, \quad i = 1, 2, \cdots, m \tag{3.9}$$

或更简洁地表示为

$$\boldsymbol{c} = \boldsymbol{A}\boldsymbol{b} \tag{3.10}$$

列向量 $\boldsymbol{c}$ 也可认为是一个 $m \times 1$ 阶矩阵, 它的转置 $\boldsymbol{c}^{\mathrm{T}}$ 为 $1 \times m$ 阶矩阵。

用式 (3.10) 和式 (3.9) 的表示方法, 可验证式 (3.1) 确实可以写成式 (3.7) 的形式, 或写成式 (3.8) 的简洁形式。

一般来说, $m \times r$ 阶矩阵 $\boldsymbol{A}$ 与 $r \times n$ 阶矩阵 $\boldsymbol{B}$ 的乘积被定义为 $m \times n$ 阶矩阵 $\boldsymbol{C}$, 它的第 i 行、第 j 列元素为

$$c_{ij} = \sum_{k=1}^{r} a_{ik} b_{kj}, \quad i = 1, 2, \cdots, m; \quad j = 1, 2, \cdots, n \tag{3.11}$$

或者, 更简洁地写为

$$\boldsymbol{C} = \boldsymbol{AB} \tag{3.12}$$

式 (3.2) 对应的矩阵可写为

$$\ddot{\boldsymbol{X}} = \boldsymbol{M}^{-1} \boldsymbol{F}(t) = \boldsymbol{a}(t) \tag{3.13}$$

式中, 矩阵 $\boldsymbol{M}^{-1}$ 为矩阵 $\boldsymbol{M}$ 的逆矩阵, 即

$$\boldsymbol{M}^{-1} = \mathrm{diag}\left(m_1^{-1}, m_1^{-1}, m_1^{-1}, \cdots, m_n^{-1}, m_n^{-1}, m_n^{-1}\right)$$

由于质点的质量都为正数, 因此矩阵 $\boldsymbol{M}^{-1}$ 是确定的。

由于式 (3.8) 右边矢量的每一个分量都取决于矢量 $\boldsymbol{X}(t)$ 和 $\dot{\boldsymbol{X}}(t)$ 的分量, 因此式 (3.8) 可以更准确地写为

$$\boldsymbol{M}\ddot{\boldsymbol{X}}(t) = \boldsymbol{F}(\boldsymbol{X}(t), \dot{\boldsymbol{X}}(t), t) \tag{3.14}$$

以下对机器人动力学模型的描述都采用形如式 (3.14) 的标准的向量矩阵法描述方式。

3.3 矩阵的基本运算

采用向量矩阵法就需要进行矩阵运算, 本节介绍矩阵的几种类型以及矩阵运算的基本性质。

对角矩阵 仅在主对角线上有非零元素的 n 阶矩阵称为对角矩阵, 记作 $\mathrm{diag}(a_{11}, a_{22}, \cdots, a_{nn})$, 其中 $a_{11}, a_{22}, \cdots, a_{nn}$ 是矩阵的对角元素。

单位矩阵 主对角线上元素均为 1, 其余元素全为 0 的 n 阶矩阵称为单位矩阵, 记作 $\boldsymbol{I}_n$。如果矩阵维数不作要求, 简写为 $\boldsymbol{I}$。

转置矩阵 矩阵 $\boldsymbol{A}$ 通过行列互换得到的新矩阵称为 $\boldsymbol{A}$ 的转置矩阵, 记作 $\boldsymbol{A}^{\mathrm{T}}$。原来 $n \times m$ 阶的矩阵转置后则成为 $m \times n$ 阶矩阵, 且有 $(\boldsymbol{AB})^{\mathrm{T}} = \boldsymbol{B}^{\mathrm{T}} \boldsymbol{A}^{\mathrm{T}}$。

对称矩阵 如果实矩阵 $\boldsymbol{A}^{\mathrm{T}} = \boldsymbol{A}$, 则称 $\boldsymbol{A}$ 为对称矩阵。

反对称矩阵 如果实矩阵 $\boldsymbol{A}^{\mathrm{T}} = -\boldsymbol{A}$, 则称 $\boldsymbol{A}$ 为反对称矩阵。

正交矩阵 若 n 阶矩阵 $\boldsymbol{A}$ 满足 $\boldsymbol{A}^{\mathrm{T}}\boldsymbol{A}=\boldsymbol{A}\boldsymbol{A}^{\mathrm{T}}=\boldsymbol{I}$, 则称 $\boldsymbol{A}$ 为正交矩阵。正交矩阵的列 (行) 两两正交。

奇异矩阵 若 n 阶矩阵的行列式为 0, 则称其为奇异矩阵。

逆矩阵 若一个 n 阶矩阵的行列式不为 0, 则存在逆矩阵 $\boldsymbol{A}^{-1}$ 使得 $\boldsymbol{A}\boldsymbol{A}^{-1}=\boldsymbol{A}^{-1}\boldsymbol{A}=\boldsymbol{I}$, $\boldsymbol{A}^{-1}$ 称为矩阵 $\boldsymbol{A}$ 的逆矩阵。

半正定矩阵 若 n 阶对称矩阵 $\boldsymbol{A}$, 对于任意非零向量 $\boldsymbol{x}$, 有 $\boldsymbol{x}^{\mathrm{T}}\boldsymbol{A}\boldsymbol{x}\geqslant 0$, 则称 $\boldsymbol{A}$ 为半正定矩阵。当不等式严格成立时, 称 $\boldsymbol{A}$ 为正定矩阵。

幂等矩阵 对于矩阵 $\boldsymbol{A}$, 若 $\boldsymbol{A}^2=\boldsymbol{A}$, 则称 $\boldsymbol{A}$ 为幂等矩阵, 这里 $\boldsymbol{A}^2=\boldsymbol{A}\boldsymbol{A}$。

方阵的特征值和特征向量 设 $\boldsymbol{A}$ 是 m 阶矩阵, 若复数 λ 满足等式

$$\boldsymbol{A}\boldsymbol{x}=\lambda\boldsymbol{x} \tag{3.15}$$

则称 λ 为矩阵 $\boldsymbol{A}$ 的特征值, 满足式 (3.15) 的非零 m 维向量 $\boldsymbol{x}$ 称为特征值 λ 对应的特征向量。

矩阵 $\boldsymbol{A}$ 的特征值求解是令矩阵 $\boldsymbol{A}-\lambda\boldsymbol{I}$ 的行列式为 0, 即 $\det(\boldsymbol{A}-\lambda\boldsymbol{I})=0$, 也即 λ 的 m 阶多项式等于 0。

对称矩阵性质 设矩阵 $\boldsymbol{A}$ 为 m 阶实对称矩阵, 有

1) 实对称矩阵的特征值是实数。

2) 特征向量是实数向量。

3) 不同特征值的特征向量正交。

4) 若 $\boldsymbol{x}$ 是任意非零向量, $\boldsymbol{y}$ 为矩阵 $\boldsymbol{A}$ 的特征向量, 则 $\boldsymbol{y}$ 属于由向量 $\{\boldsymbol{x},\boldsymbol{A}\boldsymbol{x},\boldsymbol{A}^2\boldsymbol{x},\cdots\}$ 张成的线性空间。

5) 存在正交矩阵 $\boldsymbol{W}$ 使得 $\boldsymbol{W}^{\mathrm{T}}\boldsymbol{A}\boldsymbol{W}=\boldsymbol{\Lambda}$ 或者 $\boldsymbol{A}=\boldsymbol{W}\boldsymbol{\Lambda}\boldsymbol{W}^{\mathrm{T}}$, 其中 $\boldsymbol{\Lambda}$ 是对角矩阵, 其特征值位于主对角线上。

6) 上一条结论的另一种表达方法为

$$\boldsymbol{A}=\boldsymbol{W}^{\mathrm{T}}\boldsymbol{\Lambda}\boldsymbol{W}=\lambda_1\boldsymbol{w}_1\boldsymbol{w}_1^{\mathrm{T}}+\lambda_2\boldsymbol{w}_2\boldsymbol{w}_2^{\mathrm{T}}+\cdots+\lambda_m\boldsymbol{w}_m\boldsymbol{w}_m^{\mathrm{T}} \tag{3.16}$$

$$\boldsymbol{I}_m=\boldsymbol{W}^{\mathrm{T}}\boldsymbol{W}=\boldsymbol{w}_1\boldsymbol{w}_1^{\mathrm{T}}+\boldsymbol{w}_2\boldsymbol{w}_2^{\mathrm{T}}+\cdots+\boldsymbol{w}_m\boldsymbol{w}_m^{\mathrm{T}} \tag{3.17}$$

称为对称矩阵 $\boldsymbol{A}$ 的谱分解。

7) 若矩阵 $\boldsymbol{A}$ 是半正定矩阵, 则它所有的特征值非负。正定矩阵的特征值是正实数。

8) 设 $\boldsymbol{A}$ 是正定矩阵, 定义

$$\boldsymbol{A}^{1/2}=\boldsymbol{W}\boldsymbol{\Lambda}^{1/2}\boldsymbol{W}^{\mathrm{T}},\quad \boldsymbol{A}^{-1/2}=\boldsymbol{W}\boldsymbol{\Lambda}^{-1/2}\boldsymbol{W}^{\mathrm{T}} \tag{3.18}$$

若 m 阶矩阵 $\boldsymbol{A}=k\boldsymbol{I}_m$, 其中 k 是正常数, 则有 $\boldsymbol{A}^{1/2}=k^{1/2}\boldsymbol{I}_m$ 及 $\boldsymbol{A}^{-1/2}=k^{-1/2}\boldsymbol{I}_m$。

矩阵的秩 若 $\boldsymbol{A}$ 是 $m\times n$ 阶矩阵, 则 $\boldsymbol{A}$ 中线性无关的列 (行) 的数目称为矩阵 $\boldsymbol{A}$ 的秩, 记作 rank ($\boldsymbol{A}$)。将 $\boldsymbol{A}$ 的 n 列向量写作 $\boldsymbol{A}=[\boldsymbol{a}_1\quad \boldsymbol{a}_2\quad \cdots\quad \boldsymbol{a}_n]$, 由 $\boldsymbol{A}$ 的 n 列向量张成的空间定义为矩阵 $\boldsymbol{A}$ 的列空间。列空间的维数是矩阵 $\boldsymbol{A}$ 列向量线性无关的个数, 等于矩阵的秩。矩阵 $\boldsymbol{A}$ 和 $\boldsymbol{A}$ 的转置矩阵的秩相同。

矩阵积的秩 若 $\boldsymbol{A}$ 是 $m\times n$ 阶矩阵, $\boldsymbol{B}$ 是 $n\times k$ 阶矩阵, 那么 $\boldsymbol{AB}$ 的秩不会超过 $\boldsymbol{A}$ 的秩。假设 $\boldsymbol{C}$ 是矩阵 $\boldsymbol{A}$、$\boldsymbol{B}$ 的积, 则

$$\boldsymbol{C}=[\boldsymbol{c}_1\quad \boldsymbol{c}_2\quad \cdots\quad \boldsymbol{c}_n]=\left[\sum_i \boldsymbol{a}_i\boldsymbol{b}_{i1}\quad \sum_i \boldsymbol{a}_i\boldsymbol{b}_{i2}\quad \cdots\quad \sum_i \boldsymbol{a}_i\boldsymbol{b}_{ik}\right] \tag{3.19}$$

矩阵 $\boldsymbol{C}$ 的列向量是矩阵 $\boldsymbol{A}$ 的列向量的线性组合, 因此 $\boldsymbol{C}$ 的列向量取决于由 $\boldsymbol{A}$ 的列向量张成的子空间, $\boldsymbol{C}$ 的列空间是 $\boldsymbol{A}$ 的列空间的子空间。

矩阵 $\boldsymbol{AA}^{\mathrm{T}}$ 的性质 若 $\boldsymbol{A}$ 是 $m\times n$ 阶矩阵, 秩为 r。那么 $m\times m$ 阶矩阵 $\boldsymbol{AA}^{\mathrm{T}}$ 有以下性质。

1) $\boldsymbol{AA}^{\mathrm{T}}$ 是对称半正定阵。

2) $\boldsymbol{AA}^{\mathrm{T}}$ 的秩为 r。

3) $\boldsymbol{AA}^{\mathrm{T}}$ 有 r 个正特征值, 其余 $m-r$ 个特征值为 0。

$m\times n$ 阶矩阵的奇异值分解 若 $\boldsymbol{A}$ 是 $m\times n$ 阶矩阵, 秩为 r, 则 $\boldsymbol{A}$ 可以表示为

$$\boldsymbol{A}=\boldsymbol{W\Lambda V}^{\mathrm{T}}=\lambda_1\boldsymbol{w}_1\boldsymbol{v}_1^{\mathrm{T}}+\lambda_2\boldsymbol{w}_2\boldsymbol{v}_2^{\mathrm{T}}+\cdots+\lambda_r\boldsymbol{w}_r\boldsymbol{v}_r^{\mathrm{T}} \tag{3.20}$$

式中, $m\times r$ 阶矩阵 $\boldsymbol{W}=[\boldsymbol{w}_1\quad \boldsymbol{w}_2\quad \cdots\quad \boldsymbol{w}_r]$; $n\times r$ 阶矩阵 $\boldsymbol{V}=[\boldsymbol{v}_1\quad \boldsymbol{v}_2\quad \cdots\quad \boldsymbol{v}_r]$; $\lambda_1\geqslant\lambda_2\geqslant\cdots\geqslant\lambda_r>0$; $\{\boldsymbol{w}_1,\boldsymbol{w}_2,\boldsymbol{w}_3,\cdots,\boldsymbol{w}_r\}$ 是 $\mathbf{R}_m$ 中的正交向量集合; $\{\boldsymbol{v}_1,\boldsymbol{v}_2,\boldsymbol{v}_3,\cdots,\boldsymbol{v}_r\}$ 是 $\mathbf{R}_n$ 中的正交向量集合; λ_i 称为矩阵 $\boldsymbol{A}$ 的奇异值; $\boldsymbol{\Lambda}$ 是 $r\times r$ 阶对角矩阵, 对角元是正实数 $\lambda_1, \lambda_2,\cdots,\lambda_r$, 它们的平方是矩阵 $\boldsymbol{AA}^{\mathrm{T}}$ 的正特征值。由 $\boldsymbol{W}$ 和 $\boldsymbol{V}$ 的正交性, 有

$$\boldsymbol{W}^{\mathrm{T}}\boldsymbol{W}=\boldsymbol{I}_r, \boldsymbol{V}^{\mathrm{T}}\boldsymbol{V}=\boldsymbol{I}_r \tag{3.21}$$

假设 $r<n, r<m$, 则矩阵 $\boldsymbol{A}$ 可写成

$$\boldsymbol{A}=[\boldsymbol{W}\quad \widetilde{\boldsymbol{W}}]\begin{bmatrix}\boldsymbol{\Lambda} & 0\\ 0 & 0\end{bmatrix}\begin{bmatrix}\boldsymbol{V}\\ \widetilde{\boldsymbol{V}}\end{bmatrix}=\boldsymbol{P}\begin{bmatrix}\boldsymbol{\Lambda} & 0\\ 0 & 0\end{bmatrix}\boldsymbol{Q}^{\mathrm{T}} \tag{3.22}$$

式中, $\boldsymbol{P}$ 是 $m\times n$ 阶正交矩阵; $\boldsymbol{Q}$ 是 n 阶正交矩阵。$\boldsymbol{P}$ 的前 r 列由 $\boldsymbol{W}$ 矩阵组成, 其余 $m-r$ 列记作 $\widetilde{\boldsymbol{W}}$, 可寻找 $\widetilde{\boldsymbol{W}}$ 使 $\boldsymbol{P}$ 为一个正交矩阵。同理, $\boldsymbol{Q}$ 的前 r 列由 $\boldsymbol{V}$ 矩阵组成, 余下的 $m-r$ 列记作 $\widetilde{\boldsymbol{V}}$, 可寻找 $\widetilde{\boldsymbol{V}}$ 使 $\boldsymbol{Q}$ 成为一个 n 阶正交矩阵。

分别如式 (3.20)、式 (3.22) 所示的两种形式的 $m\times n$ 阶矩阵 $\boldsymbol{A}$ 的分解, 称为 $\boldsymbol{A}$ 的奇异值分解 (SVD), $\lambda_1, \lambda_2,\cdots,\lambda_r$ 称为矩阵 $\boldsymbol{A}$ 的奇异值。

3.4 广义逆矩阵

后续章节常用到代数方程组

$$\boldsymbol{A}\boldsymbol{x}=\boldsymbol{b} \tag{3.23}$$

式中, $\boldsymbol{A}$ 是一个 $m\times n$ 阶矩阵, $\boldsymbol{x}$ 是一个 n 维列向量, $\boldsymbol{b}$ 是一个 m 维列向量。若 $m=n$ 且矩阵 $\boldsymbol{A}$ 非奇异, 则式 (3.23) 有唯一解 $\boldsymbol{x}=\boldsymbol{A}^{-1}\boldsymbol{b}$。然而在受约束的运动方程中, $\boldsymbol{A}$ 通常不是方阵。因此, 需要推广矩阵逆 [2] 的概念, 用广义逆的理论来求解非方矩阵和奇异方矩阵的逆, 进而处理 $\boldsymbol{A}$ 非方阵的情况。在数学中有很多种不同类型的矩阵的广义逆, 这里定义三种广义逆: 非方矩阵的 G 逆、L 逆和 MP 逆。当求线性方程组 $\boldsymbol{A}\boldsymbol{x}=\boldsymbol{b}$ 的一致解时, 需要用到 G 逆, 其中矩阵 $\boldsymbol{A}$ 是一个非方阵; 当寻找方程的最小二乘解 $\boldsymbol{x}$ 使得 $||\boldsymbol{A}\boldsymbol{x}-\boldsymbol{b}||^2$ 最小时, 需要用到 L 逆, 其中矩阵 $\boldsymbol{A}$ 是一个非方阵。MP 逆既是 G 逆也是 L 逆, 本节将以它为中心展开讨论。

3.4.1 Moore−Penrose 广义逆

考虑一个 $m\times n$ 阶的秩为 r 的矩阵 $\boldsymbol{A}$, 定义 $n\times m$ 阶矩阵 $\boldsymbol{A}^+$, 若矩阵 $\boldsymbol{A}^+$ 满足以下条件:

1)
$$\boldsymbol{A}\boldsymbol{A}^+\boldsymbol{A}=\boldsymbol{A} \tag{3.24}$$

2)
$$\boldsymbol{A}^+\boldsymbol{A}\boldsymbol{A}^+=\boldsymbol{A}^+ \tag{3.25}$$

3)
$$\boldsymbol{A}\boldsymbol{A}^+=(\boldsymbol{A}\boldsymbol{A}^+)^{\mathrm{T}} \tag{3.26}$$

即矩阵 $\boldsymbol{A}\boldsymbol{A}^+$ 是对称矩阵

4)
$$\boldsymbol{A}^+\boldsymbol{A}=(\boldsymbol{A}^+\boldsymbol{A})^{\mathrm{T}} \tag{3.27}$$

即矩阵 $\boldsymbol{A}^+\boldsymbol{A}$ 是对称矩阵

则称其为矩阵 $\boldsymbol{A}$ 的 Moore−Penrose (MP) 逆, 将按上述顺序排列的这些条件称为 MP 条件。

矩阵 $\boldsymbol{A}$ 的 G 逆 考虑一个 $m\times n$ 阶的秩为 r 的矩阵 $\boldsymbol{A}$, 任意满足式 (3.24) 所示 MP 条件的 $n\times m$ 阶矩阵 $\boldsymbol{A}^{\mathrm{G}}$ 称为矩阵 $\boldsymbol{A}$ 的 G 逆。矩阵 $\boldsymbol{A}$ 的 G 逆 $\boldsymbol{A}^{\mathrm{G}}$ 满足条件:

$$\boldsymbol{A}\boldsymbol{A}^{\mathrm{G}}\boldsymbol{A}=\boldsymbol{A} \tag{3.24a}$$

矩阵 $\boldsymbol{A}$ 的 L 逆 考虑一个 $m\times n$ 阶的秩为 r 的矩阵 $\boldsymbol{A}$, 任意满足式 (3.24) 和式 (3.26) 所示 MP 条件的 $n\times m$ 阶矩阵 $\boldsymbol{A}^{\mathrm{L}}$ 称为矩阵 $\boldsymbol{A}$ 的 L 逆。矩阵 $\boldsymbol{A}$ 的 L 逆 $\boldsymbol{A}^{\mathrm{L}}$ 满足以下两个条件:

$$\boldsymbol{A}\boldsymbol{A}^{\mathrm{L}}\boldsymbol{A}=\boldsymbol{A} \tag{3.24b}$$

$$\boldsymbol{A}\boldsymbol{A}^{\mathrm{L}} = (\boldsymbol{A}\boldsymbol{A}^{\mathrm{L}})^{\mathrm{T}} \tag{3.26a}$$

由于 L 逆必须比 G 逆多满足一个条件, 因此矩阵 $\boldsymbol{A}$ 的 L 逆也是矩阵 $\boldsymbol{A}$ 的 G 逆。

对于一个给定的矩阵 $\boldsymbol{A}$, 将有不止一个 G 逆和不止一个 L 逆。因此对于任何一个给定的矩阵 $\boldsymbol{A}$, 将有一组满足式 (3.24a) 的矩阵, 它们都是矩阵 $\boldsymbol{A}$ 的 G 逆; 同理, 也有一组矩阵 $\boldsymbol{A}$ 的 L 逆。然而, 对于一个给定的矩阵 $\boldsymbol{A}$, 其 MP 逆是唯一的。由上述矩阵逆的定义可知, 矩阵 $\boldsymbol{A}$ 的 MP 逆是其 L 逆, 也是其 G 逆。

MP **逆的存在性**　对于任意 $m \times n$ 阶矩阵 $\boldsymbol{A}$, 均存在一个 $n \times m$ 阶矩阵 $\boldsymbol{A}^{+}$。

证明　设矩阵 $\boldsymbol{A}$ 的秩为 r, 根据式 (3.20), 矩阵 $\boldsymbol{A}$ 的奇异值分解为

$$\boldsymbol{A} = \boldsymbol{W}\boldsymbol{\Lambda}\boldsymbol{V}^{\mathrm{T}} = \lambda_1 \boldsymbol{w}_1 \boldsymbol{v}_1^{\mathrm{T}} + \lambda_2 \boldsymbol{w}_2 \boldsymbol{v}_2^{\mathrm{T}} + \cdots + \lambda_r \boldsymbol{w}_r \boldsymbol{v}_r^{\mathrm{T}} \tag{3.28}$$

定义

$$\boldsymbol{A}^{+} = \boldsymbol{V}\boldsymbol{\Lambda}^{-1}\boldsymbol{W}^{\mathrm{T}} = \frac{1}{\lambda_1}\boldsymbol{v}_1 \boldsymbol{w}_1^{\mathrm{T}} + \frac{1}{\lambda_2}\boldsymbol{v}_2 \boldsymbol{w}_2^{\mathrm{T}} + \cdots + \frac{1}{\lambda_r}\boldsymbol{v}_r \boldsymbol{w}_r^{\mathrm{T}} \tag{3.29}$$

$$\boldsymbol{A}\boldsymbol{A}^{+} = \boldsymbol{W}\boldsymbol{\Lambda}\boldsymbol{V}^{\mathrm{T}}\boldsymbol{V}\boldsymbol{\Lambda}^{-1}\boldsymbol{W}^{\mathrm{T}} = \boldsymbol{W}\boldsymbol{\Lambda}\boldsymbol{I}_r\boldsymbol{\Lambda}^{-1}\boldsymbol{W}^{\mathrm{T}} = \boldsymbol{W}\boldsymbol{I}_r\boldsymbol{W}^{\mathrm{T}} = \boldsymbol{W}\boldsymbol{W}^{\mathrm{T}} \tag{3.30}$$

$$\boldsymbol{A}\boldsymbol{A}^{+}\boldsymbol{A} = \boldsymbol{W}\boldsymbol{W}^{\mathrm{T}}\boldsymbol{A} = \boldsymbol{W}\boldsymbol{W}^{\mathrm{T}}\boldsymbol{W}\boldsymbol{\Lambda}\boldsymbol{V}^{\mathrm{T}} = \boldsymbol{W}\boldsymbol{I}_r\boldsymbol{\Lambda}\boldsymbol{V}^{\mathrm{T}} = \boldsymbol{W}\boldsymbol{\Lambda}\boldsymbol{V}^{\mathrm{T}} = \boldsymbol{A} \tag{3.31}$$

则式 (3.29) 中定义的 $\boldsymbol{A}^{+}$ 满足第一个 MP 条件, 即式 (3.24)。由式 (3.30) 的右边可以看出 $\boldsymbol{A}\boldsymbol{A}^{+}$ 是对称矩阵, 因此满足第三个 MP 条件, 即式 (3.26)。另两个 MP 条件同理可证。

MP **逆的唯一性**　假设一个 $m \times n$ 阶矩阵 $\boldsymbol{A}$ 有两个不同的 MP 逆 $\boldsymbol{A}_1^{+}$ 和 $\boldsymbol{A}_2^{+}$, 下面将证明若真存在两个 MP 逆, 则 $\boldsymbol{A}_1^{+} = \boldsymbol{A}_2^{+}$, 即假设被推翻, 唯一性得证。为此先证明 $\boldsymbol{A}\boldsymbol{A}_1^{+} = \boldsymbol{A}\boldsymbol{A}_2^{+}$, 且 $\boldsymbol{A}_1^{+}\boldsymbol{A} = \boldsymbol{A}_2^{+}\boldsymbol{A}$。

证明　因为 $\boldsymbol{A}_1^{+}$ 是 $\boldsymbol{A}$ 的一个 MP 逆, 故 $\boldsymbol{A} = \boldsymbol{A}\boldsymbol{A}_1^{+}\boldsymbol{A}$。等式两边同时右乘 $\boldsymbol{A}_2^{+}$, 得

$$\boldsymbol{A}\boldsymbol{A}_2^{+} = \boldsymbol{A}\boldsymbol{A}_1^{+}\boldsymbol{A}\boldsymbol{A}_2^{+} \tag{3.32}$$

由 MP 条件可知 $\boldsymbol{A}\boldsymbol{A}_2^{+}$ 为对称矩阵, 因此式 (3.32) 的右边也必须是对称的, 即 $\boldsymbol{A}\boldsymbol{A}_1^{+}\boldsymbol{A}\boldsymbol{A}_2^{+} = (\boldsymbol{A}\boldsymbol{A}_1^{+}\boldsymbol{A}\boldsymbol{A}_2^{+})^{\mathrm{T}}$, 则有

$$\begin{aligned}\boldsymbol{A}\boldsymbol{A}_2^{+} = \boldsymbol{A}\boldsymbol{A}_1^{+}\boldsymbol{A}\boldsymbol{A}_2^{+} &= (\boldsymbol{A}\boldsymbol{A}_1^{+}\boldsymbol{A}\boldsymbol{A}_2^{+})^{\mathrm{T}} = (\boldsymbol{A}\boldsymbol{A}_2^{+})^{\mathrm{T}}(\boldsymbol{A}\boldsymbol{A}_1^{+})^{\mathrm{T}} \\ &= \boldsymbol{A}\boldsymbol{A}_2^{+}\boldsymbol{A}\boldsymbol{A}_1^{+} = \left(\boldsymbol{A}\boldsymbol{A}_2^{+}\boldsymbol{A}\right)\boldsymbol{A}_1^{+} = \boldsymbol{A}\boldsymbol{A}_1^{+}\end{aligned} \tag{3.33}$$

由于 $(\boldsymbol{A}\boldsymbol{A}_2^{+})^{\mathrm{T}} = \boldsymbol{A}\boldsymbol{A}_2^{+}$, 且 $\boldsymbol{A}_2^{+}$ 是 MP 逆, 因此第三个 MP 条件即式 (3.26) 必须满足。

再次对 $\boldsymbol{A}=\boldsymbol{A}\boldsymbol{A}_1^+\boldsymbol{A}$ 两边同时左乘 $\boldsymbol{A}_2^+$, 得

$$\boldsymbol{A}_2^+\boldsymbol{A}=\boldsymbol{A}_2^+\boldsymbol{A}\boldsymbol{A}_1^+\boldsymbol{A} \tag{3.34}$$

由 MP 条件可知式 (3.34) 左边是对称矩阵, 因此式 (3.34) 等号右边也必须是对称矩阵, 即 $\boldsymbol{A}_2^+\boldsymbol{A}\boldsymbol{A}_1^+\boldsymbol{A}=(\boldsymbol{A}_2^+\boldsymbol{A}\boldsymbol{A}_1^+\boldsymbol{A})^{\mathrm{T}}$, 则有

$$\begin{aligned}\boldsymbol{A}_2^+\boldsymbol{A}=\boldsymbol{A}_2^+\boldsymbol{A}\boldsymbol{A}_1^+\boldsymbol{A}&=(\boldsymbol{A}_2^+\boldsymbol{A}\boldsymbol{A}_1^+\boldsymbol{A})^{\mathrm{T}}=(\boldsymbol{A}_1^+\boldsymbol{A})^{\mathrm{T}}(\boldsymbol{A}_2^+\boldsymbol{A})^{\mathrm{T}}\\&=\boldsymbol{A}_1^+\boldsymbol{A}\boldsymbol{A}_2^+\boldsymbol{A}=\boldsymbol{A}_1^+\left(\boldsymbol{A}\boldsymbol{A}_2^+\boldsymbol{A}\right)=\boldsymbol{A}_1^+\boldsymbol{A}\end{aligned} \tag{3.35}$$

结合式 (3.33) 和式 (3.35) 可得

$$\begin{aligned}\boldsymbol{A}_2^+=\boldsymbol{A}_2^+\left(\boldsymbol{A}\boldsymbol{A}_2^+\right)&=\boldsymbol{A}_2^+\left(\boldsymbol{A}\boldsymbol{A}_1^+\right)=\left(\boldsymbol{A}_2^+\boldsymbol{A}\right)\boldsymbol{A}_1^+\\&=\left(\boldsymbol{A}_1^+\boldsymbol{A}\right)\boldsymbol{A}_1^+=\boldsymbol{A}_1^+\boldsymbol{A}\boldsymbol{A}_1^+=\boldsymbol{A}_1^+\end{aligned} \tag{3.36}$$

MP 逆的一些特性　设 $\boldsymbol{A}$ 为 $m\times n$ 阶矩阵。下面列出矩阵 $\boldsymbol{A}$ 的 MP 逆的一些性质, 它们将对处理由动力学方程描述的受约束机械系统有所帮助。所有的这些性质都可以用矩阵 $\boldsymbol{A}$ 的奇异值分解和式 (3.29) 中 $\boldsymbol{A}^+$ 的定义证明。

1)
$$\left(\boldsymbol{A}^{\mathrm{T}}\right)^+=\left(\boldsymbol{A}^+\right)^{\mathrm{T}} \tag{3.37}$$

2)
$$\left(\boldsymbol{A}^+\right)^+=\boldsymbol{A} \tag{3.38}$$

3)
$$\operatorname{rank}\left(\boldsymbol{A}^+\right)=\operatorname{rank}\left(\boldsymbol{A}\right) \tag{3.39}$$

4)
$$\begin{aligned}\operatorname{rank}\left(\boldsymbol{A}\right)&=\operatorname{rank}\left(\boldsymbol{A}\boldsymbol{A}^+\right)=\operatorname{rank}\left(\boldsymbol{A}^+\boldsymbol{A}\right)\\&=\operatorname{rank}\left(\boldsymbol{A}^+\boldsymbol{A}\boldsymbol{A}^+\right)=\operatorname{rank}\left(\boldsymbol{A}\boldsymbol{A}^+\boldsymbol{A}\right)\end{aligned} \tag{3.40}$$

5) 对于 MP 逆, $(\boldsymbol{A}\boldsymbol{B})^+=\boldsymbol{B}^+\boldsymbol{A}^+$ 并不是总是成立。但是对于任意矩阵 $\boldsymbol{A}$ 有 $(\boldsymbol{A}^{\mathrm{T}}\boldsymbol{A})^+=\boldsymbol{A}^+(\boldsymbol{A}^{\mathrm{T}})^+$, $(\boldsymbol{A}\boldsymbol{A}^+)^+=\boldsymbol{A}\boldsymbol{A}^+$ 和 $(\boldsymbol{A}^+\boldsymbol{A})^+=\boldsymbol{A}^+\boldsymbol{A}$。

6) 给定两个非方矩阵 $\boldsymbol{A}$ 和 $\boldsymbol{B}$, 则若 $\boldsymbol{A}\boldsymbol{B}=\boldsymbol{0}$, 则

$$\boldsymbol{B}^+\boldsymbol{A}^+=\boldsymbol{0} \tag{3.41}$$

7) 矩阵 $\boldsymbol{A}^+\boldsymbol{A}$、$(\boldsymbol{I}-\boldsymbol{A}^+\boldsymbol{A})$、$\boldsymbol{A}\boldsymbol{A}^+$、$(\boldsymbol{I}-\boldsymbol{A}\boldsymbol{A}^+)$ 均为幂等矩阵。　(3.42)

8) $\boldsymbol{A}^+=\boldsymbol{A}^{\mathrm{T}}$, 当且仅当 $\boldsymbol{A}^{\mathrm{T}}\boldsymbol{A}$ 是幂等矩阵。

9) 假设 $\boldsymbol{A}^+=\boldsymbol{A}^{\mathrm{T}}$, 等式两边同时右乘 $\boldsymbol{A}$ 可得 $\boldsymbol{A}^+\boldsymbol{A}=\boldsymbol{A}^{\mathrm{T}}\boldsymbol{A}$。由性质 7) 可知, $\boldsymbol{A}^+\boldsymbol{A}$ 是幂等矩阵, 因此 $\boldsymbol{A}^{\mathrm{T}}\boldsymbol{A}$ 也一定是幂等矩阵。

若 $\boldsymbol{A}$ 是对称幂等矩阵, 则 $\boldsymbol{A}^+=\boldsymbol{A}$, 即对称幂等矩阵 $\boldsymbol{A}$ 的 MP 逆是矩阵 $\boldsymbol{A}$ 本身。

若 $\boldsymbol{A}$ 是幂等矩阵, 则 $\boldsymbol{A}\boldsymbol{A}=\boldsymbol{A}$, 因此 $\left(\boldsymbol{A}^{\mathrm{T}}\boldsymbol{A}\right)\left(\boldsymbol{A}^{\mathrm{T}}\boldsymbol{A}\right)=\boldsymbol{A}^{\mathrm{T}}\boldsymbol{A}\left(\boldsymbol{A}\boldsymbol{A}\right)=\boldsymbol{A}^{\mathrm{T}}\boldsymbol{A}\left(\boldsymbol{A}\right)=\boldsymbol{A}^{\mathrm{T}}\boldsymbol{A}$。因此 $\boldsymbol{A}^{\mathrm{T}}\boldsymbol{A}$ 也是幂等矩阵, 由性质 8) 可得 $\boldsymbol{A}^+=\boldsymbol{A}^{\mathrm{T}}=\boldsymbol{A}$。

3.4.2 Moore–Penrose 逆的计算

MP **逆的计算** 在此给出一些常见矩阵的 MP 逆。

1) $(c\boldsymbol{A})^+ = \dfrac{1}{c}\boldsymbol{A}^+$ (3.43)

式中, c 是非零标量。

2) 若 $\boldsymbol{a}$ 为非零 n 维行向量, $\boldsymbol{b}$ 为非零 n 维列向量, 则

$$\boldsymbol{a}^+ = \frac{1}{(\boldsymbol{a}\boldsymbol{a}^{\mathrm{T}})}\boldsymbol{a}^{\mathrm{T}} \tag{3.44}$$

$$\boldsymbol{b}^+ = \frac{1}{(\boldsymbol{b}^{\mathrm{T}}\boldsymbol{b})}\boldsymbol{b}^{\mathrm{T}} \tag{3.45}$$

3) 若 $\boldsymbol{a}$ 为非零 n 维行向量, 则

$$(\boldsymbol{a}^{\mathrm{T}}\boldsymbol{a})^+ = \frac{1}{(\boldsymbol{a}\boldsymbol{a}^{\mathrm{T}})^2}\boldsymbol{a}^{\mathrm{T}}\boldsymbol{a} \tag{3.46}$$

4) 若 $\boldsymbol{A} = \begin{bmatrix} \boldsymbol{B} & 0 \\ 0 & \boldsymbol{C} \end{bmatrix}$, 则

$$\boldsymbol{A}^+ = \begin{bmatrix} \boldsymbol{B}^+ & 0 \\ 0 & \boldsymbol{C}^+ \end{bmatrix} \tag{3.47}$$

5) 若矩阵 $\boldsymbol{A}$ 的 $i_1, i_2, \cdots, i_q$ 行成比例, 则 $\boldsymbol{A}^+$ 中相应列也成比例。特别地, 若矩阵 $\boldsymbol{A}$ 的 q 行为 0, 则 $\boldsymbol{A}^+$ 中相应的 q 列也为 0。

6) $\boldsymbol{A}^+$ 的递归运算。在此给出使用 Greville 递归算法求解阶数较大的矩阵的 MP 逆结果, 以及该递推算法揭示出的独立约束对动态系统运动特性的影响。

设 $\boldsymbol{A}$ 为 $i \times n$ 阶矩阵, 令 $\boldsymbol{A}_{i-1}$ 为包含 $\boldsymbol{A}$矩阵前 $i-1$ 行的 $(i-1) \times n$ 阶矩阵, $\boldsymbol{A}$ 的第 i 行为 $\boldsymbol{a}_i$, 故 $\boldsymbol{A} = \begin{bmatrix} \boldsymbol{A}_{i-1} \\ \boldsymbol{a}_i \end{bmatrix}$。则 $\boldsymbol{A}$ 的 MP 逆可由式 (3.48) 算出

$$\boldsymbol{A}^+ = \left[\left(\boldsymbol{A}_{i-1}^+ - \boldsymbol{b}_i^+\boldsymbol{a}_i\boldsymbol{A}_{i-1}^+\right) \quad \boldsymbol{b}_i^+\right] \tag{3.48}$$

式中, n 维列向量 $\boldsymbol{b}_i^+$ 是 $\boldsymbol{b}_i$ 的 MP 逆, 而 $\boldsymbol{b}_i$ 的定义如下:

$$\boldsymbol{b}_i = \begin{cases} \boldsymbol{a}_i\left(I - \boldsymbol{A}_{i-1}^+\boldsymbol{A}_{i-1}\right), & \boldsymbol{a}_i \neq \boldsymbol{a}_i\boldsymbol{A}_{i-1}^+\boldsymbol{A}_{i-1} \\ \boldsymbol{a}_i(\boldsymbol{A}_{i-1}^{\mathrm{T}}\boldsymbol{A}_{i-1})^+\dfrac{[1+\boldsymbol{a}_i(\boldsymbol{A}_{i-1}^{\mathrm{T}}\boldsymbol{A}_{i-1})^+\boldsymbol{a}_i^{\mathrm{T}}]}{[\boldsymbol{a}_i(\boldsymbol{A}_{i-1}^{\mathrm{T}}\boldsymbol{A}_{i-1})^+(\boldsymbol{A}_{i-1}^{\mathrm{T}}\boldsymbol{A}_{i-1})^+\boldsymbol{a}_i^{\mathrm{T}}]}, & \boldsymbol{a}_i = \boldsymbol{a}_i\boldsymbol{A}_{i-1}^+\boldsymbol{A}_{i-1} \end{cases} \tag{3.49}$$

7) 对于任意一个 $m \times n$ 阶矩阵 $\boldsymbol{A}$, 无论其秩是多少, 下述关系式成立:

$$\boldsymbol{A}^{+} = \boldsymbol{A}^{\mathrm{T}}(\boldsymbol{A}\boldsymbol{A}^{\mathrm{T}})^{+} \tag{3.50}$$

$$\boldsymbol{A}^{+} = (\boldsymbol{A}^{\mathrm{T}}\boldsymbol{A})^{+}\boldsymbol{A}^{\mathrm{T}} \tag{3.51}$$

8) 若 $m \times n$ 阶矩阵 $\boldsymbol{A}$ 的秩为 n, 则

$$\boldsymbol{A}^{+} = (\boldsymbol{A}^{\mathrm{T}}\boldsymbol{A})^{-1}\boldsymbol{A}^{\mathrm{T}} \quad 且 \quad \boldsymbol{A}^{+}\boldsymbol{A} = \boldsymbol{I} \tag{3.52}$$

系统方程 $\boldsymbol{Ax}=\boldsymbol{b}$ 的连续性 由式 (3.23) 给出的系统是连续系统, 当且仅当

$$\boldsymbol{A}\boldsymbol{A}^{\mathrm{G}}\boldsymbol{b} = \boldsymbol{b} \tag{3.53}$$

连续方程 $\boldsymbol{Ax}=\boldsymbol{b}$ 的通解 设 $\boldsymbol{A}$ 是 $m \times n$ 阶矩阵, 则方程 $\boldsymbol{Ax}=\boldsymbol{b}$ 的通解 $\boldsymbol{x}$ 若存在, 可表示为

$$\boldsymbol{x} = \boldsymbol{A}^{\mathrm{G}}\boldsymbol{b} + \left(\boldsymbol{I} - \boldsymbol{A}^{\mathrm{G}}\boldsymbol{A}\right)\boldsymbol{h} \tag{3.54}$$

式中, $\boldsymbol{h}$ 是 n 维列向量; $\boldsymbol{A}^{\mathrm{G}}$ 是 $\boldsymbol{A}$ 的一个 G 逆。此外, 对于某个选定的 n 维列向量 $\boldsymbol{h}$, $\boldsymbol{Ax}=\boldsymbol{b}$ 的每一个解都能表示成式 (3.54) 的形式。

最小二乘解和 L 逆 给定一个 $m \times n$ 阶矩阵 $\boldsymbol{A}$, 一个 m 维列向量 $\boldsymbol{b}$, 希望找到一个 n 维向量 $\boldsymbol{x}$ 使得

$$Z(\boldsymbol{x}) = \|\boldsymbol{Ax} - \boldsymbol{b}\|^2 = (\boldsymbol{Ax} - \boldsymbol{b})^{\mathrm{T}}(\boldsymbol{Ax} - \boldsymbol{b}) \tag{3.55}$$

最小, 则这个 n 维向量 $\boldsymbol{x}$ 就是最小二乘解。该向量 $\boldsymbol{x}$ 可表示为

$$\boldsymbol{x} = \boldsymbol{A}^{\mathrm{L}}\boldsymbol{b} + \left(\boldsymbol{I} - \boldsymbol{A}^{\mathrm{L}}\boldsymbol{A}\right)\boldsymbol{h} \tag{3.56}$$

式中, $\boldsymbol{A}^{\mathrm{L}}$ 是矩阵 $\boldsymbol{A}$ 的任意一个 L 逆; $\boldsymbol{h}$ 是任意 n 维向量。

由于

$$\boldsymbol{Ax} - \boldsymbol{b} = \left(\boldsymbol{Ax} - \boldsymbol{A}\boldsymbol{A}^{\mathrm{L}}\boldsymbol{b}\right) + \left(\boldsymbol{A}\boldsymbol{A}^{\mathrm{L}}\boldsymbol{b} - \boldsymbol{b}\right) = \boldsymbol{Ay} + \left(\boldsymbol{A}\boldsymbol{A}^{\mathrm{L}}\boldsymbol{b} - \boldsymbol{b}\right) \tag{3.57}$$

式中, $\boldsymbol{y}$ 是 n 维向量 $\left(\boldsymbol{x} - \boldsymbol{A}^{\mathrm{L}}\boldsymbol{b}\right)$。又因 $\boldsymbol{A}^{\mathrm{L}}$ 满足式 (3.24b) 和式 (3.26a), 故

$$\begin{aligned}(\boldsymbol{A}\boldsymbol{A}^{\mathrm{L}}\boldsymbol{b} - \boldsymbol{b})(\boldsymbol{Ay}) &= \boldsymbol{b}^{\mathrm{T}}(\boldsymbol{A}\boldsymbol{A}^{\mathrm{L}})^{\mathrm{T}}\boldsymbol{Ay} - \boldsymbol{b}^{\mathrm{T}}\boldsymbol{Ay} = \boldsymbol{b}^{\mathrm{T}}(\boldsymbol{A}\boldsymbol{A}^{\mathrm{L}})\boldsymbol{Ay} - \boldsymbol{b}^{\mathrm{T}}\boldsymbol{Ay} \\ &= \boldsymbol{b}^{\mathrm{T}}\boldsymbol{A}\boldsymbol{A}^{\mathrm{L}}\boldsymbol{Ay} - \boldsymbol{b}^{\mathrm{T}}\boldsymbol{Ay} = \boldsymbol{b}^{\mathrm{T}}\boldsymbol{Ay} - \boldsymbol{b}^{\mathrm{T}}\boldsymbol{Ay} = \boldsymbol{0}\end{aligned} \tag{3.58}$$

由式 (3.57), 且 $\boldsymbol{Ay}$ 与 $\left(\boldsymbol{A}\boldsymbol{A}^{\mathrm{L}}\boldsymbol{b} - \boldsymbol{b}\right)$ 正交, 有

$$\|\boldsymbol{Ax} - \boldsymbol{b}\|^2 = \left\|\boldsymbol{Ax} - \boldsymbol{A}\boldsymbol{A}^{\mathrm{L}}\boldsymbol{b}\right\|^2 + \left\|\boldsymbol{A}\boldsymbol{A}^{\mathrm{L}}\boldsymbol{b} - \boldsymbol{b}\right\|^2 \tag{3.59}$$

当 $\boldsymbol{x}=\boldsymbol{A}^{\mathrm{L}}\boldsymbol{b}+\left(\boldsymbol{I}-\boldsymbol{A}^{\mathrm{L}}\boldsymbol{A}\right)\boldsymbol{h}$ 时, $\|\boldsymbol{A}\boldsymbol{x}-\boldsymbol{b}\|^2$ 取最小值, 其中 $\boldsymbol{h}$ 是任意 n 维向量。此时 $\|\boldsymbol{A}\boldsymbol{x}-\boldsymbol{b}\|^2$ 的最小值为 $\left\|\boldsymbol{A}\boldsymbol{A}^{\mathrm{L}}\boldsymbol{b}-\boldsymbol{b}\right\|^2$, 且与向量 $\boldsymbol{h}$ 无关。

与 MP 逆相关的矩阵的列空间 此处仅列出一组结论, 这些结论可由秩为 r 的 $m\times n$ 阶矩阵 $\boldsymbol{A}$ 的奇异值分解证明。

1) $\boldsymbol{A}$ 和 $\boldsymbol{A}\boldsymbol{A}^{+}$ 的列空间相同。

2) $\boldsymbol{A}^{+}$ 和 $\boldsymbol{A}\boldsymbol{A}^{+}$ 的列空间相同。

3) $(\boldsymbol{I}-\boldsymbol{A}^{+}\boldsymbol{A})$ 的列空间是 $\boldsymbol{A}^{\mathrm{T}}$ 列空间的正交分量。

4) $(\boldsymbol{I}-\boldsymbol{A}^{+}\boldsymbol{A})$ 的列空间与 $\boldsymbol{A}$ 的零空间相同。

5) $\boldsymbol{A}^{\mathrm{T}}$ 的列空间与 $\boldsymbol{A}^{+}$ 的列空间相同。

3.4.3 其他类型的广义逆

以上介绍了 $m\times n$ 阶矩阵 $\boldsymbol{A}$ 的 MP 广义逆, 但如前所述, 也存在其他类型的广义逆。事实上, 已经讨论过了 $m\times n$ 阶矩阵 $\boldsymbol{A}$ 的 G 逆——$n\times m$ 阶矩阵 $\boldsymbol{A}^{\mathrm{G}}$, 它满足第一个 MP 条件 [即式 (3.24)]。$\boldsymbol{A}^{\mathrm{G}}$ 也常记作 $\boldsymbol{A}^{\{1\}}$, 表示这个矩阵满足第一个 MP 条件。同理, 任意一个满足第一和第三 MP 条件 [即式 (3.25) 和式 (3.27)] 的 $n\times m$ 阶矩阵 $\boldsymbol{A}^{\mathrm{L}}$ 也经常记作 $\boldsymbol{A}^{\{1,3\}}$。更一般地, 满足 MP 条件中子集条件 i、j 和 k 的矩阵称为矩阵的广义逆, 记作 $\boldsymbol{A}^{\{i,j,k\}}$。例如, 矩阵 $\boldsymbol{A}^{\{1,2,3,4\}}$ 满足所有的 MP 条件, 称为 $\boldsymbol{A}$ 的 MP 逆, 通常用 $\boldsymbol{A}^{+}$ 表示。

任意秩为 r 的 $m\times n$ 阶矩阵 $\boldsymbol{A}$ (假定 $r<m$, $r<n$) 可以表示为

$$\boldsymbol{A}=\boldsymbol{P}\begin{bmatrix}\boldsymbol{\Lambda} & \boldsymbol{0}\\ \boldsymbol{0} & \boldsymbol{0}\end{bmatrix}\boldsymbol{Q}^{\mathrm{T}} \tag{3.60}$$

式中, $\boldsymbol{P}$ 和 $\boldsymbol{Q}$ 分别为 $m\times m$ 阶和 $n\times n$ 阶正交矩阵; $r\times r$ 阶对角阵 $\boldsymbol{\Lambda}$ 包含 $\boldsymbol{A}$ 的奇异值。运用矩阵 $\boldsymbol{A}$ 的奇异值分解中得到的 $\boldsymbol{P}$ 和 $\boldsymbol{Q}$, 对于合适的矩阵 $\boldsymbol{K}$、$\boldsymbol{L}$、$\boldsymbol{M}$ 和 $\boldsymbol{N}$, $n\times m$ 阶矩阵 $\boldsymbol{B}$ 可表示为

$$\boldsymbol{B}=\boldsymbol{Q}\begin{bmatrix}\boldsymbol{N} & \boldsymbol{K}\\ \boldsymbol{L} & \boldsymbol{M}\end{bmatrix}\boldsymbol{P}^{\mathrm{T}} \tag{3.61}$$

$\boldsymbol{B}$ 若要成为 $\boldsymbol{A}^{\{1\}}$, 必须满足第一个 MP 条件: $\boldsymbol{A}\boldsymbol{B}\boldsymbol{A}=\boldsymbol{A}$。将式 (3.60) 和式 (3.61) 中 $\boldsymbol{A}$ 和 $\boldsymbol{B}$ 的表达式分别代入 $\boldsymbol{A}\boldsymbol{B}\boldsymbol{A}=\boldsymbol{A}$ 的两边得

$$\boldsymbol{P}\begin{bmatrix}\boldsymbol{\Lambda} & \boldsymbol{0}\\ \boldsymbol{0} & \boldsymbol{0}\end{bmatrix}\boldsymbol{Q}^{\mathrm{T}}\boldsymbol{Q}\begin{bmatrix}\boldsymbol{N} & \boldsymbol{K}\\ \boldsymbol{L} & \boldsymbol{M}\end{bmatrix}\boldsymbol{P}^{\mathrm{T}}\boldsymbol{P}\begin{bmatrix}\boldsymbol{\Lambda} & \boldsymbol{0}\\ \boldsymbol{0} & \boldsymbol{0}\end{bmatrix}\boldsymbol{Q}^{\mathrm{T}}=\boldsymbol{P}\begin{bmatrix}\boldsymbol{\Lambda} & \boldsymbol{0}\\ \boldsymbol{0} & \boldsymbol{0}\end{bmatrix}\boldsymbol{Q}^{\mathrm{T}} \tag{3.62}$$

因 $\boldsymbol{P}$ 和 $\boldsymbol{Q}$ 都是正交矩阵, 式 (3.62) 可简化为

$$\begin{bmatrix}\boldsymbol{\Lambda} & \boldsymbol{0}\\ \boldsymbol{0} & \boldsymbol{0}\end{bmatrix}\begin{bmatrix}\boldsymbol{N} & \boldsymbol{K}\\ \boldsymbol{L} & \boldsymbol{M}\end{bmatrix}\begin{bmatrix}\boldsymbol{\Lambda} & \boldsymbol{0}\\ \boldsymbol{0} & \boldsymbol{0}\end{bmatrix}=\begin{bmatrix}\boldsymbol{\Lambda} & \boldsymbol{0}\\ \boldsymbol{0} & \boldsymbol{0}\end{bmatrix} \tag{3.63}$$

由此可以推出 $\boldsymbol{\Lambda N \Lambda}=\boldsymbol{\Lambda}$ 或者 $\boldsymbol{N}=\boldsymbol{\Lambda}^{-1}$。因此, 给定一个 $m\times n$ 阶矩阵 $\boldsymbol{A}$, 其奇异值分解如式 (3.60) 所示, 则 $\boldsymbol{A}^{\{1\}}$ 由式 (3.64) 给出:

$$\boldsymbol{A}^{\{1\}}=\boldsymbol{Q}\begin{bmatrix}\boldsymbol{\Lambda}^{-1} & \boldsymbol{K}\\ \boldsymbol{L} & \boldsymbol{M}\end{bmatrix}\boldsymbol{P}^{\mathrm{T}} \tag{3.64}$$

式中, $\boldsymbol{K}$、$\boldsymbol{L}$ 和 $\boldsymbol{M}$ 是任意矩阵。对于不同的 $\boldsymbol{K}$、$\boldsymbol{L}$ 和 $\boldsymbol{M}$, 矩阵 $\boldsymbol{A}$ 有不同的 $\boldsymbol{A}^{\{1\}}$ 广义逆。因此矩阵 $\boldsymbol{A}$ 的 $\{1\}$ 逆不唯一。事实上, 一般有无穷多个 $\{1\}$ 逆。

为寻求 $\boldsymbol{A}^{\{1,2\}}$ 的形式, 可将其写成

$$\boldsymbol{A}^{\{1,2\}}=\boldsymbol{Q}\begin{bmatrix}\boldsymbol{\Lambda}^{-1} & \boldsymbol{K}\\ \boldsymbol{L} & \boldsymbol{M}\end{bmatrix}\boldsymbol{P}^{\mathrm{T}} \tag{3.65}$$

此外还需要其满足第二个 MP 条件, 即 $\boldsymbol{A}^{\{1,2\}}\boldsymbol{A}\boldsymbol{A}^{\{1,2\}}=\boldsymbol{A}^{\{1,2\}}$。将式 (3.65) 和式 (3.60) 中 $\boldsymbol{A}^{\{1,2\}}$ 和 $\boldsymbol{AA}$ 的形式代入 MP 第二条件可得

$$\begin{bmatrix}\boldsymbol{\Lambda}^{-1} & \boldsymbol{K}\\ \boldsymbol{L} & \boldsymbol{L\Lambda K}\end{bmatrix}=\begin{bmatrix}\boldsymbol{\Lambda}^{-1} & \boldsymbol{K}\\ \boldsymbol{L} & \boldsymbol{M}\end{bmatrix} \tag{3.66}$$

式中, $\boldsymbol{M}=\boldsymbol{L\Lambda K}$。

运用关系式 (3.65), $\boldsymbol{A}^{\{1,2\}}$ 的结构可由式 (3.67) 给出

$$\boldsymbol{A}^{\{1,2\}}=\boldsymbol{Q}\begin{bmatrix}\boldsymbol{\Lambda}^{-1} & \boldsymbol{K}\\ \boldsymbol{L} & \boldsymbol{L\Lambda K}\end{bmatrix}\boldsymbol{P}^{\mathrm{T}} \tag{3.67}$$

式中, $\boldsymbol{K}$ 和 $\boldsymbol{L}$ 是任意矩阵。同样, 选择不同的 $\boldsymbol{K}$ 和 $\boldsymbol{L}$, 将得到不同的 $\boldsymbol{A}$ 的 $\{1,2\}$逆。

基于式 (3.64), 运用第四个 MP 条件, 可证明每一个 $\boldsymbol{A}$ 的 $\{1,4\}$ 逆具有如下结构:

$$\boldsymbol{A}^{\{1,4\}}=\boldsymbol{Q}\begin{bmatrix}\boldsymbol{\Lambda}^{-1} & \boldsymbol{K}\\ \boldsymbol{0} & \boldsymbol{M}\end{bmatrix}\boldsymbol{P}^{\mathrm{T}} \tag{3.68}$$

式中, 矩阵 $\boldsymbol{K}$ 和 $\boldsymbol{M}$ 是任意矩阵。每选一个 $\boldsymbol{K}$ 和 $\boldsymbol{M}$, 就会产生一个 $\boldsymbol{A}$ 的 $\{1,4\}$ 逆。因此, $\boldsymbol{A}$ 的 $\{1,4\}$ 逆也不唯一。

通过从方程 (3.68) 出发, 然后运用第二 MP 条件, 可以推出 $\boldsymbol{A}$ 的 $\{1,2,4\}$ 逆有如下结构

$$\boldsymbol{A}^{\{1,2,4\}} = \boldsymbol{Q}\begin{bmatrix} \boldsymbol{\Lambda}^{-1} & \boldsymbol{K} \\ \mathbf{0} & \mathbf{0} \end{bmatrix}\boldsymbol{P}^{\mathrm{T}} \tag{3.69}$$

式中, $\boldsymbol{K}$ 是一个任意矩阵。选择不同的 $\boldsymbol{K}$ 将会推出不同的 $\{1,2,4\}$ 逆, 因此对于一个给定的矩阵 $\boldsymbol{A}$, 一般有很多个 $\{1,2,4\}$ 逆。

最后, 矩阵 $\boldsymbol{A}$ 的 $\{1,2,3,4\}$ 逆 (或者称为 MP 逆) 可以基于式 (3.69), 并运用第三 MP 条件推导得出:

$$\boldsymbol{A}^{\{1,2,3,4\}} = \boldsymbol{Q}\begin{bmatrix} \boldsymbol{\Lambda}^{-1} & \mathbf{0} \\ \mathbf{0} & \mathbf{0} \end{bmatrix}\boldsymbol{P}^{\mathrm{T}} = \boldsymbol{Q}_1\boldsymbol{\Lambda}^{-1}\boldsymbol{P}_1^{\mathrm{T}} \tag{3.70}$$

相容方程 $\boldsymbol{Ax} = \boldsymbol{b}$ 的广义逆的最小范数解 令 $\boldsymbol{Ax} = \boldsymbol{b}$ 是相容方程集, 若 $\boldsymbol{Y}$ 是矩阵 $\boldsymbol{A}$ 的广义逆, 且满足 $\boldsymbol{Yb}$ 是方程 $\boldsymbol{Ax} = \boldsymbol{b}$ 的解, $\boldsymbol{Yb}$ 范数最小, 则 $\boldsymbol{Y}$ 是矩阵 $\boldsymbol{A}$ 的 $\{1,4\}$ 逆。相容方程 $\boldsymbol{Ax} = \boldsymbol{b}$ 的最小范数解可以简单地写作 $\boldsymbol{x} = \boldsymbol{A}^{\{1,4\}}\boldsymbol{b}$。

广义逆的最小二乘范数解 $\boldsymbol{Ax} = \boldsymbol{b}$ 可能是不相容方程, 矩阵 $\boldsymbol{G}$ 使得 $\boldsymbol{Gb}$ 有最小范数, 并且在向量 $\boldsymbol{x}$ 的集合上, $\|\boldsymbol{Ax} - \boldsymbol{b}\|$ 最小。$\boldsymbol{G}$ 是矩阵 $\boldsymbol{A}$ 的 MP 逆。

3.5 李雅普诺夫函数判定的稳定性理论

3.5.1 李雅普诺夫稳定性理论简介

稳定是一个自动控制系统能正常工作的必要条件。稳定性的定义为: 当系统受到外界干扰后, 显然它的平衡被破坏, 但在外扰去掉以后, 它仍有能力自动地在平衡态下继续工作。

1892 年, 俄国学者李雅普诺夫 (Aleksandr Mikhailovich Lyapunov, 1857—1918) 在他的博士论文《运动稳定性的一般问题》中借助平衡状态稳定与否的特征对系统或系统运动稳定性给出了严格定义, 提出了解决稳定性问题的一般理论, 即李雅普诺夫稳定性理论。该理论基于系统的状态空间描述法, 是对单变量、多变量、线性、非线性、定常、时变系统稳定性分析皆适用的通用方法, 是现代稳定性理论的重要基础和现代控制理论的重要组成部分。

李雅普诺夫将判断系统稳定性的问题归纳为两种方法, 即李雅普诺夫第一法和李雅普诺夫第二法。李雅普诺夫第一法 (简称李氏第一法或间接法) 是通过解系统的微分方程式, 然后根据解的性质来判断系统的稳定性, 其基本思路和分析方法与经典控制理论一致。对于线性定常系统, 只需解出全部特征根即可判断稳定性; 对

于非线性系统, 则采用微偏线性化的方法处理, 即通过分析非线性微分方程的一次线性近似方程来判断稳定性, 故只能判断在平衡状态附近很小范围的稳定性。李雅普诺夫第二法 (简称李氏第二法或直接法) 的特点是不必求解系统的微分方程式, 就可以对系统的稳定性进行分析判断。该方法建立在能量观点的基础上: 若系统的某个平衡状态是渐近稳定的, 则随着系统的运动, 其储存的能量将随时间的增长而不断衰减, 直至时间趋向于无穷时系统运动趋于平衡状态而能量趋于极小值。由此, 李雅普诺夫创立了一个可模拟系统能量的"广义能量"函数, 根据这个标量函数的性质来判断系统的稳定性。由于该方法不必求解系统的微分方程就能直接判断其稳定性, 故又称为直接法, 其最大的优点在于对于任何复杂系统都适用, 而对于运动方程求解困难的高阶系统、非线性系统以及时变系统的稳定性分析, 则更能显示出优越性。

3.5.2 李雅普诺夫稳定性定义

李雅普诺夫稳定性理论讨论的是动态系统各平衡态附近的局部稳定性问题。它是一种具有普遍性的稳定性理论, 不仅适用于线性定常系统, 而且也适用于非线性系统、时变系统、分布参数系统。李雅普诺夫稳定性有以下几种定义。

(1) 平衡状态

稳定性是系统在平衡状态下受到扰动后, 系统自由运动的性质, 与外部输入无关。对于系统自由运动, 令输入 $\mu = 0$, 系统的齐次状态方程为

$$\dot{\boldsymbol{x}}(t) = f(\boldsymbol{x}(t), t) \tag{3.71}$$

式中, $\boldsymbol{x}$ 为 n 维状态向量; t 为时间变量; $f(\boldsymbol{x}, t)$ 为线性或非线性、定常或时变的 n 维向量函数, 其展开式为

$$\dot{x}_i = f_i(x_1, x_2, \cdots, x_n, t)\ , \quad i = 1,\ 2, \cdots, n \tag{3.72}$$

式 (3.71) 的解为

$$\boldsymbol{x}(t) = \phi(\boldsymbol{x}_0, t_0, t) \tag{3.73}$$

式中, t_0 为初始时刻; $\boldsymbol{x}_0 = \boldsymbol{x}(t_0)$ 为状态向量的初始值。

式 (3.73) 描述了系统式 (3.71) 在 n 维状态空间的状态轨迹。若在式 (3.71) 所描述的系统中存在状态点 $\boldsymbol{x}_{\mathrm{e}}$, 当系统运动到达该点时, 系统状态各分量维持平衡, 不再随时间变化, 即 $\dot{\boldsymbol{x}}_{\boldsymbol{x}=\boldsymbol{x}_{\mathrm{e}}} = \boldsymbol{0}$, 该类状态点 $\boldsymbol{x}_{\mathrm{e}}$ 即为系统的平衡状态, 即若系统式 (3.71) 存在状态向量 $\boldsymbol{x}_{\mathrm{e}}$, 对所有时间 t 都使

$$f(\boldsymbol{x}_{\mathrm{e}}, t) = \boldsymbol{0} \tag{3.74}$$

成立, 则称 $\boldsymbol{x}_{\mathrm{e}}$ 为系统的平衡状态。由平衡状态在状态空间中所确定的点称为平衡点。式 (3.74) 为确定式 (3.71) 所描述系统平衡状态的方程。

平衡状态即指状态空间中状态变量的导数向量为零向量的点 (状态)。由于导数表示的状态的运动变化方向, 因此平衡状态即指能够保持平衡、维持现状不运动的状态。李雅普诺夫稳定性研究的就是平衡状态附近 (邻域) 的运动变化问题。若平衡状态附近某充分小邻域内所有状态的运动最后都趋于该平衡状态, 则称该平衡状态是渐近稳定的; 若发散掉则称为不稳定的, 若能维持在平衡状态附近某个邻域内运动变化则称为稳定的。

(2) 李雅普诺夫意义下的稳定性

对于一个非线性时变系统

$$\begin{cases} \dot{\boldsymbol{x}} = f(\boldsymbol{x}, t) \\ \boldsymbol{x}_{\mathrm{e}} = \boldsymbol{0} \end{cases} \tag{3.75}$$

对于任意给定的实数 $\varepsilon > 0$, 都对应存在实数 $\delta(\varepsilon, t) > 0$, 使满足

$$\|\boldsymbol{x}(t_0) - \boldsymbol{x}_{\mathrm{e}}\| \leqslant \delta(\varepsilon, t) \tag{3.76}$$

的任意初始状态 $\boldsymbol{x}(t_0) = \boldsymbol{x}_0$ 出发的轨迹 $\boldsymbol{x}(t)\ (t \geqslant t_0)$ 有

$$\|\boldsymbol{x}(t) - \boldsymbol{x}_{\mathrm{e}}\| \leqslant \delta(\varepsilon, t) \tag{3.77}$$

成立, 则称 $\boldsymbol{x}_{\mathrm{e}} = \boldsymbol{0}$ 在李雅普诺夫意义下是稳定的。

以上定义可用图 3.1 解释为: 首先选择一个球域 $S(\varepsilon)$ 对应于每一个 $S(\varepsilon)$, 必存在一个球域 $S(\delta)$, 使得当 t 趋于无穷时, 始于 $S(\delta)$ 的轨迹总不脱离球域 $S(\varepsilon)$。

(3) 渐进稳定

如果系统的平衡状态 $\boldsymbol{x}_{\mathrm{e}} = \boldsymbol{0}$ 在李雅普诺夫意义下是稳定的, 并且始于域 $S(\delta)$ 的任一条轨迹, 当时间 t 趋于无穷时, 都不脱离 $S(\varepsilon)$, 且收敛于 $\boldsymbol{x}_{\mathrm{e}} = \boldsymbol{0}$, 则称式 (3.71) 所示系统的平衡状态为渐近稳定的, 其中球域 $S(\delta)$ 称为平衡状态 $\boldsymbol{x}_{\mathrm{e}} = \boldsymbol{0}$ 的吸引域, 如图 3.2 所示。类似地, 如果 δ 与 t 无关, 则称此时的平衡状态 $\boldsymbol{x}_{\mathrm{e}} = \boldsymbol{0}$ 为一致渐近稳定的。

实际上, 渐近稳定性比李雅普诺夫意义下的稳定性更重要。考虑到非线性系统的渐近稳定性是一个局部概念, 所以简单地确定渐近稳定性并不意味着系统能正常工作。通常有必要确定渐近稳定性的最大范围或吸引域。它是发生渐近稳定轨迹的那部分状态空间。换句话说, 发生于吸引域内的每一个轨迹都是渐近稳定的。

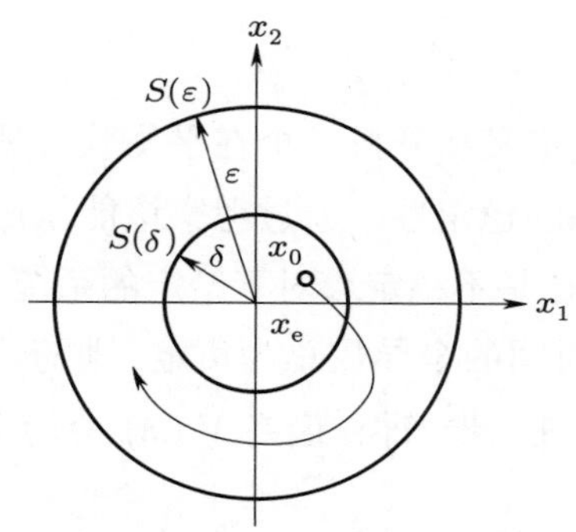

图 **3.1** 平衡状态及对应于稳定性的典型轨迹

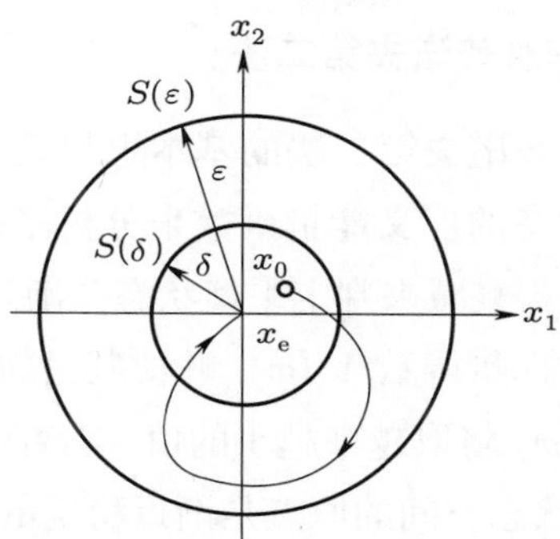

图 **3.2** 平衡状态及对应于渐近稳定性的典型轨迹

(4) 大范围渐进稳定

对于所有的状态 (状态空间中的所有点), 如果由这些状态出发的轨迹都保持渐近稳定性, 则平衡状态 $\boldsymbol{x}_{\mathrm{e}} = \mathbf{0}$ 称为大范围渐近稳定。或者说, 如果式 (3.71) 所示系统的平衡状态 $\boldsymbol{x}_{\mathrm{e}} = \mathbf{0}$ 渐近稳定的吸引域为整个状态空间, 则称此时系统的平衡状态 $\boldsymbol{x}_{\mathrm{e}} = \mathbf{0}$ 为大范围渐近稳定的。显然, 大范围渐近稳定的必要条件是在整个状态空间中只有一个平衡状态。

在控制工程问题中, 总希望系统具有大范围渐近稳定的特性。如果平衡状态不是大范围渐近稳定的, 那么问题就转化为确定渐近稳定的最大范围或吸引域, 这通常非常困难。然而, 对所有的实际问题, 确定一个足够大的渐近稳定的吸引域, 使扰动不会超过它即可。

(5) 不稳定

如果对于某个实数 $\varepsilon > 0$ 和任意一个实数 $\delta > 0$, 不管这两个实数多么小, 在 $S(\delta)$ 内总存在一个状态, 使得始于这一状态的轨迹最终会脱离开 $S(\varepsilon)$, 那么平衡状态 $\boldsymbol{x}_{\mathrm{e}} = \mathbf{0}$ 称为不稳定的, 如图 3.3 所示。

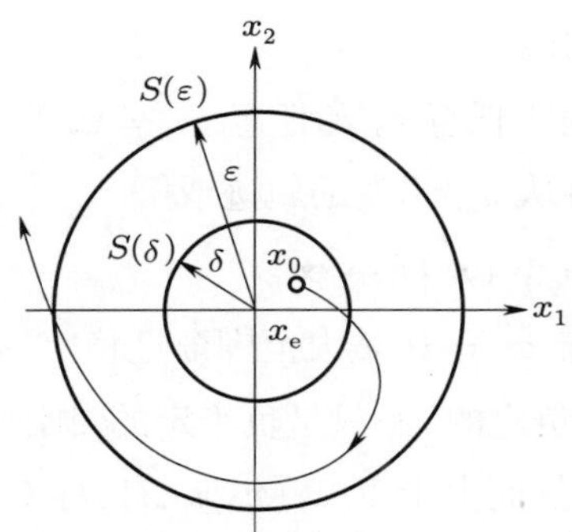

图 **3.3** 平衡状态及对应于不稳定性的典型轨迹

3.5.3 李雅普诺夫第二法

李雅普诺夫第二法的基本思想就是通过定义和分析一个在平衡状态邻域的关于运动状态的广义能量函数来分析平衡状态的稳定性。通过考察该能量函数随时间变化是否衰减来判定平衡状态是渐近稳定还是不稳定。对于给定的系统, 若可求得正定的标量函数 $V(\boldsymbol{x})$, 并使其沿轨迹对时间的全导数总为负定, 则随着时间的增加, $V(\boldsymbol{x})$ 将取越来越小的值。随着时间的进一步增长, 最终 $V(\boldsymbol{x})$ 会趋于零。这意味着, 状态空间的原点是渐近稳定的。

渐近稳定性定理 考虑如下非线性系统:

$$\dot{\boldsymbol{x}}(t)=f(\boldsymbol{x}(t),t) \tag{3.78}$$

对所有 $t\geqslant t_0$, 有 $f(0,t)\equiv 0$。

如果存在一个具有连续一阶偏导数的标量函数 $V(\boldsymbol{x},t)$, 且满足以下条件:

1) $V(\boldsymbol{x},t)$ 正定。

2) $\dot{V}(\boldsymbol{x},t)$ 负定。

满足条件 1) 和 2) 则在原点处的平衡状态是 (一致) 渐近稳定的。

3) 进一步地, 若 $\|\boldsymbol{x}\|\to\infty$, $V(\boldsymbol{x},t)\to\infty$ (径向无穷大), 则在原点 $\boldsymbol{x}_{\mathrm{e}}=\boldsymbol{0}$ 处的平衡状态是大范围一致渐近稳定的。

稳定性定理 考虑如下非线性系统

$$\dot{\boldsymbol{x}}(t)=f(\boldsymbol{x}(t),t) \tag{3.79}$$

对所有 $t\geqslant t_0$, 有 $f(0,t)\equiv 0$。

若存在具有连续一阶偏导数的标量函数 $V(\boldsymbol{x},t)$, 且满足以下条件:

1) $V(\boldsymbol{x},t)$ 是正定的;

2) $\dot{V}(\boldsymbol{x},t)$ 是负半定的;

3) $\dot{V}(\phi(\boldsymbol{x}_0,t_0,t),t)$ 对于任意 t_0 和任意 $\boldsymbol{x}_0\neq\boldsymbol{0}$, 当 $t\geqslant t_0$ 时, 不恒等于零, 其中 $\phi(\boldsymbol{x}_0,t_0,t)$ 表示在 t_0 时从 $\boldsymbol{x}_0$ 出发的轨迹或解;

4) 当 $\| x \|\to\infty$ 时, 有 $V(\boldsymbol{x},t)\to\infty$。

则在系统原点处的平衡状态 $\boldsymbol{x}_{\mathrm{e}}=\boldsymbol{0}$ 是大范围渐近稳定的。

注意, 若 $\dot{V}(\boldsymbol{x},t)$ 不是负定的, 而只是负半定的, 则典型点的轨迹可能与某个特定曲面 $V(\boldsymbol{x},t)=C$ 相切, 然而由于 $\dot{V}(\phi(\boldsymbol{x}_0,t_0,t),t)$ 对任意 t_0 和任意 $\boldsymbol{x}_0\neq 0$, 在 $t\geqslant t_0$ 时不恒等于零, 所以典型点就不可能保持在切点 $[\dot{V}(\boldsymbol{x},t)=0]$ 处, 因而必然要运动到原点。

3.6 模糊集理论

在 1975 年, Mamdani 和 Assilian 创立了模糊控制器的基本框架 (实质上就是图 3.4 所示的模糊系统), 并将模糊控制器用于控制蒸汽机。他们的研究成果发表于文章《带有模糊逻辑控制器的语言合成实验》[3], 这是关于模糊理论的一篇具有开创性的文章。他们发现模糊控制器非常易于构造且运作效果较好。

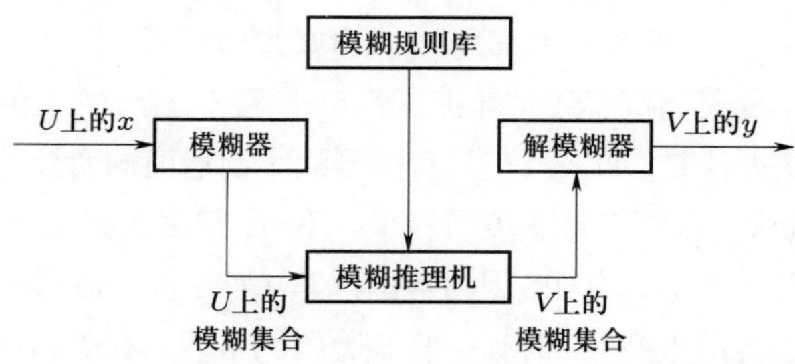

图 3.4　具有模糊器和解模糊器的模糊系统的基本框架

设 U 为论域或全集, 它是具有某种特定性质或用途的元素的全体。集合 A 可定义为集合中元素的穷举 (列举法), 或描述为集合中元素所具有的性质 (描述法)。列举法仅用于有限集, 所以其使用范围有限; 描述法则比较常用。在描述法中, 集合 A 可以表示为

$$A = \{x \in U \mid x \text{ 满足某些条件}\} \tag{3.80}$$

还有第三种定义集合 A 的方法——隶属度法。该方法引入了集合 A 的 0–1 隶属度函数 (也可叫作特征函数、差别函数或指示函数), 用 $\mu_A(x)$ 表示, 满足

$$\mu_A(x) = \begin{cases} 1, & x \in A \\ 0, & x \notin A \end{cases} \tag{3.81}$$

集合 A 等价于其隶属度函数 $\mu_A(x)$, 从这个意义上讲, 知道 $\mu_A(x)$ 与知道 A 是一样的。

例 3.1　设伯克利的所有汽车的集合作为论域 U, 则可以根据汽车的特征来定义 U 上的不同集合。图 3.5 给出了可用于定义 U 上集合的两类特征: ① 美国汽车或非美国汽车; ② 气缸数量。例如, 定义 U 上所有具有 4 个气缸的汽车为集合 A, 即

$$A = \{x \in U \mid x \text{ 具有 4 个气缸}\} \tag{3.82}$$

或

$$\mu_A(x) = \begin{cases} 1, & x \in U \text{且 } x \text{ 有 4 个气缸} \\ 0, & x \in U \text{且 } x \text{ 没有 4 个气缸} \end{cases} \tag{3.83}$$

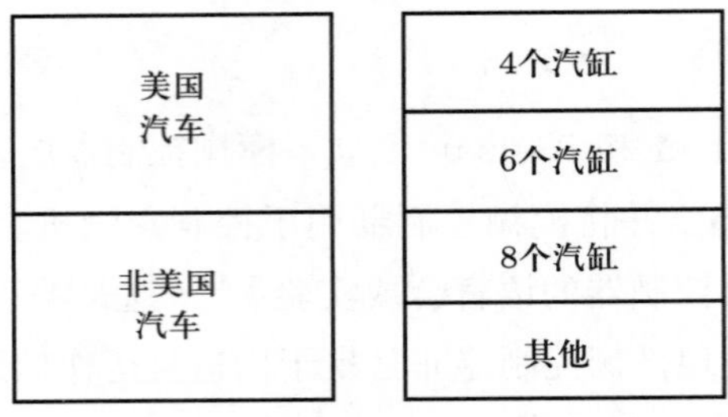

图 3.5　伯克利汽车集合的子集分割图

如果根据汽车是美国汽车还是非美国汽车来定义一个 U 上的集合, 将存在一定困难。一种解决办法是, 如果汽车具有美国汽车制造商的商标, 则认为该汽车是美国汽车; 否则就认为该汽车是非美国汽车。不过, 很多人感觉美国汽车与非美国汽车之间的差异并不是那么分明, 因为美国汽车 (如福特、通用和克莱斯勒) 的许多零部件都不是在美国生产的, 而有一些非美国汽车却是在美国制造的。那么, 怎样处理这类问题呢?

从本质上看, 上述事例中的困难说明了某些集合并不具有清晰的边界。经典集合理论中的集合要求具有一个定义得很准确的性质, 因此, 经典集合无法定义诸如"伯克利的所有美国汽车"这样的集合。为了克服经典集合理论的这种局限性, 模糊集合的概念应运而生。这也说明了经典集合的这种局限性是本质上的, 需要一种新理论——模糊集合理论来弥补它的局限性。

论域 U 上的模糊集合是用隶属度函数 $\mu_A(x)$ 来表征的, $\mu_A(x)$ 的取值范围是 [0, 1]。因此, 模糊集合是经典集合的一种推广, 它允许隶属度函数在区间 [0, 1] 内任意取值。换句话说, 经典集合的隶属度函数只允许取两个值——0 或 1, 而模糊集合的隶属度函数则是区间 [0, 1] 上的一个连续函数。由定义可以看出, 模糊集合一点都不模糊, 它只是一个带有连续隶属度函数的集合。

U 上的模糊集合 A 可以表示为一组元素与其隶属度值的有序对的集合, 即

$$A = \{(x, \mu_A(x)) \mid x \in U\} \tag{3.84}$$

当 U 连续时 (如 $U = \mathbf{R}$), A 一般可以表示为

$$A = \int_U \mu_A(x)/x \tag{3.85}$$

这里的积分符号并不表示积分, 而是表示 U 上隶属度函数为 $\mu_A(x)$ 的所有点 x 的集合。当 U 取离散值时, A 一般可以表示为

$$A = \sum_U \mu_A(x)/x \tag{3.86}$$

这里的求和符号并不表示求和, 而是表示 U 上隶属度函数为 $\mu_A(x)$ 的所有点 x 的集合。下面再继续讨论怎样用模糊集合的概念来定义美国汽车和非美国汽车。

例 3.1 (续) 可以根据汽车的零部件在美国制造的百分比, 将集合"伯克利的美国汽车"(用 D 表示) 定义为一个模糊集合。具体来说, 可用如下的隶属度函数来定义 D:

$$\mu_D(x) = p(x) \tag{3.87}$$

式中, $p(x)$ 是汽车的零部件在美国制造的占比, 它在 0 至 1 之间取值。例如, 如果某汽车 x_0 有 60% 的零件在美国制造, 则可以说汽车 x_0 属于模糊集合 D 的程度为 0.6。

类似地, 可以用式 (3.88) 所示的隶属度函数来定义集合"伯克利的非美国汽车"(用 F 表示) :

$$\mu_F(x) = 1 - p(x) \tag{3.88}$$

式中, $p(x)$ 的含义与式 (3.87) 中的 $p(x)$ 相同。那么, 如果某汽车 x_0 有 60% 的零件在美国制造, 则可以说汽车 x_0 属于模糊集合 F 的程度为 1−0.6=0.4。式 (3.87) 和式 (3.88) 表示的隶属度函数如图 3.6 所示。显然, 一种元素可以以相同或不同的程度属于不同的模糊集合。

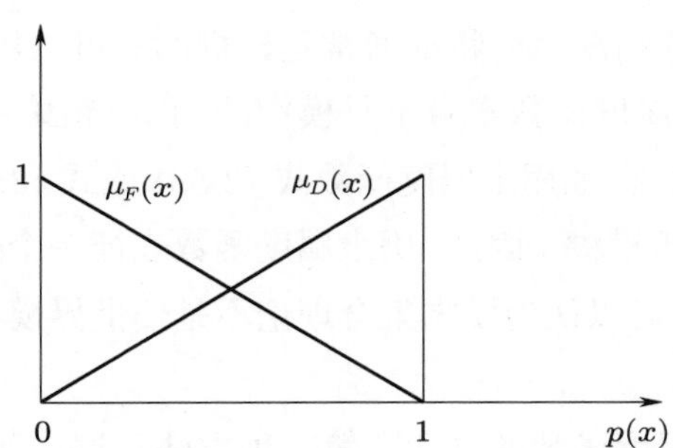

图 3.6 美国汽车的隶属度函数 $\mu_D(x)$ 和非美国汽车的隶属度函数 $\mu_F(x)$

下面考虑另一个模糊集合的例子, 从中可以得出一些结论。

例 3.2 令 Z 表示模糊集合"接近于 0 的数", 则 Z 的隶属度函数可能为

$$\mu_Z(x) = \mathrm{e}^{-x^2} \tag{3.89}$$

式中, $x \in \mathbf{R}$。这是一个均值为 0、标准差为 1 的高斯函数。根据这一隶属度函数可知, 0 和 2 属于模糊集合 Z 的程度分别为 $\mathrm{e}^0 = 1$ 和 e^{-4}。也可以将 Z 的隶属度函数定义为

$$\mu_Z(x)=\begin{cases}0, & x<-1\\ x+1, & -1\leqslant x<0\\ 1-x, & 0\leqslant x<1\\ 0, & x\geqslant 1\end{cases} \tag{3.90}$$

根据此隶属度函数可知, 0 和 2 属于模糊集合 Z 的程度分别为 1 和 0。式 (3.89) 和式 (3.90) 表示的隶属度函数分别如图 3.7 和图 3.8 所示。还可以选择许多其他的隶属度函数来描述“接近于 0 的数”。

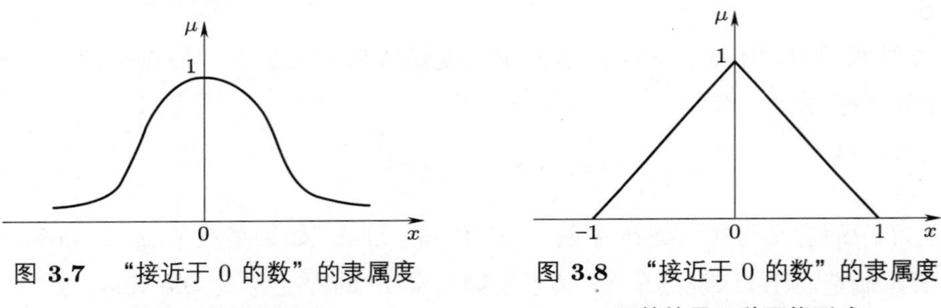

图 **3.7** “接近于 0 的数”的隶属度函数的一种可能形式

图 **3.8** “接近于 0 的数”的隶属度函数的另一种可能形式

根据例 3.2 可以得到模糊集合的三条重要结论:

1) 用模糊集合描述的现象的特征通常是模糊的。可以用不同的隶属度函数来描述同一对象, 因为隶属度函数本身不是模糊的, 而是精确的数学函数, 一旦隶属度函数表征了模糊的性质, 如用隶属度函数式 (3.89) 或式 (3.90) 表征了“接近于 0 的数”, 则一切都将不再模糊。因此, 用隶属度函数表征一个模糊描述, 实质上将模糊描述的模糊消除了。可以认为模糊集合理论不是使世界模糊化, 而是消除了世界的模糊。

2) 有两种确定隶属度函数的方法。第一种方法是请该领域的专家来指定隶属度函数。通常, 这种方法仅能够给出隶属度函数的一个粗略的公式, 还必须对其进行“微调”。第二种方法是从各种传感器中收集数据来确定隶属度函数。首先指定隶属度函数的结构, 然后根据数据对隶属度函数的参数进行“微调”。

3) 尽管式 (3.89) 和式 (3.90) 都用来描述“接近于 0 的数”, 但它们是不同的模糊集合。因此, 严格地讲, 应采用不同的说明性短语表达模糊集合式 (3.89) 和式 (3.90)。例如, 用 $\mu_{Z_2}(x)$ 表示式 (3.90)。一个模糊集合与其隶属度函数应具有一一对应的关系。

3.7 模糊集合基本概念

模糊集合的许多概念和术语都是由经典 (清晰) 集合的基本概念推广来的, 但有一些概念是模糊集合体系所独有的, 如支撑集、模糊集的中心、模糊集的高度、标准模糊集、$\alpha-$截集和凸模糊集等, 其定义如下。

支撑集 论域 U 上模糊集 A 的支撑集是一个清晰集, 它包含了 U 中所有在 A 上具有非零隶属度值的元素, 即

$$\operatorname{supp}(A)=\{x\in U\mid \mu_A(x)>0\} \tag{3.91}$$

式中, supp (A) 表示模糊集 A 的支撑集。如果一个模糊集的支撑集是空的, 则称该模糊集为空模糊集。如果模糊集合的支撑集仅包含 U 中的一个点, 则称该模糊集为模糊单值。

模糊集的中心 如果模糊集的隶属度函数达到其最大值的所有点的均值是有限值, 则将该均值定义为模糊集的中心; 如果该均值为正 (负) 无穷大, 则将该模糊集的中心定义为所有达到最大隶属值的点中的最小 (最大) 点的值。

模糊集的高度 任意点所达到的最大隶属度值。例如, 图 3.7 和图 3.8 中所有模糊集的高度都等于 1。

标准模糊集 如果一个模糊集的高度等于 1, 则称之为标准模糊集。因此图 3.7 和图 3.8 所示的模糊集都是标准模糊集。

$\boldsymbol{\alpha}-$截集 一个模糊集 A 的 $\alpha-$截集是一个清晰集, 记作 A_α, 它包含了 U 中所有隶属于 A 的隶属度值大于或等于 α 的元素, 即

$$A_\alpha=\{x\in U|\ \mu_A(x)\geqslant\alpha\} \tag{3.92}$$

例如, 当 $\alpha=0.3$ 时, 模糊集 (3.90) (图 3.8) 的 $\alpha-$截集就是清晰集 $[-0.7, 0.7]$; 而当 $\alpha=0.9$ 时, 模糊集 (3.90) 的 $\alpha-$截集就是 $[-0.1, 0.1]$。

凸模糊集 当论域 U 为 n 维欧氏空间 $\mathbf{R}^n$ 时, 凸集的概念可以推广至模糊集合。对于任意 α, 当且仅当模糊集 A 在区间 $(0,1]$ 上的 $\alpha-$截集 A_α 为凸集时, 模糊集 A 是凸模糊集。

引理 3.1 对于任意 $x_1,x_2\in\mathbf{R}^n$ 和任意 $\lambda\in[0,1]$, 当且仅当式 (3.93) 成立时, 称 $\mathbf{R}^n$ 上的模糊集合 A 是凸模糊集。

$$\mu_A[\lambda x_1+(1-\lambda)x_2]\geqslant\min[\mu_A(x_1),\mu_A(x_2)] \tag{3.93}$$

证明 首先, 假设 A 是凸模糊集, 证明式 (3.93) 是成立的。

令 x_1,x_2 为 $\mathbf{R}^n$ 上的任意点, 为不失一般性, 假设 $\mu_A(x_1)\leqslant\mu_A(x_2)$, 因为 $\mu_A(x_1)=0$ 时式 (3.93) 必定成立, 所以令 $\mu_A(x_1)=\alpha>0$。由 A 的 $\alpha-$截集 A_α 是凸集的性质和 $x_1,x_2\in A_\alpha$[因为 $\mu_A(x_2)\geqslant\mu_A(x_1)=\alpha$] 可得, 对所有 $\lambda\in[0,1]$ 有 $\lambda x_1+(1-\lambda)x_2\in A_\alpha$。因此, $\mu_A[\lambda x_1+(1-\lambda)x_2]\geqslant\alpha=\mu_A(x_1)=\min[\mu_A(x_1),\mu_A(x_2)]$。

反过来, 证明在式 (3.93) 成立的条件下, A 为凸模糊集。

令 α 为 $(0,1]$ 上的任意点, 如果 A_α 是空集, 则 A 为凸模糊集 (因为空集是凸集)。如果 A_α 是非空的, 则存在 $x_1 \in \mathbf{R}^n$, 使得 $\mu_A(x_1) = \alpha$ (根据 A_α 的定义)。令 x_2 为 A_α 中的任一元素, 则有 $\mu_A(x_2) \geqslant \alpha = \mu_A(x_1)$。因为根据假设, 式 (3.93) 是成立的, 所以对所有 $\lambda \in [0,1]$ 有 $\mu_A[\lambda x_1 + (1-\lambda)x_2] \geqslant \min[\mu_A(x_1), \mu_A(x_2)] = \mu_A(x_1) = \alpha$, 这表明 $\lambda x_1 + (1-\lambda)x_2 \in A_\alpha$, 所以, A_α 是凸集。因为 α 是 $(0,1]$ 上的任意点, 所以由 A_α 是凸集可知 A 为凸模糊集。

3.8 模糊集合基本运算

两个模糊集合 A 和 B 的运算包括等价 (equality) 、包含 (containment) 、补集 (complement) 、并集 (union) 和交集 (intersection), 具体定义如下。

模糊集的等价 对任意 $x \in U$, 当且仅当 $\mu_A(x) = \mu_B(x)$ 时, 称 A 和 B 是等价的。

模糊集的包含 对任意 $x \in U$, 当且仅当 $\mu_A(x) \leqslant \mu_B(x)$ 时, 称 B 包含 A, 记作 $A \subset B$。

模糊集的补集 定义集合 A 的补集为 U 上的模糊集合, 记作 $\overline{A}$, 其隶属度函数为

$$\mu_{\overline{A}}(x) = 1 - \mu_A(x) \tag{3.94}$$

模糊集的并集 U 上模糊集 A 和 B 的并集也是模糊集, 记作 $A \cup B$, 其隶属度函数为

$$\mu_{A\cup B}(x) = \max(\mu_A(x), \mu_B(x)) \tag{3.95}$$

模糊集的交集 U 上模糊集 A 和 B 的交集也是模糊集, 记作 $A \cap B$, 其隶属度函数为

$$\mu_{A\cap B}(x) = \min(\mu_A(x), \mu_B(x)) \tag{3.96}$$

为什么用 “max” 表示并集, 用 “min” 表示交集, 现在给出一种直观的解释。定义并集的一种直观的方式是, A 和 B 的并集是包含 A 和 B 的 “最小” 的模糊集合。更准确地说, 如果 C 是任意一个包含 A 和 B 的模糊集, 则它也包含 A 和 B 的并集。现证明这一直观的定义与式 (3.95) 等价。首先由 $\max(\mu_A, \mu_B) \geqslant \mu_A$ 和 $\max(\mu_A, \mu_B) \geqslant \mu_B$ 可知, 式 (3.95) 中定义的 $A \cup B$ 包含了 A 和 B。而且, 若 C 是任意一个包含 A 和 B 的模糊集, 则有 $\mu_C \geqslant \mu_A$, $\mu_C \geqslant \mu_B$。从而有 $\mu_C \geqslant \max(\mu_A, \mu_B) = \mu_{A\cup B}$。这样就证明了式 (3.95) 中定义的 $A \cup B$ 是包含 A 和 B 的 “最小” 模糊集。同理可证, 式 (3.96) 中定义的交集是 A 和 B 所包含的 “最大” 模糊集。

例 3.3 考虑式 (3.87) 和式 (3.88) 所定义的两个模糊集合 D 和 F (图 3.6), 定义 F 的补集 $\overline{F}$ 的隶属度函数 (图 3.9) 为

$$\mu_{\overline{F}}(x) = 1 - \mu_F(x) = 1 - p(x) \tag{3.97}$$

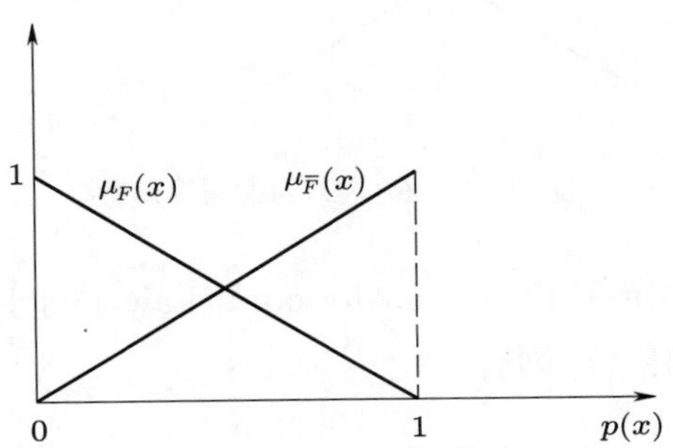

图 **3.9** $\overline{F}$ 和 F 的隶属度函数

比较式 (3.97) 和式 (3.88), 可以看出, $\overline{F} = D$。这说明, 如果一辆汽车不是非美国汽车 (F 的补集) 就是美国汽车。或者更准确地说, 一辆汽车越不是非美国汽车, 就越是美国汽车。F 和 D 的并集 $F \cup D$ (图 3.10) 可定义为

$$\mu_{F\cup D}(x) = \max(\mu_F, \mu_D) = \begin{cases} \mu_F(x), & 0 \leqslant p(x) < 0.5 \\ \mu_D(x), & 0.5 \leqslant p(x) \leqslant 1 \end{cases} \tag{3.98}$$

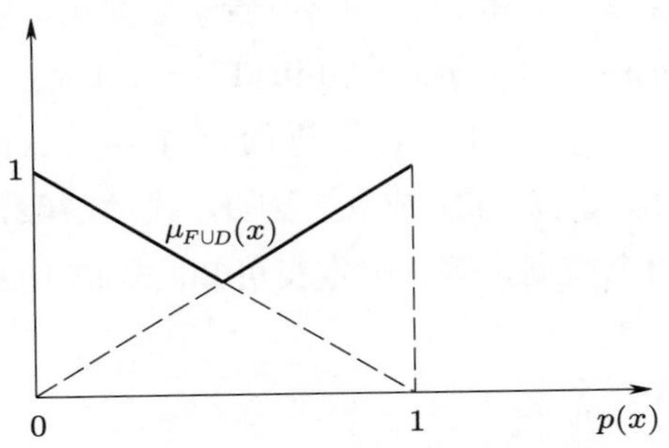

图 **3.10** $F \cup D$ 的隶属度函数

F 和 D 的交集 $F \cap D$ (图 3.11) 可定义为

$$\mu_{F\cap D}(x) = \max(\mu_F, \mu_D) = \begin{cases} \mu_D(x), & 0 \leqslant p(x) < 0.5 \\ \mu_F(x), & 0.5 \leqslant p(x) \leqslant 1 \end{cases} \tag{3.99}$$

对于式 (3.94) 、式 (3.95) 和式 (3.96) 中所定义的补、并、交运算来说, 许多在经典集合中成立的基本性质 (并不是全部) 是可以扩展到模糊集合中来的, 以下面的引理为例。

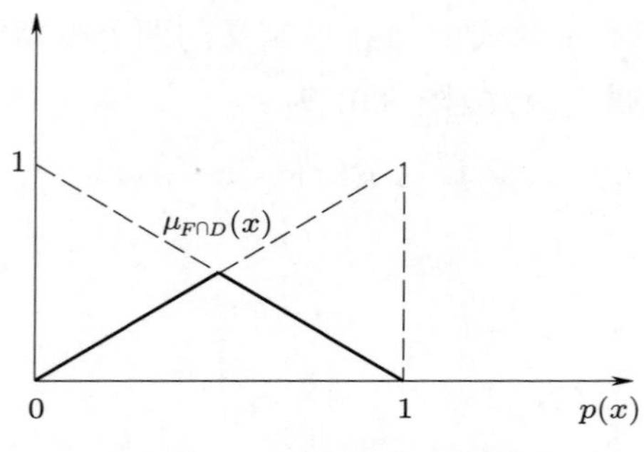

图 **3.11** $F\cap D$ 的隶属度函数

引理 3.2 德摩根定律 (The De Morgan's Laws) 对于模糊集合也是成立的, 即假设 A 和 B 是模糊集合, 则有

$$\overline{A\cup B}=\overline{A}\cap\overline{B} \tag{3.100}$$

$$\overline{A\cap B}=\overline{A}\cup\overline{B} \tag{3.101}$$

下面仅证明式 (3.100) 成立。式 (3.101) 可采用相同的方法证明。

证明 首先证明式 (3.102) 是成立的。

$$1-\max(\mu_A,\mu_B)=\min(1-\mu_A,1-\mu_B) \tag{3.102}$$

考虑两种可能情况: $\mu_A\geqslant\mu_B$ 和 $\mu_A<\mu_B$。若 $\mu_A\geqslant\mu_B$, 则有 $1-\mu_A\leqslant1-\mu_B$, 进而有 $1-\max(\mu_A,\mu_B)=1-\mu_A=\min(1-\mu_A,1-\mu_B)$, 即式 (3.102) 成立; 若 $\mu_A<\mu_B$, 则有 $1-\mu_A>1-\mu_B$, 进而有 $1-\max(\mu_A,\mu_B)=1-\mu_B=\min(1-\mu_A,1-\mu_B)$, 即式 (3.102) 成立。因此, 式 (3.102) 是成立的。由定义式 (3.94) 至式 (3.96) 及两个模糊集等价的定义可知, 式 (3.102) 和式 (3.100) 成立是等价的。

参考文献

[1] Bellman R. Introduction to matrix analysis [M]. 2nd ed. New York: McGraw-Hill, 1970.

[2] Udwadia F E, Kalaba R E. Analytical dynamics: A new approach[M]. Cambridg: Cambridge University Press, 1996.

[3] Zadeh L A. The concept of a linguistic variable and its application to approximate reasoning—I, II, III[J]. Information Sciences, 1975, 8(3): 199–249.

第二篇

机器人运动学与动力学

第 4 章 机器人运动学基本知识

机器人运动学研究的是机器人的工作空间与关节空间之间的映射关系或机器人的运动学模型, 包括正运动学 (forward kinematics) 和逆运动学 (inverse kinematics) 这两部分。

机器人正运动学是给定机器人各关节变量, 计算机器人末端的位置姿态。机器人逆运动学是给定机器人末端执行器的位置和姿态, 计算所有可到达给定位置和姿态的全部关节变量。一般正运动学的解是唯一和容易获得的, 而逆运动学往往有多个解并且分析更为复杂。机器人逆运动学分析是运动规划控制中的重要问题, 但由于机器人逆运动学问题的复杂性和多样性, 无法建立通用的解析算法。逆运动学问题实际上是一个非线性超越方程组的求解问题, 其中包括解的存在性、唯一性及求解的方法等一系列复杂问题。

机器人运动学解决问题的过程是: 首先利用位姿描述、坐标变化等数学方法确定物体位置、姿态和运动; 然后确定不同结构类型的机器人 (包括直角坐标型、圆柱坐标型和球坐标型等) 的正逆运动学; 最后根据 D−H (Denavit−Hartenberg) 参数法推导机器人的正逆运动学方程。

4.1 位姿描述和坐标变换

4.1.1 位置描述

描述刚体的运动需要知道刚体的位姿信息。刚体的位姿信息包括刚体的位置信息和姿态信息, 对于这些信息的描述方法主要是通过坐标矩阵和齐次变换法 [1−2]。

由图 4.1 所示, 刚体的位置信息可以通过一个固定的参考坐标系原点到刚体现在位置坐标系原点的向量来表示, 即 ${}^i_j\boldsymbol{P} = \overrightarrow{O_iO_j}$, 即

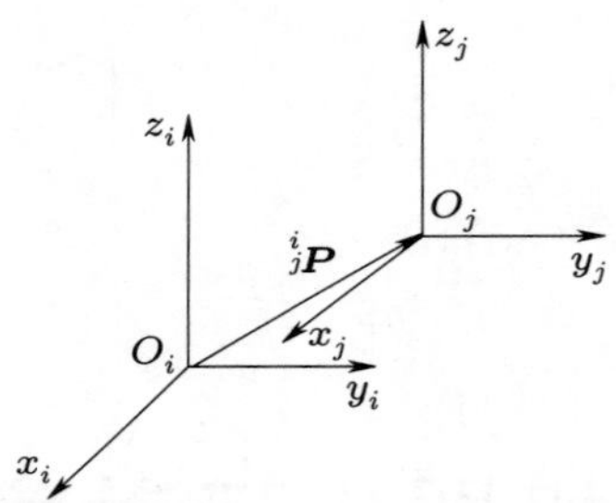

图 **4.1** 坐标系 $\{j\}$ 相对于坐标系 $\{i\}$ 的位置矢量

$$
{}^i_j\boldsymbol{P} = \begin{bmatrix} p_x \\ p_y \\ p_z \end{bmatrix} \tag{4.1}
$$

4.1.2 姿态描述

刚体姿态可以通过两坐标系之间的坐标旋转变换矩阵来表示, 即姿态矩阵 ${}^0_1\boldsymbol{R}$, 表示坐标系 $\{1\}$ 相对于坐标系 $\{0\}$ 的姿态描述, 其中的各个元素均为两坐标系单位向量之间的方向余弦。

$$
{}^0_1\boldsymbol{R} = \begin{bmatrix} \cos\, \boldsymbol{i}_1\boldsymbol{i}_0 & \cos\, \boldsymbol{j}_1\boldsymbol{i}_0 & \cos\, \boldsymbol{k}_1\boldsymbol{i}_0 \\ \cos\, \boldsymbol{i}_1\boldsymbol{j}_0 & \cos\, \boldsymbol{j}_1\boldsymbol{i}_0 & \cos\, \boldsymbol{k}_1\boldsymbol{i}_0 \\ \cos\, \boldsymbol{i}_1\boldsymbol{k}_0 & \cos\, \boldsymbol{j}_1\boldsymbol{i}_0 & \cos\, \boldsymbol{k}_1\boldsymbol{k}_0 \end{bmatrix} \tag{4.2}
$$

那么机器人绕 x、y 或 z 轴做转角为 θ 的旋转变换, 其旋转矩阵分别为

$$
\mathrm{Rot}\,(x, \theta) = \begin{bmatrix} 1 & 0 & 0 \\ 0 & \cos\,\theta & -\sin\,\theta \\ 0 & \sin\,\theta & -\cos\,\theta \end{bmatrix} \tag{4.3}
$$

$$
\mathrm{Rot}\,(y, \theta) = \begin{bmatrix} \cos\,\theta & 0 & \sin\,\theta \\ 0 & 1 & 0 \\ -\sin\,\theta & 0 & \cos\,\theta \end{bmatrix} \tag{4.4}
$$

$$
\mathrm{Rot}\,(z, \theta) = \begin{bmatrix} \cos\,\theta & -\sin\,\theta & 0 \\ \sin\,\theta & \cos\,\theta & 0 \\ 0 & 0 & 1 \end{bmatrix} \tag{4.5}
$$

4.1.3 位姿描述

通过将上述的位置和姿态的描述矩阵合成为一个用于描述刚体位姿的矩阵 ${}_1^0\boldsymbol{T}$, 可以表示为

$$
{}_1^0\boldsymbol{T}=\begin{bmatrix}{}_1^0\boldsymbol{R} & {}_1^0\boldsymbol{P}\\ 0 & 1\end{bmatrix}=\begin{bmatrix}\cos\boldsymbol{i}_1\boldsymbol{i}_0 & \cos\boldsymbol{j}_1\boldsymbol{i}_0 & \cos\boldsymbol{k}_1\boldsymbol{i}_0 & x\\ \cos\boldsymbol{i}_1\boldsymbol{j}_0 & \cos\boldsymbol{j}_1\boldsymbol{i}_0 & \cos\boldsymbol{k}_1\boldsymbol{i}_0 & y\\ \cos\boldsymbol{i}_1\boldsymbol{k}_0 & \cos\boldsymbol{j}_1\boldsymbol{i}_0 & \cos\boldsymbol{k}_1\boldsymbol{k}_0 & z\\ 0 & 0 & 0 & 1\end{bmatrix} \tag{4.6}
$$

4.1.4 齐次变换矩阵

当已知某点在一个直角坐标系中的坐标, 那么其在另一个直角坐标系中的坐标可以通过齐次变换矩阵来实现。该矩阵常用于机器人运动学的逆解时将输入的空间中某点坐标 $\{x,y,z,\alpha,\beta,\gamma\}$ 转变为逆解的矩阵 $\boldsymbol{T}$, 其中α、β、γ 分别表示绕 x、y、z 轴的旋转角度 [3]。

该矩阵的获取首先是通过输入 $\{x,y,z,\alpha,\beta,\gamma\}$, 由式 (4.3) 、式 (4.4) 和式 (4.5) 求出其姿态变换矩阵 $\mathrm{Rot}\,(x,\alpha)$、$\mathrm{Rot}\,(y,\beta)$ 和 $\mathrm{Rot}\,(z,\gamma)$, 进而将这 3 个矩阵相乘, 得到总的姿态变换矩阵 $\boldsymbol{R}$。

$$
\begin{aligned}
\boldsymbol{R}&=\mathrm{Rot}\,(x,\alpha)\,\mathrm{Rot}\,(y,\beta)\,\mathrm{Rot}\,(z,\gamma)\\
&=\begin{bmatrix}c_\gamma c_\beta & c_\gamma s_\beta s_\alpha-s_\gamma c_\alpha & c_\gamma s_\beta c_\alpha+s_\gamma s_\alpha\\ s_\gamma c_\beta & s_\gamma s_\beta s_\alpha+c_\gamma c_\alpha & s_\gamma s_\beta c_\alpha+c_\gamma s_\alpha\\ -s_\beta & c_\beta s_\alpha & c_\beta c_\alpha\end{bmatrix}
\end{aligned} \tag{4.7}
$$

式中, $c_\gamma=\cos\gamma$, $s_\gamma=\sin\gamma$, 其他符号以此类推。

然后通过与位置变换合成, 得到:

$$
\boldsymbol{T}=\begin{bmatrix}c_\gamma c_\beta & c_\gamma s_\beta s_\alpha-s_\gamma c_\alpha & c_\gamma s_\beta c_\alpha+s_\gamma s_\alpha & x\\ s_\gamma c_\beta & s_\gamma s_\beta s_\alpha+c_\gamma c_\alpha & s_\gamma s_\beta c_\alpha+c_\gamma s_\alpha & y\\ -s_\beta & c_\beta s_\alpha & c_\beta c_\alpha & z\\ 0 & 0 & 0 & 1\end{bmatrix} \tag{4.8}
$$

4.2 D–H 参数法

D–H 建模方法是由 Denavit 和 Hartenberg 所提出的一种用于机器人运动学上的建模方法, 该方法是在每个连杆上建立一个坐标系, 通过齐次变换来实现两个连杆上的坐标变换。通过依次的变换最终可以推导出末端执行器相对于基座坐标系的位姿, 从而建立机器人的运动学方程 [4–5]。

4.2.1 标准 D–H 参数法

将连杆坐标系的原点建立在连杆的关节连杆末端 (图 4.2)。

(1) 建立 D–H 连杆坐标系的原则

1) z_i 轴沿关节轴 $i+1$ 的轴向。

2) 原点 O_i 为 z_{i-1} 轴与 z_i 轴的交点或其公垂线与关节轴 z_i 的交点。

3) x_i 轴沿 z_{i-1} 轴与 z_i 轴的公垂线方向, 由关节轴 i 指向关节轴 $i+1$。

4) y_i 轴按照右手定则确定。

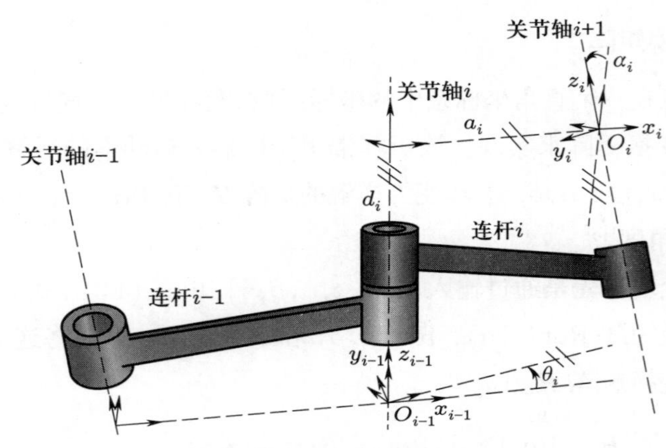

图 4.2 标准 D–H 连杆坐标系

(2) D–H 参数的含义

1) 连杆长度 a_i: 定义为从 z_{i-1} 轴移动到 z_i 轴的距离, 沿 x_i 轴指向为正。其实质为公垂线的长度。

2) 连杆转角 α_i: 定义为从 z_{i-1} 轴旋转到 z_i 轴的角度, 绕 x_i 轴正向旋转为正。

3) 关节偏距 d_i: 定义为从 x_{i-1} 轴移动到 x_i 轴的距离, 沿 z_{i-1} 轴指向为正。其实质为两条公垂线之间的距离。

4) 关节角 θ_i: 定义为从 x_{i-1} 轴旋转到 x_i 轴的角度, 绕 z_i 轴正向旋转为正。

(3) 相邻坐标系之间的齐次变换矩阵

$$
\begin{aligned}
{}^{i-1}_{i}\boldsymbol{A} &= \mathrm{Trans}_{z_{i-1}}(d_i)\,\mathrm{Rot}_{z_{i-1}}(\theta_i)\,\mathrm{Trans}_{x_i}(a_i)\,\mathrm{Rot}_{x_{i-1}}(\alpha_i) \\
&= \begin{bmatrix} 1 & 0 & 0 & 0 \\ 0 & 1 & 0 & 0 \\ 0 & 0 & 1 & d_i \\ 0 & 0 & 0 & 1 \end{bmatrix}
\begin{bmatrix} \cos\theta_i & -\sin\theta_i & 0 & 0 \\ \sin\theta_i & \cos\theta_i & 0 & 0 \\ 0 & 0 & 1 & 0 \\ 0 & 0 & 0 & 1 \end{bmatrix}
\begin{bmatrix} 1 & 0 & 0 & a_i \\ 0 & 1 & 0 & 0 \\ 0 & 0 & 1 & 0 \\ 0 & 0 & 0 & 1 \end{bmatrix}
\begin{bmatrix} 1 & 0 & 0 & 0 \\ 0 & \cos\alpha_i & -\sin\alpha_i & 0 \\ 0 & \sin\alpha_i & \cos\alpha_i & 0 \\ 0 & 0 & 0 & 1 \end{bmatrix}
\end{aligned}
$$

或者

$$
\begin{aligned}
{}^{i-1}_{i}\boldsymbol{A} &= \mathrm{Rot}_{z_{i-1}}(\theta_i)\,\mathrm{Trans}_{z_{i-1}}(d_i)\,\mathrm{Trans}_{x_i}(a_i)\,\mathrm{Rot}_{x_{i-1}}(\alpha_i) \\
&= \begin{bmatrix} \cos\theta_i & -\sin\theta_i & 0 & 0 \\ \sin\theta_i & \cos\theta_i & 0 & 0 \\ 0 & 0 & 1 & 0 \\ 0 & 0 & 0 & 1 \end{bmatrix}
\begin{bmatrix} 1 & 0 & 0 & 0 \\ 0 & 1 & 0 & 0 \\ 0 & 0 & 1 & d_i \\ 0 & 0 & 0 & 1 \end{bmatrix}
\begin{bmatrix} 1 & 0 & 0 & a_i \\ 0 & 1 & 0 & 0 \\ 0 & 0 & 1 & 0 \\ 0 & 0 & 0 & 1 \end{bmatrix}
\begin{bmatrix} 1 & 0 & 0 & 0 \\ 0 & \cos\alpha_i & -\sin\alpha_i & 0 \\ 0 & \sin\alpha_i & \cos\alpha_i & 0 \\ 0 & 0 & 0 & 1 \end{bmatrix} \\
&= \begin{bmatrix} \cos\theta_i & -\sin\theta_i\cos\alpha_i & \sin\theta_i\sin\alpha_i & a_i\cos\theta_i \\ \sin\theta_i & \cos\theta_i\cos\alpha_i & -\cos\theta_i\sin\alpha_i & a_i\sin\theta_i \\ 0 & \sin\alpha_i & \cos\alpha_i & d_i \\ 0 & 0 & 0 & 1 \end{bmatrix}
\end{aligned} \tag{4.9}
$$

4.2.2 改进 D–H 参数法

将连杆坐标系的原点建立在连杆的关节连杆首端 (图 4.3)。

(1) 建立 D–H 连杆坐标系的原则

1) z_i 轴沿关节轴 i 的轴向。

2) 原点 O_i 为关节轴 $i+1$ 与 i 轴的交点或其公垂线与轴 z_i 的交点。

3) x_i 轴沿 z_{i+1} 轴与 z_i 轴的公垂线方向, 由关节轴 i 指向关节轴 $i+1$, 如果关节轴 i 和关节轴 $i+1$ 相交, 则规定 x_i 轴垂直于这两条关节轴所在的平面。

4) y_i 轴按照右手定则确定。

5) 当第一个关节变量为 0 时, 规定坐标系 $\{0\}$ 和 $\{1\}$ 重合。对于坐标系 $\{n\}$, 其原点和 x_n 轴的方向可以任意选取。但在选取时, 通常尽量使连杆参数为 0。

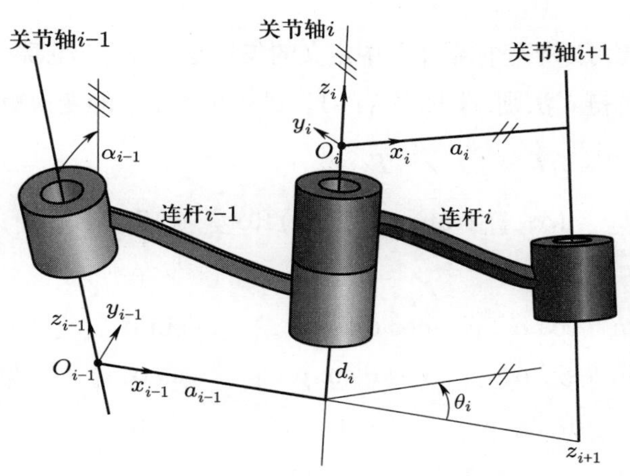

图 4.3 改进 D–H 连杆坐标系

(2) D−H 参数的含义

1) 连杆长度 a_i: 定义为从 z_i 轴移动到 z_{i+1} 轴的距离, 沿 x_i 轴指向为正。其实质为公垂线的长度。

2) 连杆转角 α_i: 定义为从 z_i 轴旋转到 z_{i+1} 轴的角度, 绕 x_i 轴正向旋转为正。

3) 连杆偏距 d_i: 定义为从 x_{i-1} 轴移动到 x_i 轴的距离, 沿 z_i 轴指向为正。其实质为两条公垂线之间的距离。

4) 关节角 θ_i: 定义为从 x_{i-1} 轴旋转到 x_i 轴的角度, 绕 z_i 轴正向旋转为正。

首先为每个连杆定义了 3 个中间坐标系 $\{P\}$、$\{Q\}$ 和 $\{R\}$, 如图 4.4 所示。相邻两个连杆坐标系的变换可由下述步骤实现:

1) 绕 x_{i-1} 轴旋转 α_{i-1} 角, 使坐标系 $\{i\}$ 过渡到 $\{R\}$, z_{i-1} 轴转到 z_R 轴, 并与 z_i 轴方向一致。

2) 坐标系 $\{R\}$ 沿 x_{i-1} 轴或 x_R 轴平移 a_{i-1} 距离, 将坐标系移到关节轴 i 上, 使坐标系 $\{R\}$ 过渡到坐标系 $\{Q\}$。

3) 坐标系 $\{Q\}$ 绕 z_i 轴或 z_Q 轴转动 θ_i 角, 使坐标系 $\{Q\}$ 过渡到坐标系 $\{P\}$。

4) 坐标系 $\{P\}$ 再沿 z_i 轴平移 d_i 距离, 使坐标系 $\{P\}$ 过渡到和关节轴 i 的坐标系 $\{i\}$ 重合。

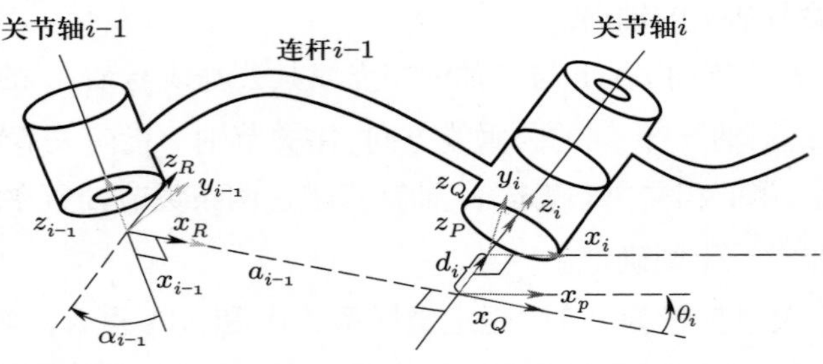

图 **4.4** 中间坐标系 $\{P\}$、$\{Q\}$ 和 $\{R\}$ 的定位

通过上述步骤可以把坐标系 $\{i\}$ 中定义的矢量变换成在坐标系 $\{i-1\}$ 中的描述。根据坐标系变换的链式法则, 坐标系 $\{i-1\}$ 到坐标系 $\{i\}$ 的变换矩阵可以写成:

$$\begin{aligned}
{}^{i-1}_{\ \ i}\boldsymbol{T} &= {}^{i-1}_{\ \ R}\boldsymbol{T} \times {}^{R}_{Q}\boldsymbol{T} \times {}^{Q}_{P}\boldsymbol{T} \times {}^{P}_{i}\boldsymbol{T} \\
&= \mathrm{Rot}_{x_{i-1}}\left(\alpha_{i-1}\right) \mathrm{Trans}_{x_{i-1}}\left(a_{i-1}\right) \mathrm{Rot}_{z_i}\left(\theta_i\right) \mathrm{Trans}_{z_i}\left(d_i\right) \\
&= \begin{bmatrix}
\cos\theta_i & -\sin\theta_i & 0 & a_{i-1} \\
\sin\theta_i\cos\alpha_{i-1} & \cos\theta_i\cos\alpha_{i-1} & -\sin\alpha_{i-1} & -d_i\sin\alpha_{i-1} \\
\sin\theta_i\sin\alpha_{i-1} & \cos\theta_i\sin\alpha_{i-1} & \cos\alpha_{i-1} & d_i\cos\alpha_{i-1} \\
0 & 0 & 0 & 1
\end{bmatrix}
\end{aligned} \tag{4.10}$$

4.2.3 标准型与改进型的对比

标准 D–H 建模与改进 D–H 建模方法的比较如表 4.1 所示。

表 4.1 **D–H** 建模方法的比较

	标准 D–H 建模	改进 D–H 建模
固连坐标系	连杆后一个关节坐标系为固连坐标系	连杆前一个关节坐标系为固连坐标系
z 轴	z_i 轴沿关节轴 $i+1$ 的指向	z_i 轴沿关节轴 i 的指向
x 轴	当前 z 轴与前一个坐标系的 z 轴叉乘确定 x 轴	后一个坐标系的 z 轴与当前 z 轴叉乘确定 x 轴
y 轴	按照右手定则确定	按照右手定则确定
变换规则	相邻关节坐标系的参数变换顺序为: θ、d、a、α	相邻关节坐标系的参数变换顺序为: α、a、θ、d

4.3 正运动学原理

机器人正运动学问题就是求机器人运动学的正解, 是指在给定组成运动副的相邻连杆的相对位置情况下, 确定机器人末端执行器的位置和姿态 [6]。本节以协作机器人为例, 采用改进 D–H 参数对六自由度协作机器人建模, 建模结果如表 4.2 所示。

表 4.2 六自由度协作机器人 **D–H** 参数

i	连杆转角 $\alpha_{i-1}/(°)$	杆长 a_{i-1}/mm	连杆偏距 d_i/mm	关节转角 $\theta_i/(°)$
1	0	0	144	$\theta_1(0)$
2	90	0	0	$\theta_2(0)$
3	0	−264	0	$\theta_3(0)$
4	0	−236	106	$\theta_4(0)$
5	90	0	144	$\theta_5(0)$
6	−90	0	67	$\theta_6(0)$

注: 括号里面表示的是机器人在水平状态下的初始关节角度。

在六自由度协作机器人的各关节设立坐标系, 如图 4.5 所示。

由改进 D–H 参数的齐次变换矩阵可得各个相邻关节角的齐次变换矩阵如下:

$$
{}_1^0\boldsymbol{T}=\begin{bmatrix}\cos\theta_1 & -\sin\theta_1 & 0 & a_0\\ \sin\theta_1\cos\alpha_0 & \cos\theta_1\cos\alpha_0 & -\sin\alpha_0 & -d_1\sin\alpha_0\\ \sin\theta_1\sin\alpha_0 & \cos\theta_1\sin\alpha_0 & \cos\alpha_0 & d_1\cos\alpha_0\\ 0 & 0 & 0 & 1\end{bmatrix}=\begin{bmatrix}c_1 & -s_1 & 0 & 0\\ s_1 & c_1 & 0 & 0\\ 0 & 0 & 1 & d_1\\ 0 & 0 & 0 & 1\end{bmatrix} \tag{4.11}
$$

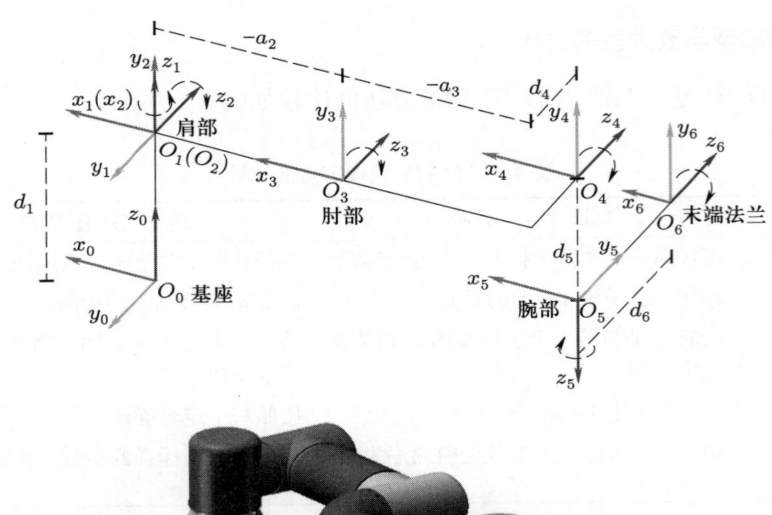

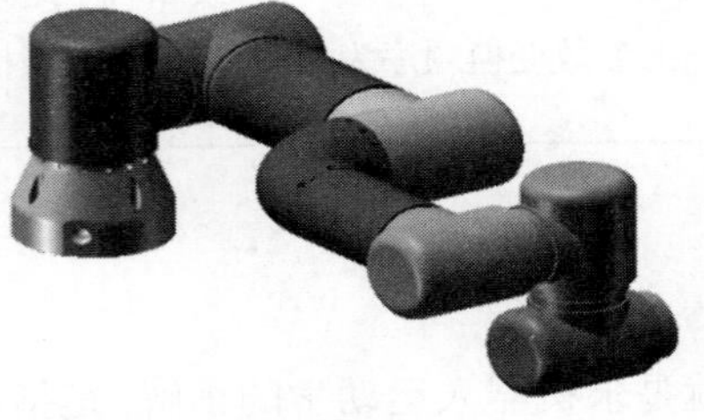

图 **4.5** 六自由度协作机器人坐标系分布

$$
{}_2^1\boldsymbol{T}=\begin{bmatrix}\cos\theta_2 & -\sin\theta_2 & 0 & a_1\\ \sin\theta_2\cos\alpha_1 & \cos\theta_2\cos\alpha_1 & -\sin\alpha_1 & -d_2\sin\alpha_1\\ \sin\theta_2\sin\alpha_1 & \cos\theta_2\sin\alpha_1 & \cos\alpha_1 & d_2\cos\alpha_1\\ 0 & 0 & 0 & 1\end{bmatrix}=\begin{bmatrix}c_2 & -s_2 & 0 & 0\\ 0 & 0 & -1 & 0\\ s_2 & c_2 & 0 & 0\\ 0 & 0 & 0 & 1\end{bmatrix}\tag{4.12}
$$

$$
{}_3^2\boldsymbol{T}=\begin{bmatrix}\cos\theta_3 & -\sin\theta_3 & 0 & a_2\\ \sin\theta_3\cos\alpha_2 & \cos\theta_3\cos\alpha_2 & -\sin\alpha_2 & -d_3\sin\alpha_2\\ \sin\theta_3\sin\alpha_2 & \cos\theta_3\sin\alpha_2 & \cos\alpha_2 & d_3\cos\alpha_2\\ 0 & 0 & 0 & 1\end{bmatrix}=\begin{bmatrix}c_3 & -s_3 & 0 & a_2\\ s_3 & c_3 & 0 & 0\\ 0 & 0 & 1 & 0\\ 0 & 0 & 0 & 1\end{bmatrix}\tag{4.13}
$$

$$
{}_4^3\boldsymbol{T}=\begin{bmatrix}\cos\theta_4 & -\sin\theta_4 & 0 & a_3\\ \sin\theta_4\cos\alpha_3 & \cos\theta_4\cos\alpha_3 & -\sin\alpha_3 & -d_4\sin\alpha_3\\ \sin\theta_4\sin\alpha_3 & \cos\theta_4\sin\alpha_3 & \cos\alpha_3 & d_4\cos\alpha_3\\ 0 & 0 & 0 & 1\end{bmatrix}=\begin{bmatrix}c_4 & -s_4 & 0 & a_3\\ s_4 & c_4 & 0 & 0\\ 0 & 0 & 1 & d_4\\ 0 & 0 & 0 & 1\end{bmatrix}\tag{4.14}
$$

$$
{}_5^4\boldsymbol{T}=\begin{bmatrix}\cos\theta_5 & -\sin\theta_5 & 0 & a_4\\ \sin\theta_5\cos\alpha_4 & \cos\theta_5\cos\alpha_4 & -\sin\alpha_4 & -d_5\sin\alpha_4\\ \sin\theta_5\sin\alpha_4 & \cos\theta_5\sin\alpha_4 & \cos\alpha_4 & d_5\cos\alpha_4\\ 0 & 0 & 0 & 1\end{bmatrix}=\begin{bmatrix}c_5 & -s_5 & 0 & 0\\ 0 & 0 & -1 & -d_5\\ s_5 & c_5 & 0 & 0\\ 0 & 0 & 0 & 1\end{bmatrix} \tag{4.15}
$$

$$
{}_6^5\boldsymbol{T}=\begin{bmatrix}\cos\theta_6 & -\sin\theta_6 & 0 & a_5\\ \sin\theta_6\cos\alpha_5 & \cos\theta_6\cos\alpha_5 & -\sin\alpha_5 & -d_6\sin\alpha_5\\ \sin\theta_6\sin\alpha_5 & \cos\theta_6\sin\alpha_5 & \cos\alpha_5 & d_6\cos\alpha_5\\ 0 & 0 & 0 & 1\end{bmatrix}=\begin{bmatrix}c_6 & -s_6 & 0 & 0\\ 0 & 0 & 1 & d_6\\ -s_6 & -c_6 & 0 & 0\\ 0 & 0 & 0 & 1\end{bmatrix} \tag{4.16}
$$

$$
{}_6^0\boldsymbol{T}={}_1^0\boldsymbol{T}\times{}_2^1\boldsymbol{T}\times{}_3^2\boldsymbol{T}\times{}_4^3\boldsymbol{T}\times{}_5^4\boldsymbol{T}\times{}_6^5\boldsymbol{T} \tag{4.17}
$$

$$
{}_6^0\boldsymbol{T}=\boldsymbol{T}_{\text{tool}}=\begin{bmatrix}n_x & o_x & a_x & p_x\\ n_y & o_y & a_y & p_y\\ n_z & o_z & a_z & p_z\\ 0 & 0 & 0 & 1\end{bmatrix} \tag{4.18}
$$

式中, $c_1=\cos\theta_1, s_1=\sin\theta_1$, 其他符号以此类推; $(n_x,\ n_y,\ n_z)$ 表示机器人末端坐标系 x 轴相对于基座坐标系的方向矢量; $(o_x,\ o_y,\ o_z)$ 表示机器人末端坐标系 y 轴相对于基座坐标系的方向矢量; $(a_x,\ a_y,\ a_z)$ 表示机器人末端坐标系 z 轴相对于基座坐标系的方向矢量; $(p_x,\ p_y,\ p_z)$ 表示机器人末端坐标系原点在基座坐标系中的坐标。根据机器人运动过程中的关节角度, 可以求出机器人末端位姿。

4.4 逆运动学原理

机器人逆运动学问题是给定末端执行器的位置和方向, 确定相对应的关节变量。这一问题的求解具有重要的意义, 其目的是将分配给末端执行器在笛卡儿空间的运动变换为相应的关节空间的运动, 使得期望的运动能够得到执行 [7]。

对于式 (4.9) 或式 (4.10) 中的正运动学方程, 只要关节变量已知, 末端执行器的位置和旋转矩阵的计算都是唯一的。而逆运动学问题就要复杂得多, 原因如下:

1) 要求解的方程通常是非线性的, 因而并非总能找到一个闭合形式的解。

2) 可能存在多重解。

3) 可能存在无穷多解, 例如在机械手存在运动学冗余的情形下。

4) 从机器人运动学结构的角度看, 可能不存在可行解。

仅当给定的末端执行器位置和方向属于机器人的灵活性工作空间时, 才能保证解的存在性。

逆运动学求解通常分为封闭解法和数值解法两种大类。

(1) 封闭解法

封闭解法也称解析解法, 是通过严格的公式推导, 获得求解公式。求解公式是一种包含分式、三角函数、指数、对数甚至无限级数等基本函数的解的形式。利用这些公式, 对给出任意的自变量可以求出其因变量, 也就是问题的解。

对于六自由度的机器人而言, 运动学逆解非常复杂, 一般没有封闭解。只有在某些特殊情况下才可能得到封闭解。不过, 大多数工业机器人都满足封闭解的两个充分条件之一 (Pieper 准则) :

1) 3 个相邻关节轴交于一点;

2) 3 个相邻关节轴相互平行。

如果机器人的关节多于 6 个, 称关节为冗余的, 这时解是欠定的。这意味着腕关节的运动只改变末端执行器的姿态, 而不改变其位置。这种机构被称为球腕, 而且几乎所有的工业机器人都具有这样的腕关节, 如著名的 PUMA560 工业机器人。

机器人运动学的封闭逆解可通过两种途径得到: 代数法和几何法。

(2) 数值解法

数值解是采用某种计算方法, 如有限元法、数值逼近法、插值法、迭代法等得到的解。这种方法只能利用数值计算的结果, 而不能随意给出自变量并求出计算值。

很多情况是无法借由微积分求得解析解的, 这时只能利用数值分析的方式求得其数值解。在数值分析的过程中, 一般要先将原方程加以简化。例如将微分形式改为差分形式, 然后再用传统的代数方法将原方程改写成另一种方便求解的形式, 这时的求解步骤就是将一个自变量代入, 求得因变量的近似解。因此, 该方法的正确性不如解析法可靠, 所求得的因变量也不像解析解为一连续的分布, 而是一个个离散的数值。

4.4.1 解耦技术

在求解逆运动学的过程中, 会出现机器人关节的平移运动和旋转运动相互耦合的情况, 因此可以运用解耦技术将机器人的平移运动和旋转运动分开, 独立进行平移计算和旋转计算, 将大大减小逆运动学求解过程的计算量 [8]。

数学上, 逆运动学主要寻找由各个关节角度组成的矢量 $\boldsymbol{q}$ 中的元素。

$$\boldsymbol{q}=\begin{bmatrix}q_1 & q_2 & q_3 & \cdots & q_n\end{bmatrix}^{\mathrm{T}} \tag{4.19}$$

当变换矩阵 ${}_n^0\boldsymbol{T}$ 作为关节变量 $q_1, q_2, q_3, \cdots, q_n$ 的函数给定时, 有

$${}_n^0\boldsymbol{T}={}_1^0\boldsymbol{T}\left(q_1\right)\times{}_2^1\boldsymbol{T}\left(q_2\right)\times{}_3^2\boldsymbol{T}\left(q_3\right)\times{}_4^3\boldsymbol{T}\left(q_4\right)\times\cdots\times{}^{n-1}_{\ \ n}\boldsymbol{T}\left(q_n\right) \tag{4.20}$$

计算机控制的机器人通常在关节变量空间中被驱动, 但是一般在表述被操作的物体时, 通常在全局笛卡儿坐标系中表示。因此, 在机器人学中, 必须携带关节空间和笛卡儿空间之间的运动信息。为了控制末端执行器到达一个物体的空间位置, 必须求解逆向运动。因此, 需要知道在期望的方向上到达期望点所需的关节变量值。

六自由度机器人的正运动学的结果是一个 4×4 的变换矩阵:

$$\begin{aligned}{}_6^0\boldsymbol{T}&={}_1^0\boldsymbol{T}\times{}_2^1\boldsymbol{T}\times{}_3^2\boldsymbol{T}\times{}_4^3\boldsymbol{T}\times{}_5^4\boldsymbol{T}\times{}_6^5\boldsymbol{T}\\&=\begin{bmatrix}r_{11} & r_{12} & r_{13} & r_{14}\\ r_{21} & r_{22} & r_{23} & r_{24}\\ r_{31} & r_{32} & r_{33} & r_{34}\\ 0 & 0 & 0 & 1\end{bmatrix}\end{aligned} \tag{4.21}$$

式 (4.21) 中, 12 个元素是 6 个未知关节变量的三角函数。然而, 因为左上 3×3 子矩阵是旋转矩阵, 其中只有 3 个元素是独立的 [这是因为满足式 (4.2) 的正交条件]。因此, 式 (4.21) 对应的方程中只有 6 个方程是独立的。

三角函数本来就可以提供多个解, 因此对于未知关节变量, 当求解 6 个方程时, 期望机器人有多种配置。

有可能将逆运动学问题解耦成两个子问题, 即众所周知的逆向位置运动学问题和逆向方向运动学问题。这样解耦的一个实际结果就是将这个问题分解为两个独立的问题, 每个问题只有 3 个未知参数。按照解耦原理, 机器人的综合变换矩阵可以分解为一个平动和一个转动。

$${}_6^0\boldsymbol{T}=\begin{bmatrix}{}_6^0\boldsymbol{R} & {}_6^0\boldsymbol{P}\\ 0 & 1\end{bmatrix}={}_6^0\boldsymbol{D}\times{}_6^0\boldsymbol{R}=\begin{bmatrix}\boldsymbol{I} & {}_6^0\boldsymbol{P}\\ 0 & 1\end{bmatrix}\begin{bmatrix}{}_6^0\boldsymbol{R} & 0\\ 0 & 1\end{bmatrix} \tag{4.22}$$

平移矩阵 ${}_6^0\boldsymbol{D}$ 说明了末端执行器在末端坐标系中的位置, 这只涉及机械手的 3 个关节变量。对于控制手腕位置的变量, 可以求解 ${}_6^0\boldsymbol{P}$。旋转矩阵 ${}_6^0\boldsymbol{R}$ 说明了末端执行器在末端坐标系中的方向, 这也只涉及手腕的 3 个关节变量。对于控制手腕方向的变量, 可以求解 ${}_6^0\boldsymbol{R}$。

证明 大部分工业机器人都有一个手腕, 它在手腕点处由具有正交轴的 3 个旋转关节所构成, 利用球形手腕, 将综合正向运动变换矩阵 ${}^0_6\boldsymbol{T}$ 分解成手腕方向和手腕位置, 从而解耦手腕和机器人运动学方程。

$$
{}^0_6\boldsymbol{T} = {}^0_3\boldsymbol{T} \times {}^3_6\boldsymbol{T} = \begin{bmatrix} {}^0_3\boldsymbol{R} & {}^0_3\boldsymbol{P} \\ 0 & 1 \end{bmatrix} \begin{bmatrix} {}^3_6\boldsymbol{R} & 0 \\ 0 & 1 \end{bmatrix} \tag{4.23}
$$

手腕方向矩阵为

$$
{}^3_6\boldsymbol{R} = {}^0_3\boldsymbol{R}^{\mathrm{T}} \times {}^0_6\boldsymbol{R} = {}^0_3\boldsymbol{R}^{\mathrm{T}} \begin{bmatrix} r_{11} & r_{12} & r_{13} \\ r_{21} & r_{22} & r_{23} \\ r_{31} & r_{32} & r_{33} \end{bmatrix} \tag{4.24}
$$

手腕的位置矢量为

$$
{}^0_6\boldsymbol{P} = \begin{bmatrix} r_{14} \\ r_{24} \\ r_{34} \end{bmatrix} \tag{4.25}
$$

手腕矢量 ${}^0_6\boldsymbol{P} = {}^0_3\boldsymbol{P}$, 仅仅包括了机器人关节变量。因此, 为了求解机器人的逆向运动, 必须求解 ${}^0_3\boldsymbol{P}$ 以确定手腕的位置, 然后求解 ${}^3_6\boldsymbol{R}$ 以确定手腕的方向。

对于未知机器人关节变量, 手腕位置矢量 ${}^0_6\boldsymbol{P} = {}^0_w\boldsymbol{P}$。提供 3 个方程。对于由机器人关节变量求解 ${}^0_6\boldsymbol{P}$ 可以使用式 (4.24) 计算 ${}^3_6\boldsymbol{R}$。这时, 对于手腕关节变量, 可以求解手腕定向矩阵 ${}^3_6\boldsymbol{R}$。

假设在正运动学中包含了手爪坐标系, 可以依据下列方程进行分解, 不包括机器人运动学中手爪距离 d_7 的影响。

$$
{}^0_7\boldsymbol{T} = {}^0_3\boldsymbol{T} \times {}^3_7\boldsymbol{T} = {}^0_3\boldsymbol{T} \times {}^3_6\boldsymbol{T} \times {}^6_7\boldsymbol{T} = \begin{bmatrix} {}^0_3\boldsymbol{R} & {}^0_w\boldsymbol{P} \\ 0 & 1 \end{bmatrix} \begin{bmatrix} {}^3_6\boldsymbol{R} & 0 \\ 0 & 1 \end{bmatrix} \begin{bmatrix} 1 & 0 & 0 & 0 \\ 0 & 1 & 0 & 0 \\ 0 & 0 & 1 & d_7 \\ 0 & 0 & 0 & 1 \end{bmatrix} \tag{4.26}
$$

在这种情况下, 逆运动学从确定 ${}^0_6\boldsymbol{T}$ 开始, 矩阵 ${}^0_6\boldsymbol{T}$ 由下列方程求得:

$$
{}^0_6\boldsymbol{T} = {}^0_7\boldsymbol{T} \times {}^6_7\boldsymbol{T}^{-1} = {}^0_7\boldsymbol{T} \times \begin{bmatrix} 1 & 0 & 0 & 0 \\ 0 & 1 & 0 & 0 \\ 0 & 0 & 1 & d_7 \\ 0 & 0 & 0 & 1 \end{bmatrix}^{-1} = {}^0_7\boldsymbol{T} \times \begin{bmatrix} 1 & 0 & 0 & 0 \\ 0 & 1 & 0 & 1 \\ 0 & 0 & 1 & -d_7 \\ 0 & 0 & 0 & 1 \end{bmatrix} \tag{4.27}
$$

4.4.2 逆变换技术

逆变换技术, 顾名思义就是通过对矩阵求逆来完成求解的过程, 即在机器人逆运动学求解过程中, 依次对每一关节的位姿矩阵求相应的逆矩阵, 通过相应的矩阵变换, 求得关节角度的过程 [9]。

假设已知全局 (绝对) 位姿的变换矩阵 ${}_6^0\boldsymbol{T}$ 和基座坐标系中六自由度机器人末端执行器的定位。而且, 假设已知每个几何变换矩阵 ${}_1^0\boldsymbol{T}(q_1)$、${}_2^1\boldsymbol{T}(q_2)$、${}_3^2\boldsymbol{T}(q_3)$、${}_4^3\boldsymbol{T}(q_4)$、${}_5^4\boldsymbol{T}(q_5)$、${}_6^5\boldsymbol{T}(q_6)$ 都是关节变量的函数。

根据正运动学, 有

$$\begin{aligned}{}_6^0\boldsymbol{T} &= {}_1^0\boldsymbol{T}\times{}_2^1\boldsymbol{T}\times{}_3^2\boldsymbol{T}\times{}_4^3\boldsymbol{T}\times{}_5^4\boldsymbol{T}\times{}_6^5\boldsymbol{T}\\ &= \begin{bmatrix} r_{11} & r_{12} & r_{13} & r_{14}\\ r_{21} & r_{22} & r_{23} & r_{24}\\ r_{31} & r_{32} & r_{33} & r_{34}\\ 0 & 0 & 0 & 1\end{bmatrix}\end{aligned} \tag{4.28}$$

对于未知的关节变量, 可以通过逆变换技术求解逆运动学问题。如下面方程所示, 依次对位姿矩阵求逆。

$${}_6^1\boldsymbol{T} = {}_1^0\boldsymbol{T}^{-1}\times{}_6^0\boldsymbol{T} \tag{4.29a}$$

$${}_6^2\boldsymbol{T} = {}_2^1\boldsymbol{T}^{-1}\times{}_1^0\boldsymbol{T}^{-1}\times{}_6^0\boldsymbol{T} \tag{4.29b}$$

$${}_6^3\boldsymbol{T} = {}_3^2\boldsymbol{T}^{-1}\times{}_2^1\boldsymbol{T}^{-1}\times{}_1^0\boldsymbol{T}^{-1}\times{}_6^0\boldsymbol{T} \tag{4.29c}$$

$${}_6^4\boldsymbol{T} = {}_4^3\boldsymbol{T}^{-1}\times{}_3^2\boldsymbol{T}^{-1}\times{}_2^1\boldsymbol{T}^{-1}\times{}_1^0\boldsymbol{T}^{-1}\times{}_6^0\boldsymbol{T} \tag{4.29d}$$

$${}_6^5\boldsymbol{T} = {}_5^4\boldsymbol{T}^{-1}\times{}_4^3\boldsymbol{T}^{-1}\times{}_3^2\boldsymbol{T}^{-1}\times{}_2^1\boldsymbol{T}^{-1}\times{}_1^0\boldsymbol{T}^{-1}\times{}_6^0\boldsymbol{T} \tag{4.29e}$$

$$\boldsymbol{I} = {}_6^5\boldsymbol{T}^{-1}\times{}_5^4\boldsymbol{T}^{-1}\times{}_4^3\boldsymbol{T}^{-1}\times{}_3^2\boldsymbol{T}^{-1}\times{}_2^1\boldsymbol{T}^{-1}\times{}_1^0\boldsymbol{T}^{-1}\times{}_6^0\boldsymbol{T} \tag{4.29f}$$

4.4.3 迭代技术

迭代技术是利用数值法求解过程中必不可少的一部分, 通过设定关节角度初值, 利用迭代技术不断循环逼近目标关节角度, 当迭代关节角度与目标关节角度之间的误差满足设定的误差值时, 则可以认为此时的关节角度就是需要求得的目标关节角度, 并相应地退出迭代循环。

逆运动学问题是为了寻找一组非线性代数方程的解 q_k。

$${}_n^0\boldsymbol{T} = \boldsymbol{T}(q) = {}_1^0\boldsymbol{T}(q_1)\times{}_2^1\boldsymbol{T}(q_2)\times\cdots\times{}_n^{n-1}\boldsymbol{T}(q_n) = \begin{bmatrix} r_{11} & r_{12} & r_{13} & r_{14}\\ r_{21} & r_{22} & r_{23} & r_{24}\\ r_{31} & r_{32} & r_{33} & r_{34}\\ 0 & 0 & 0 & 1\end{bmatrix} \tag{4.30}$$

或者

$$r_{ij} = r_{ij}\left(q_k\right), \quad k = 1, 2, \cdots, n \tag{4.31}$$

式中, n 表示自由度数。

然而, 式 (4.30) 的 12 个方程之中的最多 6 ($n = 6$) 个方程是独立的, 可用来求解关节变量 q_k, 函数 $\boldsymbol{T}(\boldsymbol{q})$ 是超定的, 可基于正运动学分析确定。

很多方法都可用来求解式 (4.30) 中的量, 然而, 所用方法一般来说是迭代的, 最常用的方法就是众所周知的牛顿–拉弗森法 (Newton–Raphson method)。

在迭代技术中, 为了求解有关变量 $\boldsymbol{q}$ 的运动学方程:

$$\boldsymbol{T}(\boldsymbol{q}) = \boldsymbol{0} \tag{4.32}$$

对于关节变量, 设定一个迭代初值 $\boldsymbol{q}$。

$$\boldsymbol{q}^{*} = \boldsymbol{q} + \delta\boldsymbol{q} \tag{4.33}$$

利用正运动学, 对于所猜想的关节变量, 可以确定末端执行器坐标系的配置。

$$\boldsymbol{T}^{*} = \boldsymbol{T}(\boldsymbol{q}) \tag{4.34}$$

基于正运动学所计算的配置和所期望配置之间的差值, 称为残差, 必须被最小化。

$$\delta\boldsymbol{T} = \boldsymbol{T} - \boldsymbol{T}^{*} \tag{4.35}$$

方程的一阶泰勒展开式为

$$\boldsymbol{T} = \boldsymbol{T}\left(\boldsymbol{q}^{*} + \delta\boldsymbol{q}\right) = \boldsymbol{T}\left(\boldsymbol{q}^{*}\right) + \frac{\partial\boldsymbol{T}}{\partial\boldsymbol{q}}\delta\boldsymbol{q} + \boldsymbol{O}\left(\delta\boldsymbol{q}^{2}\right) \tag{4.36}$$

假设 $\delta\boldsymbol{q} \ll \boldsymbol{1}$, 则允许用一组线性方程代替式 (4.35)。

$$\delta\boldsymbol{T} = \boldsymbol{J}\delta\boldsymbol{q} \tag{4.37}$$

式中, $\boldsymbol{J}$ 是方程组的雅可比矩阵:

$$\boldsymbol{J}(\boldsymbol{q}) = \left[\frac{\partial T_i}{\partial q_i}\right] \tag{4.38}$$

这意味着:

$$\delta\boldsymbol{q} = \boldsymbol{J}^{-1}\delta\boldsymbol{T} \tag{4.39}$$

因此, 未知变量 $\boldsymbol{q}$ 为

$$\boldsymbol{q}=\boldsymbol{q}^{*}+\boldsymbol{J}^{-1}\delta\boldsymbol{T} \tag{4.40}$$

可以将由式 (4.40) 所获得的值作为一个新的近似值, 重复计算并求解新值。总结迭代方程如式 (4.41) 所示, 以便收敛于变量的确切值。

$$\boldsymbol{q}^{(i+1)}=\boldsymbol{q}^{(i)}+\boldsymbol{J}^{-1}\left(\boldsymbol{q}^{(i)}\right)\delta\boldsymbol{T}\left(\boldsymbol{q}^{(i)}\right) \tag{4.41}$$

逆运动学迭代计算过程如下:

1) 设置初始数 $i=0$。

2) 寻找或者猜想一个初始估计值 $\boldsymbol{q}^{(0)}$。

3) 计算残差 $\delta\boldsymbol{T}\left(\boldsymbol{q}^{(i)}\right)=\boldsymbol{J}^{-1}\left(\boldsymbol{q}^{(i)}\right)\delta\boldsymbol{T}\left(\boldsymbol{q}^{(i)}\right)$。

如果 $\boldsymbol{T}\left(\boldsymbol{q}^{(i)}\right)$ 中的每个元素或者它的范数 $\left|\left|\boldsymbol{T}\left(\boldsymbol{q}^{(i)}\right)\right|\right|$ 小于设定的误差值, 即 $\left|\left|\boldsymbol{T}\left(\boldsymbol{q}^{(i)}\right)\right|\right|<\varepsilon$, 则停止迭代, $\boldsymbol{q}^{(i)}$ 是期望解。

4) 计算 $\boldsymbol{q}^{(i+1)}=\boldsymbol{q}^{(i)}+\boldsymbol{J}^{-1}\left(\boldsymbol{q}^{(i)}\right)\delta\boldsymbol{T}\left(\boldsymbol{q}^{(i)}\right)$。

5) 设置或更新 $i=i+1$, 并且回到步骤 3)。

基于变量等效建立误差:

$$\boldsymbol{q}^{(i+1)}-\boldsymbol{q}^{(i)}<\boldsymbol{\varepsilon} \tag{4.42}$$

或者基于雅可比矩阵有

$$\boldsymbol{J}-\boldsymbol{I}<\boldsymbol{\varepsilon} \tag{4.43}$$

4.4.4 奇异配置

在实际的逆运动学求解过程中, 如果对于机器人某个特别的位姿, 其解不存在, 称这个位姿为奇异位姿。机器人的奇异性可能是由于机器人中某些坐标轴的重合或位置不能达到引起的。

机器人的奇异位姿分为以下两类。

1) 边界奇异位姿。当机器人的关节全部展开或折起时, 使得末端处于笛卡儿空间的边界或边界附近, 雅可比矩阵奇异, 机器人的运动受到物理结构的约束, 这时机器人的奇异位姿称为边界奇异位姿。

2) 内部奇异位姿。内部奇异位姿是在可达工作空间内部产生的, 并且通常是由两个或两个以上的运动轴共线引起的, 或者是由末端执行器达到特殊位形而引起的。机器人各个关节的运动相互抵消, 不产生笛卡儿运动, 这时机器人的奇异位姿称为内部奇异位姿。与前者不同的是, 这类奇点可能造成严重的问题, 因为对笛

卡儿空间中的一条规划路径而言, 在可达工作空间的任何位置都有可能碰到这样的奇点。

4.5 速度运动学

机器人的速度分析可以划分为正向速度运动学和逆向速度运动学。已知关节变量的时间变化率, 求末端执行器在全局坐标系中的笛卡儿速度, 这就是正向速度运动学。已知末端执行器的速度, 确定关节变量的时间变化率, 这就是逆向速度运动学 [10]。

4.5.1 雅可比生成矢量

机器人的雅可比矩阵表示机器人的笛卡儿空间与关节空间之间速度的线性映射关系, 可视其为从关节空间向笛卡儿空间运动速度的传动比。

令机器人的运动方程

$$\boldsymbol{x}=\boldsymbol{x}\left(\boldsymbol{q}\right) \tag{4.44}$$

式 (4.44) 代表笛卡儿空间 $\boldsymbol{x}$ 与关节空间 $\boldsymbol{q}$ 之间的位移关系。将式 (4.44) 两边对时间 t 求导, 即得出 $\boldsymbol{q}$ 与 $\boldsymbol{x}$ 之间的微分关系

$$\dot{\boldsymbol{x}}=\boldsymbol{J}\left(\boldsymbol{q}\right)\dot{\boldsymbol{q}} \tag{4.45}$$

式中, $\dot{\boldsymbol{x}}$ 为末端在笛卡儿空间的广义速度, 简称操作速度; $\dot{\boldsymbol{q}}$ 为关节速度; $\boldsymbol{J}\left(\boldsymbol{q}\right)$ 是 $6\times n$ 阶偏导数矩阵, 称为机器人的雅可比矩阵, 其第 i 行第 j 列元素为

$$J_{ij}\left(\boldsymbol{q}\right)=\left(\frac{\partial x_i\left(\boldsymbol{q}\right)}{\partial q_j}\right),\quad i=1,2,\cdots,n;\quad j=1,2,\cdots,n \tag{4.46}$$

由式 (4.46) 可以看出, 对于给定的 $\boldsymbol{q}\in\mathbf{R}^n$, 雅可比矩阵 $\boldsymbol{J}\left(\boldsymbol{q}\right)$ 是从关节空间速度 $\dot{\boldsymbol{q}}$ 向笛卡儿空间速度 $\dot{\boldsymbol{x}}$ 映射的线性变换。

对于一个 n 轴的机器人, 机器人末端在基座坐标系中的速度是 $\dot{\boldsymbol{x}}=\boldsymbol{J}\dot{\boldsymbol{q}}$。其中 $\dot{\boldsymbol{x}}$ 是包含 6 个元素的向量。对于 6 个关节的机器人, 其雅可比矩阵是方阵, 如果其雅可比矩阵是可逆的, 则可由机器人的末端速度求出各个关节的速度。雅可比矩阵在机器人的奇异位姿上是不可逆的。在实际应用中, 当机器人的末端位置接近奇异位置时, 雅可比矩阵是病态的, 可能导致关节速度不能正确地得到。

4.5.2 正向速度运动学

机器人正向速度运动学主要解决已知关节速度 $\dot{\boldsymbol{q}}$ 求解末端执行器速度 $\dot{\boldsymbol{x}}$ 的问题。n 自由度机器人的关节速度矢量 $\dot{\boldsymbol{q}}$ 是一个 $\boldsymbol{n}$ 维矢量:

$$\dot{\boldsymbol{q}} = [\ \dot{q}_n \quad \dot{q}_n \quad \dot{q}_n \quad \cdots \quad \dot{q}_n]^{\mathrm{T}} \tag{4.47}$$

并且, 一般情况下, 末端执行器速度矢量 $\dot{\boldsymbol{x}}$ 是一个 6 维矢量。

$$\dot{\boldsymbol{x}} = [\dot{x}_n \quad \dot{y}_n \quad \dot{z}_n \quad \omega_{x_n} \quad \omega_{y_n} \quad \omega_{z_n}]^{\mathrm{T}} = \begin{bmatrix} {}^0\dot{\boldsymbol{d}}_n \\ {}^0\boldsymbol{\omega}_n \end{bmatrix} = \begin{bmatrix} {}^0\boldsymbol{v}_n \\ {}^0\boldsymbol{\omega}_n \end{bmatrix} \tag{4.48}$$

末端执行器速度矢量 $\dot{\boldsymbol{x}}$ 中的元素线性正比于关节速度矢量 $\dot{\boldsymbol{q}}$ 中的元素, 即

$$\dot{\boldsymbol{x}} = \boldsymbol{J}\dot{\boldsymbol{q}} \tag{4.49}$$

式中, $6 \times n$ 阶比例矩阵 $\boldsymbol{J}$ 为机器人雅可比矩阵。

坐标系原点速度 ${}^0\boldsymbol{v}_n$ 的全局表达式正比于机器人关节速度 $\dot{\boldsymbol{q}}_D$, 即

$${}^0\boldsymbol{v}_n = \dot{\boldsymbol{J}}_D\dot{\boldsymbol{q}}_D, \quad \dot{\boldsymbol{q}}_D \in \dot{\boldsymbol{q}} \tag{4.50}$$

式中, $3 \times n$ 阶比例矩阵 $\boldsymbol{J}_D$ 为机器人位移雅可比矩阵:

$$\boldsymbol{J}_D = \frac{\partial \boldsymbol{d}_n(\dot{\boldsymbol{q}}_D)}{\partial \dot{\boldsymbol{q}}_D} = \frac{\partial \boldsymbol{T}(\boldsymbol{q})}{\partial \boldsymbol{q}} \tag{4.51}$$

坐标系原点角速度 ${}^0\boldsymbol{\omega}_n$ 的全局表达式正比于 $\dot{\boldsymbol{q}}$ 的旋转分量, 即

$${}^0\boldsymbol{\omega}_n = \boldsymbol{J}_R\dot{\boldsymbol{q}} \tag{4.52}$$

式中, $3 \times n$ 阶比例矩阵 $\boldsymbol{J}_R$ 为机器人旋转雅可比矩阵:

$$\boldsymbol{J}_R = \frac{\partial^0 \boldsymbol{\omega}_n}{\partial \boldsymbol{q}} \tag{4.53}$$

综合式 (4.50) 和式 (4.52) 以表明机器人正向速度运动学。

4.5.3 逆向速度运动学

对于逆向速度求解问题, 由式 (4.49) 可以得到:

$$\dot{\boldsymbol{q}} = \boldsymbol{J}^{-1}\dot{\boldsymbol{x}} \tag{4.54}$$

注意到此时需要求雅可比矩阵的逆, 由线性方程组理论知式 (4.54) 对任意的 $\dot{\boldsymbol{x}}$、$\dot{\boldsymbol{q}}$ 都有解的必要条件是雅可比矩阵的秩 $\mathrm{rank}\,(\boldsymbol{J}) = 6$, 这意味着机器人的自由度

$n \geqslant 6$。这也说明了具有冗余自由度的机器人, 在末端位姿固定的条件下, 能使关节在一个较大的关节空间的子空间中运动, 有效地避开障碍或奇异位姿, 并把关节位移限制在允许范围内, 从而具有更大的运动灵活性。

雅可比矩阵可以看作从关节空间到笛卡儿空间运动速度的传动比, 同时也可用来表示两空间之间力的传递关系。对于具有冗余自由度的机器人, 其雅可比矩阵是长方矩阵, 因矩阵满秩且方程个数少于未知数个数, 所以有无穷多个解。这时, 一般是求其中的最小范数解, 或采用加权最小范数解 (也就是使 $\|\dot{\boldsymbol{q}}^{\mathrm{T}}\boldsymbol{D}\dot{\boldsymbol{q}}\|$ 最小的解, 其中 $\boldsymbol{D}$ 是对称正定加权矩阵)。此时的解是使机器人在能量消耗最小的情况下的解。

这时, 逆向速度问题便转为: 求 $\dot{\boldsymbol{q}}$ 满足 $\dot{\boldsymbol{q}}=\boldsymbol{J}^{-1}\dot{\boldsymbol{x}}$且使 $\boldsymbol{L}=\dfrac{1}{2}\dot{\boldsymbol{q}}^{\mathrm{T}}\boldsymbol{D}\dot{\boldsymbol{q}}$ 最小。实际上等同于求性能指标 $\boldsymbol{L}$ 在约束条件 $\dot{\boldsymbol{q}}=\boldsymbol{J}^{-1}\dot{\boldsymbol{x}}$ 下的极值。应用拉格朗日乘子法, 以上极值问题的解是 $\dot{\boldsymbol{q}}=\boldsymbol{D}^{-1}\boldsymbol{J}^{\mathrm{T}}\left(\boldsymbol{J}\boldsymbol{D}^{-1}\boldsymbol{J}^{\mathrm{T}}\right)^{-1}\dot{\boldsymbol{x}}$, 当 $\boldsymbol{D}=\boldsymbol{I}$ 时, 雅可比矩阵是 $\boldsymbol{J}^{+}=\boldsymbol{J}^{\mathrm{T}}(\boldsymbol{J}\boldsymbol{J}^{\mathrm{T}})^{-1}$, 称为雅可比矩阵的伪逆。

4.5.4 举例

下面通过一个两自由度的平面机械手说明雅可比矩阵的特性, 根据图 4.6 中的几何关系容易求得连杆 2 末端的位置:

$$\begin{cases} x=l_1c_1+l_2c_{12} \\ y=l_1s_1+l_2s_{12} \end{cases} \tag{4.55}$$

式中, $c_1=\cos\theta_1$; $s_1=\sin\theta_1$; $c_{12}=\cos(\theta_1+\theta_2)$; $s_{12}=\sin\ (\theta_1+\theta_2)$。

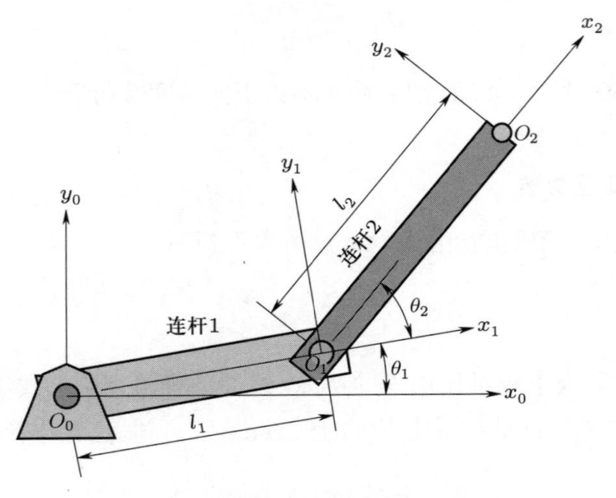

图 4.6 两自由度平面机械手

式 (4.55) 两边微分后写成矩阵形式:

$$\begin{bmatrix} \mathrm{d}x \\ \mathrm{d}y \end{bmatrix} = \begin{bmatrix} \dfrac{\partial x}{\partial \theta_1} & \dfrac{\partial x}{\partial \theta_2} \\ \dfrac{\partial y}{\partial \theta_1} & \dfrac{\partial y}{\partial \theta_2} \end{bmatrix} \begin{bmatrix} \mathrm{d}\theta_1 \\ \mathrm{d}\theta_2 \end{bmatrix} \tag{4.56}$$

即

$$\begin{bmatrix} \mathrm{d}x \\ \mathrm{d}y \end{bmatrix} = \begin{bmatrix} -l_1 s_1 - l_2 s_{12} & -l_2 s_{12} \\ l_1 c_1 + l_2 c_{12} & l_2 c_{12} \end{bmatrix} \begin{bmatrix} \mathrm{d}\theta_1 \\ \mathrm{d}\theta_2 \end{bmatrix} \tag{4.57}$$

可简写成 $\mathrm{d}\boldsymbol{p} = \boldsymbol{J}\mathrm{d}\boldsymbol{\theta}$, 其中 $\boldsymbol{J}$ 为机器人的雅可比矩阵, 它由函数 x、y 的偏微分组成, 反映了关节微小位移 $\mathrm{d}\boldsymbol{\theta}$ 与机器人末端微小运动 $\mathrm{d}\boldsymbol{p}$ 之间的关系。两边同除以 $\mathrm{d}t$ 得到: $\mathrm{d}\boldsymbol{p}/\mathrm{d}t = \boldsymbol{J}\mathrm{d}\boldsymbol{\theta}/\mathrm{d}t$。因此机器人的雅可比矩阵也可以看作是笛卡儿空间中的速度与关节空间中速度的线性变换。$\mathrm{d}\boldsymbol{p}/\mathrm{d}t$ 称为末端在笛卡儿空间中的广义速度, 简称操作速度; $\mathrm{d}\boldsymbol{\theta}/\mathrm{d}t$ 为关节速度。可以看出, 雅可比矩阵的每一列表示其他关节不动而某一关节以单位速度运动产生的末端速度。

$$\boldsymbol{J} = \begin{bmatrix} -l_1 s_1 - l_2 s_{12} & -l_2 s_{12} \\ l_1 c_1 + l_2 c_{12} & l_2 c_{12} \end{bmatrix} \tag{4.58}$$

由式 (4.58) 可以看出, 矩阵 $\boldsymbol{J}$ 的值随末端位置的不同而不同, 即 θ_1 和 θ_2 的改变会导致 $\boldsymbol{J}$ 的变化。对于关节空间的某些位姿, 机器人的雅可比矩阵的秩减少, 这些位姿称为机器人的奇异位姿。

上例机器人雅可比矩阵的行列式为 $\det(\boldsymbol{J}) = l_1 l_2 \sin\theta_2$, 当 $\theta_2 = 0^{\circ}$ 或 $\theta_2 = 180^{\circ}$ 时, 机器人的雅可比矩阵的行列式为 0, 矩阵的秩为 1, 这时机器人处于奇异位姿。机器人在笛卡儿空间的自由度数将减少。

如果机器人的雅可比矩阵 $\boldsymbol{J}$ 是满秩的方阵, 相应的关节速度即可求出, $\dot{\boldsymbol{\theta}} = \boldsymbol{J}^{-1}\dot{\boldsymbol{x}}$, 上例机器人的逆雅可比矩阵为

$$\boldsymbol{J}^{-1} = \frac{1}{l_1 l_2 s_2} \begin{bmatrix} l_2 c_{12} & l_2 s_{12} \\ -l_1 c_1 - l_2 c_{12} & -l_1 s_1 - l_2 s_{12} \end{bmatrix} \tag{4.59}$$

显然, 当 θ_2 趋于 0° (或 180°) 时, 机器人接近奇异位姿, 相应的关节速度将趋于无穷大。

为了补偿机器人末端执行器位姿与目标物体之间的误差, 以及解决两个不同坐标系之间的微位移关系问题, 需要讨论机器人连杆在做微小运动时的位姿变化。

假设某一变换的元素是某个变量的函数, 对该变换的微分就是该变换矩阵各元素对该变量的偏导数所组成的变换矩阵乘以该变量的微分。例如给定变换矩阵

$\boldsymbol{T}$为

$$\boldsymbol{T}=\begin{bmatrix} t_{11} & t_{12} & t_{13} & t_{14} \\ t_{21} & t_{22} & t_{23} & t_{24} \\ t_{31} & t_{32} & t_{33} & t_{34} \\ t_{41} & t_{42} & t_{43} & t_{44} \end{bmatrix} \tag{4.60}$$

若它的元素是变量 x 的函数, 则变换矩阵 $\boldsymbol{T}$ 的微分为

$$\mathrm{d}\boldsymbol{T}=\begin{bmatrix} \dfrac{\partial t_{11}}{\partial x} & \dfrac{\partial t_{12}}{\partial x} & \dfrac{\partial t_{13}}{\partial x} & \dfrac{\partial t_{14}}{\partial x} \\ \dfrac{\partial t_{21}}{\partial x} & \dfrac{\partial t_{22}}{\partial x} & \dfrac{\partial t_{23}}{\partial x} & \dfrac{\partial t_{24}}{\partial x} \\ \dfrac{\partial t_{31}}{\partial x} & \dfrac{\partial t_{32}}{\partial x} & \dfrac{\partial t_{33}}{\partial x} & \dfrac{\partial t_{34}}{\partial x} \\ \dfrac{\partial t_{41}}{\partial x} & \dfrac{\partial t_{42}}{\partial x} & \dfrac{\partial t_{43}}{\partial x} & \dfrac{\partial t_{44}}{\partial x} \end{bmatrix}\mathrm{d}x \tag{4.61}$$

参考文献

[1] 蔡自兴. 机器人学基础 [M]. 北京: 机械工业出版社, 2009.

[2] Craig J J. Introduction to robotics: Mechanics and control[M]. Pearson Education, Inc, 1986.

[3] 张奇志, 周亚丽. 机器人学简明教程 [M]. 西安: 西安电子科技大学出版社, 2013.

[4] 谢国伟. 空间机器人的运动控制研究 [D]. 哈尔滨: 哈尔滨工业大学, 2006.

[5] Niku S B. 机器人学导论——分析、控制及应用 [M]. 孙富春, 朱纪洪, 刘国栋, 等译. 北京: 电子工业出版社, 2013.

[6] Selig J M. 机器人学的几何基础 [M]. 杨向东, 译. 北京: 清华大学出版社, 2008.

[7] 余婷. 多机器人队列曲线运动研究 [D]. 上海: 上海交通大学, 2009.

[8] 蒋新松. 机器人及机器人学中的控制问题 [J]. 机器人, 1990, 12(5): 1−13.

[9] Bücher A, Dette H, Wieczorek G. Testing model assumptions in functional regression models[J]. Journal of Multivariate Analysis, 2011, 102(10): 1472−1488.

[10] 王小忠, 孟正大. 机器人运动规划方法的研究 [J]. 控制工程, 2004, 11(3): 280−284.

第 5 章　机器人动力学基本知识

机器人动力学研究的是机器人运动与关节力之间的关系, 主要解决动力学正问题和逆问题两类问题。动力学正问题是根据各关节的驱动力/力矩, 求解机器人的运动 (关节位移、速度和加速度), 主要用于系统的计算机仿真。动力学逆问题是已知机器人关节的位移、速度和加速度, 求解所需要的关节力/力矩, 主要用于机器人运动控制 [1]。

机器人系统动力学建模的方法较多, 如牛顿 – 欧拉法、拉格朗日法、凯恩方法等 [2]。本章首先以刚体动力学基础知识展开; 然后介绍动力学求解的基本原理及方法, 主要是牛顿 – 欧拉动力学和拉格朗日动力学; 最后以二自由度机械臂的动力学建模问题为例, 介绍两种动力学建模方法的应用与特点。

5.1　刚体动力学

刚体是指在运动中或受力作用后, 形状和大小不变, 且其上各点相对位置保持不变的物体。刚体动力学则是研究刚体在外力作用下的运动规律。刚体动力学一般把运动分解为平移运动和绕质心的转动, 而牛顿方程与欧拉方程则是刚体动力学的最基本的方程。很多时候, 人们也把机器人系统看作一个刚体系统研究其动力学和控制。

5.1.1　牛顿方程

为了对机器人各运动构件的动力学状态进行分析, 首先采用牛顿方程对物体的平移运动进行分析, 得到外部作用力与运动状态之间的关系。

就质点而言, 若质点的质量为 m, 矢径为 $\boldsymbol{r}$, 加在质点上的合力为 $\boldsymbol{F}$, 则根据牛顿第二定律有

$$\boldsymbol{F} = m\ddot{\boldsymbol{r}} \tag{5.1}$$

就刚体而言, 刚体的平动是指刚体上的每一点都以相同的速度运动, 记刚体上质点 i 的质量为 m_i, 相对于全局坐标系 $\{U\}$ 的矢径为 $\boldsymbol{r}_i$, 质点 i 受到的外部作用力合力为 $\boldsymbol{F}_i^{(\mathrm{e})}$, 受到的刚体内部其他质点间相互作用力为 $\boldsymbol{F}_i^{(\mathrm{i})}$, 则由牛顿第二定律可得

$$m_i \frac{\mathrm{d}}{\mathrm{d}t}\dot{\boldsymbol{r}}_i = \boldsymbol{F}_i^{(\mathrm{e})} + \boldsymbol{F}_i^{(\mathrm{i})} \tag{5.2}$$

从而对于整个刚体, 有

$$\sum_i m_i \frac{\mathrm{d}}{\mathrm{d}t}\dot{\boldsymbol{r}}_i = \sum_i \boldsymbol{F}_i^{(\mathrm{e})} + \sum_i \boldsymbol{F}_i^{(\mathrm{i})} \tag{5.3}$$

由牛顿第三定律可知, 刚体内部质点间的相互作用力总是成对出现的, 大小相等, 方向相反, 故可以得到

$$\sum_i \boldsymbol{F}_i^{(\mathrm{i})} = \boldsymbol{0} \tag{5.4}$$

因此, 作用于刚体上所有外力的和, 即为作用在刚体上的外力系的合力 $\boldsymbol{F}$, 有

$$\sum_i \boldsymbol{F}_i^{(\mathrm{e})} = \boldsymbol{F} \tag{5.5}$$

又由于刚体上每个质点的速度均相同, 可得

$$\sum_i m_i \frac{\mathrm{d}}{\mathrm{d}t}\dot{\boldsymbol{r}}_i = \left(\sum_i m_i\right)\frac{\mathrm{d}}{\mathrm{d}t}\dot{\boldsymbol{r}} = m\ddot{\boldsymbol{r}} \tag{5.6}$$

式中, $\dot{\boldsymbol{r}}$ 为刚体整体的平动速度; $m = \sum_i m_i$ 为刚体总质量。

所以由式 (5.2) 至式 (5.6) 可知, 平动刚体的牛顿方程可写为

$$\boldsymbol{F}{=}m\ddot{\boldsymbol{r}} \tag{5.7}$$

平动刚体的牛顿方程与质点的牛顿方程具有完全相同的形式, 这时, $\ddot{\boldsymbol{r}}$ 为平动刚体上任意一点的加速度。

对于一般运动的刚体, 其同时具有平动与转动。因此, 通常刚体上各点的速度是不相同的, 对于质点 i, 根据牛顿第二定律可得

$$\sum_i m_i \frac{\mathrm{d}^2}{\mathrm{d}t^2}\boldsymbol{r}_i = \sum_i \boldsymbol{F}_i^{(\mathrm{e})} + \sum_i \boldsymbol{F}_i^{(\mathrm{i})} \tag{5.8}$$

由质心定义可得

$$\sum_i m_i \boldsymbol{r}_i = m\boldsymbol{r}_C \tag{5.9}$$

式中, m 为刚体总质量; $\boldsymbol{r}_C$ 为刚体质心相对于全局坐标系 $\{U\}$ 的矢径。因此有

$$\sum_i m_i \frac{\mathrm{d}^2}{\mathrm{d}t^2}\boldsymbol{r}_i = \frac{\mathrm{d}^2}{\mathrm{d}t^2}\sum_i m_i \boldsymbol{r}_i = \frac{\mathrm{d}^2}{\mathrm{d}t^2} m\boldsymbol{r}_C = m\ddot{\boldsymbol{r}}_C \tag{5.10}$$

将式 (5.10) 代入式 (5.8), 结合式 (5.2) 与式 (5.5) 可得

$$\boldsymbol{F} = m\ddot{\boldsymbol{r}}_C \tag{5.11}$$

至此, 可以得到做一般运动刚体的牛顿方程, 它在形式上与平动刚体的牛顿方程一致, 但式中加速度 $\ddot{\boldsymbol{r}}_C$ 必须是刚体质心的加速度 [3]。这个方程没有体现刚体的转动情况, 也就是说, 对于做一般运动的刚体, 仅用牛顿方程不能完全反映刚体的全部动力学行为, 需结合欧拉方程才能完整体现刚体动力学。

5.1.2 动量矩定理

记刚体上质点 i 在以定点 O 为原点的坐标系中的矢径为 $\boldsymbol{r}_i$, 从动点 P 到质点 i 的矢径为 $\tilde{\boldsymbol{r}}_i$, 则有

$$\boldsymbol{r}_i = \overrightarrow{OP} + \tilde{\boldsymbol{r}}_i \tag{5.12}$$

因此, 刚体对 P 点的绝对动量矩为

$$\begin{aligned}\boldsymbol{L}_P &= \sum_i \tilde{\boldsymbol{r}}_i \times m_i \dot{\boldsymbol{r}}_i = \sum_i (\boldsymbol{r}_i - \overrightarrow{OP}) \times m_i \dot{\boldsymbol{r}}_i \\ &= \boldsymbol{L}_O - \overrightarrow{OP} \times \frac{\mathrm{d}}{\mathrm{d}t}\sum_i m_i \boldsymbol{r}_i\end{aligned} \tag{5.13}$$

由质心定义可知

$$\sum_{\boldsymbol{i}} m_i \boldsymbol{r}_i = m\boldsymbol{r}_C \tag{5.14}$$

式中, $\boldsymbol{r}_C$ 为质心矢径。

因此式 (5.13) 可写为

$$\boldsymbol{L}_P = \boldsymbol{L}_O - \overrightarrow{OP} \times \frac{\mathrm{d}}{\mathrm{d}t} m\boldsymbol{r}_C = \boldsymbol{L}_O - \overrightarrow{OP} \times m\boldsymbol{v}_C \tag{5.15}$$

式中, $\boldsymbol{v}_C = \dot{\boldsymbol{r}}_C$ 为刚体质心速度。式 (5.15) 反映了刚体动点与定点动量矩之间的关系。

对式 (5.15) 进行求导, 可以得到

$$\begin{aligned}\dot{\boldsymbol{L}}_P &= \dot{\boldsymbol{L}}_O - \overrightarrow{OP} \times m\boldsymbol{v}_C - \overrightarrow{OP} \times m\ddot{\boldsymbol{r}}_C \\ &= \boldsymbol{M}_O - \boldsymbol{v}_P \times m\boldsymbol{v}_C + \overrightarrow{PO} \times \boldsymbol{F}\end{aligned} \tag{5.16}$$

式中, $\boldsymbol{v}_P$ 为 P 点速度。考虑到 $\boldsymbol{M}_O + \overrightarrow{PO} \times \boldsymbol{F} = \boldsymbol{M}_P$ 为作用在刚体上的外力系对 P 点的主矩, 因此式 (5.16) 又可写为

$$\dot{\boldsymbol{L}}_P = \boldsymbol{M}_P - \boldsymbol{v}_P \times m\boldsymbol{v}_C \tag{5.17}$$

至此得到了刚体对于任意点 P 的动量矩定理。

若选择参考点 P 为刚体质心, 因为 $\boldsymbol{v}_P \times m\boldsymbol{v}_C = \boldsymbol{v}_C \times m\boldsymbol{v}_C = \boldsymbol{0}$, 则式 (5.17) 可以转化为

$$\dot{\boldsymbol{L}}_C = \boldsymbol{M}_C \tag{5.18}$$

5.1.3 惯性张量与动量矩

设刚体以角速度 $\boldsymbol{\omega}$ 绕定点 O 转动, 刚体上任一矢径为 $\boldsymbol{r}_i$ 的质点 i 的速度

$$\dot{\boldsymbol{r}}_i = \boldsymbol{v}_i = \boldsymbol{\omega} \times \boldsymbol{r}_i \tag{5.19}$$

按动量矩定义可知

$$\boldsymbol{L}_O = \sum_i \boldsymbol{r}_i \times m\dot{\boldsymbol{r}}_i = \sum_i m\left[\boldsymbol{r}_i \times (\boldsymbol{\omega} \times \boldsymbol{r}_i)\right] \tag{5.20}$$

依据矢量叉乘公式

$$\boldsymbol{a} \times (\boldsymbol{b} \times \boldsymbol{c}) = (\boldsymbol{a} \cdot \boldsymbol{c})\boldsymbol{b} - (\boldsymbol{a} \cdot \boldsymbol{b})\boldsymbol{c} \tag{5.21}$$

因此式 (5.20) 可写为

$$\boldsymbol{L}_O = \sum_i m[(\boldsymbol{r}_i^{\mathrm{T}}\boldsymbol{r}_i)\boldsymbol{\omega} - (\boldsymbol{r}_i^{\mathrm{T}}\boldsymbol{\omega})\boldsymbol{r}_i] \tag{5.22}$$

记 $\boldsymbol{r}_i$ 在以定点 O 为原点的坐标系中的坐标表达式为 $\boldsymbol{r}_i = [x_i \quad y_i \quad z_i]^{\mathrm{T}}$, 则由

式 (5.22) 可得 $\boldsymbol{L}_O$ 在此坐标系中的表达式为

$$\begin{aligned}
\boldsymbol{L}_O &= \sum_i m\left[\left(\boldsymbol{r}_i^{\mathrm{T}}\boldsymbol{r}_i\right)\boldsymbol{\omega}-\left(\boldsymbol{r}_i^{\mathrm{T}}\boldsymbol{\omega}\right)\boldsymbol{r}_i\right] \\
&= \sum_i m\left[\left(\boldsymbol{r}_i^{\mathrm{T}}\boldsymbol{r}_i\right)\boldsymbol{\omega}-\boldsymbol{r}_i\left(\boldsymbol{r}_i^{\mathrm{T}}\boldsymbol{\omega}\right)\right] \\
&= \left\{\sum_i m\left[\left(\boldsymbol{r}_i^{\mathrm{T}}\boldsymbol{r}_i\right)\boldsymbol{I}-\boldsymbol{r}_i\boldsymbol{r}_i^{\mathrm{T}}\right]\right\}\boldsymbol{\omega}\boldsymbol{r}_i^{\mathrm{T}} \\
&= \begin{bmatrix}
\sum_i m_i(y_i^2+z_i^2) & -\sum_i m_i x_i y_i & -\sum_i m_i x_i z_i \\
-\sum_i m_i x_i y_i & \sum_i m_i(x_i^2+z_i^2) & -\sum_i m_i y_i z_i \\
-\sum_i m_i x_i z_i & -\sum_i m_i y_i z_i & \sum_i m_i(x_i^2+y_i^2)
\end{bmatrix}\boldsymbol{\omega} \\
&\triangleq \boldsymbol{I}_O\boldsymbol{\omega}
\end{aligned} \tag{5.23}$$

式中, $\boldsymbol{I}_O$ 为刚体对定点 O 的惯性张量阵, 其可写成

$$\boldsymbol{I}_O=\begin{bmatrix} I_{xx} & -I_{xy} & -I_{xz} \\ -I_{xy} & I_{yy} & -I_{yz} \\ -I_{xz} & -I_{yz} & I_{zz} \end{bmatrix} \tag{5.24}$$

由定义知, 刚体对其质心的相对动量矩$\boldsymbol{L}_C^{\mathrm{r}}=\sum_i \boldsymbol{r}_{C_i}\times m_i\dot{\boldsymbol{r}}_{C_i}$, 因质点 i 相对于质心 C 的速度 $\dot{\boldsymbol{r}}_{C_i}=\boldsymbol{\omega}\times\boldsymbol{r}_{C_i}$ ($\boldsymbol{\omega}$ 为刚体角速度), 可以得到

$$\begin{aligned}
\boldsymbol{L}_C^{\mathrm{r}} &= \sum_i m_i\left[\boldsymbol{r}_{C_i}\times\left(\boldsymbol{\omega}\times\boldsymbol{r}_{C_i}\right)\right] \\
&= \sum_i m_i\left[\left(\boldsymbol{r}_{C_i}^{\mathrm{T}}\boldsymbol{r}_{C_i}\right)\boldsymbol{\omega}-\left(\boldsymbol{r}_{C_i}^{\mathrm{T}}\boldsymbol{\omega}\right)\boldsymbol{r}_{C_i}\right]
\end{aligned} \tag{5.25}$$

记 $\boldsymbol{r}_{C_i}$ 在某一与刚体固连的坐标系中的坐标表达式为 $\tilde{\boldsymbol{r}}_{C_i}=\begin{bmatrix}\tilde{x} & \tilde{y} & \tilde{z}\end{bmatrix}^{\mathrm{T}}$, 则由式 (5.25) 可知

$$\begin{aligned}
\tilde{\boldsymbol{L}}_C^{\mathrm{r}} &= \sum_i m_i\left[\left(\tilde{\boldsymbol{r}}_{C_i}^{\mathrm{T}}\tilde{\boldsymbol{r}}_{C_i}\right)\tilde{\boldsymbol{\omega}}-\tilde{\boldsymbol{r}}_{C_i}\left(\tilde{\boldsymbol{r}}_{C_i}^{\mathrm{T}}\tilde{\boldsymbol{\omega}}\right)\right] \\
&= \left\{\sum_i m_i\left[\left(\tilde{\boldsymbol{r}}_{C_i}^{\mathrm{T}}\tilde{\boldsymbol{r}}_{C_i}\right)\boldsymbol{I}-\tilde{\boldsymbol{r}}_{C_i}\tilde{\boldsymbol{r}}_{C_i}^{\mathrm{T}}\right]\right\}\tilde{\boldsymbol{\omega}} \\
&= \begin{bmatrix}
\sum_i m_i\left(\tilde{y}_i^2+\tilde{z}_i^2\right) & -\sum_i m_i\tilde{x}_i\tilde{y}_i & -\sum_i m_i\tilde{x}_i\tilde{z}_i \\
-\sum_i m_i\tilde{x}_i\tilde{y}_i & \sum_i m_i\left(\tilde{x}_i^2+\tilde{z}_i^2\right) & -\sum_i m_i\tilde{y}_i\tilde{z}_i \\
-\sum_i m_i\tilde{x}_i\tilde{z}_i & -\sum_i m_i\tilde{y}_i\tilde{z}_i & \sum_i m_i\left(\tilde{x}_i^2+\tilde{y}_i^2\right)
\end{bmatrix}\tilde{\boldsymbol{\omega}} \\
&\triangleq \tilde{\boldsymbol{I}}_C\boldsymbol{\omega}
\end{aligned} \tag{5.26}$$

式中, $\tilde{\boldsymbol{I}}_C$ 为质心处的转动惯量。

5.1.4 欧拉方程

矢量 $\boldsymbol{a}$ 的绝对导数是指其相对一静止坐标系的时间导数, 记为 $\dfrac{\mathrm{d}\boldsymbol{a}}{\mathrm{d}t}$; 而其相对导数是指该矢量相对一动坐标系的时间导数, 记为 $\dfrac{\tilde{\mathrm{d}}\boldsymbol{a}}{\mathrm{d}t}$。依据矢量力学中的“变矢量的绝对导数与相对导数定理”可得

$$\frac{\mathrm{d}\boldsymbol{a}}{\mathrm{d}t}=\frac{\tilde{\mathrm{d}}\boldsymbol{a}}{\mathrm{d}t}+\boldsymbol{\omega}\times\boldsymbol{a} \tag{5.27}$$

式中, $\boldsymbol{\omega}$ 为动系相对静系的角速度。

利用变矢量的绝对导数与相对导数定理, 可将刚体对质心的动量矩定理 [即式 (5.18)] 表示为

$$\frac{\tilde{\mathrm{d}}\boldsymbol{L}_C^{\mathrm{r}}}{\mathrm{d}t}+\boldsymbol{\omega}\times\boldsymbol{L}_C^{\mathrm{r}}=\boldsymbol{M}_C \tag{5.28}$$

式中, $\dfrac{\tilde{\mathrm{d}}}{\mathrm{d}t}$ 表示相对于与刚体固连的坐标系求导; $\boldsymbol{\omega}$ 为刚体角速度。将式 (5.28) 表示在与刚体固连的坐标系中, 并利用刚体对其质心的动量矩表达式 (5.26), 可得

$$\frac{\tilde{\mathrm{d}}}{\mathrm{d}t}(\tilde{\boldsymbol{I}}_C\tilde{\boldsymbol{\omega}})+\boldsymbol{\omega}\times(\tilde{\boldsymbol{I}}_C\tilde{\boldsymbol{\omega}})=\left(\frac{\tilde{\mathrm{d}}}{\mathrm{d}t}\tilde{\boldsymbol{I}}_C\right)\tilde{\boldsymbol{\omega}}+\tilde{\boldsymbol{I}}_C\frac{\tilde{\mathrm{d}}}{\mathrm{d}t}\tilde{\boldsymbol{\omega}}+\tilde{\boldsymbol{\omega}}\times(\tilde{\boldsymbol{I}}_C\tilde{\boldsymbol{\omega}})=\tilde{\boldsymbol{M}}_C \tag{5.29}$$

因刚体对其质心的惯性张量在与刚体固连坐标系中的表示 $\tilde{\boldsymbol{I}}_C$ 为常值矩阵, 因此 $\dfrac{\tilde{\mathrm{d}}}{\mathrm{d}t}\tilde{\boldsymbol{I}}_C=0$。可证明 $\dfrac{\tilde{\mathrm{d}}}{\mathrm{d}t}\tilde{\boldsymbol{\omega}}_C=\dot{\boldsymbol{\omega}}$, 代入式 (5.29) 可得

$$\tilde{\boldsymbol{I}}_C\dot{\boldsymbol{\omega}}+\tilde{\boldsymbol{\omega}}\times\tilde{\boldsymbol{I}}_C\tilde{\boldsymbol{\omega}}=\tilde{\boldsymbol{M}}_C \tag{5.30}$$

由此得到做一般运动的刚体对其质心的欧拉方程。

5.2 牛顿 – 欧拉方程

描述机器人动力学特性的方法有很多, 包括牛顿 – 欧拉法、拉格朗日法、高斯法、凯恩法、旋量法等。其中, 应用最为广泛的是牛顿 – 欧拉法与拉格朗日法, 而牛顿 – 欧拉法是建立系统运动方程最基本、最直接的方法。

5.2.1 单杆的静力分析

机器人手臂的链式结构不禁让人思考, 机器人杆件之间的力和力矩是如何从一个连杆向下一个连杆“传递”的。考虑机器人手臂的自由末端 (末端执行器) 在工

作空间推动某个物体, 或用手部抓举负载的典型情况, 我们希望求出保持系统静态平衡的关节力矩 [4]。

在本节中, 所讨论的关节静力和静力矩是由施加在最后一个连杆上的静力或静力矩 (或两者共同) 引起的。例如, 操作臂的末端执行器与环境接触时的力或者力矩。本节中不考虑作用在连杆上的重力。

对于机器人中的单个杆件 i (不为基座和末端杆), 其通过关节 i 和 i+1 连接, 如图 5.1 所示 [5]。杆 i 前后两端受到相邻杆通过关节作用的力和力矩。$\boldsymbol{f}_i$ 表示连杆 i−1 施加在连杆 i 上的力, $\boldsymbol{n}_i$ 表示连杆 i−1 施加在连杆 i 上的力矩。

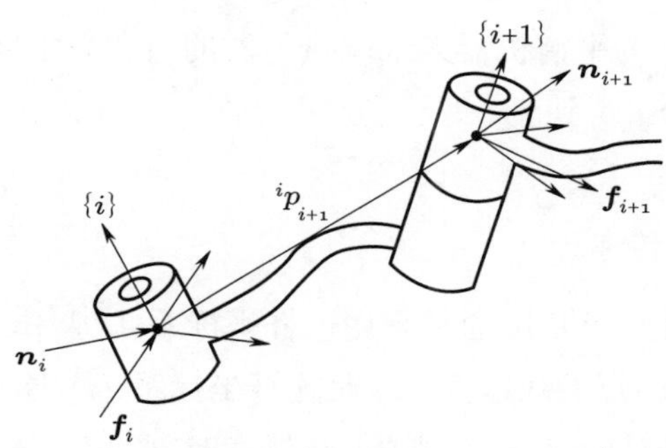

图 **5.1** 单连杆的静力和静力平衡关系

在惯性坐标系下, 杆 i 的力平衡方程为

$$
{}^i\boldsymbol{f}_i - {}^i\boldsymbol{f}_{i+1} = \boldsymbol{0} \tag{5.31}
$$

将绕坐标系 $\{i\}$ 原点的力矩相加, 有

$$
{}^i\boldsymbol{n}_i - {}^i\boldsymbol{n}_{i+1} - {}^i\boldsymbol{P}_{i+1} \times {}^i\boldsymbol{f}_{i+1} = \boldsymbol{0} \tag{5.32}
$$

从施加于机器人末端执行器的力和力矩的描述开始, 可以计算出作用于每一个连杆的力和力矩, 从末端连杆到基座 (连杆 0) 。

$$
{}^i\boldsymbol{f}_i = {}^i\boldsymbol{f}_{i+1} \tag{5.33}
$$

$$
{}^i\boldsymbol{n}_i = {}^i\boldsymbol{n}_{i+1} + {}^i\boldsymbol{P}_{i+1} \times {}^i\boldsymbol{f}_{i+1} \tag{5.34}
$$

按照定义在连杆自身坐标系中的力和力矩写出这些表达式, 用坐标系 $\{i+1\}$ 相对于坐标系 $\{i\}$ 的旋转矩阵进行变换, 可以得到连杆之间的静力“传递”表达式:

$$
{}^i\boldsymbol{f}_i = {}^i_{i+1}\boldsymbol{R}^{i+1}\,{}^i\boldsymbol{f}_{i+1} \tag{5.35}
$$

$$
{}^i\boldsymbol{n}_i = {}^i_{i+1}\boldsymbol{R}^{i+1}\,{}^i\boldsymbol{n}_{i+1} + {}^i\boldsymbol{P}_{i+1} \times {}^i\boldsymbol{f}_{i+1} \tag{5.36}
$$

除了绕关节轴的力矩之外, 力和力矩矢量的所有分量都可以由机器人本身来平衡。因此, 为保持系统静平衡, 需要在关节上施加多大的力矩是可以计算得到的。

若关节 i 是转动关节, 其关节驱动力矩为

$$\boldsymbol{\tau}_i = {}^i\boldsymbol{n}_i^{\mathrm{T}}\ {}^i\boldsymbol{Z}_i \tag{5.37}$$

若关节 i 是移动关节, 其关节驱动力为

$$\boldsymbol{\tau}_i = {}^i\boldsymbol{f}_i^{\mathrm{T}}\ {}^i\boldsymbol{Z}_i \tag{5.38}$$

静态平衡情况下, 为平衡机器人末端执行器的力和力矩所需的关节力, 可以通过式 (5.37) 和式 (5.38) 得到。

5.2.2 连杆间的速度传递

在考虑机器人连杆运动时, 通常采用连杆坐标系 $\{O\}$ 作为参考坐标系。因此, $\boldsymbol{v}_i$ 是连杆坐标系 $\{i\}$ 原点的线速度, $\boldsymbol{\omega}_i$ 是连杆坐标系 $\{i\}$ 原点的角速度。

将机器人机构的连杆看作一个刚体, 在任意时刻, 每个连杆都具有一定的线速度和角速度。连杆速度的表示不但可以用基坐标系, 也可以用连杆坐标系 [6]。以连杆 i 为例, 在参考坐标系 $\{i\}$ 中, 其线速度矢量和角速度矢量如图 5.2 所示。

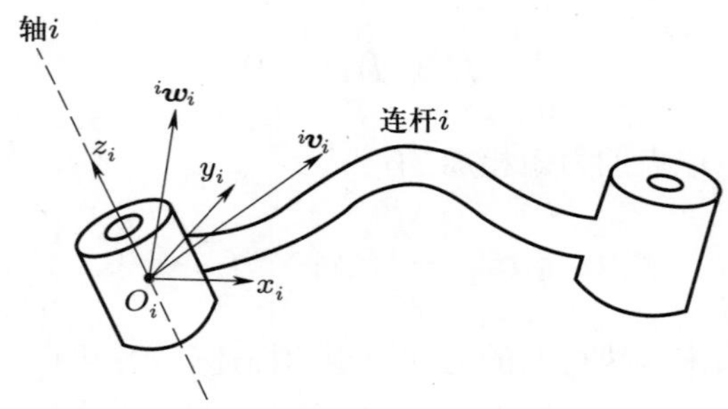

图 5.2 连杆 i 的速度矢量

对于机器人手臂这样的链式结构, 其每一个连杆都能相对于与之相邻的连杆运动。基于这种结构特点, 可以由基坐标系开始依次计算各连杆的速度。连杆 i+1 的速度就是连杆 i 的速度加上由关节 i+1 引起的速度分量。

当两个角速度矢量都是相对于相同的坐标系时, 那么这两个角速度能够相加。因此, 连杆 i+1 的角速度就等于连杆 i 的角速度加上一个由于关节 i+1 的角速度引起的分量。参照坐标系 $\{i\}$, 可写成

$${}^i\boldsymbol{\omega}_{i+1} = {}^i\boldsymbol{\omega}_i + {}_{i+1}^{\ \ i}\boldsymbol{R}\dot{\boldsymbol{\theta}}_{i+1}\, {}^{i+1}\boldsymbol{Z}_{i+1} \tag{5.39}$$

在式 (5.39) 两边同时左乘 ${}^{i+1}_{i}\boldsymbol{R}$, 可以得到连杆 i+1 的角速度相对于坐标系 $\{i+1\}$ 的表达式:

$$
{}^{i+1}\boldsymbol{\omega}_{i+1} = {}^{i+1}_{i}\boldsymbol{R}\,{}^{i}\boldsymbol{\omega}_{i} + \dot{\boldsymbol{\theta}}_{i+1}{}^{i+1}\boldsymbol{Z}_{i+1} \tag{5.40}
$$

坐标系 $\{i+1\}$ 原点的线速度等于坐标系 $\{i\}$ 原点的线速度加上一个由连杆 i+1 角速度引起的新分量。因此有

$$
{}^{i}\boldsymbol{v}_{i+1} = {}^{i}\boldsymbol{v}_{i} + {}^{i}\boldsymbol{\omega}_{i} \times {}^{i}\boldsymbol{P}_{i+1} \tag{5.41}
$$

式 (5.41) 两边同时左乘 ${}^{i+1}_{i}\boldsymbol{R}$, 得

$$
{}^{i+1}\boldsymbol{v}_{i+1} = {}^{i+1}_{i}\boldsymbol{R}({}^{i}\boldsymbol{v}_{i} + {}^{i}\boldsymbol{\omega}_{i} \times {}^{i}\boldsymbol{P}_{i+1}) \tag{5.42}
$$

5.2.3 n 自由度机器人动力学方程

假设研究的机器人手臂包含基座共有 n+1 杆, n 个关节, 关节类型为转动关节或者移动关节, 已知机器人各物理参数, 关节位置、速度和加速度分别为 $\boldsymbol{\theta}$、$\dot{\boldsymbol{\theta}}$ 和 $\ddot{\boldsymbol{\theta}}$, 采用递归牛顿 – 欧拉算法求解此机械臂逆动力学过程如下。

(1) 速度和加速度的外推

为获得作用在连杆上的惯性力, 需要计算机器人每个连杆在当前时刻的角速度、线加速度和角加速度。这里可以采用递推方法完成相应的计算, 从连杆 1 一直向外迭代至连杆 n。

根据连杆间速度的传递公式 (5.40), 可知:

$$
{}^{i+1}\boldsymbol{\omega}_{i+1} = {}^{i+1}_{i}\boldsymbol{R}\,{}^{i}\boldsymbol{\omega}_{i} + \dot{\boldsymbol{\theta}}_{i+1}{}^{i+1}\boldsymbol{Z}_{i+1} \tag{5.43}
$$

那么, 连杆角加速度传递方程:

$$
{}^{i+1}\dot{\boldsymbol{\omega}}_{i+1} = {}^{i+1}_{i}\boldsymbol{R}\,{}^{i}\dot{\boldsymbol{\omega}}_{i} + {}^{i+1}_{i}\boldsymbol{R}\,{}^{i}\boldsymbol{\omega}_{i} \times \dot{\boldsymbol{\theta}}_{i+1}{}^{i+1}\boldsymbol{Z}_{i+1} + \ddot{\boldsymbol{\theta}}_{i+1}{}^{i+1}\boldsymbol{Z}_{i+1} \tag{5.44}
$$

当第 $i+1$ 个关节是移动关节时, 式 (5.44) 可简化为

$$
{}^{i+1}\dot{\boldsymbol{\omega}}_{i+1} = {}^{i+1}_{i}\boldsymbol{R}\,{}^{i}\dot{\boldsymbol{\omega}}_{i} \tag{5.45}
$$

每个连杆坐标系原点的线加速度为

$$
{}^{i+1}\dot{\boldsymbol{v}}_{i+1} = {}^{i+1}_{i}\boldsymbol{R}[{}^{i}\boldsymbol{\omega}_{i} \times {}^{i}\boldsymbol{P}_{i+1} + {}^{i}\boldsymbol{\omega}_{i} \times \left({}^{i}\boldsymbol{\omega}_{i} \times {}^{i}\boldsymbol{P}_{i+1}\right) + {}^{i}\dot{\boldsymbol{v}}_{i}] \tag{5.46}
$$

当第 $i+1$ 个关节是移动关节时, 式 (5.46) 可写为

$$
\begin{aligned}
{}^{i+1}\dot{\boldsymbol{v}}_{i+1} = & {}^{i+1}_{i}\boldsymbol{R}\left[{}^{i}\dot{\omega}_{i} \times {}^{i}\boldsymbol{P}_{i+1} + {}^{i}\boldsymbol{\omega}_{i} \times \left({}^{i}\boldsymbol{\omega}_{i} \times {}^{i}\boldsymbol{P}_{i+1}\right) + {}^{i}\dot{\boldsymbol{v}}_{i}\right] + \\
& 2{}^{i+1}\boldsymbol{\omega}_{i+1} \times \dot{\boldsymbol{d}}_{i+1}{}^{i+1}\boldsymbol{Z}_{i+1} + \ddot{\boldsymbol{d}}_{i+1}{}^{i+1}\boldsymbol{Z}_{i+1}
\end{aligned} \tag{5.47}
$$

同理, 可以得到每个连杆质心的线加速度:

$$ {}^{i}\dot{\boldsymbol{v}}_{C_i} = {}^{i}\dot{\boldsymbol{\omega}}_i \times {}^{i}\boldsymbol{P}_{C_i} + {}^{i}\boldsymbol{\omega}_i \times \left({}^{i}\boldsymbol{\omega}_i \times {}^{i}\boldsymbol{P}_{C_i}\right) + {}^{i}\dot{\boldsymbol{v}}_i \tag{5.48} $$

对于连杆 1, 其前一个杆件为基座, 通常 ${}^{0}\boldsymbol{\omega}_0 = {}^{0}\dot{\boldsymbol{\omega}}_0 = \mathbf{0}$, 故计算较为简单。

(2) 力和力矩的内推

计算出每个连杆质心的线加速度和角加速度之后, 运用牛顿 – 欧拉公式便可以计算出作用在连杆质心上的惯性力 $\boldsymbol{F}_i$ 和力矩 $\boldsymbol{N}_i$。

$$ \boldsymbol{F}_i = m\dot{\boldsymbol{v}}_{C_i} \tag{5.49} $$

$$ \boldsymbol{N}_i = {}^{C_i}\boldsymbol{I}\dot{\boldsymbol{\omega}}_i + \boldsymbol{\omega}_i \times {}^{C_i}\boldsymbol{I}\boldsymbol{\omega}_i \tag{5.50} $$

式中, 坐标系 $\{C_i\}$ 的原点位于连杆质心, 各坐标轴方位与原连杆坐标系 $\{i\}$ 方向相同。

在得到作用在每个连杆上的力和力矩之后, 需要计算与连杆对应关节的驱动力矩。

记 $\boldsymbol{f}_i$ 为连杆 $i-1$ 作用在连杆上的力, $\boldsymbol{n}_i$ 为连杆 $i-1$ 作用在连杆上的力矩, 将所有作用在连杆 i 上的力相加, 可以得到力平衡方程

$$ {}^{i}\boldsymbol{F}_i = {}^{i}\boldsymbol{f}_i - {}_{i+1}^{\ \ i}\boldsymbol{R}\, {}^{i+1}\boldsymbol{f}_{i+1} \tag{5.51} $$

将所有作用在质心上的力矩相加, 并且令它们的和为零, 可得到力矩平衡方程:

$$ {}^{i}\boldsymbol{N}_i = {}^{i}\boldsymbol{n}_i - {}^{i}\boldsymbol{n}_{i+1} + \left(-{}^{i}\boldsymbol{P}_{C_i}\right) \times {}^{i}\boldsymbol{f}_i - \left({}^{i}\boldsymbol{P}_{i+1} - {}^{i}\boldsymbol{P}_{C_i}\right) \times {}^{i}\boldsymbol{f}_{i+1} \tag{5.52} $$

结合力平衡方程式 (5.51) 并进行旋转变化, 式 (5.52) 可写成

$$ {}^{i}\boldsymbol{N}_i = {}^{i}\boldsymbol{n}_i - {}_{i+1}^{\ \ i}\boldsymbol{R}\, {}^{i+1}\boldsymbol{n}_{i+1} - {}^{i}\boldsymbol{P}_{C_i} \times {}^{i}\boldsymbol{F}_i - {}^{i}\boldsymbol{P}_{i+1} \times {}_{i+1}^{\ \ i}\boldsymbol{R}\, {}^{i+1}\boldsymbol{f}_{i+1} \tag{5.53} $$

最后, 重新排列力和力矩方程, 形成相邻连杆从高序号向低序号排列的迭代关系:

$$ {}^{i}\boldsymbol{f}_i = {}_{i+1}^{\ \ i}\boldsymbol{R}\, {}^{i+1}\boldsymbol{f}_{i+1} + {}^{i}\boldsymbol{F}_i \tag{5.54} $$

$$ {}^{i}\boldsymbol{n}_i = {}^{i}\boldsymbol{N}_i + {}_{i+1}^{\ \ i}\boldsymbol{R}\, {}^{i+1}\boldsymbol{n}_{i+1} + {}^{i}\boldsymbol{P}_{C_i} \times {}^{i}\boldsymbol{F}_i + {}^{i}\boldsymbol{P}_{i+1} \times {}_{i+1}^{\ \ i}\boldsymbol{R}\, {}^{i+1}\boldsymbol{f}_{i+1} \tag{5.55} $$

应用这些方程可对连杆依次求解, 从连杆 n 开始向内迭代一直到机器人基座, 从而获取各个关节受到的作用力和力矩。在实际驱动时, 常取关节驱动轴方向为 Z 向, 因此可以得到关节驱动力矩:

$$ \boldsymbol{\tau}_i = {}^{i}\boldsymbol{n}_i^{\mathrm{T}}\, {}^{i}\boldsymbol{Z}_i \tag{5.56} $$

对于移动关节 i, 有

$$\boldsymbol{\tau}_i = {}^i\boldsymbol{f}_i^{\mathrm{T}}\ {}^i\boldsymbol{Z}_i \tag{5.57}$$

式中, 符号 $\boldsymbol{\tau}$ 表示线性驱动力。

综上所述, 由关节运动计算关节力矩的完整算法由两部分组成。第一部分是对每个连杆应用牛顿 – 欧拉方程, 从连杆 1 到连杆 n 向外迭代计算连杆的速度和加速度。第二部分是从连杆 n 到连杆 1 向内迭代计算连杆间的相互作用力和力矩以及关节驱动力矩。对于转动关节来说, 这个算法总结如下:

外推: 0→5

$$\begin{aligned}
{}^{i+1}\boldsymbol{\omega}_{i+1} &= {}^{i+1}_{i}\boldsymbol{R}\,{}^i\boldsymbol{\omega}_i + \dot{\boldsymbol{\theta}}_{i+1}{}^{i+1}\boldsymbol{Z}_{i+1}\\
{}^{i+1}\dot{\boldsymbol{\omega}}_{i+1} &= {}^{i+1}_{i}\boldsymbol{R}\,{}^i\dot{\boldsymbol{\omega}}_i + {}^{i+1}_{i}\boldsymbol{R}\,{}^i\boldsymbol{\omega}_i \times \dot{\boldsymbol{\theta}}_{i+1}{}^{i+1}\boldsymbol{Z}_{i+1} + \ddot{\boldsymbol{\theta}}_{i+1}{}^{i+1}\boldsymbol{Z}_{i+1}\\
{}^{i+1}\dot{\boldsymbol{v}}_{i+1} &= {}^{i+1}_{i}\boldsymbol{R}[{}^i\dot{\boldsymbol{\omega}}_i \times {}^i\boldsymbol{P}_{i+1} + {}^i\boldsymbol{\omega}_i \times ({}^i\boldsymbol{\omega}_i \times {}^i\boldsymbol{P}_{i+1}) + {}^i\dot{\boldsymbol{v}}_i]\\
{}^{i+1}\dot{\boldsymbol{v}}_{C_{i+1}} &= {}^{i+1}\dot{\boldsymbol{\omega}}_{i+1} \times {}^{i+1}\boldsymbol{P}_{C_{i+1}} + {}^{i+1}\boldsymbol{\omega}_{i+1} \times ({}^{i+1}\boldsymbol{\omega}_{i+1} \times {}^{i+1}\boldsymbol{P}_{C_{i+1}}) + {}^{i+1}\dot{\boldsymbol{v}}_{i+1}\\
{}^{i+1}\boldsymbol{F}_{i+1} &= m_{i+1}\ {}^{i+1}\dot{\boldsymbol{v}}_{C_{i+1}}\\
{}^{i+1}\boldsymbol{N}_{i+1} &= {}^{C_{i+1}}\boldsymbol{I}_{i+1}\ {}^{i+1}\dot{\boldsymbol{\omega}}_{i+1} + {}^{i+1}\boldsymbol{\omega}_{i+1} \times {}^{C_{i+1}}\boldsymbol{I}_{i+1}\ {}^{i+1}\boldsymbol{\omega}_{i+1}
\end{aligned} \tag{5.58}$$

内推: 6→1

$${}^i\boldsymbol{f}_i = {}_{i+1}^{i}\boldsymbol{R}\,{}^{i+1}\boldsymbol{f}_{i+1} + {}^i\boldsymbol{F}_i \tag{5.59}$$

$${}^i\boldsymbol{n}_i = {}^i\boldsymbol{N}_i + {}_{i+1}^{i}\boldsymbol{R}\,{}^{i+1}\boldsymbol{n}_{i+1} + {}^i\boldsymbol{P}_{C_i} \times {}^i\boldsymbol{F}_i + {}^i\boldsymbol{P}_{i+1} \times {}^i\boldsymbol{F}_i\ {}_{i+1}^{i}\boldsymbol{R}\,{}^{i+1}\boldsymbol{f}_{i+1} \tag{5.60}$$

$$\boldsymbol{\tau}_i = {}^i\boldsymbol{n}_i^{\mathrm{T}}\ {}^i\boldsymbol{Z}_i \tag{5.61}$$

以上算法为不考虑重力加速度时的情况, 当考虑重力时, 可以通过设定基座的初始线加速度为重力加速度 ${}^0\boldsymbol{g}$, 令 ${}^0\dot{\boldsymbol{v}}_0 = {}^0\boldsymbol{g}$ 表示基座受到支撑作用相当于向上的重力加速度, 这样便可以很简单地得到重力环境下的动力学方程。

5.3 拉格朗日方程

不同于牛顿 – 欧拉法, 拉格朗日法是一种基于能量的动力学方法。这种方法以能量的观点建立基于广义坐标的动力学方程, 从而避开力、速度、加速度等矢量的复杂运算, 可以避免内力项。

5.3.1 机器人动力学方程的表示形式

针对同一机器人, 采用不同的动力学建模方法得出其动力学方程后, 为了分析方便, 可以整理成不同的形式。

(1) 状态空间方程

$$\boldsymbol{\tau} = \boldsymbol{M}(\boldsymbol{\theta})\ddot{\boldsymbol{\theta}} + \boldsymbol{V}(\boldsymbol{\theta},\dot{\boldsymbol{\theta}}) + \boldsymbol{G}(\boldsymbol{\theta}) \tag{5.62}$$

式中, $\boldsymbol{M}(\boldsymbol{\theta})$ 是机器人的 $n\times n$ 阶质量矩阵; $\boldsymbol{V}(\boldsymbol{\theta},\dot{\boldsymbol{\theta}})$ 是机器人的 n 维离心力和哥氏力矢量; $\boldsymbol{G}(\boldsymbol{\theta})$ 是机器人的 n 维重力矢量。把形如 (5.62) 的方程称为状态空间方程, 这是因为式中的矢量 $\boldsymbol{V}(\boldsymbol{\theta},\dot{\boldsymbol{\theta}})$ 取决于位置 $\boldsymbol{\theta}$ 和速度 $\dot{\boldsymbol{\theta}}$。

$\boldsymbol{M}(\boldsymbol{\theta})$ 和 $\boldsymbol{G}(\boldsymbol{\theta})$ 中的元素都是关于机器人关节位置 $\boldsymbol{\theta}$ 的复杂函数。而 $\boldsymbol{V}(\boldsymbol{\theta},\dot{\boldsymbol{\theta}})$ 中的元素都是关于 $\boldsymbol{\theta}$ 和 $\dot{\boldsymbol{\theta}}$ 的复杂函数。可以将机器人动力学方程中不同类型的项划分为质量矩阵、离心力和哥氏力矢量以及重力矢量。

(2) 位形空间方程

通过把 $\boldsymbol{V}(\boldsymbol{\theta},\dot{\boldsymbol{\theta}})$ 项分解, 进一步写成

$$\boldsymbol{\tau} = \boldsymbol{M}(\boldsymbol{\theta})\ddot{\boldsymbol{\theta}} + \boldsymbol{B}(\boldsymbol{\theta})[\dot{\boldsymbol{\theta}}\quad\dot{\boldsymbol{\theta}}] + \boldsymbol{C}(\boldsymbol{\theta})[\dot{\boldsymbol{\theta}}^2] + \boldsymbol{G}(\boldsymbol{\theta}) \tag{5.63}$$

式中, $\boldsymbol{B}(\boldsymbol{\theta})\in\mathbf{R}^{n\times[n(n-1)/2]}$ 是哥氏力系数矩阵; $[\dot{\boldsymbol{\theta}}\quad\dot{\boldsymbol{\theta}}]\in\mathbf{R}^{[n(n-1)/2]\times 1}$ 是关节速度积矢量, 为

$$[\dot{\boldsymbol{\theta}}\quad\dot{\boldsymbol{\theta}}] = [\dot{\boldsymbol{\theta}}_1\dot{\boldsymbol{\theta}}_2\quad\dot{\boldsymbol{\theta}}_1\dot{\boldsymbol{\theta}}_3\quad\cdots\quad\dot{\boldsymbol{\theta}}_{n-1}\dot{\boldsymbol{\theta}}_n]^{\mathrm{T}} \tag{5.64}$$

$\boldsymbol{C}(\boldsymbol{\theta})\in\mathbf{R}^{n\times n}$ 是离心力系数矩阵; $[\dot{\boldsymbol{\theta}}^2]\in\mathbf{R}^{n\times 1}$ 矢量, 为

$$[\dot{\boldsymbol{\theta}}^2] = [\dot{\boldsymbol{\theta}}_1^2\quad\dot{\boldsymbol{\theta}}_2^2\quad\cdots\quad\dot{\boldsymbol{\theta}}_n^2]^{\mathrm{T}} \tag{5.65}$$

5.3.2 拉格朗日动力学方程

对于任何机械系统来说, 拉格朗日函数 L 被定义为系统的动能 K 与势能 U 之差

$$L = K - U \tag{5.66}$$

式中, K 和 U 可以在任何坐标系下表示, 不限于笛卡儿坐标 [7]。

对于机器人的连杆 i, 其动能 k_i 可以表示为

$$k_i = \frac{1}{2}m_i\boldsymbol{v}_{C_i}^{\mathrm{T}}\boldsymbol{v}_{C_i} + \frac{1}{2}{}^{i}\boldsymbol{\omega}_i^{\mathrm{T}\,C_i}\boldsymbol{I}_i\,{}^{i}\boldsymbol{\omega}_i \tag{5.67}$$

式 (5.67) 右边第一项是由连杆质心线速度产生的动能, 第二项是由连杆的角速度产生的动能。整个机器人的动能是各个连杆动能之和, 即

$$K = \sum_{i=1}^{n} k_i \tag{5.68}$$

式 (5.67) 中的 $\boldsymbol{v}_{C_i}$ 和 ${}^i\boldsymbol{\omega}_i$ 是与关节位置 $\boldsymbol{\theta}$ 和速度 $\dot{\boldsymbol{\theta}}$ 相关的函数。由此可知机器人的动能 $K(\boldsymbol{\theta},\dot{\boldsymbol{\theta}})$ 可以描述为关节位置和速度的标量函数。事实上, 机器人的动能可以写成

$$K(\boldsymbol{\theta},\dot{\boldsymbol{\theta}}) = \frac{1}{2}\dot{\boldsymbol{\theta}}^{\mathrm{T}}\boldsymbol{M}\left(\boldsymbol{\theta}\right)\dot{\boldsymbol{\theta}} \tag{5.69}$$

式中, $\boldsymbol{M}\left(\boldsymbol{\theta}\right)$ 是 $n \times n$ 阶操作臂质量矩阵。

连杆 i 的势能 U_i 可以表示为

$$U_i = -m_i\ {}^0\boldsymbol{g}^{\mathrm{T}}\ {}^0\boldsymbol{r}_{C_i} + u_{\mathrm{ref}_i} \tag{5.70}$$

式中, ${}^0\boldsymbol{g}$ 是 3 维重力矢量; ${}^0\boldsymbol{r}_{C_i}$ 是连杆 i 质心的位置矢量; u_{ref_i} 是使 u_i 的最小值为零的常数。机器人的总势能为各个连杆势能之和, 即

$$U = \sum_{i=1}^{n} u_i \tag{5.71}$$

式 (5.70) 中的 ${}^0\boldsymbol{r}_{C_i}$ 是 $\boldsymbol{\theta}$ 的函数, 由此可以看出机器人的势能 $U(\boldsymbol{\theta})$ 可以描述为关节位置的标量函数。

系统动力学方程即拉格朗日方程表示如下:

$$\boldsymbol{\tau}_i = \frac{\mathrm{d}}{\mathrm{d}t}\frac{\partial L}{\partial \dot{\boldsymbol{\theta}}_i} - \frac{\partial L}{\partial \boldsymbol{\theta}_i}, \quad i = 1,\ 2,\cdots,\ n \tag{5.72}$$

式中, $\boldsymbol{\theta}_i$ 为表示动能和位能的坐标; $\dot{\boldsymbol{\theta}}_i$ 为对应的速度; $\boldsymbol{\tau}_i$ 为作用在第 i 个坐标系上的力/力矩。至此便可计算得到机器人的拉格朗日动力学方程。

5.4 应用举例

5.4.1 二连杆机械臂的牛顿 – 欧拉动力学分析

图 5.3 所示为平面二连杆机械臂 [8], 运用牛顿 – 欧拉方程建立其动力学方程。机械臂简化示意如图 5.4 所示, 假设操作臂杆件质量均集中在连杆末端, 分别为 m_1 和 m_2。

每个杆件质心在其杆件坐标系下的表示为

$${}^1\boldsymbol{P}_{C_1} = l_1\boldsymbol{X}_1 = [l_1 \quad 0 \quad 0]^{\mathrm{T}} \tag{5.73}$$

$${}^2\boldsymbol{P}_{C_2} = l_2\boldsymbol{X}_2 = [l_2 \quad 0 \quad 0]^{\mathrm{T}} \tag{5.74}$$

每个坐标系在其上一个坐标系下的表示为

$${}^0\boldsymbol{P}_1 = [0 \quad 0 \quad 0]^{\mathrm{T}} \tag{5.75}$$

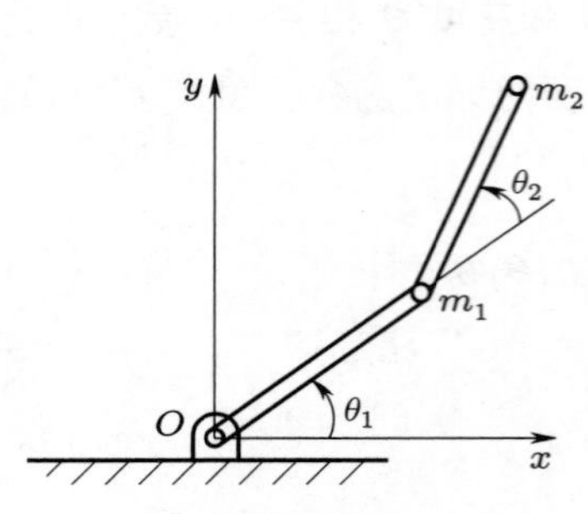

图 **5.3** 平面二连杆机械臂

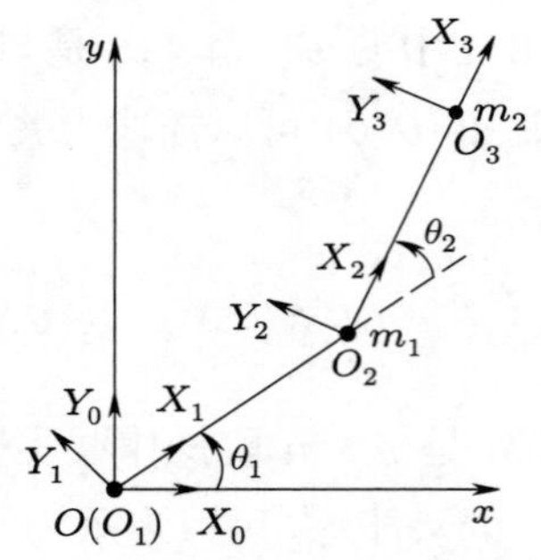

图 **5.4** 平面二连杆机械臂简化示意

$$ {}^{1}\boldsymbol{P}_2 = l_1 \boldsymbol{X}_1 = \begin{bmatrix} l_1 & 0 & 0 \end{bmatrix}^{\mathrm{T}} \tag{5.76} $$

由于杆件质量集中在一点, 因此各杆件质心处的惯性张量均为 **0**, 即

$$ \boldsymbol{I}_{C_1} = \boldsymbol{0} \tag{5.77} $$

$$ \boldsymbol{I}_{C_2} = \boldsymbol{0} \tag{5.78} $$

基座处于静止状态, 因此有

$$ \boldsymbol{\omega}_0 = \boldsymbol{0} \tag{5.79} $$

$$ \dot{\boldsymbol{\omega}}_0 = \boldsymbol{0} \tag{5.80} $$

由于处于重力环境下, 因此基座受到重力加速度的影响, 有

$$ {}^{0}\dot{\boldsymbol{v}}_0 = g\boldsymbol{Y}_0 \tag{5.81} $$

机械臂末端不受力, 因此有

$$ \boldsymbol{f}_3 = \boldsymbol{0} \tag{5.82} $$

$$ \boldsymbol{n}_3 = \boldsymbol{0} \tag{5.83} $$

基座、连杆 1、连杆 2 之间的坐标转换关系为

$$ {}_{i+1}^{\ \ i}\boldsymbol{R} = \begin{bmatrix} c_{i+1} & -s_{i+1} & 0 \\ s_{i+1} & c_{i+1} & 0 \\ 0 & 0 & 1 \end{bmatrix} \tag{5.84} $$

$$ {}_{\ \ i}^{i+1}\boldsymbol{R} = \begin{bmatrix} c_{i+1} & s_{i+1} & 0 \\ -s_{i+1} & c_{i+1} & 0 \\ 0 & 0 & 1 \end{bmatrix} \tag{5.85} $$

式中, c_{i+1}、s_{i+1} 分别表示 $\cos\theta_{i+1}$、$\sin\theta_{i+1}$。为简化表达式, 后文中也采取同样的表达方式。

(1) 外推

连杆 1

$$^1\boldsymbol{\omega}_1 = \dot{\boldsymbol{\theta}}_1 \cdot {}^1\boldsymbol{Z}_1 = [0 \quad 0 \quad \dot{\theta}_1]^{\mathrm{T}} \tag{5.86}$$

$$^1\dot{\boldsymbol{\omega}}_1 = \ddot{\boldsymbol{\theta}}_1 \cdot {}^1\boldsymbol{Z}_1 = [0 \quad 0 \quad \ddot{\theta}_1]^{\mathrm{T}} \tag{5.87}$$

$$^1\dot{\boldsymbol{v}}_1 = \begin{bmatrix} c_1 & s_1 & 0 \\ -s_1 & c_1 & 0 \\ 0 & 0 & 1 \end{bmatrix} \begin{bmatrix} 0 \\ g \\ 0 \end{bmatrix} = \begin{bmatrix} gs_1 \\ gc_1 \\ 0 \end{bmatrix} \tag{5.88}$$

$$\begin{aligned} ^1\dot{\boldsymbol{v}}_{C_1} &= \begin{bmatrix} 0 & -\ddot{\theta}_1 & 0 \\ \ddot{\theta}_1 & 0 & 0 \\ 0 & 0 & 10 \end{bmatrix} \begin{bmatrix} l_1 \\ 0 \\ 0 \end{bmatrix} + \begin{bmatrix} 0 & -\dot{\theta}_1 & 0 \\ \dot{\theta}_1 & 0 & 0 \\ 0 & 0 & 10 \end{bmatrix} \left(\begin{bmatrix} 0 & -\dot{\theta}_1 & 0 \\ \dot{\theta}_1 & 0 & 0 \\ 0 & 0 & 10 \end{bmatrix} \begin{bmatrix} l_1 \\ 0 \\ 0 \end{bmatrix} \right) + \begin{bmatrix} gs_1 \\ gc_1 \\ 0 \end{bmatrix} \\ &= \begin{bmatrix} 0 \\ l_1\ddot{\theta}_1 \\ 0 \end{bmatrix} + \begin{bmatrix} -l_1\dot{\theta}_1^2 \\ 0 \\ 0 \end{bmatrix} + \begin{bmatrix} gs_1 \\ gc_1 \\ 0 \end{bmatrix} = \begin{bmatrix} -l_1\dot{\theta}_1^2 + gs_1 \\ l_1\ddot{\theta}_1 + gc_1 \\ 0 \end{bmatrix} \end{aligned} \tag{5.89}$$

$$^1\boldsymbol{F}_1 = m_1 \begin{bmatrix} -l_1\dot{\theta}_1^2 + gs_1 \\ l_1\ddot{\theta}_1 + gc_1 \\ 0 \end{bmatrix} = \begin{bmatrix} -m_1l_1\dot{\theta}_1^2 + m_1gs_1 \\ m_1l_1\ddot{\theta}_1 + m_1gc_1 \\ 0 \end{bmatrix} \tag{5.90}$$

$$^1\boldsymbol{N}_1 = [0 \quad 0 \quad 0]^{\mathrm{T}} \tag{5.91}$$

连杆 2

$$^2\boldsymbol{\omega}_2 = \begin{bmatrix} c_2 & s_2 & 0 \\ -s_2 & c_2 & 0 \\ 0 & 0 & 1 \end{bmatrix} \begin{bmatrix} 0 \\ 0 \\ \dot{\theta}_1 \end{bmatrix} + \begin{bmatrix} 0 \\ 0 \\ \dot{\theta}_2 \end{bmatrix} = \begin{bmatrix} 0 \\ 0 \\ \dot{\theta}_1 + \dot{\theta}_2 \end{bmatrix} \tag{5.92}$$

$$\begin{aligned} ^2\dot{\boldsymbol{\omega}}_2 &= \begin{bmatrix} c_2 & s_2 & 0 \\ -s_2 & c_2 & 0 \\ 0 & 0 & 1 \end{bmatrix} \begin{bmatrix} 0 \\ 0 \\ \ddot{\theta}_1 \end{bmatrix} + \begin{bmatrix} c_2 & s_2 & 0 \\ -s_2 & c_2 & 0 \\ 0 & 0 & 1 \end{bmatrix} \begin{bmatrix} 0 & -\dot{\theta}_1 & 0 \\ \dot{\theta}_1 & 0 & 0 \\ 0 & 0 & 0 \end{bmatrix} \begin{bmatrix} 0 \\ 0 \\ \dot{\theta}_2 \end{bmatrix} + \begin{bmatrix} 0 \\ 0 \\ \ddot{\theta}_2 \end{bmatrix} \\ &= \begin{bmatrix} 0 \\ 0 \\ \ddot{\theta}_1 + \ddot{\theta}_2 \end{bmatrix} \end{aligned} \tag{5.93}$$

$$
\begin{aligned}
{}^2\dot{\boldsymbol{v}}_2 &= \begin{bmatrix} c_2 & s_2 & 0 \\ -s_2 & c_2 & 0 \\ 0 & 0 & 1 \end{bmatrix} \left\{ \begin{bmatrix} 0 & -\ddot{\theta}_1 & 0 \\ \ddot{\theta}_1 & 0 & 0 \\ 0 & 0 & 10 \end{bmatrix} \begin{bmatrix} l_1 \\ 0 \\ 0 \end{bmatrix} + \right. \\
&\left. \begin{bmatrix} 0 & -\dot{\theta}_1 & 0 \\ \dot{\theta}_1 & 0 & 0 \\ 0 & 0 & 0 \end{bmatrix} \left(\begin{bmatrix} 0 & -\dot{\theta}_1 & 0 \\ \dot{\theta}_1 & 0 & 0 \\ 0 & 0 & 10 \end{bmatrix} \begin{bmatrix} l_1 \\ 0 \\ 0 \end{bmatrix} \right) + \begin{bmatrix} gs_1 \\ gc_1 \\ 0 \end{bmatrix} \right\} \\
&= \begin{bmatrix} c_2 & s_2 & 0 \\ -s_2 & c_2 & 0 \\ 0 & 0 & 1 \end{bmatrix} \begin{bmatrix} -l_1\dot{\theta}_1^2 + gs_1 \\ l_1\ddot{\theta}_1 + gc_1 \\ 0 \end{bmatrix} = \begin{bmatrix} l_1\ddot{\theta}_1 s_2 - l_1\dot{\theta}_1^2 c_2 + gs_{12} \\ l_1\ddot{\theta}_1 c_2 + l_1\dot{\theta}_1^2 s_2 + gc_{12} \\ 0 \end{bmatrix}
\end{aligned} \tag{5.94}
$$

$$
\begin{aligned}
{}^2\dot{\boldsymbol{v}}_{C_2} &= \begin{bmatrix} 0 \\ l_2(\ddot{\theta}_1 + \ddot{\theta}_2) \\ 0 \end{bmatrix} + \begin{bmatrix} -l_2(\dot{\theta}_1 + \dot{\theta}_2)^2 \\ 0 \\ 0 \end{bmatrix} + \begin{bmatrix} l_1\ddot{\theta}_1 s_2 - l_1\dot{\theta}_1^2 c_2 + gs_{12} \\ l_1\ddot{\theta}_1 c_2 + l_1\dot{\theta}_1^2 s_2 + gc_{12} \\ 0 \end{bmatrix} \\
&= \begin{bmatrix} -l_2(\dot{\theta}_1 + \dot{\theta}_2)^2 + l_1\ddot{\theta}_1 s_2 - l_1\dot{\theta}_1^2 c_2 + gs_{12} \\ l_2(\ddot{\theta}_1 + \ddot{\theta}_2) + l_1\ddot{\theta}_1 c_2 + l_1\dot{\theta}_1^2 s_2 + gc_{12} \\ 0 \end{bmatrix}
\end{aligned} \tag{5.95}
$$

$$
{}^2\boldsymbol{F}_2 = \begin{bmatrix} -m_2 l_2(\dot{\theta}_1 + \dot{\theta}_2)^2 + m_2 l_1\ddot{\theta}_1 s_2 - m_2 l_1\dot{\theta}_1^2 c_2 + m_2 gs_{12} \\ m_2 l_2(\ddot{\theta}_1 + \ddot{\theta}_2) + m_2 l_1\ddot{\theta}_1 c_2 + m_2 l_1\dot{\theta}_1^2 s_2 + m_2 gc_{12} \\ 0 \end{bmatrix} \tag{5.96}
$$

$$
{}^2\boldsymbol{N}_2 = [0 \quad 0 \quad 0]^{\mathrm{T}} \tag{5.97}
$$

(2) 内推

连杆 2

$$
{}^2\boldsymbol{f}_2 = {}^2\boldsymbol{F}_2 = \begin{bmatrix} -m_2 l_2(\dot{\theta}_1 + \dot{\theta}_2)^2 + m_2 l_1\ddot{\theta}_1 s_2 - m_2 l_1\dot{\theta}_1^2 c_2 + m_2 gs_{12} \\ m_2 l_2(\ddot{\theta}_1 + \ddot{\theta}_2) + m_2 l_1\ddot{\theta}_1 c_2 + m_2 l_1\dot{\theta}_1^2 s_2 + m_2 gc_{12} \\ 0 \end{bmatrix} \tag{5.98}
$$

$$
\begin{aligned}
{}^2\boldsymbol{n}_2 &= \begin{bmatrix} 0 & 0 & 0 \\ 0 & 0 & -l_2 \\ 0 & l_2 & 0 \end{bmatrix} \begin{bmatrix} -m_2 l_2(\dot{\theta}_1 + \dot{\theta}_2)^2 + m_2 l_1\ddot{\theta}_1 s_2 - m_2 l_1\dot{\theta}_1^2 c_2 + m_2 gs_{12} \\ m_2 l_2(\ddot{\theta}_1 + \ddot{\theta}_2) + m_2 l_1\ddot{\theta}_1 c_2 + m_2 l_1\dot{\theta}_1^2 s_2 + m_2 gc_{12} \\ 0 \end{bmatrix} \\
&= \begin{bmatrix} 0 \\ 0 \\ m_2 l_2^2(\ddot{\theta}_1 + \ddot{\theta}_2) + m_2 l_1 l_2\ddot{\theta}_1 c_2 + m_2 l_1 l_2\dot{\theta}_1^2 s_2 + m_2 g l_2 c_{12} \end{bmatrix}
\end{aligned} \tag{5.99}
$$

$$\boldsymbol{\tau}_2 = m_2 l_2^2(\ddot{\theta}_1 + \ddot{\theta}_2) + m_2 l_1 l_2 \ddot{\theta}_1 c_2 + m_2 l_1 l_2 \dot{\theta}_1^2 s_2 + m_2 g l_2 c_{12} \tag{5.100}$$

连杆 1

$$\begin{aligned} {}^1\boldsymbol{f}_1 = &\begin{bmatrix} c_2 & s_2 & 0 \\ -s_2 & c_2 & 0 \\ 0 & 0 & 1 \end{bmatrix} \begin{bmatrix} -m_2 l_2(\dot{\theta}_1 + \dot{\theta}_2)^2 + m_2 l_1 \ddot{\theta}_1 s_2 - m_2 l_1 \dot{\theta}_1^2 c_2 + m_2 g s_{12} \\ m_2 l_2(\ddot{\theta}_1 + \ddot{\theta}_2) + m_2 l_1 \ddot{\theta}_1 c_2 + m_2 l_1 \dot{\theta}_1^2 s_2 + m_2 g c_{12} \\ 0 \end{bmatrix} + \\ &\begin{bmatrix} -m_1 l_1 \dot{\theta}_1^2 + m_1 g s_1 \\ m_1 l_1 \ddot{\theta}_1 + m_1 g c_1 \\ 0 \end{bmatrix} \end{aligned} \tag{5.101}$$

$$\begin{aligned} {}^1\boldsymbol{n}_1 = &\begin{bmatrix} c_2 & -s_2 & 0 \\ s_2 & c_2 & 0 \\ 0 & 0 & 1 \end{bmatrix} \begin{bmatrix} 0 \\ 0 \\ m_2 l_2^2(\ddot{\theta}_1 + \ddot{\theta}_2) + m_2 l_1 l_2 \ddot{\theta}_1 c_2 + m_2 l_1 l_2 \dot{\theta}_1^2 s_2 + m_2 g l_2 c_{12} \end{bmatrix} + \\ &\begin{bmatrix} 0 & 0 & 0 \\ 0 & 0 & -l_1 \\ 0 & l_1 & 0 \end{bmatrix} \begin{bmatrix} -m_1 l_1 \dot{\theta}_1^2 + m_1 g s_1 \\ m_1 l_1 \ddot{\theta}_1 + m_1 g c_1 \\ 0 \end{bmatrix} + \\ &\begin{bmatrix} 0 & 0 & 0 \\ 0 & 0 & -l_1 \\ 0 & l_1 & 0 \end{bmatrix} \begin{bmatrix} c_2 & -s_2 & 0 \\ s_2 & c_2 & 0 \\ 0 & 0 & 1 \end{bmatrix} \cdot \\ &\begin{bmatrix} -m_2 l_2(\dot{\theta}_1 + \dot{\theta}_2)^2 + m_2 l_1 \ddot{\theta}_1 s_2 - m_2 l_1 \dot{\theta}_1^2 c_2 + m_2 g s_{12} \\ m_2 l_2(\ddot{\theta}_1 + \ddot{\theta}_2) + m_2 l_1 \ddot{\theta}_1 c_2 + m_2 l_1 \dot{\theta}_1^2 s_2 + m_2 g c_{12} \\ 0 \end{bmatrix} \\ = &\begin{bmatrix} 0 \\ 0 \\ m_2 l_2^2(\ddot{\theta}_1 + \ddot{\theta}_2) + m_2 l_1 l_2 \ddot{\theta}_1 c_2 + m_2 l_1 l_2 \dot{\theta}_1^2 s_2 + m_2 g l_2 c_{12} \end{bmatrix} + \\ &\begin{bmatrix} 0 \\ 0 \\ m_1 l_1^2 \ddot{\theta}_1 + m_1 g l_1 c_1 \end{bmatrix} + \\ &\begin{bmatrix} 0 \\ 0 \\ m_2 l_1^2 \ddot{\theta}_1 - m_2 l_1 l_2(\dot{\theta}_1 + \dot{\theta}_2)^2 s_2 + m_2 g l_1 s_1 s_{12} + m_2 l_1 l_2(\ddot{\theta}_1 + \ddot{\theta}_2) c_2 + m_2 g l_1 c_1 c_{12} \end{bmatrix} \end{aligned} \tag{5.102}$$

$$\begin{aligned}\boldsymbol{\tau}_1 =& m_2 l_2^2(\ddot{\theta}_1 + \ddot{\theta}_2) + m_2 l_1 l_2 (2\ddot{\theta}_1 + \ddot{\theta}_2) c_2 + (m_1 + m_2) l_1^2 \ddot{\theta}_1 + \\ & m_2 g l_2 c_{12} - m_2 l_1 l_2 (2\dot{\theta}_1 \dot{\theta}_2 + \dot{\theta}_2^2) s_2 + (m_1 + m_2)\ g l_1 c_1\end{aligned} \tag{5.103}$$

综上可得, $\boldsymbol{\tau}_1$ 和 $\boldsymbol{\tau}_2$ 是应用牛顿 – 欧拉方程动力学建模方法所求的关节力矩。

5.4.2 二连杆机械臂的拉格朗日动力学分析

利用拉格朗日法, 对平面二连杆机械臂进行动力学建模。

(1) 计算动能和势能

连杆 1 的动能为

$$K_1 = \frac{1}{2} m_1 \left(l_1 \dot{\theta}_1 \right)^2 \tag{5.104}$$

设 $Y_0 = 0$ 为零势面, 则连杆 1 的势能为

$$U_1 = m_1 g l_1 s_1 \tag{5.105}$$

质量 m_2 的位置表示为

$$x_2 = l_1 c_1 + l_2 c_{12} \tag{5.106}$$

$$y_2 = l_1 s_1 + l_2 s_{12} \tag{5.107}$$

连杆 2 的质心速度分量为

$$\dot{x}_2 = -l_1 \dot{\theta}_1 s_1 - l_2 (\dot{\theta}_1 + \dot{\theta}_2) s_{12} \tag{5.108}$$

$$\dot{y}_2 = l_1 \dot{\theta}_1 c_1 + l_2 (\dot{\theta}_1 + \dot{\theta}_2) c_{12} \tag{5.109}$$

连杆 2 质心的速度平方为

$$\begin{aligned}\dot{x}_2^2 + \dot{y}_2^2 &= [-l_1 \dot{\theta}_1 s_1 - l_2 (\dot{\theta}_1 + \dot{\theta}_2) s_{12}]^2 + [l_1 \dot{\theta}_1 c_1 + l_2 (\dot{\theta}_1 + \dot{\theta}_2) c_{12}]^2 \\ &= l_1^2 \dot{\theta}_1^2 + l_2^2 (\dot{\theta}_1 + \dot{\theta}_2)^2 + 2 l_1 l_2 (\dot{\theta}_1^2 + \dot{\theta}_1 \dot{\theta}_2) c_2\end{aligned} \tag{5.110}$$

所以连杆 2 质心的动能为

$$K_2 = \frac{1}{2} m_2 [l_1^2 \dot{\theta}_1^2 + l_2^2 (\dot{\theta}_1 + \dot{\theta}_2)^2 + 2 l_1 l_2\ (\dot{\theta}_1^2 + \dot{\theta}_1 \dot{\theta}_2)\ c_2] \tag{5.111}$$

连杆 2 的势能为

$$U_2 = m_2 g l_1 s_1 + m_2 g l_2 s_{12} \tag{5.112}$$

(2) 拉格朗日函数

$$\begin{aligned}L =&K_1 + K_2 - U_1 - U_2 \\ =&\frac{1}{2}(m_1 + m_2)(l_1\dot{\theta}_1)^2 + \frac{1}{2}m_2l_2^2(\dot{\theta}_1 + \dot{\theta}_2)^2 + m_2l_1l_2(\dot{\theta}_1^2 + \dot{\theta}_1\dot{\theta}_2)c_2 - \\ &(m_1 + m_2)\ gl_1s_1 - m_2\ gl_2s_{12}\end{aligned} \tag{5.113}$$

(3) 动力学方程计算

$$\frac{\partial L}{\partial \boldsymbol{\theta}_1} = -(m_1 + m_2)gl_1c_1 - m_2\ gl_2c_{12} \tag{5.114}$$

$$\frac{\partial L}{\partial \dot{\boldsymbol{\theta}}_1} = (m_1 + m_2)l_1^2\dot{\theta}_1^2 + m_2l_2^2(\dot{\theta}_1 + \dot{\theta}_2) + m_2l_1l_2(2\dot{\theta}_1 + \dot{\theta}_2)c_2 \tag{5.115}$$

$$\begin{aligned}\frac{\mathrm{d}}{\mathrm{d}t}\frac{\partial L}{\partial \dot{\boldsymbol{\theta}}_1} =& \left[(m_1 + m_2)\ l_1^2 + m_2l_2^2 + 2m_2l_1l_2c_2\right]\ddot{\theta}_1 + \\ &\left(m_2l_2^2 + m_2l_1l_2c_2\right)\ddot{\theta}_2 - m_2l_1l_2(2\dot{\theta}_1\dot{\theta}_2 + \dot{\theta}_2^2)s_2\end{aligned} \tag{5.116}$$

$$\frac{\partial L}{\partial \boldsymbol{\theta}_2} = -m_2l_1l_2(\dot{\theta}_1^2 + \dot{\theta}_1\dot{\theta}_2)s_2 - m_2gl_2c_{12} \tag{5.117}$$

$$\frac{\partial L}{\partial \dot{\boldsymbol{\theta}}_2} = m_2l_2^2(\dot{\theta}_1 + \dot{\theta}_2) + m_2l_1l_2\dot{\theta}_1c_2 \tag{5.118}$$

$$\frac{\mathrm{d}}{\mathrm{d}t}\frac{\partial L}{\partial \dot{\boldsymbol{\theta}}_2} = m_2l_2^2(\ddot{\theta}_1 + \ddot{\theta}_2) + m_2l_1l_2\ddot{\theta}_1c_2 - m_2l_1l_2\dot{\theta}_1\dot{\theta}_2\ s_2 \tag{5.119}$$

(4) 计算力矩

根据拉格朗日方程可以得到两个关节的驱动力矩

$$\frac{\mathrm{d}}{\mathrm{d}t}\frac{\partial L}{\partial \dot{\boldsymbol{\theta}}_1} - \frac{\partial L}{\partial \boldsymbol{\theta}_1} = \boldsymbol{\tau}_1 \tag{5.120}$$

$$\frac{\mathrm{d}}{\mathrm{d}t}\frac{\partial L}{\partial \dot{\boldsymbol{\theta}}_2} - \frac{\partial L}{\partial \boldsymbol{\theta}_2} = \boldsymbol{\tau}_2 \tag{5.121}$$

即

$$\begin{aligned}\boldsymbol{\tau}_1 =& \left[(m_1 + m_2)\ l_1^2 + m_2l_2^2 + 2m_2l_1l_2c_2\right]\ddot{\theta}_1 + \left(m_2l_2^2 + m_2l_1l_2c_2\right)\ddot{\theta}_2 - \\ &m_2l_1l_2(2\dot{\theta}_1\dot{\theta}_2 + \dot{\theta}_2^2)s_2 + (m_1 + m_2)gl_1c_1 + m_2gl_2c_{12}\end{aligned} \tag{5.122}$$

$$\boldsymbol{\tau}_2 = \left(m_2l_2^2 + m_2l_1l_2c_2\right)\ddot{\theta}_1 + m_2l_2^2\ddot{\theta}_2 + m_2l_1l_2\dot{\theta}_1^2s_2 + m_2gl_2c_{12} \tag{5.123}$$

对比牛顿 – 欧拉法与拉格朗日法, 可见两种动力学建模方法所求的关节力矩相同。从分析过程可以看出: 牛顿 – 欧拉法为递推迭代法, 适合计算机编程实现, 但无法得出显式的动力学关系; 拉格朗日法概念清晰, 能得到解析形式的方程, 但计算量较大, 尤其是随着自由度的增多, 计算量会更大。实际上, 采用各种方法建立的方程在本质上是等价的, 只是方程形式不同, 计算及分析的时间有所差异。

参考文献

[1] Kucuk S, Bingul Z. Robot kinematics: Forward and inverse kinematics [M]//Cubero S. Industrial robotics: Theory, modelling and control. Lodon: Intech Open Access Publisher, 2006.

[2] 刘延柱, 潘振宽, 戈新生. 多体系统动力学 [M]. 北京: 高等教育出版社, 2014.

[3] 蒋志宏. 机器人学基础 [M]. 北京: 北京理工大学出版社, 2018.

[4] Yoshikawa T. Dynamic hybrid position/force control of robot manipulators—description of hand constraints and calculation of joint driving force [J/OL]. IEEE Journal on Robotics and Automation, 1987, 3(5): 386−392.

[5] 郝丽娜, 程红太, 杨勇. 工业机器人控制技术 [M]. 武汉: 华中科技大学出版社, 2018.

[6] Craig J J. 机器人学导论 [M]. 3 版. 负超, 王伟, 译. 北京: 机械工业出版社, 2006.

[7] 蔡自兴. 机器人学基础 [M]. 北京: 机械工业出版社, 2015.

[8] 杨晓钧, 李兵. 工业机器人技术 [M]. 哈尔滨: 哈尔滨工业大学出版社, 2015.

第 6 章 Udwadia–Kalaba 方程

自 1788 年拉格朗日建立分析力学以来, 对于相互约束的复杂机械系统进行动力学建模就成为分析动力学领域的核心研究内容。1992 年, 南加利福尼亚大学的 Udwadia 等创新性地提出了可同时用于积分约束系统与不可积分约束系统的 Udwadia–Kalaba 方程。同时, Udwadia 等针对约束系统提出了可能不满足达朗贝尔原理的基本运动方程。此后, Udwadia 等又在前面工作的基础上解决了奇异质量矩阵的问题。至此, 学者们构建了完整的 Udwadia–Kalaba 动力学理论, 拓展了传统的动力学理论框架 [1−3]。本章首先从分析力学领域最为重要的定理——高斯定理开始讨论。接着, 详细介绍 Udwadia–Kalaba 动力学基本方程的推导过程, 总结 Udwadia–Kalaba 理论相比于拉格朗日动力学理论的优势。然后, 给出 Udwadia–Kalaba 方程的完整证明与严格验证, 并介绍基于 Udwadia–Kalaba 理论求解系统约束力的方法。最后, 介绍针对质量矩阵奇异情况时的 Udwadia–Kalaba 动力学扩展方程。

6.1 高斯定理

假设一个在三维惯性参考系中机械系统由 n 个质点组成, 质点的质量分别为 $m_1, m_2, \cdots, m_n$, 令三维矢量 $\boldsymbol{X_i} = [x_i \quad y_i \quad z_i]^{\mathrm{T}}$ 代表第 i 个质点的位置。那么质点 i 在仅受到给定外力 $\boldsymbol{F_i}(t)$ 且没有约束存在时的加速度可以表示为 $\boldsymbol{a_i} = \dfrac{1}{m_i}\boldsymbol{F_i}(t)$, 则矢量 $\boldsymbol{a_i}$ 的三个组成部分与该质点在参考系中三个相互正交方向上的加速度一一对应, 而 $\boldsymbol{F_i}(t)$ 的三个组成部分也与该质点在三个方向上的受力相对应。

虽然这些质点间可能因为存在相互作用而被约束, 比如某些质点被要求在构型空间的确定表面运动, 又或者是某些质点要满足非完整 Pfaffian 约束。但在本章中, 讨论的是在给定外力与约束的条件下, 假设质点的速度与位置已知, 确定在任意 t 时刻质点的实际加速度值。所以, 质点系统的无约束运动方程可以写为

$$\boldsymbol{M}\boldsymbol{a} = \boldsymbol{F}(\boldsymbol{X}(t), \dot{\boldsymbol{X}}(t), t) \tag{6.1}$$

式中, $3n$ 维矢量函数 $\boldsymbol{F}(t)$ 表示给定的外力, 它由作用在每个质点上的已知外力 $\boldsymbol{F_i}(t)$ 叠加得到, 即 $\boldsymbol{F}(t) = \begin{bmatrix}\boldsymbol{F}_1^{\mathrm{T}} & \boldsymbol{F}_2^{\mathrm{T}} & \cdots & \boldsymbol{F}_n^{\mathrm{T}}\end{bmatrix}^{\mathrm{T}}$; $3n$ 维矢量 $\boldsymbol{a}$ 由每个质点相对应的加速度矢量 $\boldsymbol{a_i}$ 叠加得到, 即 $\boldsymbol{a}(t) = \begin{bmatrix}\boldsymbol{a}_1^{\mathrm{T}} & \boldsymbol{a}_2^{\mathrm{T}} & \cdots & \boldsymbol{a}_n^{\mathrm{T}}\end{bmatrix}^{\mathrm{T}}$; 质量矩阵 $\boldsymbol{M}$ 为 $3n \times 3n$ 阶的对角矩阵, 即 $\boldsymbol{M} = \mathrm{diag}\,(m_1, m_1, m_1, m_2, \cdots, m_n, m_n, m_n)$。因此, 可以得到表示位置的 $3n$ 维矢量 $\boldsymbol{X}(t) = \begin{bmatrix}\boldsymbol{X}_1^{\mathrm{T}} & \boldsymbol{X}_2^{\mathrm{T}} & \cdots & \boldsymbol{X}_n^{\mathrm{T}}\end{bmatrix}^{\mathrm{T}}$。可以得出, 力 $\boldsymbol{F_i}$ 是 $\boldsymbol{X}$、$\dot{\boldsymbol{X}}$ 和 t 的已知函数。

但在约束存在的情况下, t 时刻质点的加速度与 $\boldsymbol{a}(t)$ 并不相同。因此定义当约束存在时, 某个质点的加速度为 $3n$ 维矢量 $\ddot{\boldsymbol{X}}_{\boldsymbol{i}}(t)$。类似地, 通过叠加每个质点相对应的加速度, 可以得到 $\ddot{\boldsymbol{X}}(t)$, 即 $\ddot{\boldsymbol{X}}(t) = [\ddot{\boldsymbol{X}}_1^{\mathrm{T}} \quad \ddot{\boldsymbol{X}}_2^{\mathrm{T}} \quad \cdots \quad \ddot{\boldsymbol{X}}_n^{\mathrm{T}}]^{\mathrm{T}}$。

假设在 t 时刻 $\boldsymbol{X}$ 和 $\dot{\boldsymbol{X}}$ 是已知的, 且矢量 $\boldsymbol{X}$ 和 $\dot{\boldsymbol{X}}$ 均满足给定的约束, 则此时刻的外力 $\boldsymbol{F}(t)$ 也完全已知。而对于矩阵 $\boldsymbol{M}$, 其对角线元素均为正数, 显然该矩阵正定。据此, 高斯定理指出, 在 t 时刻, 某一系统的真实加速度是满足约束条件的所有可能加速度中可以使式 (6.2) 取得极小值者:

$$G(\ddot{\boldsymbol{X}}) = (\ddot{\boldsymbol{X}} - \boldsymbol{a})^{\mathrm{T}}\boldsymbol{M}(\ddot{\boldsymbol{X}} - \boldsymbol{a}) = (\boldsymbol{M}^{1/2}\ddot{\boldsymbol{X}} - \boldsymbol{M}^{1/2}\boldsymbol{a})^{\mathrm{T}}(\boldsymbol{M}^{1/2}\ddot{\boldsymbol{X}} - \boldsymbol{M}^{1/2}\boldsymbol{a}) \tag{6.2}$$

由式 (6.2) 表示的标量为“Gaussian”, 简称 G。1829 年, 高斯在一篇短文中介绍了这个方程, 它反映了力学的基本原理, 即系统会“选择”使 G[即式 (6.2)] 取得最小值的加速度值。该原理在机械系统受到任意形式的运动学约束时均适用。

为进一步讨论高斯定理 G 与 Udwadia–Kalaba 方法的联系, 定义 $\Delta\ddot{\boldsymbol{X}} = \ddot{\boldsymbol{X}} - \boldsymbol{a}$, $\Delta\ddot{\boldsymbol{X}}$ 代表受约束系统中原有的加速度值与不考虑约束时加速度值的偏差。从这个角度看, G 的值就可被理解为矢量 $\Delta\ddot{\boldsymbol{X}}$ 长度的平方, 也是关于矩阵的规范化。显然, 当约束不存在, 即 $\ddot{\boldsymbol{X}} = \boldsymbol{a}$ 时, $G(\ddot{\boldsymbol{X}})$ 取到最小值。也就是说, 当系统不被约束时的加速度偏差可以写成 $\Delta\ddot{\boldsymbol{X}} = \boldsymbol{0}$。

在本章中, 将因为约束而产生的系统加速度间的线性等式关系整理为矩阵形式如下:

$$\boldsymbol{A}(\boldsymbol{X}, \dot{\boldsymbol{X}}, t)\ddot{\boldsymbol{X}} = \boldsymbol{b}(\boldsymbol{X}, \dot{\boldsymbol{X}}, t) \tag{6.3}$$

式中, $\boldsymbol{A}$ 是 $m \times 3n$ 阶矩阵; $\boldsymbol{b}$ 是 m 维矢量。式 (6.3) 被称为系统的约束方程。其中, 矩阵 $\boldsymbol{A}$ 中的元素可以是 $\boldsymbol{X}$、t 或 $\dot{\boldsymbol{X}}$ 的函数。因此, 相比较以下两种方式得到的约束方程, 式 (6.3) 更具有一般性:

1) 将 Pfaffian 非完整约束对时间微分而等得到的约束方程。这种情况下, 矩阵 $\boldsymbol{A}$ 仅为 t 和 $\dot{\boldsymbol{X}}$ 的函数。

2) 将完整约束对时间两次微分而得到的约束方程。这种情况下, 矩阵 $\boldsymbol{A}$ 仅为 t 和 $\dot{\boldsymbol{X}}$ 的函数。

这个更加普遍的约束方程 (6.3) 也可以被认为是对 m 个约束 $\varphi_i(\boldsymbol{X}, \dot{\boldsymbol{X}}, t) = 0$ $(i = 1, 2, \cdots, m)$ 微分而得到的。

6.2 Udwadia–Kalaba 基本方程

6.2.1 基本方程的推导

当存在式 (6.3) 所表述的约束时, 在任意时刻 t, 系统中 n 个质点的 $3n$ 维加速度矢量为

$$\ddot{\boldsymbol{X}} = \boldsymbol{a} + \boldsymbol{M}^{-1/2}(\boldsymbol{A}\boldsymbol{M}^{-1/2})^{+}(\boldsymbol{b} - \boldsymbol{A}\boldsymbol{a}) \tag{6.4}$$

式中, $(\boldsymbol{A}\boldsymbol{M}^{-1/2})^{+}$ 为约束矩阵 $\boldsymbol{A}\boldsymbol{M}^{-1/2}$ 的唯一 MP 逆矩阵。

证明 关于式 (6.4) 的证明并不复杂, 现分两步进行说明。第一步, 推导出式 (6.4) 给出的加速度满足约束方程式 (6.3) 。第二步, 证明满足约束方程式 (6.3) 的加速度矢量 [式 (6.4)] 可以使式 (6.2) 即 G 取得最小值且为唯一解。

第一步证明:

式 (6.3) 可表示为

$$\boldsymbol{A}\boldsymbol{M}^{-1/2}(\boldsymbol{M}^{1/2}\ddot{\boldsymbol{X}}) = \boldsymbol{A}\boldsymbol{M}^{-1/2}(\boldsymbol{y}) = \boldsymbol{b} \tag{6.5}$$

为了使此方程连续, 即为了使 $\ddot{\boldsymbol{X}}$ 为该方程的解, 可要求

$$\boldsymbol{A}\boldsymbol{M}^{-1/2}(\boldsymbol{A}\boldsymbol{M}^{-1/2})^{+}\boldsymbol{b} = \boldsymbol{b} \tag{6.6}$$

再将式 (6.4) 中给出的 $\ddot{\boldsymbol{X}}$ 代入式 (6.3) 的左边, 有

$$\begin{aligned}\boldsymbol{A}\ddot{\boldsymbol{X}} &= \boldsymbol{A}\boldsymbol{a} + \boldsymbol{A}\boldsymbol{M}^{-1/2}(\boldsymbol{A}\boldsymbol{M}^{-1/2})^{+}(\boldsymbol{b} - \boldsymbol{A}\boldsymbol{a}) \\ &= [\boldsymbol{I} - \boldsymbol{A}\boldsymbol{M}^{-1/2}(\boldsymbol{A}\boldsymbol{M}^{-1/2})^{+}]\boldsymbol{A}\boldsymbol{a} + \boldsymbol{A}M^{-1/2}(\boldsymbol{A}M^{-1/2})^{+} \\ &= [\boldsymbol{I} - \boldsymbol{A}\boldsymbol{M}^{-1/2}(\boldsymbol{A}\boldsymbol{M}^{-1/2})^{+}]\boldsymbol{A}\boldsymbol{M}^{-1/2}\boldsymbol{M}^{1/2}\boldsymbol{a} + \boldsymbol{A}\boldsymbol{M}^{-1/2}(\boldsymbol{A}\boldsymbol{M}^{-1/2})^{+}\boldsymbol{b}\end{aligned} \tag{6.7}$$

通过 MP 逆矩阵算法, 式 (6.7) 右边第一项为零, 得

$$A\ddot{\boldsymbol{X}} = \boldsymbol{A}\boldsymbol{M}^{-1/2}(\boldsymbol{A}\boldsymbol{M}^{-1/2})^{+}\boldsymbol{b} = \boldsymbol{b} \tag{6.8}$$

由此证明式 (6.4) 定义的加速度 $\ddot{\boldsymbol{X}}$ 满足约束方程式 (6.3) 。

第二步证明:

考虑一个与式 (6.4) 给出的 $\ddot{\boldsymbol{X}}$ 所不同的加速度矢量 $\ddot{\boldsymbol{u}}$。令矢量 $\ddot{\boldsymbol{u}} = \ddot{\boldsymbol{X}} + \boldsymbol{V}$, 其中 $\boldsymbol{V}$ 为一任意矢量, 并使 $\ddot{\boldsymbol{u}}$ 在时刻 t 时满足约束方程式 (6.3), 可以证明对于任意矢量 $\boldsymbol{V} \neq \boldsymbol{0}$, $G(\ddot{\boldsymbol{u}}) > G(\ddot{\boldsymbol{X}})$, 说明式 (6.4) 给出的加速度即为所求。

因为 $\boldsymbol{A}\ddot{\boldsymbol{u}} = \boldsymbol{A}(\ddot{\boldsymbol{X}} + \boldsymbol{V}) = \boldsymbol{A}\ddot{\boldsymbol{X}} + \boldsymbol{A}\boldsymbol{V} = \boldsymbol{b}$, 并且 $\boldsymbol{A}\ddot{\boldsymbol{X}} = \boldsymbol{b}$。由此可知 $\boldsymbol{A}\boldsymbol{V} = 0$。显然 $\boldsymbol{M}^{-1/2}\boldsymbol{M}^{1/2} = 1$, 所以 $\boldsymbol{A}\boldsymbol{V} = \boldsymbol{A}\boldsymbol{M}^{-1/2}\boldsymbol{M}^{1/2}\boldsymbol{V} = \boldsymbol{A}\boldsymbol{M}^{-1/2}(\boldsymbol{M}^{1/2}\boldsymbol{V}) = 0$。即

$$(\boldsymbol{M}^{1/2}\boldsymbol{V})^{\mathrm{T}}(\boldsymbol{A}\boldsymbol{M}^{-1/2})^{+} = 0 \tag{6.9}$$

又因为 $\ddot{\boldsymbol{u}} = \ddot{\boldsymbol{X}} + \boldsymbol{V}$ 且 $\ddot{\boldsymbol{X}}$ 满足式 (6.4), 得到如下关系

$$\begin{aligned}
G(\ddot{\boldsymbol{u}}) =& [(\boldsymbol{A}\boldsymbol{M}^{-1/2})^{+}(\boldsymbol{b} - \boldsymbol{A}\boldsymbol{a}) + \boldsymbol{M}^{1/2}\boldsymbol{V}]^{\mathrm{T}}[(\boldsymbol{A}\boldsymbol{M}^{-1/2})^{+}(\boldsymbol{b} - \boldsymbol{A}\boldsymbol{a}) + \boldsymbol{M}^{1/2}\boldsymbol{V}] \\
=& [(\boldsymbol{A}\boldsymbol{M}^{-1/2})^{+}(\boldsymbol{b} - \boldsymbol{A}\boldsymbol{a})]^{\mathrm{T}}[(\boldsymbol{A}\boldsymbol{M}^{-1/2})^{+}(\boldsymbol{b} - \boldsymbol{A}\boldsymbol{a})] + \\
& [(\boldsymbol{A}\boldsymbol{M}^{-1/2})^{+}(\boldsymbol{b} - \boldsymbol{A}\boldsymbol{a})]^{\mathrm{T}}\boldsymbol{M}^{1/2}\boldsymbol{V} + (\boldsymbol{M}^{1/2}\boldsymbol{V})^{\mathrm{T}}[(\boldsymbol{A}\boldsymbol{M}^{-1/2})^{+}(\boldsymbol{b} - \boldsymbol{A}\boldsymbol{a})] + \\
& (\boldsymbol{M}^{1/2}\boldsymbol{V})^{\mathrm{T}}(\boldsymbol{M}^{1/2}\boldsymbol{V})
\end{aligned} \tag{6.10}$$

注意到在等式最后, 右边第一项即为 $G(\ddot{\boldsymbol{X}})$, 又根据式 (6.9) 可知右边第二项为零, 且第二项为第三项的转置, 因此得到

$$G(\ddot{\boldsymbol{u}}) = G(\ddot{\boldsymbol{X}}) + (\boldsymbol{M}^{1/2}\boldsymbol{V})^{\mathrm{T}}(\boldsymbol{M}^{1/2}\boldsymbol{V}) \tag{6.11}$$

由于矩阵 $\boldsymbol{M}$ 正定, 所以当 $\boldsymbol{V} \neq 0$, 式 (6.11) 右边第二项恒为正。因此 $G(\ddot{\boldsymbol{u}}) > G(\ddot{\boldsymbol{X}})$, 也就证明了当且仅当 $\ddot{\boldsymbol{u}} = \ddot{\boldsymbol{X}}$ 时, G 取最小值。

因为对于矢量 $\boldsymbol{V}$ 的取值没有做任何假设, 所以以上证明过程说明了式 (6.4) 中得到的加速度 $\ddot{\boldsymbol{X}}$ 使标量 G 为全局最小值。这也意味着式 (6.4) 给出的加速度 $\ddot{\boldsymbol{X}}$ 是高斯最小值问题的唯一解。

6.2.2 基本方程的应用

例 6.1 如图 6.1 所示, 设某一质点在水平面内移动, 并受到外力 $F_x(t)$ 和 $F_y(t)$ 的作用。该质点被约束在与 x 轴成固定角度 α 的斜直线上, 求解描述此约束系统的运动方程。

解 首先, 可以写出该质点无约束时的运动方程:

$$\begin{bmatrix} m & 0 \\ 0 & m \end{bmatrix} \boldsymbol{a} = \begin{bmatrix} F_x(t) \\ F_y(t) \end{bmatrix} \tag{6.12}$$

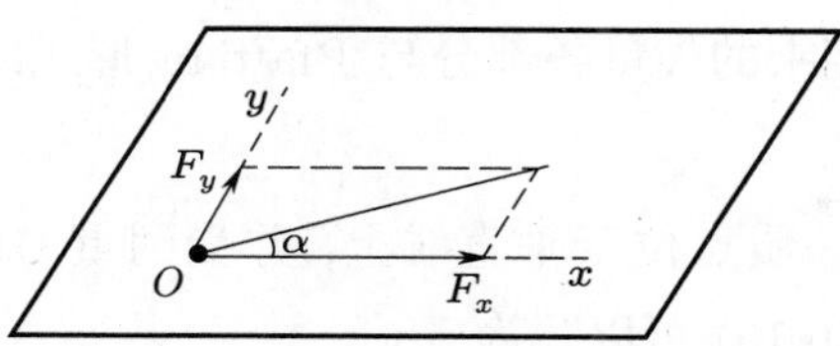

图 6.1 平面内运动的质点

根据约束条件, 约束方程可以写成 $y = x\tan\alpha$, 表示为二阶形式为 $\ddot{y} = \ddot{x}\tan\alpha$。因此矩阵 $\boldsymbol{A} = [-\tan\alpha \quad 1]$, 标量 $b = 0$。由式 (6.12) 得无约束系统的加速度为 $\boldsymbol{a} = \left[\dfrac{F_x(t)}{m} \quad \dfrac{F_y(t)}{m}\right]^{\mathrm{T}}$。由式 (6.4) 得到有约束时系统的运动方程为

$$\begin{bmatrix}\ddot{x}\\ \ddot{y}\end{bmatrix} = \begin{bmatrix}\dfrac{F_x(t)}{m}\\ \dfrac{F_y(t)}{m}\end{bmatrix} - \boldsymbol{M}^{-1/2}(\boldsymbol{A}\boldsymbol{M}^{-1/2})^{+}[-\tan\alpha \quad 1]\begin{bmatrix}\dfrac{F_x(t)}{m}\\ \dfrac{F_y(t)}{m}\end{bmatrix} \tag{6.13}$$

式中, $\boldsymbol{A}\boldsymbol{M}^{-1/2} = \left[-m^{-1/2}\tan\alpha \quad -m^{-1/2}\right]$, 所以其 MP 逆矩阵 $(\boldsymbol{A}\boldsymbol{M}^{-1/2})^{+} = \dfrac{1}{m^{-1}\tan^2\alpha + m^{-1}}\begin{bmatrix}-m^{-1/2}\tan\alpha\\ m^{-1/2}\end{bmatrix}$。则式 (6.13) 可以写为

$$\begin{aligned}\begin{bmatrix}\ddot{x}\\ \ddot{y}\end{bmatrix} = \begin{bmatrix}\dfrac{F_x(t)}{m}\\ \dfrac{F_y(t)}{m}\end{bmatrix} - \begin{bmatrix}m^{-1/2} & 0\\ 0 & m^{-1/2}\end{bmatrix}\left(\dfrac{m}{\tan^2\alpha + 1}\right)\begin{bmatrix}-m^{-1/2}\tan\alpha\\ m^{-1/2}\end{bmatrix}\cdot\\ \left[-\dfrac{F_x(t)}{m}\tan\alpha + \dfrac{F_y(t)}{m}\right]\end{aligned} \tag{6.14}$$

或

$$\begin{bmatrix}m\ddot{x}\\ m\ddot{y}\end{bmatrix} = \begin{bmatrix}F_x(t)\\ F_y(t)\end{bmatrix} + \frac{F_x(t)\tan\alpha - F_y(t)}{\tan^2\alpha + 1}\begin{bmatrix}-\tan\alpha\\ 1\end{bmatrix} \tag{6.15}$$

此问题的约束 $y = x\tan\alpha$ 可根据 Pfaffian 公式表示为 $-\tan\alpha\mathrm{d}x + (1)\,\mathrm{d}y = 0$, 这样式 (6.15) 可被表达为

$$\begin{bmatrix}m\ddot{x}\\ m\ddot{y}\end{bmatrix} = \begin{bmatrix}F_x(t)\\ F_y(t)\end{bmatrix} + \lambda(t)\begin{bmatrix}-\tan\alpha\\ 1\end{bmatrix} \tag{6.16}$$

式中, 乘子 $\lambda(t)$ 为

$$\lambda(t) = \frac{F_x(t)\tan\alpha - F_y(t)}{\tan^2\alpha + 1} \tag{6.17}$$

式 (6.16) 右侧与 $\lambda(t)$ 相乘的矢量各部分与 Pfaffian 形式的约束方程中的 $\mathrm{d}x$、$\mathrm{d}y$ 相对应。

考虑一个特例, 当一质点位于垂直线上, 并受到重力的作用, 则 $F_x(t) = 0$、$F_y(t) = -mg$。于是式 (6.15) 可以写为

$$\begin{bmatrix} m\ddot{x} \\ m\ddot{y} \end{bmatrix} = \begin{bmatrix} 0 \\ -mg \end{bmatrix} + mg \begin{bmatrix} -\sin\alpha\cos\alpha \\ \cos^2\alpha \end{bmatrix} \tag{6.18}$$

或者可以写为

$$\begin{cases} \ddot{x} = -g\sin\alpha\cos\alpha \\ \ddot{y} = -g\sin\alpha\sin\alpha \end{cases} \tag{6.19}$$

虽然上述方程的代数推导过程较为乏味, 但得到约束方程后, 系统的运动方程就变得十分理想了。这种简单的例题用矢量力学的知识也很容易解决。但对于较为复杂的问题, 单纯使用拉格朗日力学就会变得难以处理。

例 6.2 将例 6.1 推广到更加普遍的情况。考虑一个质点, 令其在重力场中沿 $f(x,y) = 0$ 的曲线运动, 设重力作用于 y 轴的负方向, 写出该质点的运动方程。

解 对约束方程 $f(x,y) = 0$ 微分两次后得到

$$f_x\ddot{x} + f_y\ddot{y} = -\dot{x}\left(f_{xx}\dot{x} + f_{xy}\dot{y}\right) - \dot{y}\left(f_{yx}\dot{x} + f_{yy}\dot{y}\right) \tag{6.20}$$

因此

$$\boldsymbol{A} = [f_x \quad f_y], b = -\left(f_{xx}\dot{x}^2 + 2f_{xy}\dot{x}\dot{y} + f_{yy}\dot{y}^2\right), \boldsymbol{a} = [0 \quad g]^{\mathrm{T}} \tag{6.21}$$

接着, 可以得到

$$\boldsymbol{AM}^{-1/2} = \left[m^{-1/2}f_x \quad m^{-1/2}f_y\right]$$

$$\left(\boldsymbol{AM}^{-1/2}\right)^+ = \frac{1}{m^{-1}{f_x}^2 + m^{-1}{f_y}^2}\begin{bmatrix} m^{-1/2}f_x \\ m^{-1/2}f_y \end{bmatrix}$$

$$\begin{aligned} b - \boldsymbol{Aa} &= -\left(f_{xx}\dot{x}^2 + 2f_{xy}\dot{x}\dot{y} + f_{yy}\dot{y}^2\right) - [f_x \quad f_y]\begin{bmatrix} 0 \\ -g \end{bmatrix} \\ &= -\left(f_{xx}\dot{x}^2 + 2f_{xy}\dot{x}\dot{y} + f_{yy}\dot{y}^2\right) + gf_y \end{aligned} \tag{6.22}$$

因此, 运动方程式 (6.4) 可写为

$$\begin{bmatrix}\ddot{x}\\ \ddot{y}\end{bmatrix}=\begin{bmatrix}0\\ -g\end{bmatrix}-\begin{bmatrix}m^{-1/2} & 0\\ 0 & m^{-1/2}\end{bmatrix}\frac{1}{m^{-1}f_x^2+m^{-1}f_y^2}\cdot \begin{bmatrix}m^{-1/2}f_x\\ m^{-1/2}f_y\end{bmatrix}\left[-\left\{f_{xx}\dot{x}^2+2f_{xy}\dot{x}\dot{y}+f_{yy}\dot{y}^2\right\}+gf_y\right] \tag{6.23}$$

或者表述为

$$\begin{bmatrix}\ddot{x}\\ \ddot{y}\end{bmatrix}=\begin{bmatrix}0\\ -g\end{bmatrix}+\frac{\left[-\left(f_{xx}\dot{x}^2+2f_{xy}\dot{x}\dot{y}+f_{yy}\dot{y}^2\right)+gf_y\right]}{f_x^2+f_y^2}\begin{bmatrix}f_x\\ f_y\end{bmatrix} \tag{6.24}$$

约束方程可以被写成为 Pfaffian 的形式 $f_x\mathrm{d}x+f_y\mathrm{d}y=0$, 因此式 (6.24) 可被重新写为如下形式:

$$\begin{bmatrix}m\ddot{x}\\ m\ddot{y}\end{bmatrix}=\begin{bmatrix}0\\ -mg\end{bmatrix}+\lambda(t)\begin{bmatrix}f_x\\ f_y\end{bmatrix} \tag{6.25}$$

式中, 乘子 $\lambda(t)$ 为

$$\lambda(t)=m\frac{\left[-\left(f_{xx}\dot{x}^2+2f_{xy}\dot{x}\dot{y}+f_{yy}\dot{y}^2\right)+gf_y\right]}{f_x^2+f_y^2} \tag{6.26}$$

式 (6.25) 中与 $\lambda(t)$ 相乘的矢量即为 Pfaffian 形式的约束方程中 $\mathrm{d}x$ 和 $\mathrm{d}y$ 的系数。

例 6.3 假设一个在 xOy 平面中运动的钟摆系统, 如图 6.2 所示。摆锤质量 m, 摆锤与固定点 (原点) 的距离为 L 且连接线的质量不计。试写出该系统的运动方程并求解作用于摆锤的约束力大小。

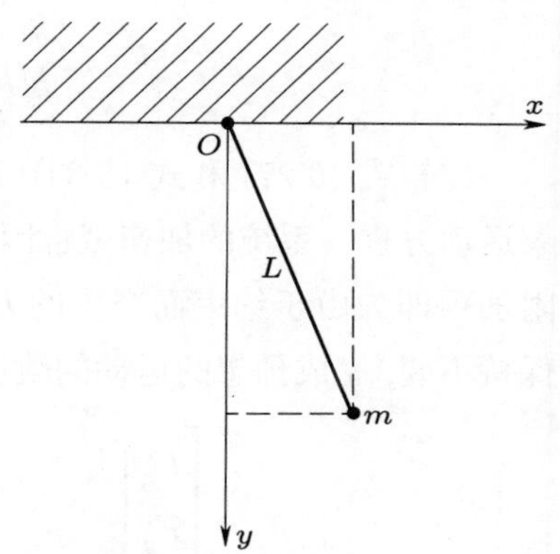

图 6.2 钟摆系统

解 该系统的无约束运动方程为

$$\begin{bmatrix}m & 0\\ 0 & m\end{bmatrix}\boldsymbol{a}=\begin{bmatrix}0\\ mg\end{bmatrix} \tag{6.27}$$

因此式 (6.27) 中的 $\boldsymbol{a}=[0\quad g]^{\mathrm{T}}$。再将其约束方程 $x^2+y^2=L^2$ 对时间两次微分, 得

$$[x(t)\quad y(t)]\begin{bmatrix}\ddot{x}\\ \ddot{y}\end{bmatrix}=-(\dot{x}^2+\dot{y}^2) \tag{6.28}$$

所以有 $\boldsymbol{A}=[x(t)\quad y(t)]$, $b=-(\dot{x}^2+\dot{y}^2)$。由式 (6.4) 可知, 系统运动方程为

$$\begin{bmatrix}\ddot{x}\\ \ddot{y}\end{bmatrix}=\begin{bmatrix}0\\ g\end{bmatrix}+\boldsymbol{M}^{-1/2}(\boldsymbol{A}\boldsymbol{M}^{-1/2})^{+}\left(b-\boldsymbol{A}\begin{bmatrix}0\\ g\end{bmatrix}\right) \tag{6.29}$$

式中,

$$AM^{-1/2} = \begin{bmatrix} m^{-1/2}x & m^{-1/2}y \end{bmatrix} \tag{6.30}$$

所以其 MP 逆为

$$\left(AM^{-1/2}\right)^+ = \frac{1}{m^{-1}x^2 + m^{-1}y^2}\begin{bmatrix} m^{-1/2}x \\ m^{-1/2}y \end{bmatrix} \tag{6.31}$$

由此得

$$\begin{bmatrix} \ddot{x} \\ \ddot{y} \end{bmatrix} = \begin{bmatrix} 0 \\ g \end{bmatrix} + \begin{bmatrix} m^{-1/2} & 0 \\ 0 & m^{-1/2} \end{bmatrix} \frac{m}{m^{-1}x^2 + m^{-1}y^2}\begin{bmatrix} m^{-1/2}x \\ m^{-1/2}y \end{bmatrix}\left[-\left(\dot{x}^2 + \dot{y}^2\right) - gy\right] \tag{6.32}$$

运动方程则变为

$$\begin{bmatrix} \ddot{x} \\ \ddot{y} \end{bmatrix} = \begin{bmatrix} 0 \\ g \end{bmatrix} - \frac{\dot{x}^2 + \dot{y}^2 + gy}{x^2 + y^2}\begin{bmatrix} x \\ y \end{bmatrix} \tag{6.33}$$

将约束方程 $x^2 + y^2 = L^2$ 代入式 (6.33), 且方程两边同乘 m, 得

$$\begin{bmatrix} m & 0 \\ 0 & m \end{bmatrix}\begin{bmatrix} \ddot{x} \\ \ddot{y} \end{bmatrix} = \begin{bmatrix} 0 \\ mg \end{bmatrix} - m\frac{\dot{x}^2 + \dot{y}^2 + gy}{L^2}\begin{bmatrix} x \\ y \end{bmatrix} \tag{6.34}$$

Pfaffian 形式的约束方程为 $x\mathrm{d}x + y\mathrm{d}y = 0$, 乘子 $\lambda(t)$ 为

$$\lambda(t) = -m\frac{\dot{x}^2 + \dot{y}^2 + gy}{L^2} \tag{6.35}$$

比较式 (6.27) 和式 (6.34), 前者为系统的无约束运动方程, 而后者为系统的约束运动方程。系统的加速度也因为式 (6.34) 右侧的附加项作用, 由 $\boldsymbol{a}$ 变为 $\ddot{\boldsymbol{X}}$。该附加项即为由于约束而产生的力 $\boldsymbol{F}^{(\mathrm{c})}$, 这个力与重力的合力使摆锤与固定点距离保持不变, 完成预想的运动的轨迹。该“约束力”可由式 (6.36) 给出:

$$\begin{bmatrix} F_x^{\mathrm{c}} \\ F_y^{\mathrm{c}} \end{bmatrix} = -m\frac{\dot{x}^2 + \dot{y}^2 + gy}{L^2}\begin{bmatrix} x \\ y \end{bmatrix} = \lambda(t)\begin{bmatrix} x \\ y \end{bmatrix} \tag{6.36}$$

通过式 (6.36) 可以得出, 约束力在 x 和 y 方向的分量都取决于 g。

在以上的推导和实例中, 质量矩阵 $\boldsymbol{M}$ 可以写为 $m\boldsymbol{I}$ 的形式。在这种情况下, Udwadia–Kalaba 基本方程可以做如下简化:

$$\boldsymbol{M}^{-1/2}\left(\boldsymbol{A}\boldsymbol{M}^{-1/2}\right)^+ = m^{-1/2}\boldsymbol{I}\left(m^{-1/2}\boldsymbol{A}\boldsymbol{I}\right)^+ = \boldsymbol{A}^+ \tag{6.37}$$

因此, 当矩阵 $\boldsymbol{M} = m\boldsymbol{I}$ 时, 基本方程式 (6.4) 可简化为

$$\ddot{\boldsymbol{X}} = \boldsymbol{a} + \boldsymbol{A}^+\left(b - \boldsymbol{A}\boldsymbol{a}\right) \tag{6.38}$$

也就是说, 当矩阵 $\boldsymbol{M} = m\boldsymbol{I}$, 且在求得了单个质点的约束时, 可以利用上式对质点的约束运动进行更加清晰简洁的描述。不仅如此, 式 (6.38) 可以推广到更一般的情况, 即当系统中存在 n 个质点且质量彼此不同时, 可以通过对加速度矢量进行适当的"放缩", 从而得到形如式 (6.38) 的离散机械系统的运动方程。

例 6.4 如图 6.3 所示, 设质点的质量为 m, 在半径为 r 的圆环上运动且不受外力的作用。试写出该约束系统的运动方程。

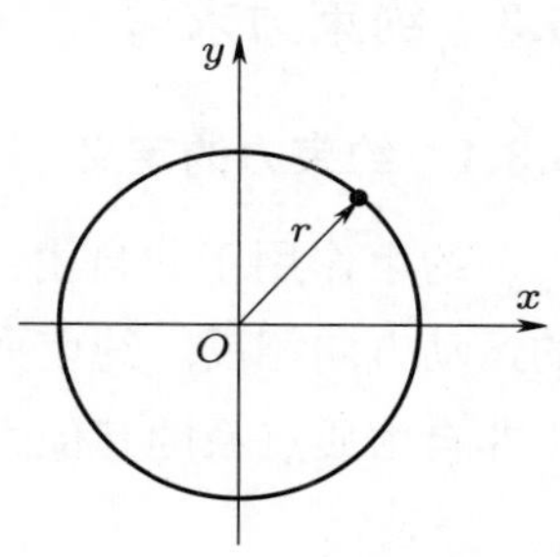

图 6.3 圆环系统

解 矩阵 $\boldsymbol{M}$ 可以写为 $\mathrm{diag}\,(m,m)$, 且矢量 $\boldsymbol{a} = \boldsymbol{0}$。系统唯一的约束方程为 $x^2+y^2=r^2$。对其两次微分后得到 $x\ddot{x}+y\ddot{y} = -\left(\dot{x}^2+\dot{y}^2\right) = -v^2$, 其中 v 为质点运动的速度, 所以 $\boldsymbol{A} = [x \quad y]$, $b = -\left(\dot{x}^2+\dot{y}^2\right)$ 。由于矩阵 $\boldsymbol{M}$ 为常对角矩阵, 那么运动方程式 (6.4) 可简化为式 (6.39) 的形式:

$$\begin{aligned}\begin{bmatrix}\ddot{x}\\ \ddot{y}\end{bmatrix} &= \boldsymbol{0} + \boldsymbol{A}^{+}\left(b-\boldsymbol{A}\boldsymbol{a}\right)\\ &= [x \quad y]^{+}\left[-\left(\dot{x}^2+\dot{y}^2\right)\right]\\ &= \begin{bmatrix}x\\ y\end{bmatrix}\frac{\left(\dot{x}^2+\dot{y}^2\right)}{\left(x^2+y^2\right)} = -\frac{v^2}{r}\begin{bmatrix}\dfrac{x}{r}\\ \dfrac{y}{r}\end{bmatrix}\end{aligned} \tag{6.39}$$

两边同乘矩阵 $\boldsymbol{M}$, 可得

$$\begin{bmatrix}m\ddot{x}\\ m\ddot{y}\end{bmatrix} = -\frac{mv^2}{r}\begin{bmatrix}\dfrac{x}{r}\\ \dfrac{y}{r}\end{bmatrix} \tag{6.40}$$

系统无约束时的方程为

$$\begin{bmatrix}ma_x\\ ma_y\end{bmatrix} = \begin{bmatrix}0\\ 0\end{bmatrix} \tag{6.41}$$

比较式 (6.40) 和式 (6.41), 可以求得使系统加速度由 $\boldsymbol{a}$ 变为 $\ddot{\boldsymbol{X}}$ 的约束力:

$$\begin{bmatrix}F_x^{\mathrm{c}}\\ F_y^{\mathrm{c}}\end{bmatrix} = -\frac{mv^2}{r}\begin{bmatrix}\dfrac{x}{r}\\ \dfrac{y}{r}\end{bmatrix} \tag{6.42}$$

约束力方程式 (6.42) 的右侧即为作用在质点上的向心力。

在该例中, 由于质点的位置和速度必须满足约束方程 $x^2+y^2=r^2$ 和 $x\dot{x}+y\dot{y}=0$, 所以约束方程中的 4 个量在任何指定的“初始时间” t_0 都不是相互独立的。在对运动有完整规定的约束系统中, 这类对初始条件有严格要求的约束应被仔细考虑。

6.3 约束力求解

6.3.1 约束力的定义

约束作用于非自由质点系的力称为约束力。约束力的方向总是与约束所阻碍的运动方向相反。约束力的大小是未知的, 取决于非自由质点系的运动状态和作用于非自由质点系的其他力, 应通过力学定律 (如运动微分方程) 确定。

6.3.2 约束力的表述

由例 6.3 和例 6.4 可以得到, 当系统存在约束时, 这些约束会使每个时刻的加速度都与系统本来没有约束时的加速度产生偏差。约束系统在加速度上体现出来的这种偏差, 实际上是由力产生的, 而这些力产生的原因是因为本来无约束的系统现在要满足约束条件。

下面就探讨这种力的产生原因。

无约束系统的运动方程可以表示为

$$\boldsymbol{M}\boldsymbol{a}=\boldsymbol{F}(t) \tag{6.43}$$

式中, 矢量 $\boldsymbol{F}$ 由系统中已知外力组成。而系统受约束时的运动方程可以表示为

$$\boldsymbol{M}\ddot{\boldsymbol{X}}=\boldsymbol{M}\boldsymbol{a}+\boldsymbol{M}^{1/2}(\boldsymbol{A}\boldsymbol{M}^{-1/2})^{+}(b-\boldsymbol{A}\boldsymbol{a}) \tag{6.44}$$

将式 (6.43) 代入式 (6.44), 则系统受约束时的运动方程可写为

$$\boldsymbol{M}\ddot{\boldsymbol{X}}=\boldsymbol{F}(t)+\boldsymbol{M}^{1/2}(\boldsymbol{A}\boldsymbol{M}^{-1/2})^{+}(b-\boldsymbol{A}\boldsymbol{a})=\boldsymbol{F}(t)+\boldsymbol{F}^{\mathrm{c}}(t) \tag{6.45}$$

因此, 在任意时刻 t, 受约束系统所受的额外作用力——“约束力” $\boldsymbol{F}^{\mathrm{c}}(t)$ 可以写成

$$\boldsymbol{F}^{\mathrm{c}}(t)=\boldsymbol{M}^{1/2}(\boldsymbol{A}\boldsymbol{M}^{-1/2})^{+}(b-\boldsymbol{A}\boldsymbol{a}) \tag{6.46}$$

式 (6.46) 即表示了在 t 时刻引起系统加速度从无约束时 $\boldsymbol{a}$ 变为有约束时 $\ddot{\boldsymbol{X}}$ 的附加力。

以上讨论中并没有对约束间是否线性无关做任何要求, 所以, 即使约束方程线性相关, 式 (6.44) 和式 (6.46) 仍然有效。通常在一个复杂的系统中, 确认哪些约束间是线性相关的十分困难, 而本书中介绍的方法无须考虑这个问题。

与 6.2 节类似, 当矩阵 $\boldsymbol{M}$ 是常对角阵, 即 $\boldsymbol{M}=m\boldsymbol{I}$ 时, 式 (6.46) 可简化为

$$\boldsymbol{F}^{\mathrm{c}}(t)=m\boldsymbol{A}^{+}(b-\boldsymbol{A}\boldsymbol{a}) \tag{6.47}$$

式 (6.46) 即为 Udwadia–Kalaba 方程, 该方程从物理学角度阐述了运动对象在需要完成特定运动轨迹时所受到的外力。本书在该概念上延伸, 将上式从单纯的物理学角度引入控制领域, 利用 Udwadia–Kalaba 方程求解被控对象在约束轨迹运动时所需要的控制力。

总的来说, 基于 Udwadia–Kalaba 方程的动力学建模方法有以下优点:

1) 该方程可以被应用于可积分和不可积分约束系统;

2) 该方程适用于系统中存在非理想约束的情况, 即在约束力所做虚功不为零时依然有效;

3) 该方程使用方法直观简便, 无须求解拉格朗日乘子等参数。

例 6.5 如图 6.4 所示, 设质点质量为 m, 不受外力的作用, 试求使其沿着椭圆轨迹运动的约束力大小。

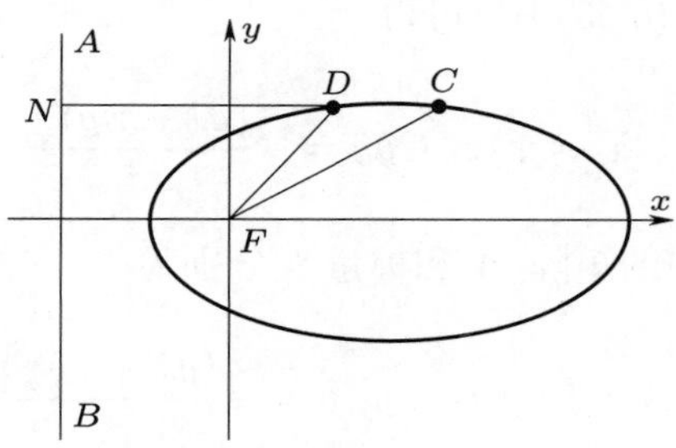

图 6.4 椭圆系统

解 设椭圆轨迹如图 6.4 所示, 且其一焦点位于原点, 准线为 AB, 椭圆任一点到焦点 F 的距离为该点到准线距离的 ε 倍, 准线与焦点的距离为 l。参数 ε 被称为椭圆的离心率, 其值小于 1。两个独立参数 ε 和 l 可以定义任一椭圆。

椭圆方程可以写为

$$\frac{\overline{FD}}{\overline{DN}}=\frac{\sqrt{x^2+y^2}}{x+l}=\varepsilon \tag{6.48}$$

或者写成

$$\sqrt{x^2+y^2}=\varepsilon x+p \tag{6.49}$$

式中, $p=\varepsilon l\neq 0$。质点运动的约束即为满足上述方程。因为质点不受外力的作用, 所以其无约束加速度 $\boldsymbol{a}$ 为零。又因为矩阵 $\boldsymbol{M}$ 是常对角阵, 即为 $\operatorname{diag}(m,m)$, 所以根据式 (6.47), 约束力 $\boldsymbol{F}^{\mathrm{c}}$ 可以简化为

$$\boldsymbol{F}^{\mathrm{c}}=m\boldsymbol{A}^{+}b \tag{6.50}$$

对式 (6.49) 两边同时平方, 并对时间微分, 得

$$x\dot{x}+y\dot{y}=(\varepsilon x+p)\,\varepsilon\dot{x} \tag{6.51}$$

再次对时间微分得

$$x\ddot{x}+y\ddot{y}=(\varepsilon x+p)\,\varepsilon\ddot{x}+\varepsilon^2\dot{x}^2-\dot{x}^2-\dot{y}^2 \tag{6.52}$$

利用式 (6.49), 式 (6.52) 可简化为

$$x\ddot{x}+y\ddot{y}-r\varepsilon\ddot{x}=\varepsilon^2\dot{x}^2-\dot{x}^2-\dot{y}^2 \tag{6.53}$$

式中, 记 $r=\sqrt{x^2+y^2}$, 则 r 即为质点到椭圆焦点 F 的径向距离。由式 (6.49) 和式 (6.51) 可得

$$\varepsilon^2\dot{x}^2=\left(\frac{x\dot{x}+y\dot{y}}{\varepsilon x+p}\right)^2=\frac{(x\dot{x}+y\dot{y})^2}{r^2} \tag{6.54}$$

将式 (6.54) 代入式 (6.53) 中, 可得

$$(x-r\varepsilon)\,\ddot{x}+y\ddot{y}=-\frac{(y\dot{x}+x\dot{y})^2}{r^2} \tag{6.55}$$

因此约束方程式 (6.3) 中的矩阵 $\boldsymbol{A}$ 和标量 b 分别为

$$\boldsymbol{A}=[x-r\varepsilon \quad y], b=-\frac{(y\dot{x}+x\dot{y})^2}{r^2} \tag{6.56}$$

所以, 矩阵 $\boldsymbol{A}$ 的 MP 逆为

$$\boldsymbol{A}^+=\frac{1}{y^2+(x-r\varepsilon)^2}\begin{bmatrix}x-r\varepsilon\\ y\end{bmatrix} \tag{6.57}$$

根据式 (6.50), 约束力即为

$$\boldsymbol{F}^{\mathrm{c}}=m\boldsymbol{A}^+b=-\frac{m(y\dot{x}+x\dot{y})^2}{r^2\left[y^2+(x-r\varepsilon)^2\right]}\begin{bmatrix}x-r\varepsilon\\ y\end{bmatrix} \tag{6.58}$$

其方向指向椭圆的法向而不是指向焦点。此外, 约束力可以看成质点速度分量 $\dot{x}$ 和 $\dot{y}$ 的函数。

例 6.6 仍然如图 6.4 所示。设一个质量为 m 的质点, 不受任何外力, 沿椭圆轨迹运动, 并且在每个单位时间走过的扇形区域 FCD 的面积为常数。求此时可以使质点满足约束条件的约束力。

解　在例 6.5 中, 给出了运动轨迹为椭圆的约束方程式 (6.55), 本例中的质点所受的第一个约束与此相同。根据在相同时间扫过相同的面积这一要求, 还应该有

$$x\dot{y} + y\dot{x} = c \tag{6.59}$$

式中, c 为常数。对式 (6.59) 微分, 得

$$x\ddot{x} + y\ddot{y} = 0 \tag{6.60}$$

所以约束矩阵为

$$\boldsymbol{A} = \begin{bmatrix} x - r\varepsilon & y \\ y & -x \end{bmatrix}, \quad \boldsymbol{b} = -\begin{bmatrix} c^2/r^2 \\ 0 \end{bmatrix} \tag{6.61}$$

因为矩阵 $\boldsymbol{A}$ 满秩, 且根据式 (6.49), 有

$$\boldsymbol{A}^{+} = \boldsymbol{A}^{-} = \begin{bmatrix} x & y \\ y & -(x - r\varepsilon) \end{bmatrix} \frac{1}{(x^2 + y^2) - rx\varepsilon} = \frac{1}{rp}\begin{bmatrix} x & y \\ y & -(x - r\varepsilon) \end{bmatrix} \tag{6.62}$$

最后通过式 (6.47), 可以得到约束力为

$$\boldsymbol{F}^{\mathrm{c}} = m\boldsymbol{A}^{+}\boldsymbol{b} = -\frac{m}{p}\begin{bmatrix} \dfrac{x}{r} \\ \dfrac{y}{r} \end{bmatrix}\frac{c^2}{r^2} \tag{6.63}$$

比较例 6.5 和例 6.6 中的两个约束力结果 [即式 (6.58) 和式 (6.63)], 可发现新加的第二个约束不仅要求约束力要指向椭圆焦点, 而且其大小与质点到焦点的距离平方成反比。这正是牛顿当年研究开普勒观测资料时解决的问题, 他以本例中的两个约束条件推出了著名的引力公式。

例 6.7　设一个质点在三维的欧式空间中运动且不受任何外力作用, 用 (x, y, z) 表示其在空间中的位置。令质点受非完整约束$\dot{y} = z\dot{x}$, 并给出满足约束的初值。求解质点加速度, 使其始终满足约束条件; 或者求解约束力, 使其满足约束条件。

解　对本题中的约束条件微分得 $\ddot{y} - z\ddot{x} = \dot{z}\dot{x}$, 所以矩阵 $\boldsymbol{A} = [-z \quad 1 \quad 0]$, b 为标量 $\dot{z}\dot{x}$。系统不受约束时, 加速度 $\boldsymbol{a}$ 为零。又因为质量矩阵 $\boldsymbol{M} = \mathrm{diag}\,(m, m, m)$, 所以该约束系统的运动方程可以写为

$$\ddot{\boldsymbol{X}} = \boldsymbol{0} + \boldsymbol{A}^{+}(\dot{z}\dot{x}) \tag{6.64}$$

因为

$$\boldsymbol{A} = [-z \quad 1 \quad 0] \tag{6.65}$$

有

$$\boldsymbol{A}^{+}=\frac{1}{z^2+1}\begin{bmatrix}-z\\1\\0\end{bmatrix} \tag{6.66}$$

则约束系统的运动方程为

$$\begin{bmatrix}\ddot{x}\\\ddot{y}\\\ddot{z}\end{bmatrix}=\frac{\dot{z}\dot{x}}{z^2+1}\begin{bmatrix}-z\\1\\0\end{bmatrix} \tag{6.67}$$

由式 (6.47), 得到约束力为

$$\boldsymbol{F}^{\mathrm{c}}(t)=m\boldsymbol{A}^{+}(b-\boldsymbol{A}\boldsymbol{a})=m\boldsymbol{A}^{+}\dot{z}\dot{x} \tag{6.68}$$

将式 (6.66) 代入得

$$\begin{bmatrix}F_x^{\mathrm{c}}\\F_y^{\mathrm{c}}\\F_z^{\mathrm{c}}\end{bmatrix}=\frac{m\dot{z}\dot{x}}{z^2+1}\begin{bmatrix}-z\\1\\0\end{bmatrix}+\lambda(t)\begin{bmatrix}-z\\1\\0\end{bmatrix} \tag{6.69}$$

通过式 (6.69) 可发现, 约束方程可以写成 Pfaffian 形式, 即 $-z\mathrm{d}x+1\mathrm{d}y+0\mathrm{d}z=0$, 并且矢量乘子 $\lambda(t)$ 的分量即为 Pfaffian 形式中 $\mathrm{d}x$、$\mathrm{d}y$、$\mathrm{d}z$ 的系数。该乘子如下所示:

$$\lambda(t)=\frac{m\dot{z}\dot{x}}{z^2+1} \tag{6.70}$$

通过这个例题可以发现, Udwadia–Kalaba 基本方程对于非完整约束与完整约束都适用。进一步说, 其对于非完整约束更易使用, 因为它只需求约束方程的一次微分 (而不是像完整约束需求两次微分) 就可以将其化为标准形式的方程。

例 6.8 设一个质量为 m 的质点, 在二维欧氏空间中运动。作用在该质点的外力分量为 F_x、F_y。该质点受到约束, 令其在 $\dot{x}-t\dot{y}=\alpha(t)$ 上运动, 其中函数 $\alpha(t)$ 已知。同时, 在 $t=t_0$ 时刻, 质点满足初始条件。求解当 $t\geqslant t_0$ 时, 该系统的运动方程以及使质点满足约束条件的约束力。

解 对约束方程微分得, $\ddot{x}-t\ddot{y}=\dot{\alpha}(t)+\dot{y}$。由此得到矩阵 $\boldsymbol{A}=[1\quad -t]$, 标量 $b=\dot{\alpha}(t)+\dot{y}(t)$。质量矩阵 $\boldsymbol{M}=\operatorname{diag}(m,m)$ 为一个常对角矩阵。矢量 $\boldsymbol{a}=\begin{bmatrix}\dfrac{F_x}{m} & \dfrac{F_y}{m}\end{bmatrix}^{\mathrm{T}}$, $\boldsymbol{A}\boldsymbol{a}=\dfrac{F_x}{m}-t\dfrac{F_y}{m}$。则该约束系统的运动方程为

$$\begin{bmatrix}\ddot{x}\\\ddot{y}\end{bmatrix}=\begin{bmatrix}\dfrac{\ddot{F}_x}{m}\\\dfrac{\ddot{F}_y}{m}\end{bmatrix}+\boldsymbol{A}^{+}\left[\dot{\alpha}(t)+\dot{y}(t)-\frac{F_x}{m}-t\frac{F_y}{m}\right] \tag{6.71}$$

由于

$$
\boldsymbol{A}^{+}=\frac{1}{t^{2}+1}\begin{bmatrix}1\\-t\end{bmatrix} \tag{6.72}
$$

有

$$
\begin{bmatrix}\ddot{x}\\\ddot{y}\end{bmatrix}=\begin{bmatrix}\dfrac{\ddot{F}_x}{m}\\\dfrac{\ddot{F}_y}{m}\end{bmatrix}+\frac{1}{t^{2}+1}\begin{bmatrix}1\\-t\end{bmatrix}\left[\dot{\alpha}(t)+\dot{y}(t)-\frac{F_x}{m}-t\frac{F_y}{m}\right] \tag{6.73}
$$

整理得

$$
\begin{bmatrix}\ddot{x}\\\ddot{y}\end{bmatrix}=\begin{bmatrix}\dfrac{t^{2}}{t^{2}+1}&\dfrac{t}{t^{2}+1}\\\dfrac{t}{t^{2}+1}&\dfrac{1}{t^{2}+1}\end{bmatrix}\begin{bmatrix}\dfrac{\ddot{F}_x}{m}\\\dfrac{\ddot{F}_y}{m}\end{bmatrix}+\frac{\dot{\alpha}+\dot{y}}{t^{2}+1}\begin{bmatrix}1\\-t\end{bmatrix} \tag{6.74}
$$

同时, 约束方程可以表达为 Pfaffian 形式, $1\mathrm{d}x-t\mathrm{d}y=\alpha(t)$, 则式 (6.73) 也可以写成

$$
\begin{bmatrix}m\ddot{x}\\m\ddot{y}\end{bmatrix}=\begin{bmatrix}F_x\\F_y\end{bmatrix}+\lambda(t)\begin{bmatrix}1\\-t\end{bmatrix} \tag{6.75}
$$

式中, 乘子 $\lambda(t)$ 为

$$
\lambda(t)=\frac{m\dot{\alpha}+\mathrm{m}\dot{y}-F_x+tF_y}{t^{2}+1} \tag{6.76}
$$

约束力可以被表示为

$$
\begin{bmatrix}F_x^{\mathrm{c}}\\F_y^{\mathrm{c}}\end{bmatrix}=m\boldsymbol{A}^{+}\left(b-\boldsymbol{A}\boldsymbol{a}\right) \tag{6.77}
$$

由式 (6.72), 最终可以得到约束力为

$$
\begin{aligned}
\begin{bmatrix}F_x^{\mathrm{c}}\\F_y^{\mathrm{c}}\end{bmatrix}&=\frac{(m\dot{\alpha}+m\dot{y}-F_x+tF_y)}{t^{2}+1}\begin{bmatrix}1\\-t\end{bmatrix}\\
&=\frac{1}{t^{2}+1}\begin{bmatrix}\dfrac{-1}{t^{2}+1}&\dfrac{1}{t^{2}+1}\\\dfrac{1}{t^{2}+1}&\dfrac{-t^{2}}{t^{2}+1}\end{bmatrix}\begin{bmatrix}F_x\\F_y\end{bmatrix}+\frac{m\left(\dot{\alpha}+\dot{y}\right)}{t^{2}+1}\begin{bmatrix}1\\-t\end{bmatrix}
\end{aligned} \tag{6.78}
$$

注意到约束力包括了外力 F_x 和 F_y。

6.4 Udwadia–Kalaba 方程的扩展

前文主要提出了处理系统在理想约束下的动力学建模方法, 本节将给出当系统存在非理想约束时以及当系统质量矩阵奇异时的 Udwdia–Kalaba 方程。

6.4.1 非理想约束

机械系统无约束时的运动方程可以写为

$$\boldsymbol{M}(\boldsymbol{q},t)\ddot{\boldsymbol{q}}=\boldsymbol{F}(\boldsymbol{q},\dot{\boldsymbol{q}},t) \tag{6.79}$$

式中, $\boldsymbol{F}(\boldsymbol{q},\dot{\boldsymbol{q}},t)$ 可理解为该无约束机械系统的合外力。

当机械系统有约束时, 约束可以写成

$$\boldsymbol{A}(\boldsymbol{q},t)\ddot{\boldsymbol{q}}=\boldsymbol{b}(\boldsymbol{q},\dot{\boldsymbol{q}},t) \tag{6.80}$$

则系统的运动方程为

$$\boldsymbol{M}(\boldsymbol{q},t)\ddot{\boldsymbol{q}}=\boldsymbol{F}(\boldsymbol{q},\dot{\boldsymbol{q}},t)+\boldsymbol{F}^{\mathrm{c}} \tag{6.81}$$

理想约束会产生理想约束力, 非理想约束产生非理想约束力。当系统既存在理想约束又存在非理想约束时, 则有

$$\boldsymbol{F}^{\mathrm{c}}=\boldsymbol{F}_{\mathrm{id}}^{\mathrm{c}}+\boldsymbol{F}_{\mathrm{nid}}^{\mathrm{c}} \tag{6.82}$$

式中, $\boldsymbol{F}_{\mathrm{id}}^{\mathrm{c}}$ 为理想约束力; $\boldsymbol{F}_{\mathrm{nid}}^{\mathrm{c}}$ 为非理想约束力。$\boldsymbol{F}_{\mathrm{id}}^{\mathrm{c}}$ 的求解由式 (6.46) 给出。对于非理想约束力 $\boldsymbol{F}_{\mathrm{nid}}^{\mathrm{c}}$, 在任意时刻 t、任意虚位移 $\delta\boldsymbol{q}$ 上所做的虚功 W 不为零, 因此假设

$$W=\delta\boldsymbol{q}^{\mathrm{T}}\boldsymbol{C} \tag{6.83}$$

式中, $\boldsymbol{C}$ 为一已知矢量。

则

$$\boldsymbol{F}_{\mathrm{nid}}^{\mathrm{c}}=\boldsymbol{M}^{1/2}[\boldsymbol{I}-(\boldsymbol{A}\boldsymbol{M}^{-1/2})^{+}(\boldsymbol{A}\boldsymbol{M}^{-1/2})]\boldsymbol{M}^{-1/2} \tag{6.84}$$

因此, 存在非理想约束的 Udwdia–Kalaba 方程为

$$\boldsymbol{M}\ddot{\boldsymbol{q}}=\boldsymbol{F}+\boldsymbol{M}^{1/2}(\boldsymbol{A}\boldsymbol{M}^{-1/2})^{+}(b-\boldsymbol{A}\boldsymbol{a})+\boldsymbol{M}^{1/2}[\boldsymbol{I}-(\boldsymbol{A}\boldsymbol{M}^{-1/2})^{+}(\boldsymbol{A}\boldsymbol{M}^{-1/2})]\boldsymbol{M}^{-1/2}\boldsymbol{C} \tag{6.85}$$

6.4.2 质量矩阵奇异

设系统的运动方程为

$$\boldsymbol{M}(\boldsymbol{q},t)\ddot{\boldsymbol{q}}=\boldsymbol{F}(\boldsymbol{q},\dot{\boldsymbol{q}},t)+\boldsymbol{F}^{\mathrm{c}} \tag{6.86}$$

在任意时刻, 约束力在虚位移上所做的功可以被表示为 [8]

$$\boldsymbol{w}^{\mathrm{T}}\boldsymbol{F}^{\mathrm{c}}=\boldsymbol{w}^{\mathrm{T}}\boldsymbol{C} \tag{6.87}$$

式中, $\boldsymbol{C}$ 是一个 n 维矢量; 虚位移矢量 $\boldsymbol{w}$ 是一个非零的 n 维矢量, 并且满足

$$\boldsymbol{A}\boldsymbol{w}=0 \tag{6.88}$$

求解式 (6.88), n 维矢量 $\boldsymbol{w}$ 可以写为

$$\boldsymbol{w}=\left(\boldsymbol{I}-\boldsymbol{A}^{+}\boldsymbol{A}\right)\boldsymbol{\gamma} \tag{6.89}$$

式中, $\boldsymbol{\gamma}$ 为任意 n 维矢量; $\boldsymbol{A}^{+}$ 为 $\boldsymbol{A}$ 矩阵的 MP 逆。

将式 (6.89) 带入式 (6.87) 中, 可得

$$\boldsymbol{\gamma}^{\mathrm{T}}\left(\boldsymbol{I}-\boldsymbol{A}^{+}\boldsymbol{A}\right)\boldsymbol{F}^{\mathrm{c}}=\boldsymbol{\gamma}^{\mathrm{T}}\left(\boldsymbol{I}-\boldsymbol{A}^{+}\boldsymbol{A}\right)\boldsymbol{C} \tag{6.90}$$

所以

$$\left(\boldsymbol{I}-\boldsymbol{A}^{+}\boldsymbol{A}\right)\boldsymbol{F}^{\mathrm{c}}=\left(\boldsymbol{I}-\boldsymbol{A}^{+}\boldsymbol{A}\right)\boldsymbol{C} \tag{6.91}$$

式 (6.86) 两边同时左乘 $(\boldsymbol{I}-\boldsymbol{A}^{+}\boldsymbol{A})$, 结合式 (6.91) 得到

$$\left(\boldsymbol{I}-\boldsymbol{A}^{+}\boldsymbol{A}\right)\boldsymbol{M}\ddot{\boldsymbol{q}}=\left(\boldsymbol{I}-\boldsymbol{A}^{+}\boldsymbol{A}\right)\ (\boldsymbol{F}+\boldsymbol{C}) \tag{6.92}$$

将式 (6.92) 与二阶约束方程式 (6.80) 一起表示为矩阵形式, 得到

$$\begin{bmatrix}(\boldsymbol{I}-\boldsymbol{A}^{+}\boldsymbol{A})\,\boldsymbol{M}\\ \boldsymbol{A}\end{bmatrix}\ddot{\boldsymbol{q}}=\begin{bmatrix}(\boldsymbol{I}-\boldsymbol{A}^{+}\boldsymbol{A})\,(\boldsymbol{F}+\boldsymbol{C})\\ b\end{bmatrix} \tag{6.93}$$

令

$$\overline{\boldsymbol{M}}=\begin{bmatrix}(\boldsymbol{I}-\boldsymbol{A}^{+}\boldsymbol{A})\,\boldsymbol{M}\\ \boldsymbol{A}\end{bmatrix}_{(m+n)\times n} \tag{6.94}$$

则可以得到系统质点的加速度为

$$\ddot{\boldsymbol{q}}=\overline{\boldsymbol{M}}^{+}\begin{bmatrix}\boldsymbol{F}+\boldsymbol{C}\\ b\end{bmatrix}+\left(\boldsymbol{I}-\overline{\boldsymbol{M}}^{+}\overline{\boldsymbol{M}}\right)\boldsymbol{\eta} \tag{6.95}$$

式中, $\boldsymbol{\eta}$ 为任意 n 维矢量。式 (6.95) 为带有非理想约束系统的一般显式运动方程。

例 6.9 如图 6.5 所示, 滚筒质量为 m、半径为 R, 斜面与水平面夹角为 α, $0<\alpha<\pi/2$。求解该系统在质量矩阵奇异情况下的加速度。

解 系统的动能为

$$T=\frac{1}{2}m\left(R\dot{\theta}\right)^{2}+\frac{1}{2}I_{C}\dot{\theta}^{2} \tag{6.96}$$

式中, I_C 为滚筒围绕中心的转动惯量。

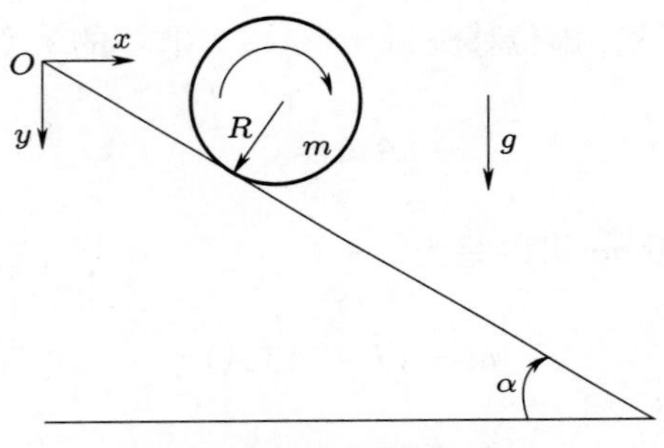

图 **6.5** 滚筒斜面系统

设 y 为滚筒中心沿斜面滚下的时虚位移, 滚动的势能可表示为

$$V = -mgy \tag{6.97}$$

取 θ 和 y 为广义坐标, 由拉格朗日方程得

$$L(y,\dot{y},\theta,\dot{\theta}) = T - V = \frac{1}{2}m(R\dot{\theta})^2 + \frac{1}{2}I_C\dot{\theta}^2 + mgy \tag{6.98}$$

当该系统无约束时, 有

$$(mR^2 + I_C)\ddot{\theta} = 0 \tag{6.99}$$

$$0\ddot{y} - mg = 0 \tag{6.100}$$

将式 (6.99) 和式 (6.100) 写成矩阵形式:

$$\begin{bmatrix} mR^2 + I_C & 0 \\ 0 & 0 \end{bmatrix} \begin{bmatrix} \ddot{\theta} \\ \ddot{y} \end{bmatrix} = \begin{bmatrix} 0 \\ mg \end{bmatrix} \tag{6.101}$$

所以

$$\boldsymbol{M} = \begin{bmatrix} mR^2 + I_C & 0 \\ 0 & 0 \end{bmatrix} \tag{6.102}$$

$$\boldsymbol{F} = \begin{bmatrix} 0 \\ mg \end{bmatrix} \tag{6.103}$$

考虑两个广义坐标 y 与 θ 间的几何关系, 可得到约束方程

$$y = R\theta\sin\alpha \tag{6.104}$$

对式 (6.104) 求导两次得

$$[-R\theta\sin\alpha \quad 1] \begin{bmatrix} \ddot{\theta} \\ \ddot{y} \end{bmatrix} = 0 \tag{6.105}$$

所以

$$\boldsymbol{A}=[-R\theta\sin\alpha \quad 1] \tag{6.106}$$

$$b=0 \tag{6.107}$$

由于在该问题中, 研究对象为理想系统, 约束力在虚位移下不做功, 则

$$\boldsymbol{C}=\boldsymbol{0} \tag{6.108}$$

由式 (6.106), 得

$$\boldsymbol{A}^{+}=\frac{1}{1+R^2\sin^2\alpha}\begin{bmatrix}-R\sin\alpha\\ 1\end{bmatrix} \tag{6.109}$$

因此

$$\left(\boldsymbol{I}-\boldsymbol{A}^{+}\boldsymbol{A}\right)\boldsymbol{M}=\frac{mR^2+I_{\mathrm{C}}}{1+R^2\sin^2\alpha}\begin{bmatrix}1 & 0\\ R\sin\alpha & 0\end{bmatrix} \tag{6.110}$$

$$\overline{\boldsymbol{M}}=\begin{bmatrix}\left(\boldsymbol{I}-\boldsymbol{A}^{+}\boldsymbol{A}\right)\boldsymbol{M}\\ \boldsymbol{A}\end{bmatrix}=\begin{bmatrix}\dfrac{mR^2+I_{\mathrm{C}}}{1+R^2\sin^2\alpha} & 0\\ \dfrac{\left(mR^2+I_{\mathrm{C}}\right)R\sin\alpha}{1+R^2\sin^2\alpha} & 0\\ -R\sin\alpha & 1\end{bmatrix} \tag{6.111}$$

最后可以得到系统的加速度为

$$\begin{aligned}\begin{bmatrix}\ddot{\theta}\\ \ddot{y}\end{bmatrix}&=\overline{\boldsymbol{M}}^{+}\begin{bmatrix}\boldsymbol{F}\\ b\end{bmatrix}=\begin{bmatrix}\dfrac{mR^2+I_{\mathrm{C}}}{1+R^2\sin^2\alpha} & 0\\ \dfrac{\left(mR^2+I_{\mathrm{C}}\right)R\sin\alpha}{1+R^2\sin^2\alpha} & 0\\ -R\sin\alpha & 1\end{bmatrix}^{+}\begin{bmatrix}0\\ mg\\ 0\end{bmatrix}\\ &=\frac{1}{mR^2+I_{\mathrm{C}}}\begin{bmatrix}1 & R\sin\alpha & 0\\ R\sin\alpha & R^2\sin^2\alpha & 1\end{bmatrix}\begin{bmatrix}0\\ mg\\ 0\end{bmatrix}\end{aligned} \tag{6.112}$$

简化得

$$\begin{bmatrix}\ddot{\theta}\\ \ddot{y}\end{bmatrix}=\frac{1}{mR^2+I_{\mathrm{C}}}\begin{bmatrix}mgR\sin\alpha\\ mgR^2\sin^2\alpha\end{bmatrix} \tag{6.113}$$

6.5 典型案例分析

6.5.1 U 型链系统

U 型链是一个典型的约束系统, 许多学者对其进行过研究, 但基于拉格朗日等方法都不能得到该系统显式解析形式的运动方程。下面使用 Udwadia–Kalaba 理论解决这一问题。

如图 6.6 所示, 假设该 U 型链系统由 n 个质点组成, 则质点间存在 $n-1$ 个连接。令质点的质量为 m, 质点间连接长度为 l。在该二维平面 xOy 内, 每个质点有两个自由度, 可以用 (x_i, y_i) 表示, 其中 $i=1,2,\cdots,n$。

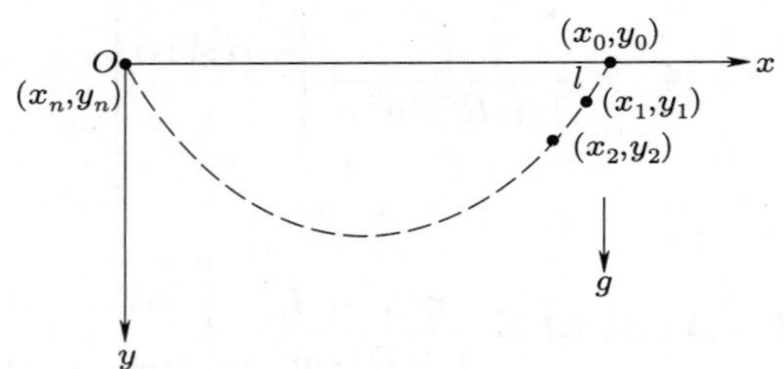

图 6.6 U 型链系统

首先建立不受约束时系统的运动方程:

$$\boldsymbol{M}\ddot{\boldsymbol{q}} = \boldsymbol{Q}\left(\boldsymbol{q}, \dot{\boldsymbol{q}}, t\right), \quad i=1,2,\cdots,n \tag{6.114}$$

式中,

$$\boldsymbol{M} = \begin{bmatrix} m_1 & 0 & 0 & 0 & \cdots & 0 & 0 \\ 0 & m_1 & 0 & 0 & \cdots & 0 & 0 \\ 0 & 0 & m_2 & 0 & \cdots & 0 & 0 \\ 0 & 0 & 0 & m_1 & \cdots & 0 & 0 \\ \vdots & \vdots & \vdots & \vdots & & \vdots & \vdots \\ 0 & 0 & 0 & 0 & 0 & m_n & 0 \\ 0 & 0 & 0 & 0 & 0 & 0 & m_n \end{bmatrix}, \quad \ddot{\boldsymbol{q}} = \begin{bmatrix} \ddot{x}_1 \\ \ddot{y}_1 \\ \ddot{x}_2 \\ \ddot{y}_2 \\ \vdots \\ \ddot{x}_n \\ \ddot{y}_n \end{bmatrix}, \quad \boldsymbol{Q} = \begin{bmatrix} 0 \\ m_1 g \\ 0 \\ m_2 g \\ \vdots \\ 0 \\ m_n g \end{bmatrix}$$

$m_1, m_2, \cdots, m_n$ 为各质点质量; $(x_1, y_1), (x_2, y_2), \cdots, (x_n, y_n)$ 为各质点坐标; $\boldsymbol{Q}$ 为外力。

然后, 考虑系统的内部约束。当 $i=1,2,\cdots,n-1$ 时, 第 i 个质点与第 $i+1$ 个质点间的约束可以表示为

$$(x_{i+1}-x_i)^2 + (y_{i+1}-y_i)^2 = l^2 \tag{6.115}$$

当 $i=n$ 时, 约束为

$$x_n^2+y_n^2=l^2 \tag{6.116}$$

将式 (6.115)、式 (6.116) 分别对时间求二阶导数, 得到

$$\begin{aligned}&(x_i-x_{i-1})\ddot{x}_i+(y_i-y_{i-1})\ddot{y}_i+(x_{i+1}-x_i)\ddot{x}_{i+1}+(y_{i+1}-y_i)\ddot{x}_{i+1}\\&=-\dot{y}_i^2-\dot{y}_{i+1}^2+2\dot{y}_{i+1}\dot{y}_i-\dot{x}_i^2-\dot{x}_{i+1}^2+2\dot{x}_{i+1}\dot{x}_i\end{aligned} \tag{6.117}$$

$$x_n\ddot{x}_n+y_n\ddot{y}_n=-\dot{x}_n^2-\dot{y}_n^2 \tag{6.118}$$

整理式 (6.117) 和式 (6.118), 得 U–K 理论中的二阶约束形式 $\boldsymbol{A}\ddot{\boldsymbol{q}}=\boldsymbol{b}$。其中

$$\boldsymbol{M}=\begin{bmatrix} x_1-x_2 & y_1-y_2 & x_2-x_1 & y_2-y_1 & 0 & 0 & 0 \\ 0 & 0 & x_2-x_3 & y_2-y_3 & x_3-x_2 & y_3-y_2 & 0 \\ 0 & 0 & 0 & 0 & x_3-x_4 & y_3-y_4 & x_4-x_3 \\ \vdots & \vdots & \vdots & \vdots & \vdots & \vdots & \vdots \\ 0 & 0 & 0 & 0 & 0 & 0 & 0 \\ 0 & 0 & 0 & 0 & 0 & 0 & 0 \end{bmatrix.$$

$$\begin{matrix} 0 & \cdots & 0 & 0 & 0 & 0 \\ 0 & \cdots & 0 & 0 & 0 & 0 \\ y_4-y_2 & \cdots & 0 & 0 & 0 & 0 \\ \vdots & & 0 & 0 & 0 & 0 \\ 0 & \cdots & x_{n-1}-x_n & y_{n-1}-y_n & x_n-x_{n-1} & y_n-y_{n-1} \\ 0 & \cdots & 0 & 0 & x_n & y_n \end{matrix}\Bigg]$$

$$\boldsymbol{b}=\begin{bmatrix} 2\dot{x}_1\dot{x}_2-\dot{x}_1^2-\dot{x}_2^2+2\dot{y}_1\dot{y}_2-\dot{y}_1^2-\dot{y}_2^2 \\ 2\dot{x}_2\dot{x}_3-\dot{x}_2^2-\dot{x}_3^2+2\dot{y}_2\dot{y}_3-\dot{y}_2^2-\dot{y}_3^2 \\ 2\dot{x}_3\dot{x}_4-\dot{x}_3^2-\dot{x}_4^2+2\dot{y}_3\dot{y}_4-\dot{y}_3^2-\dot{y}_4^2 \\ \vdots \\ 2\dot{x}_{n-1}\dot{x}_n-\dot{x}_{n-1}^2-\dot{x}_n^2+2\dot{y}_{n-1}\dot{y}_n-\dot{y}_{n-1}^2-\dot{y}_n^2 \end{bmatrix}$$

至此, 可以将该约束系统表示为式 (6.44) 的形式, 得到该约束系统准确的解析形式的运动表达式。

针对该应用, 取 $m_i=1$, $l=1$, $g=9.8$, $i=17$ 进行了仿真验证, 表 6.1 中给出了 U 型链垂直仿真计算出的下降距离和下降时间与初始位置的关系。

表 6.1　U 型链垂直下降距离和下降时间与初始位置的关系

序号	初始位置 x_0/mm	最大下降距离 $h_{\max}$/mm	下降时间 $t_{\max}$/s	下降距离 h/mm
仿真 1	12	15.943	1.635	16.099
仿真 2	13	15.990	1.685	16.912
仿真 3	14	16.070	1.749	16.989
仿真 4	15	16.323	1.802	15.911
仿真 5	16	16.671	1.842	16.625

由表 6.1 可以看出, 随着 U 型链两端初始位置 x_0 的不断增大, U 型链链尖的最大下降距离 $h_{\max}$ 不断增大, 且在每组仿真中, 最大下降距离 $h_{\max}$ 均大于同等条件下的自由下降距离 h。

6.5.2　二自由度机械臂运动控制

图 6.7 所示为一平面二自由度机械臂, 其中连杆 1 和连杆 2 的相对转角分别为 θ_1 和 θ_2, 连杆 1 和连杆 2 的长度分别为 l_1 和 l_2, 关节 1 与关节 2 处的力矩分别为 τ_1 和 τ_2。假设连杆为均质杆, 质量分别为 m_1 和 m_2, 重力加速度为 g。

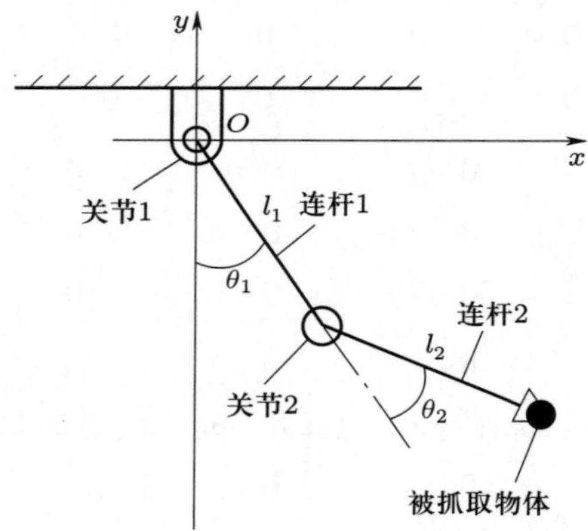

图 6.7　平面二自由度机械臂

根据拉格朗日方程可以推导出该系统的动力学方程为

$$\boldsymbol{M}\left(\boldsymbol{q}(t),\boldsymbol{\sigma}(t),t\right)\ddot{\boldsymbol{q}}(t)+\boldsymbol{C}\left(\boldsymbol{q}(t),\dot{\boldsymbol{q}}(t),\boldsymbol{\sigma}(t),t\right)\dot{\boldsymbol{q}}(t)+\boldsymbol{G}\left(\boldsymbol{q}(t),\boldsymbol{\sigma}(t),t\right)=\boldsymbol{\tau}(t) \quad (6.119)$$

式中,

$$\boldsymbol{q}=\begin{bmatrix}\theta_1\\ \theta_2\end{bmatrix},\quad \dot{\boldsymbol{q}}=\begin{bmatrix}\dot{\theta}_1\\ \dot{\theta}_2\end{bmatrix},\quad \ddot{\boldsymbol{q}}=\begin{bmatrix}\ddot{\theta}_1\\ \ddot{\theta}_2\end{bmatrix},\quad \boldsymbol{\tau}=\begin{bmatrix}\tau_1\\ \tau_2\end{bmatrix}$$

$$\boldsymbol{M}=\begin{bmatrix}M_{11} & M_{12}\\ M_{21} & M_{22}\end{bmatrix}$$

$$M_{11} = \left(\frac{4}{3}m_1 + 4m_4\right) l_1^2 + m_2 l_2^2 + 4m_2 l_1 l_2 \cos\theta_2$$

$$M_{12} = M_{21} = m_2 l_2^2 + 2m_2 l_1 l_2 \cos\theta_2$$

$$M_{22} = \frac{4}{3}m_2 l_2^2$$

$$\boldsymbol{C}\dot{\boldsymbol{q}} = \begin{bmatrix} -4m_2 l_1 l_2 \dot{\theta}_1 \dot{\theta}_2 \sin\theta_2 - 2m_2 l_1 l_2 \dot{\theta}_2^2 \sin\theta_2 \\ 2m_2 l_1 l_2 \dot{\theta}_1^2 \sin\theta_2 \end{bmatrix}$$

$$\boldsymbol{G} = \begin{bmatrix} (m_1 + 2m_2)\, g l_1 \cos\theta_1 + m_2 g l_2 \cos(\theta_1 + \theta_2) \\ m_2 g l_2 \cos(\theta_1 + \theta_2) \end{bmatrix}$$

现假设该机械手臂系统需满足如下约束条件:

$$\begin{cases} \theta_1 = \dfrac{\pi}{2}\sin\left(\dfrac{\pi}{6}t\right) \\ \theta_2 = -\dfrac{\pi}{2}\sin\left(\dfrac{\pi}{6}t\right) \end{cases} \tag{6.120}$$

式 (6.120) 对时间求一阶导数, 可得到一阶约束形式为

$$\begin{cases} \dot{\theta}_1 = \dfrac{\pi^2}{12}\cos\left(\dfrac{\pi}{6}t\right) \\ \dot{\theta}_2 = -\dfrac{\pi^2}{12}\cos\left(\dfrac{\pi}{6}t\right) \end{cases} \tag{6.121}$$

将式 (6.121) 写成式 (9.50) 的形式, 为

$$\boldsymbol{A}(\boldsymbol{q}, t)\, \dot{\boldsymbol{q}} = \boldsymbol{c}(\boldsymbol{q}, t) \tag{6.122}$$

式中,

$$\boldsymbol{A} = \begin{bmatrix} 1 & 0 \\ 0 & 1 \end{bmatrix}, \quad \boldsymbol{c} = \begin{bmatrix} \dfrac{\pi^2}{12}\cos\left(\dfrac{\pi}{6}t\right) \\ -\dfrac{\pi^2}{12}\cos\left(\dfrac{\pi}{6}t\right) \end{bmatrix}$$

式 (6.122) 对时间求二阶导数, 可得到二阶约束形式为

$$\begin{cases} \ddot{\theta}_1 = -\dfrac{\pi^3}{72}\sin\left(\dfrac{\pi}{6}\mathrm{t}\right) \\ \ddot{\theta}_2 = \dfrac{\pi^3}{72}\sin\left(\dfrac{\pi}{6}\mathrm{t}\right) \end{cases} \tag{6.123}$$

将式 (6.123) 写成式 (6.3) 的形式, 为

$$\boldsymbol{A}(\boldsymbol{q},t)\,\ddot{\boldsymbol{q}}=\boldsymbol{b}(\boldsymbol{q},\dot{\boldsymbol{q}},t) \tag{6.124}$$

式中,

$$\boldsymbol{b}=\begin{bmatrix}-\dfrac{\pi^3}{72}\sin\left(\dfrac{\pi}{6}\mathrm{t}\right)\\ \dfrac{\pi^3}{72}\sin\left(\dfrac{\pi}{6}\mathrm{t}\right)\end{bmatrix}$$

可以求解车辆满足运动轨迹的约束力。

6.6 Udwadia–Kalaba 应用三步法

前文给出了 Udwadia–Kalaba 方程的具体表达式, 并通过多个例子展示了如何使用 U–K 方程求解约束力。现将 U–K 方程的使用过程概括为三步。

第一步, 将研究对象视为“无约束”系统。在无约束状态下, 选取 n 个广义坐标, $\boldsymbol{q}=[q_1\quad q_2\quad\cdots\quad q_n]^{\mathrm{T}}$, 则该系统运动方程可以表示为

$$\boldsymbol{M}(\boldsymbol{q},t)\ddot{\boldsymbol{q}}=\boldsymbol{F}(\boldsymbol{q},\dot{\boldsymbol{q}},t),\quad q(0)=q_0,\quad \dot{q}(0)=\dot{\boldsymbol{q}}_0 \tag{6.125}$$

式中, $\boldsymbol{M}(\boldsymbol{q})\in\mathbf{R}^{n\times n}$ 是正定的惯性矩阵; $\dot{\boldsymbol{q}}$ 是 n 维速度矢量; $\ddot{\boldsymbol{q}}$ 是 n 维加速度矢量; $\boldsymbol{F}(\boldsymbol{q},\dot{\boldsymbol{q}},t)$ 也为 n 维矢量, 代表无约束系统所受的已知外力。此时, 无约束系统的加速度可以表示为

$$\boldsymbol{a}(\boldsymbol{q},\dot{\boldsymbol{q}},t)=\ddot{\boldsymbol{q}}=\boldsymbol{M}^{-1}(\boldsymbol{q},t)\,\boldsymbol{F}(\boldsymbol{q},\dot{\boldsymbol{q}},t) \tag{6.126}$$

第二步, 考虑系统中原有的约束, 包括完整约束、非完整约束, 定常约束、非定常约束等。假设系统中存在 k 个完整约束、$l-k$ 个非完整约束, 即

$$\eta_i(\boldsymbol{q},t)=0,\quad i=1,2,\cdots,k \tag{6.127}$$

$$\eta_i(\boldsymbol{q},\dot{\boldsymbol{q}},t)=0,\quad i=k+1,k+2,\cdots,l \tag{6.128}$$

根据 U–K 理论, 对上述约束求导, 得到其二阶表达式, 并整理为 $\boldsymbol{A}\ddot{\boldsymbol{q}}=\boldsymbol{b}$ 的矩阵形式。$\boldsymbol{A}(\boldsymbol{q},\dot{\boldsymbol{q}},t)$ 为 $l\times n$ 阶约束矩阵, $\boldsymbol{b}(\boldsymbol{q},\dot{\boldsymbol{q}},t)$ 为 l 维矢量。

第三步, 将约束力施加于该系统, 则系统真实运动方程为

$$\boldsymbol{M}(\boldsymbol{q},t)\,\ddot{\boldsymbol{q}}=\boldsymbol{F}(\boldsymbol{q},\dot{\boldsymbol{q}},t)+\ \boldsymbol{F}^{\mathrm{c}}(\boldsymbol{q},\dot{\boldsymbol{q}},t) \tag{6.129}$$

式中, $\boldsymbol{F}^{\mathrm{c}}(\boldsymbol{q},\dot{\boldsymbol{q}},t)$ 即为存在上述约束时, 系统为满足约束所需的外加约束力。

U–K 方程则给出了约束力的精确表达式

$$\boldsymbol{F}^{\mathrm{c}}(t)=\boldsymbol{M}^{1/2}\left(\boldsymbol{A}\boldsymbol{M}^{-1/2}\right)^{+}(\boldsymbol{b}-\boldsymbol{A}\boldsymbol{a}) \tag{6.130}$$

因此, 受约束系统的精确运动方程可以写为

$$\boldsymbol{M}\ddot{\boldsymbol{q}}=\boldsymbol{F}+\boldsymbol{M}^{1/2}\left(\boldsymbol{A}\boldsymbol{M}^{-1/2}\right)^{+}(\boldsymbol{b}-\boldsymbol{A}\boldsymbol{a}) \tag{6.131}$$

通过以上三步, 可以根据 U–K 方法得到完全解析形式的约束力表达式, 这对接下来的控制器设计有直接帮助。反观拉格朗日法, 在处理约束系统时, 需要使用拉格朗日乘子将约束与原系统嵌套在一起, 而拉格朗日乘子的计算过程复杂烦琐, 且在绝大多数情况下只能提供数值解。因此拉格朗日法可以进行系统的动力学建模过程, 但无法高效、精确地应用于控制设计问题。

参考文献

[1] 赵韩, 甄圣超, 孙浩. 机电系统动力学控制理论——U–K 动力学理论的拓展与应用 [M]. 北京: 高等教育出版社, 2020.

[2] Udwadia F E, Kalaba R E. Analytical dynamics: A new approach [M]. New York: Cambridge University Press, 1996.

[3] Udwadia F E, Kalaba R E. A new perspective on constrained motion[J]. Mathematical and Physical Sciences, 1992, 439(1906): 407–410.

第三篇

机器人控制

第 7 章　机器人轨迹规划及控制

本章将在机器人运动学和动力学的基础上，讨论机器人的轨迹规划及其控制。轨迹规划的目的是根据作业任务的要求，计算出预期的运动轨迹，通过相应的规划算法控制机器人按照期望的位移、速度和加速度进行运动，保证运动的平稳性和连续性。

本章将首先介绍轨迹规划的基本概念，并将机器人轨迹规划分为关节空间轨迹规划和笛卡儿空间轨迹规划。然后，针对关节空间轨迹规划介绍多项式插值和线性插值的原理。最后，针对笛卡儿空间轨迹规划介绍空间直线插补和空间圆弧插补的原理。

7.1　轨迹规划的基本概念

7.1.1　机器人轨迹的概念

机器人轨迹泛指工业机器人在运动过程中的运动轨迹，即运动点的位移、速度和加速度。

机器人在作业空间要完成给定的任务，其执行部件运动必须按一定的轨迹 (trajectory) 进行。轨迹的生成一般是先给定轨迹上的若干个点，将其经逆运动学映射到关节空间，对关节空间中的相应点建立运动方程，然后按这些运动方程对关节运动位置进行插值，从而实现作业空间的运动要求，这一过程通常称为轨迹规划 [1]。本章仅讨论在关节空间或笛卡儿空间中机器人运动的轨迹规划和轨迹生成方法。

机器人运动轨迹的描述一般是对其手部位姿的描述，此位姿值可与关节变量相互转换。控制轨迹也就是按时间控制手部或工具中心走过的空间轨迹。

通常将机器人的运动看作工具坐标系 $\{T\}$ 相对于工件坐标系 $\{S\}$ 的一系列运动。这种描述方法既适用于各种机器人, 也适用于同一机器人上装夹的各种工具。对于移动工作台 (如传送带), 这种方法同样适用。这时, 工件坐标系 $\{S\}$ 位姿随时间而变化。

例如, 图 7.1 所示将销插入工件孔的作业可以借助工具坐标系的一系列位姿 $\boldsymbol{P}_i$ $(i=1,2,\cdots,n)$ 来描述。这种描述方法不仅符合机器人用户考虑问题的思路, 而且有利于描述和生成机器人的运动轨迹 [2]。

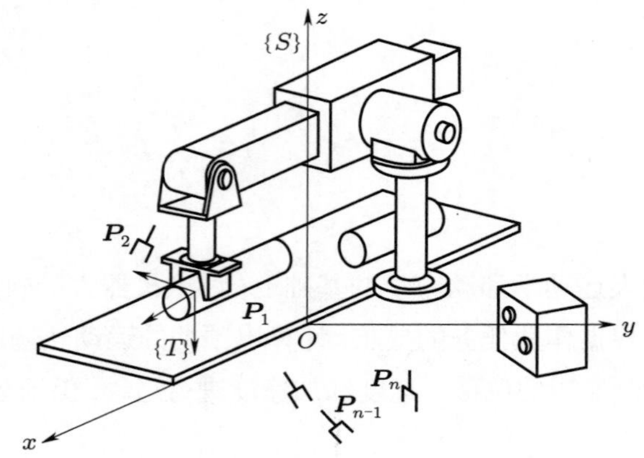

图 **7.1** 机器人将销插入工件孔的作业描述

用工具坐标系相对于工件坐标系的运动来描述作业轨迹是一种通用的作业描述方法。它把作业轨迹描述与具体的机器人、手爪或工具分离开来, 形成了模型化的作业描述方法, 从而使这种描述既适用于不同的机器人, 也适用于在同一机器人上装夹不同规格的工具。在轨迹规划中, 为叙述方便, 也常用点来表示机器人的状态, 或用它来表示工具坐标系的位姿, 例如起始点、终止点就分别表示工具坐标系的起始位姿及终止位姿。

对点位作业 (pick and place operation) 的机器人 (如用于上、下料), 需要描述它的起始状态和目标状态, 即工具坐标系的起始值 $\{T_0\}$ 和目标值 $\{T_{\mathrm{f}}\}$。这类运动称为点到点 (point-to-point, PTP) 运动。

对于另外一些作业, 如弧焊和曲面加工等, 不仅要规定机器人的起始点和终止点, 而且要指明两点之间的若干中间点 (轨迹点), 必须沿特定的轨迹运动 (轨迹约束)。这类运动称为连续轨迹运动 (continuous-path motion) 或轮廓运动 [3] (contour motion)。

在规划机器人的运动时还需要弄清楚在其轨迹上是否存在障碍物 (障碍约束)。按照轨迹约束和障碍约束的组合将机器人的规划与控制方式划分为四类, 如表 7.1 所示。

表 **7.1** 机器人的规划与控制方式

		障碍约束	
		有	无
轨迹约束	有	离线无碰撞轨迹规划 + 在线轨迹跟踪	离线轨迹规划 + 在线轨迹跟踪
	无	位置控制 + 在线障碍探测和避障	位置控制

7.1.2 轨迹规划的方法

本章主要讨论连续轨迹的无障碍的轨迹规划方法。轨迹规划方法可形象地看成一个黑箱, 如图 7.2 所示, 其输入包括轨迹的“设定”和“约束”, 输出的是机器人末端手部的“位姿序列”, 表示手部在各离散时刻的中间位姿。

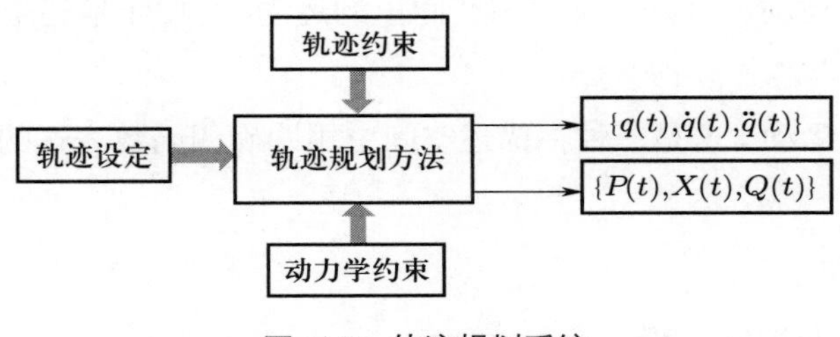

图 **7.2** 轨迹规划系统

机器人最常用的轨迹规划方法有两种。

第一种: 要求用户对于选定的轨迹点 (插值点) 的位姿、速度和加速度给出一组显式约束 (如连续性和光滑程度等), 轨迹规划方法从一类函数 (如 n 次多项式) 中选取参数化轨迹, 对路径点进行插值, 并满足约束条件。

第二种: 要求用户给出运动轨迹的解析式。例如笛卡儿空间中的直线轨迹, 轨迹规划方法为在关节空间或笛卡儿空间中确定一条轨迹来逼近预定的轨迹。

在第一种方法中, 约束的设定和轨迹规划均在关节空间进行。由于对机器人手部 (笛卡儿位姿) 没有施加任何约束, 用户很难弄清手部的实际轨迹, 因此可能会发生与障碍物相碰。第二种方法的轨迹约束是在笛卡儿空间中给定的, 而关节驱动器是在关节空间中受控的。因此, 为了得到与给定轨迹十分接近的轨迹, 首先必须采用某种函数逼近的方法将笛卡儿轨迹约束转化为关节坐标轨迹约束, 然后确定满足关节轨迹约束的参数化轨迹 [4]。

轨迹规划既可在关节空间也可在直角空间中进行。但是所规划的轨迹函数都必须连续和平滑, 使得机器人的运动平稳。在关节空间进行规划是将关节变量表示成时间的函数, 并规划它的一阶和二阶时间导数。在直角空间进行规划是将手部位姿、速度和加速度表示为时间的函数。相应的关节位移、速度和加速度由手部的信息导出。通常通过运动学逆解得出关节位移, 用逆雅可比矩阵求出关节速度, 用逆雅可比矩阵及其导数求解关节加速度。

用户根据作业给出各个轨迹结点后, 轨迹规划的任务包括: 解变换方程、进行运动学反解和插值运算等; 在关节空间进行规划时, 大量工作是对关节变量的插值运算。下面讨论关节轨迹的插值计算。

运动轨迹的描述或生成有以下几种方式:

1) 示教 – 再现运动。这种运动由人手把手示教机器人, 定时记录各关节变量, 得到沿轨迹运动时各关节的位移时间函数 $q(t)$; 再现时, 按内存中记录的各点的值产生序列动作。

2) 关节空间运动。这种运动直接在关节空间里进行。由于动力学参数及其极限值直接在关节空间里描述, 所以用这种方式求最短时间运动很方便。

3) 空间直线运动。这是一种直角空间里的运动, 它便于描述空间操作, 计算量小, 适宜简单的作业。

4) 空间曲线运动。这是一种在描述空间中用明确的函数表达的运动, 如圆周运动、螺旋运动等。

7.1.3 插补方式及控制过程

7.1.3.1 插补方式分类

轨迹控制与插补方式分类如表 7.2 所示。其中, 机器人的点位控制 (PTP 控制) 通常没有轨迹约束, 多以关节坐标运动表示, 只要求机器人能够保证起终点位姿。一般有不插补和关节空间插补两种做法, 在轨迹中间要求各关节满足的几何限制、最大速度和加速度约束, 保证运动的连续性即可。连续轨迹控制 (CP 控制) 有轨迹约束, 因此要对轨迹进行设计。

表 **7.2** 轨迹控制与插补方式分类

轨迹控制	不插补	关节空间插补 (平滑)	笛卡儿空间插补
点位控制	(1) 各轴独立快速到达 (2) 各关节最大加速度限制	(1) 各轴协调运动定时插补 (2) 各关节最大加速度限制	—
连续轨迹控制	—	(1) 在空间插补点间进行关节定时插补 (2) 用关节的低阶多项式拟合空间直线使各轴协调运动 (3) 各关节最大加速度限制	(1) 直线、圆弧、曲线等距插补 (2) 起停线速度、线加速度给定, 各关节速度、加速度限制

7.1.3.2　轨迹控制过程

机器人的基本操作方式是示教 – 再现, 即首先教机器人如何做, 机器人记住了这个过程, 于是它可以根据需要重复这个动作。操作过程中, 不可能把空间轨迹的所有点都示教一遍使机器人记住, 这样太烦琐, 也浪费很多计算机内存。实际上, 对于有规律的轨迹, 仅示教几个特征点, 计算机就能利用插补算法获得中间点的坐标, 如直线需要示教两点, 圆弧需要示教三点, 通过机器人逆运动学算法由这些点的坐标求出机器人各关节的位置和角度 $(\theta_1, \cdots, \theta_n)$, 然后由后面的角位置闭环控制系统实现要求的轨迹上的一点。继续插补并重复上述过程, 从而实现要求的轨迹。

机器人轨迹控制过程如图 7.3 所示。

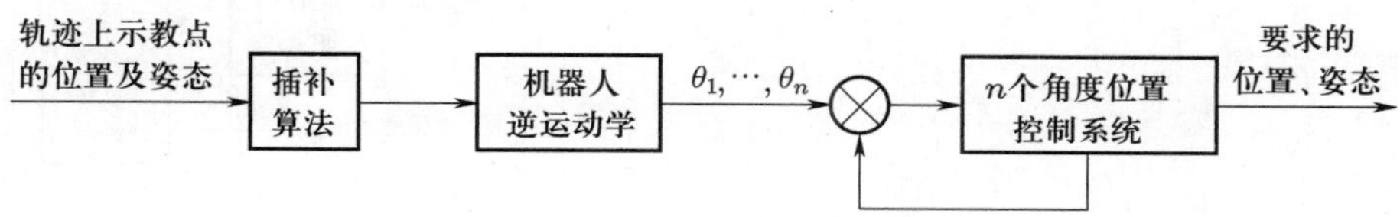

图 7.3　机器人轨迹控制过程

7.1.3.3　机器人的轨迹规划与控制的关系

机器人的运动控制过程, 就是通过规划将要求的任务转化为期望的位置和力, 系统根据下达的运动信号, 控制机器人输出实际的运动和力, 从而完成期望的任务。机器人实际运动的情况还需要反馈给规划级和控制级, 以便对规划和控制的结果做出适当的修正 [5]。轨迹任务控制流程如图 7.4 所示, 期望的运动和力是机器人控制系统必备的输入量, 在笛卡儿空间中它们是机器人末端在每一时刻的位置和速度, 在关节空间中它们是每一时刻期望的关节角位移和速度。

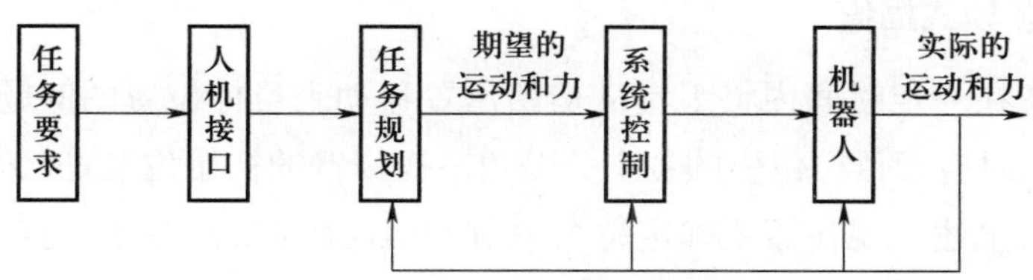

图 7.4　轨迹任务控制流程

图 7.5 所示为机器人轨迹规划与运动控制的关系。操作者首先根据高层规划要求, 将操作的任务细化为任务和动作的规划, 接着通过机器人中控系统对末端和关节轨迹进行规划, 机械臂的末端运动路径是根据规划任务的需要给定的, 通过设定采样间隔和逆运动学计算, 可以将其转换至关节空间中, 借助关节空间规划算法找到光滑函数来拟合对应的关节角度数据。最后得到期望的关节角度、角速度和角

加速度值, 作为输入给到各个关节的伺服驱动, 并由这些驱动器输出相应的关节力矩和位移量, 完成关节轨迹的跟踪, 进而实现机械臂末端轨迹的跟踪。

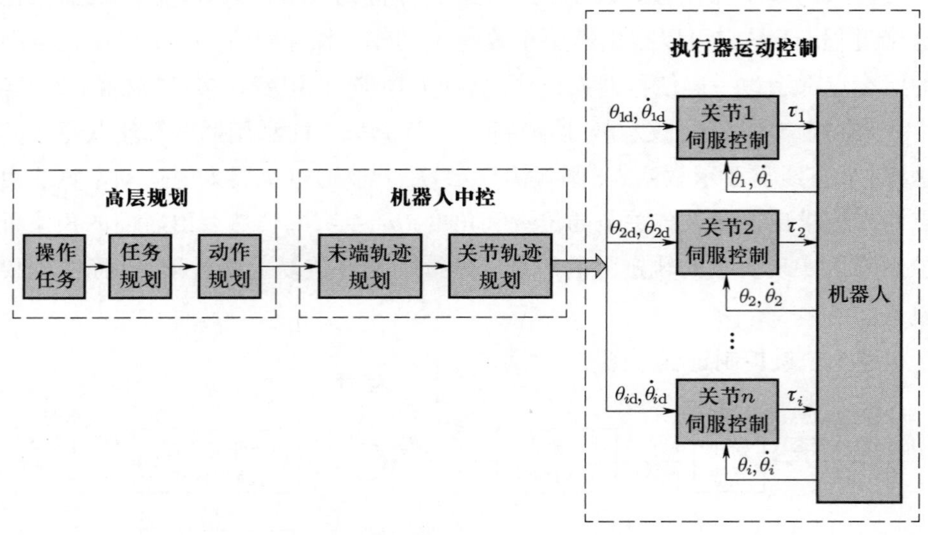

图 **7.5** 机器人轨迹规划与运动控制的关系

7.2 关节空间轨迹规划

机器人关节空间的轨迹规划解决机器人从起始位姿到终止位姿去取放物体的问题。机器人末端移动的过程并不重要, 只要求运动是平滑的且没有碰撞产生。在关节空间中进行轨迹规划时, 算法简单、工具移动效率高、关节空间与笛卡儿空间连续的对应关系是不存在的, 因此机构的奇异性问题一般不会发生 [6]。对于无轨迹的要求, 应尽量在关节空间进行轨迹规划。

7.2.1 三次多项式插值

下面考虑在一定时间内将工具从初始位置移动到目标位置的问题。应用逆运动学可以解出对应于目标位姿的各个关节角。操作臂的初始位置是已知的, 并用一组关节角进行描述。现在需要确定每个关节的运动函数, 其在 t_0 时刻的值为该关节的初始位置 [6], 在 t_{f} 时刻的值为该关节的期望位置值。如图 7.6 所示, 有多种光滑函数 $\theta(t)$ 均可用于对关节角进行插值。

为了获得一条确定的光滑运动曲线, 显然至少需要对 $\theta(t)$ 施加 4 个约束条件。通过选择初始值和最终值可得到对函数值的两个约束条件:

$$\begin{cases}\theta(0)=\theta_0\\ \theta(t_{\mathrm{f}})=\theta_{\mathrm{f}}\end{cases}\tag{7.1}$$

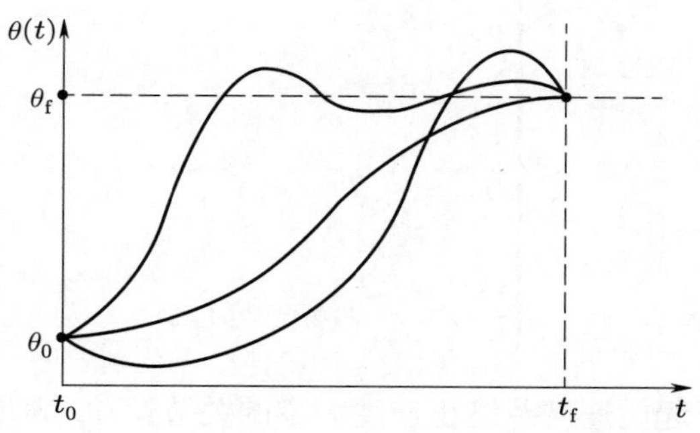

图 **7.6** 某一关节几种可能的轨迹曲线

为了满足关节运动速度连续性的要求, 起始点和终止点的关节速度可简单地设定为零。

$$\begin{cases}\dot{\theta}\left(0\right)=0\\ \dot{\theta}\left(t_\mathrm{f}\right)=0\end{cases}\tag{7.2}$$

次数至少为 3 的多项式才能满足这四个约束条件 [一个三次多项式有 4 个系数, 所以它能够满足由式 (7.1) 和式 (7.2) 给出的 4 个约束条件]。这些约束条件唯一确定了一个三次多项式。该三次多项式具有如下形式:

$$\theta\left(t\right)=a_0+a_1t+a_2t^2+a_3t^3\tag{7.3}$$

运动过程中的关节速度和加速度则为

$$\begin{cases}\dot{\theta}\left(t\right)=a_1+2a_2t+3a_3t^2\\ \ddot{\theta}\ \left(t\right)=2a_2+6a_3t\end{cases}\tag{7.4}$$

把式 (7.1) 和式 (7.2) 的 4 个约束条代入式 (7.3) 和式 (7.4) 中可以得到 4 个未知量的 4 个方程:

$$\begin{cases}\theta_0=a_0\\ \theta_\mathrm{f}=a_0+a_1t_\mathrm{f}+a_2t_\mathrm{f}^2+a_3t_\mathrm{f}^3\\ 0=a_1\\ 0=a_1+2a_2t_\mathrm{f}+3a_3t_\mathrm{f}^2\end{cases}\tag{7.5}$$

求解该方程组, 可得

$$
\begin{cases}
a_0 = \theta_0 \\
a_1 = 0 \\
a_2 = \dfrac{3}{t_{\mathrm{f}}^2}\left(\theta_{\mathrm{f}} - \theta_0\right) \\
a_3 = -\dfrac{2}{t_{\mathrm{f}}^3}\left(\theta_{\mathrm{f}} - \theta_0\right)
\end{cases}
\tag{7.6}
$$

由此可得, 对于起始速度及终止速度为零的关节运动, 满足连续平稳运动要求的三次多项式插值函数为

$$
\theta\left(t\right) = \theta_0 + \frac{3}{t_{\mathrm{f}}^2}\left(\theta_{\mathrm{f}} - \theta_0\right) a_2 t^2 - \frac{2}{t_{\mathrm{f}}^3}\left(\theta_{\mathrm{f}} - \theta_0\right) t^3 \tag{7.7}
$$

关节角速度和角加速度的表达式为

$$
\begin{cases}
\dot{\theta}\left(t\right) = \dfrac{6}{t_{\mathrm{f}}^2}\left(\theta_{\mathrm{f}} - \theta_0\right) t \pm \dfrac{6}{t_{\mathrm{f}}^3}\left(\theta_{\mathrm{f}} - \theta_0\right) t^2 \\
\ddot{\theta}\ \left(t\right) = \dfrac{6}{t_{\mathrm{f}}^2}\left(\theta_{\mathrm{f}} - \theta_0\right) + \dfrac{12}{t_{\mathrm{f}}^3}\left(\theta_{\mathrm{f}} - \theta_0\right) t
\end{cases}
\tag{7.8}
$$

这里需要注意的是, 这组解只适用于关节起始、终止速度为零的运动情况。

例 7.1 设有一台转动关节的机器人, 其在执行一项作业时关节运动历时 4 s。根据需要, 其上某一关节必须运动平稳, 并具有如下作业状态: 初始时, 关节静止不动, 位置 $\theta_0 = 0^{\circ}$; 运动结束时 $\theta_{\mathrm{f}} = 100^{\circ}$, 此时关节速度为 0。试根据上述要求规划该关节的运动。

解 根据要求, 可以对该关节采用三次多项式插值函数来规划其运动。

将 θ_0 和 θ_{f} 的值代入式 (7.6) 中, 可得到三次多项式的系数:

$$
a_0 = 0, a_1 = 0, a_2 = 18.75, a_3 = -3.125
$$

由式 (7.7) 和式 (7.8) 可以确定该关节的位移、速度和加速度表达式:

$$
\begin{cases}
\theta\left(t\right) = 18.75t^2 - 3.125t^3 \\
\dot{\theta}\left(t\right) = 37.5t - 9.375t^2 \\
\ddot{\theta}\ \left(t\right) = 37.5 - 18.75t
\end{cases}
$$

图 7.7 为该关节在三次多项式插值下角度、速度和加速度的仿真曲线。其速度曲线为抛物线, 加速度曲线为直线。

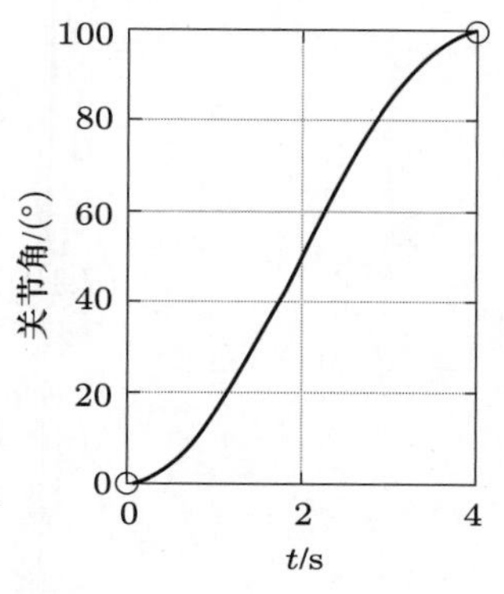

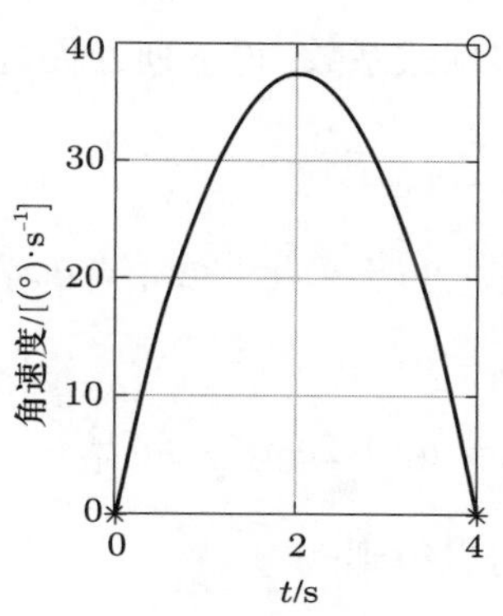

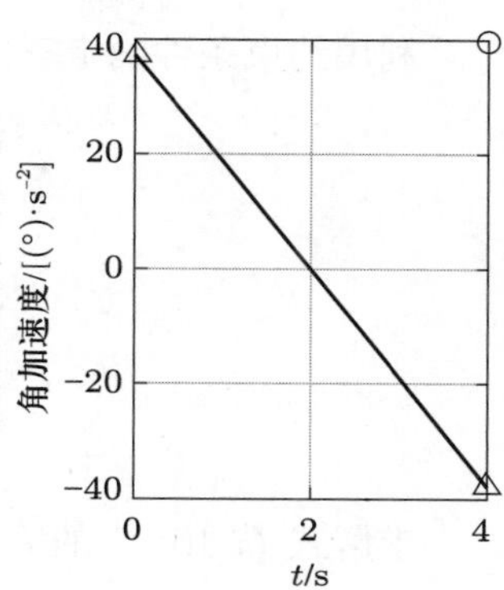

图 **7.7** 三次多项式插值函数

7.2.2 过轨迹点的三次多项式插值

在 7.2.1 节的三项多项式中, 只是假设已知起始点和终止点的角度与速度求解多项式。但在实际轨迹规划中, 起始点和终止点穿插着一系列的轨迹点, 这时需要结合轨迹点来进行轨迹规划。

如图 7.8 所示, 机器人作业除在 A、B 点有位姿要求外, 在轨迹点 C、D 也有位姿要求。对于这种情况, 假如末端执行器在轨迹点停留, 即各轨迹点上速度为零, 则轨迹规划可连续直接使用前面介绍的三次多项式插值方法; 但若末端执行器只是经过, 并不停留, 就需要将前述方法推广。

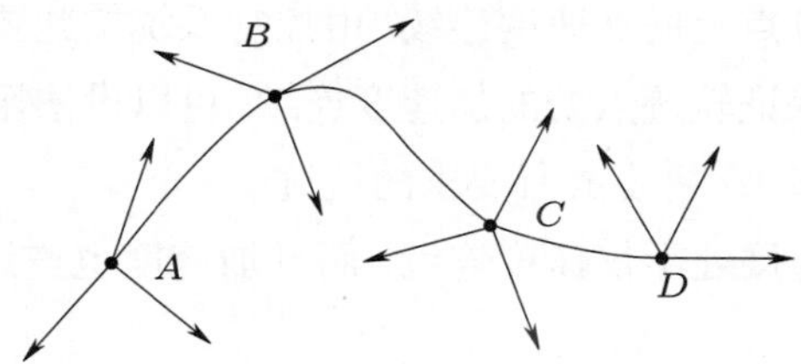

图 **7.8** 机器人作业轨迹点

实际上, 可以把所有轨迹点也看作"起始点"或"终止点", 求解逆运动学, 得到相应的关节矢量值。然后确定所要求的三次多项式插值函数, 把轨迹点平滑地连接起来。但是, 在这些"起始点"和"终止点"的关节运动速度不再是零。

设轨迹点上的关节速度已知, 在某段轨迹上, 起始点为 θ_0, 终止点为 θ_{f}, 这时, 确定三次多项式系数的方法与前面所述完全一致, 只是速度约束条件变为

$$\begin{cases}\dot{\theta}\left(t_0\right)=\dot{\theta}_0 \\ \dot{\theta}\left(t_{\mathrm{f}}\right)=\dot{\theta}_{\mathrm{f}}\end{cases} \tag{7.9}$$

利用约束条件确定三次多项式系数, 得下列方程组:

$$\begin{cases}\theta_0 = a_0 \\ \theta_{\mathrm{f}} = a_0 + a_1 t_{\mathrm{f}} + a_2 t_{\mathrm{f}}^2 + a_3 t_{\mathrm{f}}^3 \\ \dot{\theta}_0 = a_1 \\ \dot{\theta}_{\mathrm{f}} = a_1 + 2a_2 t_{\mathrm{f}} + 3a_3 t_{\mathrm{f}}^2\end{cases} \tag{7.10}$$

求解式 (7.10) 中的 a_i, 可以得到:

$$\begin{cases}a_0 = \theta_0 \\ a_1 = \dot{\theta}_0 \\ a_2 = \dfrac{3}{t_{\mathrm{f}}^2}(\theta_{\mathrm{f}} - \theta_0) - \dfrac{2}{t_{\mathrm{f}}}\dot{\theta}_0 - \dfrac{1}{t_{\mathrm{f}}}\dot{\theta}_{\mathrm{f}} \\ a_3 = -\dfrac{2}{t_{\mathrm{f}}^3}(\theta_{\mathrm{f}} - \theta_0) + \dfrac{1}{t_{\mathrm{f}}^2}\left(\dot{\theta}_0 + \dot{\theta}_{\mathrm{f}}\right)\end{cases} \tag{7.11}$$

实际上, 由式 (7.11) 确定的三次多项式描述了起始点和终止点具有任意给定位置及速度的运动轨迹, 是式 (7.6) 的推广。当轨迹点上的关节速度为 0, 即 $\dot{\theta}_0 = \dot{\theta}_{\mathrm{f}} = 0$ 时, 式 (7.11) 与式 (7.6) 完全相同, 这就说明了由式 (7.11) 确定的三次多项式描述了起始点和终止点具有任意给定位置及速度约束条件的运动轨迹。

为了保证每个轨迹点上的加速度连续, 由控制系统按此要求自动地选择轨迹点的速度。该方法为了保证轨迹点处的加速度连续, 可以设法用两条三次曲线在轨迹点处按一定规则连接起来, 拼凑成所要求的轨迹。

其约束条件是: 连接处不仅速度连续, 而且加速度也连续, 下面具体地说明这种方法。

例 7.2 设所经过的轨迹点处的关节角度为 θ_v, 与该点相邻的前后两点的关节角分别为 θ_0 和 θ_g。设其轨迹点处的关节加速度连续。如果轨迹点用三次多项式连接, 试确定多项式的所有系数。

解 该机器人轨迹可分为 θ_0 到 θ_v 段及 θ_v 到 θ_g 段两段, 可通过由两个三次多项式组成的样条函数连接。设从 θ_0 到 θ_v 的三次多项式插值函数为

$$\theta_1(t) = a_{10} + a_{11}t + a_{12}t^2 + a_{13}t^3 \tag{7.12}$$

而从 θ_v 到 θ_g 的三次多项式插值函数为

$$\theta_2(t) = a_{20} + a_{21}t + a_{22}t^2 + a_{23}t^3 \tag{7.13}$$

上述两个三次多项式的时间区间分别是 $[0, t_{\mathrm{f1}}]$ 和 $[0, t_{\mathrm{f2}}]$, 若要保证轨迹点处的速度及加速度均连续, 即存在下列约束条件:

$$\begin{cases}\dot{\theta}_1\left(t_{\mathrm{f1}}\right)=\dot{\theta}_2\left(0\right)\\ \ddot{\theta}_1\left(t_{\mathrm{f1}}\right)=\ddot{\theta}_2\left(0\right)\end{cases}\tag{7.14}$$

根据约束条件建立的方程组为

$$\begin{cases}\theta_0=a_{10}\\ \theta_v=a_{10}+a_{11}t_{\mathrm{f1}}+a_{12}t_{\mathrm{f1}}^2+a_{13}t_{\mathrm{f1}}^3\\ \theta_v=a_{20}\\ \theta_g=a_{20}+a_{21}t_{\mathrm{f2}}+a_{22}t_{\mathrm{f2}}^2+a_{23}t_{\mathrm{f2}}^3\\ 0=a_{11}\\ 0=a_{21}+2a_{22}t_{\mathrm{f2}}+3a_{23}t_{\mathrm{f2}}^2\\ a_{11}+2a_{12}t_{\mathrm{f1}}+3a_{13}t_{\mathrm{f1}}^2=a_{21}\\ 2a_{12}+6a_{13}t_{\mathrm{f1}}=2a_{22}\end{cases}\tag{7.15}$$

上述约束条件组成含有 8 个未知数的 8 个线性方程。对于 $t_{\mathrm{f1}}=t_{\mathrm{f2}}=t_{\mathrm{f}}$ 的情况, 式 (7.15) 的解为

$$\begin{cases}a_{10}=\theta_0\\ a_{11}=0\\ a_{12}=\dfrac{12\theta_v-3\theta_g-9\theta_0}{4t_{\mathrm{f}}^2}\\ a_{13}=\dfrac{-8\theta_v+3\theta_g+5\theta_0}{4t_{\mathrm{f}}^3}\\ a_{20}=\theta_v\\ a_{21}=\dfrac{3\theta_g-3\theta_0}{4t_{\mathrm{f}}}\\ a_{22}=\dfrac{-12\theta_v+6\theta_g+6\theta_0}{4t_{\mathrm{f}}^2}\\ a_{23}=\dfrac{8\theta_v-5\theta_g-3\theta_0}{4t_{\mathrm{f}}^3}\end{cases}\tag{7.16}$$

一般情况下, 包含许多轨迹点的机器人轨迹可用多个三次多项式表示。包括各轨迹点处加速度连续的约束条件构成的方程组能表示成矩阵的形式, 由于系数矩阵是三角阵, 轨迹点的速度易于求出。

例 7.3 在起始点和终止点, 强迫角速度为零。不必强迫在中间处的角速度为零——必须保证两段多项式在时间上重合的点处使二者的速度和加速度相同。证明此条件满足。已知起始点 $\theta_0 = 60^\circ$, 终止点 $\theta_\mathrm{f} = 120^\circ$, 并且 $t_1 = t_2 = 1$ s, 总时长为 2 s。

解 将已知条件代入式 (7.16) 求得各未知数后可得

$$\begin{cases}\theta_1(t) = -142.5t^3 + 202.5t^2 + 60 \\ \dot{\theta}_1(t) = -427.5t^2 + 405t \\ \ddot{\theta}_1(t) = -855t + 405\end{cases}$$

$$\begin{cases}\theta_2(t) = 157.5t^3 - 225.5t^2 - 22.5t + 120 \\ \dot{\theta}_2(t) = 472.5t^2 - 450t - 22.5 \\ \ddot{\theta}_2(t) = 945t - 405\end{cases}$$

图 7.9 为该关节在三次多项式插值下角度、速度和加速度的仿真曲线。

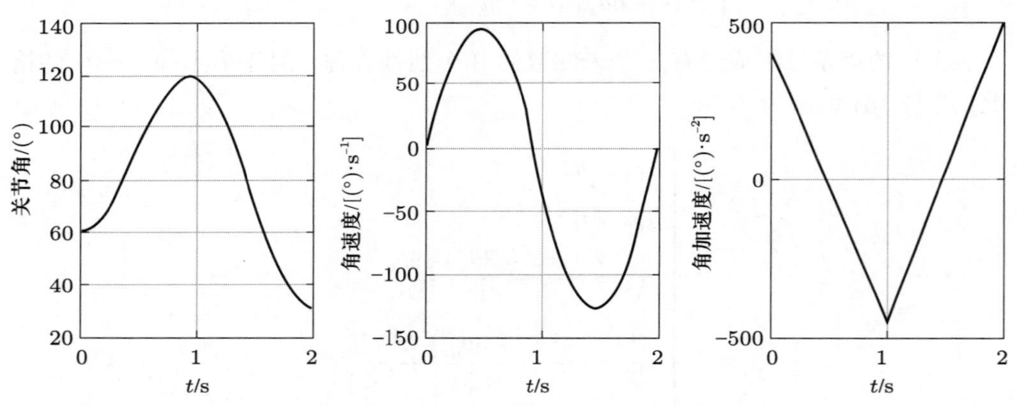

图 **7.9** 两段带有中间点的三次多项式仿真曲线

7.2.3 五次多项式插值

尽管三次多项式插值规划出的轨迹具有一定的平滑性, 但在有些情况下其加速度曲线是不连续的。为了获得一个加速度连续的轨迹, 位置和速度需要具备合适的初始和终止条件, 也需要合适的初始和终止加速度值。这样共有 6 个边界条件, 因此需要采用五次多项式。

五次多项式共有 6 个待定系数, 要想 6 个系数得到确定, 至少需要 6 个条件。五次多项式可以看作关节角度的时间函数, 因此其一阶导数和二阶导数分别可以看

作关节角速度和关节角加速度的时间函数。五次多项式及一阶、二阶导数公式如下:

$$\begin{cases}\theta(t)=a_0+a_1t+a_2t^2+a_3t^3+a_4t^4+a_5t^5\\\dot{\theta}(t)=a_1+2a_2t+3a_3t^2+4a_4t^3+5a_5t^4\\\ddot{\theta}(t)=2a_2+6a_3t+12a_4t^2+20a_5t^3\end{cases}\tag{7.17}$$

为了求得待定系数 a_0、a_1、a_2、a_3、a_4 和 a_5, 对起始点和目标点同时给出关于角度和角加速度的约束条件:

$$\begin{cases}\theta(t_0)=a_0+a_1t_0+a_2t_0^2+a_3t_0^3+a_4t_0^4+a_5t_0^5\\\theta(t_{\rm f})=a_0+a_1t_{\rm f}+a_2t_{\rm f}^2+a_3t_{\rm f}^3+a_4t_{\rm f}^4+a_5t_{\rm f}^5\\\dot{\theta}(t_0)=a_1+2a_2t_0+3a_3t_0^2+4a_4t_0^3+5a_5t_0^4\\\dot{\theta}(t_{\rm f})=a_1+2a_2t_{\rm f}+3a_3t_{\rm f}^2+4a_4t_{\rm f}^3+5a_5t_{\rm f}^4\\\ddot{\theta}(t_0)=2a_2+6a_3t_0+12a_4t_0^2+20a_5t_0^3\\\ddot{\theta}(t_{\rm f})=2a_2+6a_3t_{\rm f}+12a_4t_{\rm f}^2+20a_5t_{\rm f}^3\end{cases}\tag{7.18}$$

式中, $\theta(t_0)$ 、$\theta(t_{\rm f})$ 分别表示起始点和目标点的关节角; $\dot{\theta}(t_0)$ 、$\dot{\theta}(t_{\rm f})$ 分别表示起始点和目标点的关节角速度; $\ddot{\theta}(t_0)$、$\ddot{\theta}(t_{\rm f})$ 分别表示起始点和目标点的关节角加速度。

将起始时间设为 0, 即 $t_0=0$ 时得到解为

$$\begin{cases}a_0=\theta_0\\a_1=\dot{\theta}_0\\a_2=\dfrac{\ddot{\theta}_0}{2}\\a_3=\dfrac{20\theta_{\rm f}-20\theta_0-\left(8\dot{\theta}_{\rm f}+12\dot{\theta}_0\right)t_{\rm f}-\left(3\ddot{\theta}_0-\ddot{\theta}_{\rm f}\right)t_{\rm f}^2}{2t_{\rm f}^3}\\a_4=\dfrac{30\theta_0-30\theta_{\rm f}+\left(14\dot{\theta}_{\rm f}+16\dot{\theta}_0\right)t_{\rm f}+\left(3\ddot{\theta}_0-2\ddot{\theta}_{\rm f}\right)t_{\rm f}^2}{2t_{\rm f}^4}\\a_5=\dfrac{12\theta_{\rm f}-12\theta_0-\left(6\dot{\theta}_{\rm f}+6\dot{\theta}_0\right)t_{\rm f}-\left(\ddot{\theta}_0-\ddot{\theta}_{\rm f}\right)t_{\rm f}^2}{2t_{\rm f}^5}\end{cases}\tag{7.19}$$

为了对比三次多项式插值算法和五次多项式插值算法的效果, 两者都按照表 7.3 所示的约束条件进行插值。同样要求机器人从起始点开始运动, 经过 4 s 到达终点, 仿真时起始点和目标点的关节角速度为 0。中间点 2 s 的关节角加速度还可以由对相邻两段轨迹角加速度进行平均值求解, 使该值为中间点的瞬时加速度。

表 7.3　多项式插值约束条件

序号	角度 /(°)	角速度 /[(°) · s^{-1}]	角加速度 /[(°) · s^{-2}]	时间 /s
1	30	20	2	0
2	60	30	4	2
3	40	20	2	4

仿真曲线如图 7.10 所示, 图中的实线表示五次多项式插值的结果, 而虚线表示三次多项式插值结果。由曲线对比结果可以看出, 三次多项式插值的加速度曲线在约束时刻发生了突变, 而经过五次多项式插值得到的关节角速度和角加速度更加平滑。

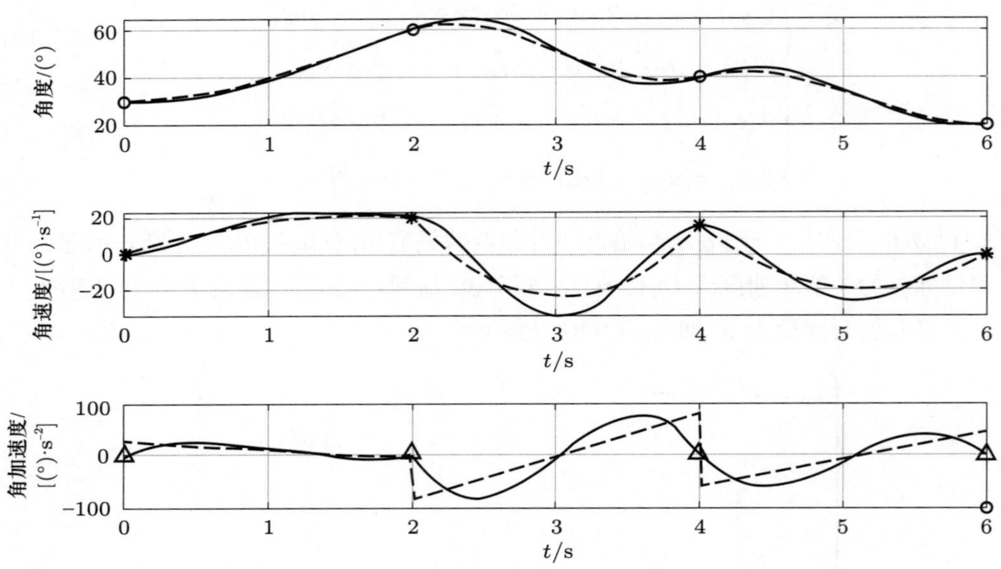

图 7.10　五次多项式插值和三次多项式插值对比

7.2.4　用抛物线过渡的线性插值

在关节空间轨迹规划中, 对于给定起始点和终止点的情况选择线性函数插值较为简单, 如图 7.11 所示。然而, 单纯线性插值会导致起始点和终止点的关节运动速度不连续, 且加速度无穷大, 显然, 在两端点会造成刚性冲击 [7]。因此应对线性函数插值方案进行修正, 在线性插值两端点的邻域内设置一段抛物线形缓冲区段, 如图 7.12 所示。由于抛物线函数对于时间的二阶导数为常数, 即相应区段内的加速度恒定, 这样可保证起始点和终止点的速度平滑过渡, 从而使整个轨迹上的位置和速度连续 [8]。线性函数与两段抛物线函数平滑地衔接在一起形成的轨迹称为带有抛物线过渡域的线性轨迹, 如图 7.13 所示。

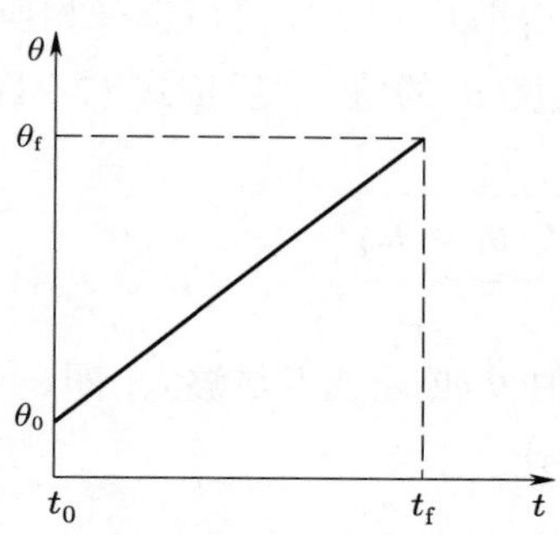

图 7.11　轨迹的多解性与对称性

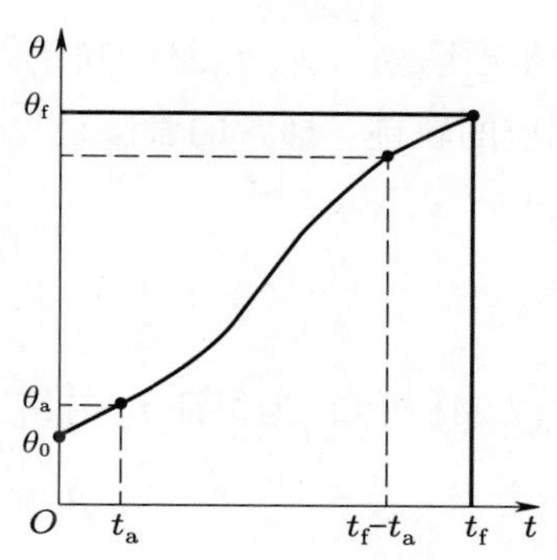

图 7.12　两点间的线性插值轨迹

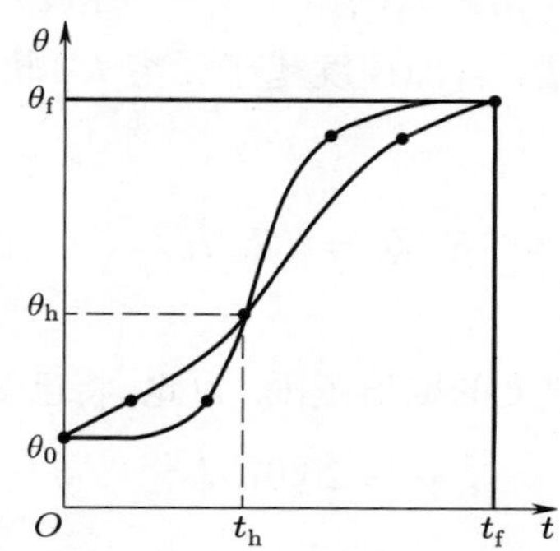

图 7.13　带有抛物线过渡域的线性轨迹

为了构造这段运动轨迹, 假设两端的抛物线轨迹具有相同的持续时间 t_{a}, 具有大小相同而符号相反的恒加速度 $\ddot{\theta}$。对于这种轨迹规划存在有多个解, 其轨迹不唯一。但是, 每条轨迹都对称于时间中点 t_{h} 和位置中点 θ_{h} 。

要保证轨迹轨迹的连续、光滑, 即要求抛物线轨迹的终点速度必须等于线性段的速度, 故有下列关系:

$$\dot{\theta}_{t_{\mathrm{a}}}=\frac{\theta_{\mathrm{h}}-\theta_{\mathrm{a}}}{t_{\mathrm{h}}-t_{\mathrm{a}}} \tag{7.20}$$

式中, θ_{a} 为对应于抛物线持续时间 t_{a} 的关节角度。

θ_{a} 的值可以由式 (7.21) 求出:

$$\theta_{\mathrm{a}}=\theta_0+\frac{1}{2}\ddot{\theta}\,t_{\mathrm{a}}^2 \tag{7.21}$$

设关节从起始点到终止点的总运动时间为 t_{f}, 则 $t_{\mathrm{f}}=2t_{\mathrm{h}}$, 并注意到有

$$\theta_{\mathrm{h}}=\frac{1}{2}\left(\theta_0+\theta_{\mathrm{f}}\right) \tag{7.22}$$

则由式 (7.20) 至式 (7.22) 得

$$\ddot{\theta}\,t_{\mathrm{a}}^2-\ddot{\theta}\,t_{\mathrm{f}}t_{\mathrm{a}}+(\theta_{\mathrm{f}}-\theta_0)=0 \tag{7.23}$$

一般情况下, θ_0、θ_{f}、t_{f} 是已知条件, 这样, 根据式 (7.23) 可以选择相应的 $\ddot{\theta}$ 和 t_{a}, 得到相应的轨迹。通常的做法是先选定加速度 $\ddot{\theta}$ 的值, 然后按式 (7.24) 求出相应的 t_{a} :

$$t_{\mathrm{a}}=\frac{t_{\mathrm{f}}}{2}-\frac{\sqrt{\ddot{\theta}^{2} t_{\mathrm{f}}^{2}-4 \ddot{\theta}\left(\theta_{\mathrm{f}}-\theta_0\right)}}{2 \ddot{\theta}} \tag{7.24}$$

由式 (7.24) 可知, 为保证 t_{a} 有解, 加速度值 $\ddot{\theta}$ 必须选得足够大, 即

$$\ddot{\theta} \geqslant \frac{4\left(\theta_{\mathrm{f}}-\theta_0\right)}{t_{\mathrm{f}}^{2}} \tag{7.25}$$

当式 (7.25) 中的等号成立时, 轨迹线性段的长度缩减为零, 整个轨迹由两个过渡域组成, 这两个过渡域在衔接处的斜率 (关节速度) 相等; 加速度 $\ddot{\theta}$ 的取值越大, 过渡域的长度会变得越短, 若加速度趋于无穷大, 轨迹又复归到简单的线性插值情况。

例 7.4 已知条件为 $\theta_0=15^{\circ}$, $\theta_{\mathrm{f}}=75^{\circ}$, $t_{\mathrm{f}}=3\ \mathrm{s}$, 试设计两条带有抛物线过渡的线性轨迹。

解 根据题意, 求出加速度的取值范围, 为此, 将已知条件代入式 (7.25), 得

$$\ddot{\theta} \geqslant 26.67^{\circ}/\mathrm{s}^2$$

1) 设计第一条轨迹。

对于第一条轨迹, 如果选 $\ddot{\theta}_1=42^{\circ}/\mathrm{s}^2$, 由式 (7.24) 算出过渡时间 $t_{\mathrm{a}1}$, 则

$$t_{\mathrm{a}1}=\left[\frac{3}{2}-\frac{\sqrt{42^2 \times 3^2-4 \times 42\,(75-15)}}{2 \times 42}\right] \mathrm{s}=0.59\ \mathrm{s}$$

利用式 (7.22) 和式 (7.21) 计算过渡域终了时的关节位置 $\theta_{\mathrm{a}1}$ 和关节速度 $\dot{\theta}_1$, 得

$$\theta_{\mathrm{a}1}=15+\left(\frac{1}{2} \times 42 \times 0.59^2\right)^{\circ}=22.3^{\circ}$$

$$\dot{\theta}_1=\ddot{\theta}_1 t_{\mathrm{a}1}=(42 \times 0.59)\,(^{\circ})/\mathrm{s}=24.78(^{\circ})/\mathrm{s}$$

根据上面计算得出的数值可以绘出如图 7.14 (a) 所示的轨迹曲线。

2) 设计第二条轨迹。

对于第二条轨迹, 若选择 $\ddot{\theta}=27\,(^{\circ})\,/\mathrm{s}^2$, 可求出

$$t_{\mathrm{a}2}=\left[\frac{3}{2}-\frac{\sqrt{27^2 \times 3^2-4 \times 27\,(75-15)}}{2 \times 27}\right] \mathrm{s}=1.33\ \mathrm{s}$$

$$\theta_{\mathrm{a}2}=15+\left(\frac{1}{2} \times 27 \times 1.33^2\right)^{\circ}=38.88^{\circ}$$

$$\dot{\theta}_2=\ddot{\theta}_2 t_{\mathrm{a}2}=(27 \times 1.33)\,(^{\circ})/\mathrm{s}=35.91(^{\circ})/\mathrm{s}$$

相应的轨迹曲线如图 7.14 (b) 所示。

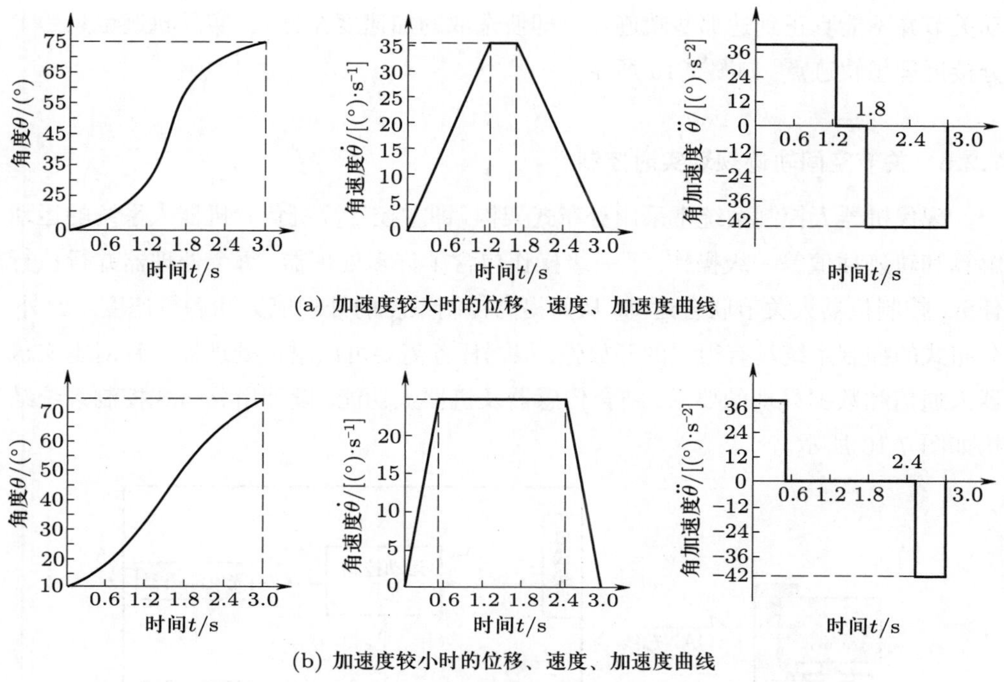

图 **7.14** 带有抛物线过渡的线性插值

7.2.5 过轨迹点用抛物线过渡的线性插值

若某个关节的运动要经过一个轨迹点, 则可采用带抛物线过渡域的线性轨迹方案。如图 7.15 所示, 关节的运动要经过一组轨迹点, 用关节角度 θ_j、θ_k 和 θ_l 表示其中 3 个相邻的轨迹点, 以线性函数将每两个相邻的轨迹点相连, 而所有轨迹点附近都采用抛物线过渡。

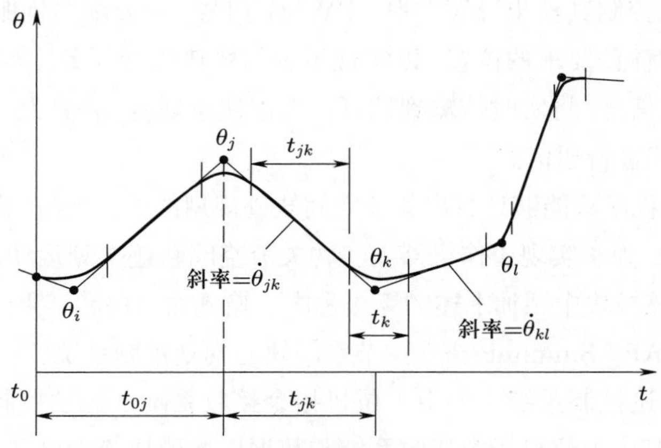

图 **7.15** 多段带有抛物线过渡域的线性轨迹

应该注意到: 各轨迹段采用抛物线过渡域线性函数所进行的规划, 机器人的运动关节并不能真正到达那些轨迹点。即使选取的加速度充分大, 实际轨迹也只是十分接近理想轨迹点, 如图 7.15 所示。

7.2.6 关节空间轨迹规划实时控制

现代机器人控制系统常采用分布式架构, 即主控计算机负责机器人系统的运动解算和轨迹插值等一级操作, 下一级操作包含了许多处理器, 每个处理器并行执行任务, 控制机器人关节联合运动, 从而提高控制系统的处理能力和运行速度。此外, 分布式的控制系统具有很强的开放性, 根据任务需要可以增设处理器。针对本文机器人通信和数据处理的要求, 结合传感器及机器人功能, 设计出分布式控制系统结构如图 7.16 所示。

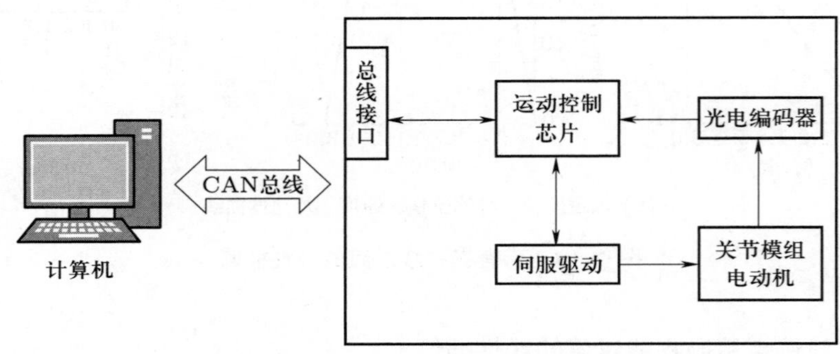

图 7.16 分布式控制系统结构

控制系统采用的是主控计算机和单片机控制器两级控制, 计算机提供自主设计的用户界面, 用以完成坐标变换、正逆运动解算和任务规划等操作。根据协作机器人轨迹规划的要求, 上位机计算出的关节变量将下发给控制器进行数据处理, 获取的数据由单片机控制其输出脉宽调制 (PWM) 信号, 并分配给伺服驱动器控制关节电动机运动到任务要求的位置, 以实现系统的轨迹规划任务。数据传输过程中, 各个节点的位置信息, 将实时传输到计算机上以便于观测, 并且上、下位机均采用 CAN 总线的方式进行通信。

单纯的算法程序只能够计算出关节空间轨迹规划的关节变量, 而不能直接驱动机器人进行运动, 为了实现协作机器人实物关节空间轨迹规划运动, 需要搭建实物控制系统, 并在该模块中添加上述的算法程序、输入输出块和结果索引块。根据要求, 借助 MATLAB/ Simulink 搭建关节空间轨迹规划控制系统。

关节空间轨迹控制系统主要由上位机指令接收系统、运动控制系统和数据广播等模块组成, 其中上位机指令接收系统和数据广播模块前面已经介绍过, 此处不再赘述。下面主要介绍关节空间轨迹控制系统中的运动控制模型 (图 7.17)。

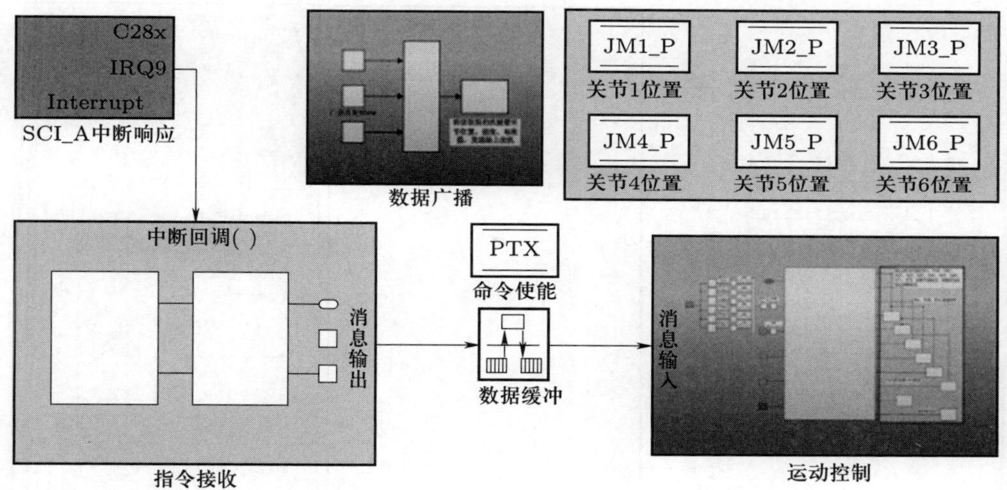

注：

1. 操作事项,先将模型下载到控制器中,然后确认机械臂开关和稳压电源的开关是否打开,如果该程序下载到控制器中,数码管的第一个会显示2(表示PVT程序)。
2. 确认以上事项后,打开上位机,连接串口线,然后点击“启动”按钮(此时数码管的第二个显示1),需要将机械臂回零(即点击“回零按钮”),然后即可点击“到达初始姿态”按钮(此时数码管的第三和第四个显示01),对机械臂会达到轨迹规划的起点。
3. 当机械臂达到起点后,(一定要确认所有关节都停止运动)再点击“到达初始姿态”按钮(此时数码管的第三和第四个显示02),机械臂会开始执行规划的轨迹运动。当机械臂到达终点后,再点击“回零”按钮(此时数码管的第三和第四个显示00)。

图 **7.17** 六轴机械臂关节空间轨迹规划 **(PVT)** 运动控制模型

该系统由 S 函数调用 ssf_PVT.c 文件编写的运动控制选择模块和 6 个变量的数据存储模块, 输入参数为 SCI 接收的数据、协作机器人轨迹位置增量输入、轨迹运动速度输入、轨迹时间增量输入、插补的数量以及 PTX 命令使能变量, 输出参数为 6 个关节角的数据和 ENA、ENB、ENC 使能指令。

如图 7.18 所示, 模型中的各个子系统主要用于通信配置和数据转换, 在之前已经充分介绍, 不再赘述。系统通过上位机指令将算法解算的关节角度数据接收到模型中, 对于关节空间轨迹规划来说, 驱动器控制电动机执行的数据是算法解算出的 PVT 数据, 即关节角度、关节角速度和插补时间数据, 通过 SCI 通信将数据下发到协作机器人控制器, 然后利用 Rate Transition 模块保证数据传输的速率一致, 最后通过运动控制系统执行上位机发送过来的相关指令完成协作机器人关节空间轨迹控制。

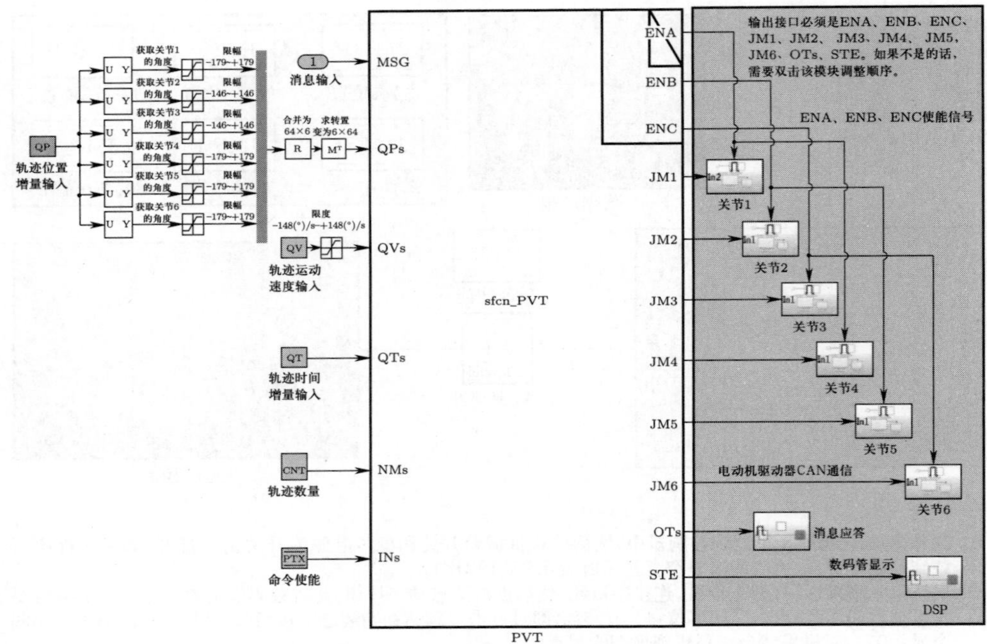

图 7.18　关节空间运动控制子系统

7.3　笛卡儿空间轨迹规划方法

在机器人的笛卡儿空间轨迹规划中, 中间点即插补点的坐标可以通过插补算法得到。得到中间点后, 再把中间点的位姿转换成相应的关节角度, 然后通过对关节角度的控制, 使机器人的末端能按照预先规划的轨迹运动。机器人的笛卡儿空间轨迹规划控制过程大致如图 7.19 所示。

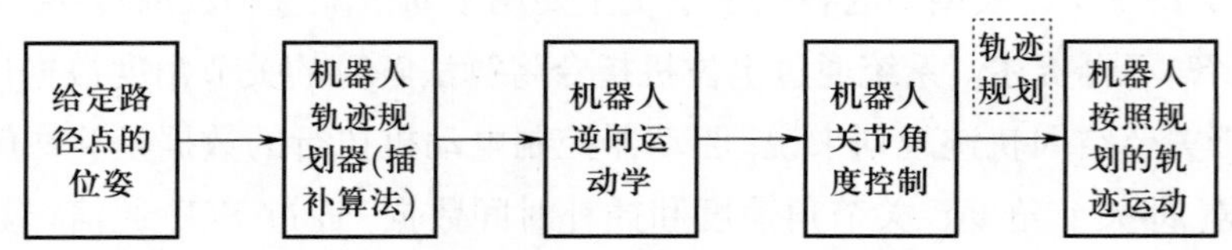

图 7.19　机器人笛卡儿空间轨迹规划控制过程

空间直线和空间弧线的轨迹规划是笛卡儿空间中不可或缺的两部分, 因为空间曲线可以分割为许多条直线和弧线; 但是也有会出现直线或弧线连接处为尖角的问题。为了使运动轨迹连续平滑, 本文采用圆弧过渡来平滑尖角。在笛卡儿空间中, 空间直线和空间弧线的轨迹规划是最常见的两部分, 其他空间曲线可以通过这两者来逼近。

7.3.1 物体对象的描述

由前述可知，任一刚体相对参考系的位姿是用与它固连的坐标系来描述的。刚体上相对于固接坐标系的任一点用相应的位置矢量 $\boldsymbol{P}$ 表示；任一方向用方向余弦表示。给出刚体的几何图形及固接坐标系后，只要规定固接坐标系的位姿，便可重构该刚体在空间的位姿。

如图 7.20 所示的螺栓，其轴线与固接坐标系的 z 轴重合。螺栓头部直径为 32 mm，中心取为坐标原点，螺栓长 80 mm，直径为 20 mm，则可根据固接坐标系的位姿重构螺栓在空间的位姿和几何形状。

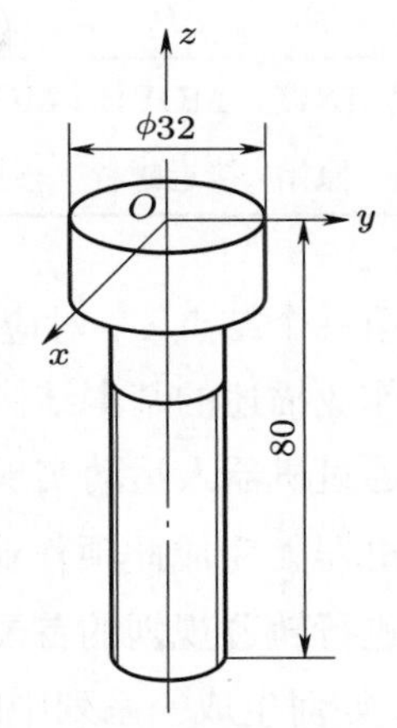

图 7.20 操作对象的描述

7.3.2 作业的描述

机器人的作业过程可用手部位姿结点序列来规定，每个结点可用工具坐标系相对于作业坐标系的齐次变换来描述，相应的关节变量可用逆运动学计算。

如图 7.21 所示的机器人插螺栓作业，要求把螺栓从槽中取出并放入托架的一个孔中，用符号表示沿轨迹运动的各结点的位姿，使机器人能沿虚线运动并完成作业。设定 P_i (i=0, 1, 2, 3, 4, 5, 6) 为气动手爪必须经过的笛卡儿结点。参照这些结点的位姿将作业描述为如表 7.4 所示的手部的一连串运动和动作。

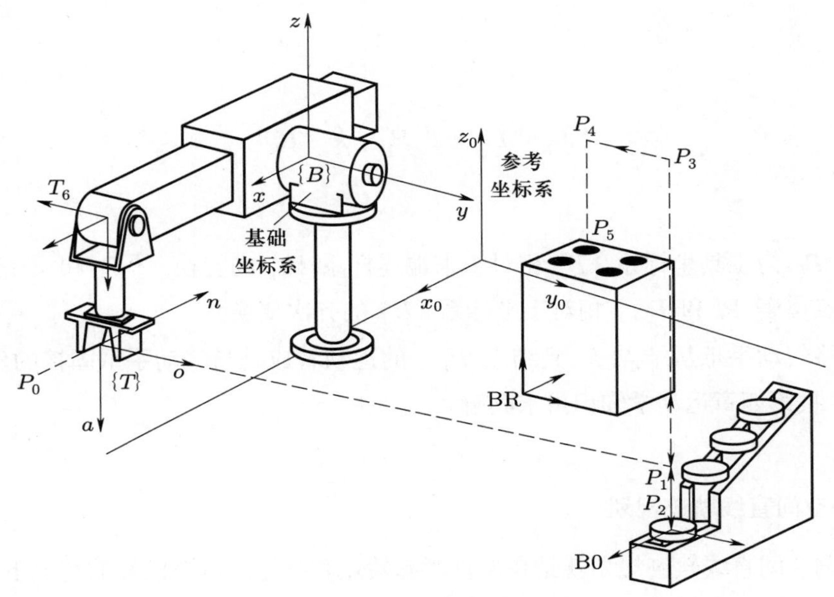

图 7.21 机器人插螺栓作业的轨迹

(注: P_6 位置与 P_4 重合; BR 表示托架相对坐标系; B0 表示螺栓槽相对坐标系)

表 **7.4** 螺栓的抓紧和插入过程

结点	P_0	P_1	P_2	P_2	P_3	P_4	P_5	P_5	P_6
运动	INIT	MOVE	MOVE	GRASP	MOVE	MOVE	MOVE	RELEASE	MOVE
目标	原始	接近螺栓	到达	抓住	提升	接近托架	插入孔中	松夹	移开

第一个结点 P_1 对应一个变换方程, 从而解出相应的机器人的变换 ${}^0\boldsymbol{T}_6$ 。由此得到作业描述的基本结构: 作业结点 P_i 只对应机器人变换 ${}^0\boldsymbol{T}_6$, 从一个变换到另一变换通过机器人运动实现。

机器人完成此项作业时气动手爪的位姿可用一系列结点来表示。在笛卡儿空间中进行轨迹规划的首要问题是在结点 P_i 和 P_{i+1} 所定义轨迹的起始点和终止点之间, 如何生成一系列中间点。两结点之间最简单的轨迹是空间中沿一条直线的移动和绕某定轴的转动。运动时间给定之后, 则可以产生一个使线速度和角速度受控的运动。要生成从结点原位 P_0 运动到接近螺栓 P_1 的轨迹, 更一般地, 从任一结点 P_i 到下一结点 P_{i+1} 的运动可表示为

$$ {}^0\boldsymbol{T}_6 \times {}^6\boldsymbol{T}_T = {}^0\boldsymbol{T}_B \times {}^B\boldsymbol{P}_i \tag{7.26} $$

即从

$$ {}^0\boldsymbol{T}_6 = {}^0\boldsymbol{T}_B \times {}^B\boldsymbol{P}_i \times {}^6\boldsymbol{T}_T^{-1} \tag{7.27} $$

到

$$ {}^0\boldsymbol{T}_6 = {}^0\boldsymbol{T}_B \times {}^B\boldsymbol{P}_{i+1} \times {}^6\boldsymbol{T}_T^{-1} \tag{7.28} $$

的运动。

式中, ${}^6\boldsymbol{T}_T$ 为工具坐标系 $\{T\}$ 相对于末端连杆系 $\{6\}$ 的变换; ${}^B\boldsymbol{P}_i$ 和 ${}^B\boldsymbol{P}_{i+1}$ 分别为结点位姿 $\boldsymbol{P}_i$ 和 $\boldsymbol{P}_{i+1}$ 相对于坐标系 $\{B\}$ 的齐次变换。

可将气动手爪从结点 P_i 到结点 P_{i+1} 的运动看成是与气动手爪固接的坐标系的运动, 按第四章运动学知识可求其解。

7.3.3 空间直线轨迹规划

所谓空间直线轨迹规划就是在该直线起始点和终止点位姿已知的情况下, 对轨迹中间点的位姿坐标进行插值求解。

直线插补法: 已知起始点坐标 $P_0\,(x_0, y_0, z_0)$、终止点坐标 $P_{\mathrm{f}}\,(x_{\mathrm{f}}, y_{\mathrm{f}}, z_{\mathrm{f}})$ 和插补

次数 N, 则

$$\begin{cases}\Delta x = \dfrac{x_\mathrm{f} - x_0}{N+1} \\ \Delta y = \dfrac{y_\mathrm{f} - y_0}{N+1} \\ \Delta z = \dfrac{z_\mathrm{f} - z_0}{N+1}\end{cases} \tag{7.29}$$

对于该直线上的任意一点 $i\,(1 \leqslant i \leqslant N)$ 有

$$\begin{cases}x_i = x_0 + \Delta x \cdot i \\ y_i = y_0 + \Delta y \cdot i \\ z_i = z_0 + \Delta z \cdot i\end{cases} \tag{7.30}$$

示例: 指定笛卡儿空间中在同一直线的 3 个点 $\boldsymbol{P}_1 = [-300 \quad 200 \quad 200]^\mathrm{T}$, $\boldsymbol{P}_2 = [0 \quad 200 \quad 300]^\mathrm{T}$, $\boldsymbol{P}_3 = [300 \quad 200 \quad 400]^\mathrm{T}$, 插补次数 $N = 30$。直线插补仿真结果如图 7.22 所示。

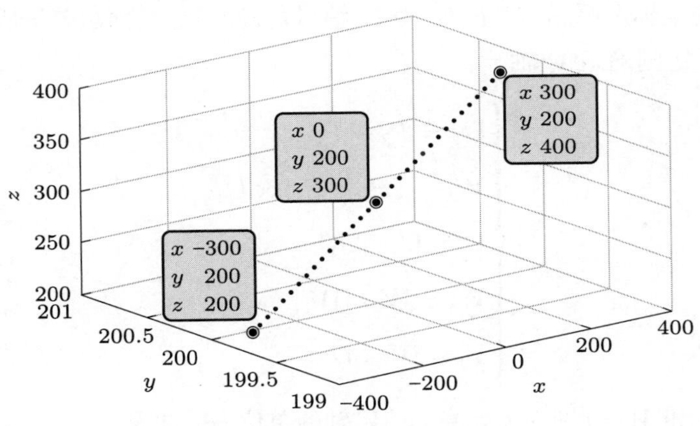

图 7.22 空间直线轨迹插补

7.3.4 空间圆弧轨迹规划

在笛卡儿空间圆弧轨迹规划中, 为了计算方便, 运用坐标变换, 即先在圆弧所在平面建立一个新的直角坐标系, 在这个直角坐标系中计算圆弧的各插补点在新坐标系中的值。然后再将这些值返回到原来的坐标系中, 算出各插补点在原来坐标系中的值。圆弧插补的位移曲线也是采用抛物线过渡的线性函数, 归一化因子的求解与上述一样。

三点确定一段弧。设机器人末端执行器从起始点 P_1 经过中间点 P_2 到达终止点 P_3, 如果这三点不共线, 就一定存在从起始点 P_1 经过中间点 P_2 到达终止点 P_3

的圆弧轨迹规划算法。通过将空间点转换到二维平面, 可将三维空间问题转变为二维平面问题, 具体算法如下。

1) 如图 7.23 所示, 以 P_1、P_2 和 P_3 点构造一个新的平面 M, 建立坐标系 P_1-UVW。

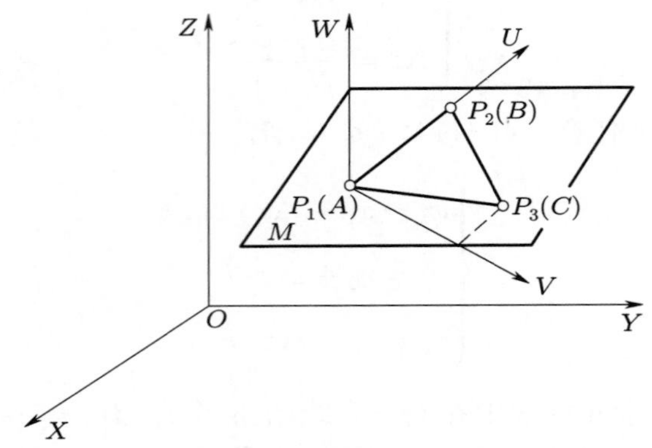

图 **7.23** 空间点二维平面转化

以 P_1 为坐标系原点, 以 $\overrightarrow{P_1P_2}$ 为 U 轴, 以空间三点平面法向量所在方向为 W 轴, 再由右手定则确定 V 轴。

$$\begin{cases} \boldsymbol{U}_1 = \boldsymbol{P}_2 - \boldsymbol{P}_1 \\ \boldsymbol{W}_1 = (\boldsymbol{P}_3 - \boldsymbol{P}_1) \times \boldsymbol{U}_1 \\ \boldsymbol{U} = \boldsymbol{U}_1 / |\boldsymbol{U}_1| \\ \boldsymbol{W} = \boldsymbol{W}_1 / |\boldsymbol{W}_1| \\ \boldsymbol{V} = \boldsymbol{W} \times \boldsymbol{U} \end{cases} \tag{7.31}$$

式中, $\boldsymbol{U}$、$\boldsymbol{V}$ 和 $\boldsymbol{W}$ 分别为 U、V 和 W 轴的单位方向向量。

将空间三点转换到新坐标系 P_1-UVW (P_1、P_2 和 P_3 在新坐标系下分别表示为 A、B 和 C), 并计算圆心。

2) 如图 7.21 所示, 在平面 M 中, 点 A 为坐标系 P_1-UVW 的原点, 坐标为 (0, 0), 点 B 在 U 轴上坐标为 $(b_x, 0)$, 点 C 坐标为 $(c_x,\ c_y)$。通过向量点积可以求得点 P_2 和 P_3 在 U、 V 轴上的投影长度。

$$\begin{cases} b_x = (\boldsymbol{P}_2 - \boldsymbol{P}_1) \cdot \boldsymbol{U} \\ c_x = (\boldsymbol{P}_3 - \boldsymbol{P}_1) \cdot \boldsymbol{U} \\ c_y = (\boldsymbol{P}_3 - \boldsymbol{P}_1) \cdot \boldsymbol{V} \end{cases} \tag{7.32}$$

根据 A、B、C 三点在 P_1-UVW 坐标系中的位置可知, 三点构成的圆弧圆心

O' 必定落在 $x=\dfrac{b_x}{2}$ 的直线上, 因此设圆心坐标为 $O'\left(\dfrac{b_x}{2},h\right)$,由平面圆的标准方程可以得到圆心的纵坐标 h 的值为

$$(c_x-b_x/2)^2+(c_y-h)^2=(b_x/2)^2+h^2 \tag{7.33}$$

式 (7.33) 中只有 h 一个未知数, 因此可得:

$$h=\frac{(c_x-b_x/2)^2+{c_y}^2-(b_x/2)^2}{2c_y} \tag{7.34}$$

通过前面的计算, 得到圆弧圆心在坐标系 P_1-UVW 下的位置, 将圆心坐标分别与向量 $\boldsymbol{U}$、$\boldsymbol{V}$ 相乘并加上点 $\boldsymbol{P}_1$ 的偏置, 求得圆心 O' 在坐标系 O-XYZ 中的位置 $\boldsymbol{P}_0$:

$$\boldsymbol{P}_0=\boldsymbol{P}_1+(b_x/2)\,\boldsymbol{U}+h\boldsymbol{V} \tag{7.35}$$

根据求得的 $\boldsymbol{P}_0=(x_0,y_0,z_0)$, 计算出圆弧半径的长度 R 为

$$R=\sqrt{(x_1-x_0)^2+(y_1-y_0)^2+(z_1-z_0)^2} \tag{7.36}$$

圆弧插补的实现流程为, 将空间点转换到三个点形成的平面, 将三维问题转换为二维。然后计算圆弧角, 并在该平面上进行插补。最后通过变换矩阵, 将插补点从二维坐标转换为三维坐标。

7.3.4.1 坐标变换

空间三点 P_1、P_2、P_3 构成的圆弧本质上也是平面 M 上 A、B、C 三点构成的圆弧, 因此只要求出新坐标系 P_1-UVW 在基坐标系 O-XYZ 下的变换矩阵 $\boldsymbol{T}$, 就可以将三维空间的圆弧通过坐标变换转化到二维平面中了, 空间坐标关系如图 7.24 所示。

在基坐标系 O-XYZ 中, 由 $P_1(x_1,y_1,z_1)$、$P_2(x_2,y_2,z_2)$、$P_3(x_3,y_3,z_3)$ 构建的平面 M 的方程为

$$\begin{vmatrix} x-x_3 & y-y_3 & z-z_3 \\ x_1-x_3 & y_1-y_3 & z_1-z_3 \\ x_2-x_3 & y_2-y_3 & z_2-z_3 \end{vmatrix}=\boldsymbol{0} \tag{7.37}$$

则平面 M 的法向量的方向数为

$$\begin{cases} k=(y_2-y_1)(z_3-z_2)-(z_2-z_1)(y_3-y_2) \\ p=(z_2-z_1)(x_3-x_2)-(x_2-x_1)(z_3-z_2) \\ l=(x_2-x_1)(y_3-y_2)-(y_2-y_1)(x_3-x_2) \end{cases} \tag{7.38}$$

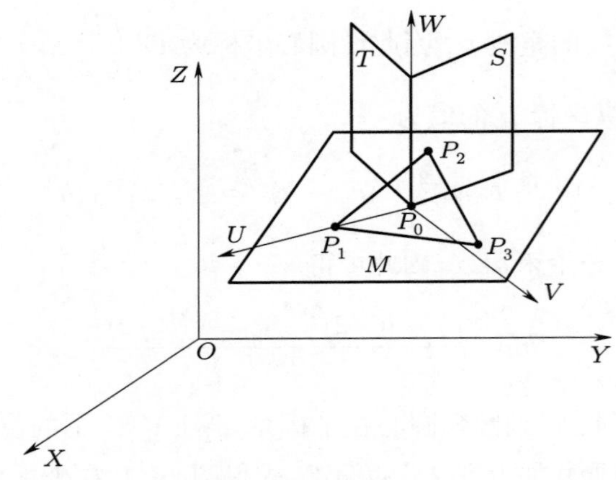

图 **7.24** 二维平面坐标变换

以平面 M 的法向量方向作为新坐标系 P_0-UVW 的 W 轴方向, W 轴的方向余弦为

$$\begin{cases} a_x = \dfrac{k}{a} \\ a_y = \dfrac{p}{a} \\ a_z = \dfrac{l}{a} \end{cases} \tag{7.39}$$

式中, $a = \sqrt{k^2 + p^2 + l^2}$ 。

以 $\overrightarrow{P_0P_1}$ 方向作为新坐标系 P_0-UVW 的 U 轴方向, U 轴的方向余弦为

$$\begin{cases} n_x = \dfrac{x_1 - x_0}{r} \\ n_y = \dfrac{y_1 - y_0}{r} \\ n_z = \dfrac{z_1 - z_0}{r} \end{cases} \tag{7.40}$$

式中, $r = \sqrt{(x_1 - x_0)^2 + (y_1 - y_0)^2 + (z_1 - z_0)^2}$ 。

以 U 轴的方向余弦与 W 轴的方向余弦的叉乘作为新坐标系 P_0-UVW 的 V 轴的方向余弦, V 轴的方向余弦为

$$\begin{cases} o_x = a_y \times n_z - a_z \times n_y \\ o_y = a_z \times n_x - a_x \times n_z \\ o_z = a_x \times n_y - a_y \times n_x \end{cases} \tag{7.41}$$

于是可以求出新坐标系 P_0-UVW 在基坐标系 O-XYZ 下的变换矩阵 $\boldsymbol{T}$：

$$\boldsymbol{T}=\begin{bmatrix}\boldsymbol{R} & \boldsymbol{P}_0\\ \boldsymbol{0} & 1\end{bmatrix}=\begin{bmatrix}\boldsymbol{n} & \boldsymbol{o} & \boldsymbol{a} & \boldsymbol{p}\\ 0 & 0 & 0 & 1\end{bmatrix}=\begin{bmatrix}n_x & o_x & a_x & x_0\\ n_y & o_y & a_y & y_0\\ n_z & o_z & a_z & z_0\\ 0 & 0 & 0 & 1\end{bmatrix}\tag{7.42}$$

求矩阵 $\boldsymbol{T}$ 的逆可得:

$$\boldsymbol{T}^{-1}=\begin{bmatrix}\boldsymbol{R}^{\mathrm{T}} & -\boldsymbol{R}^{\mathrm{T}}\boldsymbol{P}_0\\ \boldsymbol{0} & 1\end{bmatrix}\tag{7.43}$$

根据逆矩阵 $\boldsymbol{T}^{-1}$, 进而可求出 P_1 、P_2 、P_3 点在新坐标系 P_0-UVW 下对应的坐标 $\boldsymbol{Q}_i$, 其中 $i=1,2,3$ 。

$$\begin{bmatrix}\boldsymbol{Q}_i\\ 1\end{bmatrix}=\boldsymbol{T}^{-1}\begin{bmatrix}\boldsymbol{P}_i\\ 1\end{bmatrix}\tag{7.44}$$

7.3.4.2 插补角方向和大小

在实际机器人的空间圆弧的任务操作中, 圆弧一般具有确定的插补方向, 此处约定在坐标系 P_0-UVW 中, 平面 M 中逆时针方向为其插补方向, 即由 P_3 到 P_2 再到 P_1 的方向为圆弧插补方向。同时根据上文求出的 P_1 、P_2 、P_3 点在新坐标系 P_0-UVW 中的坐标 $Q_1\left(x_1,y_1,0\right)$、$Q_2\left(x_2,y_2,0\right)$、$Q_3\left(x_3,y_3,0\right)$, 可以得到 Q_1、Q_2 点在平面 M 中的夹角 θ_{12} 以及平面圆弧的总插补角 θ_{13}：

$$\theta_{12}=\begin{cases}\operatorname{arctan2}\left(y_2,x_2\right)+2\pi, & y_2<0\\ \operatorname{arctan2}\left(y_2,x_2\right), & y_2\geqslant 0\end{cases}\tag{7.45}$$

$$\theta_{13}=\begin{cases}\operatorname{arctan2}\left(y_3,x_3\right)+2\pi, & y_3<0\\ \operatorname{arctan2}\left(y_3,x_3\right), & y_3\geqslant 0\end{cases}\tag{7.46}$$

示例: 指定空间中的 3 个点 $\boldsymbol{P}_1=[320,250,200]^{\mathrm{T}}$, $\boldsymbol{P}_2=[-230,320,350]^{\mathrm{T}}$, $\boldsymbol{P}_3=[89,-439,181]^{\mathrm{T}}$, 插补次数 $N=100$。圆弧插补仿真结果如图 7.25 所示。

7.3.5 笛卡儿空间轨迹规划实时控制

如图 7.26 和图 7.27 所示, 设计了笛卡儿空间轨迹规划控制系统。

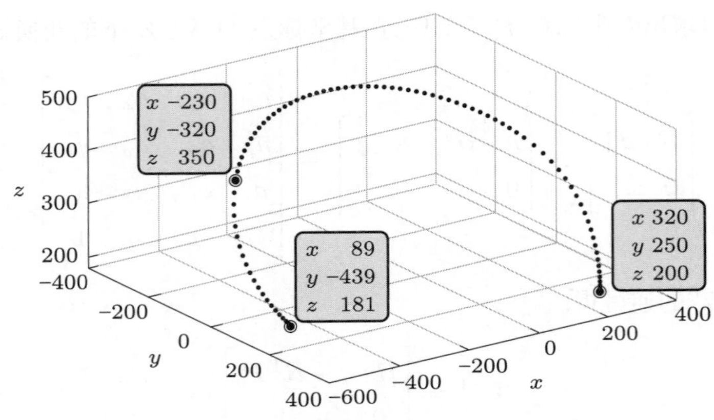

图 **7.25** 笛卡儿空间圆弧插补仿真

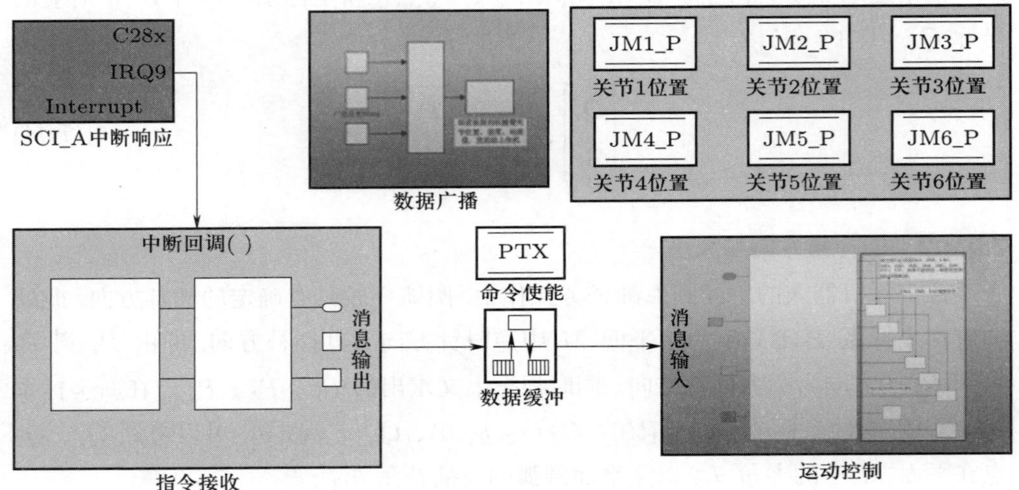

注：

1. 操作事项，先将模型下载到控制器中，然后确认机械臂开关和稳压电源的开关是否打开，如果该程序下载到控制器中，数码管的第一个会显示3(表示PT程序)。
2. 确认以上事项后，打开上位机，连接串口线，然后点击“启动”按钮(此时数码管的第二个显示1)，需要将机械臂回零(即点击“回零按钮”)，然后即可点击“到达初始姿态”按钮(此时数码管的第三和第四个显示01)，对机械臂会达到轨迹规划的起点。
3. 当机械臂达到起点后，(一定要确认所有关节都停止运动)再点击“到达初始姿态”按钮(此时数码管的第三和第四个显示02)，机械臂会开始执行规划的轨迹运动。当机械臂到达终点后，再点击“回零”按钮(此时数码管的第三和第四个显示00)。

图 **7.26** 笛卡儿空间轨迹规划运动控制模型

该系统主要也是由上位机指令接收系统、运动控制系统和数据广播等模块组成，运动控制模块由 S 函数调用 ssf_PT.c 文件编写的运动控制选择模块和 6 个变量的数据存储模块，输入参数为 SCI 接收的数据、协作机器人轨迹位置增量输入、轨迹运动速度输入、轨迹时间增量输入、插补的数量和 PTX 命令使能变量，输出参数为 6 个关节角的数据和 ENA、ENB、ENC 使能指令。

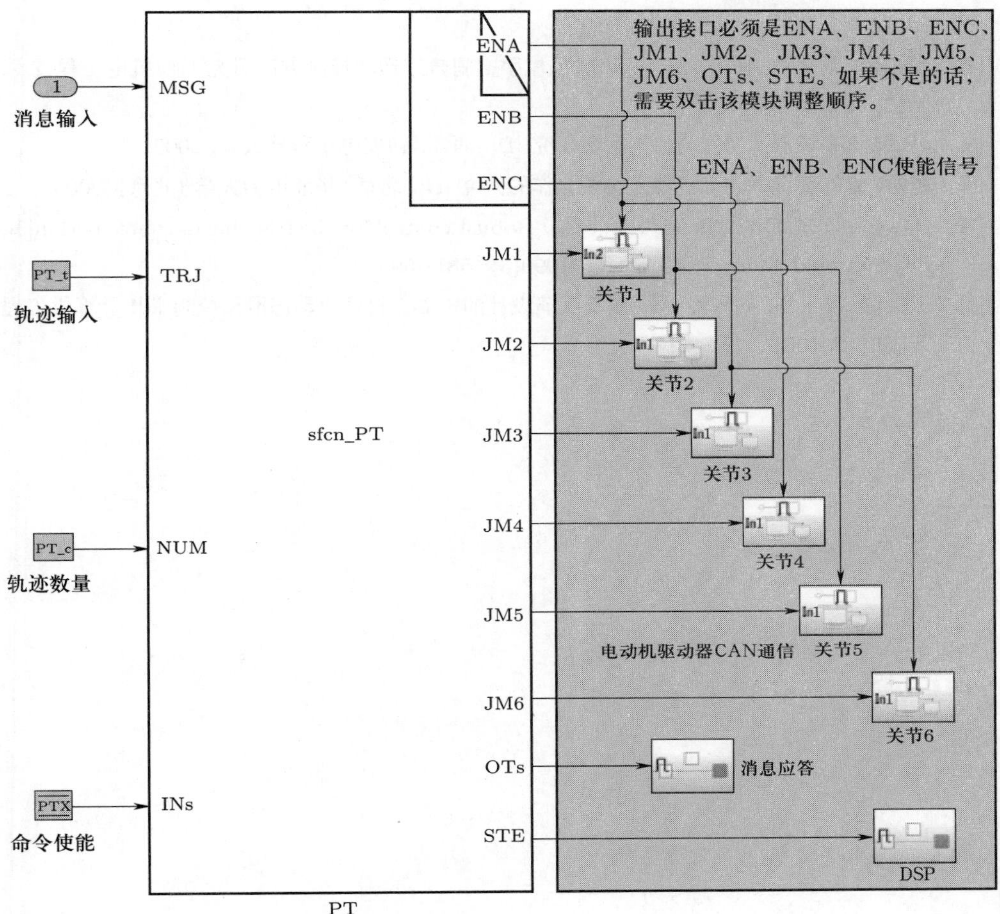

图 **7.27**　笛卡儿空间运动控制子系统

与关节空间不同的是, 对于笛卡儿空间轨迹规划来说, 规划算法解算出的主要是空间位置对应的关节角度和插补时间数据, 也即驱动器控制电动机执行的笛卡儿空间轨迹规划数据。通过上位机指令接收系统, 将解算的关节角度数据存储到模型中, 并通过 SCI 通信将数据下发到协作机器人控制器, 然后利用 Rate Transition 模块保证数据传输的速率一致, 最后通过运动控制系统执行上位机发送过来的相关指令, 完成协作机器人笛卡儿空间轨迹控制。

参考文献

[1] 蔡自兴. 机器人学基础 [M]. 北京: 机械工业出版社, 2009.

[2] 李亮. 一种五关节机器人运动控制系统的设计 [J]. 自动化技术与应用, 2017, 36(2): 41−45.

[3] 仲晓帆. 基于 CODESYS 的六关节机器人运动控制方法研究 [D]. 杭州: 浙江工业大学,

2015.

[4] 程辉辉, 刘燕坡, 陈礼安, 等. 串联机械手空间轨迹运动控制方法研究 [J]. 机电工程技术, 2017, 46(9): 58−61.

[5] 马斌奇. 多机器人协作与控制策略研究 [D]. 西安: 西安电子科技大学, 2009.

[6] 杨柳. 未知环境下的多机器人协调合作的研究 [D]. 北京: 华北电力大学 (北京), 2009.

[7] Dawson D M, Qu Z, Lewis F L, et al. Robust control for the tracking of robot motion[J]. International Journal of Control, 1990(3): 581−595.

[8] 王洪瑞, 冯玉东, 刘秀玲, 等. 基于反演设计的机器人自适应动态滑模控制 [J]. 计算机工程与应用, 2010(8): 211−213.

第 8 章　机器人动力学控制

随着中国智能制造的发展, 机器人生产节拍、作业精度以及操作柔顺性的要求越来越高, 例如机器人抛光打磨、生产的高速高精度作业等。采用简单的运动控制方案, 难以满足高速、高精度的性能要求。相较于运动学控制而言, 基于伺服力矩环的动力学控制需要根据动力学模型设计非线性控制器, 而动力学模型中所包含的多项动力学参数可以将机器人系统的动力学特性纳入控制器的设计中, 以此为机器人带来良好的动态品质, 使其能够更好地适用于高速、高精度的情况。尽管机器人控制领域不断出现了新的控制方法和控制技术, 学习动力学控制基础仍然是以经典控制的基本方法和控制原理为基础。动力学控制包括基于模型与不基于模型两种, 受篇幅所限, 本章着重介绍基于模型的动力学控制。本章将介绍相关的参数辨识、动力学轨迹跟踪控制以及机器人柔顺控制等内容。

8.1　机器人参数辨识

随着机器人工作速度与精度要求越来越高, 提高控制策略的控制精度十分必要, 因此基于模型的动力学控制对于机器人系统动力学模型的精确性就存在一定要求。而对于机器人的动力学建模, 由于实际测量和建模的不准确, 加上负载变化、外部干扰以及大量不确定性因素的存在, 我们很难得到机器人实际的精确、完整的运动模型。因此, 动力学模型辨识是控制系统设计的基础, 准确的模型参数的获得, 在一定程度上, 能够加快设计进程, 提高控制精度。

8.1.1 模型线性化

为了设计机器人的运动控制算法, 获得准确、全面的机器人动力学参数, 建立其动力学模型是至关重要的。机器人参数辨识可以较为准确地获得机器人的动力学参数, 在最小二乘法等参数识别中, 一般要求被识别的模型是一个已知量的线性函数。然而, 在实践中, 动力学方程模型并不是线性的, 这给参数识别带来了麻烦。因为自然界中不存在真正的线性系统, 而所谓的线性系统只能保证在一定的条件范围内是线性的。非线性数学模型的线性化是物理学中研究和描述自然的重要方法之一。由此, 我们需要将动力学模型转化为动力学参数的线性形式。

在机器人参数识别中, 动力学模型包含了许多影响因素, 如机械结构的加工误差、装配误差和密度不确定性, 零部件的弹性变形和关节间的非线性摩擦等。这些复杂的因素使得理想化的动力学模型与实际机器人的运动特性相比有很大的误差, 这些误差也影响了机器人运动控制的精度。

基于此, 在确定基础动力学参数后, 需要利用牛顿 – 欧拉法、拉格朗日法、虚功原理等不同方法推导出待识别的模型。由拉格朗日方程可以很容易地推导出动态模型, 并表示为标准动力学模型:

$$\boldsymbol{\tau} = \boldsymbol{M}(\boldsymbol{q})\ddot{\boldsymbol{q}} + \boldsymbol{C}(\boldsymbol{q},\dot{\boldsymbol{q}})\dot{\boldsymbol{q}} + \boldsymbol{G}(\boldsymbol{q}) \tag{8.1}$$

式中, $\boldsymbol{q}$、$\dot{\boldsymbol{q}}$、$\ddot{\boldsymbol{q}}$ 分别为机器人关节的位置、速度、角加速度; $\boldsymbol{\tau}$ 为关节所需输入力; $\boldsymbol{M}(\boldsymbol{q})$ 为质量项系数, 是关节角度的函数; $\boldsymbol{C}(\boldsymbol{q},\dot{\boldsymbol{q}})$ 为科氏力和离心力项系数, 是关节角和角加速度函数; $\boldsymbol{G}(\boldsymbol{q})$ 为重力项系数, 是关节角度的函数。以六自由度机器人为例, 可以使用刚性连杆模型来精确建模, 并对此进行改进, 即增加摩擦力。这里使用的摩擦力模型为库伦摩擦力和黏性摩擦力, k_1 为库伦摩擦力系数, k_2 为黏性摩擦力系数。模型改写为

$$\boldsymbol{\tau} = \boldsymbol{M}(\boldsymbol{q})\ddot{\boldsymbol{q}} + \boldsymbol{C}(\boldsymbol{q},\dot{\boldsymbol{q}})\dot{\boldsymbol{q}} + \boldsymbol{G}(\boldsymbol{q}) + k_2\dot{\boldsymbol{q}} + k_1\mathrm{sgn}(\dot{\boldsymbol{q}}) \tag{8.2}$$

以一个具有 i 个关节的串联机器人为例, 首先进行模型线性化, 利用牛顿 – 欧拉动力学推导其模型, 牛顿 – 欧拉动力学递推公式如下 (详细理论及推导流程参见第五章):

$$\begin{aligned}
&{}^{i+1}\boldsymbol{w}_{i+1} = {}^{i+1}_{\ i}\boldsymbol{R}\,{}^{i}\boldsymbol{w}_i + \dot{q}_{i+1}\,{}^{i+1}\hat{\boldsymbol{Z}}_{i+1}\\
&{}^{i+1}\dot{\boldsymbol{w}}_{i+1} = {}^{i+1}_{\ i}\boldsymbol{R}\,{}^{i}\dot{w}_i + {}^{i+1}_{\ i}\boldsymbol{R}\,{}^{i}w_i \times \dot{q}_{i+1}\,{}^{i+1}\hat{\boldsymbol{Z}}_{i+1} + \ddot{q}_{i+1}\,{}^{i+1}\hat{\boldsymbol{Z}}_{i+1}\\
&{}^{i+1}\dot{\boldsymbol{v}}_{i+1} = {}^{i+1}_{\ i}\boldsymbol{R}[{}^{i}\boldsymbol{w}_i \times {}^{i}\boldsymbol{P}_{i+1} + {}^{i}\boldsymbol{w}_i \times ({}^{i}\boldsymbol{w}_i \times {}^{i}\boldsymbol{P}_{i+1}) + {}^{i}\dot{\boldsymbol{v}}_i]
\end{aligned}$$

$$
\begin{aligned}
&{}^{i+1}\dot{\boldsymbol{v}}_{C_{i+1}} = {}^{i+1}\dot{\boldsymbol{w}}_{i+1} \times {}^{i+1}\boldsymbol{P}_{C_{i+1}} + {}^{i+1}\boldsymbol{w}_{i+1} \times ({}^{i+1}\boldsymbol{w}_{i+1} + {}^{i+1}\boldsymbol{P}_{C_{i+1}}) + {}^{i+1}\dot{\boldsymbol{v}}_{i+1} \\
&{}^{i+1}\boldsymbol{F}_{i+1} = m_{i+1}\ {}^{i+1}\dot{\boldsymbol{v}}_{Ci+1} \\
&{}^{i+1}\boldsymbol{N}_{i+1} = {}^{C_{i+1}}\boldsymbol{I}_{i+1}\ {}^{i+1}\dot{\boldsymbol{w}}_{i+1} + {}^{i+1}\boldsymbol{w}_{i+1} \times {}^{C_{i+1}}\boldsymbol{I}_{i+1}\ {}^{i+1}\boldsymbol{w}_{i+1} \\
&{}^{i}\boldsymbol{f}_i = {}_{i+1}^{i}\boldsymbol{R}\ {}^{i+1}\boldsymbol{f}_{i+1} + {}^{i}\boldsymbol{F}_i \qquad (8.3) \\
&{}^{i}\boldsymbol{n}_i = {}_{i+1}^{i}\boldsymbol{R}\ {}^{i+1}\boldsymbol{n}_{i+1} + {}^{i}\boldsymbol{P}_{C_i} \times {}^{i}\boldsymbol{F}_i + {}^{i}\boldsymbol{P}_{i+1} \times {}_{i+1}^{i}\boldsymbol{R}\ {}^{i+1}\boldsymbol{f}_{i+1} + {}^{i}\boldsymbol{N}_i \qquad (8.4)
\end{aligned}
$$

式中各参数含义如表 8.1 所示。

表 **8.1** 动力学参数含义

符号	含义
${}^{i}\boldsymbol{w}_i$	连杆 i(右下标) 的角速度在固连于关节处坐标系 $\{i\}$ 中的表示
${}^{i}\dot{\boldsymbol{w}}_i$	连杆 i(右下标) 的角加速度在固定于关节处坐标系 $\{i\}$ 中的表示
${}_{i}^{i+1}\boldsymbol{R}$	坐标系 $\{i+1\}$ 到坐标系 $\{i\}$ 的齐次变换旋转矩阵
$\dot{q}_i$、$\ddot{q}_i$	标量, 关节 i 的转动角速度和转动角加速度
${}^{i+1}\hat{\boldsymbol{Z}}_{i+1}$	关节 $i+1$ 转轴方向向量在坐标系 $\{i+1\}$ 中的表示, 它等于 $[0,0,1]$
${}^{i}\boldsymbol{P}_{i+1}$	坐标系 $\{i+1\}$ 的原点在坐标系 $\{i\}$ 中的表示
${}^{i+1}\boldsymbol{P}_{C_{i+1}}$	连杆 $i+1$ 的质心在坐标系 $\{i+1\}$ 中的表示
${}^{i+1}\dot{\boldsymbol{v}}_{i+1}$、${}^{i+1}\dot{\boldsymbol{v}}_{C_{i+1}}$	原点和质心的加速度在坐标系 $\{i+1\}$ 中的表示
${}^{i+1}\boldsymbol{F}_{i+1}$、${}^{i+1}\boldsymbol{N}_{i+1}$	连杆 $i+1$ 受到的外力/外力矩在质心处的合力/合力矩在坐标系 $\{i+1\}$ 中的表示
${}^{C_{i+1}}\boldsymbol{I}_{i+1}$	连杆 $i+1$ 在质心处的惯性张量
m_{i+1}	连杆 $i+1$ 的质量
${}^{i+1}\boldsymbol{f}_{i+1}$	连杆 i 作用在连杆 $i+1$ 上的力在坐标系 $\{i+1\}$ 中的表示; 对于 $i=6$, 则表示末端执行受到的力在工具坐标系上的表示
${}^{i+1}\boldsymbol{n}_{i+1}$	连杆 i 作用在连杆 $i+1$ 上的力矩在坐标系 $\{i+1\}$ 中的表示; 对于 $i=6$, 则表示末端执行受到的力矩在工具坐标系上的表示

利用平行轴定理: I_C 表示刚体对于质心轴的转动惯量,M 表示刚体的质量, d 表示另外一支直轴 z' 轴与质心轴的垂直距离。那么, 刚体对于 z' 轴的转动惯量是 $I_{z'} = I_C + Md^2$。可得

$$
{}^{i}\boldsymbol{I}_i' = {}^{C_i}\boldsymbol{I}_i + m_i({}^{i}\boldsymbol{P}_{C_i}^{\mathrm{T}}\,{}^{i}\boldsymbol{P}_{C_i}\boldsymbol{E} - {}^{i}\boldsymbol{P}_{Ci}\,{}^{i}\boldsymbol{P}_{C_i}^{\mathrm{T}}) \tag{8.5}
$$

对矩阵进行叉乘转换

$$
{}^{i}\boldsymbol{P}_{C_i} \times ({}^{i}\dot{\boldsymbol{w}}_i \times {}^{i}\boldsymbol{P}_{C_i}) = ({}^{i}\boldsymbol{P}_{C_i}^{\mathrm{T}}\,{}^{i}\boldsymbol{P}_{C_i}\boldsymbol{E} - {}^{i}\boldsymbol{P}_{C_i}\,{}^{i}\boldsymbol{P}_{C_i}^{\mathrm{T}})\,{}^{i}\dot{\boldsymbol{w}}_i \tag{8.6}
$$

$$ {}^i\boldsymbol{P}_{C_i} \times [{}^i\boldsymbol{w}_i \times ({}^i\boldsymbol{w}_i + {}^i\boldsymbol{P}_{C_i})] = {}^i\boldsymbol{w}_i \times ({}^i\boldsymbol{P}_{C_i}^{\mathrm{T}}\, {}^i\boldsymbol{P}_{C_i}\boldsymbol{E} - {}^i\boldsymbol{P}_{C_i}\, {}^i\boldsymbol{P}_{C_i}^{\mathrm{T}})\, {}^i\boldsymbol{w}_i \tag{8.7} $$

将式 (8.3) 和式 (8.4) 分别化成如下形式

$$ {}^i\boldsymbol{f}_i = {}_{i+1}^{\ \ i}\boldsymbol{R}\ {}^{i+1}\boldsymbol{f}_{i+1} + m_i[{}^i\dot{\boldsymbol{w}}_i \times {}^i\boldsymbol{P}_{C_i} + {}^i\boldsymbol{w}_i \times ({}^i\boldsymbol{w}_i + {}^i\boldsymbol{P}_{C_i}) + {}^i\dot{\boldsymbol{v}}_i] \tag{8.8} $$

$$ \begin{aligned} {}^i\boldsymbol{n}_i = & {}_{i+1}^{\ \ i}\boldsymbol{R}\ {}^{i+1}\boldsymbol{n}_{i+1} + {}^i\boldsymbol{P}_{i+1} \times {}_{i+1}^{\ \ i}\boldsymbol{R}\ {}^{i+1}\boldsymbol{f}_{i+1} + {}^i\boldsymbol{P}_{C_i} \times \{\, m_i[{}^i\dot{\boldsymbol{w}}_i \times {}^i\boldsymbol{P}_{C_i} + \\ & {}^i\boldsymbol{w}_i \times ({}^i\boldsymbol{w}_i + {}^i\boldsymbol{P}_{C_i}) + {}^i\dot{\boldsymbol{v}}_i]\,\} + {}^{C_i}\boldsymbol{I}_i\ {}^i\dot{\boldsymbol{w}}_i + {}^i\boldsymbol{w}_i \times {}^{C_i}\boldsymbol{I}_i\ {}^i\boldsymbol{w}_i \end{aligned} \tag{8.9} $$

将式 (8.5)、式 (8.6) 和式 (8.7) 代入式 (8.8)、式 (8.9), 可得

$$ {}^i\boldsymbol{f}_i = {}_{i+1}^{\ \ i}\boldsymbol{R}\ {}^{i+1}\boldsymbol{f}_{i+1} + m_i\ {}^i\dot{\boldsymbol{w}}_i \times {}^i\boldsymbol{P}_{C_i} + m_i\ {}^i\boldsymbol{w}_i \times ({}^i\boldsymbol{w}_i \times {}^i\boldsymbol{P}_{C_i}) + m_i\ {}^i\dot{\boldsymbol{v}}_i \tag{8.10} $$

$$ \begin{aligned} {}^i\boldsymbol{n}_i = & {}^i\boldsymbol{P}_{i+1} \times {}_{i+1}^{\ \ i}\boldsymbol{R}\ {}^{i+1}\boldsymbol{f}_{i+1} + {}_{i+1}^{\ \ i}\boldsymbol{R}\ {}^{i+1}\boldsymbol{n}_{i+1} + {}^i\boldsymbol{P}_{C_i} \times m_i\ {}^i\dot{\boldsymbol{v}}_i + {}^i\boldsymbol{w}_i \times \\ & {}^i\boldsymbol{I}_i'\ {}^i\boldsymbol{w}_i\ + {}^i\boldsymbol{I}_i'\ {}^i\dot{\boldsymbol{w}}_i \end{aligned} \tag{8.11} $$

将式 (8.10) 和式 (8.11) 化成矩阵形式可得到机器人每个连杆的迭代形式:

$$ \begin{aligned} \begin{bmatrix} {}^i\boldsymbol{f}_i \\ {}^i\boldsymbol{n}_i \end{bmatrix} = & \begin{bmatrix} {}_{i+1}^{\ \ i}\boldsymbol{R} & \boldsymbol{0} \\ {}^i\boldsymbol{P}_{i+1} \times {}_{i+1}^{\ \ i}\boldsymbol{R} & {}_{i+1}^{\ \ i}\boldsymbol{R} \end{bmatrix} \begin{bmatrix} {}^{i+1}\boldsymbol{f}_{i+1} \\ {}^{i+1}\boldsymbol{n}_{i+1} \end{bmatrix} + \\ & \begin{bmatrix} {}^i\dot{\boldsymbol{v}}_i & [{}^i\dot{\boldsymbol{w}}_i \times] + [{}^i\boldsymbol{w}_i \times][{}^i\boldsymbol{w}_i \times] & \boldsymbol{0} \\ \boldsymbol{0} & -[{}^i\dot{\boldsymbol{v}}_i \times] & [\bullet {}^i\dot{\boldsymbol{w}}_i] + [{}^i\boldsymbol{w}_i \times][\bullet {}^i\boldsymbol{w}_i] \end{bmatrix} \begin{bmatrix} m_i \\ m_i {}^i\boldsymbol{P}_{C_i} \\ {}^i\boldsymbol{I}_i' \end{bmatrix} \end{aligned} \tag{8.12} $$

式中,

$$ [{}^i\boldsymbol{w}_i \times] = \begin{bmatrix} 0 & -{}^iw_{zi} & {}^iw_{yi} \\ {}^iw_{zi} & 0 & -{}^iw_{xi} \\ -{}^iw_{yi} & {}^iw_{xi} & 0 \end{bmatrix} $$

$$ [\bullet {}^i\boldsymbol{w}_i] = \begin{bmatrix} {}^iw_{xi} & {}^iw_{yi} & {}^iw_{zi} & 0 & 0 & 0 \\ 0 & {}^iw_{xi} & 0 & {}^iw_{yi} & {}^iw_{zi} & 0 \\ 0 & 0 & {}^iw_{xi} & 0 & {}^iw_{yi} & {}^iw_{zi} \end{bmatrix} $$

$$ {}^iI_i' = \begin{bmatrix} {}^iI_{xxi}' & {}^iI_{xyi}' & {}^iI_{xzi}' & {}^iI_{yyi}' & {}^iI_{yzi}' & {}^iI_{zzi}' \end{bmatrix}^{\mathrm{T}} $$

${}^{i}I_i'$ 为连杆转化到连杆坐标系上的转动惯量。

再假设

$$\boldsymbol{g}_i = \begin{bmatrix} {}^{i}\boldsymbol{f}_i \\ {}^{i}\boldsymbol{n}_i \end{bmatrix}$$

$${}_{i+1}\boldsymbol{A} = \begin{bmatrix} {}_{i+1}^{\ \ i}\boldsymbol{R} & \boldsymbol{0} \\ {}^{i}\boldsymbol{P}_{i+1} \times {}_{i+1}^{\ \ i}\boldsymbol{R} & {}_{i+1}^{\ \ i}\boldsymbol{R} \end{bmatrix}$$

$$\boldsymbol{K}_i = \begin{bmatrix} {}^{i}\dot{\boldsymbol{v}}_i & [{}^{i}\dot{\boldsymbol{w}}_i \times] + [{}^{i}\boldsymbol{w}_i \times][{}^{i}\boldsymbol{w}_i \times] & \boldsymbol{0} \\ \boldsymbol{0} & -[{}^{i}\dot{\boldsymbol{v}}_i \times] & [\bullet {}^{i}\dot{\boldsymbol{w}}_i] + [{}^{i}\boldsymbol{w}_i \times][\bullet {}^{i}\boldsymbol{w}_i] \end{bmatrix}$$

$$\boldsymbol{P}_i = \begin{bmatrix} m_i \\ m_i {}^{i}\boldsymbol{P}_{C_i} \\ {}^{i}\boldsymbol{I}_i' \end{bmatrix}$$

可将式 (8.12) 进一步化简为

$$\boldsymbol{g}_i = {}_{i+1}\boldsymbol{A}\boldsymbol{g}_{i+1} + \boldsymbol{K}_i\boldsymbol{P}_i \tag{8.13}$$

为了得到机器人模型的迭代公式, 做如下推导

$$\begin{bmatrix} \boldsymbol{g}_1 \\ \boldsymbol{g}_2 \\ \vdots \\ \boldsymbol{g}_i \end{bmatrix} = \begin{bmatrix} \boldsymbol{K}_1 & {}_2^1\boldsymbol{A}\boldsymbol{K}_2 & {}_3^1\boldsymbol{A}\boldsymbol{K}_3 & \cdots & {}_i^1\boldsymbol{A}\boldsymbol{K}_i \\ 0 & \boldsymbol{K}_2 & {}_3^2\boldsymbol{A}\boldsymbol{K}_3 & \cdots & {}_i^2\boldsymbol{A}\boldsymbol{K}_i \\ 0 & 0 & \boldsymbol{K}_3 & \cdots & {}_i^3\boldsymbol{A}\boldsymbol{K}_i \\ \vdots & \vdots & \vdots & & \vdots \\ 0 & 0 & 0 & \cdots & \boldsymbol{K}_i \end{bmatrix} \begin{bmatrix} \boldsymbol{P}_1 \\ \boldsymbol{P}_2 \\ \vdots \\ \boldsymbol{P}_i \end{bmatrix} \tag{8.14}$$

式中, ${}_j^i\boldsymbol{A} = {}_i\boldsymbol{A}_{i+1}\boldsymbol{A} \cdots {}_j\boldsymbol{A}$。

至此已完成机器人的模型的线性化。但是式 (8.14) 线性化包含了机器人每个关节上的力和力矩, 为获得在 z 轴上的力矩, 所以需要对式 (8.14) 进行提取, 只保留每个关节的 z 轴力矩。

接下来, 需要在线性化模型中加入库仑黏滞摩擦力模型 $R_{vi} \cdot \dot{q}_i + R_{ci} \cdot \mathrm{sgn}(\dot{q}_i)$,

设 $\boldsymbol{F}_f$ 是摩擦力。

$$\boldsymbol{F}_f = \begin{bmatrix} \dot{q}_1 & \mathrm{sgn}\left(\dot{q}_1\right) & 0 & 0 & 0 & 0 & \cdots & 0 & 0 \\ 0 & 0 & \dot{q}_2 & \mathrm{sgn}\left(\dot{q}_2\right) & 0 & 0 & \cdots & 0 & 0 \\ 0 & 0 & 0 & 0 & \dot{q}_3 & \mathrm{sgn}\left(\dot{q}_3\right) & \cdots & 0 & 0 \\ \vdots & \vdots & \vdots & \vdots & \vdots & \vdots & & \vdots & \vdots \\ 0 & 0 & 0 & 0 & 0 & 0 & \cdots & \dot{q}_i & \mathrm{sgn}(\dot{q}_i) \end{bmatrix} \tag{8.15}$$

修改 $\boldsymbol{P}$ 参数如下:

$$\boldsymbol{P}_i^{'} = \begin{bmatrix} \boldsymbol{P}_i \\ R_{vi} \\ R_{ci} \end{bmatrix}$$

$$\boldsymbol{P} = \begin{bmatrix} \boldsymbol{P}_1 \\ \boldsymbol{P}_2 \\ \vdots \\ \boldsymbol{P}_i \end{bmatrix}$$

式中,R_{vi}、R_{ci} 为摩擦项系数, 为待辨识参数。
最后得到添加摩擦力的线性化后的动力学模型如下:

$$\boldsymbol{\tau} = \boldsymbol{K}\boldsymbol{P} \tag{8.16}$$

8.1.2 动力学模型的最小参数集与辨识算法

线性化后的动力学模型 [如式 (8.16)] 中包含标准的惯性参数 (质量、质心位置、转动惯量) 和每个连杆的摩擦力系数, k 是 q 、$\dot{q}_i$、$\ddot{q}_i$ 的函数。为了获得最小惯性参数集, 可构造一个 $\boldsymbol{K}$ 矩阵, $\boldsymbol{K}$ 矩阵中包含 n 组 k 值, 如下形式:

$$\boldsymbol{K} = \begin{bmatrix} k\left(1\right) \\ k\left(2\right) \\ \vdots \\ k\left(n\right) \end{bmatrix} \tag{8.17}$$

如果 $\boldsymbol{K}$ 矩阵相关列中有相同的值, 这些列所对应的惯性参数对于动力学模型并没有影响, 通过消除这些相关列的参数, 就可以得到最小惯性参数集。最小惯性参数的数目等于矩阵 $\boldsymbol{K}$ 的秩 b 。且最小惯性参数集是 $\boldsymbol{K}$ 中线性不相关的列。

下面使用 QR 分解来获取这些线性不相关列。

$$\boldsymbol{Q}^{\mathrm{T}}\boldsymbol{K}=\begin{bmatrix}\boldsymbol{R}\\ \boldsymbol{0}_{r-c}\end{bmatrix} \tag{8.18}$$

式中, $\boldsymbol{Q}$ 是一个 $r\times r$ 阶正规矩阵; $\boldsymbol{R}$ 是一个 $c\times c$ 阶上三角矩阵。通过设置计算精度 ε、界限值 e 来确定分离不可辨识参数和可辨识参数。

$$e=\varepsilon\max_{i}|\boldsymbol{R}(i,i)| \tag{8.19}$$

式中, $|\boldsymbol{R}(i,i)|$ 是 $\boldsymbol{R}$ 中对角线元素的绝对值。如果 $|\boldsymbol{R}(i,i)|<e$, 则 $\boldsymbol{P}$ 中第 i 个参数就是不可辨识参数, 剩下的就是可辨识参数。

然后将动力学方程右边构造成如下形式:

$$\boldsymbol{KP}=\begin{bmatrix}\boldsymbol{K}_1 & \boldsymbol{K}_2\end{bmatrix}\begin{bmatrix}\boldsymbol{P}_1\\ \boldsymbol{P}_2\end{bmatrix} \tag{8.20}$$

$\boldsymbol{K}_1$ 和 $\boldsymbol{K}_2$ 是线性相关的, 故 $\boldsymbol{K}_2$ 可以用 $\boldsymbol{K}_1$ 的形式表达。假设已知 β, 则有

$$\boldsymbol{K}_2=\boldsymbol{K}_1\beta \tag{8.21}$$

将式 (8.21) 代入式 (8.20) 可得到如下形式:

$$\boldsymbol{KP}=\begin{bmatrix}\boldsymbol{K}_1 & \boldsymbol{K}_2\end{bmatrix}\begin{bmatrix}\boldsymbol{P}_b\\ \boldsymbol{0}\end{bmatrix}=\boldsymbol{K}_1\boldsymbol{P}_b \tag{8.22}$$

式中, P_b 是最小惯性参数集, 且

$$\boldsymbol{P}_b=\boldsymbol{P}_1+\beta\boldsymbol{P}_2 \tag{8.23}$$

至此可以得到最小惯性参数的表达式。但因 β 值未知, 故仍无法求解 P_b。考虑 β 数值也是借助 QR 来求解的, 因此将 $\boldsymbol{K}$ 重新写成 $\boldsymbol{Q}\times\boldsymbol{R}$ 形式, 有

$$\begin{bmatrix}\boldsymbol{K}_1 & \boldsymbol{K}_2\end{bmatrix}=\begin{bmatrix}\boldsymbol{Q}_1 & \boldsymbol{Q}_2\end{bmatrix}\begin{bmatrix}\boldsymbol{R}_1 & \boldsymbol{R}_2\\ \boldsymbol{0}_{(r-b)\times b} & \boldsymbol{0}_{(r-b)\times(c-b)}\end{bmatrix}=\begin{bmatrix}\boldsymbol{Q}_1R_1 & \boldsymbol{Q}_2\boldsymbol{R}_2\end{bmatrix} \tag{8.24}$$

可得

$$\boldsymbol{Q}_1=\boldsymbol{K}_1{\boldsymbol{R}_1}^{-1} \tag{8.25}$$

$$\boldsymbol{K}_2=\boldsymbol{Q}_2\boldsymbol{R}_2=\boldsymbol{K}_1{\boldsymbol{R}_1}^{-1}\boldsymbol{K}_2 \tag{8.26}$$

最后即得到:

$$\beta={\boldsymbol{R}_1}^{-1}\boldsymbol{R}_2 \tag{8.27}$$

8.1.3 激励轨迹的优化

为了充分激发出机器人的动力学特性, 需要让机器人在理想的激励轨迹上运行, 以获得机器人动力学模型中尽可能多的未知参数, 所以激励轨迹的模型选择和优化至关重要。在选择合适的激励轨迹模型和优化方法后, 得到的最优激励轨迹将为确定准确的动力学参数奠定基础。

激励轨迹优化主要包括选择激励轨迹模型和优化激励轨迹系数。为了获得激励轨迹, 通常采用两种方案: ① 计算满足某些优化条件的轨迹; ② 采用一系列特殊试验运动, 其中每个运动都会激发一些动力学参数。当采用正弦函数与余弦函数的一系列代数和即周期性傅里叶级数作为激励轨迹时, 具有处理数据方便、对噪声不敏感等优点。对于优化激励轨迹系数问题, 有最小化回归矩阵条件数的条件数法、Fisher 信息矩阵的逆的对数行列式法、协方差矩阵法等方法, 其中将机器人动力学方程中的回归矩阵的条件数作为激励轨迹的优化指标应用较为广泛, 即通过最小化条件数, 从而得到最优激励轨迹的系数。

选取有限项傅里叶级数作为机器人的激励轨迹, 利用其周期性可以保证机器人多次周期运行, 采集数据取平均值以保证数据的准确性。傅里叶级数可以分解为周期性的正弦函数和余弦函数, 可以模拟周期信号对系统进行多次反复的激励。取测量所得数据的平均值可以提高数据的准确性, 减小噪声干扰造成的误差, 从激励轨迹的角度表达可以得出角速度和角加速度, 所以可以作为机器人激励轨迹模型来表达机器人各关节的激励轨迹。

轨迹的优化受到关节位置、速度、加速度、工作空间以及末端执行器速度等约束。基于条件数优化准则的激励轨迹优化问题可以描述为

$$\begin{cases} \min \operatorname{cond}(\varPhi) \\ q_{\min} \leqslant q \leqslant q_{\max} \\ |\dot{q}| \leqslant \dot{q}_{\max} \\ |\ddot{q}| \leqslant \ddot{q}_{\max} \\ Z_{\min} \leqslant Z \leqslant Z_{\max} \\ v \leqslant v_{\max} \\ \omega \leqslant \omega_{\max} \end{cases} \tag{8.28}$$

式中, $q_{\min}$、$q_{\max}$、$\dot{q}_{\max}$、$\ddot{q}_{\max}$ 分别为机器人关节的最小位置、最大位置、最大速度和最大加速度; $Z_{\min}$ 和 $Z_{\max}$ 分别为末端执行器相对于基准面的最小高度和最大高度; $v_{\max}$ 和 $\omega_{\max}$ 分别为末端执行器的最大线速度和最大角速度。优化问题可以通过 MATLAB 中的优化函数 FMINCON 来求解。

8.2 机器人动力学轨迹跟踪控制

对机器人来说, 控制的目的是控制机器人末端的位置和姿态, 这被称为位置控制问题。机器人末端的期望位置亦称为期望轨迹。期望轨迹可以在机器人任务空间中给出, 也可通过逆运动学关系转化为机器人关节空间中的期望轨迹。机器人控制器的设计可以按照是否考虑机器人的动力学特性而分为两类 [1–5]。

一类是完全不考虑机器人的动力学特性, 只根据机器人的实际轨迹与期望轨迹之间的偏差进行负反馈控制, 如工业中常采用 PD 或 PID 控制。然而, 考虑到这种控制方法不能保证机器人的动态和静态性能, 通常会通过增加动力学因素 (包括摩擦力、重力等) 来改进, 即另一类控制方法。它是根据机器人动力学模型的性质来设计更精细的非线性控制法, 所以也常被称为基于模型的控制。用动态控制方法设计的控制器可以使机器人具有良好的动态和静态品质, 克服运动控制方法的缺点。然而, 由于所有的动态控制方案都无一例外地需要实时进行一些机器人动力学计算, 而机器人是一个复杂的多变量强耦合非线性系统, 这就需要进行大量的在线计算, 这给实时控制带来了困难。

8.2.1 PID 控制

PID 控制发展历史悠久, 其作为最早实用化的控制器已有 70 多年历史。尽管它是最早的古典控制理论, 但在实际的过程控制与运动控制系统中, PID 家族占有相当的地位, 在工业控制的控制器中, PID 类控制器占有 90% 以上。PID 控制器因为其结构简单, 各个控制器参数有着明显的物理意义, 所以很受工程技术人员的喜爱。PID 控制的另一个特点是当不完全了解一个系统和被控对象, 或不能通过有效的测量手段来获得系统参数时, 最适合用 PID 控制技术。

PID 控制规律就是比例 (P)、积分 (I) 与微分 (D) 控制, 简称 PID。为了实现 PID 控制效果, PID 控制中常常有 P、PI、PD 和 PID 形式出现, 在控制理论的发展中, 还有一些其他的变形形式。在很多情况下, 并不一定需要全部 3 个单元, 可以取其中的一到两个单元组合, 就能达到一定的控制效果。

PID 控制器在时域中的输出 $u(t)$ 为

$$u(t) = k_{\mathrm{p}} e(t) + k_{\mathrm{i}} \int_0^t e(t)\,\mathrm{d}t + k_{\mathrm{d}} \frac{\mathrm{d}e(t)}{\mathrm{d}t} \tag{8.29}$$

式 (8.29) 右边三项的含义以及对系统性能的影响如下。

第一项比例项的作用: 当偏差一旦产生, 控制器会立即产生与当前 $e(t)$ 成比例的控制信号, 用以减小偏差。比例项的调节会缩短系统过渡时间, 但是会造成系统稳定程度变差。第二项积分项的作用: 对过去一段时间内偏差的变化求平均值, 它与过去的历史变化有关, 因此调节有滞后现象。其作用主要用于消除静差, 同时也会降低系统稳定程度。第三项微分项的作用: 利用一种线性外推的方法对偏差值的未来变化给出预报, 因此具有超前调节的作用。当偏差信号变大之前, 会产生一个早期的修正信号, 从而加快系统的动作, 减少调整时间。

PID 控制的特点有: ① 当阶跃输入作用时, P 作用是始终起作用的基本分量; I 作用一开始不显著, 随着时间逐渐增强; D 作用与 I 作用相反, 在前期作用强些, 随着时间逐渐减弱。② PID 控制通过积分作用消除误差, 而微分控制可缩小超越量, 加快反应, 是综合了 PI 控制与 PD 控制的长处并去除其短处的控制。③ 从频域角度来看, PID 控制是通过积分作用于系统的低频段, 以提高系统的稳态性能, 而微分作用于系统的中频段, 以改善系统的动态性能。④ 实际被控对象通常具有非线性、时变不确定性、强干扰等特性, 利用常规 PID 控制器难以达到理想的控制效果。

以多自由度机器人为例, 考虑在实际情况中电动机转轴处会存在摩擦力, 因此通常会对 PID 控制进行一定改进, 这里简单假设电动机转轴处的摩擦力为黏滞阻力 τ_f, 故改进后的 PID 控制如下所示。

$$\tau = k_{\mathrm{p}} q_\varepsilon + k_{\mathrm{i}} \int q_\varepsilon\left(t\right) \mathrm{d}t + k_{\mathrm{d}} \dot{q}_\varepsilon + k_3 \cdot \cos\, q + \tau_f \tag{8.30}$$

黏滞阻力 τ_f 近似等于黏性摩擦力与库仑摩擦力的和:

$$\tau_f = k_1 \cdot \mathrm{sgn}(\dot{q}) + k_2 \dot{q} \tag{8.31}$$

式中, 库仑摩擦力 $\tau_{f1} = k_1 \cdot \mathrm{sgn}(\dot{q})$ (sgn 为符号函数); 黏性摩擦力 $\tau_{f2} = k_2\dot{q}$。

则控制器设计为

$$\tau = k_{\mathrm{p}} q_\varepsilon + k_{\mathrm{i}} \int q_\varepsilon\left(t\right) \mathrm{d}t + k_{\mathrm{d}} \dot{q}_\varepsilon + k_1 \cdot \mathrm{sgn}(\dot{q}) + k_2 \dot{q} + k_3 \cdot \cos\, q \tag{8.32}$$

从式 (8.32) 可以看出:

1) τ 的前三项即为经典 PID 控制, 是对理想轨迹与实际轨迹的偏差做处理。

2) 黏性摩擦力 $k_2\dot{q}$ 与系统的速度成正比, 在这里起的作用是有效抑制低刚度机械振动。

3) $k_3 \cdot \cos\, q$ 展开为 $mgl\cos\, q$, 即 $k_3 = mgl$。这一项可视为重力前馈, 原因是机械臂在实际运动中的姿态可通过关节传感器读出, 即重力可以根据关节角度计算出来, 所以可在控制器中把重力视为可测干扰, 通过直接补偿来消除。

8.2.2 计算力矩控制

计算力矩法是一种典型的考虑机器人动力学模型的动态控制方案, 是机器人轨迹跟踪控制中最重要的方法, 在机器人控制问题研究中起着很重要的作用, 其他许多解决机器人轨迹跟踪问题的控制方法都可以看作计算力矩法的扩展。

它的控制规则能够将非线性动力系统转化为线性系统, 从而使一些线性控制的方法得以应用。一个非常广泛的应用就是反馈线性化: 通过全状态非线性反馈将非线性系统转变为线性系统。反馈线性化的缺点是需要根据计算时间和输入的大小, 利用反馈将非线性系统转化为一个单一线性系统。对于机器人来说, 不存在输入的无界问题, 这是因为系统的惯性矩阵是有限的, 所以应用的控制力矩总是有限的。一些实验结果表明, 计算扭矩控制器具有非常好的性能特点, 其应用也越来越广泛。计算力矩法控制设计思路如下。

首先, 取控制律为

$$\boldsymbol{\tau} = \boldsymbol{C}(\boldsymbol{q},\dot{\boldsymbol{q}})\,\dot{\boldsymbol{q}} + \boldsymbol{G}(\boldsymbol{q}) + \boldsymbol{M}(\boldsymbol{q})\,\boldsymbol{u} \tag{8.33}$$

由 8.1 节机器人动力学方程式 (8.1) 可得

$$\boldsymbol{\tau} = \boldsymbol{M}(\boldsymbol{q})\,\ddot{\boldsymbol{q}} + \boldsymbol{C}(\boldsymbol{q},\dot{\boldsymbol{q}})\,\dot{\boldsymbol{q}} + \boldsymbol{G}(\boldsymbol{q}) = \boldsymbol{C}(\boldsymbol{q},\dot{\boldsymbol{q}})\,\dot{\boldsymbol{q}} + \boldsymbol{G}(\boldsymbol{q}) + \boldsymbol{M}(\boldsymbol{q})\,\boldsymbol{u} \tag{8.34}$$

消去非线性项后化为

$$\boldsymbol{M}(\boldsymbol{q})\,\ddot{\boldsymbol{q}} = \boldsymbol{M}(\boldsymbol{q})\,\boldsymbol{u} \tag{8.35}$$

因 $\boldsymbol{M}(\boldsymbol{q})$ 可逆, 故式 (8.35) 等价于一个解耦的线性定常系统:

$$\ddot{\boldsymbol{q}} = \boldsymbol{u} \tag{8.36}$$

考虑到当期望轨迹 $\boldsymbol{q}_{\mathrm{d}}(t)$ 给定后,$\dot{\boldsymbol{q}}_{\mathrm{d}}$ 和 $\ddot{\boldsymbol{q}}_{\mathrm{d}}$ 均已知, 可对上述线性定常系统引入具有偏置的 PD 控制:

$$\boldsymbol{u} = \ddot{\boldsymbol{q}}_{\mathrm{d}} + \boldsymbol{K}_{\mathrm{d}}(\dot{\boldsymbol{q}}_{\mathrm{d}} - \dot{\boldsymbol{q}}) + \boldsymbol{K}_{\mathrm{p}}(\boldsymbol{q}_{\mathrm{d}} - \boldsymbol{q}) = \ddot{\boldsymbol{q}}_{\mathrm{d}} + k_{\mathrm{d}}\dot{\boldsymbol{e}} + k_{\mathrm{p}}\boldsymbol{e} \tag{8.37}$$

从而由 $\boldsymbol{K}_{\mathrm{d}}$ 和 $\boldsymbol{K}_{\mathrm{p}}$ 的正定性知 $(\boldsymbol{e},\dot{\boldsymbol{e}}) = (0,0)$ 是全局渐进稳定的平衡点, 即从任何初始条件 $(q_0,\dot{q}_0)$ 出发, 总有 $(\boldsymbol{q},\dot{\boldsymbol{q}}) \to (\boldsymbol{q}_{\mathrm{d}},\dot{\boldsymbol{q}}_{\mathrm{d}})$, 这就实现了全局稳定的轨迹跟踪。

将式 (8.37) 代入式 (8.34) 后得出控制律的完整表达式为

$$\boldsymbol{\tau} = \boldsymbol{M}(\boldsymbol{q})\,(\ddot{\boldsymbol{q}}_{\mathrm{d}} + k_{\mathrm{d}}\dot{\boldsymbol{e}} + k_{\mathrm{p}}\boldsymbol{e}) + \boldsymbol{C}(\boldsymbol{q},\dot{\boldsymbol{q}})\,\dot{\boldsymbol{q}} + \boldsymbol{G}(\boldsymbol{q}) \tag{8.38}$$

由式 (8.38) 可以看出, 在机器人逆动力学算法中, 令 $\ddot{\boldsymbol{q}} = \ddot{\boldsymbol{q}}_{\mathrm{d}} + k_{\mathrm{d}}\dot{\boldsymbol{e}} + k_{\mathrm{p}}\boldsymbol{e}$ 后, 可计算出控制 $\boldsymbol{\tau}$ 。因此这种控制方法常被称为“逆动力方法”或“计算力矩法”。

由于利用计算力矩法进行实时控制有很多实际需求, 促使许多研究者至今仍在研究各种计算更有效的逆动力学算法。

在前面的分析中已知, 计算力矩法用一个非线性补偿使机器人这个复杂的非线性强耦合的系统实现了全局线性化且解耦, 这对现代非线性控制理论中反馈全局线性化理论的发展起了很大的启发作用和推动作用。

8.2.3 滑模控制

滑模控制是一类特殊的非线性控制, 且非线性表现为控制的不连续性。这种控制与其他控制的不同之处在于系统的"结构"并不固定, 而是可以在动态过程中根据系统当前的状态 (如偏差及其各阶导数等) 有目的地不断变化, 迫使系统按照预定"滑动模态"的状态轨迹运动。由于滑动模态可以进行设计且与对象参数及扰动无关, 这就使得滑模控制具有快速响应、对应参数变化及扰动不灵敏、物理实现简单等优点 [6]。滑模控制设计思路如下。

对于含有 n 个关节的机器人, 其动力学模型为

$$\boldsymbol{\tau}=\boldsymbol{M}\left(\boldsymbol{q}\right)\ddot{\boldsymbol{q}}+\boldsymbol{C}\left(\boldsymbol{q},\dot{\boldsymbol{q}}\right)\dot{\boldsymbol{q}}+\boldsymbol{G}\left(\boldsymbol{q}\right) \tag{8.39}$$

定义

$$\boldsymbol{C}\left(\boldsymbol{q},\dot{\boldsymbol{q}}\right)\dot{\boldsymbol{q}}+\boldsymbol{G}\left(\boldsymbol{q}\right)=\boldsymbol{W}\left(\boldsymbol{q},\dot{\boldsymbol{q}}\right),\boldsymbol{x}_1=\boldsymbol{q},\boldsymbol{x}_2=\dot{\boldsymbol{q}} \tag{8.40}$$

可把式 (8.39) 改写为

$$\boldsymbol{\tau}=\boldsymbol{M}\left(\boldsymbol{q}\right)\ddot{\boldsymbol{q}}+\boldsymbol{W}\left(\boldsymbol{q},\dot{\boldsymbol{q}}\right) \tag{8.41}$$

即

$$\ddot{\boldsymbol{q}}=-\boldsymbol{M}^{-1}\left(\boldsymbol{q}\right)\boldsymbol{W}\left(\boldsymbol{q},\dot{\boldsymbol{q}}\right)+\boldsymbol{M}^{-1}\left(\boldsymbol{q}\right)\boldsymbol{\tau} \tag{8.42}$$

将式 (8.42) 表示为状态方程的形式

$$\dot{\boldsymbol{x}}_s=\boldsymbol{A}_s\left(\boldsymbol{x},t\right)+\boldsymbol{B}_s\left(\boldsymbol{x},t\right)\boldsymbol{\tau} \tag{8.43}$$

式中,

$$\dot{\boldsymbol{x}}_s=\dot{\boldsymbol{x}}_2=\ddot{\boldsymbol{q}},\boldsymbol{A}_s\left(\boldsymbol{x},t\right)=-\boldsymbol{M}^{-1}\left(\boldsymbol{x}_1,\boldsymbol{W}\left(\boldsymbol{x}\right)\right),\boldsymbol{B}_s\left(\boldsymbol{x},t\right)=\boldsymbol{M}^{-1}\left(\boldsymbol{x}_1\right) \tag{8.44}$$

为使系统具有期望的动态性能, 设整个系统的滑动曲面为

$$\boldsymbol{S}=\begin{bmatrix}S_1 & \cdots & S_n\end{bmatrix}^{\mathrm{T}}=\dot{\boldsymbol{E}}+\boldsymbol{H}\boldsymbol{E} \tag{8.45}$$

式中,$\boldsymbol{E} = [e_1 \quad \cdots \quad e_n]^{\mathrm{T}}, \boldsymbol{H} = \mathrm{diag}\,(h_1,\ \cdots,h_n)$ 。

对给定轨迹的第 i 个关节分量的表示式为

$$S_i = \dot{e}_i + h_i e_i, \qquad e_i = x_i - x_{id}, \qquad h_i = \text{常数} > 0 \quad (i = 1, \cdots, n) \tag{8.46}$$

由式 (8.45) 可得

$$\dot{\boldsymbol{S}} = \ddot{\boldsymbol{E}} + \boldsymbol{H}\dot{\boldsymbol{E}} \tag{8.47}$$

因为 $\dot{\boldsymbol{x}}_2 = \dot{\boldsymbol{x}}_s = \ddot{\boldsymbol{q}}$, $\ddot{\boldsymbol{E}}$ 可以表示为

$$\ddot{\boldsymbol{E}} = \boldsymbol{A}_s + \boldsymbol{B}_s\,(\boldsymbol{x},t)\,\boldsymbol{\tau} - \dot{\boldsymbol{x}}_{2\mathrm{d}} \tag{8.48}$$

同理, $\boldsymbol{H}\dot{\boldsymbol{E}}$ 表示为

$$\boldsymbol{H}\dot{\boldsymbol{E}} = \boldsymbol{H}\,(\boldsymbol{x}_2 - \boldsymbol{x}_{2\mathrm{d}}) \tag{8.49}$$

将式 (8.48)、式 (8.49) 代入式 (8.47) 有

$$\dot{\boldsymbol{S}} = \boldsymbol{A}_s\,(\boldsymbol{x},t) + \boldsymbol{B}_s\,(\boldsymbol{x},t)\,\boldsymbol{\tau} - \dot{\boldsymbol{x}}_{2\mathrm{d}} + \boldsymbol{H}\,(\boldsymbol{x}_2 - \boldsymbol{x}_{2\mathrm{d}}) \tag{8.50}$$

设计趋近律 $\dot{\boldsymbol{S}} = -\varepsilon\mathrm{sgn}\,(\boldsymbol{S})$, 其中 $\varepsilon > 0$, 并代入式 (8.43) 和式 (8.44) 后得出控制律的完整表达式为

$$\boldsymbol{\tau} = \boldsymbol{W}\,(\boldsymbol{q},\dot{\boldsymbol{q}}) + \boldsymbol{M}\,(\boldsymbol{q})\,[\ddot{\boldsymbol{q}}_{\mathrm{d}} - \boldsymbol{H}\,(\dot{\boldsymbol{q}} - \dot{\boldsymbol{q}}_{\mathrm{d}}) - \varepsilon\mathrm{sgn}\,(\boldsymbol{S})] \tag{8.51}$$

从理论上讲, 滑模控制系统的鲁棒性优于一般传统的连续系统, 因为可以根据需要设计滑动模态, 系统的滑模运动不受控制对象的参数变化和系统的外部干扰影响。然而, 滑模控制在本质上的不连续开关特性却会造成系统的抖动。

对于一个理想的滑模控制系统, 假设切换过程具有理想的切换特性 (即没有时间和空间滞后), 且系统状态被准确测量, 控制量不受限制, 则滑动模态总是一个下降的平滑运动, 并且在原点上渐进稳定, 没有抖动。然而, 对于一个现实的滑模变结构控制系统, 这些假设不可能完全有效。特别是, 对于一个离散系统, 滑模控制系统会在平滑的滑模面上叠加一个锯齿状的轨迹。因此, 在实际系统中, 抖动是必然存在的, 如果消除了抖动, 滑模控制的抗摄动和抗扰动能力也就消除了。基于以上分析可知, 抖振无法完全消除, 只能在一定程度上削弱它。抖振问题也成了滑模控制在实际系统中应用的突出障碍。

8.3 机器人柔顺控制

要使机器人能对外界的变化产生响应, 一般采用视觉传感器、力传感器等来感受外界的变化, 然后将信息反馈给控制系统, 使之根据外界的变化来控制机器人的动作。柔顺控制就是从力传感器取得控制信号, 用此信号去控制机器人, 使之响应这个变化而动作。柔顺性分为主动柔顺性和被动柔顺性两类。机器人凭借一些辅助的柔顺机构, 使其在与环境接触时能够对外部作用力产生自然顺从, 称为被动柔顺性; 机器人利用力的反馈信息采用一定的控制策略去主动控制作用力, 称为主动柔顺性。

设计机器人力控制结构, 处理力和位置控制二者之间的关系, 也就是机器人柔顺控制的策略, 为主动柔顺控制研究中的首要问题。有关力控制的研究重点集中于此, 都是从不同的角度对控制策略进行阐述。虽然观点各异, 但从机器人实现依从运动的特点来看, 一般可归结为: 阻抗控制策略、导纳控制策略、力/位混合控制策略。下面分别介绍这三种策略。

8.3.1 阻抗控制

阻抗控制方法是由 Hogan(1995) 明确提出的, 该控制方法不孤立考虑机器人或接触的环境, 而是充分考虑两者的耦合关系。对于机器人来说, 为了保证其与接触环境的物理相容性, 机器人应该具有阻抗特性。Hogan 利用 Norton 等效网络中的概念来描述机器人与外界环境间的动态接触, 即将外界接触环境等效为导纳, 其输入为接触力, 输出为运动响应; 而将机器人等效为阻抗, 其输入为运动响应, 输出为接触力。这样机器人与接触环境系统的行为类似于一个匹配的阻抗电路, 机器人力控制问题便成了阻抗调节问题。阻抗控制就是能实现预定期望动态关系的控制律, 这个期望动态律包括预先确定的惯性、阻尼和刚性, 它代表了机器人的末端位置与接触环境作用力之间一种恰当的动态关系。

机器人末端执行器与接触环境间的相互作用力, 末端位置偏差、速度偏差、加速度偏差之间可以建立一个具有二阶关系的控制模型, 这个模型称为描述阻抗控制的目标阻抗模型。它有几种不同的形式, 采用的阻抗控制模型为

$$\boldsymbol{M}_{\mathrm{m}}(\ddot{\boldsymbol{x}}_{\mathrm{d}}-\ddot{\boldsymbol{x}})+\boldsymbol{D}_{\mathrm{m}}(\dot{\boldsymbol{x}}_{\mathrm{d}}-\dot{\boldsymbol{x}})+\boldsymbol{K}_{\mathrm{m}}(\boldsymbol{x}_{\mathrm{d}}-\boldsymbol{x})=\boldsymbol{F}_{\mathrm{d}}-\boldsymbol{F}_{\mathrm{e}} \tag{8.52}$$

式中, $\boldsymbol{M}_{\mathrm{m}}$、$\boldsymbol{D}_{\mathrm{m}}$、$\boldsymbol{K}_{\mathrm{m}}$ 分别为机器人期望的惯性矩阵、黏性阻尼矩阵和刚度矩阵; $\boldsymbol{F}_{\mathrm{d}}$ 为期望接触力; $\boldsymbol{F}_{\mathrm{e}}$ 为实际接触力; $\ddot{\boldsymbol{x}}$、$\dot{\boldsymbol{x}}$、$\boldsymbol{x}$ 分别是机器人末端实际的加速度、速度和位置; $\boldsymbol{x}_{\mathrm{d}}$ 为机器人的期望轨迹, 这里指机器人在受限表面上的接触力为期望值时应达到的理想位置, $\ddot{\boldsymbol{x}}_{\mathrm{d}}$ 和 $\dot{\boldsymbol{x}}_{\mathrm{d}}$ 分别是相应的加速度和速度。式 (8.52) 还可以表示为

$$\boldsymbol{M}_{\mathrm{m}}\ddot{\boldsymbol{e}}_{\mathrm{r}}+\boldsymbol{D}_{\mathrm{m}}\dot{\boldsymbol{e}}_{\mathrm{r}}+\boldsymbol{K}_{\mathrm{m}}\boldsymbol{e}_{\mathrm{r}}=\boldsymbol{F}_{\mathrm{d}}-\boldsymbol{F}_{\mathrm{e}} \tag{8.53}$$

式中, $\ddot{\boldsymbol{e}}_{\mathrm{r}}=\ddot{\boldsymbol{x}}_{\mathrm{d}}-\ddot{\boldsymbol{x}}$, $\dot{\boldsymbol{e}}_{\mathrm{r}}=\dot{\boldsymbol{x}}_{\mathrm{d}}-\dot{\boldsymbol{x}}$, $\boldsymbol{e}_{\mathrm{r}}=\boldsymbol{x}_{\mathrm{d}}-\boldsymbol{x}$。

拥有 n 个关节的机器人在关节空间中的动力学模型为

$$\boldsymbol{M}(\boldsymbol{\theta})\ddot{\boldsymbol{\theta}}+\boldsymbol{C}(\boldsymbol{\theta},\dot{\boldsymbol{\theta}})\dot{\boldsymbol{\theta}}+\boldsymbol{G}(\boldsymbol{\theta})=\boldsymbol{\tau}+\boldsymbol{J}^{\mathrm{T}}\boldsymbol{F}_{\mathrm{e}} \tag{8.54}$$

式中, $\ddot{\boldsymbol{\theta}}$、$\dot{\boldsymbol{\theta}}$、$\boldsymbol{\theta}$ 分别为关节的加速度矢量、速度矢量和位置矢量; $\boldsymbol{M}(\boldsymbol{\theta})$ 是 $n\times n$ 阶正定的惯性矩阵; $\boldsymbol{C}(\boldsymbol{\theta},\dot{\boldsymbol{\theta}})$ 是 $n\times n$ 阶哥氏矩阵; $\boldsymbol{G}(\boldsymbol{\theta})$ 是 n 维重力项; $\boldsymbol{\tau}$ 是 n 维的关节驱动力矩; $\boldsymbol{J}$ 是 $n\times 6$ 阶雅可比矩阵。式 (8.54) 经过变换得到在笛卡儿坐标系中的动力学模型:

$$\boldsymbol{M}_x(\boldsymbol{x})\ddot{\boldsymbol{x}}+\boldsymbol{C}_x(\boldsymbol{x},\dot{\boldsymbol{x}})\dot{\boldsymbol{x}}+\boldsymbol{G}_x(\boldsymbol{x})=\boldsymbol{J}^{-\mathrm{T}}\boldsymbol{\tau}+\boldsymbol{F}_{\mathrm{e}} \tag{8.55}$$

式中, $\boldsymbol{M}_x(x)=\boldsymbol{J}^{-\mathrm{T}}\boldsymbol{M}\boldsymbol{J}^{-1}$, $\boldsymbol{G}_x(x)=\boldsymbol{J}^{-\mathrm{T}}\boldsymbol{G}$, $\boldsymbol{C}_x=\boldsymbol{J}^{-\mathrm{T}}\left(\boldsymbol{C}-\boldsymbol{M}\boldsymbol{J}^{-1}\right)\boldsymbol{J}^{-1}$ 。设定控制律为 $\boldsymbol{u}\equiv\ddot{\boldsymbol{x}}$, 可得

$$\boldsymbol{u}=\ddot{\boldsymbol{x}}_{\mathrm{d}}+\boldsymbol{M}_{\mathrm{m}}^{-1}(\boldsymbol{D}_{\mathrm{m}}\dot{\boldsymbol{e}}_{\mathrm{r}}+\boldsymbol{K}_{\mathrm{m}}\boldsymbol{e}_{\mathrm{r}}-\boldsymbol{F}_{\mathrm{d}}+\boldsymbol{F}_{\mathrm{e}}) \tag{8.56}$$

将 $\boldsymbol{u}$ 代入笛卡儿坐标系中的动力学模型, 得到关节的驱动力矩:

$$\boldsymbol{\tau}=\boldsymbol{J}^{\mathrm{T}}(\boldsymbol{M}_x\boldsymbol{u}+\boldsymbol{C}_x\dot{\boldsymbol{x}}+\boldsymbol{G}_x-\boldsymbol{F}_{\mathrm{e}}) \tag{8.57}$$

阻抗控制方法的精度取决于对机器人系统和接触环境的了解程度。在大部分应用场合中, 一般不可能获得接触环境的精确信息。在这种情况下, 阻抗控制方法的力控制精度受到影响。当环境的动态特性未知时, 为了使受限表面接触力 $\boldsymbol{F}_{\mathrm{e}}$ 能够达到期望的接触力 $\boldsymbol{F}_{\mathrm{d}}$, 将参考轨迹算法 (轨迹规划) 引入阻抗控制模型。基于阻抗模型的参考轨迹算法控制原理如图 8.1 所示。

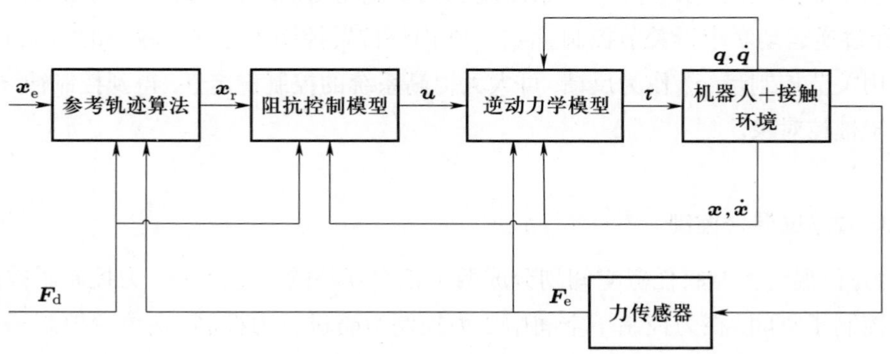

图 8.1 基于阻抗模型的参考轨迹算法

8.3.2 导纳控制

机器人导纳控制的基本思想: 控制系统采用基于位置控制的内环和力控控制的外环策略。检测系统 (如六维力矩传感器) 与外界的接触力, 通过一个二阶导纳模型, 生成一个附加的位置, 再用此附加位置去修正预先设定的位置轨迹, 最终送入位置控制内环, 完成最终的位置控制。

这种控制方式可以使系统表现出阻抗特性而不需要机器人的动力学模型。阻抗控制是根据末端的位移偏差决定各关节该如何发力, 而导纳控制是根据末端力的偏差决定各关节该输出怎样的运动。这种方式特别适合于位置控制效果好的伺服控制系统。导纳控制计算的结果是关节期望位置, 在传统的工业机器人上很容易实现。

由于导纳控制时根据接触力调整机器人运动, 其模型可由阻抗模型改写而获得:

$$\ddot{\boldsymbol{x}}_{\mathrm{e}}=\boldsymbol{M}_{\mathrm{m}}^{-1}(\boldsymbol{F}_{\mathrm{d}}-\boldsymbol{F}_{\mathrm{e}}-\boldsymbol{D}_{\mathrm{m}}\dot{\boldsymbol{x}}_{\mathrm{e}}-\boldsymbol{K}_{\mathrm{m}}\boldsymbol{x}_{\mathrm{e}}) \tag{8.58}$$

式中, $\boldsymbol{x}_{\mathrm{e}}=x-x_{\mathrm{d}}$ 为机器人实际位姿 $\boldsymbol{x}$ 与期望位姿 $\boldsymbol{x}_{\mathrm{d}}$ 之差, $\dot{\boldsymbol{x}}_{\mathrm{e}}$ 和 $\ddot{\boldsymbol{x}}_{\mathrm{e}}$ 分别为 $\boldsymbol{x}_{\mathrm{e}}$ 的一阶导数和二阶导数; $\boldsymbol{M}_{\mathrm{m}}$、$\boldsymbol{D}_{\mathrm{m}}$、$\boldsymbol{K}_{\mathrm{m}}$ 分别为机器人期望的惯性矩阵、黏性阻尼矩阵和刚度矩阵; $\boldsymbol{F}_{\mathrm{d}}$ 为期望接触力; $\boldsymbol{F}_{\mathrm{e}}$ 为实际接触力。

对式 (8.58) 进一步积分可得

$$\begin{cases}\dot{\boldsymbol{x}}_{\mathrm{e}}^{t+1}=\dot{\boldsymbol{x}}_{\mathrm{e}}^{t}+\ddot{\boldsymbol{x}}_{\mathrm{e}}\Delta t\\ \boldsymbol{x}_{\mathrm{e}}^{t+1}=\boldsymbol{x}_{\mathrm{e}}^{t}+\dot{\boldsymbol{x}}_{\mathrm{e}}^{t+1}\Delta t\end{cases} \tag{8.59}$$

为了防止积分的累计误差, 可以在每个控制周期内新计算的 $\dot{\boldsymbol{x}}_{\mathrm{e}}^{t}$ 和 $\boldsymbol{x}_{\mathrm{e}}^{t}$ 基础上叠加。导纳控制系统算法结构框图如图 8.2 所示。其算法是利用当前反馈的关节角度 $\boldsymbol{q}$, 根据雅可比矩阵$\boldsymbol{J}$ 计算出当前的位姿偏差 $\boldsymbol{x}_{\mathrm{e}}^{t}$ 和速度偏差 $\dot{\boldsymbol{x}}_{\mathrm{e}}^{t}$, 再利用工作环境中期望接触力 $\boldsymbol{F}_{\mathrm{d}}$ 和实际接触力 $\boldsymbol{F}_{\mathrm{e}}$, 基于导纳模型计算出期望的加速度 $\ddot{\boldsymbol{x}}_{\mathrm{e}}$, 积分得期望的修正位姿偏差 $\boldsymbol{x}_{\mathrm{e}}^{t+1}$, 最终叠加到期望输出 $\boldsymbol{x}_{\mathrm{d}}$ 上得到最终的位姿控制量 $\boldsymbol{x}_{u}$, 经过逆运动学求得关节控制量 $\boldsymbol{q}_{u}$。在内环位置控制跟踪误差较小的情况下, 可以使用关节控制量 $\boldsymbol{q}_{u}$ 作为反馈, 可大大提高系统的控制稳定性, 得到控制律 $\boldsymbol{\tau}$, 再作用于被控对象。

8.3.3 力/位混合控制

力/位混合控制将任务空间划分成两个正交互补的子空间——力控制子空间和位置控制子空间, 在力控制子空间中用力控制策略进行力控制, 在位置控制子空间利用位置控制策略进行位置控制。Mason 于 1979 年最早提出同时控制力和位置的概念与关节柔顺的思想, 他的方法是对机器人的不同关节根据具体任务要求分别独

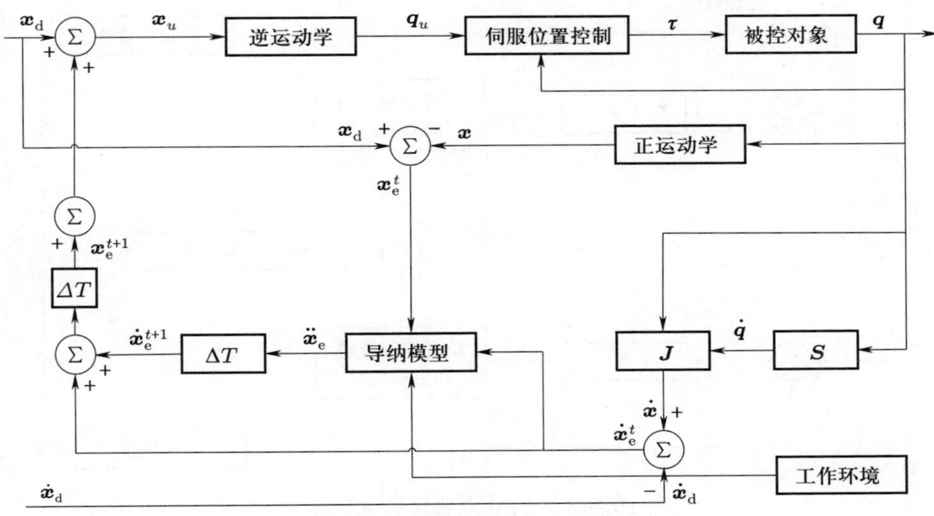

图 **8.2** 导纳控制系统算法结构框图

立地进行力控制和位置控制, 明显有一定局限性。后来,Raibert 和 Craig 在 Mason 方法的基础上提出了力/位混合控制, 即通过雅可比矩阵将作业空间任意方向的力和位置分配到各个关节控制器上, 可这种方法计算复杂。为此 H. Zhang 等提出了把操作空间的位置环用等效的关节位置环代替的改进方法, 但必须根据精确的环境约束方程来实时确定雅可比矩阵并计算其坐标系, 要实时地用反映任务要求的选择矩阵来决定力和位置控制方向。

力/位混合控制策略与阻抗控制策略是不同的, 阻抗控制是一种间接控制力的方法, 其核心思想是把力误差信号变为位置环的位置调节量, 即力控制器的输入信号加到位置控制的输入端, 通过位置的调整来实现力的控制。力/位混合控制方法的核心思想是分别用不同的控制策略对位置和力直接进行控制, 即首先通过选择矩阵确定当前接触点的位控和力控方向, 然后应用力反馈信息和位置反馈信息分别在位置环和力环中进行闭环控制, 最终在受限运动中实现力和位置的同时控制。力/位混合控制器原理如图 8.3 所示。

图 8.3 中, $\boldsymbol{S}$ 为选择矩阵, 用来表示约束坐标系下的力控方向; $\boldsymbol{I}$ 为单位矩阵, $\boldsymbol{I}-\boldsymbol{S}$ 用来表示位控方向。

由笛卡儿坐标系下的机器人动力学模型与力/位混合控制模型, 可以推得下列方程:

$$\boldsymbol{\tau}=\boldsymbol{J}^{\mathrm{T}}\left\{\boldsymbol{M}_x\cdot\boldsymbol{A}\cdot\left[(\boldsymbol{I}-\boldsymbol{S})\cdot\boldsymbol{u}_{\mathrm{p}}-\dot{\boldsymbol{A}}^{-1}\dot{\boldsymbol{x}}\right]+\boldsymbol{C}_x\dot{\boldsymbol{x}}+\boldsymbol{G}_x\right\}+\boldsymbol{J}^{\mathrm{T}}\cdot\boldsymbol{A}\cdot\boldsymbol{S}\cdot\boldsymbol{u}_f \tag{8.60}$$

式中, $\boldsymbol{A}$ 为从约束坐标系到笛卡儿坐标系的旋转变换矩阵; $\boldsymbol{u}_{\mathrm{p}}$ 为位控向量; $\boldsymbol{u}_f$ 为力控向量。

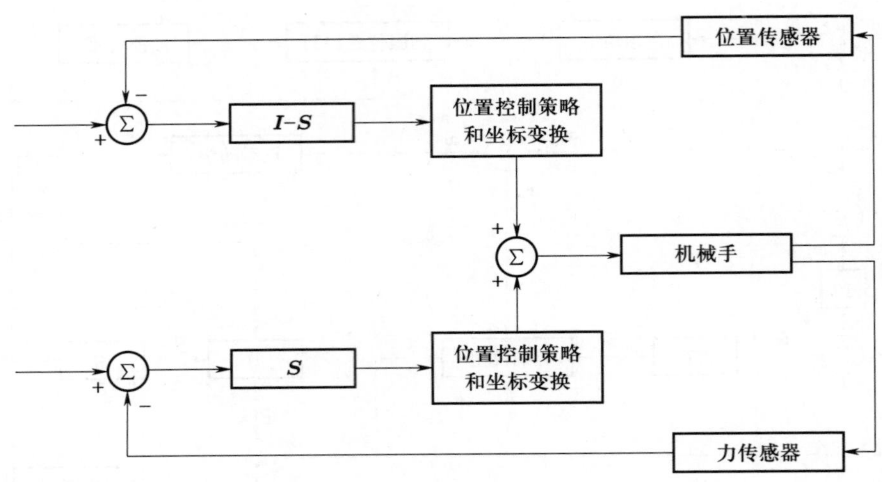

图 8.3 力/位混合控制器原理

$$\boldsymbol{u}_{\mathrm{d}}=\boldsymbol{A}^{-1}\left[K_{\mathrm{p}}\left(\boldsymbol{x}_{\mathrm{d}}-x\right)+K_{\mathrm{d}}\left(\dot{\boldsymbol{x}}_{\mathrm{d}}-\dot{\boldsymbol{x}}\right)\right] \tag{8.61}$$

式中, K_{p} 和 K_{d} 为位控向量的 PD 调节系数; $\boldsymbol{x}_{\mathrm{d}}$ 为在笛卡儿坐标系中机器人末端期望的位置; $\dot{\boldsymbol{x}}_{\mathrm{d}}$ 为机器人的期望速度。

$$\boldsymbol{u}_f=\boldsymbol{A}^{-1}\left[\boldsymbol{F}_{\mathrm{d}}+K_{\mathrm{p}f}(\boldsymbol{F}_{\mathrm{d}}-\boldsymbol{F}_{\mathrm{e}})-K_{\mathrm{d}f}\dot{\boldsymbol{x}}\right] \tag{8.62}$$

式中, $\boldsymbol{F}_{\mathrm{d}}$ 为期望接触力; $\boldsymbol{F}_{\mathrm{e}}$ 为实际接触力; $K_{\mathrm{p}f}$ 和 $K_{\mathrm{d}f}$ 为力控向量的 PD 调节系数。

阻抗控制和导纳控制已经能较好地完成普通柔顺控制, 又因导纳控制方式不需要机器人的动力学模型, 其在工业中具有较广泛的运用。这种方式特别适合于位置控制效果好的伺服控制系统。但在很多情况下, 需要同时对力和位置有高精度的控制, 例如机械臂沿着某个面进行抛光作业, 这时, 既需要在垂直面方向上进行力控制, 又需要在切面方向进行位置控制。这就需要用到上述的力/位混合控制策略。

8.4 机器人动力学控制典型应用——二自由度机械臂

8.4.1 动力学模型

在本节中, 将以二自由度机械臂为例来验证上述控制方法。篇幅所限, 本节只以滑模控制为例, 控制二自由度机械臂运动。在这个例子中, 将考虑电动机和连杆的质量。假设质量集中在连杆的中间。二自由度机械臂的示意如图 8.4 所示。

二自由度机械臂的参数和变量如表 8.2 所示。

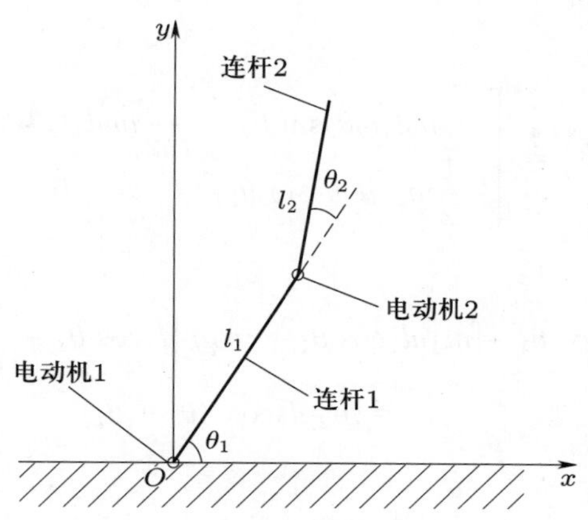

图 **8.4**　二自由度机械臂

表 **8.2**　二自由度机械臂的参数和变量

符号	定义	数值	单位
θ_1	连杆 1 的倾斜角度	—	rad
θ_2	连杆 2 的倾斜角度	—	rad
m_1	连杆 1 的质量	$\overline{m}_1 = 1.2$	kg
m_2	连杆 2 的质量	$\overline{m}_2 = 1$	kg
m_3	电动机 1 的质量	$\overline{m}_3 = 1.5$	kg
m_4	电动机 2 的质量	$\overline{m}_4 = 1.2$	kg
l_1	连杆 1 的长度	1	m
l_2	连杆 2 的长度	1	m
g	重力加速度	9.8	$\mathrm{m/s^2}$
τ_1	连杆 1 的输入扭矩	—	$\mathrm{N\cdot m}$
τ_2	连杆 1 的输入扭矩	—	$\mathrm{N\cdot m}$

通过拉格朗日方程, 得到二自由度机械臂的动力学方程:

$$\boldsymbol{M}(\boldsymbol{\theta})\ddot{\boldsymbol{\theta}} + \boldsymbol{C}(\boldsymbol{\theta},\dot{\boldsymbol{\theta}})\dot{\boldsymbol{\theta}} + \boldsymbol{G}(\boldsymbol{\theta}) = \boldsymbol{\tau} \tag{8.63}$$

式中,

$$\boldsymbol{M}(\boldsymbol{\theta}) = \begin{bmatrix} l_1^2\left(\dfrac{1}{4}m_1 + m_4\right) + m_2\left(l_1^2 + \dfrac{1}{4}l_2^2 + l_1l_2\cos\theta_2\right) & m_2\left(\dfrac{1}{4}l_2^2 + \dfrac{1}{2}l_1l_2\cos\theta_2\right) \\ m_2\left(\dfrac{1}{4}l_2^2 + \dfrac{1}{2}l_1l_2\cos\theta_2\right) & \dfrac{1}{4}m_2l_2^2 \end{bmatrix} \tag{8.64}$$

$$\boldsymbol{C}\left(\boldsymbol{\theta},\dot{\boldsymbol{\theta}}\right)=\begin{bmatrix}-m_2l_1l_2\dot{\theta}_2\sin\theta_2 & -\dfrac{1}{2}m_2l_1l_2\dot{\theta}_2\sin\theta_2\\ -\dfrac{1}{2}m_2l_1l_2\dot{\theta}_2\sin\theta_2 & 0\end{bmatrix}\tag{8.65}$$

$$\boldsymbol{G}(\boldsymbol{\theta})=\begin{bmatrix}\dfrac{1}{2}m_1gl_1\cos\theta_1+m_4gl_1\cos\theta_1+m_2g\left[l_1\cos\theta_1+\dfrac{1}{2}l_2\cos\ (\theta_1+\theta_2)\right]\\ \dfrac{1}{2}m_2gl_2\cos\ (\theta_1+\theta_2)\end{bmatrix}\tag{8.66}$$

8.4.2 约束轨迹

在这个例子中, 我们希望连杆 1 和连杆 2 的倾斜角度之和为零, 并且连杆 1 摆动有规律。因此, 假设机械手需要满足以下伺服约束:

$$\theta_1+\theta_2=0,\theta_1=1.5\sin\left(\frac{\pi}{6}t\right)\tag{8.67}$$

8.4.3 仿真结果

参考式 (8.51), 设计二自由度机械臂控制器为

$$\boldsymbol{\tau}=\boldsymbol{W}(\boldsymbol{\theta},\dot{\boldsymbol{\theta}})+\boldsymbol{M}(\boldsymbol{\theta})\left[\ddot{\boldsymbol{\theta}}_{\mathrm{d}}-\boldsymbol{H}(\dot{\boldsymbol{\theta}}-\dot{\boldsymbol{\theta}}_{\mathrm{d}})-\varepsilon\mathrm{sgn}(\boldsymbol{S})\right]\tag{8.68}$$

图 8.5 和图 8.6 分别展示了机械臂两关节的实际与期望轨迹对比。图 8.7 和图8.8 分别展示了机械臂两关节的误差。

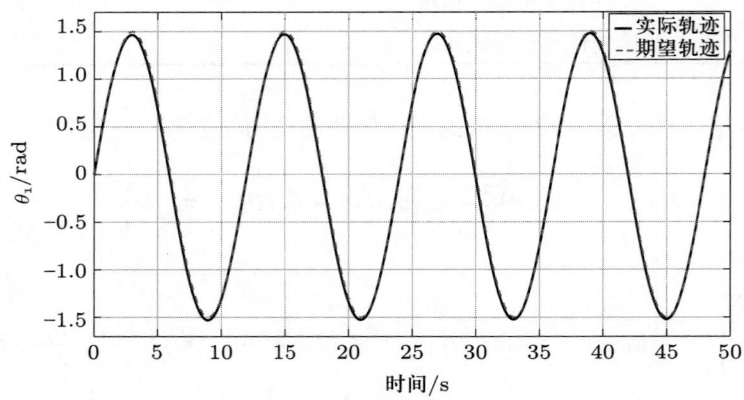

图 **8.5** 第一关节实际与期望轨迹对比

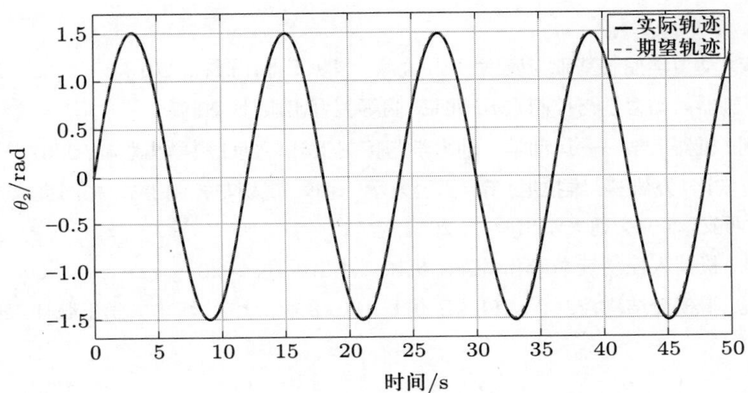

图 **8.6** 第二关节实际与期望轨迹对比

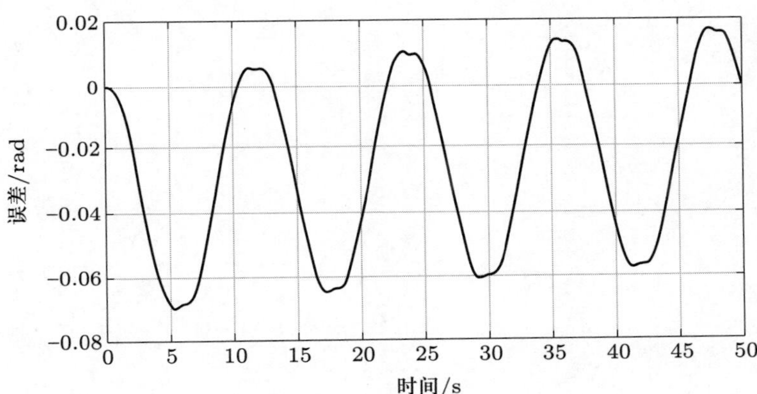

图 **8.7** 第一关节误差

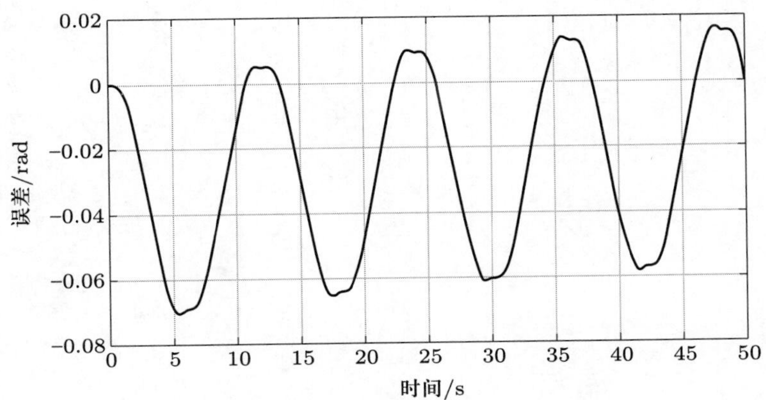

图 **8.8** 第二关节误差

参考文献

[1] 黎明安. 动力学控制基础与应用 [M]. 北京: 国防工业出版社, 2013.

[2] 霍伟. 机器人动力学与控制 [M]. 北京: 高等教育出版社, 2005.

[3] 宋伟刚. 机器人学——运动学、动力学与控制 [M]. 北京: 科学出版社, 2007.

[4] 西西里安诺, 夏维科, 维拉尼, 等. 机器人学: 建模, 规划与控制 [M]. 张国良, 曾静, 陈励华, 等译. 西安: 西安交通大学出版社, 2015.

[5] 李宏胜. 机器人控制技术 [M]. 北京: 机械工业出版社, 2020.

[6] 刘金琨. 滑模变结构控制 MATLAB 仿真 [M]. 3 版. 北京: 清华大学出版社, 2015.

第 9 章　基于U–K理论的动力学控制

在实际工业过程中, 由于工作状况变动、外部干扰以及建模误差的缘故, 难以得到精确的数学模型, 而系统的各种故障也将导致模型的不确定性, 因此模型参数的不确定性在控制系统中广泛存在 [1−2]。为了解决不确定系统的控制问题, 研究者们逐渐设计出了各种先进控制方法, 其中鲁棒控制和自适应鲁棒控制具有性能良好、实用性强等优点, 因而其相关控制研究发展迅猛。鲁棒控制器是一个固定的控制器, 可以解决系统模型不确定性的影响, 但是一般鲁棒控制系统的设计是以一些最差的情况为基础, 因此一般系统并不工作在最优状态 [3−4]。为此, 引入自适应控制。自适应控制是指, 针对被控系统参数变化或系统具有初始不确定性状态, 控制系统能自行调整参数或产生控制作用, 使系统仍能按某一性能指标运行的一种控制方法 [5−6]。本章利用 U–K 动力学方程设计出多种基于 U–K 方程的鲁棒控制、自适应鲁棒控制, 并基于模糊集理论建立模糊机械系统动力学模型, 进而提出一种模糊鲁棒控制方法。

9.1　基于 U–K 方程的名义控制

9.1.1　受约束机械系统

在对受约束机械系统进行控制设计之前, 需要先建立受约束机械系统的动力学模型。建立过程包括如下两步。

第一步: 建立含有不确定性参数的动力学模型 [7]:

$$\boldsymbol{M}\left(\boldsymbol{q}\left(t\right),\boldsymbol{\sigma}\left(t\right),t\right)\ddot{\boldsymbol{q}}\left(t\right)+\boldsymbol{C}\left(\boldsymbol{q}\left(t\right),\boldsymbol{\sigma}\left(t\right),t\right)\dot{\boldsymbol{q}}\left(t\right)+\boldsymbol{G}\left(\boldsymbol{q}\left(t\right),\boldsymbol{\sigma}\left(t\right),t\right)=\boldsymbol{\tau}(t) \tag{9.1}$$

式中, $t \in \mathbf{R}$ 是时间变量; $\boldsymbol{q} \in \mathbf{R}^n$ 是系统的坐标向量; $\dot{\boldsymbol{q}} \in \mathbf{R}^n$ 是系统的速度向量; $\ddot{\boldsymbol{q}} \in \mathbf{R}^n$ 是系统的加速度向量; $\boldsymbol{\sigma} \in \boldsymbol{\Sigma} \subset \mathbf{R}^p$ 是系统的不确定参数, 其中 $\boldsymbol{\Sigma} \subset \mathbf{R}^p$ 表示不确定性参数的边界且是紧集和预知的; $\boldsymbol{M}(\cdot)$ 为系统的质量矩阵; $\boldsymbol{C}(\cdot)\dot{q}$ 为科氏力/离心力; $\boldsymbol{G}(\cdot)$ 为重力; $\boldsymbol{\tau} \in \mathbf{R}^n$ 是系统控制输入。为便于设计分析, 这里假设式 (9.1) 中的函数 $\boldsymbol{M}(\cdot)$、$\boldsymbol{C}(\cdot)$ 和 $\boldsymbol{G}(\cdot)$ 均为连续或关于时间勒贝格可测。

第二步: 建立系统所受的约束方程。

假定该系统有 h 个完整约束和 $m-h$ 个非完整约束, 则其完整约束方程为

$$\varphi_i(\boldsymbol{q},t)=0, \quad i=1,\ 2,\cdots,h \tag{9.2}$$

非完整约束方程为

$$\varphi_i(\boldsymbol{q},\dot{\boldsymbol{q}},t)=0, \quad i=h+1,h+2,\cdots,m \tag{9.3}$$

式中, $m \leqslant n$ 是系统受到的约束数, 其中 n 为系统坐标变量 $\boldsymbol{q}$ 的维数。

假设式 (9.2) 和式 (9.3) 充分光滑, 求完整约束式 (9.2) 对时间 t 的一阶导数, 与式 (9.3) 联立可得

$$\sum_{i=1}^{n}\boldsymbol{A}_{li}(\boldsymbol{q},t)\dot{q}_i=\boldsymbol{c}_i(\boldsymbol{q},t), \quad l=1,\cdots,m \tag{9.4}$$

式中, $\dot{q}_i$ 是 $\dot{\boldsymbol{q}}$ 的第 i 个元素; $\boldsymbol{A}_{li}(\cdot)$ 和 $\boldsymbol{c}_i(\cdot)$ 都是列向量, 且 $m \leqslant n$。将式 (9.4) 写成矩阵形式:

$$\boldsymbol{A}(\boldsymbol{q},t)\dot{\boldsymbol{q}}=\boldsymbol{c}(\boldsymbol{q},t) \tag{9.5}$$

式中, $\boldsymbol{A}=[\boldsymbol{A}_{li}]_{m\times n}$, $\boldsymbol{c}=[\boldsymbol{c}_1 \quad \boldsymbol{c}_2 \quad \cdots \quad \boldsymbol{c}_m]^{\mathrm{T}}$。

求式 (9.4) 对时间 t 的一阶导数可得

$$\sum_{i=1}^{n}\left(\frac{\mathrm{d}}{\mathrm{d}t}\boldsymbol{A}_{li}(\boldsymbol{q},t)\right)\dot{q}_i+\sum_{i=1}^{n}\boldsymbol{A}_{li}(\boldsymbol{q},t)\ddot{q}_i=\frac{\mathrm{d}}{\mathrm{d}t}\boldsymbol{c}_l(\boldsymbol{q},t), \quad l=1,\cdots,m \tag{9.6}$$

式中,

$$\frac{\mathrm{d}}{\mathrm{d}t}\boldsymbol{A}_{li}(\boldsymbol{q},t)=\sum_{k=1}^{n}\frac{\partial \boldsymbol{A}_{li}(\boldsymbol{q},t)}{\partial q_k}\dot{q}_k+\frac{\partial \boldsymbol{A}_{li}(\boldsymbol{q},t)}{\partial t} \tag{9.7}$$

$$\frac{\mathrm{d}}{\mathrm{d}t}\boldsymbol{c}_l(\boldsymbol{q},t)=\sum_{k=1}^{n}\frac{\partial \boldsymbol{c}_l(\boldsymbol{q},t)}{\partial q_k}\dot{q}_k+\frac{\partial \boldsymbol{c}_l(\boldsymbol{q},t)}{\partial t} \tag{9.8}$$

由此, 式 (9.5) 可进一步写成:

$$\sum_{i=1}^{n}\boldsymbol{A}_{li}(\boldsymbol{q},t)\ddot{q}_i=-\sum_{i=1}^{n}\left(\frac{\mathrm{d}}{\mathrm{d}t}\boldsymbol{A}_{li}(\boldsymbol{q},t)\right)\dot{q}_i-\frac{\mathrm{d}}{\mathrm{d}t}\boldsymbol{c}_l(\boldsymbol{q},t)=\boldsymbol{b}_l(\boldsymbol{q},\dot{\boldsymbol{q}},t) \tag{9.9}$$

式中, $l=1,\cdots,m$。

将式 (9.9) 写成矩阵形式可得 [8–10]

$$\boldsymbol{A}(\boldsymbol{q},t)\ddot{\boldsymbol{q}}=\boldsymbol{b}(\boldsymbol{q},\dot{\boldsymbol{q}},t) \tag{9.10}$$

式中, $\boldsymbol{b}(\boldsymbol{q},\dot{\boldsymbol{q}},t)=[\boldsymbol{b}_1\quad \boldsymbol{b}_2\quad \cdots\quad \boldsymbol{b}_m]^{\mathrm{T}}$。

9.1.2 名义控制

名义控制所解决的是受约束机械系统不含不确定性或不确定性已知情况下的控制问题。对受约束机械系统给定以下条件:

假设 9.1 对于任何一个 $(\boldsymbol{q},t)\in\mathbf{R}^n\times\mathbf{R},\boldsymbol{\sigma}\in\boldsymbol{\Sigma},\boldsymbol{M}(\boldsymbol{q},\boldsymbol{\sigma},t)>\mathbf{0}$。

假设 9.2 式 (9.5) 和式 (9.10) 具有一致性且有解。

假设 9.3 不确定性参数 $\boldsymbol{\sigma}\in\boldsymbol{\Sigma}$ 是已知的。

基于 U–K 方程, 考虑受约束系统 [式 (9.1)] 并在假设 9.1 至假设 9.3 成立的基础上提出以下名义控制器 [11–13]:

$$\begin{aligned}\boldsymbol{Q}^{\mathrm{c}}(\boldsymbol{q},\dot{\boldsymbol{q}},t)=&\,\boldsymbol{M}^{\frac{1}{2}}(\boldsymbol{q},\boldsymbol{\sigma},t)[\boldsymbol{A}(\boldsymbol{q},t)\boldsymbol{M}^{-\frac{1}{2}}(\boldsymbol{q},\boldsymbol{\sigma},t)]^{+}\times\{\boldsymbol{b}(\boldsymbol{q},\dot{\boldsymbol{q}},t)+\\&\boldsymbol{A}(\boldsymbol{q},t)\boldsymbol{M}^{-1}(\boldsymbol{q},\boldsymbol{\sigma},t)[\boldsymbol{C}(\boldsymbol{q},\dot{\boldsymbol{q}},\boldsymbol{\sigma},t)\dot{\boldsymbol{q}}+\boldsymbol{G}(\boldsymbol{q},\boldsymbol{\sigma},t)]\}\end{aligned} \tag{9.11}$$

式中, “+”表示广义逆。该式满足达朗贝尔原理, 并可使系统式 (9.1) 满足约束式 (9.10)。

需要说明的是, 当机械系统含有不确定性且不确定性未知时, 可以将该系统按照是否含有不确定性参数分解为名义部分和不确定性部分。因此, 针对不确定性机械系统的控制问题, 就可以通过在名义控制的基础上设计额外的控制项来解决。

9.2 基于 U–K 方程的鲁棒控制器设计

9.2.1 鲁棒控制器设计

9.1.2 节给出了当不确定性参数 $\boldsymbol{\sigma}\in\boldsymbol{\Sigma}$ 是已知的时的名义控制器, 但在实际情况中, 不确定性总是未知的。因此, 本节将基于式 (9.1) 所示的受约束机械系统提出基于 U–K 方程的鲁棒控制设计方法, 以解决在不确定性参数 $\boldsymbol{\sigma}\in\boldsymbol{\Sigma}$ 未知时, 保证系统稳定性。设计过程可以按照以下三步进行。

第一步: 针对含有不确定性的受约束系统, 将其动力学模型 [式 (9.1)] 中含有不确定参数的矩阵和向量分解为

$$\boldsymbol{M}(\boldsymbol{q},\boldsymbol{\sigma},t)=\overline{\boldsymbol{M}}(\boldsymbol{q},t)+\Delta\boldsymbol{M}(\boldsymbol{q},\boldsymbol{\sigma},t) \tag{9.12}$$

$$\boldsymbol{C}(\boldsymbol{q},\dot{\boldsymbol{q}},\boldsymbol{\sigma},t)=\overline{\boldsymbol{C}}(\boldsymbol{q},\dot{\boldsymbol{q}},t)+\Delta\boldsymbol{C}(\boldsymbol{q},\dot{\boldsymbol{q}},\boldsymbol{\sigma},t) \tag{9.13}$$

$$\boldsymbol{G}(\boldsymbol{q},\boldsymbol{\sigma},t)=\overline{\boldsymbol{G}}(\boldsymbol{q},t)+\Delta\boldsymbol{G}(\boldsymbol{q},\boldsymbol{\sigma},t) \tag{9.14}$$

式中, $\overline{\boldsymbol{M}}(\cdot)$、$\overline{\boldsymbol{C}}(\cdot)$ 和 $\overline{\boldsymbol{G}}(\cdot)$ 为系统的名义部分, 且 $\overline{\boldsymbol{M}}(\cdot)>0$; $\Delta\boldsymbol{M}(\cdot)$、$\Delta\boldsymbol{C}(\cdot)$ 和 $\Delta\boldsymbol{G}(\cdot)$ 为含不确定性部分。为了便于控制器的设计, 令

$$\boldsymbol{D}(\boldsymbol{q},t)=\overline{\boldsymbol{M}}^{-1}(\boldsymbol{q},t) \tag{9.15}$$

$$\Delta\boldsymbol{D}(\boldsymbol{q},\boldsymbol{\sigma},t)=\boldsymbol{M}^{-1}(\boldsymbol{q},\boldsymbol{\sigma},t)-\overline{\boldsymbol{M}}^{-1}(\boldsymbol{q},t) \tag{9.16}$$

$$\boldsymbol{E}(\boldsymbol{q},\boldsymbol{\sigma},t)=\overline{\boldsymbol{M}}(\boldsymbol{q},t)\boldsymbol{M}^{-1}(\boldsymbol{q},\boldsymbol{\sigma},t)-\boldsymbol{I} \tag{9.17}$$

$$\Delta\boldsymbol{D}(\boldsymbol{q},\boldsymbol{\sigma},t)=\boldsymbol{D}(\boldsymbol{q},t)\boldsymbol{E}(\boldsymbol{q},\boldsymbol{\sigma},t) \tag{9.18}$$

第二步: 提出与系统特性相关的假设条件。

假设 9.4 对于任意 $(\boldsymbol{q},t)\in\mathbf{R}^n\times\mathbf{R}$, $\boldsymbol{A}(\boldsymbol{q},t)$ 是满秩的, 即 $\boldsymbol{A}(\boldsymbol{q},t)\boldsymbol{A}^{\mathrm{T}}(\boldsymbol{q},t)$ 可逆。

假设 9.5 存在一个函数 $\boldsymbol{\rho}_E(\cdot):\mathbf{R}^n\times\mathbf{R}\to(-1,\infty)$ 使所有的 $(\boldsymbol{q},t)\in\mathbf{R}^n\times\mathbf{R}$ 满足

$$\frac{1}{2}\min_{\boldsymbol{\sigma}\in\boldsymbol{\Sigma}}\lambda_m\left(\boldsymbol{E}(\boldsymbol{q},\boldsymbol{\sigma},t)+\boldsymbol{E}^{\mathrm{T}}(\boldsymbol{q},\boldsymbol{\sigma},t)\right)\geqslant\boldsymbol{\rho}_E \tag{9.19}$$

假设 9.6 对于给定的 $\boldsymbol{P}\in\mathbf{R}^{n\times n},\boldsymbol{P}>\mathbf{0}$, 使

$$\boldsymbol{\psi}(\boldsymbol{q},t)=\boldsymbol{P}\boldsymbol{A}(\boldsymbol{q},t)\boldsymbol{D}(\boldsymbol{q},t)\boldsymbol{D}(\boldsymbol{q},t)\boldsymbol{A}^{\mathrm{T}}(\boldsymbol{q},t)\boldsymbol{P} \tag{9.20}$$

存在一个常数 $\lambda>0$, 使

$$\inf_{(\boldsymbol{q},t)\in\mathbf{R}^n\times\mathbf{R}}\lambda_m(\boldsymbol{\psi}(\boldsymbol{q},t))\geqslant\underline{\lambda} \tag{9.21}$$

第三步: 在假设 9.1、假设 9.2 以及假设 9.4 至假设 9.6 成立的基础上, 给出基于 U–K 方程的鲁棒控制器:

$$\boldsymbol{\tau}(t)=\boldsymbol{p}_1(\boldsymbol{q}(t),\dot{\boldsymbol{q}}(t),t)+\boldsymbol{p}_2(\boldsymbol{q}(t),\dot{\boldsymbol{q}}(t),t)+\boldsymbol{p}_3(\boldsymbol{q}(t),\dot{\boldsymbol{q}}(t),t) \tag{9.22}$$

式中,

$$\begin{aligned}\boldsymbol{p}_1(\boldsymbol{q},\dot{\boldsymbol{q}},t)=&\overline{\boldsymbol{M}}^{\frac{1}{2}}(\boldsymbol{q},t)\left[\boldsymbol{A}(\boldsymbol{q},t)\overline{\boldsymbol{M}}^{-\frac{1}{2}}(\boldsymbol{q},t)\right]^{+}\times\{\boldsymbol{b}(\boldsymbol{q},\dot{\boldsymbol{q}},t)+\\&\boldsymbol{A}(\boldsymbol{q},t)\overline{\boldsymbol{M}}^{-1}(\boldsymbol{q},t)\left[\overline{\boldsymbol{C}}(\boldsymbol{q},\dot{\boldsymbol{q}},t)\dot{\boldsymbol{q}}+\overline{\boldsymbol{G}}(\boldsymbol{q},t)\right]\}\end{aligned} \tag{9.23}$$

$$\boldsymbol{p}_2(\boldsymbol{q},\dot{\boldsymbol{q}},t)=-\kappa\overline{\boldsymbol{M}}^{-1}(\boldsymbol{q},t)\boldsymbol{A}^{\mathrm{T}}(\boldsymbol{q},t)\boldsymbol{P}\boldsymbol{\beta}(\boldsymbol{q},\dot{\boldsymbol{q}},t) \tag{9.24}$$

$$\boldsymbol{p}_3(\boldsymbol{q},\dot{\boldsymbol{q}},t)=-\boldsymbol{\gamma}(\boldsymbol{q},\dot{\boldsymbol{q}},t)\boldsymbol{\mu}(\boldsymbol{q},\dot{\boldsymbol{q}},t)\boldsymbol{\rho}(\boldsymbol{q},\dot{\boldsymbol{q}},t) \tag{9.25}$$

$$\gamma(q,\dot{q},t)=\begin{cases}\dfrac{\left[1+\boldsymbol{\rho}_E(\boldsymbol{q},t)\right]^{-1}}{\|\overline{\boldsymbol{\mu}}(\boldsymbol{q},\dot{\boldsymbol{q}},t)\|\|\boldsymbol{\mu}(\boldsymbol{q},\dot{\boldsymbol{q}},t)\|}, & \|\boldsymbol{\mu}(\boldsymbol{q},\dot{\boldsymbol{q}},t)\|>\epsilon\\ \dfrac{\left(1+\boldsymbol{\rho}_E(\boldsymbol{q},t)\right)^{-1}}{\|\overline{\boldsymbol{\mu}}(\boldsymbol{q},\dot{\boldsymbol{q}},t)\|^2\epsilon}, & \|\boldsymbol{\mu}(\boldsymbol{q},\dot{\boldsymbol{q}},t)\|\leqslant\epsilon\end{cases}\tag{9.26}$$

$$\boldsymbol{\beta}(\boldsymbol{q},\dot{\boldsymbol{q}},t)=\boldsymbol{A}(\boldsymbol{q},t)\dot{\boldsymbol{q}}-\boldsymbol{c}(\boldsymbol{q},t),\boldsymbol{\mu}(\hat{\alpha},\boldsymbol{q},\dot{\boldsymbol{q}},t)=\boldsymbol{\eta}(\boldsymbol{q},\dot{\boldsymbol{q}},t)\boldsymbol{\rho}(\boldsymbol{q},\dot{\boldsymbol{q}},t)\tag{9.27}$$

$$\boldsymbol{\eta}(\boldsymbol{q},\dot{\boldsymbol{q}},t)=\overline{\boldsymbol{\mu}}(\boldsymbol{q},\dot{\boldsymbol{q}},t)\boldsymbol{\beta}(\boldsymbol{q},\dot{\boldsymbol{q}},t)\tag{9.28}$$

$$\overline{\boldsymbol{\mu}}(\boldsymbol{q},\dot{\boldsymbol{q}},t)=\overline{\boldsymbol{M}}^{-1}(\boldsymbol{q},t)\boldsymbol{A}^{\mathrm{T}}(\boldsymbol{q},t)\boldsymbol{P}\tag{9.29}$$

选择函数 $\rho(\boldsymbol{q},\dot{\boldsymbol{q}},t):\mathbf{R}^n\times\mathbf{R}^n\times\mathbf{R}\to\mathbf{R}_+$, 使

$$\rho(\boldsymbol{q},\dot{\boldsymbol{q}},t)\geqslant\max_{\boldsymbol{\sigma}\in\boldsymbol{\Sigma}}\|\boldsymbol{PA}\Delta\boldsymbol{D}(-\boldsymbol{C}\dot{\boldsymbol{q}}-\boldsymbol{G}+\boldsymbol{p}_1+\boldsymbol{p}_2)+\boldsymbol{PAD}(-\Delta\boldsymbol{C}\dot{\boldsymbol{q}}-\Delta\boldsymbol{G})\|\tag{9.30}$$

上述给出的基于 U–K 方程的鲁棒控制器, 满足下面的实用稳定性定理。

实用稳定性定理 对于式 (9.1) 所描述的受控系统, 在满足假设 9.4 至假设 9.6 的条件下, 由式 (9.22) 表示的控制器可以使受控系统具有如下两个性能 [14]。

1) 一致有界: 如果对任意的 $r>0$ 且 $\|\boldsymbol{\beta}(\boldsymbol{q}(t_0),\dot{\boldsymbol{q}}(t_0),t_0)\|<r$, 存在 $0<d(r)<\infty$, 使 $\|\boldsymbol{\beta}(\boldsymbol{q}(t),\boldsymbol{q}(t),t)\|\leqslant d(r)$ 对所有时间 $t\geqslant t_0$ 均成立, 则称该系统是一致有界的。

2) 一致最终有界: 如果对任意的 $r>0$ 且 $\|\boldsymbol{\beta}(\boldsymbol{q}(t_0),\dot{\boldsymbol{q}}(t_0),t_0)\|<r$, 存在 $0<\underline{d}<\infty$ 且 $0<T(\overline{d},r)<\infty$, 使 $\|\boldsymbol{\beta}(\boldsymbol{q}(t),\dot{\boldsymbol{q}}(t),t)\|<\overline{d}$ 对于任意的 $\overline{d}<\underline{d}$ 且 $t\geqslant t_0+T(\overline{d},r)$ 均成立, 则称该系统是一致最终有界的。

9.2.2 系统稳定性分析

为证明受控系统的稳定性, 即证明在控制器 [式 (9.22)] 控制下的机械系统 [式 (9.1)] 满足实用稳定性定理, 选取以下合法的李雅普诺夫函数 (其满足李雅普诺夫渐近稳定性函数的选取要求):

$$\boldsymbol{V}(\boldsymbol{\beta})=\boldsymbol{\beta}^{\mathrm{T}}\boldsymbol{P}\boldsymbol{\beta}\tag{9.31}$$

对式 (9.31) 求一阶导数可得 [为了证明过程的简洁, 在下面的证明中将省略部分函数中的元素, 例如函数 $\boldsymbol{M}(\boldsymbol{q},\boldsymbol{\sigma},t)$ 简写为 $\boldsymbol{M}$]:

$$\begin{aligned}\dot{\boldsymbol{V}}&=2\boldsymbol{\beta}^{\mathrm{T}}\boldsymbol{P}\dot{\boldsymbol{\beta}}=2\boldsymbol{\beta}^{\mathrm{T}}\boldsymbol{P}(\boldsymbol{A}\ddot{\boldsymbol{q}}-\boldsymbol{b})\\&=2\boldsymbol{\beta}^{\mathrm{T}}\boldsymbol{P}\left\{\boldsymbol{A}\left[\boldsymbol{M}^{-1}(-\boldsymbol{C}\dot{\boldsymbol{q}}-\boldsymbol{G})+\boldsymbol{M}^{-1}(\boldsymbol{p}_1+\boldsymbol{p}_2+\boldsymbol{p}_3)\right]-\boldsymbol{b}\right\}\end{aligned}\tag{9.32}$$

将式 (9.12) 至式 (9.14) 代入式 (9.32) 可得

$$
\begin{aligned}
&2\boldsymbol{\beta}^{\mathrm{T}}\boldsymbol{P}\{\boldsymbol{A}[\boldsymbol{M}^{-1}(-\boldsymbol{C}\dot{\boldsymbol{q}}-\boldsymbol{G})+\boldsymbol{M}^{-1}(\boldsymbol{p}_1+\boldsymbol{p}_2+\boldsymbol{p}_3)]-\boldsymbol{b}\}\\
&=2\boldsymbol{\beta}^{\mathrm{T}}\boldsymbol{P}\boldsymbol{A}[(\boldsymbol{D}+\Delta\boldsymbol{D})(-\overline{\boldsymbol{C}}\dot{\boldsymbol{q}}-\overline{\boldsymbol{G}}-\Delta\boldsymbol{C}\dot{\boldsymbol{q}}-\Delta\boldsymbol{G})+\\
&(\boldsymbol{D}+\Delta\boldsymbol{D})(\boldsymbol{p}_1+\boldsymbol{p}_2+\boldsymbol{p}_3)]-\boldsymbol{b}\\
&=2\boldsymbol{\beta}^{\mathrm{T}}\boldsymbol{P}\boldsymbol{A}[\boldsymbol{D}(-\overline{\boldsymbol{C}}\dot{\boldsymbol{q}}-\overline{\boldsymbol{G}})+\boldsymbol{D}(\boldsymbol{p}_1+\boldsymbol{p}_2)+\boldsymbol{D}(-\Delta\boldsymbol{C}\dot{\boldsymbol{q}}-\Delta\boldsymbol{G})+\\
&\Delta\boldsymbol{D}(-\boldsymbol{C}\dot{\boldsymbol{q}}-\boldsymbol{G}+\boldsymbol{p}_1+\boldsymbol{p}_2)(\boldsymbol{D}+\Delta\boldsymbol{D})\boldsymbol{p}_3]-\boldsymbol{b}
\end{aligned}
\tag{9.33}
$$

将式 (9.23) 代入式 (9.33) 中可得

$$
\boldsymbol{A}\left[\boldsymbol{D}\left(-\overline{\boldsymbol{C}}\dot{\boldsymbol{q}}-\overline{\boldsymbol{G}}\right)+\boldsymbol{D}\boldsymbol{p}_1\right]-\boldsymbol{b}=0 \tag{9.34}
$$

将式 (9.30) 代入式 (9.33) 中可得

$$
\begin{aligned}
&2\boldsymbol{\beta}^{\mathrm{T}}\boldsymbol{P}\boldsymbol{A}[\Delta\boldsymbol{D}(-\boldsymbol{C}\dot{\boldsymbol{q}}-\boldsymbol{G}+\boldsymbol{p}_1+\boldsymbol{p}_2)+\boldsymbol{D}(-\Delta\boldsymbol{C}\dot{\boldsymbol{q}}-\Delta\boldsymbol{G})]\\
&\leqslant 2\parallel\boldsymbol{\beta}\parallel\cdot\parallel\boldsymbol{P}\boldsymbol{A}(\Delta\boldsymbol{D}(-\boldsymbol{C}\dot{\boldsymbol{q}}-\boldsymbol{G}+\boldsymbol{p}_1+\boldsymbol{p}_2)+\boldsymbol{D}(-\Delta\boldsymbol{C}\dot{\boldsymbol{q}}-\Delta\boldsymbol{G}))\parallel\\
&\leqslant 2\parallel\boldsymbol{\beta}\parallel\rho
\end{aligned}
\tag{9.35}
$$

将式 (9.24) 代入式 (9.33) 中可得

$$
\begin{aligned}
2\boldsymbol{\beta}^{\mathrm{T}}\boldsymbol{P}\boldsymbol{A}\boldsymbol{D}\boldsymbol{p}_2&=2\boldsymbol{\beta}^{\mathrm{T}}\boldsymbol{P}\boldsymbol{A}\boldsymbol{D}[-\kappa\overline{\boldsymbol{M}}^{-1}(\boldsymbol{q},t)\boldsymbol{A}^{\mathrm{T}}(\boldsymbol{q},t)\boldsymbol{P}\boldsymbol{\beta}]\\
&=-2\kappa\boldsymbol{\eta}^{\mathrm{T}}\boldsymbol{\eta}=-2\kappa\parallel\boldsymbol{\eta}\parallel^2
\end{aligned}
\tag{9.36}
$$

根据 $\Delta\boldsymbol{D}=\boldsymbol{D}\boldsymbol{E}$, $\overline{\boldsymbol{M}}^{-1}=\boldsymbol{D}$, 将式 (9.25) 代入式 (9.33) 中可得

$$
\begin{aligned}
&2\boldsymbol{\beta}^{\mathrm{T}}\boldsymbol{P}\boldsymbol{A}(\boldsymbol{D}+\Delta\boldsymbol{D})\boldsymbol{p}_3=-2\boldsymbol{\beta}^{\mathrm{T}}\boldsymbol{P}\boldsymbol{A}(\boldsymbol{D}+\boldsymbol{D}\boldsymbol{E})\boldsymbol{\gamma}\boldsymbol{\mu}\rho\\
&=2(\boldsymbol{D}\boldsymbol{A}\boldsymbol{P}\boldsymbol{\beta}\rho)^{\mathrm{T}}(\boldsymbol{I}+\boldsymbol{E})(-\boldsymbol{\gamma}\boldsymbol{\mu})=2\boldsymbol{\mu}^{\mathrm{T}}(\boldsymbol{I}+\boldsymbol{E})(-\boldsymbol{\gamma}\boldsymbol{\mu})\\
&=-2\boldsymbol{\gamma}\boldsymbol{\mu}^{\mathrm{T}}\boldsymbol{\mu}-2\boldsymbol{\gamma}\boldsymbol{\mu}^{\mathrm{T}}\boldsymbol{E}\boldsymbol{\mu}\leqslant-2\boldsymbol{\gamma}\parallel\boldsymbol{\mu}\parallel^2-2\boldsymbol{\gamma}\lambda_m(\boldsymbol{E}+\boldsymbol{E}^{\mathrm{T}})\parallel\boldsymbol{\mu}\parallel^2\\
&\leqslant-2\boldsymbol{\gamma}(1+\rho_E)\parallel\boldsymbol{\mu}\parallel^2
\end{aligned}
\tag{9.37}
$$

当 $\parallel\boldsymbol{\mu}\parallel\leqslant\epsilon$ 时, 式 (9.37) 可写成

$$
-2\boldsymbol{\gamma}(1+\rho_E)\parallel\boldsymbol{\mu}\parallel^2=-2\frac{(1+\rho_E)^{-1}}{\parallel\overline{\boldsymbol{\mu}}\parallel^2\epsilon}(1+\rho_E)\parallel\boldsymbol{\mu}\parallel^2=-\frac{2\parallel\boldsymbol{\beta}\parallel^2\boldsymbol{\rho}^2}{\epsilon} \tag{9.38}
$$

根据式 (9.34) 至式 (9.38), 且当 $\parallel\boldsymbol{\mu}\parallel>\epsilon$ 时, 式 (9.32) 可写成

$$
\dot{V}\leqslant-2\kappa\parallel\boldsymbol{\eta}\parallel^2+2\parallel\boldsymbol{\beta}\parallel\rho-2\parallel\boldsymbol{\beta}\parallel\rho=-2\kappa\parallel\boldsymbol{\eta}\parallel^2 \tag{9.39}
$$

当 $\| \boldsymbol{\mu} \| \leqslant \epsilon$ 时, 式 (9.32) 可写成

$$\dot{V} \leqslant -2\kappa \| \boldsymbol{\eta} \|^2 + 2 \| \boldsymbol{\beta} \| \rho - \frac{2 \| \boldsymbol{\beta} \|^2 \rho^2}{\epsilon} = -2\kappa \| \boldsymbol{\eta} \|^2 + \frac{\epsilon}{2} \tag{9.40}$$

最终, 可以得到

$$\dot{V} \leqslant -2\kappa \| \boldsymbol{\eta} \|^2 + \frac{\epsilon}{2} \tag{9.41}$$

根据 Rayleigh 原理和假设 9.6, 有

$$\| \boldsymbol{\eta} \|^2 = \boldsymbol{\eta}^{\mathrm{T}} \boldsymbol{\eta} = \boldsymbol{\beta}^{\mathrm{T}} \boldsymbol{PADDA}^{\mathrm{T}} \boldsymbol{P\beta} \geqslant \lambda_m(\boldsymbol{PADDA}^{\mathrm{T}} \boldsymbol{P}) \| \boldsymbol{\beta} \|^2 \geqslant \underline{\lambda} \| \boldsymbol{\beta} \|^2 \tag{9.42}$$

因此

$$\dot{V} \leqslant -2\kappa \underline{\lambda} \| \boldsymbol{\beta} \|^2 + \frac{\epsilon}{2} \tag{9.43}$$

基于上面的分析, 可以得到受控系统具有一致有界性:

$$d(r) = \begin{cases} \sqrt{\dfrac{\lambda_{\max}(P)}{\lambda_{\min}(P)}} R, & r \leqslant R \\ \sqrt{\dfrac{\lambda_{\max}(P)}{\lambda_{\min}(P)}} r, & r > R \end{cases} \tag{9.44}$$

$$R = \sqrt{\frac{\epsilon}{4\kappa \underline{\lambda}}} \tag{9.45}$$

同时, 受控系统也具有一致最终有界性:

$$\overline{d} > \underline{d} = \sqrt{\frac{\lambda_{\max}(P)}{\lambda_{\min}(P)}} R \tag{9.46}$$

$$T(\overline{d}, r) = \begin{cases} 0, & r \leqslant \overline{d} \sqrt{\dfrac{\lambda_{\max}(P)}{\lambda_{\min}(P)}} \\ \dfrac{\lambda_{\max}(P) r^2 - [\lambda^2{}_{\min}(P)/\lambda_{\max}(P)] \overline{d}^2}{2\kappa \underline{\lambda} \overline{d}^2 [\lambda_{\min}(P)/\lambda_{\max}(P)] - \dfrac{\epsilon}{2}}, & \text{其他} \end{cases} \tag{9.47}$$

9.3 基于 U–K 方程的增益型自适应鲁棒控制器设计

9.3.1 增益型自适应鲁棒控制器设计

在 9.2 节中, 针对受约束的不确定性机械系统设计了基于 U–K 方程的鲁棒控制器, 本节将在 9.2 节的基础上设计一种基于 U–K 方程的增益型自适应鲁棒控制器。

对于受约束机械系统, 可建立如下含有不确定性参数的动力学模型:

$$\boldsymbol{M}(\boldsymbol{q}(t),\boldsymbol{\sigma}(t),t)\ddot{\boldsymbol{q}}(t)+\boldsymbol{C}(\boldsymbol{q}(t),\boldsymbol{\sigma}(t),t)\dot{\boldsymbol{q}}(t)+\boldsymbol{G}(\boldsymbol{q}(t),\boldsymbol{\sigma}(t),t)=\boldsymbol{\tau}(t) \tag{9.48}$$

式 (9.48) 所示的动力学模型与式 (9.1) 所示的动力学模型完全一致, 所以式 (9.48) 中的相关变量、参数、矩阵等的描述可参考 9.2 节相关知识, 这里不再赘述。

同样地, 假定该系统存在 h 个完整约束和 $m-h$ 个非完整约束。通过相应的微分, 最终可以分别得到约束方程的一阶和二阶形式:

$$\boldsymbol{A}(\boldsymbol{q},t)\dot{\boldsymbol{q}}=\boldsymbol{c}(\boldsymbol{q},t) \tag{9.49}$$

$$\boldsymbol{A}(\boldsymbol{q},t)\ddot{\boldsymbol{q}}=\boldsymbol{b}(\boldsymbol{q},\dot{\boldsymbol{q}},t) \tag{9.50}$$

式中, $\boldsymbol{A}=[\boldsymbol{A}_{li}]_{m\times n}$, $\boldsymbol{c}=[\boldsymbol{c}_1\quad \boldsymbol{c}_2\quad \cdots\quad \boldsymbol{c}_m]^{\mathrm{T}}$, $\boldsymbol{b}(\boldsymbol{q},\dot{\boldsymbol{q}},t)=[\boldsymbol{b}_1\quad \boldsymbol{b}_2\quad \cdots\quad \boldsymbol{b}_{\boldsymbol{m}}]^{\mathrm{T}}$。具体推导过程可参考 9.2 节相关知识。

基于式 (9.48) 所示的不确定性机械系统与式 (9.49) 和式 (9.50) 所示的约束方程, 下面提出一类增益型自适应鲁棒控制器的设计方法。设计过程可以按照以下三步进行。

第一步: 将式 (9.48) 中含有不确定参数的矩阵和向量进行分解, 具体分解方式与 9.3 节中式 (9.12) 至式 (9.18) 完全一致, 这里不再列出。

第二步: 提出与系统特性相关的假设条件:

假设 9.7 对于任意 $(\boldsymbol{q},t)\in\mathbf{R}^n\times\mathbf{R}$, $\boldsymbol{A}(\boldsymbol{q},t)$ 是满秩的, 即 $\boldsymbol{A}(\boldsymbol{q},t)\boldsymbol{A}^{\mathrm{T}}(\boldsymbol{q},t)$ 是可逆的。

假设 9.8 在假设 9.7 的条件下, 存在一个矩阵 $\boldsymbol{P}\in\mathbf{R}^{n\times n}$, $\boldsymbol{P}>\mathbf{0}$, 令

$$\boldsymbol{W}(\boldsymbol{q},\boldsymbol{\sigma},t)=\boldsymbol{P}\boldsymbol{A}(\boldsymbol{q},t)\boldsymbol{D}(\boldsymbol{q},t)\boldsymbol{E}(\boldsymbol{q},t)\overline{\boldsymbol{M}}(\boldsymbol{q},t)\boldsymbol{A}^{\mathrm{T}}(\boldsymbol{q},t)[\boldsymbol{A}(\boldsymbol{q},t)\boldsymbol{A}^{\mathrm{T}}(\boldsymbol{q},t)]^{-1}\boldsymbol{P}^{-1} \tag{9.51}$$

则存在一个常数 $\rho_E>-1$, 使所有的 $(\boldsymbol{q},t)\in\mathbf{R}^n\times\mathbf{R}$ 满足

$$\frac{1}{2}\min_{\boldsymbol{\sigma}\in\boldsymbol{\Sigma}}\lambda_m[\boldsymbol{W}(\boldsymbol{q},\boldsymbol{\sigma},t)+\boldsymbol{W}^{\mathrm{T}}(\boldsymbol{q},\boldsymbol{\sigma},t)]\geqslant\rho_E \tag{9.52}$$

假设 9.9 1) 存在一个未知的向量 $\boldsymbol{\alpha}\in(0,\infty)^k$, 与一个已知的函数 $\boldsymbol{\Pi}(\cdot):(0,\infty)^k\times\mathbf{R}^n\times\mathbf{R}^n\times\mathbf{R}\to\mathbf{R}_+$, 针对所有 $(\boldsymbol{q},\dot{\boldsymbol{q}},t)\in\mathbf{R}^n\times\mathbf{R}^n\times\mathbf{R}$, $\boldsymbol{\sigma}\in\boldsymbol{\Sigma}$, 有

$$\begin{aligned}(1+\rho_E)^{-1}\max_{\boldsymbol{\sigma}\in\boldsymbol{\Sigma}}\|\ &\boldsymbol{P}\boldsymbol{A}(\boldsymbol{q},t)\Delta\boldsymbol{D}(\boldsymbol{q},\boldsymbol{\sigma},t)[-\boldsymbol{C}(\boldsymbol{q},\dot{\boldsymbol{q}},\boldsymbol{\sigma},t)\dot{\boldsymbol{q}}-\boldsymbol{G}(\boldsymbol{q},\boldsymbol{\sigma},t)+\\ &\boldsymbol{p}_1(\boldsymbol{q},\dot{\boldsymbol{q}},t)+\boldsymbol{p}_2(\boldsymbol{q},\dot{\boldsymbol{q}},t)]-\boldsymbol{P}\boldsymbol{A}(\boldsymbol{q},t)\boldsymbol{D}(\boldsymbol{q},t)[\Delta\boldsymbol{C}(\boldsymbol{q},\boldsymbol{\sigma},t)\dot{\boldsymbol{q}}+\\ &\Delta\boldsymbol{G}(\boldsymbol{q},\boldsymbol{\sigma},t)]\ \|\leqslant\boldsymbol{\Pi}(\boldsymbol{\alpha},\boldsymbol{q},\dot{\boldsymbol{q}},t)\end{aligned} \tag{9.53}$$

2) 对于所有的 $(\boldsymbol{q},\dot{\boldsymbol{q}},t)\in\mathbf{R}^n\times\mathbf{R}^n\times\mathbf{R}$, 函数 $\boldsymbol{\Pi}(\cdot):(0,\infty)^k\times\mathbf{R}^n\times\mathbf{R}^n\times\mathbf{R}\rightarrow\mathbf{R}_+$ 是凹函数, 即对于任意 $\boldsymbol{\alpha}_{1,2}\in(0,\infty)^k$ 有

$$\boldsymbol{\Pi}(\boldsymbol{\alpha}_1,\boldsymbol{q},\dot{\boldsymbol{q}},t)-\boldsymbol{\Pi}(\boldsymbol{\alpha}_2,\boldsymbol{q},\dot{\boldsymbol{q}},t)\leqslant\frac{\partial\boldsymbol{\Pi}}{\partial\boldsymbol{\alpha}}(\boldsymbol{\alpha}_2,\boldsymbol{q},\dot{\boldsymbol{q}},t)(\boldsymbol{\alpha}_1-\boldsymbol{\alpha}_2)\tag{9.54}$$

第三步: 在上述假设成立的基础上, 给出基于 U–K 方程的增益型自适应鲁棒控制器:

$$\boldsymbol{\tau}(t)=\boldsymbol{p}_1(\boldsymbol{q}(t),\dot{\boldsymbol{q}}(t),t)+\boldsymbol{p}_2(\boldsymbol{q}(t),\dot{\boldsymbol{q}}(t),t)+\boldsymbol{p}_3(\hat{\boldsymbol{\alpha}}(t),\boldsymbol{q}(t),\dot{\boldsymbol{q}}(t),t)\tag{9.55}$$

式中,

$$\begin{aligned}\boldsymbol{p}_1(\boldsymbol{q},\dot{\boldsymbol{q}},t)=&\overline{\boldsymbol{M}}^{\frac{1}{2}}(\boldsymbol{q},t)[\boldsymbol{A}(\boldsymbol{q},t)\overline{\boldsymbol{M}}^{-\frac{1}{2}}(\boldsymbol{q},t)]^{+}\times\{\boldsymbol{b}(\boldsymbol{q},\dot{\boldsymbol{q}},t)+\\&\boldsymbol{A}(\boldsymbol{q},t)\overline{\boldsymbol{M}}^{-1}(\boldsymbol{q},t)[\overline{\boldsymbol{C}}(\boldsymbol{q},\dot{\boldsymbol{q}},t)\dot{\boldsymbol{q}}+\overline{\boldsymbol{G}}(\boldsymbol{q},t)]\}\end{aligned}\tag{9.56}$$

$$\boldsymbol{p}_2(\boldsymbol{q},\dot{\boldsymbol{q}},t)=-\kappa\overline{\boldsymbol{M}}(\boldsymbol{q},t)\boldsymbol{A}(\boldsymbol{q},t)[\boldsymbol{A}(\boldsymbol{q},t)\boldsymbol{A}^{\mathrm{T}}(\boldsymbol{q},t)]^{-1}\boldsymbol{P}^{-1}[\boldsymbol{A}(\boldsymbol{q},t)\dot{\boldsymbol{q}}-\boldsymbol{c}(\boldsymbol{q},t)]\tag{9.57}$$

$$\begin{aligned}\boldsymbol{p}_3(\hat{\boldsymbol{\alpha}},\boldsymbol{q},\dot{\boldsymbol{q}},t)=&-[\overline{\boldsymbol{M}}(\boldsymbol{q},t)\boldsymbol{A}^{\mathrm{T}}(\boldsymbol{q},t)[\boldsymbol{A}(\boldsymbol{q},t)\boldsymbol{A}^{\mathrm{T}}(\boldsymbol{q},t)]^{-1}\boldsymbol{P}^{-1}]\times\\&\boldsymbol{\gamma}(\hat{\boldsymbol{\alpha}},\boldsymbol{q},\dot{\boldsymbol{q}},t)\boldsymbol{\mu}(\hat{\boldsymbol{\alpha}},\boldsymbol{q},\dot{\boldsymbol{q}},t)\boldsymbol{\Pi}(\hat{\boldsymbol{\alpha}},\boldsymbol{q},\dot{\boldsymbol{q}},t)\end{aligned}\tag{9.58}$$

$$\gamma(\hat{\boldsymbol{\alpha}},\boldsymbol{q},\dot{\boldsymbol{q}},t)=\begin{cases}\dfrac{1}{\|\boldsymbol{\mu}(\hat{\boldsymbol{\alpha}},\boldsymbol{q},\dot{\boldsymbol{q}},t)\|}, & \|\boldsymbol{\mu}(\hat{\boldsymbol{\alpha}},\boldsymbol{q},\dot{\boldsymbol{q}},t)\|>\varepsilon(t)\\[2mm]\dfrac{1}{\varepsilon(t)}, & \|\boldsymbol{\mu}(\hat{\boldsymbol{\alpha}},\boldsymbol{q},\dot{\boldsymbol{q}},t)\|\leqslant\varepsilon(t)\end{cases}\tag{9.59}$$

$$\boldsymbol{\mu}(\hat{\boldsymbol{\alpha}},\boldsymbol{q},\dot{\boldsymbol{q}},t)=\boldsymbol{\beta}(\boldsymbol{q},\dot{\boldsymbol{q}},t)\boldsymbol{\Pi}(\hat{\boldsymbol{\alpha}},\boldsymbol{q},\dot{\boldsymbol{q}},t)\tag{9.60}$$

$$\dot{\varepsilon}(t)=-\ell\varepsilon(t),\quad\varepsilon(t_0)>0,\ell>0\tag{9.61}$$

$$\boldsymbol{\beta}(\boldsymbol{q},\dot{\boldsymbol{q}},t)=\boldsymbol{A}(\boldsymbol{q},t)\dot{\boldsymbol{q}}-\boldsymbol{c}(\boldsymbol{q},t)\tag{9.62}$$

式中, $\kappa\in\mathbf{R}$ 且 $\kappa>0$; “+” 表示广义逆符号。

在此, 给出以下增益型自适应律来求解自适应参数 $\hat{\boldsymbol{\alpha}}$:

$$\dot{\hat{\boldsymbol{\alpha}}}=\boldsymbol{L}\left(\frac{\partial\boldsymbol{\Pi}^{\mathrm{T}}}{\partial\boldsymbol{\alpha}}\right)(\hat{\boldsymbol{\alpha}},\boldsymbol{q},\dot{\boldsymbol{q}},t)\|\boldsymbol{\beta}(\boldsymbol{q},\dot{\boldsymbol{q}},t)\|\tag{9.63}$$

式中, $\hat{\boldsymbol{\alpha}}(t_0)>0$; $\hat{\boldsymbol{\alpha}}_i$ 为向量 $\hat{\boldsymbol{\alpha}}$ 的第 i 个参数, $i=1,2,\cdots,k$。

上述给出的基于 U–K 方程的增益型自适应鲁棒控制器, 满足下面的稳定性定理。

稳定性定理 令

$$\tilde{\boldsymbol{\delta}}(t)=[\boldsymbol{\beta}^{\mathrm{T}}(\hat{\boldsymbol{\alpha}}-\boldsymbol{\alpha})^{\mathrm{T}}\quad 0]\in\mathbf{R}^{m+k+1}$$

考虑式 (9.48) 表述的受控机械系统在满足假设 9.7 至假设 9.9 的条件下, 由式 (9.55) 所示的控制器可以使受控系统具有如下两个性能:

1) 一致稳定: 对所有 $\zeta > 0$, 存在 $\varepsilon > 0$ 使在 $\parallel \boldsymbol{\delta}(t_0) \parallel < \varepsilon$ 时有 $\parallel \boldsymbol{\delta}(t) \parallel < \zeta$, 其中 $t > t_0$。

2) 收敛到零: 对于任意给定的轨迹 $\boldsymbol{\delta}(\cdot)$, $\lim\limits_{t\to\infty}\boldsymbol{\beta} = \mathbf{0}$。

9.3.2 系统稳定性分析

为证明受控系统的稳定性, 即证明在控制器 [式 (9.55)] 控制下的机械系统 [式 (9.48)] 满足稳定性定理, 选取以下合法的李雅普诺夫函数（满足李雅普诺夫渐近稳定性函数的选取要求）:

$$V(\boldsymbol{\beta}, \hat{\boldsymbol{\alpha}} - \boldsymbol{\alpha}, \varepsilon) = \boldsymbol{\beta}^{\mathrm{T}}\boldsymbol{P}\boldsymbol{\beta} + (1+\rho_E)(\hat{\boldsymbol{\alpha}} - \boldsymbol{\alpha})^{\mathrm{T}}\boldsymbol{L}^{-1}(\hat{\boldsymbol{\alpha}} - \boldsymbol{\alpha}) + \frac{1+\rho_E}{2}\varepsilon \tag{9.64}$$

根据 $\sigma(\cdot)$、$q(\cdot)$、$\dot{q}(\cdot)$ 和 $\hat{\alpha}(\cdot)$ 的信息, 对式 (9.64) 求一阶导数可得 [为了简化证明过程, 在证明中省略部分函数中的元素, 例如函数 $\boldsymbol{M}(\boldsymbol{q},\boldsymbol{\sigma},t)$ 简写为 $\boldsymbol{M}$]:

$$\dot{V} = 2\boldsymbol{\beta}^{\mathrm{T}}\boldsymbol{P}\dot{\boldsymbol{\beta}} + 2(1+\rho_E)(\hat{\boldsymbol{\alpha}} - \boldsymbol{\alpha})^{\mathrm{T}}\boldsymbol{L}^{-1}\dot{\hat{\boldsymbol{\alpha}}} + \frac{1+\rho_E}{2}\dot{\varepsilon} \tag{9.65}$$

式 (9.65) 右边第一项可写为

$$\begin{aligned} 2\boldsymbol{\beta}^{\mathrm{T}}\boldsymbol{P}\dot{\boldsymbol{\beta}} &= 2\boldsymbol{\beta}^{\mathrm{T}}\boldsymbol{P}(\boldsymbol{A}\ddot{\boldsymbol{q}} - \boldsymbol{b}) \\ &= 2\boldsymbol{\beta}^{\mathrm{T}}\boldsymbol{P}\{\boldsymbol{A}[\boldsymbol{M}^{-1}(-\boldsymbol{C}\dot{\boldsymbol{q}} - \boldsymbol{G}) + \boldsymbol{M}^{-1}(\boldsymbol{p}_1 + \boldsymbol{p}_2 + \boldsymbol{p}_3)] - \boldsymbol{b}\} \end{aligned} \tag{9.66}$$

式中,

$$\begin{aligned} &\boldsymbol{A}[\boldsymbol{M}^{-1}(-\boldsymbol{C}\dot{\boldsymbol{q}} - \boldsymbol{G}) + \boldsymbol{M}^{-1}(\boldsymbol{p}_1 + \boldsymbol{p}_2 + \boldsymbol{p}_3)] - \boldsymbol{b} \\ =\ &\boldsymbol{A}[(\boldsymbol{D} + \Delta\boldsymbol{D})(-\overline{\boldsymbol{C}}\dot{\boldsymbol{q}} - \overline{\boldsymbol{G}} - \Delta\boldsymbol{C}\dot{\boldsymbol{q}} - \Delta\boldsymbol{G}) + (\boldsymbol{D} + \Delta\boldsymbol{D})(\boldsymbol{p}_1 + \boldsymbol{p}_2 + \boldsymbol{p}_3)] - \boldsymbol{b} \\ =\ &\boldsymbol{A}[\boldsymbol{D}(-\overline{\boldsymbol{C}}\dot{\boldsymbol{q}} - \overline{\boldsymbol{G}}) + \boldsymbol{D}(\boldsymbol{p}_1 + \boldsymbol{p}_2) - \boldsymbol{D}(\Delta\boldsymbol{C}\boldsymbol{q} + \Delta\boldsymbol{G}) + \\ &\Delta\boldsymbol{D}(-\boldsymbol{C}\boldsymbol{q} - \boldsymbol{G} + \boldsymbol{p}_1 + \boldsymbol{p}_2)(\boldsymbol{D} + \Delta\boldsymbol{D})\boldsymbol{p}_3] - \boldsymbol{b} \end{aligned} \tag{9.67}$$

将式 (9.56) 代入式 (9.67) 可得

$$\boldsymbol{A}[\boldsymbol{D}(-\overline{\boldsymbol{C}}\dot{\boldsymbol{q}} - \overline{\boldsymbol{G}}) + \boldsymbol{D}\boldsymbol{p}_1] - \boldsymbol{b} = \mathbf{0} \tag{9.68}$$

将式 (9.53) 代入式 (9.68) 可得

$$\begin{aligned} &2\boldsymbol{\beta}^{\mathrm{T}}\boldsymbol{P}\boldsymbol{A}[\Delta\boldsymbol{D}(-\boldsymbol{C}\dot{\boldsymbol{q}} - \boldsymbol{G} + \boldsymbol{p}_1 + \boldsymbol{p}_2) + \boldsymbol{D}(-\Delta\boldsymbol{C}\dot{\boldsymbol{q}} - \Delta\boldsymbol{G})] \\ \leqslant\ &2 \parallel \boldsymbol{\beta} \parallel \cdot \parallel \boldsymbol{P}\boldsymbol{A}[\Delta\boldsymbol{D}(-\boldsymbol{C}\dot{\boldsymbol{q}} - \boldsymbol{G} + \boldsymbol{p}_1 + \boldsymbol{p}_2) + \boldsymbol{D}(-\Delta\boldsymbol{C}\dot{\boldsymbol{q}} - \Delta\boldsymbol{G})] \parallel \\ \leqslant\ &2(1+\rho_E) \parallel \boldsymbol{\beta} \parallel \boldsymbol{\varPi}(\boldsymbol{\alpha}, \boldsymbol{q}, \dot{\boldsymbol{q}}, t) \end{aligned} \tag{9.69}$$

将式 (9.57) 代入式 (9.68) 可得

$$2\boldsymbol{\beta}^{\mathrm{T}}\boldsymbol{PADp}_2 = 2\boldsymbol{\beta}^{\mathrm{T}}\boldsymbol{PAD}[-\kappa\overline{\boldsymbol{M}}\boldsymbol{A}^{\mathrm{T}}(\boldsymbol{AA}^{\mathrm{T}})^{-1}\boldsymbol{P}^{-1}(\boldsymbol{A}\dot{\boldsymbol{q}}-\boldsymbol{c})]$$
$$= -2\kappa\boldsymbol{\beta}^{\mathrm{T}}(\boldsymbol{A}\dot{\boldsymbol{q}}-\boldsymbol{c}) = -2\kappa \parallel \boldsymbol{\beta} \parallel^2 \tag{9.70}$$

将式 (9.57) 及 $\Delta\boldsymbol{D} = \boldsymbol{DE}$ 代入式 (9.68) 可得

$$\begin{aligned}&2\boldsymbol{\beta}^{\mathrm{T}}\boldsymbol{PA}(\boldsymbol{D}+\Delta\boldsymbol{D})\boldsymbol{p}_3\\ =\ &2\boldsymbol{\beta}^{\mathrm{T}}\boldsymbol{PAD}\{-[\overline{\boldsymbol{M}}\boldsymbol{A}^{\mathrm{T}}(\boldsymbol{AA}^{\mathrm{T}})^{-1}\boldsymbol{P}^{-1}]\gamma\boldsymbol{\mu}\boldsymbol{\Pi}(\hat{\boldsymbol{\alpha}},\boldsymbol{q},\dot{\boldsymbol{q}},t)\}+\\ &2\boldsymbol{\beta}^{\mathrm{T}}\boldsymbol{PADE}\{-[\overline{\boldsymbol{M}}\boldsymbol{A}^{\mathrm{T}}(\boldsymbol{AA}^{\mathrm{T}})^{-1}\boldsymbol{P}^{-1}]\gamma\boldsymbol{\mu}\boldsymbol{\Pi}(\hat{\boldsymbol{\alpha}},\boldsymbol{q},\dot{\boldsymbol{q}},t)\}\end{aligned} \tag{9.71}$$

将式 (9.60) 代入式 (9.71) 右边第一项, 得

$$\begin{aligned}&2\boldsymbol{\beta}^{\mathrm{T}}\boldsymbol{PAD}\{-[\overline{\boldsymbol{M}}\boldsymbol{A}^{\mathrm{T}}(\boldsymbol{AA}^{\mathrm{T}})^{-1}\boldsymbol{P}^{-1}]\gamma\boldsymbol{\mu}\boldsymbol{\Pi}(\hat{\boldsymbol{\alpha}},\boldsymbol{q},\dot{\boldsymbol{q}},t)\}\\ =\ &-2(\boldsymbol{\beta}\boldsymbol{\Pi}(\hat{\boldsymbol{\alpha}},\boldsymbol{q},\dot{\boldsymbol{q}},t))^{\mathrm{T}}\gamma\boldsymbol{\mu} = -2\gamma \parallel \boldsymbol{\mu} \parallel^2\end{aligned} \tag{9.72}$$

根据 Rayleigh 原理, 式 (9.71) 右边第二项可写为

$$\begin{aligned}&2\boldsymbol{\beta}^{\mathrm{T}}\boldsymbol{PADE}\{-[\overline{\boldsymbol{M}}\boldsymbol{A}^{\mathrm{T}}(\boldsymbol{AA}^{\mathrm{T}})^{-1}\boldsymbol{P}^{-1}]\gamma\boldsymbol{\mu}\boldsymbol{\Pi}(\hat{\boldsymbol{\alpha}},\boldsymbol{q},\dot{\boldsymbol{q}},t)\}\\ =\ &-2\boldsymbol{\mu}^{\mathrm{T}}[\boldsymbol{PADE}\overline{\boldsymbol{M}}\boldsymbol{A}^{\mathrm{T}}(\boldsymbol{AA}^{\mathrm{T}})^{-1}\boldsymbol{P}^{-1}\gamma\boldsymbol{\mu}]\\ =\ &-2\gamma\frac{1}{2}\boldsymbol{\mu}^{\mathrm{T}}[\boldsymbol{PADE}\overline{\boldsymbol{M}}\boldsymbol{A}^{\mathrm{T}}\boldsymbol{AA}^{\mathrm{T}})^{-1}\boldsymbol{P}^{-1} + \boldsymbol{P}^{-1}(\boldsymbol{AA}^{\mathrm{T}})^{-\mathrm{T}}\boldsymbol{A}\overline{\boldsymbol{M}}\boldsymbol{E}^{\mathrm{T}}\boldsymbol{DA}^{\mathrm{T}}\boldsymbol{P}]\boldsymbol{\mu}\\ \leqslant\ &-2\gamma\boldsymbol{\mu}^{\mathrm{T}}\frac{1}{2}\lambda_m(\boldsymbol{W}+\boldsymbol{W}^{\mathrm{T}})\boldsymbol{\mu} \leqslant -2\gamma\rho_E \parallel \boldsymbol{\mu} \parallel^2\end{aligned} \tag{9.73}$$

将式 (9.72) 和式 (9.73) 代入式 (9.71) 可得

$$2\boldsymbol{\beta}^{\mathrm{T}}\boldsymbol{PA}(\boldsymbol{D}+\Delta\boldsymbol{D})\boldsymbol{p}_3 \leqslant -2\gamma(1+\rho_E) \parallel \boldsymbol{\mu} \parallel^2 \tag{9.74}$$

根据式 (9.73), 当 $\parallel \boldsymbol{\mu} \parallel > \varepsilon$ 时, 式 (9.74) 可写成

$$-2\gamma(1+\rho_E) \parallel \boldsymbol{\mu} \parallel^2 = -2\gamma(1+\rho_E)\frac{1}{\parallel \boldsymbol{\mu} \parallel} \parallel \boldsymbol{\mu} \parallel^2 = -2\gamma(1+\rho_E) \parallel \boldsymbol{\mu} \parallel \tag{9.75}$$

当 $\parallel \boldsymbol{\mu} \parallel \leqslant \varepsilon$ 时, 式 (9.75) 可写成

$$-2\gamma(1+\rho_E) \parallel \boldsymbol{\mu} \parallel^2 = -2\gamma(1+\rho_E)\frac{1}{\varepsilon} \parallel \boldsymbol{\mu} \parallel^2 = -2\gamma(1+\boldsymbol{\rho}_E)\frac{\parallel \boldsymbol{\mu} \parallel^2}{\varepsilon} \tag{9.76}$$

根据式 (9.67) 至式 (9.76), 且当 $\parallel \boldsymbol{\mu} \parallel > \varepsilon$ 时, 式 (9.66) 可以写成

$$\begin{aligned}2\boldsymbol{\beta}^{\mathrm{T}}\boldsymbol{P}\dot{\boldsymbol{\beta}} &\leqslant -2\kappa \parallel \boldsymbol{\beta} \parallel^2 - 2\gamma(1+\rho_E) \parallel \boldsymbol{\mu} \parallel + 2(1+\boldsymbol{\rho}_E) \parallel \boldsymbol{\beta} \parallel \boldsymbol{\Pi}(\boldsymbol{\alpha},\boldsymbol{q},\dot{\boldsymbol{q}},t)\\ &= -2\kappa \parallel \boldsymbol{\beta} \parallel^2 + 2(1+\rho_E)[- \parallel \boldsymbol{\beta} \parallel \boldsymbol{\Pi}(\hat{\boldsymbol{\alpha}},\boldsymbol{q},\dot{\boldsymbol{q}},t) + \parallel \boldsymbol{\beta} \parallel \boldsymbol{\Pi}(\boldsymbol{\alpha},\boldsymbol{q},\dot{\boldsymbol{q}},t)]\end{aligned} \tag{9.77}$$

当 $\| \boldsymbol{\mu} \| \leqslant \varepsilon$ 时, 式 (9.66) 可以写成

$$\begin{aligned}
&2\boldsymbol{\beta}^{\mathrm{T}}\boldsymbol{P}\dot{\boldsymbol{\beta}} \leqslant -2\kappa \| \boldsymbol{\beta}\|^2 - 2(1+\rho_E)\frac{\| \boldsymbol{\mu} \|^2}{\varepsilon} + 2(1+\rho_E)\boldsymbol{\Pi}(\boldsymbol{\alpha},\boldsymbol{q},\dot{\boldsymbol{q}},t) \\
&= -2\kappa \| \boldsymbol{\beta} \|^2 + (1+\rho_E)\left[-2\frac{\| \boldsymbol{\mu} \|^2}{\varepsilon} + 2 \| \boldsymbol{\beta} \| \boldsymbol{\Pi}(\hat{\boldsymbol{\alpha}},\boldsymbol{q},\dot{\boldsymbol{q}},t)\right] + \\
&\quad (1+\rho_E)[-2 \| \boldsymbol{\beta} \| \boldsymbol{\Pi}(\hat{\boldsymbol{\alpha}},\boldsymbol{q},\dot{\boldsymbol{q}},t) + 2 \| \boldsymbol{\beta} \| \boldsymbol{\Pi}(\boldsymbol{\alpha},\boldsymbol{q},\dot{\boldsymbol{q}},t)] \\
&\leqslant -2\kappa \| \boldsymbol{\beta} \|^2 + (1+\rho_E)\frac{\varepsilon}{2} + 2(1+\rho_E)[- \| \boldsymbol{\beta} \| \boldsymbol{\Pi}(\hat{\boldsymbol{\alpha}},\boldsymbol{q},\dot{\boldsymbol{q}},t) + \\
&\quad \| \boldsymbol{\beta} \| \boldsymbol{\Pi}(\boldsymbol{\alpha},\boldsymbol{q},\dot{\boldsymbol{q}},t)]
\end{aligned} \tag{9.78}$$

根据假设 9.9 第 2) 条可得

$$\| \boldsymbol{\beta} \| \boldsymbol{\Pi}(\boldsymbol{\alpha},\boldsymbol{q},\dot{\boldsymbol{q}},t) - \| \boldsymbol{\beta} \| \boldsymbol{\Pi}(\hat{\boldsymbol{\alpha}},\boldsymbol{q},\dot{\boldsymbol{q}},t) \leqslant \| \boldsymbol{\beta} \| \frac{\partial \boldsymbol{\Pi}}{\partial \boldsymbol{\alpha}}(\hat{\boldsymbol{\alpha}},\boldsymbol{q},\dot{\boldsymbol{q}},t)(\boldsymbol{\alpha} - \hat{\boldsymbol{\alpha}}) \tag{9.79}$$

将式 (9.79) 代入式 (9.77) 和式 (9.78) 可得

$$2\boldsymbol{\beta}^{\mathrm{T}}\boldsymbol{P}\dot{\boldsymbol{\beta}} \leqslant -2\kappa \| \boldsymbol{\beta}\|^2 + (1+\rho_E)\frac{\varepsilon}{2} + 2(1+\boldsymbol{\rho}_E) \| \boldsymbol{\beta} \| \frac{\partial \boldsymbol{\Pi}}{\partial \boldsymbol{\alpha}}(\hat{\boldsymbol{\alpha}},\boldsymbol{q},\dot{\boldsymbol{q}},t)(\boldsymbol{\alpha} - \hat{\boldsymbol{\alpha}}) \tag{9.80}$$

将自适应律式 (9.63) 代入式 (9.65) 右边第二项可得

$$\begin{aligned}
&2(1+\rho_E)(\hat{\boldsymbol{\alpha}} - \boldsymbol{\alpha})^{\mathrm{T}}\boldsymbol{L}^{-1}\dot{\hat{\boldsymbol{\alpha}}} \\
&= 2(1+\rho_E)(\hat{\boldsymbol{\alpha}} - \boldsymbol{\alpha})^{\mathrm{T}}\boldsymbol{L}^{-1}\boldsymbol{L}\frac{\partial \boldsymbol{\Pi}^{\mathrm{T}}}{\partial \boldsymbol{\alpha}}(\hat{\boldsymbol{\alpha}},\boldsymbol{q},\dot{\boldsymbol{q}},t) \| \boldsymbol{\beta} \| \\
&= 2(1+\rho_E)(\hat{\boldsymbol{\alpha}} - \boldsymbol{\alpha})^{\mathrm{T}}\frac{\partial \boldsymbol{\Pi}^{\mathrm{T}}}{\partial \boldsymbol{\alpha}}(\hat{\boldsymbol{\alpha}},\boldsymbol{q},\dot{\boldsymbol{q}},t) \| \boldsymbol{\beta} \| \\
&= 2(1+\rho_E)(\hat{\boldsymbol{\alpha}} - \boldsymbol{\alpha})^{\mathrm{T}}\frac{\partial \boldsymbol{\Pi}^{\mathrm{T}}}{\partial \boldsymbol{\alpha}}(\hat{\boldsymbol{\alpha}},\boldsymbol{q},\dot{\boldsymbol{q}},t) \| \boldsymbol{\beta} \| \\
&= 2(1+\rho_E)\frac{\partial \boldsymbol{\Pi}}{\partial \boldsymbol{\alpha}}(\hat{\boldsymbol{\alpha}},\boldsymbol{q},\dot{\boldsymbol{q}},t)(\hat{\boldsymbol{\alpha}} - \boldsymbol{\alpha}) \| \boldsymbol{\beta} \|
\end{aligned} \tag{9.81}$$

将式 (9.61) 代入式 (9.65) 右边第三项可得

$$\frac{(1+\rho_E)}{2l}\dot{\varepsilon} = \frac{(1+\rho_E)}{2l}(-l\varepsilon) = -\frac{(1+\rho_E)}{2}\varepsilon \tag{9.82}$$

将式 (9.80) 至式 (9.82) 代入式 (9.65) 可得

$$\dot{V} \leqslant -2\kappa \| \boldsymbol{\beta}\|^2 \tag{9.83}$$

因为李雅普诺夫微分函数无正数项, 所以该系统是一致稳定的。

9.4 基于 U–K 方程的泄漏型自适应鲁棒控制器设计

9.4.1 泄漏型自适应鲁棒控制器设计

针对 9.3 节中所设计的增益型自适应鲁棒控制器可能产生控制代价过大的问题, 本节将在 9.3 节的基础上设计一种基于 U–K 方程的泄漏型自适应鲁棒控制器来对控制代价进行管控。首先对假设 9.9 第 2) 条进行修改, 得到假设 9.10。

假设 9.10 1) 存在一个未知的向量 $\boldsymbol{\alpha} \in (0,\infty)^k$, 与一个已知的函数 $\boldsymbol{\Pi}(\cdot)$: $(0,\infty)^k \times \mathbf{R}^n \times \mathbf{R}^n \times \mathbf{R} \to \mathbf{R}_+$, 针对所有 $(\boldsymbol{q},\dot{\boldsymbol{q}},t) \in \mathbf{R}^n \times \mathbf{R}^n \times \mathbf{R}$, $\boldsymbol{\sigma} \in \boldsymbol{\Sigma}$, 有

$$\begin{aligned}(1+\rho_E)^{-1}\max_{\boldsymbol{\sigma}\in\boldsymbol{\Sigma}} \| & \boldsymbol{PA}(\boldsymbol{q},t)\Delta\boldsymbol{D}(\boldsymbol{q},\boldsymbol{\sigma},t)[-\boldsymbol{C}(\boldsymbol{q},\dot{\boldsymbol{q}},\boldsymbol{\sigma},t)\dot{\boldsymbol{q}}-\boldsymbol{G}(\boldsymbol{q},\boldsymbol{\sigma},t)+ \\ & \boldsymbol{p}_1(\boldsymbol{q},\dot{\boldsymbol{q}},t)+\boldsymbol{p}_2(\boldsymbol{q},\dot{\boldsymbol{q}},t)-\boldsymbol{PA}(\boldsymbol{q},t)\boldsymbol{D}(\boldsymbol{q},t)(\Delta\boldsymbol{C}(\boldsymbol{q},\boldsymbol{\sigma},t)\dot{\boldsymbol{q}}+ \\ & \Delta\boldsymbol{G}(\boldsymbol{q},\boldsymbol{\sigma},t)] \| \leqslant \boldsymbol{\Pi}(\boldsymbol{\alpha},\boldsymbol{q},\dot{\boldsymbol{q}},t)\end{aligned} \tag{9.84}$$

2) 在假设 9.10 第 1) 条件下, 对于任意 $(\boldsymbol{\alpha},\boldsymbol{q},\dot{\boldsymbol{q}},t)$, $\boldsymbol{\Pi}(\boldsymbol{\alpha},\boldsymbol{q},\dot{\boldsymbol{q}},t)$ 可以被 $\boldsymbol{\alpha}$ 线性化, 存在函数 $\tilde{\boldsymbol{\Pi}}(\cdot):\mathbf{R}^n \times \mathbf{R}^n \times \mathbf{R} \to \mathbf{R}_+$ 使

$$\boldsymbol{\Pi}(\boldsymbol{\alpha},\boldsymbol{q},\dot{\boldsymbol{q}},t)=\boldsymbol{\alpha}^{\mathrm{T}}\tilde{\boldsymbol{\Pi}}(\boldsymbol{q},\dot{\boldsymbol{q}},t) \tag{9.85}$$

在假设 9.7、假设 9.8 和假设 9.10 成立的基础上, 给出泄漏型自适应鲁棒控制器:

$$\boldsymbol{\tau}(t)=\boldsymbol{p}_1(\boldsymbol{q}(t),\dot{\boldsymbol{q}}(t),t)+\boldsymbol{p}_2(\boldsymbol{q}(t),\dot{\boldsymbol{q}}(t),t)+\boldsymbol{p}_4(\tilde{\boldsymbol{\alpha}}(t),\boldsymbol{q}(t),\dot{\boldsymbol{q}}(t),t) \tag{9.86}$$

式中,

$$\begin{aligned}\boldsymbol{p}_1(\boldsymbol{q},\dot{\boldsymbol{q}},t)=\ & \overline{\boldsymbol{M}}^{\frac{1}{2}}(\boldsymbol{q},t)[\boldsymbol{A}(\boldsymbol{q},t)\overline{\boldsymbol{M}}^{-\frac{1}{2}}(\boldsymbol{q},t)]^{+}\times\{\boldsymbol{b}(\boldsymbol{q},\boldsymbol{q},t)+ \\ & \boldsymbol{A}(\boldsymbol{q},t)\overline{\boldsymbol{M}}^{-1}(\boldsymbol{q},t)[\overline{\boldsymbol{C}}(\boldsymbol{q},\boldsymbol{q},t)\dot{\boldsymbol{q}}+\overline{\boldsymbol{G}}(\boldsymbol{q},t)]\}\end{aligned} \tag{9.87}$$

$$\boldsymbol{p}_2(\boldsymbol{q},\dot{\boldsymbol{q}},t)=-\kappa\overline{\boldsymbol{M}}(\boldsymbol{q},t)\boldsymbol{A}(\boldsymbol{q},t)[\boldsymbol{A}(\boldsymbol{q},t)\boldsymbol{A}^{\mathrm{T}}(\boldsymbol{q},t)]^{-1}\boldsymbol{P}^{-1}[\boldsymbol{A}(\boldsymbol{q},t)\dot{\boldsymbol{q}}-\boldsymbol{c}(\boldsymbol{q},t)] \tag{9.88}$$

$$\begin{aligned}\boldsymbol{p}_4(\tilde{\boldsymbol{\alpha}},\boldsymbol{q},\dot{\boldsymbol{q}},t)=\ & -\{\overline{\boldsymbol{M}}(\boldsymbol{q},t)\boldsymbol{A}^{\mathrm{T}}(\boldsymbol{q},t)[\boldsymbol{A}(\boldsymbol{q},t)\boldsymbol{A}^{\mathrm{T}}(\boldsymbol{q},t)]^{-1}\boldsymbol{P}^{-1}\}\times \\ & \tilde{\gamma}(\tilde{\boldsymbol{\alpha}},\boldsymbol{q},\dot{\boldsymbol{q}},t)\boldsymbol{\mu}(\tilde{\boldsymbol{\alpha}},\boldsymbol{q},\dot{\boldsymbol{q}},t)\boldsymbol{\Pi}(\tilde{\boldsymbol{\alpha}},\boldsymbol{q},\dot{\boldsymbol{q}},t)\end{aligned} \tag{9.89}$$

$$\tilde{\gamma}(\tilde{\boldsymbol{\alpha}},\boldsymbol{q},\dot{\boldsymbol{q}},t)=\begin{cases}\dfrac{1}{\|\boldsymbol{\mu}(\tilde{\boldsymbol{\alpha}},\boldsymbol{q},\dot{\boldsymbol{q}},t)\|}, & \|\boldsymbol{\mu}(\tilde{\boldsymbol{\alpha}},\boldsymbol{q},\dot{\boldsymbol{q}},t)\|>\hat{\varepsilon} \\ \dfrac{1}{\hat{\varepsilon}}, & \|\boldsymbol{\mu}(\tilde{\boldsymbol{\alpha}},\boldsymbol{q},\dot{\boldsymbol{q}},t)\|\leqslant\hat{\varepsilon}\end{cases} \tag{9.90}$$

式中, $\kappa \in \mathbf{R}$, 且 $\kappa > 0$; “+” 表示广义逆符号。

在此, 给出以下泄漏型自适应律来求解自适应参数 $\tilde{\boldsymbol{\alpha}}$:

$$\dot{\tilde{\boldsymbol{\alpha}}}=k_1\tilde{\boldsymbol{\Pi}}(\boldsymbol{q},\dot{\boldsymbol{q}},t)\|\boldsymbol{\beta}(\boldsymbol{q},\dot{\boldsymbol{q}},t)\|-k_2\tilde{\boldsymbol{\alpha}} \tag{9.91}$$

式中, $\tilde{\boldsymbol{\alpha}}(t_0)>0$; $\tilde{\boldsymbol{\alpha}}_i$ 为向量 $\tilde{\boldsymbol{\alpha}}$ 的第 i 个参数, $i=1,2,\cdots,k$; 非负参数 k_1, $k_2\in\mathbf{R}$。

上述给出的基于 U−K 方程的泄漏型自适应鲁棒控制器满足下面的实用稳定性定理。

实用稳定性定理 对于式 (9.48) 所描述的受控系统, 在满足假设 9.7、假设 9.8 和假设 9.10 的条件下, 由式 (9.86) 表示的控制器可以使受控系统具有如下两个性能。

1) 一致有界: 如果对任意 $r>0$ 且 $\|\boldsymbol{\beta}(\boldsymbol{q}(t_0),\dot{\boldsymbol{q}}(t_0),t_0)\|<r$, 存在 $0<d(r)<\infty$, 使 $\|\boldsymbol{\beta}(\boldsymbol{q}(t),\dot{\boldsymbol{q}}(t),t)\|\leqslant d(r)$ 对所有时间 $t\geqslant t_0$ 均成立, 则称该系统是一致有界的。

2) 一致最终有界: 如果对任意 $r>0$ 且 $\|\boldsymbol{\beta}(\boldsymbol{q}(t_0),\dot{\boldsymbol{q}}(t_0),t_0)\|<r$, 存在 $0<\underline{d}<\infty$ 且 $0<T(\overline{d},r)<\infty$, 使 $\|\boldsymbol{\beta}(\boldsymbol{q}(t),\dot{\boldsymbol{q}}(t),t)\|<\overline{d}$ 对于任意的 $\overline{d}<\underline{d}$ 且 $t\geqslant t_0+T(\overline{d},r)$ 均成立, 则称该系统是一致最终有界的。

9.4.2 系统稳定性分析

为证明受控系统的稳定性, 即证明在控制器 [式 (9.86)] 控制下的机械系统 [式 (9.48)] 满足实用稳定性定理, 选取以下合法的李雅普诺夫函数 (满足李雅普诺夫渐近稳定性函数的选取要求):

$$V(\boldsymbol{\beta},\tilde{\boldsymbol{\alpha}}-\boldsymbol{\alpha})=\boldsymbol{\beta}^{\mathrm{T}}\boldsymbol{P}\boldsymbol{\beta}+k_1^{-1}(1+\rho_E)(\tilde{\boldsymbol{\alpha}}-\boldsymbol{\alpha})^{\mathrm{T}}(\tilde{\boldsymbol{\alpha}}-\boldsymbol{\alpha}) \tag{9.92}$$

根据 $\boldsymbol{\sigma}(\cdot)$、$\boldsymbol{q}(\cdot)$、$\dot{\boldsymbol{q}}(\cdot)$ 和 $\hat{\boldsymbol{\alpha}}(\cdot)$ 的信息, 对式 (9.92) 求一阶导数可得 [为了简化证明过程, 在证明中省略部分函数中的元素, 例如函数 $\boldsymbol{M}(\boldsymbol{q},\boldsymbol{\sigma},t)$ 简写为 $\boldsymbol{M}$]:

$$\dot{V}=2\boldsymbol{\beta}^{\mathrm{T}}\boldsymbol{P}\dot{\boldsymbol{\beta}}+2k_1^{-1}(1+\rho_E)(\tilde{\boldsymbol{\alpha}}-\boldsymbol{\alpha})^{\mathrm{T}}\dot{\tilde{\boldsymbol{\alpha}}} \tag{9.93}$$

式 (9.93) 右边第一项可写为

$$\begin{aligned}2\boldsymbol{\beta}^{\mathrm{T}}\boldsymbol{P}\dot{\boldsymbol{\beta}}&=2\boldsymbol{\beta}^{\mathrm{T}}\boldsymbol{P}(\boldsymbol{A}\ddot{\boldsymbol{q}}-\boldsymbol{b})\\&=2\boldsymbol{\beta}^{\mathrm{T}}\boldsymbol{P}\{\boldsymbol{A}[\boldsymbol{M}^{-1}(-\boldsymbol{C}\dot{\boldsymbol{q}}-\boldsymbol{G}-\boldsymbol{F})+\boldsymbol{M}^{-1}(\boldsymbol{p}_1+\boldsymbol{p}_2+\boldsymbol{p}_4)]-\boldsymbol{b}\}\end{aligned} \tag{9.94}$$

与 9.4 节中式 (9.67) 至式 (9.76) 的推导过程相似, 当 $\|\boldsymbol{\mu}\|>\hat{\varepsilon}$ 时可得

$$2\boldsymbol{\beta}^{\mathrm{T}}\boldsymbol{P}\dot{\boldsymbol{\beta}}\leqslant-2\kappa\|\boldsymbol{\beta}\|^2+2(1+\rho_E)[-\|\boldsymbol{\beta}\|\boldsymbol{\Pi}(\tilde{\boldsymbol{\alpha}},\boldsymbol{q},\dot{\boldsymbol{q}},t)+\|\boldsymbol{\beta}\|\boldsymbol{\Pi}(\boldsymbol{\alpha},\boldsymbol{q},\dot{\boldsymbol{q}},t)] \tag{9.95}$$

当 $\|\boldsymbol{\mu}\|\leqslant\hat{\varepsilon}$ 时, 有

$$\begin{aligned}2\boldsymbol{\beta}^{\mathrm{T}}\boldsymbol{P}\dot{\boldsymbol{\beta}}\leqslant{}&2\kappa\|\boldsymbol{\beta}\|^2+(1+\rho_E)\frac{\hat{\varepsilon}}{2}+2(1+\rho_E)\times\\&[-\|\boldsymbol{\beta}\|\boldsymbol{\Pi}(\tilde{\boldsymbol{\alpha}},\boldsymbol{q},\dot{\boldsymbol{q}},t)+\|\boldsymbol{\beta}\|\boldsymbol{\Pi}(\boldsymbol{\alpha},\boldsymbol{q},\dot{\boldsymbol{q}},t)]\end{aligned} \tag{9.96}$$

根据假设 9.10 可得

$$
\begin{aligned}
&\|\boldsymbol{\beta}\| \boldsymbol{\Pi}(\boldsymbol{\alpha},\boldsymbol{q},\dot{\boldsymbol{q}},t)-\|\boldsymbol{\beta}\| \boldsymbol{\Pi}(\tilde{\boldsymbol{\alpha}},\boldsymbol{q},\dot{\boldsymbol{q}},t)\\
=&\|\boldsymbol{\beta}\| \boldsymbol{\alpha}^{\mathrm{T}}\tilde{\boldsymbol{\Pi}}(\boldsymbol{q},\dot{\boldsymbol{q}},t)-\|\boldsymbol{\beta}\| \tilde{\boldsymbol{\alpha}}^{\mathrm{T}}\tilde{\boldsymbol{\Pi}}(\boldsymbol{q},\dot{\boldsymbol{q}},t)\\
=&\|\boldsymbol{\beta}\| (\boldsymbol{\alpha}-\tilde{\boldsymbol{\alpha}})^{\mathrm{T}}\tilde{\boldsymbol{\Pi}}(\boldsymbol{q},\dot{\boldsymbol{q}},t)
\end{aligned}
\tag{9.97}
$$

将式 (9.97) 代入式 (9.95) 和式 (9.96), 对于所有 $\|\boldsymbol{\mu}\|$, 都有

$$
2\boldsymbol{\beta}^{\mathrm{T}}\boldsymbol{P}\dot{\boldsymbol{\beta}} \leqslant -2\kappa\|\boldsymbol{\beta}\|^2+(1+\rho_E)\frac{\hat{\varepsilon}}{2}+2(1+\rho_E)\|\boldsymbol{\beta}\|(\boldsymbol{\alpha}-\tilde{\boldsymbol{\alpha}})^{\mathrm{T}}\tilde{\boldsymbol{\Pi}}(\boldsymbol{q},\dot{\boldsymbol{q}},t)
\tag{9.98}
$$

将自适应律式 (9.91) 代入式 (9.93) 右边第二项可得

$$
\begin{aligned}
&2k_1^{-1}(1+\rho_E)(\tilde{\boldsymbol{\alpha}}-\boldsymbol{\alpha})^{\mathrm{T}}\dot{\tilde{\boldsymbol{\alpha}}}\\
=&2k_1^{-1}(1+\rho_E)(\tilde{\boldsymbol{\alpha}}-\boldsymbol{\alpha})^{\mathrm{T}}[k_1\tilde{\boldsymbol{\Pi}}(\boldsymbol{q},\dot{\boldsymbol{q}},t)\|\boldsymbol{\beta}(\boldsymbol{q},\dot{\boldsymbol{q}},t)\|-k_2\tilde{\boldsymbol{\alpha}}]\\
=&2(1+\rho_E)(\tilde{\boldsymbol{\alpha}}-\boldsymbol{\alpha})^{\mathrm{T}}\tilde{\boldsymbol{\Pi}}(\boldsymbol{q},\dot{\boldsymbol{q}},t)\|\boldsymbol{\beta}\|-2k_1^{-1}(1+\rho_E)(\tilde{\boldsymbol{\alpha}}-\boldsymbol{\alpha})^{\mathrm{T}}(\tilde{\boldsymbol{\alpha}}-\boldsymbol{\alpha})\\
=&2(1+\rho_E)(\tilde{\boldsymbol{\alpha}}-\boldsymbol{\alpha})^{\mathrm{T}}\tilde{\boldsymbol{\Pi}}(\boldsymbol{q},\dot{\boldsymbol{q}},t)\|\boldsymbol{\beta}\|-2k_1^{-1}k_2(1+\rho_E)(\tilde{\boldsymbol{\alpha}}-\boldsymbol{\alpha})^{\mathrm{T}}(\tilde{\boldsymbol{\alpha}}-\boldsymbol{\alpha})-\\
&2k_1^{-1}k_2(1+\rho_E)(\tilde{\boldsymbol{\alpha}}-\boldsymbol{\alpha})^{\mathrm{T}}\boldsymbol{\alpha}\\
\leqslant&2(1+\rho_E)(\tilde{\boldsymbol{\alpha}}-\boldsymbol{\alpha})^{\mathrm{T}}\tilde{\boldsymbol{\Pi}}(\boldsymbol{q},\dot{\boldsymbol{q}},t)\|\boldsymbol{\beta}\|-2k_1^{-1}k_2(1+\rho_E)\|\tilde{\boldsymbol{\alpha}}-\boldsymbol{\alpha}\|^2+\\
&2k_1^{-1}k_2(1+\rho_E)\|\tilde{\boldsymbol{\alpha}}-\boldsymbol{\alpha}\|\cdot\|\boldsymbol{\alpha}\|
\end{aligned}
\tag{9.99}
$$

将式 (9.98) 和式 (9.99) 代入式 (9.93), 并令 $\|\boldsymbol{\delta}\|^2=\|\boldsymbol{\beta}\|^2+\|\hat{\boldsymbol{\alpha}}-\boldsymbol{\alpha}\|^2$, $\|\hat{\boldsymbol{\alpha}}-\boldsymbol{\alpha}\|\leqslant\|\boldsymbol{\delta}\|$, 可得

$$
\begin{aligned}
\dot{V}\leqslant&-2k\|\boldsymbol{\beta}\|^2-2k_1^{-1}k_2(1+\rho_E)\|\hat{\boldsymbol{\alpha}}-\boldsymbol{\alpha}\|^2+2k_1^{-1}k_2(1+\rho_E)\times\\
&\|\hat{\boldsymbol{\alpha}}-\boldsymbol{\alpha}\|\cdot\|\boldsymbol{\alpha}\|+(1+\rho_E)\frac{\hat{\varepsilon}}{2}\\
\leqslant&-\underline{k}_1\|\boldsymbol{\delta}\|^2+\underline{k}_2\|\boldsymbol{\delta}\|+\underline{k}_3
\end{aligned}
\tag{9.100}
$$

式中,

$$
\underline{k}_1=\min(2\kappa,2k_1^{-1}k_2(1+\rho_E)),\quad \underline{k}_2=2k_1^{-1}k_2(1+\rho_E)\|\boldsymbol{\alpha}\|,\quad \underline{k}_3=(1+\rho_E)\frac{\hat{\varepsilon}}{2}
$$

基于上面的分析, 可以得到受控系统具有一致有界性:

$$
d(r)=\begin{cases}\sqrt{\dfrac{\lambda_2}{\lambda_1}}R, & r\leqslant R\\ \sqrt{\dfrac{\lambda_2}{\lambda_1}}r, & r>R\end{cases}
\tag{9.101}
$$

$$
R=\frac{1}{2\underline{k}_1}\left(\underline{k}_2+\sqrt{\underline{k}_2^2+4\underline{k}_1\underline{k}_3}\right)
\tag{9.102}
$$

式中,

$$\lambda_1 = \min(\lambda_{\min}(P), k_1^{-1}(1+\rho_E)), \quad \lambda_2 = \max(\lambda_{\max}(P), k_1^{-1}(1+\rho_E))$$

同时, 受控系统也具有一致最终有界性:

$$\overline{d} > \underline{d} = \sqrt{\frac{\lambda_2}{\lambda_1}} R \tag{9.103}$$

$$T(\overline{d}, r) = \begin{cases} 0, & r \leqslant \overline{d}\sqrt{\dfrac{\gamma_1}{\gamma_2}} \\ \dfrac{\lambda_2 r^2 - (\lambda_1^2/\lambda_2)\overline{d}^2}{\underline{k}_1 \overline{d}^2 (\lambda_1/\lambda_2) - \underline{k}_2 \overline{d} (\lambda_1/\lambda_2)^{1/2} - \underline{k}_3}, & \text{其他} \end{cases} \tag{9.104}$$

9.5 基于 U–K 方程的模糊鲁棒控制器设计

9.5.1 模糊机械系统

9.2 节至 9.4 节给出了当不确定性参数 $\boldsymbol{\sigma} \in \boldsymbol{\Sigma}$ 未知时的鲁棒控制器和自适应鲁棒控制器。本节将利用模糊集理论来描述未知的不确定参数 $\boldsymbol{\sigma}$, 被模糊集重新描述后的不确定性参数被称作模糊不确定参数, 同时包含该模糊不确定参数的机械系统 (9.48) 被称作模糊机械系统。

定义 9.1 假设系统不确定参数 $\boldsymbol{\sigma} \in \boldsymbol{\Sigma}$ 有界且该边界 $\boldsymbol{\Sigma}$ 可以被描述为规定的模糊集。当系统不确定参数 $\boldsymbol{\sigma}(t)$ 有 p 项时, 对于 $\boldsymbol{\sigma}(t)$ 中的每一个元素 $\boldsymbol{\sigma}_i$, $i = 1, 2, \cdots, p$, 存在一个模糊集 $\boldsymbol{\Xi}_i$ 在论域 $\boldsymbol{\Sigma}_i \subset \mathbf{R}$ 中, 其隶属度函数表征为 $\boldsymbol{\mu}_{\boldsymbol{\Sigma}_i}: \boldsymbol{\Sigma}_i \to [0,1]$, 即

$$\boldsymbol{\Xi}_i = \{(\boldsymbol{\sigma}_i, \mu_{\boldsymbol{\Sigma}_i}(\boldsymbol{\sigma}_i)) \mid \boldsymbol{\sigma}_i \in \boldsymbol{\Sigma}_i\} \tag{9.105}$$

式中, $\boldsymbol{\Sigma}_i$ 是已知且紧致的; $\boldsymbol{\mu}_{\boldsymbol{\Sigma}_i}: \boldsymbol{\sigma}_i \to [0,1]$ 为模糊集 $\boldsymbol{\Xi}_i$ 的隶属度函数。

需要说明的是, 尽管采用模糊集理论描述系统不确定参数, 但仍采用确定性表述形式, 而非 Takagi–Sugeno 类型。在上述动力学系统中, 对系统不确定性使用模糊集表述具有优势, 例如相比于概率论描述方法, 本方法所需的数据信息较少。

9.5.2 模糊鲁棒控制器设计

针对该模糊动力学系统, 本节将在 9.3 节的基础上设计一种基于 U–K 方程的模糊鲁棒控制器。首先对假设 9.9 进行修改, 得到:

假设 9.11 定义 n 维矢量 $\boldsymbol{U}(\boldsymbol{q},\dot{\boldsymbol{q}},\boldsymbol{\sigma},t)\in\mathbf{R}^n$ 表征系统的所有不确定信息:

$$\begin{aligned}\boldsymbol{U}(\boldsymbol{q},\dot{\boldsymbol{q}},\boldsymbol{\sigma},t)=&\boldsymbol{PA}(\boldsymbol{q},t)\Delta\boldsymbol{D}(\boldsymbol{q},\boldsymbol{\sigma},t)[-\boldsymbol{C}(\boldsymbol{q},\dot{\boldsymbol{q}},\boldsymbol{\sigma},t)\dot{\boldsymbol{q}}-\boldsymbol{G}(\boldsymbol{q},\boldsymbol{\sigma},t)+\\&\boldsymbol{p}_1(\boldsymbol{q}(t),\dot{\boldsymbol{q}}(t),t)+\boldsymbol{p}_2(\boldsymbol{q}(t),\dot{\boldsymbol{q}}(t),t)]-\boldsymbol{PA}(\boldsymbol{q},t)\boldsymbol{D}(\boldsymbol{q},\boldsymbol{\sigma},t)\cdot\\&[\Delta\boldsymbol{C}(\boldsymbol{q},\dot{\boldsymbol{q}},\boldsymbol{\sigma},t)\dot{\boldsymbol{q}}+\Delta\boldsymbol{G}(\boldsymbol{q},\boldsymbol{\sigma},t)]\end{aligned}\tag{9.106}$$

假设对于每组 $(\boldsymbol{q},\dot{\boldsymbol{q}},\boldsymbol{\sigma},t)$, 存在模糊数 $\xi_i(\boldsymbol{\sigma},t)$ 和已知的明确数 $\rho_i(\boldsymbol{q},\dot{\boldsymbol{q}},t)$ $(i=1,2,\cdots,r)$, 使得 $\|\ \boldsymbol{U}(\boldsymbol{q},\dot{\boldsymbol{q}},\boldsymbol{\sigma},t)\ \|$ 可以线性分解为

$$\begin{aligned}\|\ \boldsymbol{U}(\boldsymbol{q},\dot{\boldsymbol{q}},\boldsymbol{\sigma},t)\ \|=&[\xi_1(\boldsymbol{\sigma},t)\quad\xi_2(\boldsymbol{\sigma},t)\quad\cdots\quad\xi_r(\boldsymbol{\sigma},t)]\begin{bmatrix}\boldsymbol{\rho}_1(\boldsymbol{q},\dot{\boldsymbol{q}},t)\\\boldsymbol{\rho}_2(\boldsymbol{q},\dot{\boldsymbol{q}},t)\\\vdots\\\boldsymbol{\rho}_r(\boldsymbol{q},\dot{\boldsymbol{q}},t)\end{bmatrix}\\=&\boldsymbol{\xi}^{\mathrm{T}}(\boldsymbol{\sigma},t)\boldsymbol{\rho}(\boldsymbol{q},\dot{\boldsymbol{q}},t)\leqslant\xi(\boldsymbol{\sigma},t)\rho(\boldsymbol{q},\dot{\boldsymbol{q}},t)\end{aligned}\tag{9.107}$$

式中, $\xi(\boldsymbol{\sigma},t)=\|\ \boldsymbol{\xi}(\boldsymbol{\sigma},t)\ \|,\boldsymbol{\rho}(\boldsymbol{q},\dot{\boldsymbol{q}},t)=\|\ \boldsymbol{\rho}(\boldsymbol{q},\dot{\boldsymbol{q}},t)\ \|$。函数 $\xi(\boldsymbol{\sigma},t)$ 含有不确定性参数, 该不确定参数未知但可以用模糊集表示。

在假设 9.7、假设 9.8 和假设 9.11 成立的基础上, 给出模糊鲁棒控制器:

$$\boldsymbol{\tau}(t)=\boldsymbol{p}_1(\boldsymbol{q}(t),\dot{\boldsymbol{q}}(t),t)+\boldsymbol{p}_2(\boldsymbol{q}(t),\dot{\boldsymbol{q}}(t),t)+\boldsymbol{p}_5(\boldsymbol{q}(t),\dot{\boldsymbol{q}}(t),t)\tag{9.108}$$

式中,

$$\begin{aligned}\boldsymbol{p}_1(\boldsymbol{q},\boldsymbol{q},t)=&\overline{\boldsymbol{M}}^{\frac{1}{2}}(\boldsymbol{q},t)[\boldsymbol{A}(\boldsymbol{q},t)\overline{\boldsymbol{M}}^{-\frac{1}{2}}(\boldsymbol{q},t)]^{+}\times\{\boldsymbol{b}(\boldsymbol{q},\boldsymbol{q},t)+\\&\boldsymbol{A}(\boldsymbol{q},t)\overline{\boldsymbol{M}}^{-1}(\boldsymbol{q},t)[\overline{\boldsymbol{C}}(\boldsymbol{q},\boldsymbol{q},t)\boldsymbol{q}+\overline{\boldsymbol{G}}(\boldsymbol{q},t)]\}\end{aligned}\tag{9.109}$$

$$\boldsymbol{p}_2(\boldsymbol{q},\dot{\boldsymbol{q}},t)=-\frac{1}{2}\kappa\overline{\boldsymbol{M}}(\boldsymbol{q},t)\boldsymbol{A}(\boldsymbol{q},t)[\boldsymbol{A}(\boldsymbol{q},t)\boldsymbol{A}^{\mathrm{T}}(\boldsymbol{q},t)]^{-1}\boldsymbol{P}^{-1}[\boldsymbol{A}(\boldsymbol{q},t)\dot{\boldsymbol{q}}-\boldsymbol{c}(\boldsymbol{q},t)]\tag{9.110}$$

$$\begin{aligned}\boldsymbol{p}_5(\hat{\boldsymbol{\alpha}},\boldsymbol{q},\dot{\boldsymbol{q}},t)=&-\gamma[1+\rho_E(\boldsymbol{q},t)]^{-1}\rho^2(\boldsymbol{q},\dot{\boldsymbol{q}},t)\overline{\boldsymbol{M}}(\boldsymbol{q},t)\boldsymbol{A}^{\mathrm{T}}(\boldsymbol{q},t)\times\\&(\boldsymbol{A}(\boldsymbol{q},t)\boldsymbol{A}^{\mathrm{T}}(\boldsymbol{q},t))^{-1}\boldsymbol{P}^{-1}\boldsymbol{\beta}(\boldsymbol{q},\dot{\boldsymbol{q}},t)\end{aligned}\tag{9.111}$$

$$\boldsymbol{\beta}(\boldsymbol{q},\dot{\boldsymbol{q}},t)=\boldsymbol{A}(\boldsymbol{q},t)\dot{\boldsymbol{q}}-\boldsymbol{c}(\boldsymbol{q},t)\tag{9.112}$$

式中, $\gamma>0$ 为设计参数。

上述给出的基于 U–K 方程的模糊鲁棒控制器, 满足下面的实用稳定性定理。

实用稳定性定理 对于式 (9.48) 所描述的受控系统, 在满足假设 9.7、假设 9.8 和假设 9.11 的条件下, 由式 (9.86) 表示的控制器可以使受控系统具有如下两个性能。

1) 一致有界: 如果对任意的 $r>0$ 且 $\|\ \boldsymbol{\beta}(\boldsymbol{q}(t_0),\dot{\boldsymbol{q}}(t_0),t_0)\ \|<r$, 存在 $0<d(r)<\infty$, 使 $\|\ \boldsymbol{\beta}(\boldsymbol{q}(t),\dot{\boldsymbol{q}}(t),t)\ \|\leqslant d(r)$ 对所有时间 $t\geqslant t_0$ 均成立, 则称该系统是一致有界的。

2) 一致最终有界: 如果对任意的 $r>0$ 且 $\|\boldsymbol{\beta}(\boldsymbol{q}(t_0),\dot{\boldsymbol{q}}(t_0),t_0)\|<r$, 存在 $0<\underline{d}<\infty$ 且 $0<T(\overline{d},r)<\infty$, 使 $\|\boldsymbol{\beta}(\boldsymbol{q}(t),\dot{\boldsymbol{q}}(t),t)\|<\overline{d}$ 对于任意的 $\overline{d}<\underline{d}$ 且 $t\geqslant t_0+T(\overline{d},r)$ 均成立, 则称该系统是一致最终有界的。

9.5.3 系统稳定性分析

为证明受控系统的稳定性, 即证明在控制器 [即式 (9.108)] 控制下的机械系统 [即式 (9.48)] 满足实用稳定性定理, 选取以下合法的李雅普诺夫函数（其满足李雅普诺夫渐近稳定性函数的选取要求）:

$$\boldsymbol{V}(\boldsymbol{\beta})=\boldsymbol{\beta}^{\mathrm{T}}\boldsymbol{P}\boldsymbol{\beta} \tag{9.113}$$

对式 (9.113) 求一阶导数可得 [为了证明过程的简洁, 在下面的证明中将省略部分函数中的元素, 例如函数 $\boldsymbol{M}(\boldsymbol{q},\boldsymbol{\sigma},t)$ 简写为 $\boldsymbol{M}$]:

$$\begin{aligned}\dot{\boldsymbol{V}}&=2\boldsymbol{\beta}^{\mathrm{T}}\boldsymbol{P}\dot{\boldsymbol{\beta}}=2\boldsymbol{\beta}^{\mathrm{T}}\boldsymbol{P}(\boldsymbol{A}\ddot{\boldsymbol{q}}-\boldsymbol{b})\\&=2\boldsymbol{\beta}^{\mathrm{T}}\boldsymbol{P}\{\boldsymbol{A}[\boldsymbol{M}^{-1}(-\boldsymbol{C}\dot{\boldsymbol{q}}-\boldsymbol{G})+\boldsymbol{M}^{-1}(\boldsymbol{p}_1+\boldsymbol{p}_2+\boldsymbol{p}_5)]-\boldsymbol{b}\}\end{aligned} \tag{9.114}$$

将式 (9.12) 至式 (9.14) 代入式 (9.114) 可得

$$\begin{aligned}&2\boldsymbol{\beta}^{\mathrm{T}}\boldsymbol{P}\{\boldsymbol{A}(\boldsymbol{M}^{-1}(-\boldsymbol{C}\dot{\boldsymbol{q}}-\boldsymbol{G})+\boldsymbol{M}^{-1}(\boldsymbol{p}_1+\boldsymbol{p}_2+\boldsymbol{p}_5))-\boldsymbol{b}\}\\=&2\boldsymbol{\beta}^{\mathrm{T}}\boldsymbol{P}\boldsymbol{A}[(\boldsymbol{D}+\Delta\boldsymbol{D})(-\overline{\boldsymbol{C}}\dot{\boldsymbol{q}}-\overline{\boldsymbol{G}}-\Delta\boldsymbol{C}\dot{\boldsymbol{q}}-\Delta\boldsymbol{G})+\\&(\boldsymbol{D}+\Delta\boldsymbol{D})(\boldsymbol{p}_1+\boldsymbol{p}_2+\boldsymbol{p}_5)]-\boldsymbol{b}\\=&2\boldsymbol{\beta}^{\mathrm{T}}\boldsymbol{P}\boldsymbol{A}[\boldsymbol{D}(-\overline{\boldsymbol{C}}\dot{\boldsymbol{q}}-\overline{\boldsymbol{G}}+\boldsymbol{p}_1)+\boldsymbol{D}\boldsymbol{p}_2+\boldsymbol{D}(-\Delta\boldsymbol{C}\dot{\boldsymbol{q}}-\Delta\boldsymbol{G})+\\&\Delta\boldsymbol{D}(-\boldsymbol{C}\dot{\boldsymbol{q}}-\boldsymbol{G}+\boldsymbol{p}_1+\boldsymbol{p}_2)+(\boldsymbol{D}+\Delta\boldsymbol{D})\boldsymbol{p}_5]-\boldsymbol{b}\end{aligned} \tag{9.115}$$

将式 (9.23) 代入式 (9.33) 中可得

$$\boldsymbol{A}[\boldsymbol{D}(-\overline{\boldsymbol{C}}\dot{\boldsymbol{q}}-\overline{\boldsymbol{G}})+\boldsymbol{D}\boldsymbol{p}_1]-\boldsymbol{b}=\boldsymbol{0} \tag{9.116}$$

根据式 (9.106) 和式 (9.107) 可得

$$\begin{aligned}&2\boldsymbol{\beta}^{\mathrm{T}}\boldsymbol{P}\boldsymbol{A}[\boldsymbol{D}(-\Delta\boldsymbol{C}\dot{\boldsymbol{q}}-\Delta\boldsymbol{G})+\Delta\boldsymbol{D}(-\boldsymbol{C}\dot{\boldsymbol{q}}-\boldsymbol{G}+\boldsymbol{p}_1+\boldsymbol{p}_2)]\leqslant 2\|\boldsymbol{\beta}\|\|\boldsymbol{U}\|\\&=2\|\boldsymbol{\beta}\|[\xi_1\quad\xi_2\quad\cdots\quad\xi_r]\begin{bmatrix}\rho_1\\\rho_2\\\vdots\\\rho_r\end{bmatrix}\leqslant 2\xi\rho\|\boldsymbol{\beta}\|\end{aligned} \tag{9.117}$$

将式 (9.110) 代入式 (9.115) 中可得

$$
\begin{aligned}
2\boldsymbol{\beta}^{\mathrm{T}}\boldsymbol{PAD}\boldsymbol{p}_2 &= 2\boldsymbol{\beta}^{\mathrm{T}}\boldsymbol{PAD}\left[-\frac{1}{2}\kappa\overline{\boldsymbol{M}}\boldsymbol{A}^{\mathrm{T}}(\boldsymbol{AA}^{\mathrm{T}})^{-1}\boldsymbol{P}^{-1}(\boldsymbol{A}\dot{\boldsymbol{q}}-\boldsymbol{c})\right] \\
&= -\kappa\boldsymbol{\beta}^{\mathrm{T}}\boldsymbol{PAD}\overline{\boldsymbol{M}}\boldsymbol{A}^{\mathrm{T}}(\boldsymbol{AA}^{T})^{-1}\boldsymbol{P}^{-1}\boldsymbol{\beta} = -\kappa\parallel\boldsymbol{\beta}\parallel^2
\end{aligned} \tag{9.118}
$$

根据 $\overline{\boldsymbol{M}}^{-1}=\boldsymbol{D}$ 和 $\Delta\boldsymbol{D}=\boldsymbol{DE}$, 并将式 (9.111) 代入式 (9.115) 可得

$$
\begin{aligned}
2\boldsymbol{\beta}^{\mathrm{T}}\boldsymbol{PA}(\boldsymbol{D}+\Delta\boldsymbol{D})\boldsymbol{p}_5 = &-2\gamma(1+\rho_E)^{-1}\rho^2\boldsymbol{\beta}^{\mathrm{T}}\boldsymbol{PAD}\overline{\boldsymbol{M}}\boldsymbol{A}^{\mathrm{T}}(\boldsymbol{AA}^{\mathrm{T}})^{-1}\boldsymbol{P}^{-1}\boldsymbol{\beta}- \\
&2\gamma(1+\rho_E)^{-1}\rho^2\boldsymbol{PADE}\overline{\boldsymbol{M}}\boldsymbol{A}^{\mathrm{T}}(\boldsymbol{AA}^{\mathrm{T}})^{-1}\boldsymbol{P}^{-1}\boldsymbol{\beta}
\end{aligned} \tag{9.119}
$$

对于式 (9.119) 右边第二项, 根据相关矩阵运算知识, 可以得到:

$$
-2\gamma(1+\rho_E)^{-1}\rho^2\boldsymbol{PADE}\overline{\boldsymbol{M}}\boldsymbol{A}^{\mathrm{T}}(\boldsymbol{AA}^{\mathrm{T}})^{-1}\boldsymbol{P}^{-1}\boldsymbol{\beta}=-2\gamma(1+\rho_E)^{-1}\rho^2\parallel\boldsymbol{\beta}\|^2 \tag{9.120}
$$

根据 Rayleigh 原理以及式 (9.51) 和式 (9.52), 可得

$$
\begin{aligned}
&-2\gamma(1+\rho_E)^{-1}\rho^2\boldsymbol{\beta}^{\mathrm{T}}\boldsymbol{PADE}\overline{\boldsymbol{M}}\boldsymbol{A}^{\mathrm{T}}(\boldsymbol{AA}^{\mathrm{T}})^{-1}\boldsymbol{P}^{-1}\boldsymbol{\beta} \\
&= -2\gamma(1+\rho_E)^{-1}\rho^2\boldsymbol{\beta}^{\mathrm{T}}\frac{1}{2}[\boldsymbol{PADE}\overline{\boldsymbol{M}}\boldsymbol{A}^{\mathrm{T}}(\boldsymbol{AA}^{\mathrm{T}})^{-1}\boldsymbol{P}^{-1}+ \\
&\quad \boldsymbol{P}^{-1}(\boldsymbol{AA}^{\mathrm{T}})^{-\mathrm{T}}\boldsymbol{A}\overline{\boldsymbol{M}}\boldsymbol{E}^{\mathrm{T}}\boldsymbol{DA}^{\mathrm{T}}\boldsymbol{P}]\boldsymbol{\beta} \\
&\leqslant -2\gamma(1+\rho_E)^{-1}\rho^2\boldsymbol{\beta}^{\mathrm{T}}\frac{1}{2}\lambda_m(\boldsymbol{W}+\boldsymbol{W}^{\mathrm{T}})\boldsymbol{\beta} \\
&\leqslant -2\gamma(1+\rho_E)^{-1}\rho^2\rho_E\parallel\boldsymbol{\beta}\|^2
\end{aligned} \tag{9.121}
$$

将式 (9.120) 和式 (9.121) 代入式 (9.119), 可得

$$
\begin{aligned}
&2\boldsymbol{\beta}^{\mathrm{T}}\boldsymbol{PA}(\boldsymbol{D}+\Delta\boldsymbol{D})\boldsymbol{p}_5 \\
&\leqslant -2\gamma(1+\rho_E)^{-1}\rho^2\parallel\boldsymbol{\beta}\|^2-2\gamma(1+\rho_E)^{-1}\rho^2\rho_E\parallel\boldsymbol{\beta}\|^2 \\
&= -2\gamma(1+\rho_E)(1+\rho_E)^{-1}\rho^2\parallel\boldsymbol{\beta}\|^2 = -2\gamma\rho^2\parallel\boldsymbol{\beta}\|^2
\end{aligned} \tag{9.122}
$$

根据式 (9.116) 至式 (9.122), 可得

$$
\dot{V}\leqslant-\kappa\parallel\boldsymbol{\beta}\|^2+2\xi\rho\parallel\boldsymbol{\beta}\parallel-2\gamma\rho^2\parallel\boldsymbol{\beta}\|^2 \tag{9.123}
$$

根据 $ax-bx^2\leqslant\dfrac{a^2}{4b}$ 原理, 有

$$
2\xi\rho\parallel\boldsymbol{\beta}\parallel-2\gamma\rho^2\parallel\boldsymbol{\beta}\|^2\leqslant\frac{\xi^2}{2\gamma} \tag{9.124}
$$

因此

$$\dot{V} \leqslant -\kappa \parallel \boldsymbol{\beta}\|^2 + \frac{\delta}{\gamma} \tag{9.125}$$

式中,

$$\delta = \frac{\xi^2}{2} \tag{9.126}$$

基于上面的分析, 可以得到受控系统具有一致有界性:

$$d(r) = \begin{cases} \sqrt{\dfrac{\lambda_{\max}(P)}{\lambda_{\min}(P)}}R, & r \leqslant R \\ \sqrt{\dfrac{\lambda_{\max}(P)}{\lambda_{\min}(P)}}r, & r > R \end{cases} \tag{9.127}$$

$$R = \sqrt{\frac{\delta}{\gamma\kappa}} \tag{9.128}$$

同时, 受控系统也具有一致最终有界性:

$$\overline{d} > \underline{d} = \sqrt{\frac{\lambda_{\max}(P)}{\lambda_{\min}(P)}}R \tag{9.129}$$

$$T(\overline{d}, r) = \begin{cases} 0, & r \leqslant \overline{d}\sqrt{\dfrac{\lambda_{\max}(P)}{\lambda_{\min}(P)}} \\ \dfrac{\lambda_{\max}(P)r^2 - [\lambda^2{}_{\min}(P)/\lambda_{\max}(P)]\overline{d}^2}{2\kappa\underline{\lambda}\overline{d}^2[\lambda_{\min}(P)/\lambda_{\max}(P)] - \left(\dfrac{\epsilon}{2}\right)}, & \text{其他} \end{cases} \tag{9.130}$$

仔细分析式 (9.108) 和式 (9.128) 可以看出, 可调控制参数 γ 能够影响系统性能和控制成本。特别地, γ 越大, 系统性能越好, 控制成本越高。如何选择最合适的 γ 大小是一个需要解决的问题。

9.5.4 参数优化设计

为了进一步优化控制器的控制效果, 保证系统性能与控制成本之间的平衡, 以下基于系统模糊信息对可调控制参数 γ 进行优化设计。

根据 Rayleigh 原理, 有

$$\lambda_{\min}(\boldsymbol{P}) \parallel \boldsymbol{\beta}\|^2 \leqslant \boldsymbol{\beta}^{\mathrm{T}}\boldsymbol{P}\boldsymbol{\beta} = \boldsymbol{V} \leqslant \lambda_{\max}(\boldsymbol{P}) \parallel \boldsymbol{\beta}\|^2 \tag{9.131}$$

由此可得

$$- \parallel \boldsymbol{\beta}\|^2 \leqslant -\frac{1}{\lambda_{\max}(\boldsymbol{P})}\boldsymbol{V} \tag{9.132}$$

将式 (9.132) 代入式 (9.125), 可得

$$\dot{\boldsymbol{V}}(t) \leqslant -\frac{\kappa}{\lambda_{\max}(\boldsymbol{P})}\boldsymbol{V}(t) + \frac{\delta}{\gamma} \tag{9.133}$$

其中 $\boldsymbol{V}(t_0) = \boldsymbol{\beta}(t_0)^{\mathrm{T}}\boldsymbol{P}\boldsymbol{\beta}(t_0)$。

现研究微分不等式 (9.133) 的上界问题。先考虑下述与微分不等式 (9.133) 相对应的微分方程:

$$\dot{\boldsymbol{r}}(t) = -\frac{\kappa}{\lambda_{\max}(\boldsymbol{P})}\boldsymbol{r}(t) + \frac{\delta}{\gamma}, \quad \boldsymbol{r}(t_0) = \boldsymbol{V}_0 = \boldsymbol{V}(t_0) \tag{9.134}$$

式（9.134）右边满足广义 Lipschitz 条件, 即

$$\boldsymbol{L} = \frac{\kappa}{\lambda_{\max}(\boldsymbol{P})} \tag{9.135}$$

求解微分方程 (9.134), 可以得到:

$$\boldsymbol{r}(t) = \left(\boldsymbol{V}_0 - \frac{\lambda_M(\boldsymbol{P})\delta}{\kappa\gamma}\right)\exp\left[-\frac{\kappa(t-t_0)}{\lambda_{\max}(\boldsymbol{P})}\right] + \frac{\lambda_{\max}(\boldsymbol{P})\delta}{\kappa\gamma} \tag{9.136}$$

式中, $\boldsymbol{V}_0 = \boldsymbol{V}(t_0) = \boldsymbol{\beta}(t_0)^{\mathrm{T}}\boldsymbol{P}\boldsymbol{\beta}(t_0)$。基于微分不等式的求解过程 [15], 可得

$$\boldsymbol{V}(t) \leqslant \left(\boldsymbol{V}_0 - \frac{\lambda_M(\boldsymbol{P})\delta}{\kappa\gamma}\right)\exp\left[-\frac{\kappa(t-t_0)}{\lambda_{\max}(\boldsymbol{P})}\right] + \frac{\lambda_{\max}(\boldsymbol{P})\delta}{\kappa\gamma}, \quad \forall t \geqslant t_0 \tag{9.137}$$

根据不等式 (9.131), 不等式 (9.137) 右边提供了 $\|\boldsymbol{\beta}\|^2$ 的上界, 对于任意 $t \geqslant t_0$, 有

$$\eta(\delta,\gamma,t,t_0) = \left(\boldsymbol{V}_0 - \frac{\lambda_{\max}(\boldsymbol{P})\delta}{\kappa\gamma}\right)\exp\left[-\frac{\kappa(t-t_0)}{\lambda_{\max}(\boldsymbol{P})}\right] \tag{9.138}$$

$$\eta_\infty(\delta,\gamma) = \frac{\lambda_{\max}(\boldsymbol{P})\delta}{\kappa\gamma} \tag{9.139}$$

对于任意 δ、γ 和 t_0, 随着 $t \to \infty, \eta(\delta,\gamma,t,t_0) \to 0$, 式 (9.138) 所述的 $\eta(\delta,\gamma,t,t_0)$ 在一定程度上反映了系统瞬态性能, 而式 (9.139) 所述的 $\eta_\infty(\delta,\gamma)$ 则在一定程度上反映了系统稳态性能。本节将通过 $\eta(\delta,\gamma,t,t_0)$ 和 $\eta_\infty(\delta,\gamma)$ 来分析系统特性, 其中相关参数都依赖于 δ, 其隶属函数可以由式 (9.126) 求解得出。因为 δ 中含有模糊不确定性参数, 所以下面引入 D–运算来实现去模糊化。

定义 9.2 考虑模糊集 $N = \{(v, \mu_N(v)) \mid v \in N\}$, 对于任意函数 $f: N \to \mathbf{R}$, 有 D–运算:

$$D[f(v)] = \frac{\int_N f(v)\mu_N(v)\mathrm{d}v}{\int_N \mu_N(v)\mathrm{d}v} \tag{9.140}$$

在特殊的情况下 $f(v) = v$, 即为著名的重心去模糊化方法。如果 N 是明晰的 (对所有的 $v \in N$, 有 $\mu_N(v) = 1$), 则有 $D[f(v)] = f(v)$。

对于任意常数 $a \in \mathbf{R}$, 有

$$D[af(v)] = aD[f(v)] \tag{9.141}$$

由定义 9.2 可知

$$D[af(v)] = \frac{\int_N af(v)\mu_N(v)\mathrm{d}v}{\int_N \mu_N(v)\mathrm{d}v} = a\frac{\int_N f(v)\mu_N(v)\mathrm{d}v}{\int_N \mu_N(v)\mathrm{d}v} = aD[f(v)] \tag{9.142}$$

利用 D–运算, 下面给出二次型性能指标 [15], 即对于任意 t_0, 有

$$\begin{aligned} J(\gamma, t_0) &= D\left[\int_{t_0}^{\infty} \eta^2(\delta, \gamma, \tau, t_0)\mathrm{d}\tau\right] + \alpha D[\eta_\infty^2(\delta, \gamma)] + \beta\gamma^2 \\ &= J_1(\gamma, t_0) + L_1 J_2(\gamma) + L_2 J_3(\gamma) \end{aligned} \tag{9.143}$$

式中, $\alpha, \beta > 0$, 且为标量, 是性能指标的权重参数。

该二次型性能指标由三部分组成: 第一部分, $J_1(\gamma, t_s)$ 可以看作从时间 t_s 开始的平均化 (通过 D–运算实现) 的系统整体性能 (通过积分操作实现); 第二部分, $J_2(\gamma)$ 可以看作平均化 (通过 D–运算实现) 的系统稳态性能; 第三部分, $J_3(\gamma)$ 是系统的控制成本。

对于给定的 P 和 κ, 控制参数 γ 的最优设计问题可转化为系统性能指标 $J(\gamma)$ 最小化的问题。对式 (9.143) 进行 D–运算, 可以得到:

$$\begin{aligned} J(\gamma, t_0) = &\left(D[V_0^2] - 2\frac{\lambda_{\max}(P)}{\kappa\gamma}D[V_0\delta] + \frac{\lambda_{\max}^2(P)}{\kappa^2\gamma^2}D[\delta^2]\right)\frac{\lambda_{\max}(P)}{2\kappa} + \\ &L_1\frac{\lambda_{\max}^2(P)}{\kappa^2\gamma^2}D[\delta^2] + L_2\gamma^2 = \kappa_1 - \frac{\kappa_2}{\gamma} + \frac{\kappa_3}{\gamma^2} + L_1\frac{\kappa_4}{\gamma^2} + L_2\gamma^2 \end{aligned} \tag{9.144}$$

式中,

$$\kappa_1 = \frac{\lambda_{\max}(P)D[V_0^2]}{2\kappa}, \quad \kappa_2 = \frac{\lambda_{\max}^2(P)D[V_0\delta]}{\kappa^2},$$

$$\kappa_3 = \frac{\lambda_{\max}^3(P)D[\delta^2]}{\kappa^3}, \quad \kappa_4 = \frac{\lambda_{\max}^2(P)D[\delta^2]}{\kappa^2}$$

上述控制参数 γ 的最优设计问题等效于下述约束优化问题: 对于任意 t_0,

$$\min_{\gamma} J(\gamma, t_0), \quad \text{s.t.} \quad \gamma > 0 \tag{9.145}$$

满足式 (9.145) 的参数即为最优控制参数 γ_{opt}。

下面给出式 (9.145) 所述优化问题的最优控制参数解析解。考虑变量 D、u、v,

$$D=\left(\frac{4\kappa_3 + 4L_1\kappa_4}{3L_2}\right)^3 + \left(\frac{\kappa_2^2}{8L_2^2}\right)^2, \quad u=\left(\frac{\kappa_2^2}{8L_2^2} + \sqrt{D}\right)^{\frac{1}{3}}, \quad v=\left(\frac{\kappa_2^2}{8L_2^2} - \sqrt{D}\right)^{\frac{1}{3}}$$

最优控制参数 γ_{opt} 可以写成:

$$\gamma_{\text{opt}} = \frac{1}{2}\left(\sqrt{u+v} + \sqrt{7u^2+7v^2-10uv}\cos\frac{\theta}{2}\right) \tag{9.146}$$

式中,

$$\theta = \arctan\frac{\sqrt{\frac{3}{2}}(u-v)}{-\frac{1}{2}(u+v)} \tag{9.147}$$

将式 (9.146) 的最优控制参数代入式 (9.144), 可得出对应的性能指标 $J_{\min}$:

$$\begin{aligned} J_{\min} = \kappa_1 - &\frac{4}{\left(\sqrt{u+v} + \sqrt{7u^2+7v^2-10uv}\cos\frac{\theta}{2}\right)^2} \times \\ &\left[\kappa_3 + L_1\kappa_4 - \frac{3}{16}L_2\left(\sqrt{u+v} + \sqrt{7u^2+7v^2-10uv}\cos\frac{\theta}{2}\right)^4\right] \end{aligned} \tag{9.148}$$

9.6 基于 U–K 方程的模糊鲁棒控制器典型应用——二自由度机械臂

图 9.1 所示为一平面二自由度机械臂 [16–17], 其中连杆 1 和连杆 2 相对转角分别为 θ_1 和 θ_2, 连杆 1 和连杆 2 长度分别为 l_1 和 l_2, 关节 1 与关节 2 处的力矩分别为 τ_1 和 τ_2。假设连杆为均质杆, 质量分别为 m_1 和 m_2, 重力加速度为 g。

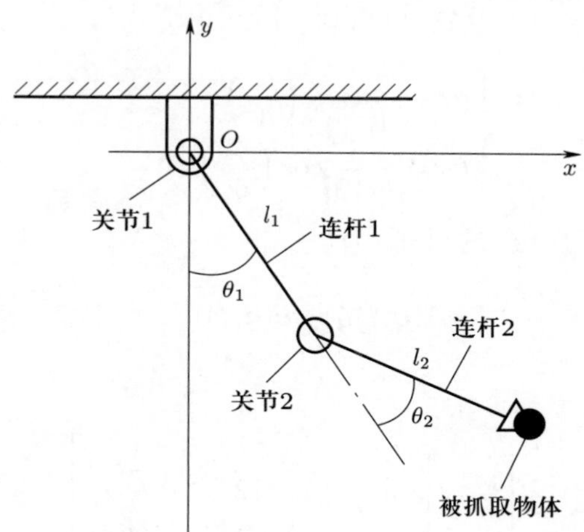

图 9.1 机械手臂模型

根据拉格朗日方程可以推导出该系统的动力学方程为:

$$\boldsymbol{M}(\boldsymbol{q}(t),\boldsymbol{\sigma}(t),t)\ddot{\boldsymbol{q}}(t) + \boldsymbol{C}(\boldsymbol{q}(t),\dot{\boldsymbol{q}}(t),\boldsymbol{\sigma}(t),t)\dot{\boldsymbol{q}}(t) + \boldsymbol{G}(\boldsymbol{q}(t),\boldsymbol{\sigma}(t),t) = \boldsymbol{\tau}(t) \tag{9.149}$$

式中,

$$\boldsymbol{q}=\begin{bmatrix}\theta_1\\ \theta_2\end{bmatrix},\quad \dot{\boldsymbol{q}}=\begin{bmatrix}\dot{\theta}_1\\ \dot{\theta}_2\end{bmatrix},\quad \ddot{\boldsymbol{q}}=\begin{bmatrix}\ddot{\theta}_1\\ \ddot{\theta}_2\end{bmatrix},\quad \boldsymbol{\tau}=\begin{bmatrix}\tau_1\\ \tau_2\end{bmatrix}$$

$$\boldsymbol{M}=\begin{bmatrix}M_{11} & M_{12}\\ M_{21} & M_{22}\end{bmatrix}$$

$$M_{11}=\left(\frac{4}{3}m_1+4m_4\right)l_1^2+m_2l_2^2+4m_2l_1l_2\cos\theta_2$$

$$M_{12}=M_{21}=m_2l_2^2+2m_2l_1l_2\cos\theta_2$$

$$M_{22}=\frac{4}{3}m_2l_2^2$$

$$\boldsymbol{C}\dot{\boldsymbol{q}}=\begin{bmatrix}-4m_2l_1l_2\dot{\theta}_1\dot{\theta}_2\sin\theta_2-2m_2l_1l_2\dot{\theta}_2^2\sin\theta_2\\ 2m_2l_1l_2\dot{\theta}_1^2\sin\theta_2\end{bmatrix}$$

$$\boldsymbol{G}=\begin{bmatrix}(m_1+2m_2)gl_1\cos\theta_1+m_2gl_2\cos(\theta_1+\theta_2)\\ m_2gl_2\cos(\theta_1+\theta_2)\end{bmatrix}$$

现假设该机械手臂系统需满足如下约束条件:

$$\begin{cases}\theta_1=\dfrac{\pi}{2}\sin\left(\dfrac{\pi}{6}t\right)\\ \theta_2=-\dfrac{\pi}{2}\sin\left(\dfrac{\pi}{6}t\right)\end{cases}\tag{9.150}$$

式 (9.150) 对时间 t 求一阶导数, 可得到一阶约束形式为

$$\begin{cases}\dot{\theta}_1=\dfrac{\pi^2}{12}\cos\left(\dfrac{\pi}{6}t\right)\\ \dot{\theta}_2=-\dfrac{\pi^2}{12}\cos\left(\dfrac{\pi}{6}t\right)\end{cases}\tag{9.151}$$

将式 (9.151) 写成式 (9.49) 的形式, 为

$$\boldsymbol{A}(\boldsymbol{q},t)\dot{\boldsymbol{q}}=\boldsymbol{c}(\boldsymbol{q},t)\tag{9.152}$$

式中,

$$\boldsymbol{A}=\begin{bmatrix}1 & 0\\ 0 & 1\end{bmatrix},\quad \boldsymbol{c}=\begin{bmatrix}\dfrac{\pi^2}{12}\cos\left(\dfrac{\pi}{6}t\right)\\ -\dfrac{\pi^2}{12}\cos\left(\dfrac{\pi}{6}t\right)\end{bmatrix}$$

式 (9.150) 对时间求二阶导数, 可得到二阶约束形式为

$$\begin{cases}\ddot{\theta}_1=-\dfrac{\pi^3}{72}\sin\left(\dfrac{\pi}{6}t\right)\\ \ddot{\theta}_2=\dfrac{\pi^3}{72}\sin\left(\dfrac{\pi}{6}t\right)\end{cases}\tag{9.153}$$

将式 (9.153) 写成式 (9.50) 的形式, 为

$$\boldsymbol{A}(\boldsymbol{q},t)\ddot{\boldsymbol{q}}=\boldsymbol{b}(\boldsymbol{q},\dot{\boldsymbol{q}},t) \tag{9.154}$$

式中

$$\boldsymbol{b}=\begin{bmatrix}-\dfrac{\pi^3}{72}\sin\left(\dfrac{\pi}{6}t\right)\\ \dfrac{\pi^3}{72}\sin\left(\dfrac{\pi}{6}t\right)\end{bmatrix}$$

假设质量是系统的不确定参数, 即 $\boldsymbol{\sigma}=[m_1\ \ m_2]^{\mathrm{T}}$, 有 $m_1=m_2=m+\Delta m(t)$。选择系统参数值为 $\overline{m}_1=1\ \mathrm{kg}, \overline{m}_2=1\ \mathrm{kg}, l_1=1\ \mathrm{m}, l_2=1\ \mathrm{m}, g=9.8\ \mathrm{m/s^2}$。同时, 选择 $\Delta m(t)=0.3\sin(0.1t)\ \mathrm{kg}$, $\boldsymbol{P}=\boldsymbol{I}_{2\times 2}$, $\kappa=2$, $\rho_E=-0.9$。对此, 假设 9.7、假设 9.8 可以很容易被证明。对于假设 9.11, 分别根据式 (9.109) 和式 (9.110) 给出相应的 $\boldsymbol{p}_1$ 和 $\boldsymbol{p}_2$, 因此可以定义

$$\begin{aligned}\boldsymbol{U}&=\boldsymbol{PA}\Delta\boldsymbol{D}(-\boldsymbol{C}\dot{\boldsymbol{q}}-\boldsymbol{G}+\boldsymbol{p}_1+\boldsymbol{p}_2)-\boldsymbol{PAD}(\Delta\boldsymbol{C}\dot{\boldsymbol{q}}+\Delta\boldsymbol{G})\\&=a_1\vartheta_1+a_2\vartheta_2+a_3\vartheta_3+a_4\gamma\vartheta_4+\gamma\beta\\&=[a_1\ a_2\ a_3\ a_4\gamma\ \ \gamma]^{\mathrm{T}}\times[\vartheta_1\ \vartheta_2\ \vartheta_3\ \vartheta_4\ \beta]^{\mathrm{T}}\\&\leqslant\sqrt{(a_4^2+1)\gamma^2+a_1^2+a_2^2+a_3^2}\times\sqrt{\vartheta_1^2+\vartheta_2^2+\vartheta_3^2+\vartheta_4^2+\parallel\boldsymbol{\beta}\parallel}=\xi\rho\end{aligned} \tag{9.155}$$

式中, $a_1=a_2=\Delta m(1+\Delta m)^3, a_3=a_4=(1+\Delta m)^3$, $\varphi_1=19+12\cos\theta_1$, $\varphi_2=3+6\cos\theta_2, \vartheta_1=\mid(8\varphi_1-2\varphi_2^2)\sin\theta_1\mid\times[(80+5\varphi_2^2)\ \dot{\theta}_2^2+(\varphi_1^2+\varphi_2^2)\dot{\theta}_1^2+(16+4\varphi_1)\varphi_2\dot{\theta}_1\dot{\theta}_2]^{1/2}$, $\vartheta_2=\mid 4\varphi_1-\varphi_2^2\mid(144+9\varphi_2^2)^{1/2}g\mid\cos\theta_1\mid, \vartheta_3=\vartheta_4=\sqrt{2}(16\varphi_1^2+\varphi_2^4-8\varphi_1\varphi_2^2)$。
因此, 假设 9.11 成立。

模糊集描述不确定性参数 Δm: “接近 0.3”, 对应的隶属度函数方程如下 (取三角形式):

$$\mu_{\Delta m_1}(v)=\begin{cases}10/3v, & 0\leqslant v\leqslant 0.3\\ -10/3v+2, & 0.3\leqslant v\leqslant 0.6\end{cases} \tag{9.156}$$

设系统初始状态为 $\boldsymbol{q}(t_0)=[0.5\quad -0.5]^{\mathrm{T}}$, $\dot{\boldsymbol{q}}(t_0)=[0\quad 0]^{\mathrm{T}}$。使用模糊数学和分解定理, 可以得到式 (9.144) 中的参数 $\kappa_1=0.581\ 1$, $\kappa_2=0.781\ 2$, $\kappa_3=0.144$, $\kappa_4=0.204$。再选择 4 组相应的权重参数 L_1 和 L_2, 可以求得相应的最优控制参数 γ_{opt} 和性能指标 $J_{\min}$ 如表 9.1 所示。

表 **9.1** 最优控制参数

(L_1, L_2)	L_1/L_2	γ_{opt}	$J_{\min}$
(100,1)	1	5.411 8	58.570 4
(10,1)	0.1	3.861 7	29.820 5
(1,1)	0.01	3.124 5	21.254 9
(1,10)	10	2.528 0	12.784 0

图 9.2 和图 9.3 分别展示了当最优控制参数 γ_{opt} 取不同值时, 相对转角 θ_1 和 θ_2 的仿真轨迹曲线的对比情况。可以看出, γ_{opt} 取值越大, 系统约束跟随误差越小, 系统性能表现越好。

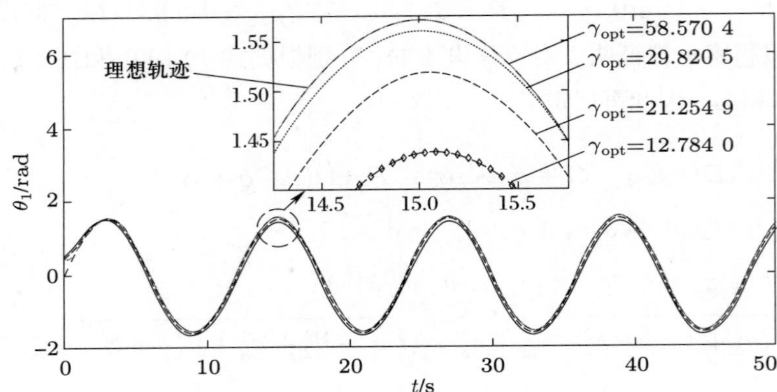

图 **9.2** 不同 γ_{opt} 下相对转角 θ_1 的轨迹曲线

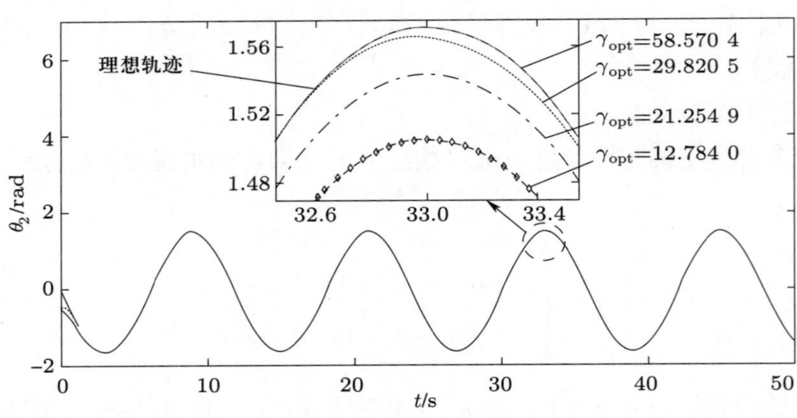

图 **9.3** 不同 γ_{opt} 下相对转角 θ_2 的轨迹曲线

参考文献

[1] Bemporad A, Morari M. Robust model predictive control: A survey[M]//Garulli A,Tesi A.Robustness in Identification and Control. London: Springer, 1999: 207−226.

[2] Abdallah C, Dawson D M, Dorato P, et al. Survey of robust control for rigid robots [J]. IEEE Control Systems Magazine, 1991, 11(2): 24−30.

[3] Sage H G, De Mathelin M F, Ostertag E. Robust control of robot manipulators: A survey [J]. International Journal of Control, 1999, 72(16): 1498−1522.

[4] 胡姗姗. 模糊自适应控制方法的研究 [D]. 沈阳: 东北大学, 2009.

[5] 冯纯伯. 自适应控制的理论及应用 [J]. 控制理论与应用, 1988(3): 1−12.

[6] Astrom K J. Adaptive feedback control[J]. Proceedings of the IEEE, 1987, 75(2): 185−217.

[7] 甄圣超. Study on Lyapunov-based deterministic robust control (LDRC) of uncertain mechanical systems[D]. 合肥: 合肥工业大学, 2014.

[8] He C, Huang K, Chen X, et al. Transportation control of cooperative double-wheel inverted pendulum robots adopting Udwadia-control approach[J]. Nonlinear Dynamics, 2018, 91(4): 2789−2802.

[9] Chen Y H. Equations of motion of mechanical systems under servo constraints:The Maggi approach[J]. Mechatronics, 2008, 18(4): 208−217.

[10] 甄圣超, 赵韩, 黄康, 等. 应用 Udwadia−Kalaba 理论对开普勒定律的研究 [J]. 中国科学: 物理学 力学 天文学, 2014, 44(1): 24−31.

[11] Sun H, Zhao H, Huang K, et al. Adaptive robust constraint-following control for satellite formation flying with system uncertainty[J]. Journal of Guidance, Control, and Dynamics, 2017, 40(6): 1492−1502.

[12] Sun H, Chen Y H, Zhao H. Adaptive robust control methodology for active roll control system with uncertainty[J]. Nonlinear Dynamics, 2018, 92(2): 359−371.

[13] Chen X, Zhao H, Zhen S, et al. Adaptive robust control for a lower limbs rehabilitation robot running under passive training mode[J]. IEEE/CAA Journal of Automatica Sinica, 2019, 6(2): 493−502.

[14] Chen Y H. A new approach to the control design of fuzzy dynamical systems[J]. Journal of Dynamic Systems, Measurement, and Control, 2011, 133(6): 061019.

[15] Chen Y H. Performance analysis of controlled uncertain systems[J]. Dynamics and Control, 1996, 6(2): 131−142.

[16] 张新荣, Chen Yehwa, 平昭琪. 基于 Udwadia 和 Kalaba 方程的机械臂轨迹跟踪控制 [J]. 长安大学学报: 自然科学版, 2014, 34(1): 115−119.

[17] 赵韩, 赵福民, 黄康, 等. 基于 Udwadia−Kalaba 理论的机械臂位置控制 [J]. 合肥工业大学学报: 自然科学版,2018,41(4):433−438.

第四篇

综合应用

第 10 章　基于 cSPACE 系统平台的算法实现

cSPACE (control signal process and control engineering 的首字母缩写, 以下简称 cSPACE)[1-3] 系统是一套具有快速控制原型开发和硬件在环实时仿真功能的软硬件平台, 由作者团队自主开发, 功能与 dSPACE 类似, 已在国内几十所高校和企业应用。cSPACE 包含嵌入式系统和 RT 实时操作系统两种版本, 其中, 嵌入式系统版本基于 TMS320F28335 DSP 和 MATLAB/Simulink 开发; RT 实时操作系统版本基于 ARM Cortex-A9、实时 Linux 和 MATLAB/Simulink 开发, 拥有 AD、DA、IO、Encoder、PWM、CAN、SPI 等丰富的硬件外设接口, 包含一套功能强大的监控软件。对于一般的控制系统, 使用嵌入式系统版本足以满足基本的控制需求。嵌入式系统版本基于 TI DSP 与 MATLAB/Simulink 开发, 将计算机仿真和实时控制密切结合起来, 可自动生成嵌入式代码, 直接用于实时控制, 能够极大地提高控制系统的设计效率。在整个运行过程中, 通过 cSPACE 提供的控制接口, 可实时修改控制参数, 并在 PC 界面上显示实时控制结果, 而且 DSP 采集的数据也可以保存到本地磁盘上, 可利用 MATLAB 对这些数据进行离线处理。因此, 该平台可方便地用于机器人控制或控制系统的开发。

10.1　快速控制原型与硬件在环简介

10.1.1　快速控制原型

快速控制原型 (rapid control prototyping, RCP) 是一种实时仿真的方法, 适用于产品研发的算法设计阶段与具体实现阶段之间。它是利用某种形式将开发的算法下载到当前计算机硬件平台中, 计算机硬件平台实时运行, 模拟控制器通过实际 I/O 设备与被控对象实物连接, 以此验证算法的可靠性和准确度 [4-5]。

要实现快速控制原型, 必须有便于建模、设计和离线仿真的实时测试工具。用户选择的实时系统可以多次修改设计模型, 进行实时离线仿真。这样可以将错误消除于设计初期, 节省设计费用。

RCP 技术的主要优势:

1) 使用成本低、性能稳定、可靠性高;

2) 在产品设计之初, 就可以研究离散化及采样频率等对控制系统的影响、快速验证、优化控制算法等;

3) 通过将快速控制原型与所要控制的实际设备相连, 可以反复研究不同传感器及驱动器的性能特性。

国外开发的 RCP 系列控制器主要有德国的 dSPACE (图 10.1)、加拿大的 RT-LAB (图 10.2) 等产品。国内开发的 RCP 系列控制器主要有恒润科技的 Control-Base、北京九州华海科技有限公司的 RapidECU 产品、北京灵思创奇的 Links-Box 实时仿真机、上海远宽能源科技有限公司的 StarSim 等。与上述产品相比, cSPACE 系统性能与 dSPACE 相当, 硬件成本更低。

cSPACE 控制系统设计好后, 可以把生成的目标代码直接烧写进主控芯片, 从而构成脱离计算机而独立运行的嵌入式控制系统, 控制被控对象, 整个过程可减少用户对硬件、C 语言和汇编语言的使用, 极大地减少了用户构建控制系统的时间和成本。

图 **10.1** 德国 **dSPACE** 系统

10.1.2 硬件在环

硬件在环 (hardware in the loop, HIL) 是一种用于复杂设备控制器开发与测试的技术, 在进行 HIL 测试时, 设备或系统的物理部分被仿真器所替代。在研究开

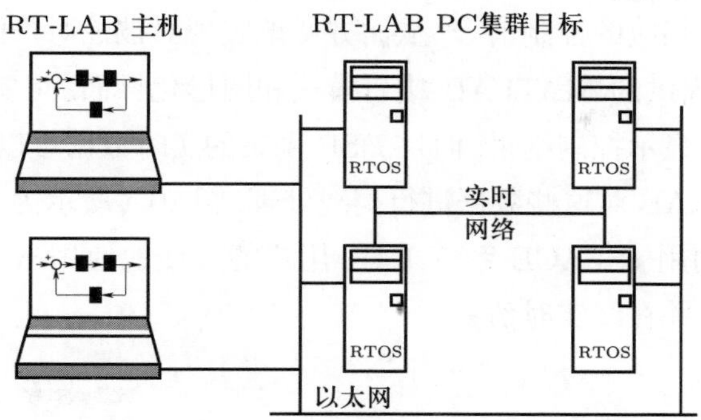

图 **10.2** 加拿大 **RT-LAB** 系统

发复杂设备时, 当控制系统搭建完成后, 需要在闭环下对其进行详细测试, 但是, 往往由于各种原因, 如极限测试、失效测试或在真实环境中测试费用较昂贵等, 使测试难以进行, 如在积雪覆盖的路面上进行汽车防抱死 (ABS) 控制器的小摩擦测试就只能在冬季冰雪天气下进行。于是就需要通过某种计算机硬件平台在实验室中模拟对象在实际工作条件下的运动过程, 并且通过相应的 I/O 设备将信号提供给控制器。此时可通过修改控制对象参数来模拟各种工况, 达到全面考察、验证控制器开发质量及控制算法可靠程度的目的, 图 10.3 所示为半物理仿真系统逻辑图。

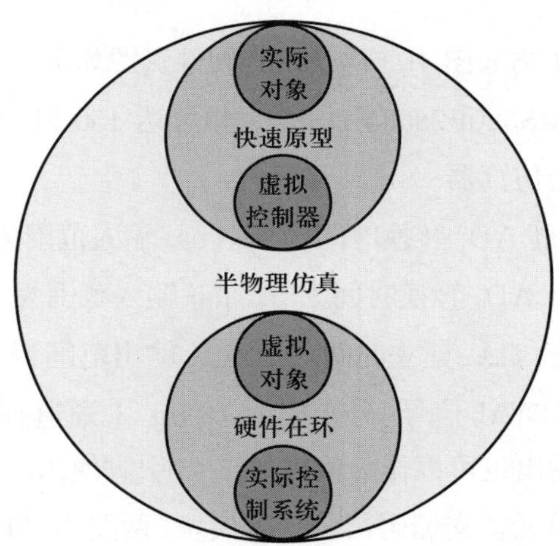

图 **10.3** 半物理仿真系统逻辑图

10.2 cSPACE 系统硬件平台

cSPACE 系统的控制芯片为 TMS320F28335 DSP, 该款芯片具有丰富的引脚资源, 拥有 AD、DA、GPIO、eQEP、ePWM 等外设接口, 基于快速控制原型开发方法, 具备硬件在环仿真功能。它通过 MATLAB/Simulink 设计好控制算法, 将输入、输出接口替换为 cSPACE 模块, 编译整个模块就能自动生成 DSP 代码, 在控制器上运行后就能生成相应的控制信号, 从而方便地实现对被控对象的控制。运行过程中通过 cSPACE 提供的 MATLAB 接口模块和图形化界面, 可实时修改控制参数, 并以图形方式实时显示控制结果; 而且 DSP 采集的实时数据可以保存到磁盘, 研究人员可利用 MATLAB 对这些数据进行离线处理, 图 10.4 所示为 cSPACE 系统“V”字形开发流程。利用 cSPACE 系统工具, 用户能方便地使用 MATLAB/Simulink 进行控制算法设计并在线实时仿真。

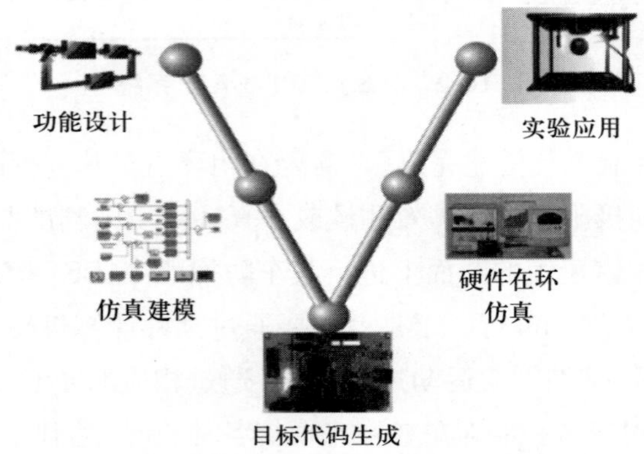

图 10.4 **cSPACE** 系统“**V**”字形开发流程

cSPACE 控制器实物如图 10.5 所示, 其硬件资源如下:

1) 主处理器为 TMS320F28335 DSP, 主频可达 150 MHz;

2) TI DSP 高性能仿真器;

3) 16 通道的 12 bit AD, 转换时间为 250 ns, 输入范围为 (0, 3) V;

4) 6 通道的 16 bit AD, 转换时间为 3.1 μs, 输入范围为 (−10, 10) V;

5) 4 通道 16 bit 的 DA, 建立时间为 10 μs, 输出范围为 (−10, +10) V;

6) 3 通道独立的 PWM 信号, 分辨率为 16 bit, 1 通道有两路互补对称的输出, 共 6 路输出, 这 6 路输出也可以作为输出的 I/O 引脚使用;

7) 4 通道 QEP 单元正交编码信号处理模块, 两路为 TI DSP 片内自带的, 两路为外扩的编码器芯片;

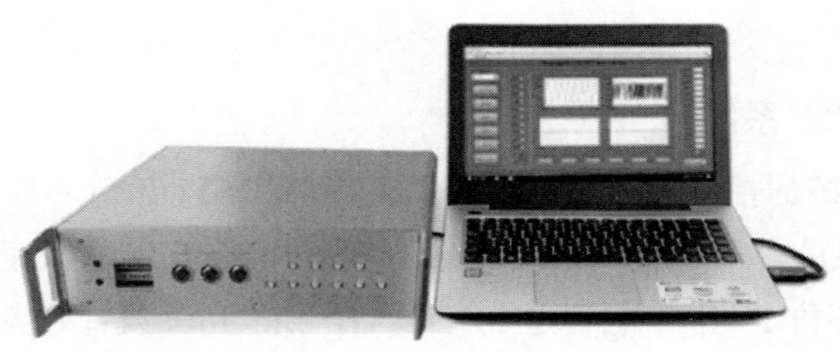

图 10.5 **cSPACE** 系统控制器

8) 3 路 RS232 串口;

9) 512 KB×16 bit 的片内 flash 和 610 KB×16 bit 的 SARAM;

10) 3 个 32 bit 的系统定时器, 4 个 16 bit 通用定时器;

11) 用户额外可扩充的功能 (需要打开外壳从内部接线, 不建议这样操作) ;

12) 5 通道独立的 PWM 信号, 分辨率为 16 bit;

13) 总共有 2 路 RS232 接口 (或 SCI 接口) ;

14) 多达 56 个可单独编程的复用口, 亦可用作通用 I/O 口;

15) 3 个外部中断口, 并有外围中断扩展模块, 可支持 54 个外围中断的 PIE 模块。

cSPACE 硬件在环控制系统的特点可以概括如下:

1) 采用硬件在环的概念进行设计。采用国际上控制系统设计的常用方法 (硬件在环实时仿真与控制) 设计, 把计算机仿真和实时控制结合起来, 提高了控制系统的设计效率和性能。

2) 使用 MATLAB/Simulink 对 cSPACE 系统进行开发。采用科研人员所熟悉的 MATLAB/Simulink 软件对 cSPACE 进行开发, 设计控制系统只需搭建 Simulink 模块, 进行图形化编程, 并且可以充分利用 MATLAB 的资源。

3) 丰富的硬件资源。cSPACE 硬件在环控制系统的硬件系统基于 TMS320F28335 DSP 开发, 这款 DSP 芯片具有丰富的外设资源, 并且外扩 6 路 16 bitAD、4 路 DA 模块和 2 路正交编码信号模块, 使得这套系统拥有更强大的功能。

4) 变量可实时观测、修改和存储。在 MATLAB 环境下, 能实时观察变量、实时修改控制参数、以图形方式实时显示控制结果, 并且 DSP 采集的数据能以 MATLAB 数据文件的形式保存到磁盘。

5) 开放性。控制器是开放式的, 熟悉 TI DSP 编程的研发人员可以直接对生成的代码进行编程, 添加用户自定义的代码, 并且可以使用这个 DSP 控制器构建其他控制系统。

10.3 cSPACE 系统软件平台

10.3.1 cSPACE 工具箱

cSPACE 系统的开发环境是基于广大科研人员所熟悉的 MATLAB/Simulink 进行开发的, 使用了 Simulink 中的工具箱, 该工具箱含有 DSP 卡上的硬件单元的接口模块, 如图 10.6 所示。由此方便了用户, 使他们能同时充分利用 MATLAB 强大的科学计算、信号分析处理、图形处理功能, 图 10.7 所示为 PID 算法的 Simulink 框图。

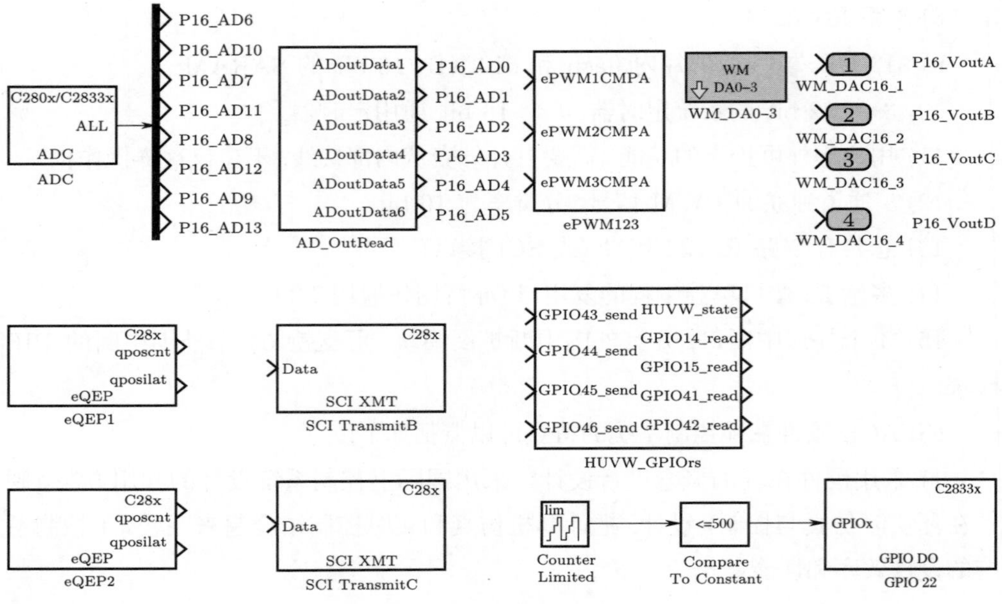

图 10.6 cSPACE 工具箱

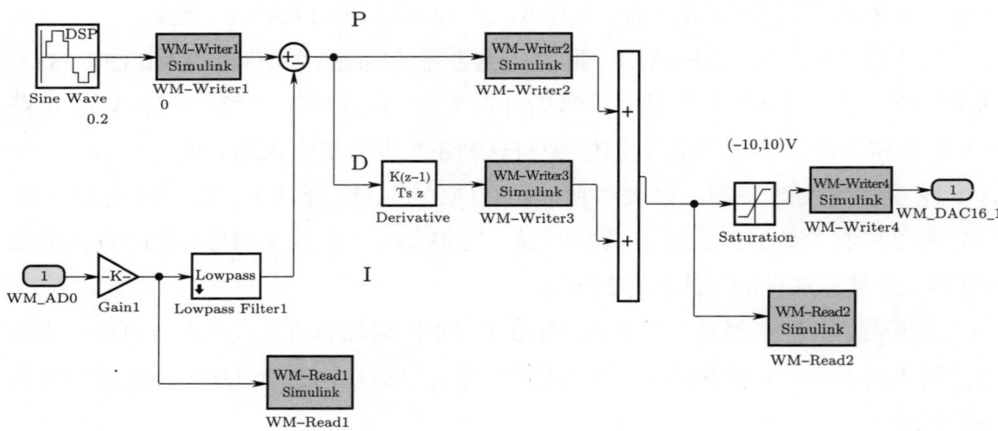

图 10.7 PID 算法的 Simulink 框图

10.3.2 cSPACE 上位机控制软件

cSPACE 系统的控制界面采用 MATLAB/Simulink 进行开发, 能在线修改 15 个变量和实时显示 4 个变量, 自动存储数据, 具有结构简单、方便用户使用等特点, 图 10.8 所示为 cSPACE 系统的上位机界面 [6−7]。

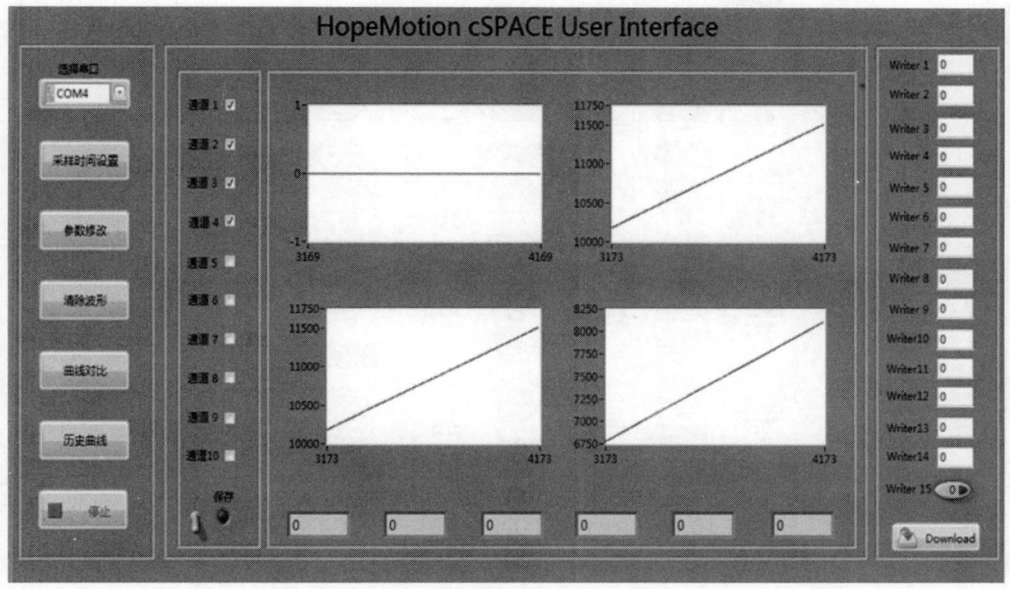

图 **10.8** **cSPACE** 系统的上位机界面

10.3.3 cSPACE 各软件模块使用手册

(1) Get_GUIData 模块

此模块接收来自上位机界面发送的 15 个数据值, 数据类型均为 int16, 数据范围为 [−32 768, +32 767], 点击 Get_GUIData 模块, 进行数据下发, 例如下发第一个参数, 则将 复制到需要下发数据的仿真图中进行连线。图 10.9 所示为 Get_GUIData 模块及上位机界面。

(2) Send_GUIData 模块

此模块向界面上传要显示的 4 个数据值, 数据类型均为 int16, 数据范围为 [−32 768, +32 767]。点击 Send_GUIData 模块, 进行数据上传, 例如上传第一个参数, 则将 复制到需要上传数据的仿真图中进行连线。图 10.10 所示为 Send_GUIData 模块及上位机界面。

(3) DA 模块

如图 10.11 所示, 此模块为 16 位精度的 DA 模块, 4 个输出变量值 WM_DAC_16_1 (A 通道, 端子 P16_VoutA) 、WM_DAC_16_2 (B 通道, 端子 P16_VoutB)、WM_DAC_16_3 (C 通道, 端子 P16_VoutC) 、WM_DAC_16_4 (D 通道, 端子 P16_VoutD) 为浮点型变量, 变量接收范围为 (−10.0, +10.0)V。

例如, 如图 10.12 所示连接各 DA 模块, 则 VoutA、VoutB、VoutC、VoutD 分别输出 1.0 V、3.0 V、−2.0 V、−2.0 V 的模拟电压。

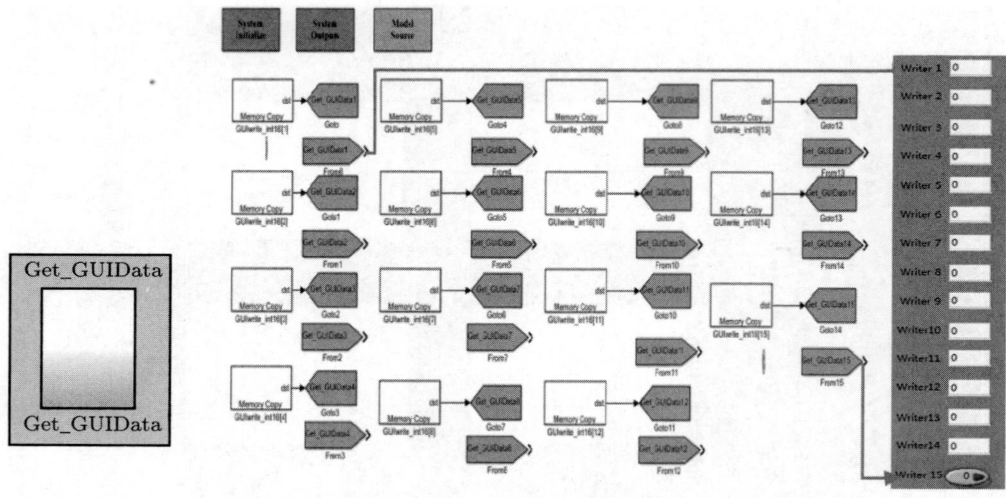

图 10.9 Get_GUIData 模块及上位机界面

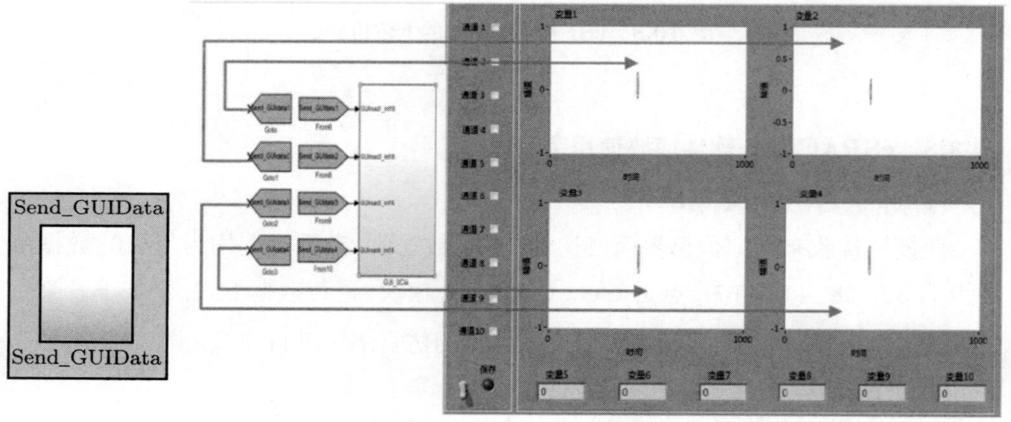

图 10.10 Send_GUIData 模块及上位机界面

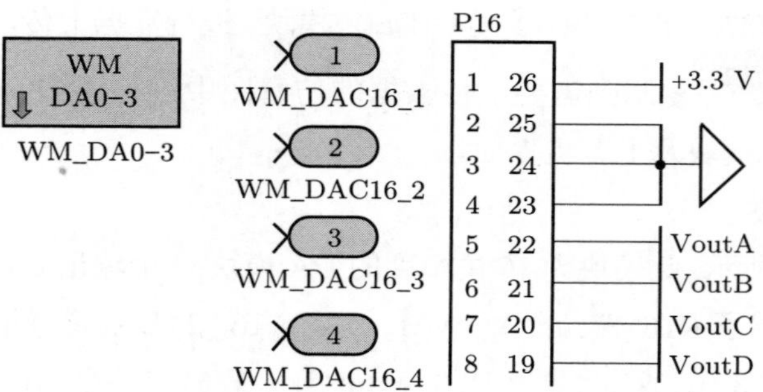

图 10.11 DA Send_Data 模块硬件原理

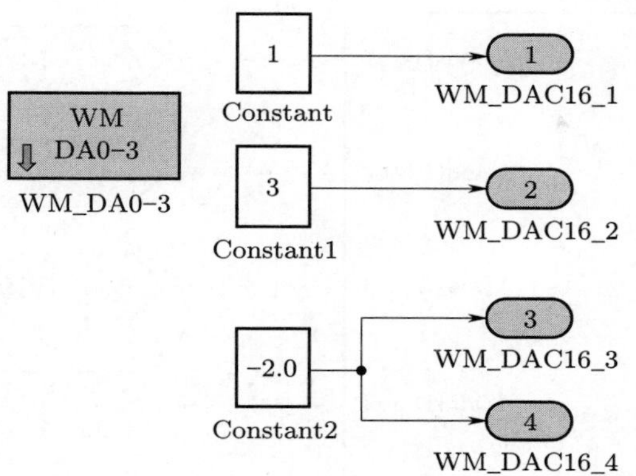

图 **10.12　4 个 DA Send_Data** 模块输入数据的操作

(4) AD 模块

如图 10.13 所示, 其中 P16 的 AD0~AD5 对应 AD 7656 的通道 1~6, 其中外部输入模拟信号的范围为 (−10, +10) V。

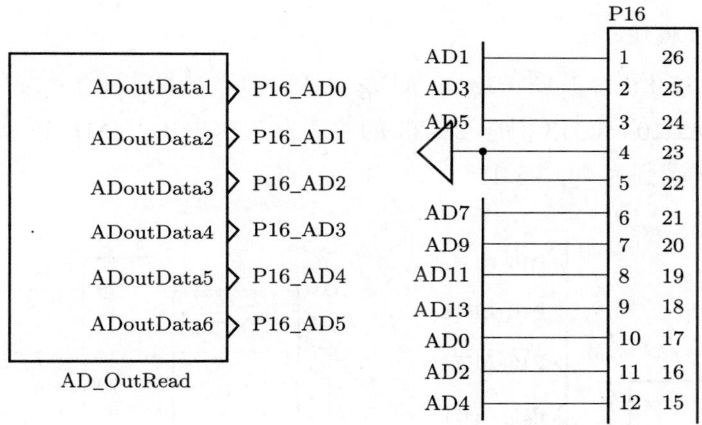

图 **10.13　AD OutRead** 模块硬件原理

当 AD0~AD5 接入对应的外部模拟信号, 则得到 AD 值依次为 ADoutData1~ADoutData6, 按顺序对应。此模块输出 6 路 AD 的数值, 数据类型均为 int16, 数据范围为 [−32 768, +32 767], 采集精度为 1/65 535。对应关系为当数值为 0 时, 外部模拟电压为 0 V; 当数值为 32 767 时, 外部模拟电压为 10 V; 当数值为 −32 768 时, 外部模拟电压为 −10 V; 当 ADoutData$x$ ($x = 0, 1, 2, 3, 4, 5$) 数值为 X 时, 外部模拟电压为

$$Y = 10 \times \frac{X}{327\,610}$$

满足线性关系。其他依此类推, 使用时如图 10.14 所示。

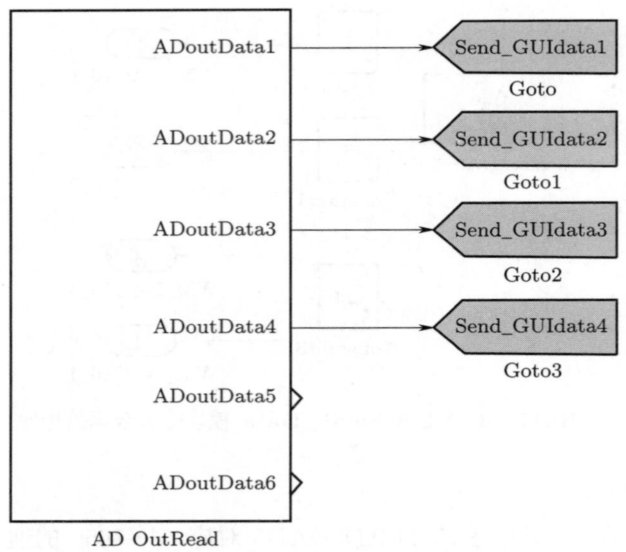

图 **10.14 AD OutRead** 模块输出数据的操作

(5) ADC 模块

如图 10.15 所示, 其中 P16 的 AD6~AD9 对应 28335 的通道为 ADCINA0~ADCINA3, AD10~AD13 对应 28335 的通道为 ADCINB0~ADCINB3, 其外部输入模拟信号的范围为 (0, +3.0) V。

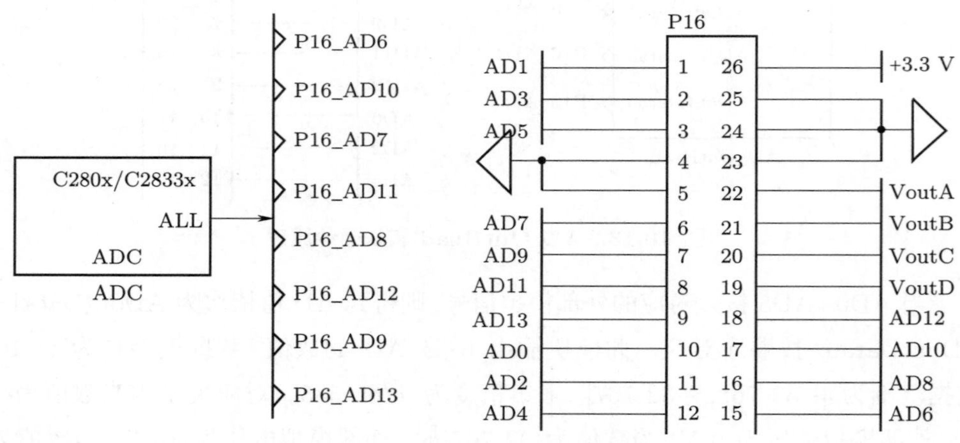

图 **10.15 ADC** 模块的输出与对应的硬件原理

第 1 个 AD 值对应端子 P16 中的 AD6, 第 2 个 AD 值对应端子 P16 中的 AD10, 其他依次类推。当 AD6~AD13 接入对应的外部模拟信号, 则 ADC 模块有对应的 AD 值 (数据类型为 uint16) , 其中当外部电压 0 V 时, AD 值为 0; 当外部电压 3.0 V 时, AD 值为 4 095; 其他情况线性变化。

因此, 当 AD 数值为 X 时, 外部模拟电压为

$$Y = 3 \times \frac{X}{4\,095}$$

满足线性关系。其他依此类推, 使用时如图 10.16 所示。

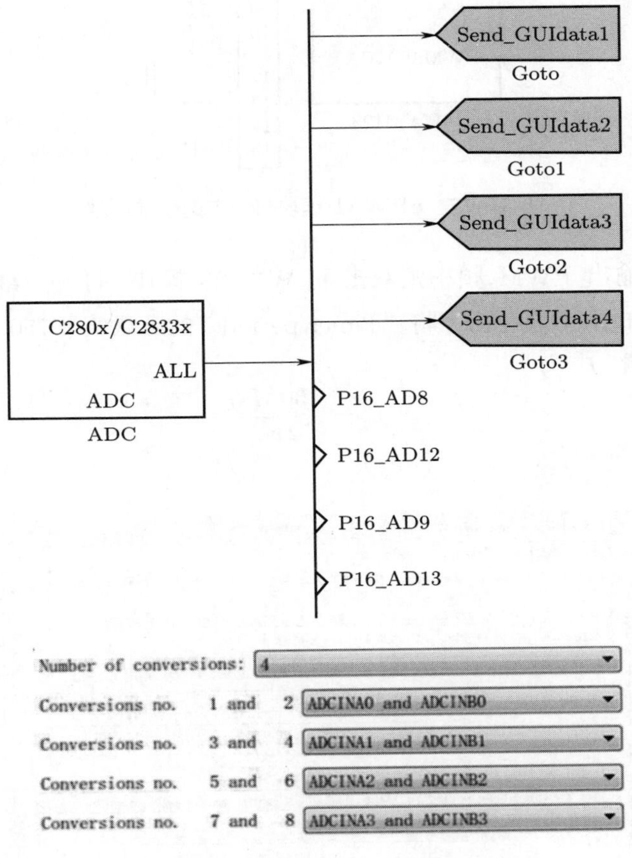

图 **10.16** **DSP** 内置 **ADC** 模块

(6) ePWM 模块

如图 10.17 所示, P17 端口上的 IO1~IO6 为对应的 PWM1~PWM6, 5 V 电平输出, 其中 IO1 和 IO2 为 ePWM1 的互补输出引脚, IO3 和 IO4 为 ePWM2 的互补输出引脚, IO5 和 IO6 为 ePWM3 的互补输出引脚。

模块 ePWM1CMPA、ePWM2CMPA、ePWM3CMPA 输入数据类型为 uint16, 代表对应 PWM 的比较值, 默认 PWM 的计数方式为增减计数, 比较周期值为 3 750, 则默认输出 PWM 的频率为 20 kHz。

$$20 = \frac{150M}{3\,275 \times 2}$$

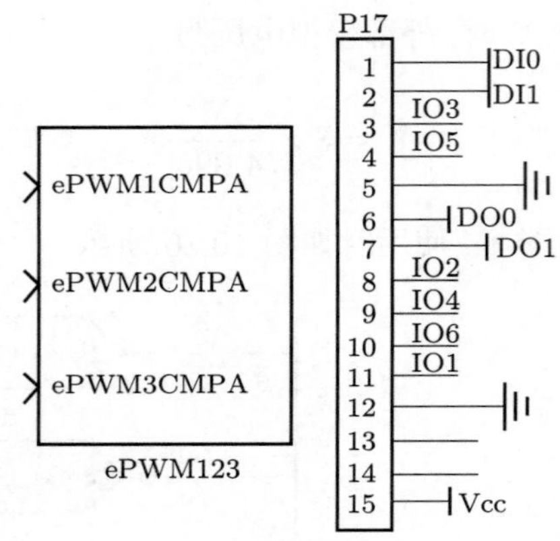

图 **10.17** **ePWM** 模块与对应的硬件原理

若要修改输出 PWM 频率则双击 ePWM123 模块, 打开后继续双击对应的 ePWM 模块, 如图 10.18 所示, 将 “Timer period” 的默认值 3 750 修改为 x, 则产生的 PWM 频率 f_x 为

$$f_x = \frac{150M}{2x}$$

Block Parameters: ePWM1

C280x/C2833x ePWM (mask) (link)

Configures the Event Manager of the C280x/C2833x DSP to generate ePWM waveforms.

General | ePWMA | ePWMB | Deadband unit | Event Trigger | PWM chopper contr

Allow use of 16 HRPWMs (for C28044) instead of 6 PWMs

Module: ePWM1

Timer period units: Clock cycles

Specify timer period via: Specify via dialog

Timer period: 3750

Reload for time base period register (PRDLD): Counter equals to zero

Counting mode: Up-Down

Synchronization action: Set counter to phase value specified via dialog

Counting direction after phase synchronization: Count up after sync

Phase offset value (TBPHS): 0

Specify software synchronization via input port (SWFSYNC)

Synchronization output (SYNCO): Counter equals to zero (CTR-Zero)

Time base clock (TBCLK) prescaler divider: 1

High speed clock (HSPCLKDIV) prescaler divider: 1

OK | Cancel | Help | Apply

图 **10.18** **ePWM1** 模块参数配置窗口

(7) HUVW_GPIOrs 模块

如图 10.19 所示，该模块对应以上硬件接口，其中 GPIO14、GPIO15、GPIO41、GPIO42 配置成数字量输入引脚，GPIO43~GPIO46 配置成数字量输出引脚，HU0、HV0、HW0 为霍尔状态输入引脚，其中 HU0、HV0、HW0 依次超前后者 120° 电角度。

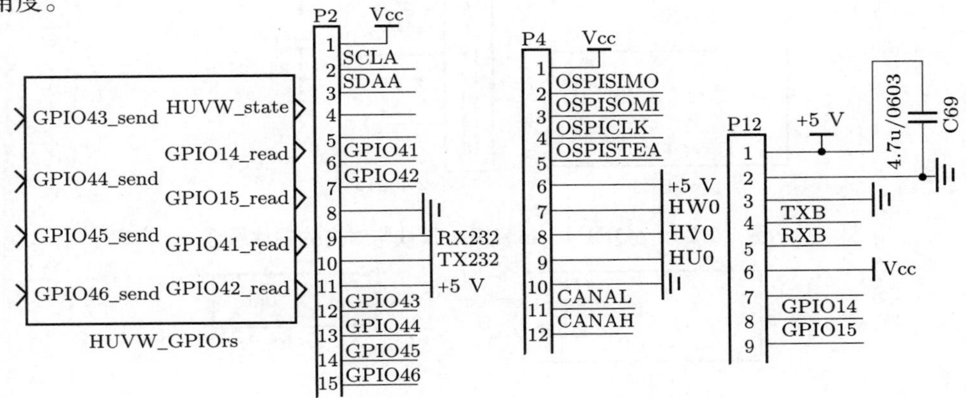

图 10.19 **HUVW_GPIOrs** 模块与对应的硬件原理

HUVW_GPIOrs 模块的输出变量 HUVW_state 为 HU0、HV0、HW0 的组合状态，当电动机正转时依次输出值为 5、1、3、2、6、4、5；当电动机反转时依次输出值为 5、4、6、2、3、1、5。

HUVW_GPIOrs 模块的输出变量 GPIO14_read 为 GPIO14 的状态，布尔值。当 GPIO14 为低电平时，GPIO14_read 值为 0；当 GPIO14 为高电平时，GPIO14_read 值为 1。其他变量 GPIO15_read、GPIO41_read、GPIO42_read 依此类推。

HUVW_GPIOrs 模块的输入变量 GPIO43_send 为 GPIO43 的状态，布尔值。当 GPIO43_send 值为 0，GPIO43 输出为低电平；GPIO43_send 值为 1，GPIO43 输出为高电平。其他变量 GPIO44_send、GPIO45_send、GPIO46_send 依此类推。

(8) eQEP1、eQEP2 模块

如图 10.20 所示，eQEP1、eQEP2 为编码器模块，引脚 1~15 为模块软件和硬件对应的引脚，编码器 5 V 差分输入。

按照如图 10.21 所示搭建测试程序。

则 GUI 面板上第 1 个显示数据 Sendtata1 为编码器 1 的计数值，第 2 个显示数据 Sendtata2 为编码器 2 的计数值。本模块在计数到 65 535 时，计数值硬件复位到 0 重新计数。

(9) 串口发送模块 SCI TransmitB 和 SCI TransmitC

SCI TransmitB 和 SCI TransmitC 模块如图 10.22 所示。

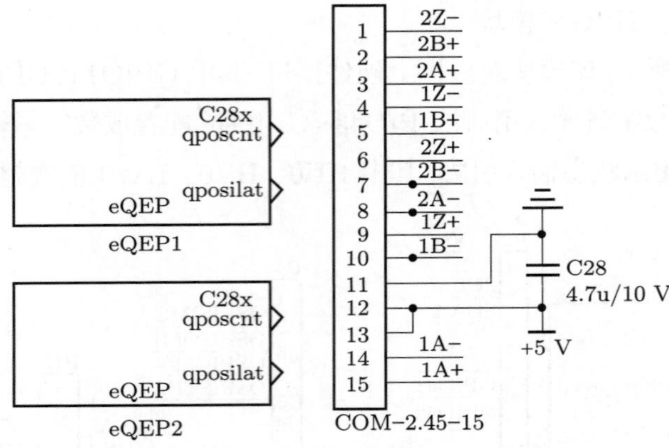

图 10.20 eQEP1、eQEP2 模块与对应的硬件原理

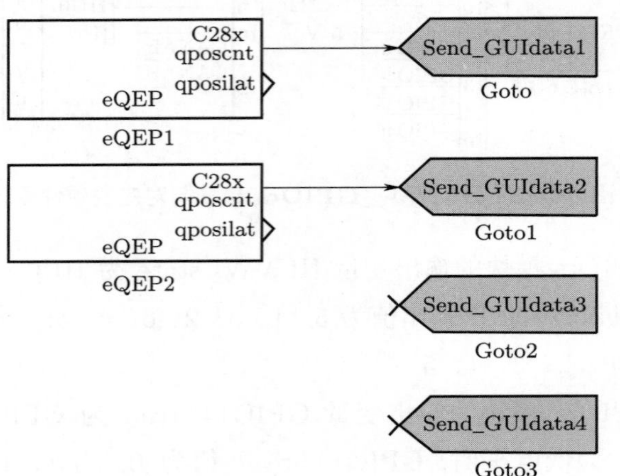

图 10.21 eQEP1、eQEP2 模块的使用

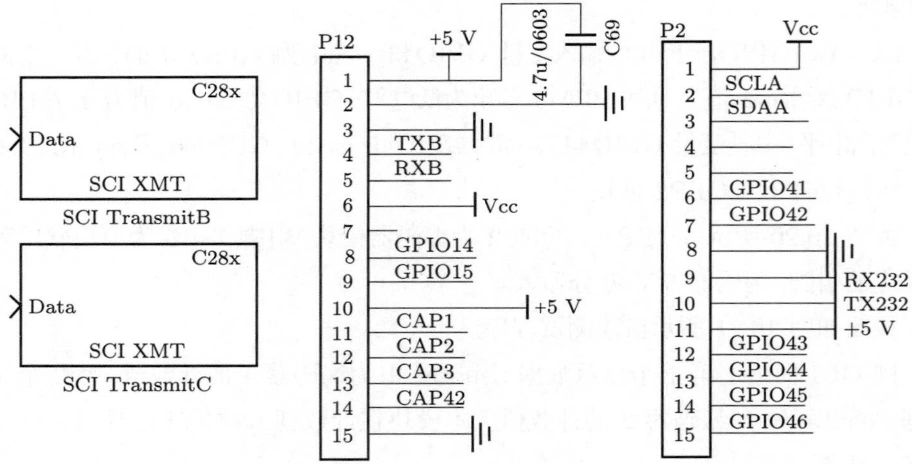

图 10.22 SCI TransmitB 和 SCI TransmitC 模块

按照如图 10.23 所示, 搭建测试程序, 确认串口线与对应的计算机 COM 口相连, 在 PC 端用串口调试助手可以观察到, DSP 不断向计算机发送两个 uint16 类型的数据。

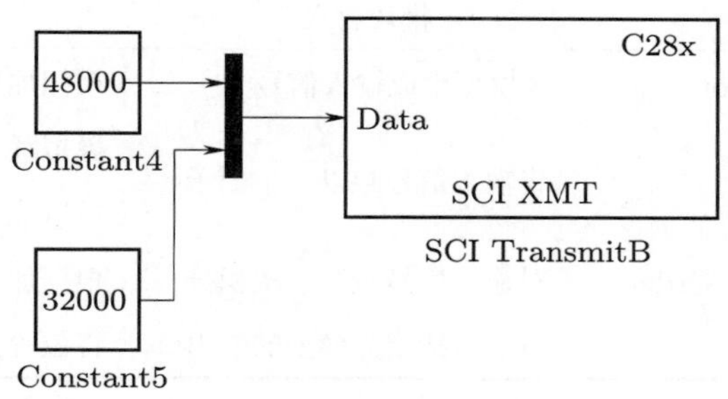

图 **10.23 SCI TransmitB** 模块的使用

10.4 基于 MATLAB/Simulink 的模型搭建

由于使用 MATLAB/Simulink 对系统建模和仿真, 其 Simulink 的主要功能是对系统各个组件仿真。在建模时, 可以用各种模块图代表系统的各个部分, 用连接线代表这些模块之间的信号输入/输出关系。简单来讲就是: 采用一个时钟, 按时间来确定各个模块的仿真顺序, 并在仿真过程中, 依次将在上一个模块图中计算的输出, 传递到下一个模块, 直至最后一个模块。例如有一个打开加热器的开关, 在每个时间步长中, Simulink 计算开关的输出, 再将该输出输入到加热器, 然后计算热量输出。

通常, 组件的输入对其输出的影响不是瞬时的。例如, 打开加热器不会导致温度立即发生变化。该动作以微分方程的形式提供输入, 历史温度 (一个状态) 也作为一个输入因子, 当模块图的仿真需要求解微分或差分方程时, Simulink 利用内存和数值求解器来计算时间步长的状态值。

Simulink 处理三类数据:

1) 信号——在仿真期间计算的模块输入和输出;

2) 状态——在仿真期间计算的代表模块动态的内部值;

3) 参数——影响模块行为的值, 由用户控制。

在每个时间步长, Simulink 都计算信号和状态的新值。相比之下, 用户可以在编译模型时指定参数, 并且可以在仿真运行时偶尔更改它们。

以下介绍一个创建简单模型的示例, 所使用的方法也适用于创建更复杂的模型。

示例仿真的运动状态是在踩下加速踏板后简化的汽车运动。使用 Simulink 模块定义模块输入与模块输出之间的数学关系, 创建这个简单模型需要 4 个 Simulink 模块, 如表 10.1 所示, 创建的模型如图 10.24 所示。

表 10.1　**Simulink** 模块

模块名称	模块含义	模型目的
Pulse Generator	为模型生成输入信号	模拟加速踏板
Gain	将输入信号乘以一个因子	模拟踩下加速踏板对汽车加速度所造成的影响
Integrator, Second-Order	对输入信号执行二次积分	根据加速度计算汽车位置
Outport	将信号指定为模型的输出	将位置指定为模型的输出

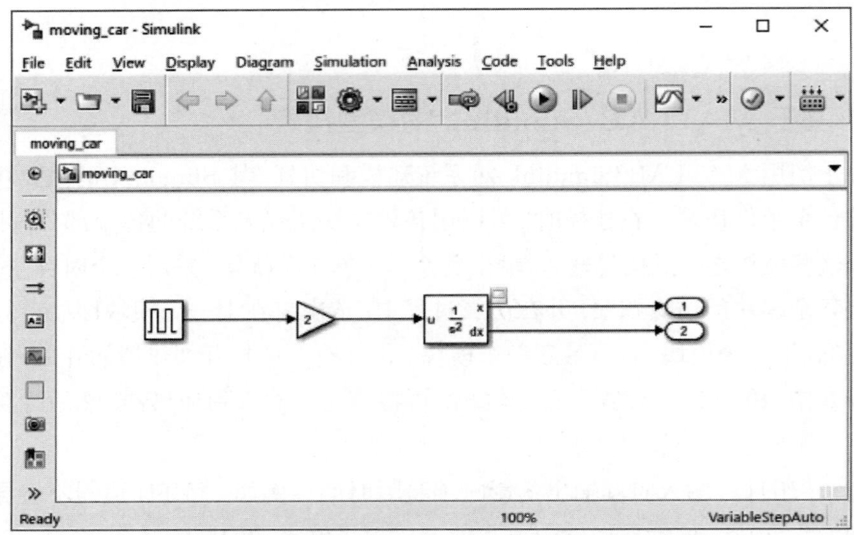

图 10.24　使用 **Simulink** 创建的模型

此模型的仿真过程是将一个简短的脉冲信号积分两次, 形成一个斜坡信号, 然后将结果显示在一个示波器窗口中。输入脉冲表示踩下汽车的加速踏板, 输出斜坡表示与起点的距离增加。模型创建过程如下。

1) 启动 MATLAB。在 MATLAB 工具条上, 点击 Simulink 按钮, Simulink 启动界面如图 10.25 所示。

2) 点击 Blank Model 模板。Simulink Editor 打开, 如图 10.26 所示。

3) 从 File 菜单中, 选择 Save as。在 File name 文本框中, 输入模型的名称, 例如 simple_model。点击 Save。模型使用文件扩展名.slx 进行保存。

4) 在 Simulink Editor 工具栏上, 点击 Library Browser 按钮, 进入 Simulink Library Browser 界面, 如图 10.27 所示, 在 Simulink Library Browser 中提供了

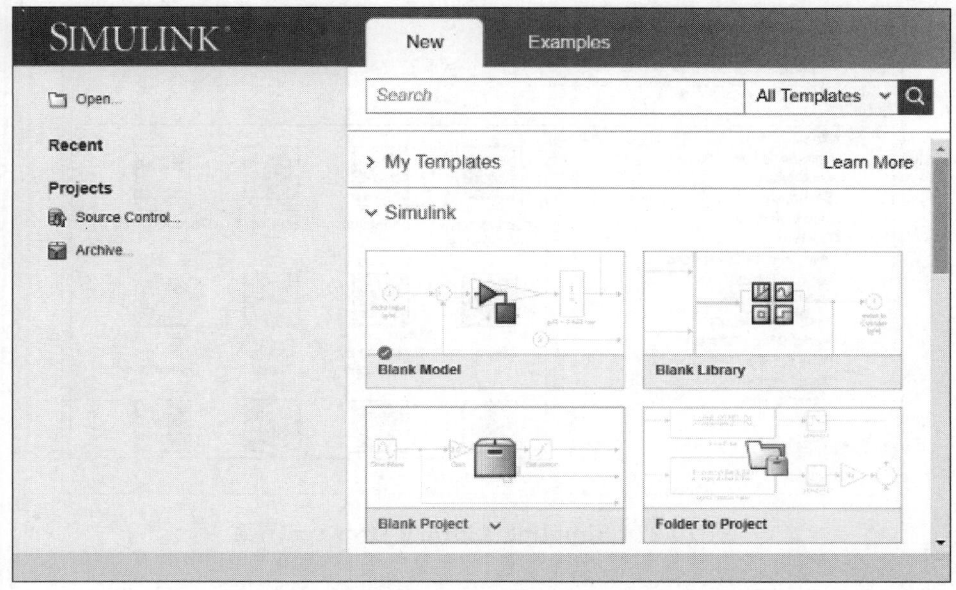

图 **10.25** **Simulink** 启动界面

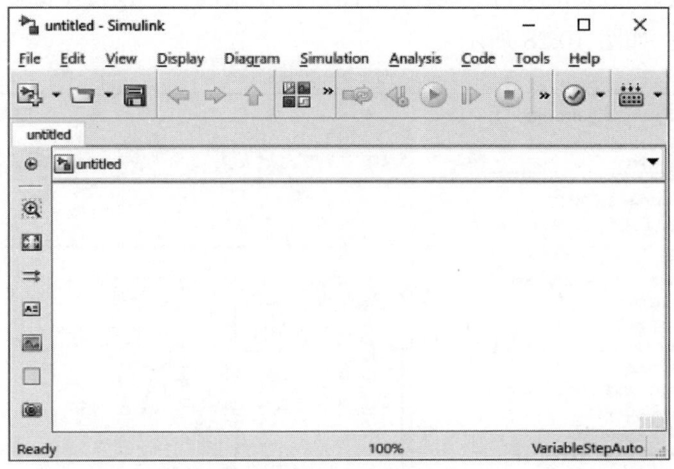

图 **10.26** **Simulink** 新建空白模型

一系列按功能分类的模块库。大多数工作流所常用的一些模块库包括: ① Continuous——连续状态系统的构建模块; ② Discrete——离散状态系统的构建模块; ③ Math Operations——实现代数和逻辑方程的模块; ④ Sinks——存储并显示所连接信号的模块; ⑤ Sources——生成模型的驱动信号值的模块。

5) 在 Library Browser 工具栏中, 当查找要使用的模块时, 可以从左侧窗格区中找到模块所在的功能区, 从功能区中再找要使用的模块。若已经知晓要使用的模块名称, 也可以在工具栏中的搜索框中输入搜索词, 直接搜索所有可用的相关模块。

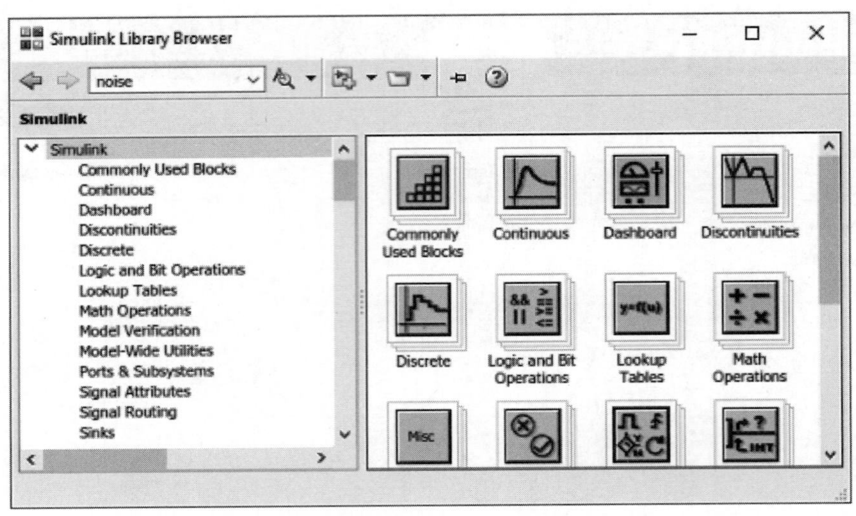

图 10.27 Simulink Library Browser 界面

例如, 查找 Pulse Generator 模块。在浏览器工具栏的搜索框中输入 pulse, 然后按 Enter 键, Simulink 将在模块库中搜索名称或说明中包含 Pulse 的模块, 然后显示这些模块, 如图 10.28 所示。

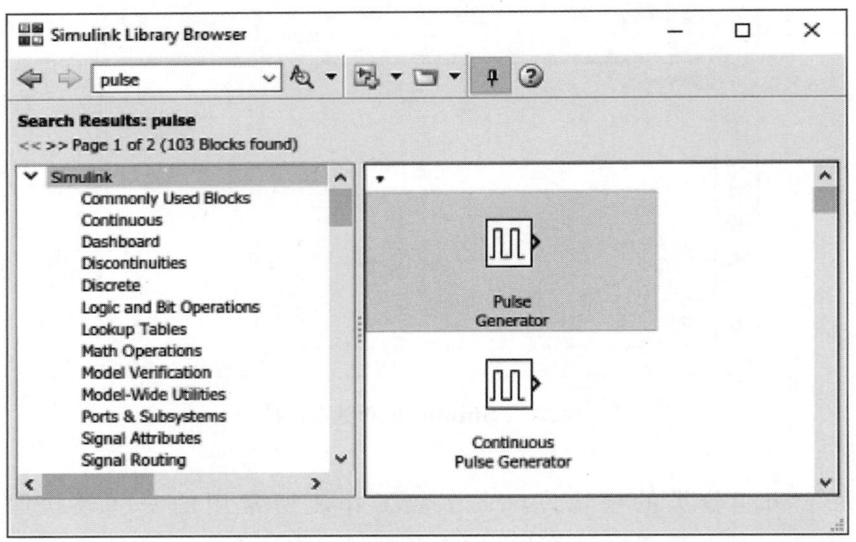

图 10.28 在模块库中快速搜索 Pulse Generator 模块

要获取模块的详细信息, 右键点击某个模块, 如 “Pulse Generator” 模块, 然后选择 Help for the Pulse Generator block, 在 MATLAB 的 Help 浏览器中查看模块的更加详细的信息。一些模块通常有几个参数, 可以通过双击该模块来查看模块的所有参数。

6) 在 Sources 库中, 将 Pulse Generator 模块拖到 Simulink Editor , 如图 10.29 所示。模型中将出现 Pulse Generator 模块的副本, 还有一个文本框用于输入 Amplitude 参数的值, 输入 1。

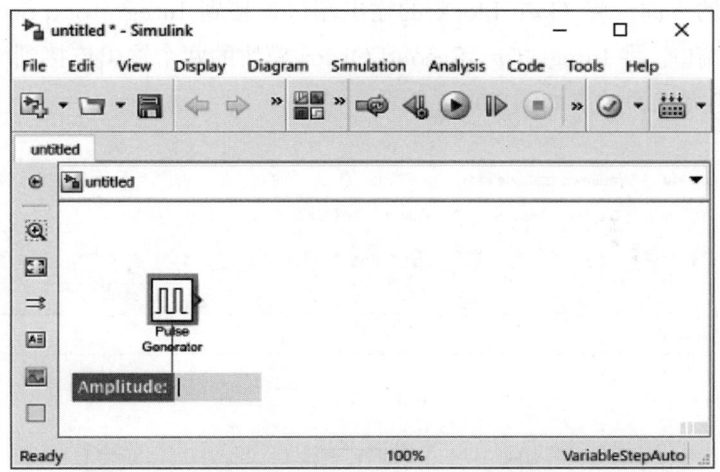

图 10.29 将 **Pulse Generator** 模块添加到编辑窗口

7) 使用相同的方法将表 10.1 中的其余模块添加到编辑窗口。

8) 通过右键点击并拖动一个现有 Outport 模块, 添加第二个 Outport 模块, 现在模型已具有所需的全部模块。通过点击并拖动来排列每个模块, 如图 10.30 所示。要调整模块的大小, 则点击并拖动其一个角。

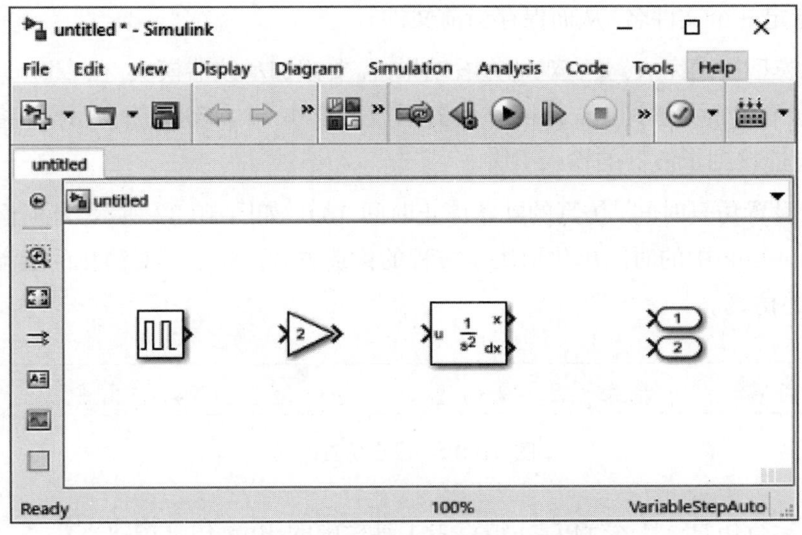

图 **10.30** 添加所有模块到编辑窗口

9) 连接模块；通过在输出端口和输入端口之间创建线条来连接模块；点击 Pulse Generator 模块右侧的输出端口，该输出端口和所有可供连接的输入端口都将突出显示。点击 Gain 模块的输入端口，Simulink 用线条连接模块，并用箭头表示信号流的方向。将 Gain block 的输出端口连接到 Integrator、Second Order 模块的输入端口。将 Integrator、Second Order 模块的两个输出连接到 Outport 模块，模型搭建完成的效果如图 10.31 所示。

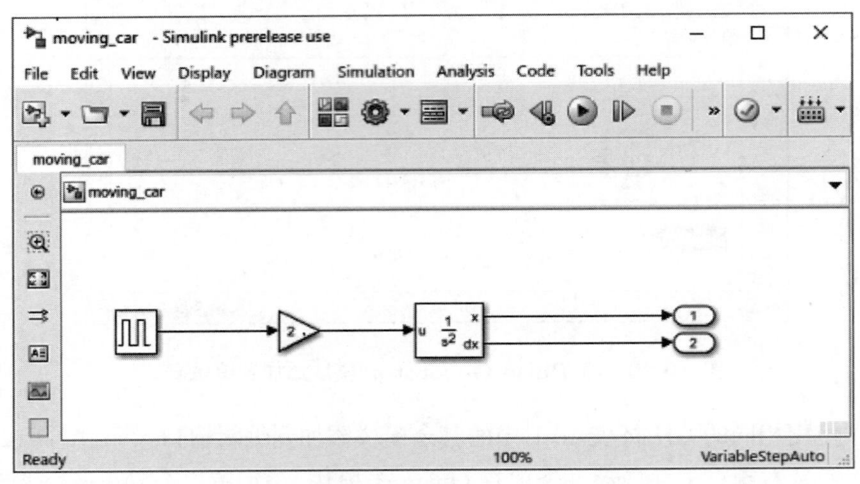

图 10.31　模型搭建完成的效果

10) 保存模型。选择菜单栏中的 File 菜单，在弹出的下拉菜单中选择 Save 并为模型指定一个文件名，从而保存当前文件。

11) 模型搭建完成，要直观地查看结果，需要添加示波器模块，在 Library Browser 的搜索框中搜索关键词“scope”，找到示波器模块，添加到编辑窗口，并将第一个输出引脚连接到示波器的输入引脚。

12) 设置仿真时间：仿真的默认停止时间 10.0，如图 10.32 所示，此时间值没有单位，Simulink 中的时间单位取决于方程的构造方式。此示例对简化的运动进行时长 10 s 的仿真。

图 10.32　设定仿真时间

13) 运行仿真：要运行仿真，请点击工具栏中的 Run 仿真按钮 ▶。

14) 仿真运行结束后，双击前面添加的示波器模块，可查看模型的仿真结果，如图 10.33 所示。

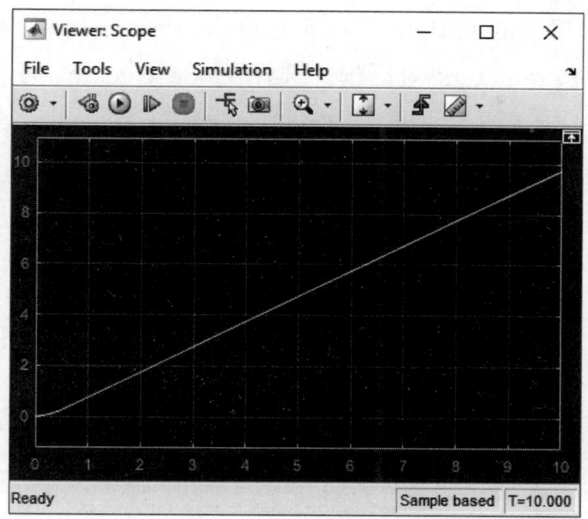

图 10.33　模型的仿真结果

10.5　自动生成代码

本节举例说明如何为 Simulink 模型选择系统目标文件、为实时仿真生成 C 代码, 以及如何查看生成的文件。该模型是触发子系统馈送信号的一个 10 位计数器, 该子系统由常量模块 INC、LIMIT 和 RESET 进行参数化。Input 和 Output 代表模型的 I/O, Amplifier 子系统按增益因子 K 放大输入信号, 当信号 equal_to_count 为 true 时, 增益因子将会更新。

打开模型。例如, 在 MATLAB 命令提示符下输入以下命令, “model='rtwdemo_rtwintro'”, “open_system(model)”; 打开“rtwdemo_rtwintro 模型”, 如图 10.34 所示。

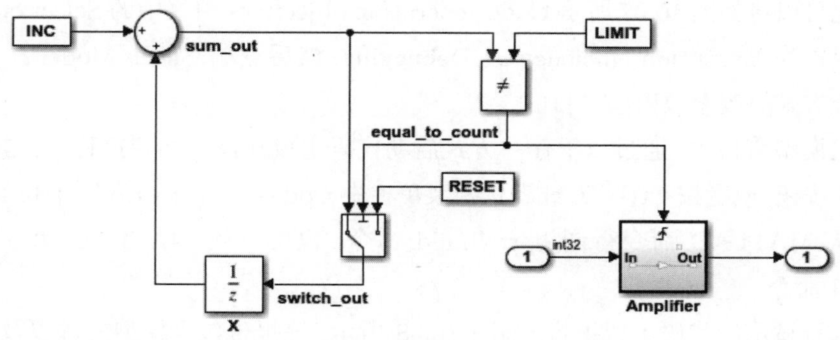

图 10.34　rtwdemo_rtwintro 模型

通过点击菜单栏 Simulation→Configuration Parameters, 从模型编辑器中打开 Configuration Parameters 对话框。选择 Code Generation 页面, 如图 10.35 所示。

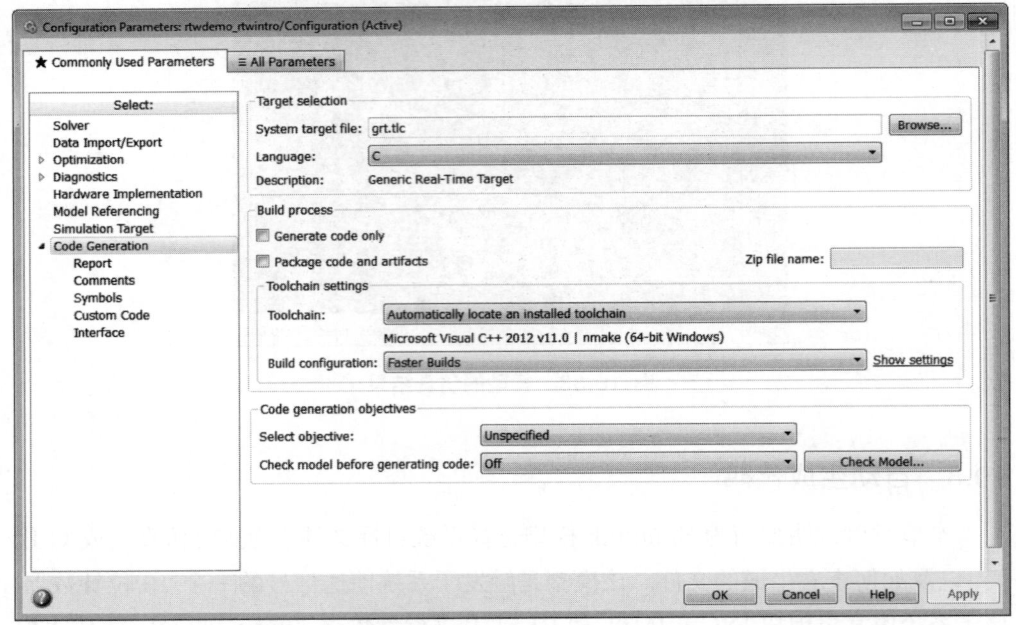

图 10.35　**Code Generation** 页面

在 System Target File Browser 窗格中, 点击并选择一个目标, 如图 10.36 所示, 这里选择 Generic Real-Time (GRT) 目标, 然后点击 Apply。可以针对特定的目标环境或目的生成代码, 有些内置的目标选项是以系统目标文件提供的, 这些文件控制目标的代码生成过程。

也可以将如图 10.37 所示 Code generation objectives 窗格中的 Select objective 字段设置为 Execution efficiency 或 Debugging, 然后点击 Check Model..., 识别并以系统方式更改参数以满足目的。

在模型窗口中, 通过以下任一方式启动代码生成和模型构建过程: 点击 Build Model 按钮, 或者按 Ctrl+B, 或者选择菜单栏中 Code→C/C++Code→Build Model, 或者从 MATLAB 命令行调用 rtwbuild 命令, 也可以从 MATLAB 命令行调用 slbuild 命令。

查看显示的代码生成报告, 如图 10.38 所示; 该报告包含模型文件以及关联的实用工具和头文件的链接。

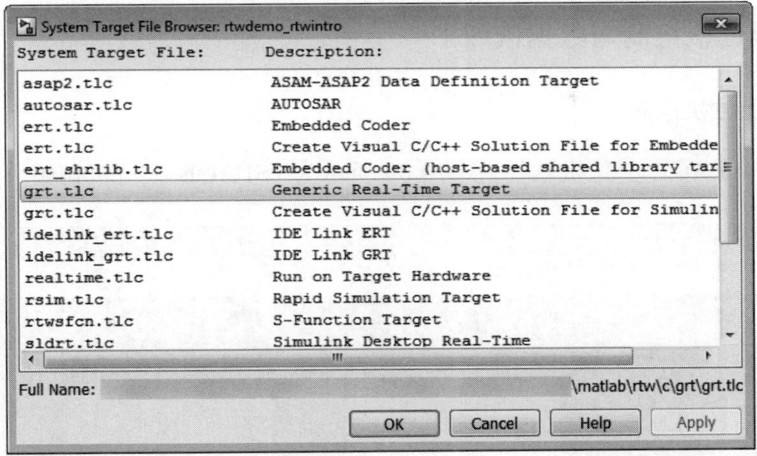

图 10.36　选择 System Target File

Code generation objectives

Select objective: Unspecified

Check model before generating code: Off　Check Model...

图 10.37　Code generation objectives 设置界面

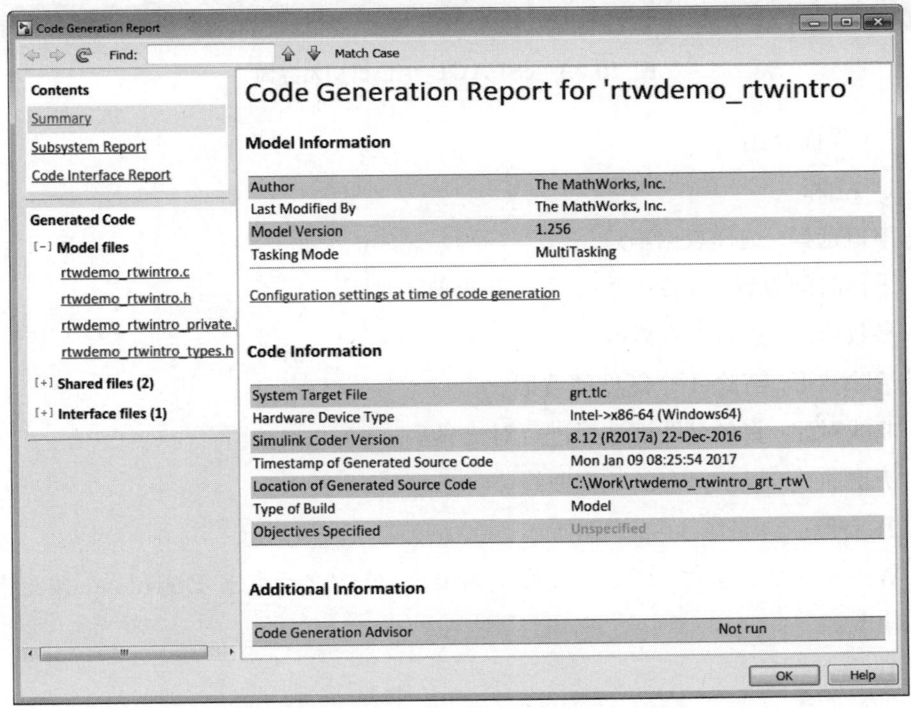

图 10.38　代码生成报告窗口

10.6 上位机控制与数据读取

10.6.1 上位机控制

打开 cSPACE 上位机软件, 图 10.39 所示为 cSPACE 上位机初始界面。

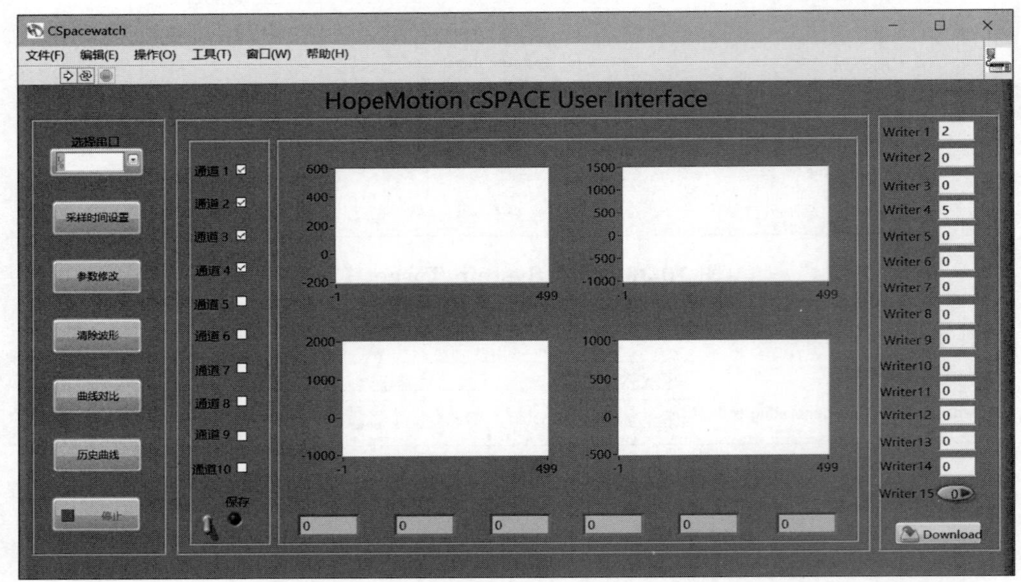

图 10.39 cSPACE 上位机初始界面

(1) 界面介绍

1) 左侧:

串口选择: 选择数据串口。

采样时间设置: 设置中间 4 个图框的采样时间。

参数修改: 进行参数修改。

清除波形: 清除 4 个图框的波形。

曲线对比: 将各个图框波形进行对比显示。

历史曲线: 显示保存的数据曲线。

2) 右侧:

Writer1∼Writer15: 可以修改模型内参数, 修改之后点击 Download 按钮进行在线修改。

3) 中央:

4 个图框: 分别对应模型内的输出数据, 可以实时显示数据变化。

(2) 使用介绍

第一步: 勾选通道 1~4, 选择串口, 点击左上角运行按钮 (运行按钮为箭头), 成功运行时 4 个界面可以观测到实时数据。

第二步: 通过右侧 Writer1~Writer15 进行参数的输入, 输入之后点击 Download 进行下载。

图 10.40 所示为上位机正常运行时界面显示。

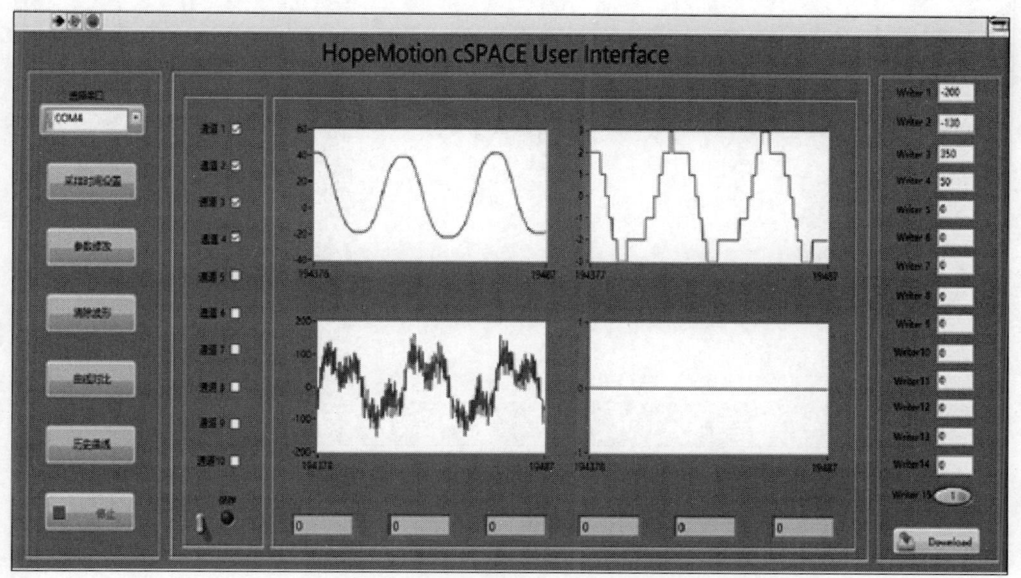

图 **10.40** 上位机正常运行时界面显示

10.6.2 数据读取

在实验正常进行时, 界面图框可以正常显示数据, 如果需要保存数据, 点击图 10.40 所示中的 按钮, 要结束保存则再次点击该按钮。

需要查看保存的数据时, 点击图 10.40 中 “历史曲线” 按钮, 历史曲线界面如图 10.41 所示。

界面介绍:

点击回显文件右侧的文件夹按钮, 选择所保存的数据; 点击选择回显变量, 可分别查看 4 个图框保存的数据; 点击回显频率可以修改显示频率, 如图 10.42 所示。

此外, 在图框中点击右键可进行一些操作, 如图 10.43 所示。

其中, 导出数据功能界面如图 10.44 所示。

可以将图框中的数据导出到剪贴板、Excel 或者简化图像, 如需进行数据编辑和重绘, 可将数据导出到剪贴板或者 Excel 进行截取, 再另存为 txt 文件, 通过 MATLAB 的 load (‘xxx.txt’) 命令进行读取和图像绘制。

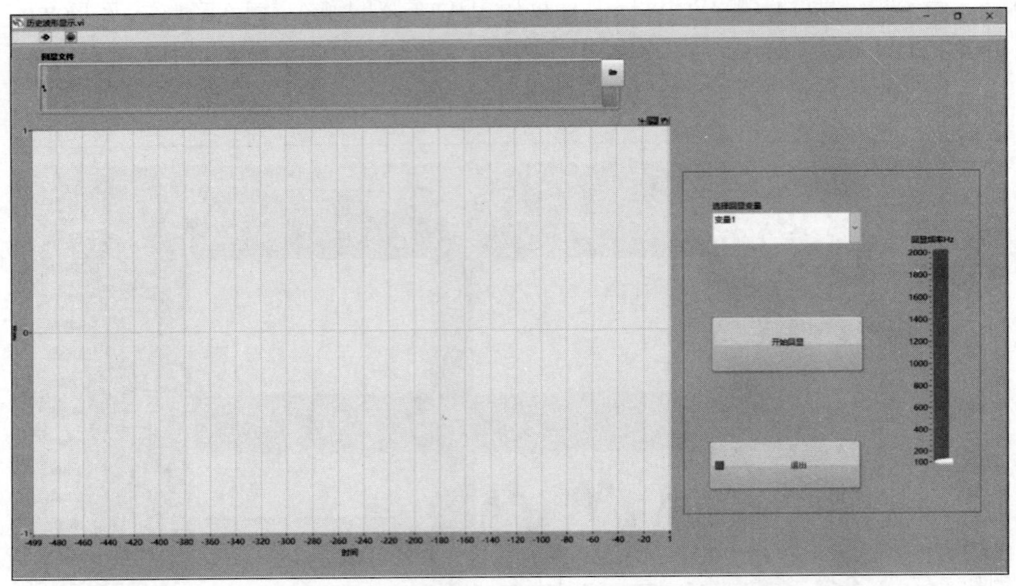

图 **10.41**　查看数据的历史曲线界面

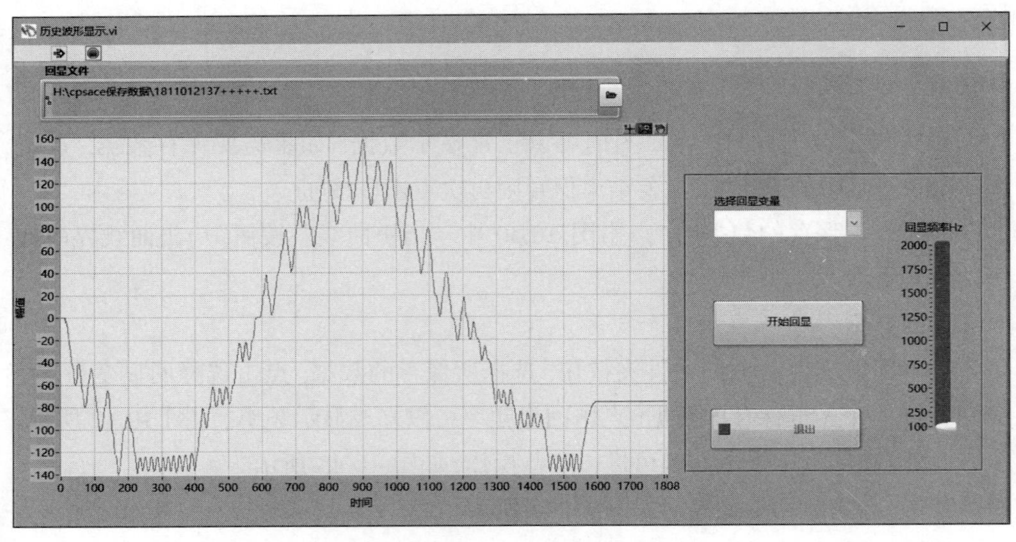

图 **10.42**　历史曲线的数据显示

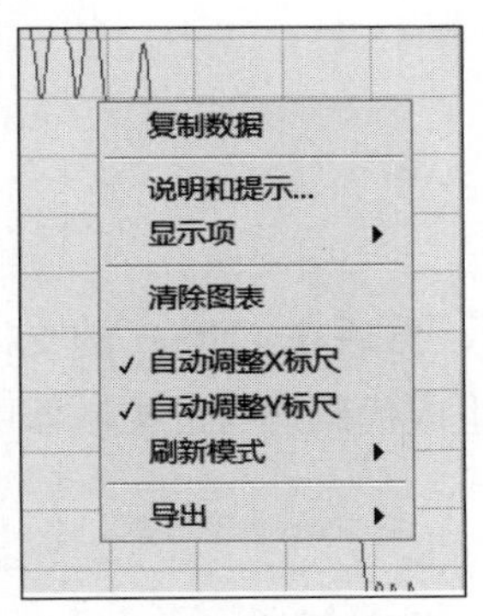

图 **10.43** 右键快捷菜单

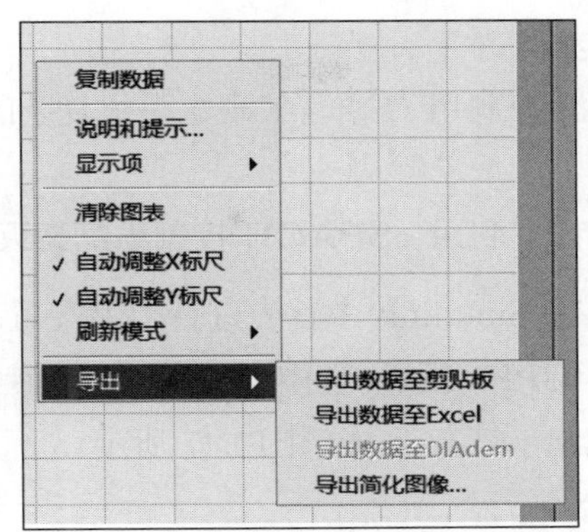

图 **10.44** 导出数据功能界面

10.7 举例

现列举一个点亮 LED 小灯的实例, 可以在 CCS 开发平台上通过写入 C 代码配置相应 I/O 口控制小灯亮灭, 也可以通过 cSPACE 控制。下面分别对两种方式做说明。

10.7.1 利用 C 语言控制小灯亮灭

在 CCS 中新建工程, 配置相应时钟, 清除中断向量表以及相应的中断标志位, 配置小灯对应 I/O 口的寄存器, 并通过对相应寄存器写入 0、1 来控制小灯的亮灭。具体代码如图 10.45 所示。

```
void main(void)
{

   InitSysCtrl();

   Gpio_select();

   DINT;

   InitPieCtrl();

   IER = 0x0000;
   IFR = 0x0000;

   InitPieVectTable();


   for(;;)
   {
       GpioDataRegs.GPADAT.all      =0xAAAAAAAA;
       GpioDataRegs.GPBDAT.all      =0x0000000A;

       delay_loop();

   InitPieCtrl();

   IER = 0x0000;
   IFR = 0x0000;

   InitPieVectTable();


   for(;;)
   {
       GpioDataRegs.GPADAT.all      =0xAAAAAAAA;
       GpioDataRegs.GPBDAT.all      =0x0000000A;

       delay_loop();

       GpioDataRegs.GPADAT.all      =0x55555555;
       GpioDataRegs.GPBDAT.all      =0x00000005;

       delay_loop();
   }
}

void delay_loop()
{
   volatile long i;
   for (i = 0; i < 1000000; i++) {}
}
```

图 **10.45** 导出数据

图 10.45 即为 C 语言编写的 I/O 口控制程序。设计人员不仅需要熟练掌握 C 语言, 而且必须对芯片的寄存器配置非常熟悉。从以上程序可以看出, 一个简单的

I/O 口控制用 C 语言实现也是很复杂的。

10.7.2 利用 cSPACE 控制小灯亮灭

在 Simulink 中首先进行模型配置，如图 10.46 所示，然后在 C2000 的支持包调出 GPIO 模块，选中 I/O 口，直接赋值 0、1，将模型生成代码烧写进控制器中即可控制小灯亮灭，如图 10.47 所示。

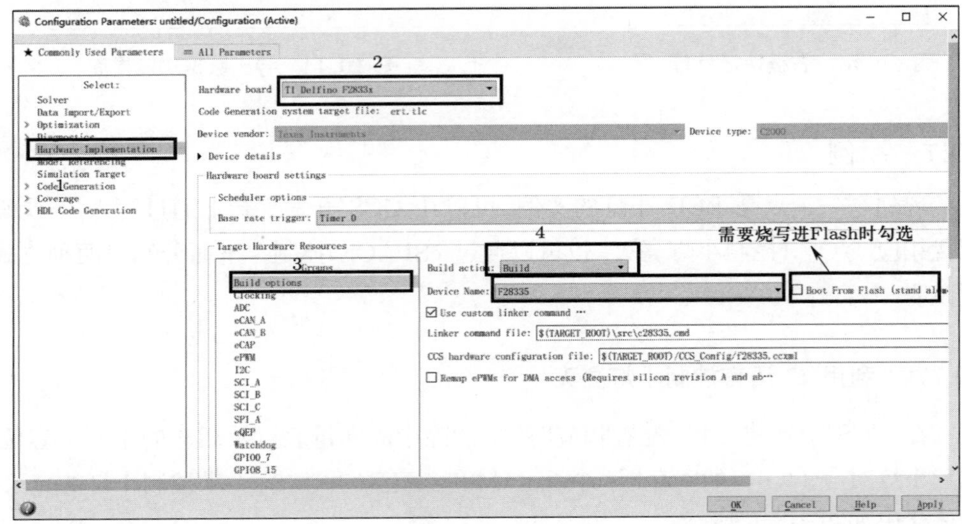

图 10.46 模型配置

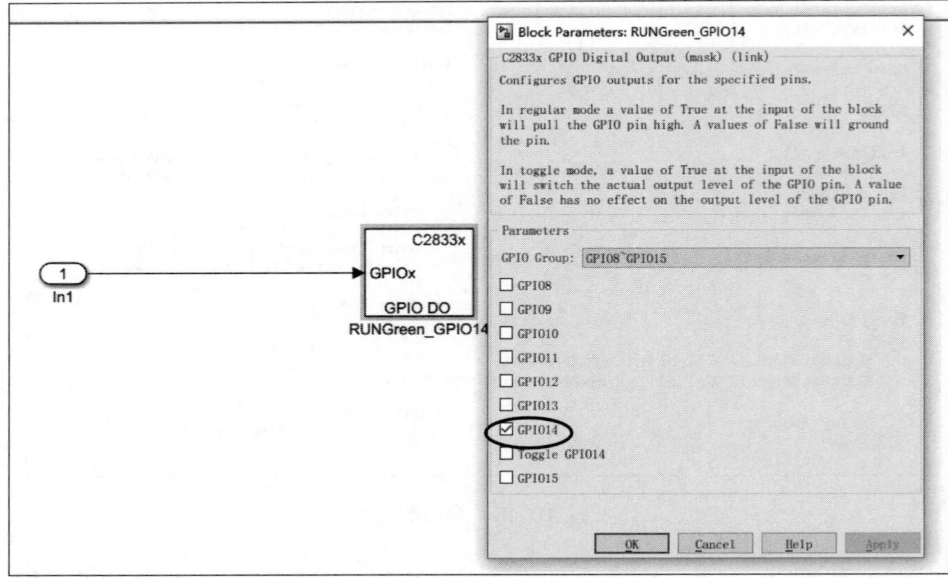

图 10.47 GPIO 配置

可以看出, 使用 cSPACE 来进行开发非常方便, 用户不需要具备丰富的 C 语言开发经验, 也不需要对寄存器特别了解, 就能够快速验证自己的算法。

参考文献

[1] 陈祥林. 基于 DSP 硬件在环的汽车主动横向稳定控制系统研究 [D]. 合肥: 合肥工业大学, 2018.

[2] 梁康康. 基于自适应形态学滤波器的异步电机谐波抑制策略研究 [D]. 合肥: 安徽大学, 2020.

[3] 敖潘. 基于无刷直流电机的一类协作机器人关节驱动器设计 [D]. 青岛: 青岛大学, 2019.

[4] Liu X, Zhen S, Zhao H, et al. Fuzzy-set theory based optimal robust design for position tracking control of permanent magnet linear motor [J]. IEEE Access, 2019, 7: 153829−153841.

[5] Huang K, Xian Y, Zhen S, et al. Robust control design for a planar humanoid robot arm with high strength composite gear and experimental validation [J]. Mechanical Systems and Signal Processing, 2021, 155: 107442.

[6] Xie F, Wu W, Hong W, et al. Torque ripple suppression strategy of asynchronous motor for electric vehicle based on random pulse position space vector pulse width modulation with uniform probability density [J]. IET Electric Power Applications, 2021, 15(8): 1068−1080.

[7] Zhen S C, Peng X, Liu X L, et al. A new PD based robust control method for the robot joint module [J]. Mechanical Systems and Signal Processing, 2021, 161: 107958.

第 11 章 SCARA 机器人运动学和动力学控制

SCARA (selective compliance assembly robot arm) 是一种基于圆柱坐标系的工业机器人, 因具有较高的刚度、良好的顺从性以及快速移动等特点, 在被用于装配和搬运等工程领域后, 十分受欢迎, 现在被广泛地应用于各种高速、高精度装配作业中。

本章首先对 SCARA 机器人控制系统进行介绍。其次, 通过改进 D–H 参数推导其运动学的正解和逆解, 并通过机器人工具箱仿真验证正/逆解算法是否正确。然后, 通过 Simulink 代码生成的方式在实际实验平台验证仿真结果和实物结果是否一致, 从而通过仿真和实验验证其运动学算法是否可行。最后, 通过拉格朗日建模方法建立其动力学模型, 并用一种模糊鲁棒算法来解决动力学控制当中的不确定性问题, 提高关节轨迹跟踪精度, 同时通过实验证明该算法的可行性。

11.1 SCARA 机器人控制系统介绍

作者团队开发了一款 SCARA 机器人, 如图 11.1 所示, 其控制系统是由四轴机器人本体、伺服驱动器、控制系统、上位机和稳压电源组成。机器人控制系统采用基于模型设计(model-based design, MBD) 的设计方法, 软硬件基于 MATLAB/Simulink 和 TI TMS320F28335 DSP 芯片架构进行开发。伺服驱动器同样采用 MBD 的设计方法进行开发, 在 MATLAB/Simulink 中实现交流伺服电动机的电流 (FOC 磁场定向控制)、速度、位置三闭环 (PID) 的驱动控制算法。该产品运动控制及伺服驱动代码全开源, 用户能够验证 SCARA 机器人多自由度运动控制算法、轨迹规划算法等，并能开发高级的动力学算法，用户还可以在该产品上开发各种机器人场景应用。SCARA 的末端位置和运动轨迹可通过监控软件进行控制，支持 C 语言编程设置，也支持通过 CAN 总线和 RS232 通信传输目标位置信号。

图 **11.1** 开源高精度工匠 **SCARA** 机器人控制系统

该机器人控制器采用 cSPACE 快速控制原型开发系统，软件部分是基于 TI TMS320F28335 DSP 和 MATLAB/Simulink 开发的，结合计算机仿真和嵌入式实时控制技术，能够实现硬件在环 (HIL) 和快速控制原型 (RCP) 设计的功能。采用 17 bit 的绝对值编码器用于检测关节的角度，角度分辨率小于 0.001°，单关节的重复定位精度优于 0.005°，伺服性能优良。

(1) 本体结构参数及性能指标

该机器人本体结构包含 4 个自由度，其中 1 个为移动关节用于控制 Z 轴移动，3 个为旋转关节用于控制两个摆臂和末端电动机转动，有效工作半径的范围为 600 mm，重复定位精度优于 ±0.02 mm，有效载荷为 2 kg。SCARA 机器人本体结构外观和结构参数分别如图 11.2 和图 11.3 所示。

图 **11.2** **SCARA** 机器人本体结构外观

SCARA 机器人性能指标如表 11.1 所示。

电动机性能参数参见表 11.2。

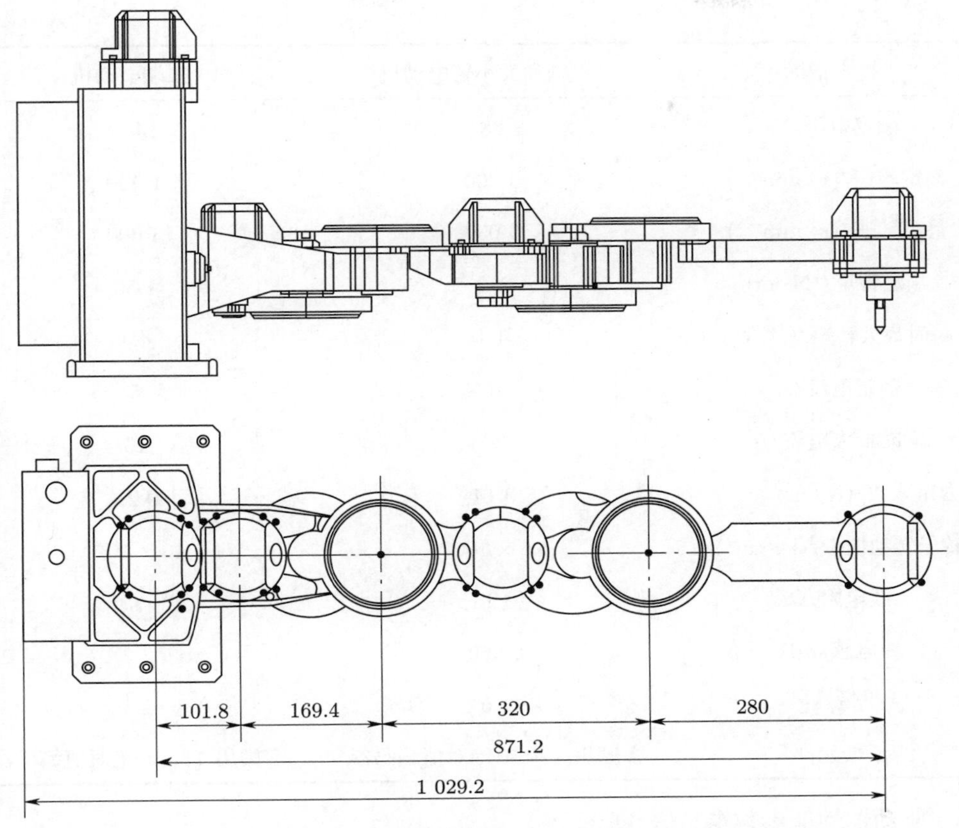

图 11.3　SCARA 机器人结构参数(单位: mm)

表 11.1　SCARA 机器人性能指标

本体规格		自由度参数	
		轴	关节范围
有效载荷/kg	2	移动关节/mm	120
本体质量/kg	16	摆臂关节一/(°)	±115
工作半径/mm	600	摆臂关节二/(°)	±135
自由度数	4	末端关节/(°)	±360
重复精度/mm	±0.01		

表 11.2　电动机性能指标

技术指标	Z 轴和大小臂电动机	末端电动机
输出功率/W	400	250
极对数	4	4

续表

技术指标	Z 轴和大小臂电动机	末端电动机
额定电压/V	48	48
额定转速/$(\mathrm{r} \cdot \mathrm{min}^{-1})$	3 000	1 500
最高转速/$(\mathrm{r} \cdot \mathrm{min}^{-1})$	5 000	3 000
额定转矩/$(\mathrm{N} \cdot \mathrm{m})$	1.2	1.59
瞬时最大转矩/$(\mathrm{N} \cdot \mathrm{m})$	4.4	4.4
额定电流/A	10	5
瞬时最大电流/A	30	15
力矩系数/$(\mathrm{N} \cdot \mathrm{m} \cdot \mathrm{A}^{-1})$	0.14	0.29
转子转动惯量/$(\mathrm{kg} \cdot \mathrm{m}^2)$	1.6×10^{-4}	1.6×10^{-4}
线电阻/Ω	0.25	1
线电感/mH	0.550	2.2
质量/kg	1.5	1.5
反馈元件	多摩川 17 bit 绝对值编码器	多摩川 17 bit 绝对值编码器

驱动器性能参数参见表 11.3。

表 **11.3** 驱动器性能参数

处理器	主处理器: TMS320F28069 DSP (CPU 时钟: 90 MHz)
供电电压	22～60 V DC
输出相电流	持续电流 15 A, 峰值 30 A(外加散热器)
控制方式	CAN 总线通信, 支持位置、速度和力矩模式
通信方式	CAN 总线 (默认)、RS232
编码器	单圈 17 bit 绝对值 RS485+AB
制动电阻	开关电源的应用场景, 可以外接制动电阻, 保护控制器
使用场合	尽量避免粉尘、油雾及腐蚀性气体
工作温度/℃	−10～50
保存温度/℃	−20～80

(2) 控制器外观及性能参数

控制器外观如图 11.4 所示。控制器性能参数如表 11.4 所示。

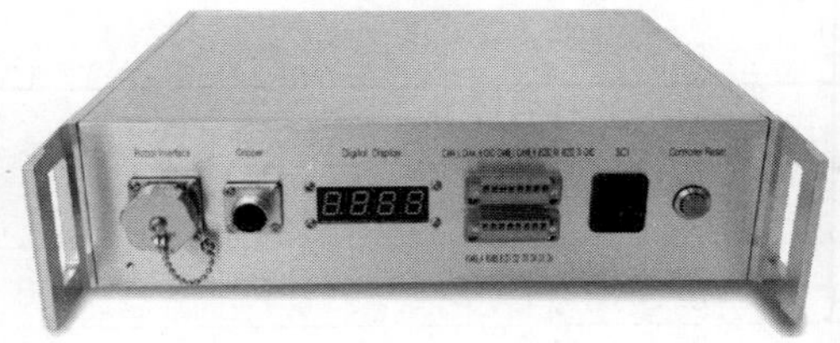

图 **11.4** 控制器正面和背面外观

表 **11.4** 控制器性能参数

处理器	主处理器: TMS320F28335 DSP (CPU 时钟: 150 MHz)
视觉信号接口	可通过 RS232、485 接口采集视觉处理后的目标位置信号
输入	IO 输入输出: 3 通道
	D/A 转换器: 4 通道, 16 bit
输出	输出范围: −10～10 V
	转换时间: 10 μs
	数字增量编码器接口: 2 个独立通道
编码器	电平: TTL 或者 RS422 输入
	计数器位数: 32 bit
	最大输入频率: 20 MHz
	串行接口
通信接口	1 路 TTL 电平的 SCI 接口、1 路 485 接口
	CAN 接口 (CAN 2.0B 标准)
物理参数	工作温度: 0～55 ℃ (典型值)

控制器通用接口如表 11.5 所示。

表 **11.5** 控制器通用接口

Robot Interface	机器人接口 (含电源线, 双 CAN 通信线)	
Gripper	夹爪接口	
接口端子	CAN−A	用于控制机器人的部分关节
	CAN−B	用于控制机器人的部分关节
	GPIO	用于扩展其他自定义功能
	RS232	用于控制自定义的设备
	RS485	用于控制自定义的外设
Digital Display	板载 4 位七段数码管 (用于显示不同控制指令信息)	

续表

SCI	与上位机通信接口
Controler Reset	机器人控制器复位按钮
Control Power	控制器电源接口
JTAG	JTAG 接口, 用于仿真和烧写 DSP
Emergncy Switch	紧急制动开关
Robot Power	48 V 电源接口

(3) SCARA 机器人 Simulink 工具箱

SCARA 控制系统的运行需要依赖 MATLAB 的两个工具箱, 一个工具箱为 "Embedded Coder Support Package for Texas Instruments C2000 Processors", 该工具箱为 MATLAB 自带, 另一工具箱为作者团队开发的 "HopeMotion Toolbox for SCARA Release V1.0" (图 11.5)。该工具箱包含的控制模型文件会安装在同一文件夹下, 根据 SCARA 通信控制中的硬件配置及相关通信协议封装出来, 是一种便于用户使用的扩展工具箱。

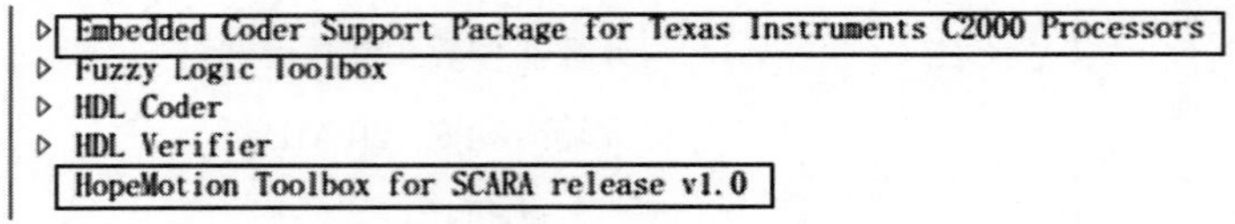

图 **11.5** **SCARA** 机器人自定义工具箱依赖项

HopeMotion Toolbox for SCARARelease V1.0 工具箱内部模块, 如图 11.6 所示。

(4) SCARA 机器人上位机软件

为了方便验证 SCARA 机器人控制算法, 开发了 SCARA 机器人上位机软件, 其中 "示教调试" 界面如图 11.7 所示。

在 "示教调试" 界面中不仅可以分别输入 Z 轴的位移和大小臂与末端电动机的角度, 自动计算出末端位置和姿态实现正解, 还可以通过给定末端位姿根据集成的逆解算法实现逆解。

"监控面板" 界面用于方便地进行动力学算法的数据观测和实时调节控制参数, 如图 11.8 所示。可在线修改多组变量数据, 并能实时显示 12 个变量, 且具有自动存储数据的功能。

(5) SCARA 机器人硬件系统结构

SCARA 机器人硬件系统结构如图 11.9 所示, 由上位机监控软件、cSPACE 快速控制原型开发系统、SCARA 机器人本体组成, 上位机与快速控制原型开发系统通过 RS232 进行通信，SCARA 机器人采用双 CAN 总线进行通信，4 个电动机对应 4 个 CAN 邮箱编号。

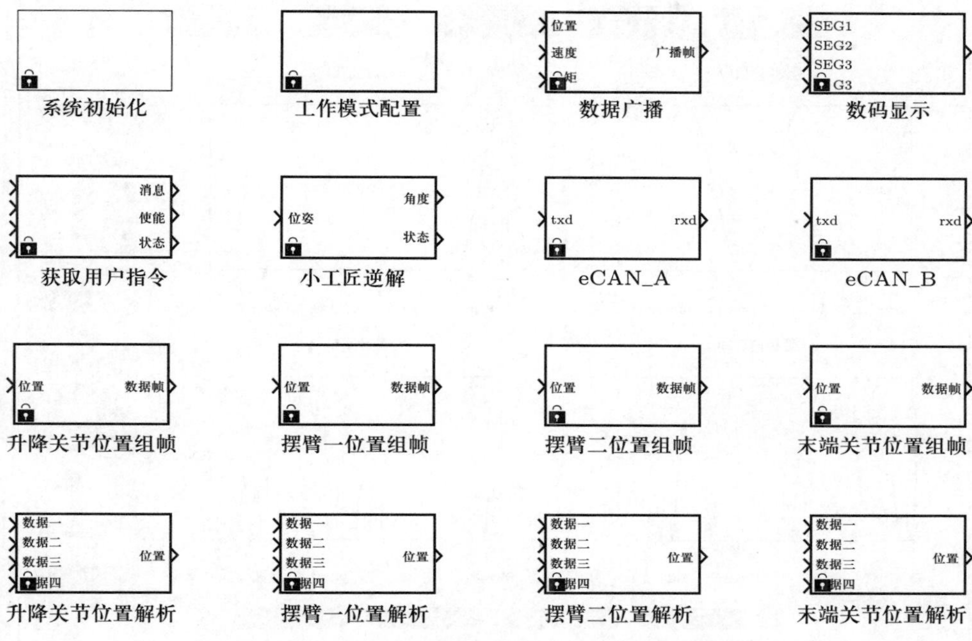

图 11.6　**SCARA** 机器人自定义工具箱

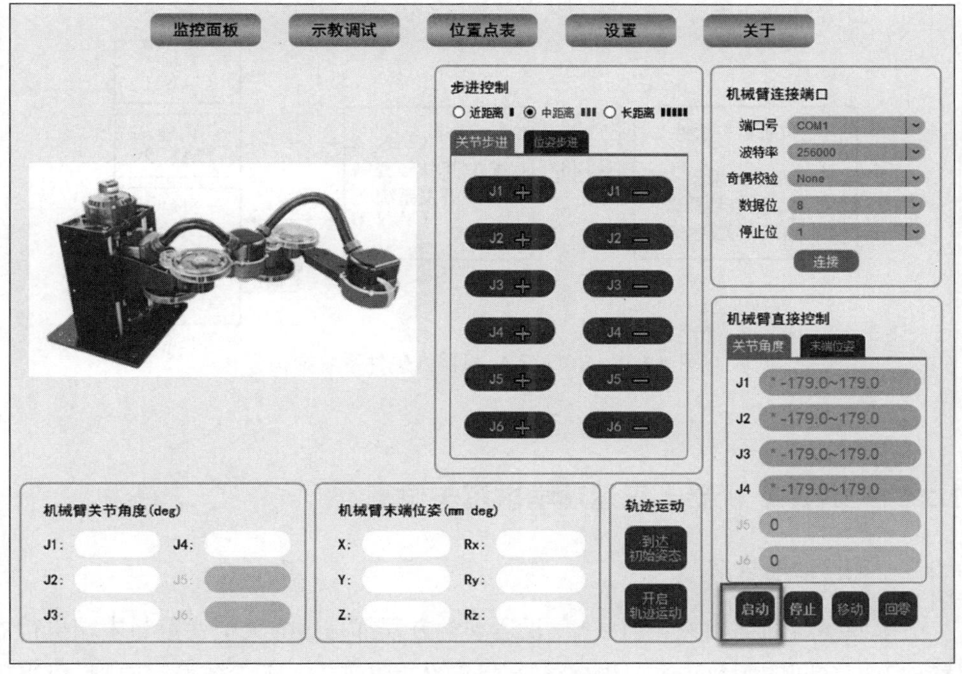

图 **11.7**　上位机示教调试界面

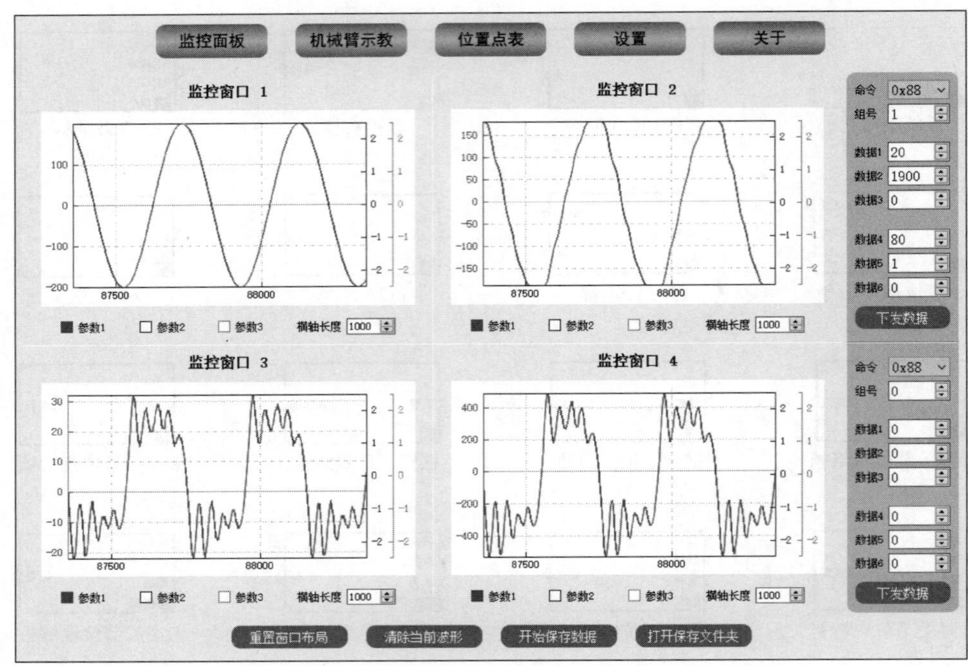

图 11.8 上位机监控界面

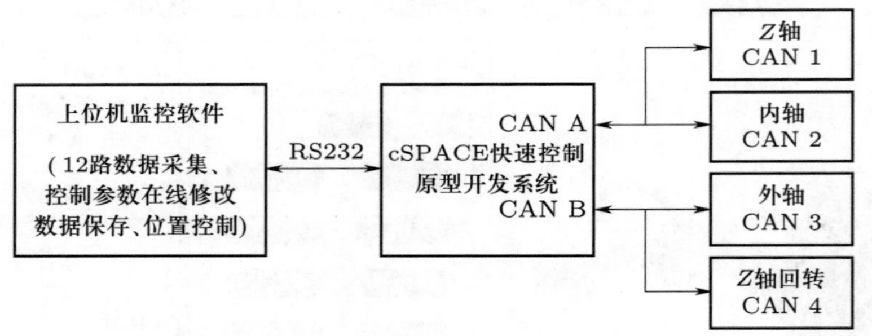

图 11.9 SCARA 机器人硬件系统结构

11.2 SCARA 机器人正运动学求解与仿真

11.2.1 正运动学求解

由第四章运动学相关知识可知, 正运动学方程都是建立关节变量与末端执行器位置和方向之间的函数关系。根据第 4 章介绍的改进 D–H 参数设定原则, 可得到 SCARA 机器人的改进 D–H 参数, 如表 11.6 所示。

表 11.6 **SCARA 机器人的改进 D–H 参数**

i	连杆转角 α_{i-1}/rad	杆长 a_{i-1}/mm	连杆偏距 d_i/mm	关节转角 θ_i/rad
1	0	0	d_1	$\theta_1(0)$
2	0	271.2	0	$\theta_2(0)$
3	0	320	0	$\theta_3(0)$
4	0	280	0	$\theta_4(0)$

根据 D–H 参数以及第 4 章式 (4.10) 的齐次变换矩阵得到每个相邻连杆的齐次变换矩阵如下:

$$
{}_1^0\boldsymbol{T} = \begin{bmatrix} \cos\theta_1 & -\sin\theta_1 & 0 & a_0 \\ \sin\theta_1\cos\alpha_0 & \cos\theta_1\cos\alpha_0 & -\sin\alpha_0 & -d_1\sin\alpha_0 \\ \sin\theta_1\sin\alpha_0 & \cos\theta_1\sin\alpha_0 & \cos\alpha_0 & d_1\cos\alpha_0 \\ 0 & 0 & 0 & 1 \end{bmatrix}
= \begin{bmatrix} 1 & 0 & 0 & 0 \\ 0 & 1 & 0 & 0 \\ 0 & 0 & 1 & d_1 \\ 0 & 0 & 0 & 1 \end{bmatrix} \tag{11.1}
$$

$$
{}_2^1\boldsymbol{T} = \begin{bmatrix} \cos\theta_2 & -\sin\theta_2 & 0 & a_1 \\ \sin\theta_2\cos\alpha_1 & \cos\theta_2\cos\alpha_1 & -\sin\alpha_1 & -d_2\sin\alpha_1 \\ \sin\theta_2\sin\alpha_1 & \cos\theta_2\sin\alpha_1 & \cos\alpha_1 & d_2\cos\alpha_1 \\ 0 & 0 & 0 & 1 \end{bmatrix}
= \begin{bmatrix} c_2 & -s_2 & 0 & a_1 \\ s_2 & c_1 & 0 & 0 \\ 0 & 0 & 1 & 0 \\ 0 & 0 & 0 & 1 \end{bmatrix} \tag{11.2}
$$

$$
{}_3^2\boldsymbol{T} = \begin{bmatrix} \cos\theta_3 & -\sin\theta_3 & 0 & a_2 \\ \sin\theta_3\cos\alpha_2 & \cos\theta_3\cos\alpha_2 & -\sin\alpha_2 & -d_3\sin\alpha_2 \\ \sin\theta_3\sin\alpha_2 & \cos\theta_3\sin\alpha_2 & \cos\alpha_2 & d_3\cos\alpha_2 \\ 0 & 0 & 0 & 1 \end{bmatrix}
$$

$$=\begin{bmatrix} c_3 & -s_3 & 0 & a_2 \\ s_3 & c_3 & 0 & 0 \\ 0 & 0 & 1 & 0 \\ 0 & 0 & 0 & 1 \end{bmatrix} \tag{11.3}$$

$$\begin{aligned} {}_4^3\boldsymbol{T} &= \begin{bmatrix} \cos\theta_4 & -\sin\theta_4 & 0 & a_3 \\ \sin\theta_4\cos\alpha_3 & \cos\theta_4\cos\alpha_3 & -\sin\alpha_3 & -d_4\sin\alpha_3 \\ \sin\theta_4\sin\alpha_3 & \cos\theta_4\sin\alpha_3 & \cos\alpha_3 & d_4\cos\alpha_3 \\ 0 & 0 & 0 & 1 \end{bmatrix} \\ &= \begin{bmatrix} c_4 & -s_4 & 0 & a_3 \\ s_4 & c_4 & 0 & 0 \\ 0 & 0 & 1 & 0 \\ 0 & 0 & 0 & 1 \end{bmatrix} \end{aligned} \tag{11.4}$$

式中, $c_2=\cos\theta_2, s_2=\sin\theta_2$, 其他依此类推。

然后将以上 4 个矩阵相乘即可求得末端坐标系相对于基坐标系的位姿矩阵 ${}_4^0\boldsymbol{T}$, 即

$$\begin{aligned} {}_4^0\boldsymbol{T} &= {}_1^0\boldsymbol{T}\times{}_2^1\boldsymbol{T}\times{}_3^2\boldsymbol{T}\times{}_4^3\boldsymbol{T} \\ &= \begin{bmatrix} c_{234} & -s_{234} & 0 & a_1+a_2c_2+a_3c_{23} \\ s_{234} & c_{234} & 0 & a_2s_2+a_3s_{23} \\ 0 & 0 & 1 & d_1 \\ 0 & 0 & 0 & 1 \end{bmatrix} = \begin{bmatrix} n_x & o_x & a_x & p_x \\ n_y & o_y & a_y & p_y \\ n_z & o_z & a_z & p_z \\ 0 & 0 & 0 & 1 \end{bmatrix} \end{aligned} \tag{11.5}$$

式中, $c_2=\cos\theta_2$, $s_2=\sin\theta_2$, $s_{234}=\sin(\theta_2+\theta_3+\theta_4)$, $c_{234}=\cos(\theta_2+\theta_3+\theta_4)$, $c_{23}=\cos(\theta_2+\theta_3)$, $s_{23}=\sin(\theta_2+\theta_3)$; (n_x,n_y,n_z) 为机器人末端坐标系 x 轴在基坐标系中的方向矢量; (o_x,o_y,o_z) 为机器人末端坐标系 y 轴在基坐标系中的方向矢量; (a_x,a_y,a_z) 为机器人末端坐标系 z 轴在基坐标系中的方向矢量; (p_x,p_y,p_z) 为机器人末端在基坐标系中的坐标。

通过以上分析可知已知 4 个关节的平移量或者关节角度便可得到 ${}_4^0\boldsymbol{T}$ 的大小, 即实现正向运动求解。

11.2.2 正运动学仿真

在 11.2.1 节分析的基础上, 根据提供的各关节角度, 通过 MATLAB 的机器人工具箱和 m 代码的编程, 即可求得末端的位姿。以下为采用 MATLAB 提供的机器人工具箱 (Robotics Toolbox) 和采用以上理论的正运动学解算的两个案例。

(1) 采用 MATLAB 机器人工具箱的相关函数编写正运动学代码并进行正运动学仿真

SCARA 机器人的正运动学求解代码如下, 用于求解矩阵 ${}^0_4\boldsymbol{T}$:

```
%% 采用机器人工具箱正解函数fkine进行仿真
clear,clc,close;
%% 建立三轴机器人D-H参数 此时初始状态处于一条直线上
L1=Link('theta',0,'a',0,'alpha',0,'offset',0,'qlim',[0 118],'modif-
ied');                                                      %平移关节
L2=Link('d',0,'a',271.2,'alpha',0,'offset',0,'qlim',[-115 115]*pi/
180,'modified');                                            %旋转关节
L3=Link('d',0,'a',320,'alpha',0,'offset',0,'qlim',[-135 135]*pi/180,
'modified');                                                %旋转关节
L4=Link('d',0,'a',280,'alpha',0,'offset',0,'qlim',[-360 360]*pi/180,
'modified');                                                %旋转关节
robot = SerialLink([L1 L2 L3 L4],'name','SCARA');  %建立连杆机器人
Q=[0, 0, 0, 0];                  %初始关节角度
forward_Q=[Q(1), 0, 0, 0]+[0, Q(2), Q(3), Q(4)]/180*pi;
                                          %关节1是平移量, 关节2~4是转动量
T04=robot.fkine(forward_Q);                 %工具箱求正解的齐次变换矩阵
%%求末端姿态      Return solution for sequential rotations about X,
Y, Z axes
rpy=tr2rpy(T04, 'xyz')*180/pi;
%% 仿真动画
W=[-1200,+1200,-1200,+1200,-1200,+1200];                 %工作空间
% robot.plot(T04_Q,'workspace',W);                         %显示三维动画
robot.plot(forward_Q,'workspace',W,'tilesize',400);    %显示三维动画
robot.teach(forward_Q,'rpy');             %显示末端位姿, 角度调节GUI界面
```

当 Q=[0, 0, 0, 0] 时, 运行以上代码得到的仿真结果如图 11.10 所示, 左侧上方表示末端位姿, 左侧下方表示的是各关节角度, 右侧是三维可视化效果图。

当 Q=[60, −30, −30, −30] 时, 运行仿真代码得到的仿真结果如图 11.11 所示。

(2) 采用自主编写的正运动学解算代码

根据 11.2.1 节分析的机器人正运动学原理, 在 MATLAB 中编写和执行以下代码。

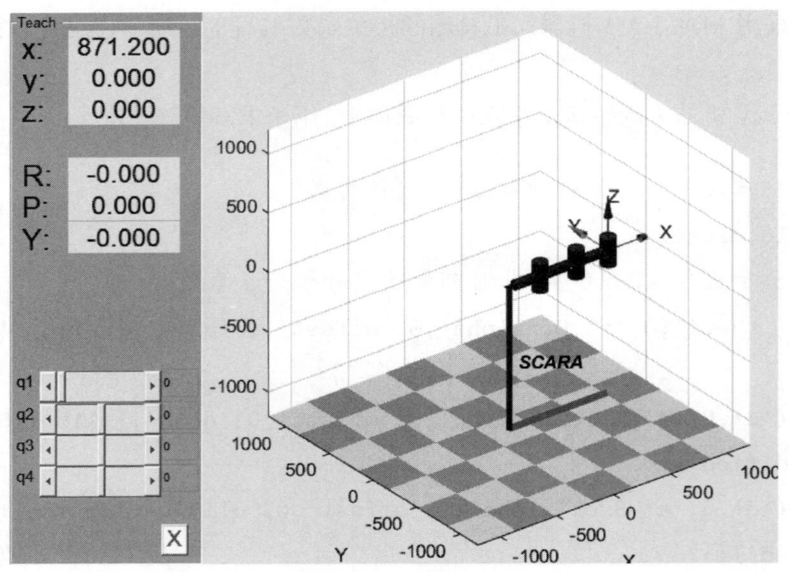

图 11.10 SCARA 机器人初始零位置仿真结果一

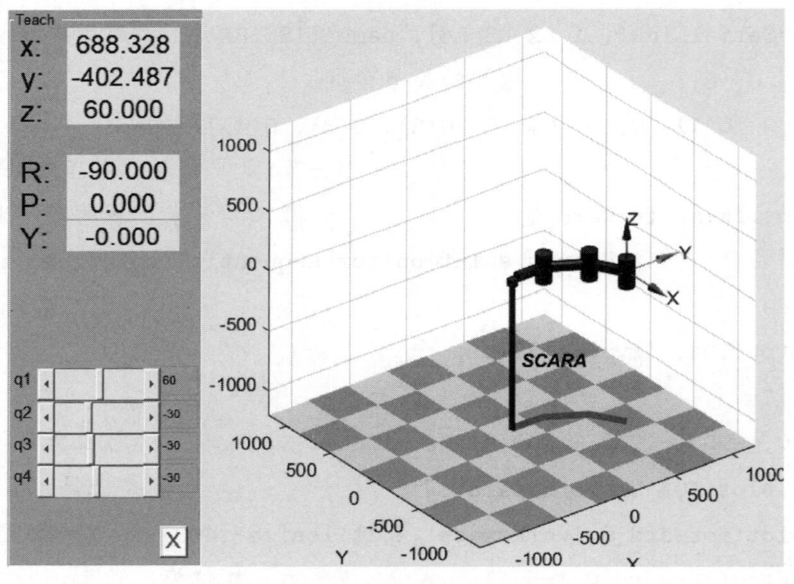

图 11.11 SCARA 机器人初始零位置仿真结果二

```
%% 采用自编正解函数进行仿真
clear,clc,close;
%% 建立三轴机器人D-H参数 此时初始状态处于一条直线上
L1=Link('theta',0,'a',0,'alpha',0,'offset',0,'qlim',[0 118],'modif-
ied');                                                    %平移关节
```

```
L2=Link('d',0,'a',271.2,'alpha',0,'offset',0,'qlim',[-115 115]*pi/
180,'modified');                                              %旋转关节
L3=Link('d',0,'a',320,'alpha',0,'offset',0,'qlim',[-135 135]*pi/180,
'modified');                                                  %旋转关节
L4=Link('d',0,'a',280,'alpha',0,'offset',0,'qlim',[-360 360]*pi/180,
'modified');                                                  %旋转关节
robot = SerialLink([L1 L2 L3 L4],'name','SCARA');
Q=[0,0,0, 0]; %初始位置和角度
forward_Q=[Q(1) 0 0 0]+[0 Q(2) Q(3) Q(4)]/180*pi;
                                   %关节1是平移量, 关节2~4是转动量
[T04,Pos]=Forward_ModifiedDH(forward_Q);          %自定义正解算法
rpy=tr2rpy(T04, 'xyz')*180/pi;
%% 仿真动画
W=[-1200,+1200,-1200,+1200,-1200,+1200];                   %工作空间
robot.plot(forward_Q,'tilesize',400,'workspace',W);    %显示三维动画
robot.teach(forward_Q,'rpy');          %显示末端位姿, 角度调节GUI界面
```

当 Q=[60, −30, −30, −30] 时, 计算结果如图 11.12 所示。

```
命令行窗口
T04 =
   1.0000        0        0 871.2000
        0   1.0000        0        0
        0        0   1.0000        0
        0        0        0   1.0000
Pos =
  871.2000        0        0        0        0        0
fx >>
```

图 11.12 正解求解结果一

当 Q=[60, −30, −30, −30] 时, 计算结果如图 11.13 所示。

```
命令行窗口
T04 =
   0.0000   1.0000        0  688.3281
  -1.0000   0.0000        0 -402.4871
        0        0   1.0000   60.0000
        0        0        0   1.0000
Pos =
  688.3281 -402.4871  60.0000 -90.0000        0        0
```

图 11.13 正解求解结果二

由上述结果可知, 自主编写代码求解与机器人工具箱求解的结果一致, 说明算法代码无误。

11.3 SCARA 机器人逆运动学求解与仿真

机器人正运动学方程都是关节变量与末端执行器位置和方向之间的函数关系, 逆运动学问题则是由给定的末端执行器位置和方向, 确定相对应的关节变量。逆运动学问题的求解目的是将分配给末端执行器在操作空间的运动, 变换为相应的关节空间的运动, 使得期望的运动能够得到执行。

11.3.1 逆运动学求解

根据式 (11.5) 可知

$$
{}_4^0\boldsymbol{T}=\begin{bmatrix} n_x & o_x & a_x & p_x \\ n_y & o_y & a_y & p_y \\ n_z & o_z & a_z & p_z \\ 0 & 0 & 0 & 1 \end{bmatrix}=\begin{bmatrix} c_{234} & -s_{234} & 0 & a_1+a_2c_2+a_3c_{23} \\ s_{234} & c_{234} & 0 & a_2s_2+a_3s_{23} \\ 0 & 0 & 1 & d_1 \\ 0 & 0 & 0 & 1 \end{bmatrix} \tag{11.6}
$$

令式 (11.6) 两边第三行第四列元素相等得到:

$$
p_z=d_1 \tag{11.7}
$$

令式 (11.6) 两边第一行第四列元素相等得到:

$$
p_x=a_1+a_2c_2+a_3c_{23} \Rightarrow p_x-a_1=a_2c_2+a_3c_{23} \tag{11.8}
$$

令式 (11.6) 两边第二行第四列元素相等得到:

$$
p_y=a_2s_2+a_3s_{23} \tag{11.9}
$$

式 (11.8) 和式 (11.9) 两边平方相加得到:

$$
(p_x-a_1)^2+p_y^2=(a_2c_2+a_3c_{23})^2+(a_2s_2+a_3s_{23})^2 \tag{11.10}
$$

将式 (11.10) 右边等式化简后得到:

$$
(p_x-a_1)^2+p_y^2=a_2^2+a_3^2+2a_2a_2c_3 \tag{11.11}
$$

$$
c_3=\frac{(p_x-a_1)^2+p_y^2-(a_2^2+a_3^2)}{2a_2a_3} \tag{11.12}
$$

将式 (11.12) 取反余弦函数即可得 θ_3:

$$\theta_3 = \arccos\frac{(p_x - a_1)^2 + p_y^2 - (a_2^2 + a_3^2)}{2a_2a_3} \tag{11.13}$$

将式 (11.8) 中的 C_{23} 拆分可得:

$$p_x - a_1 = -(a_3s_3)\,s_2 + (a_2 + a_3c_3)\,c_2 \tag{11.14}$$

将式 (11.9) 中的 s_{23} 拆分可得:

$$p_y = (a_2 + a_3c_3)\,s_2 + (a_3s_3)\,c_2 \tag{11.15}$$

通过半角正切变换公式可将式 (11.14) 变换为下式:

$$\theta_2 = \text{atan }2\,(B, A) - \text{atan }2(-d, \pm\sqrt{A^2 + B^2 - d^2}) \tag{11.16}$$

式中, $A = a_2s_3$, $B = a_2 + a_3c_3$, $d = a_1 - p_x$。注意 θ_3 的选取将导致 A 符号的变化, 因此影响到 θ_2。应用万能公式进行变换求解的方法经常出现在求解运动学问题中。

令式 (11.6) 两边第一行第一列元素相等得到:

$$n_x = c_{234} \tag{11.17}$$

令式 (11.6) 两边第二行第一列元素相等得到:

$$n_y = s_{234} \tag{11.18}$$

由式 (11.17) 和式 (11.18) 得到:

$$\theta_{234} = \theta_2 + \theta_3 + \theta_4 = \text{atan }2\,(n_y, n_x) \tag{11.19}$$

$$\theta_4 = \theta_{234} - \theta_2 + \theta_3 \tag{11.20}$$

11.3.2 逆运动学仿真

为了验证推导的逆运动学求解过程是否正确, 需在 MATLAB 中编写代码进行仿真验证。首先需要将末端位姿经过欧拉角转换为齐次变换矩阵, 然后求解关节角度, 编写逆解代码如下。

```
function [Q_theta,state]=ScaraIkineMDH(X, Y, Z,Rall,Pitch,Yaw)
%#codegen
    Q=zeros(4,4);state=0;Q_theta=zeros(2,4);
```

```
%%              [alpha,a,      d,offset]
DH_JXB =[ 0          0          0          0;
          0        271.2        0          0;
          0         320         0          0;
          0         280         0          0];
a1=DH_JXB(2,2);a2=DH_JXB(3,2);a3=DH_JXB(4,2);
gama=Rall*pi/180;beta=Pitch*pi/180;alpha=Yaw*pi/180;
T_goat=[   cos(beta)*cos(gama),-cos(beta)*sin(gama),sin(beta),X;
           sin(alpha)*sin(beta)*cos(gama)+cos(alpha)*sin(gama),
          -sin(alpha)*sin(beta)*sin(gama)+cos(alpha)*cos(gama),
          -sin(alpha)*cos(beta),Y;
          -cos(alpha)*sin(beta)*cos(gama)+sin(alpha)*sin(gama),
           cos(alpha)*sin(beta)*sin(gama)+sin(alpha)*cos(gama),
           cos(alpha)*cos(beta),Z;
               0,0,0,1
      ];
nx=T_goat(1,1);ny=T_goat(2,1);
px=T_goat(1,4);py=T_goat(2,4);pz=T_goat(3,4);
d1=pz;
Q(1:4,1)=d1;
c234=nx;s234=ny;
theta234=atan2(s234,c234);
%%求关节3的角度
A1=(px-a1)^2+py^2-(a2^2+a3^2);
B1=2*a2*a3;
c3=A1/B1;
if c3>1
     disp('theta3无解');
     Q=Q+zeros(4,4);state=3;
     Q_theta(1,:)=Q(1,:);
     Q_theta(2,:)=Q(2,:);
else
     theta3_1=acos(c3);  %由于acos函数的性质, theta3_1永远大于0
     theta3_2=-acos(c3); %由于acos函数的性质, theta3_2永远小于0
```

```
%%求出了关节3角度，求关节2角度
        s3_1=sin(theta3_1);
        A_1=a3*s3_1;
        B_1=a2+a3*c3;
        d=a1-px;
        ForJudgment1=A_1^2+B_1^2-d^2;
        if ForJudgment1<-1e-6
                disp('超出工作空间，无法求解');
                theta2_1=0;theta4_1=0;
                theta2_2=0;theta4_2=0;
                state=2;
        else
            if ForJudgment1>=-1e-6&&ForJudgment1<0
                ForJudgment1=0;
            end
            theta2_1=atan2(B_1,A_1)-atan2(-d,sqrt(ForJudgment1));
            theta2_2=atan2(B_1,A_1)-atan2(-d,-sqrt(ForJudgment1));
            %%关节3、关节2角度已知，求关节4角度
            theta4_1=theta234-theta3_1-theta2_1;
            theta4_2=theta234-theta3_1-theta2_2;
        end

        s3_2=sin(theta3_2);
        A_2=a3*s3_2;
        B_2=a2+a3*c3;
        d=a1-px;
        ForJudgment2=A_2^2+B_2^2-d^2;
        if ForJudgment2<-1e-6
                disp('超出工作空间，无法求解');
                theta2_3=0;theta4_3=0;
                theta2_4=0;theta4_4=0;
                state=2;
        else
            if ForJudgment2>=-1e-6&&ForJudgment2<0
```

```
                ForJudgment2=0;
            end
            theta2_3=atan2(B_2,A_2)-atan2(-d,sqrt(ForJudgment2));
            theta2_4=atan2(B_2,A_2)-atan2(-d,-sqrt(ForJudgment2));
            %%关节3、关节2角度已知，求关节4角度
            theta4_3=theta234-theta3_2-theta2_3;
            theta4_4=theta234-theta3_2-theta2_4;
        end
        %%求出所有可能的解，选择正确的解
        Q(1,:)=[d1,theta2_1,theta3_1,theta4_1];
        Q(2,:)=[d1,theta2_2,theta3_1,theta4_2];
        Q(3,:)=[d1,theta2_3,theta3_2,theta4_3];
        Q(4,:)=[d1,theta2_4,theta3_2,theta4_4];
        Q(1:4,2:4)=Q(1:4,2:4)/pi*180;
        if py>=0
            Q_theta(1,:)=Q(1,:)+Q_theta(1,:);
            Q_theta(2,:)=Q(3,:)+Q_theta(2,:);
        else
            Q_theta(1,:)=Q(2,:)+Q_theta(1,:);
            Q_theta(2,:)=Q(4,:)+Q_theta(2,:);
        end
    end
end
```

在 MATLAB 新建脚本编写以下 m 代码进行验证, 然后在编辑器菜单栏点击运行按钮。

```
clear,clc,close;
%% 建立三轴机器人D-H参数 此时初始状态处于一条直线上
L1=Link('theta',0,'a',0,'alpha',0,'offset',0,'qlim',[0118],'modifi-
ed');                                                           %平移关节
L2=Link('d',0,'a',271.2,'alpha',0,'offset',0,'qlim',[-115 115]*pi/
180,'modified');                                                %旋转关节
L3=Link('d',0,'a',320,'alpha',0,'offset',0,'qlim',[-135 135]*pi/180,
'modified');                                                    %旋转关节
```

```
L4=Link('d',0,'a',280,'alpha',0,'offset',0,'qlim',[-360 360]*pi/180,
'modified');                                                %旋转关节
robot = SerialLink([L1 L2 L3 L4],'name','SCARA');   %建立连杆机器人
%% 自行设定末端位姿
%% 逆解函数[Q_theta,State]=ScaraIkineMDH(X, Y, Z,Rall,Pitch,Yaw),
                                                    求平移量和转动量
[Q_theta,State]=ScaraIkineMDH(669.328,402.487,10.0000,140.0000,0,0)
Q=Q_theta(1,1:end);
forward_Q=[Q(1), 0, 0, 0]+[0, Q(2), Q(3), Q(4)]/180*pi;
                                        %关节1是平移量, 关节2~4是转动量
%% 机器人工具箱求正解
T04=robot.fkine(forward_Q);                 %工具箱求正解的齐次变换矩阵
%% 机器人工具箱验证逆解
q0=[0,0,0,0];
q=robot.ikunc(T04,q0);
% q=robot.ikine(T04,'mask',[1 1 1 0 0 0]);          %机器人工具箱求逆解
q=[q(1) 0 0 0]+[0 q(2) q(3) q(4)]/pi*180           %关节1是平移量, 关
                                                      节2~4是转动量
%% 求末端位姿   Return solution for sequential rotations about X, Y,
                Z axes
rpy=tr2rpy(T04, 'xyz')*180/pi;
%% 仿真动画
W=[-1200,+1200,-1200,+1200,-1200,+1200];           %工作空间
robot.plot(forward_Q,'tilesize',200,'workspace',W);    %显示三维动画
robot.teach(forward_Q,'rpy');          %显示末端位姿, 角度调节GUI界面
```

运行该代码, 得到如图 11.14 所示的结果。

由图 11.14 代码注释可知, 其中: Q_theta 是逆解算法求到的两组值; State 表示的是求解状态, “0” 表示有解, 否则无解; q 为机器人工具箱 ikine 逆解函数求到的结果, 该值与第一组解一致, 可视化仿真结果如图 11.15 所示。

将 Q=Q_theta(2,1:end), 即选择第二组解时, 仿真结果如图 11.16 所示。

对比图 11.15 和图 11.16 可得, 同一个末端位姿存在两组不一样的关节角度。

ToolBoxVerify_Ikine.m
clear,clc,close;
%% 建立三轴机械臂DH参数 此时初始状态处于一条直线上
L1=Link('theta',0,'a',0,'alpha',0,'offset',0,'qlim',[0 118],'modified'); %平移关节
L2=Link('d',0,'a',271.2,'alpha',0,'offset',0,'qlim',[-115 115]*pi/180,'modified'); %旋转关节
L3=Link('d',0,'a',320,'alpha',0,'offset',0,'qlim',[-135 135]*pi/180,'modified'); %旋转关节
L4=Link('d',0,'a',280,'alpha',0,'offset',0,'qlim',[-360 360]*pi/180,'modified'); %旋转关节
robot = SerialLink([L1 L2 L3 L4],'name','SCARA'); %建立连杆机器人
%% 自行设定末端位姿
%% 逆解函数[Q_theta,State]=ScaraIkineMDH(X, Y, Z,Rall,Pitch,Yaw)，求平移量和转动量
[Q_theta,State]=ScaraIkineMDH(669.328,402.487,10.0000,140.0000,0,0)
Q=Q_theta(1,1:end);
forward_Q=[Q(1) 0 0 0]+[0 Q(2) Q(3) Q(4)]/180*pi; %关节1是平移量，关节2~4是转动量
%% 机器人工具箱求正解
T04=robot.fkine(forward_Q); %工具箱求正解的齐次变换矩阵
%% 机器人工具箱验证逆解
q0=[0,0,0,0];
命令行窗口
Q_theta =
10.0000 27.2673 38.7774 73.9553
10.0000 63.3566 -38.7774 115.4208
State =
0
q =
10.0006 27.2672 38.7775 73.9554

图 11.14 逆解和机器人工具箱求解的结果

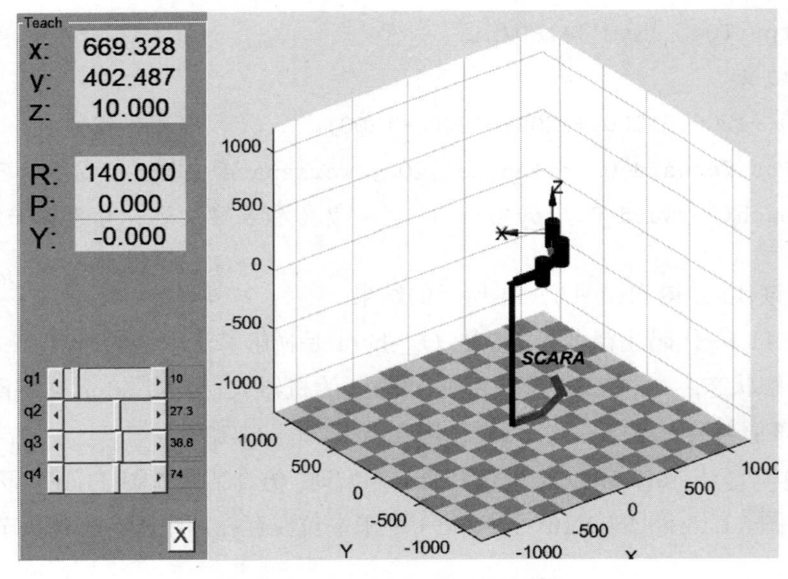
Teach
X: 669.328
Y: 402.487
Z: 10.000
R: 140.000
P: 0.000
Y: -0.000
q1 10
q2 27.3
q3 38.8
q4 74
X
1000
500
0
-500
-1000
SCARA
Z
X
Y
1000
500
0
-500
-1000
1000
500
0
-500
-1000

图 11.15 第一组解的仿真结果

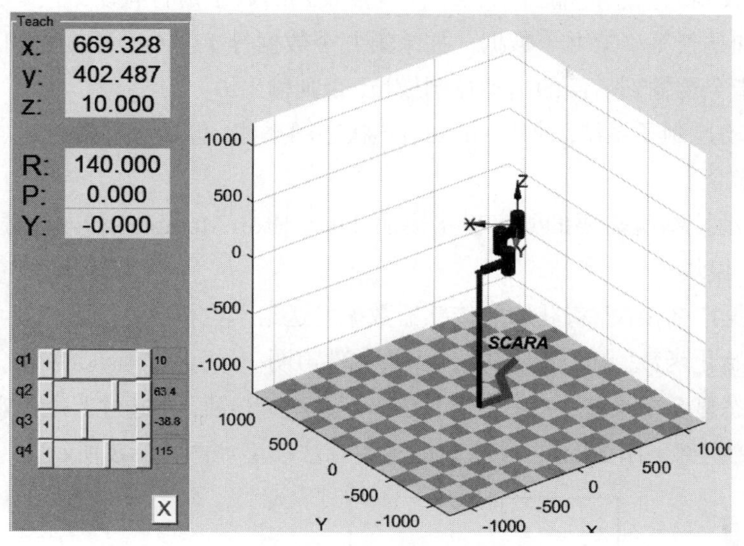

图 11.16 第二组解的仿真结果

11.4 SCARA 机器人正/逆运动学实时控制实验

为了实现从仿真环节转换到实物实验, 可通过 MATLAB2018 及以上的版本打开 11.1 节中安装好的 HopeMotion Toolbox for SCARA Release V1.0 工具箱提供的 scara_ptp.slx 文件, 打开后显示如图 11.17 所示的界面。

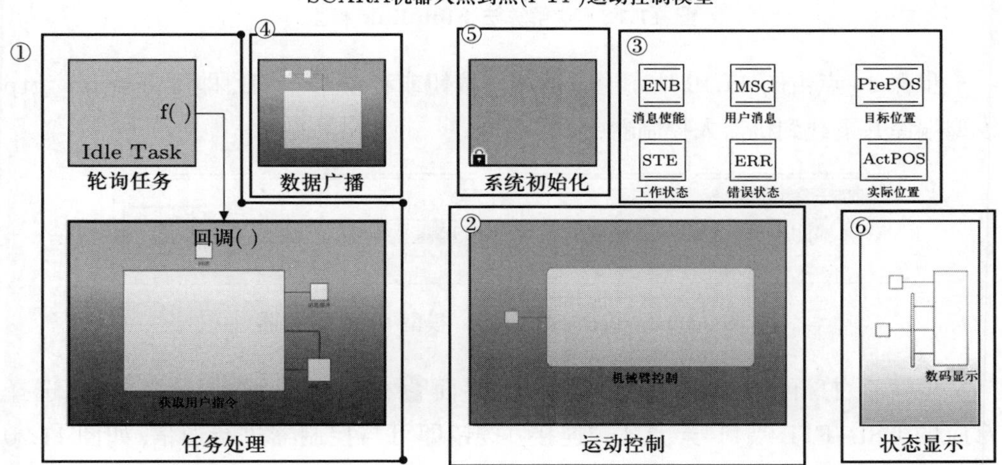

图 11.17 SCARA 机器人正/逆运动学实时控制 Simulink 模型界面

关于图 11.17 中每个数字标签的说明如下:

① 上位机接收子系统, 主要由 SCI 接收模块和消息检验模块组成。该子系统

将 SCI 接收到的信息传输给 PTX, 校验接收到的数据是否有误, 主要是验证前八个数据的和是否等于第九个数据。如果第九个数据等于前八个数据之和, 将上位机接收到的指令传输到后面的运动控制模块, 否则输出 0。

② 运动控制子系统, 使用 stateflow 状态图搭建, 包括运动学正解、逆解和底层驱动器指令。

③ 运动控制所需要的共享变量模块 Data StoreMemory 和内存分配 MemoryAllocate 模块。

④ 数据广播模块, 将获取的传感器数据发送给上位机。

⑤ 初始化函数, 用于系统初始化, 头文件声明。

⑥ 状态显示子系统, 将采集到的数据发送至上位机, 并通过上位机观测数据。

标签②内部采用 Simulink 搭建的逆解算法模型如图 11.18 所示。

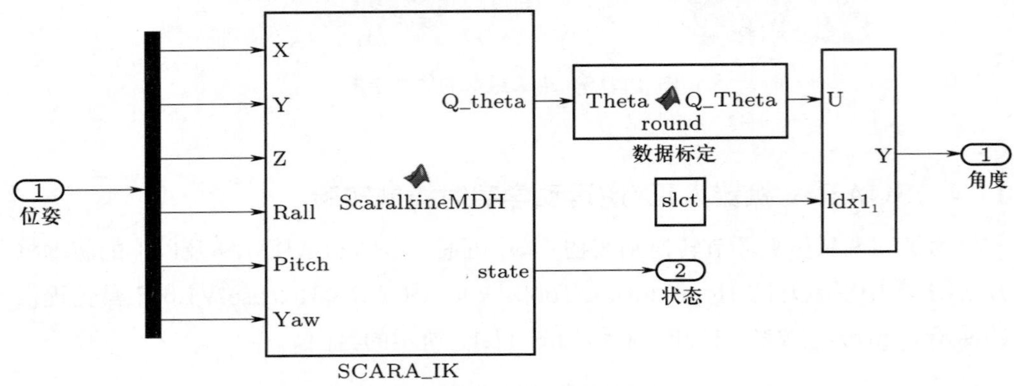

图 11.18　逆解算法 **Simulink** 模型

步骤 1: 点击图 11.19 所示上方的编译按钮或者按 Ctrl+B, 即可将 scara_ptp 模型编译并下载到机器人控制器中。

图 11.19　编译 **Simulink** 模型下载到控制器

步骤 2: 打开 SCARA 机器人上位机界面, 进入 “示教调试” 界面, 选择对应的 USB-TTL 端口号, 点击 “连接” 按钮即可与控制器进行通信, 如图 11.20 所示。

步骤 3: 上述操作完成后, 点击 “启动” 按钮, 此时机器人会有一声松开抱闸的声音, 说明机器人已经正常启动, 如图 11.21 所示。

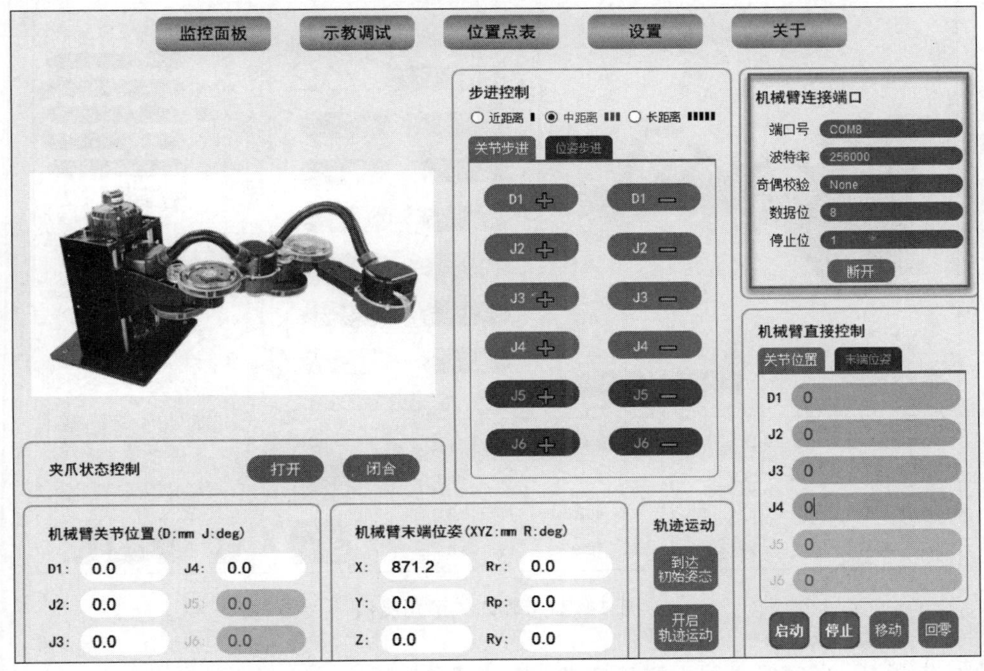

图 **11.20** 上位机与控制器进行通信连接

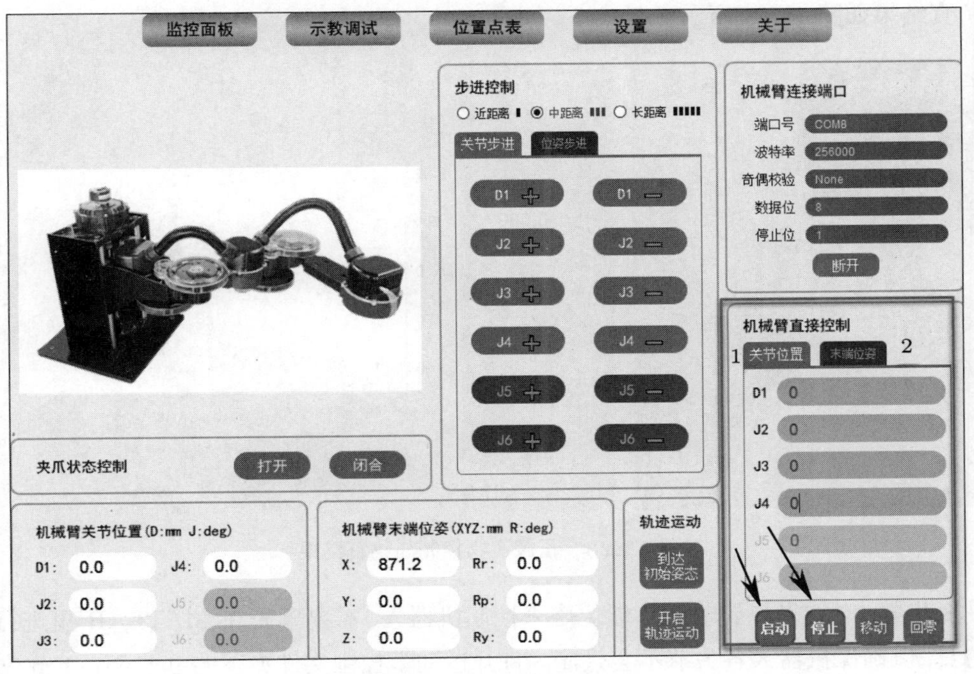

图 **11.21** 启动机器人

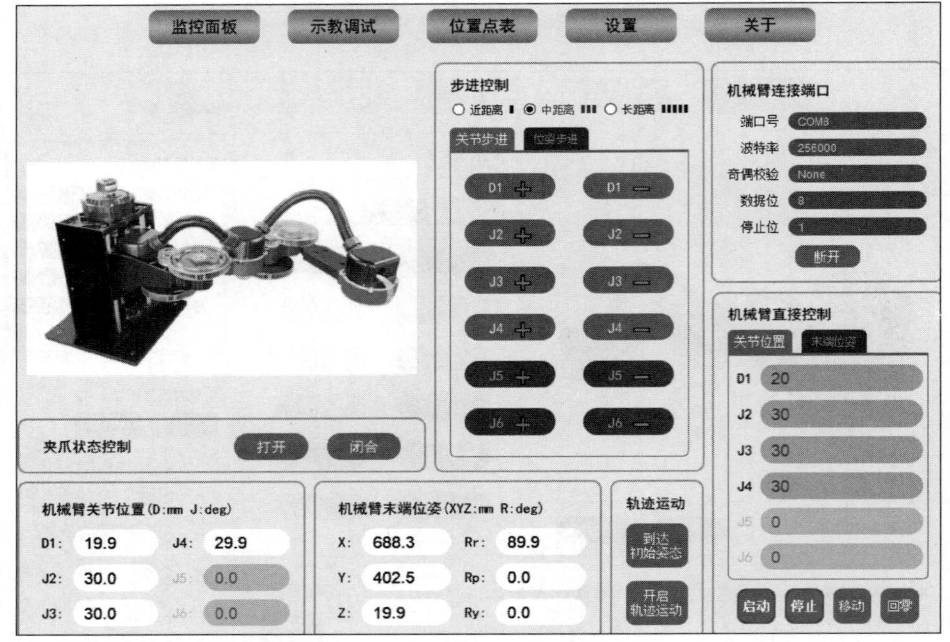

图 **11.22** 输入关节角度值

步骤 4: 当确保机器人已经启动, 此时可在如图 11.22 所示的 “关节位置” 中输入 4 个关节角度值, 然后点击 “移动” 按钮, 即可实现正解控制, 正解实物控制与仿真结果如图 11.23 所示。

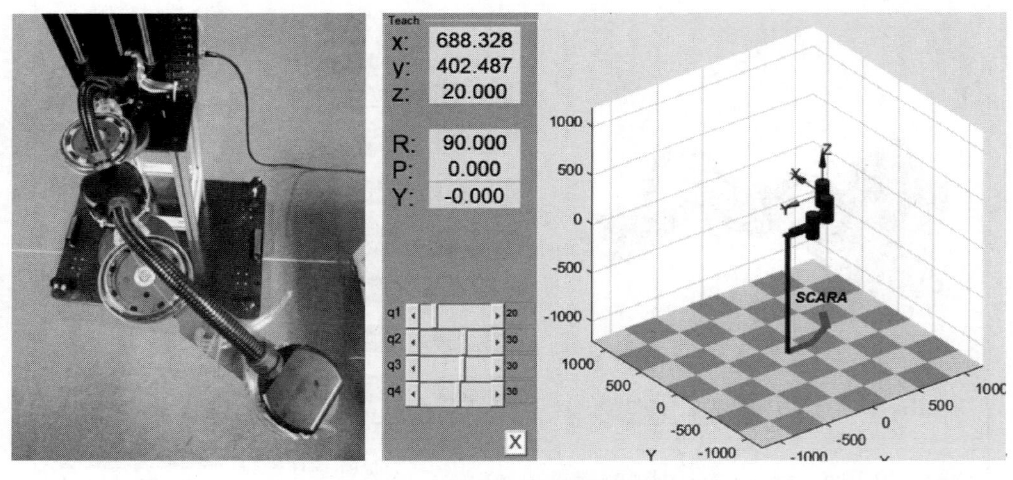

图 **11.23** 正解实物控制与仿真结果

步骤 5: 如果想要输入末端位姿来控制机器人, 需要事先在 MATLAB 里进行仿真, 以确保机器人各关节不会碰撞。打开运动学控制文件夹下的 ik_exp_1.m 文件, 在图 11.24 箭头所指处输入末端位姿求解关节角度值, 然后运行该仿真代码。

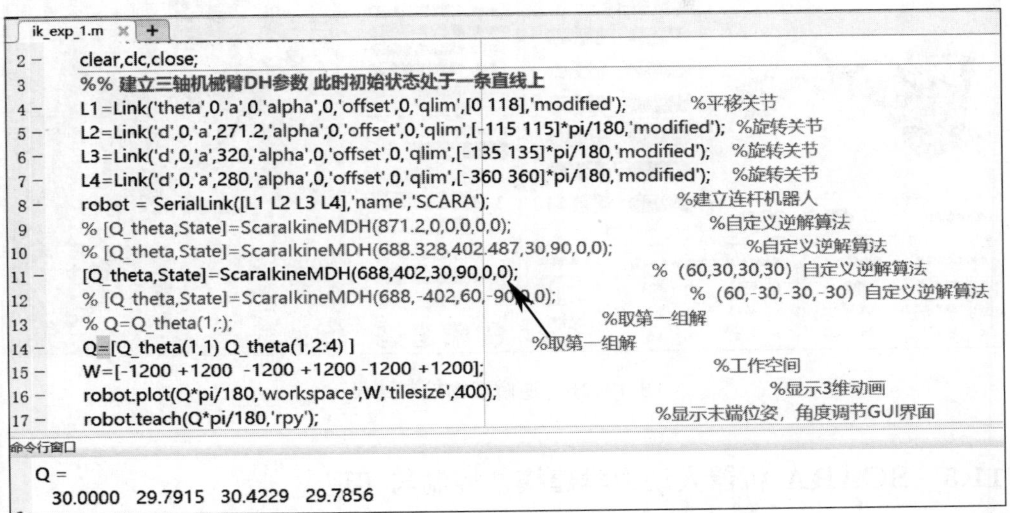

ik_exp_1.m
clear,clc,close;
%% 建立三轴机械臂DH参数 此时初始状态处于一条直线上
L1=Link('theta',0,'a',0,'alpha',0,'offset',0,'qlim',[0 118],'modified'); %平移关节
L2=Link('d',0,'a',271.2,'alpha',0,'offset',0,'qlim',[-115 115]*pi/180,'modified'); %旋转关节
L3=Link('d',0,'a',320,'alpha',0,'offset',0,'qlim',[-135 135]*pi/180,'modified'); %旋转关节
L4=Link('d',0,'a',280,'alpha',0,'offset',0,'qlim',[-360 360]*pi/180,'modified'); %旋转关节
robot = SerialLink([L1 L2 L3 L4],'name','SCARA'); %建立连杆机器人
% [Q_theta,State]=ScaralkineMDH(871.2,0,0,0,0,0); %自定义逆解算法
% [Q_theta,State]=ScaralkineMDH(688.328,402.487,30,90,0,0); %自定义逆解算法
[Q_theta,State]=ScaralkineMDH(688,402,30,90,0,0); % (60,30,30,30) 自定义逆解算法
% [Q_theta,State]=ScaralkineMDH(688,-402,60,-90,0,0); % (60,-30,-30,-30) 自定义逆解算法
% Q=Q_theta(1,:); %取第一组解
Q=[Q_theta(1,1) Q_theta(1,2:4)] %取第一组解
W=[-1200 +1200 -1200 +1200 -1200 +1200]; %工作空间
robot.plot(Q*pi/180,'workspace',W,'tilesize',400); %显示3维动画
robot.teach(Q*pi/180,'rpy'); %显示末端位姿，角度调节GUI界面
命令行窗口
Q =
30.0000 29.7915 30.4229 29.7856

图 11.24 逆解仿真代码

通过观察图 11.25 所示的三维仿真结果, 可查看机器人自身是否会发生干涉。

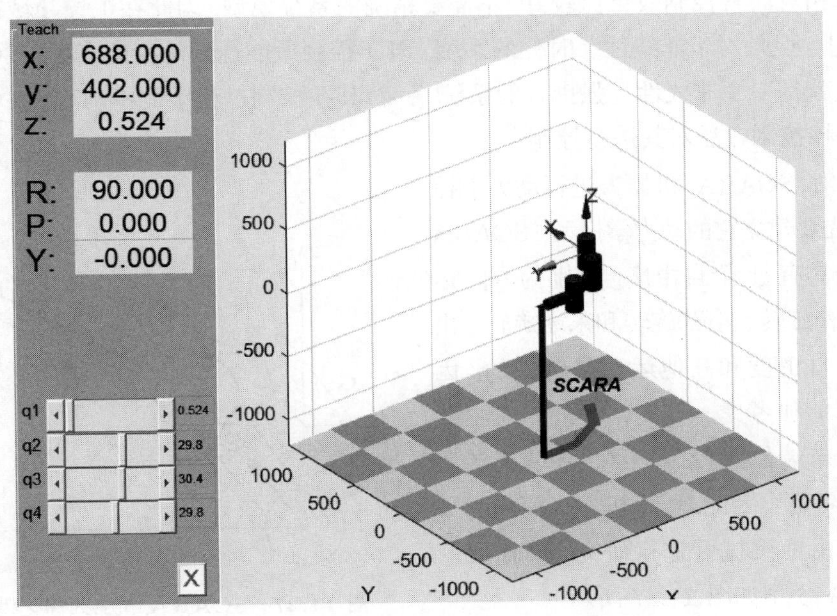

图 11.25 逆解求解结果与仿真

步骤 6: 如果机器人各关节不会发生干涉, 此时便可在上位机直接输入仿真的末端位姿以控制机器人。图 11.26 为逆解实物控制结果。

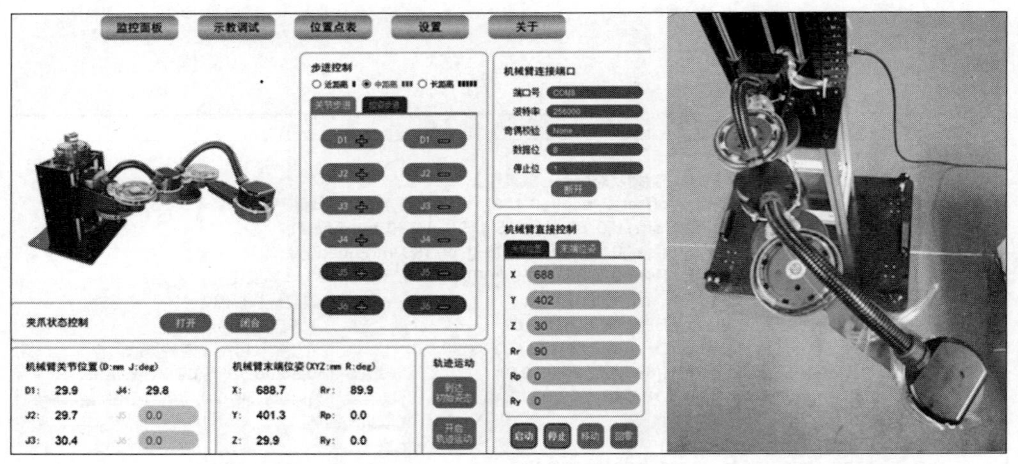

图 **11.26** 逆解实物控制结果

11.5 SCARA 机器人动力学建模、控制与实现

11.5.1 SCARA 机器人动力学建模

在众多控制算法中, PID 控制使用范围最广, 高达 90% 以上, 其控制调节参数较少且相对而言控制效果比较好, 不需要精确的系统模型, 因此在工控领域被广泛使用 [1]。但是对于非线性、时变的系统, PID 控制所能达到的精度有限。SCARA 机器人就是一个非线性、强耦合的系统, 针对其在控制过程中的不确定性, 可采用模糊鲁棒控制方法对其进行控制 [1]。

要对 SCARA 机器人进行动力学控制, 首先要建立它的动力学模型。SCARA 机器人具有 4 个自由度, 分别为升降运动、大臂旋转、小臂旋转和末端旋转。由于升降自由度和其他运动是解耦的, 因此可以单独考虑。同时, 该机器人主要需进行末端位置控制, 因此末端旋转运动暂不考虑。因此, 可将机器人简化为平面两自由度机械臂进行研究, 简化后的 SCARA 模型如图 11.27 所示。

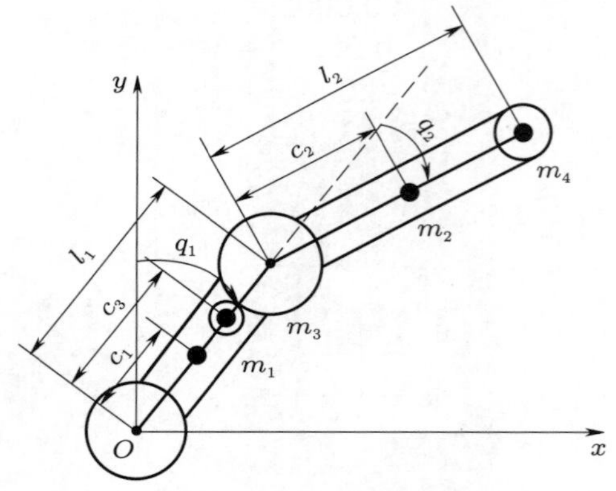

图 **11.27** **SCARA** 机器人简化模型

关于图 11.27 的说明如下:

1) 初始位置: 杆 1、杆 2 共线, 且与 y 轴重合。

2) 杆 1: 非匀质杆, 杆长 l_1, 质量 m_1, 质心距离 c_1, 转动惯量 J_1, 绕 O 点做旋转运动。

3) 杆 2: 非匀质杆, 杆长 l_2, 质量 m_2, 质心距离 c_2, 转动惯量 J_2, 做平面运动。

4) 质量块 1: 驱动杆 2 的电动机, 在杆 1 上, 质量 m_3, 距离 c_3。

5) 质量块 2: 位于杆 2 的末端, 实际为电动机, 可装置夹爪, 在这里视为负载, 质量 m_4。

采用第 5 章介绍的拉格朗日法, 进行动力学建模, 机器人的运动方程如下:

$$\frac{\mathrm{d}}{\mathrm{d}x}\frac{\partial L}{\partial \dot{\boldsymbol{q}}}-\frac{\partial L}{\partial \boldsymbol{q}}=\boldsymbol{u}$$

式中, 广义坐标 $\boldsymbol{q}=\begin{bmatrix} q_1 \\ q_2 \end{bmatrix}$, 其中 q_1、q_2 分别为大臂和小臂转角; L 为拉格朗日函数; $\boldsymbol{u}$ 为广义力。

$$L=T-V$$

式中, T 是系统总动能; V 是系统总势能。因为简化为平面机器人, 故令 $V=0$;

$$\begin{aligned} T=&\frac{1}{2}J_1\dot{q}_1^2+\frac{1}{2}J_2(\dot{q}_1+\dot{q}_2)^2+ \\ &\frac{1}{2}m_2[\dot{q}_1^2l_1^2+c_2^2(\dot{q}_1+\dot{q}_2)^2+2\dot{\theta}_1l_1c_2(\dot{q}_1+\dot{q}_2)\cos q_2]+\frac{1}{2}m_3(\dot{q}_1l_3)^2+ \\ &\frac{1}{2}m_4[\dot{q}_1^2l_1^2+l_2^2(\dot{q}_1+\dot{q}_2)^2+2\dot{\theta}_1l_1l_2(\dot{q}_1+\dot{q}_2)\cos q_2] \end{aligned} \tag{11.21}$$

经过计算, SCARA 机器人的动力学模型[2] 为

$$\boldsymbol{M}(\boldsymbol{q})\ddot{\boldsymbol{q}}+\boldsymbol{C}(\boldsymbol{q},\dot{\boldsymbol{q}})\dot{\boldsymbol{q}}+\boldsymbol{F}(\dot{\boldsymbol{q}})+\boldsymbol{G}(\boldsymbol{q})=\boldsymbol{\tau} \tag{11.22}$$

式中, $\boldsymbol{M}(\boldsymbol{q})$ 为惯性矩阵; $\boldsymbol{C}(\boldsymbol{q},\dot{\boldsymbol{q}})$是科氏力/离心力矩阵;$\boldsymbol{F}(\dot{\boldsymbol{q}})$ 是摩擦力项; $\boldsymbol{G}(\boldsymbol{q})$ 是重力项, 且 $\boldsymbol{G}(\boldsymbol{q})=\begin{bmatrix} 0 \\ 0 \end{bmatrix}$。

$$\boldsymbol{M}=\begin{bmatrix} M_{11} & M_{12} \\ M_{21} & M_{22} \end{bmatrix} \tag{11.23}$$

式中,

$$\begin{aligned} M_{11}=&J_1+J_2+(m_2+m_4)l_2^2+m_3l_3^2+m_2c_2^2+m_4l_2^2+ \\ &2(m_2l_1c_2+m_4l_1l_2)\cos q_2 \end{aligned} \tag{11.24}$$

$$M_{12}=M_{21}=J_2+m_2c_2^2+m_4l_2^2+(m_2l_1c_2+m_4l_1l_2)\cos q_2 \tag{11.25}$$

$$M_{22} = J_2 + m_2c_2^2 + m_4l_2^2 \tag{11.26}$$

$$\boldsymbol{C} = \begin{bmatrix} C_{11} & C_{12} \\ C_{21} & C_{22} \end{bmatrix} \tag{11.27}$$

$$C_{11} = -2(m_2l_1c_2 + m_4l_1l_2)\dot{q}_2 \sin q_2 \tag{11.28}$$

$$C_{12} = -(m_2l_1c_2 + m_4l_1l_2)\dot{q}_2 \sin q_2 \tag{11.29}$$

$$C_{21} = (m_2l_1c_2 + m_4l_1l_2)\dot{q}_1 \sin q_2 \tag{11.30}$$

$$C_{22} = 0 \tag{11.31}$$

摩擦力采用库伦 – 黏滞的摩擦力模型 [3]:

$$\boldsymbol{F} = \begin{bmatrix} F_{\mathrm{c}1}\mathrm{sgn}(\dot{q}_1) + F_{\mathrm{v}1}\dot{q}_1 \\ F_{\mathrm{c}2}\mathrm{sgn}(\dot{q}_2) + F_{\mathrm{v}2}\dot{q}_2 \end{bmatrix} \tag{11.32}$$

通过计算机辅助设计软件获得了 SCARA 机器人的相关参数, 如表 11.7 所示。

表 11.7 SCARA 机器人参数

参数	值	参数	值
m_1/kg	0.5	m_3/kg	2.5
m_2/kg	0.5	m_4/kg	3
$J_1/(\mathrm{kg}\cdot\mathrm{m}^2)$	0.32	$J_2/(\mathrm{kg}\cdot\mathrm{m}^2)$	0.03
l_1/m	0.351	l_2/m	0.337
c_1/m	0.139 4	c_2/m	0.22
c_3/m	0.142	—	—

11.5.2 SCARA 机器人动力学控制

在许多实际情况中, 可能存在建模不确定性或者建模困难, 那么就无法得到精确的模型特征矩阵 $\boldsymbol{M}$、$\boldsymbol{C}$、$\boldsymbol{F}$ 和 $\boldsymbol{G}$。不确定性包括一些摩擦参数, 有效的负载。

通过给机械系统一个期望的轨迹 $\boldsymbol{q}^{\mathrm{d}}(t)$ 使其进行位置跟踪, 令

$$\boldsymbol{e}(t) = \boldsymbol{q}(t) - \boldsymbol{q}^{\mathrm{d}}(t) \tag{11.33}$$

则有 $\dot{\boldsymbol{e}}(t) = \dot{\boldsymbol{q}}(t) - \dot{\boldsymbol{q}}^{\mathrm{d}}(t)$, $\ddot{\boldsymbol{e}}(t) = \ddot{\boldsymbol{q}}(t) - \ddot{\boldsymbol{q}}^{\mathrm{d}}(t)$, 因此动力学方程可写成:

$$\boldsymbol{M}(\boldsymbol{e} + \boldsymbol{q}^{\mathrm{d}}, \boldsymbol{\sigma}, t)(\ddot{\boldsymbol{e}} + \ddot{\boldsymbol{q}}^{\mathrm{d}}) + \boldsymbol{C}(\boldsymbol{e} + \boldsymbol{q}^{\mathrm{d}}, \dot{\boldsymbol{e}} + \dot{\boldsymbol{q}}^{\mathrm{d}}, \boldsymbol{\sigma}, t)(\dot{\boldsymbol{e}} + \dot{\boldsymbol{q}}^{\mathrm{d}}) + \boldsymbol{F}(\dot{\boldsymbol{e}} + \dot{\boldsymbol{q}}^{\mathrm{d}}, \boldsymbol{\sigma}, t) = \boldsymbol{\tau} \tag{11.34}$$

$$\begin{cases} \boldsymbol{M}(\boldsymbol{e}+\boldsymbol{q}^{\mathrm{d}},\boldsymbol{\sigma},t)=\overline{\boldsymbol{M}}(\boldsymbol{e}+\boldsymbol{q}^{\mathrm{d}},t)+\Delta\boldsymbol{M}(\boldsymbol{e}+\boldsymbol{q}^{\mathrm{d}},\boldsymbol{\sigma},t) \\ \boldsymbol{C}(\boldsymbol{e}+\boldsymbol{q}^{\mathrm{d}},\dot{\boldsymbol{e}}+\dot{\boldsymbol{q}}^{\mathrm{d}},\boldsymbol{\sigma},t)=\overline{\boldsymbol{C}}(\boldsymbol{e}+\boldsymbol{q}^{\mathrm{d}},\dot{\boldsymbol{e}}+\dot{\boldsymbol{q}}^{\mathrm{d}},t)+\Delta\boldsymbol{C}(\boldsymbol{e}+\boldsymbol{q}^{\mathrm{d}},\dot{\boldsymbol{e}}+\dot{\boldsymbol{q}}^{\mathrm{d}},\boldsymbol{\sigma},t) \\ \boldsymbol{F}(\boldsymbol{e}+\boldsymbol{q}^{\mathrm{d}},\boldsymbol{\sigma},t)=\overline{\boldsymbol{F}}(\boldsymbol{e}+\boldsymbol{q}^{\mathrm{d}},t)+\Delta\boldsymbol{F}(\boldsymbol{e}+\boldsymbol{q}^{\mathrm{d}},\boldsymbol{\sigma},t) \end{cases} \tag{11.35}$$

式中, $\overline{\boldsymbol{M}}$、$\overline{\boldsymbol{C}}$、$\overline{\boldsymbol{F}}$ 和 $\overline{\boldsymbol{G}}$ 分别是相应重力项、科氏力和离心力项、摩擦力项和重力项矩阵的标称项为确定性项, 而 $\Delta\boldsymbol{M}$、$\Delta\boldsymbol{C}$、$\Delta\boldsymbol{F}$ 是取决于 $\boldsymbol{\sigma}$ 的不确定项。在此定义一个向量 $\boldsymbol{\Phi}(\boldsymbol{e},\dot{\boldsymbol{e}},\boldsymbol{\sigma},t)$ 来处理不确定性:

$$\begin{aligned} \boldsymbol{\Phi}(\boldsymbol{e},\dot{\boldsymbol{e}},\boldsymbol{\sigma},t)=&-\Delta\boldsymbol{M}(\boldsymbol{e}+\boldsymbol{q}^{\mathrm{d}},\boldsymbol{\sigma},t)(\ddot{\boldsymbol{q}}^{\mathrm{d}}-\boldsymbol{S}\dot{\boldsymbol{e}})- \\ &\Delta\boldsymbol{C}(\boldsymbol{e}+\boldsymbol{q}^{\mathrm{d}},\dot{\boldsymbol{e}}+\dot{\boldsymbol{q}}^{\mathrm{d}},\boldsymbol{\sigma},t)(\dot{\boldsymbol{q}}^{\mathrm{d}}-\boldsymbol{S}\boldsymbol{e})- \\ &\Delta\boldsymbol{F}(\boldsymbol{e}+\boldsymbol{q}^{\mathrm{d}},\dot{\boldsymbol{e}}+\dot{\boldsymbol{q}}^{\mathrm{d}},\boldsymbol{\sigma},t) \end{aligned} \tag{11.36}$$

假设存在模糊数 $\zeta_k(\dot{\boldsymbol{q}}^{\mathrm{d}},\ddot{\boldsymbol{q}}^{\mathrm{d}},\boldsymbol{e},\dot{\boldsymbol{e}},\boldsymbol{\sigma},t)$ 和标量 $\rho_k(\dot{\boldsymbol{q}}^{\mathrm{d}},\ddot{\boldsymbol{q}}^{\mathrm{d}},\boldsymbol{e},\dot{\boldsymbol{e}},\boldsymbol{\sigma},t), k=1,2,\cdots,r$, 使得:

$$\|\boldsymbol{\Phi}\|\leqslant\begin{bmatrix}\hat{\zeta}_1 & \hat{\zeta}_2 & \cdots & \hat{\zeta}_r\end{bmatrix}\begin{bmatrix}\hat{\rho}_1 & \hat{\rho}_2 & \cdots & \hat{\rho}_r\end{bmatrix}^{\mathrm{T}}=\hat{\zeta}^{\mathrm{T}}(\boldsymbol{e},\dot{\boldsymbol{e}},\boldsymbol{\sigma},t)\hat{\boldsymbol{\rho}}(\boldsymbol{e},\dot{\boldsymbol{e}},t) \tag{11.37}$$

由式 (11.37) 可得

$$\|\boldsymbol{\Phi}\|\leqslant\|\hat{\zeta}\|\|\hat{\boldsymbol{\rho}}\|=\zeta\rho \tag{11.38}$$

令 $\overline{\boldsymbol{e}}(t)=\begin{bmatrix}\boldsymbol{e}^{\mathrm{T}}(t) & \dot{\boldsymbol{e}}^{\mathrm{T}}(t)\end{bmatrix}^{\mathrm{T}}$

控制设计应使跟踪误差矢量 $\overline{\boldsymbol{e}}(t)$ 足够小, 设计控制器为

$$\boldsymbol{\tau}(t)=\overline{\boldsymbol{M}}(\ddot{\boldsymbol{q}}^{\mathrm{d}}-\boldsymbol{S}\dot{\boldsymbol{e}})+\overline{\boldsymbol{C}}(\dot{\boldsymbol{q}}^{\mathrm{d}}-\boldsymbol{S}\boldsymbol{e})+\overline{\boldsymbol{F}}-\boldsymbol{K}_{\mathrm{p}}\boldsymbol{e}-\boldsymbol{K}_{\mathrm{d}}\dot{\boldsymbol{e}}-\frac{\alpha}{\|\mu\|+\varepsilon} \tag{11.39}$$

式中

$$\alpha=\gamma^2(\dot{\boldsymbol{e}}+\boldsymbol{S}\boldsymbol{e})\rho^4\|\dot{\boldsymbol{e}}+\boldsymbol{S}\boldsymbol{e}\|^2 \tag{11.40}$$

$$\mu=\gamma\|\dot{\boldsymbol{e}}+\boldsymbol{S}\boldsymbol{e}\|^2\rho^2 \tag{11.41}$$

取 $\boldsymbol{S}$ 为 2×2 阶单位矩阵。

11.5.3 SCARA 机器人动力学实验

实物实验, 同样通过 MATLAB2018 及以上的版本打开 11.1 节中安装好的 HopeMotion Toolbox for SCARA Release V1.0 工具箱提供的 SCARA_robust_control.slx 文件, 打开后显示如图 11.28 所示的界面。

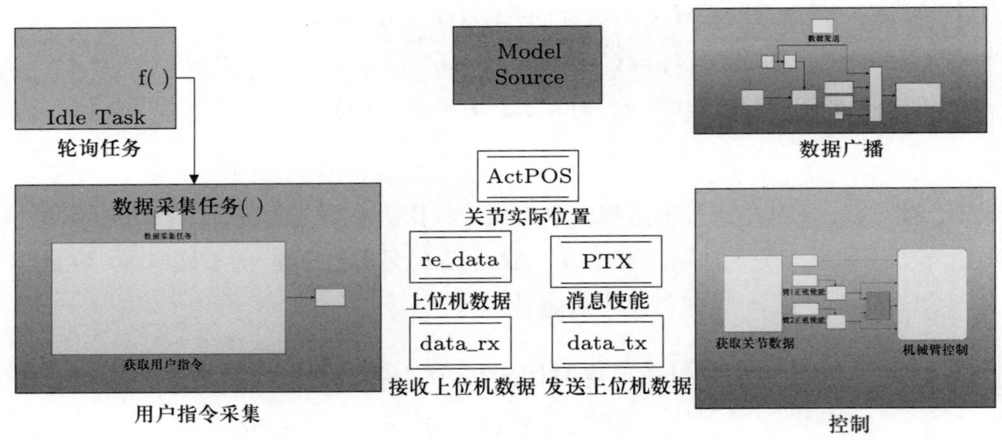

图 11.28 **SCARA 机器人的动力学模糊鲁棒正弦跟踪 Simulink 模型界面**

SCARA 机器人的动力学模糊鲁棒正弦跟踪 Simulink 模型整体框架与运动学控制模型类似。此模型包含上位机指令获取模块、运动控制模块和数据广播模块。

运动控制模块内部用 Simulink 搭建的动力学控制器模型如图 11.29 所示。

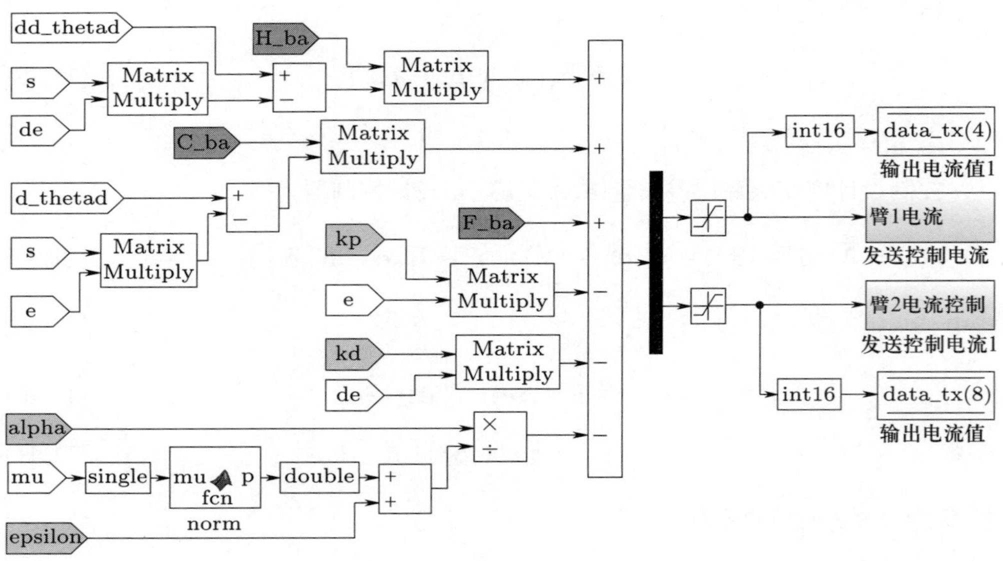

图 11.29 **模糊鲁棒控制 Simulink 模型**

操作步骤 1～3 参考 11.4 节的前三个步骤, 然后点击“监控面板”界面 (图 11.30), 4 个监控窗口中会有对应数据显示。

表 11.8 和表 11.9 是对上位机窗口显示的数据以及右侧下发的参数的说明。

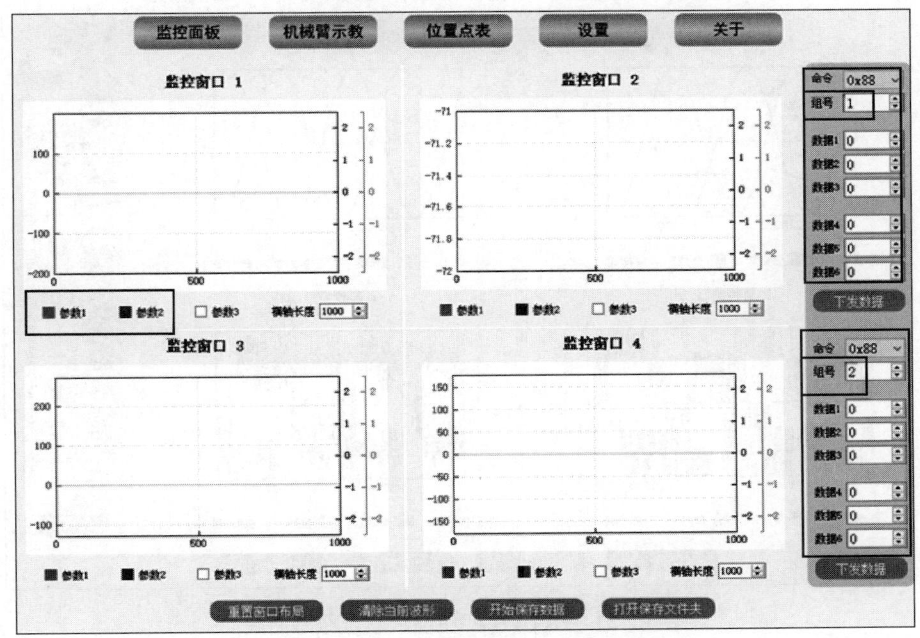

图 11.30　上位机监控面板截图

表 11.8　上位机曲线显示含义

窗口	参数 1	参数 2
监控窗口 1	臂 1 的理想位置曲线 (0.1°)	臂 2 的理想位置曲线臂 (0.1°)
监控窗口 2	臂 1 的实际位置曲线 (0.1°)	臂 2 的实际位置曲线 (0.1°)
监控窗口 3	臂 1 的位置跟踪偏差 (0.1°)	臂 2 的位置跟踪偏差 (0.1°)
监控窗口 4	臂 1 的控制电流曲线 (0.01 A)	臂 2 的控制电流曲线 (0.01 A)

表 11.9　动力学控制器参数

组号 1 代表臂 1 的相关控制参数	组号 2 代表臂 2 的相关控制参数
数据 1: 正弦波幅值, 单位为 °	数据 1: 正弦波幅值, 单位为 °
数据 2: 控制器比例参数 $K_{\mathrm{p1}}(0.1)$	数据 2: 控制器比例参数 $K_{\mathrm{p2}}(0.1)$
数据 3: 控制器微分参数 $K_{\mathrm{d1}}(0.1)$	数据 3: 控制器微分参数 $K_{\mathrm{d2}}(0.1)$
数据 4: 库伦摩擦系数 $F_{\mathrm{c1}}(0.1)$	数据 4: 库伦摩擦系数 $F_{\mathrm{c2}}(0.1)$
数据 5: 正弦位置使能信号	数据 5: 正弦位置使能信号
数据 6: 黏性摩擦系数 $F_{\mathrm{v1}}(0.1)$	数据 6: 黏性摩擦系数 $F_{\mathrm{v2}}(0.1)$

最终的参数以及曲线显示如图 11.31 所示。

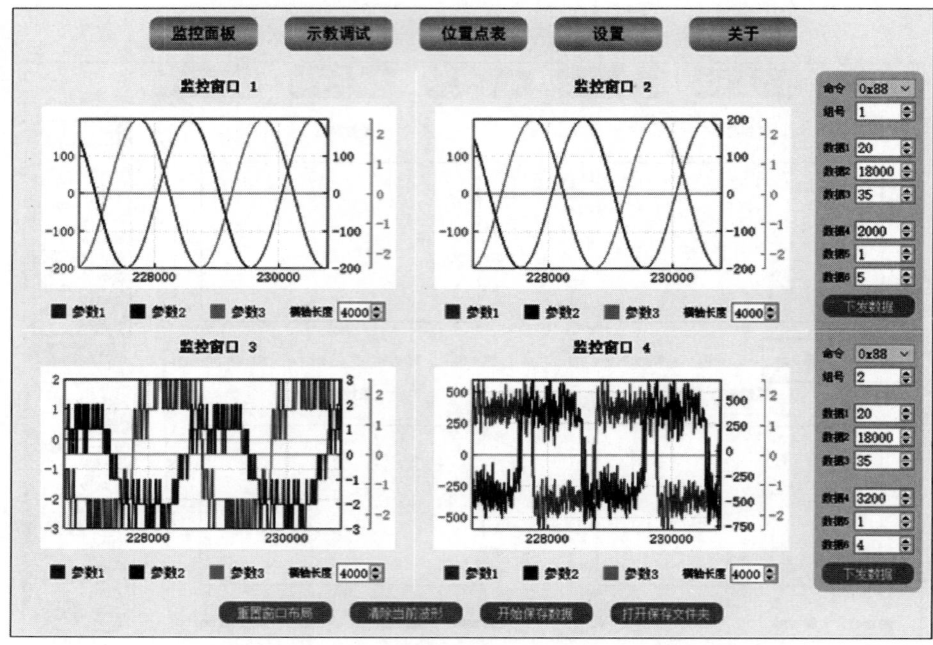

图 **11.31** **SCARA** 机器人轨迹跟踪曲线

实验中系统采样时间为 1 ms, 可以看出, 位置曲线拟合度较好, 位置跟踪偏差曲线在换向时有波动, 原因是电动机在换向时存在一定的齿轮间隙导致偏差产生突变。通过观察监控窗口 3 的参数 1 和参数 2 可以看出关节 1 和关节 2 的跟踪偏差都在 $-0.3°\sim0.3°$ 之间, 通过监控窗口 3 的参数 1 和参数 2 可以看出控制电流在 $-0.5\sim0.5$ A 之间波动, 说明 11.5.2 节中介绍的控制算法能够实现较小的跟踪偏差, 具有一定的实用价值。

参考文献

[1] 史先鹏, 刘士荣. 机械臂轨迹跟踪控制研究进展 [J]. 控制工程, 2011, 18(1): 116−122.

[2] 梅生伟, 申铁龙, 刘康志. 现代鲁棒控制理论与应用 [M]. 北京: 清华大学出版社, 2003.

[3] Qin X Y, Sun H. Fuzzy PID control and simulation experiment on permanent magnet linear synchronous motors[J]. Advanced Materials Research, 2012, 383-390(6): 2608−2611.

第 12 章 三轴协作机器人运动学和动力学控制

协作机器人的概念是 1996 年 J. Edward Colgate 和 Michael Peshkin 在伊利诺伊州西北大学首次提出的, 描述为操作者与计算机控制的操作机之间直接进行物理交互的设备与方法。相对于传统工业机器人, 协作机器人最主要的特征在于操作者与机器人之间无需围栏进行空间隔离, 人与机器人可以在同一空间共同作业, 不仅解放了生产力, 也大大提高了工厂空间的利用率。另外, 传感器和视觉技术的加入也极大地丰富了协作机器人的应用前景, 这种从设备到伙伴的新型工作模式紧密体现了高端智能制造的人机协作和人机共融的理念。协作机器人具有以下三大重要特点。

第一, 快速配置。轻量化的设计使其能够适应不同的工作环境, 并且根据不同生产安排轻便地改变所处工位或工作空间, 解决了传统工业机器人体积和质量大, 难以搬运的弊端。

第二, 拖动示教。操作人员可以通过抓取机器人末端直接进行拖动示教, 加工轨迹的生成是通过外力引导, 而非编程, 对操作人员更加友好, 可实现零基础操作。

第三, 碰撞检测。人机共享工作空间, 最基本的就是保证人的安全, 在人机碰撞发生时, 机器人能够及时停止作业, 最大化保证工作人员的安全。

12.1 三自由度协作机器人正运动学分析

对机器人运动学分析的主要目的是描述出机器人末端执行器与各个关节角之间的关系, 分为正运动学以及逆运动学两个部分。要对机器人运动学进行分析, 首先要明确关于机器人的一些概念。

1) 机器人的自由度。机器人的自由度是指机器人末端执行器相对于底盘基座坐标系能够独立运动的轴的数量, 是衡量一个机器人性能的重要指标。

2) 机器人的位姿。机器人参考点的位置和机器人的姿态统称为机器人的位姿。机器人末端执行器的位姿包括 3 个位移坐标以及 3 个旋转坐标, 共 6 个参数。固定于机器人基座的坐标系称为基坐标系, 建立在每个关节原点上的坐标系称为关节坐标系, 建立在末端执行器上的坐标系称为工具坐标系, 一般用工具坐标系描述机器人的位置。基坐标系的 x 轴、y 轴、z 轴不会随着连杆的运动而改变, 是一个绝对坐标系。而关节坐标系和工具坐标系都是一种相对的坐标系, 会随着机器人的运动改变坐标系在空间中的位置。所以在求解机器人各关节的位姿时, 需要使用基坐标系进行表示, 而不能直接使用关节坐标系。

3) 机器人运动学正/逆解。机器人正运动学是在确定机器人各个关节转角的情况下求解机器人末端执行器的位置和姿态, 而逆运动学是在已知末端执行器位置和姿态参数的情况下逆向求解机器人各关节的角度。进行运动学分析, 首先需要得到三轴协作机器人的 D−H 参数。最重要的一步是建立杆件坐标系, 与杆 i 固连的坐标系 O_i-$x_iy_iz_i$ $(i = 0, 1, 2, \cdots)$, 简称为坐标系 $\{i\}$。表 12.1 为 4 个 D−H 参数的含义。

表 12.1 D−H 参数含义

序号	参数含义	方向
1	a_i 定义为从 z_{i-1} 轴到 z_i 轴的距离, 称为杆件长度	沿 x_i 轴正向为正
2	α_i 定义为从 z_{i-1} 轴旋转到 z_i 轴的角度, 称为杆件扭角	绕 x_i 轴正向转动为正 (右手定则判断), 范围为 $(-\pi, \pi)$
3	d_i 定义为从 x_{i-1} 轴到 x_i 轴的距离, 称为关节距离	沿 z_{i-1} 轴正向为正
4	θ_i 定义为从 x_{i-1} 轴到 x_i 轴的转角, 称为关节角度	绕 z_{i-1} 轴正向转动为正 (右手定则判断), 范围为 $(-\pi, \pi)$

确定 D−H 参数的具体流程如下。

(1) 首先确定各坐标系的 z 轴

默认选择 z_i 轴沿关节 $i+1$ 的旋转轴, 然后根据其他 z 轴指向, 让 z 轴全指向同一方向 (为了让连杆转角 α_i 为 0) 。

(2) 确定各坐标系

将坐标系分为中间坐标系 $\{i\}$ 和两端坐标系 $\{0\}$、$\{n\}$。首先建立中间坐标系 $\{i\}$。

1) 找出各关节轴确定其关节轴线, 确定原点: 以关节轴线 i 和 $i+1$ 的交点或者公垂线与关节轴线 i 的交点为原点。图 12.1 所示为轴线方向。

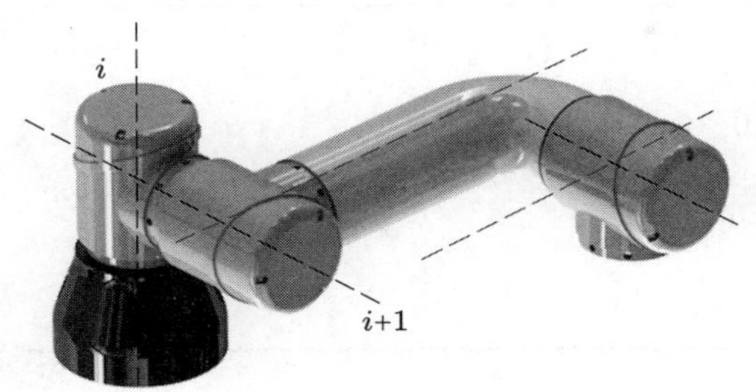

图 **12.1** 轴线方向

2) 确定 z 轴: 根据关节轴线 i 的位置以及关节转向通过右手定则确定 z_i 轴。因为三轴协作机器人的末端还会再安装其他机械装置, 故还存在一个末端坐标系 z_4 轴。由此得到 z_1、z_2、z_3、z_4, 其方向分别如图 12.2 所示。

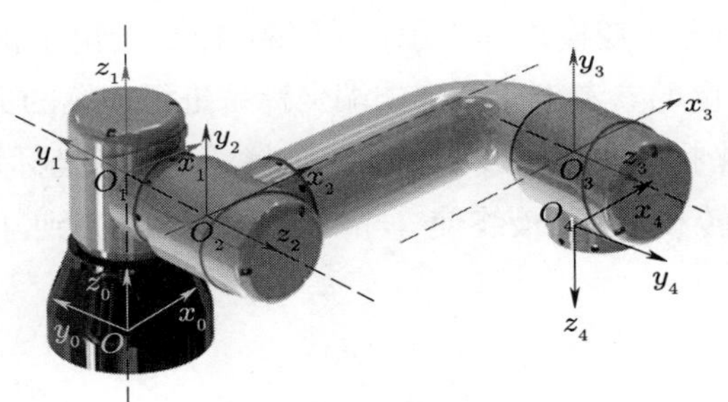

图 **12.2** 各关节坐标系

3) 确定 x 轴: 根据所确定的 z 轴可以看出, z_1 轴和 z_2 轴相交, 故 x_1 轴垂直于 z_1 轴和 z_2 轴所确定的平面, 此时 x_1 轴有两个方向, 先随便选定其中一个。z_2 轴和 z_3 轴平行, x_2 轴应为它们的公垂线, 选择轴线 2 指向轴线 3 的方向。然后重新根据 x_2 轴的方向调整 x_1 轴的指向, 同一指向可以使初始关节角的 D–H 参数为零, 简化 D–H 参数。z_3 轴和 z_4 轴相交, 故 x_3 轴垂直于 z_3 轴和 z_4 轴所确定的平面, 这时 x_3 轴有两个方向, 选择与 x_2 轴相同的指向。

4) 确定 y 轴: 按右手定则确定 y 轴。

5) 建立两端坐标系 $\{0\}$ 和 $\{n\}$。注意: 参考坐标系 $\{0\}$ 可以任意设定, 但是为了使问题简化, 通常设定参考坐标系 $\{0\}$ 与坐标系 $\{1\}$ 重合, 使关节角度 θ 为零。坐标系 $\{4\}$ 的 z 轴方向已经确定, 选择 x_4 轴与 x_3 轴同向, 根据右手定则确定 y_4 轴的方向。最终, 根据所建立的三维模型的具体尺寸得出 D–H 参数如表 12.2 所示。

表 **12.2** **D–H** 参数表

i	a_i/mm	α_i/rad	d_i/mm	θ_i/rad
1	0	0	143	0
2	0	$\frac{\pi}{2}$	114	0
3	226.5	0	127	0
4	0	$\frac{\pi}{2}$	57	0

12.2 三自由度协作机器人正运动学仿真与实验

12.2.1 MATLAB/Simulink正运动学算法实现

机器人正运动学, 就是已知机器人连杆的几何参数和关节角度, 求末端相对基坐标系的位置 (使用齐次变换矩阵表示) 。因表 12.2 给出了机器人的 MOD_DH 参数, 现在需要从基座的参考坐标系到末端坐标系进行连续的变换, 确定末端位置。对于改进型 D–H 坐标, 使用 XZ 变换, 即先将 $\{i-1\}$ 坐标系绕 x_{i-1} 轴旋转和平移, 然后绕 z_i 旋转和平移, 最终使 $\{i-1\}$ 坐标系过渡到 $\{i\}$ 坐标系。具体如图 12.3 所示 [1]。

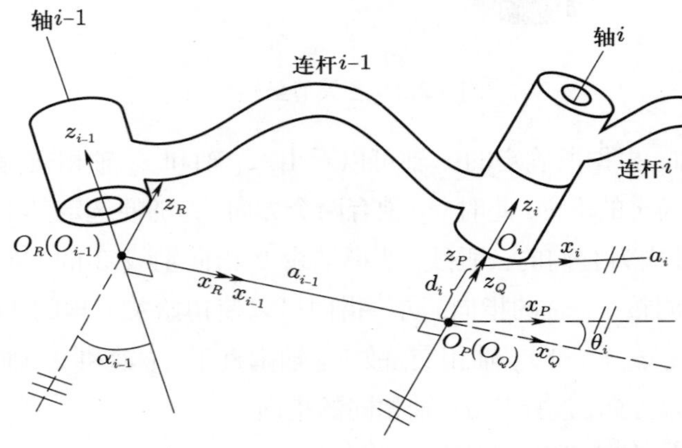

图 **12.3** 坐标变换

1) 定义三个中间坐标系 $\{P\}$、$\{Q\}$ 和 $\{R\}$, 为了简洁, 图 12.3 中只显示了 x 轴和 z 轴, 绕 x_{i-1} 轴旋转 α_{i-1}, z_{i-1} 轴转到了 z_R 轴, 也就是 $\{R\}$ 坐标系。

2) 将 $\{R\}$ 坐标系沿着 x_{i-1} 轴移动距离 a_{i-1} 到 i 轴, 得到 $\{Q\}$ 坐标系。

3) 将坐标系 $\{Q\}$ 绕 z_i 轴转动 θ_{i-1} 角度, 得到坐标系 $\{P\}$。

4) 将 z_{i-1} 轴沿着 z_i 轴移动 d_i, 最后坐标系 $\{i-1\}$ 与坐标系 $\{i\}$ 重合。

通过上述步骤可以把坐标系 $\{i\}$ 中定义的矢量变换成在坐标系 $\{i-1\}$ 中的描述。根据坐标系变换的链式法则, 坐标系 $\{i-1\}$ 到坐标系 $\{i\}$ 的变换矩阵可以写成:

$$ {}^{i-1}_{i}\boldsymbol{T} = {}^{i-1}_{R}\boldsymbol{T} \times {}^{R}_{Q}\boldsymbol{T} \times {}^{Q}_{P}\boldsymbol{T} \times {}^{P}_{i}\boldsymbol{T} \tag{12.1} $$

代入平移旋转矩阵:

$$ \begin{aligned} {}^{i-1}_{i}\boldsymbol{T} &= \mathrm{Rot}(x,\alpha_{i-1})\mathrm{Trans}(a_{i-1},0,0)\mathrm{Rot}(z,\theta_i)\mathrm{Trans}(0,0,d_i) \\ &= \begin{bmatrix} 1 & 0 & 0 & 0 \\ 0 & \cos\alpha_{i-1} & -\sin\alpha_{i-1} & 0 \\ 0 & \sin\alpha_{i-1} & \cos\alpha_{i-1} & 0 \\ 0 & 0 & 0 & 1 \end{bmatrix} \begin{bmatrix} 1 & 0 & 0 & a_{i-1} \\ 0 & 0 & 0 & 0 \\ 0 & 0 & 0 & 0 \\ 0 & 0 & 0 & 1 \end{bmatrix} \cdot \\ &\quad \begin{bmatrix} \cos\theta_i & -\sin\theta_i & 0 & 0 \\ \sin\theta_i & \cos\theta_i & 0 & 0 \\ 0 & 0 & 1 & 0 \\ 0 & 0 & 0 & 1 \end{bmatrix} \begin{bmatrix} 1 & 0 & 0 & 0 \\ 0 & 1 & 1 & 0 \\ 0 & 1 & 1 & d_i \\ 0 & 0 & 0 & 1 \end{bmatrix} \\ &= \begin{bmatrix} \cos\theta_i & -\sin\theta_i & 0 & a_{i-1} \\ \sin\theta_i\cos\alpha_{i-1} & \cos\theta_i\cos\alpha_{i-1} & -\sin\alpha_{i-1} & -d_i\sin\alpha_{i-1} \\ \sin\theta_i\sin\alpha_{i-1} & \cos\theta_i\sin\alpha_{i-1} & \cos\alpha_{i-1} & d_i\cos\alpha_{i-1} \\ 0 & 0 & 0 & 1 \end{bmatrix} \end{aligned} \tag{12.2} $$

三自由度机器人的末端相对于基座的方程为

$$ {}^{0}_{4}\boldsymbol{T} = {}^{0}_{1}\boldsymbol{T} \times {}^{1}_{2}\boldsymbol{T} \times {}^{2}_{3}\boldsymbol{T} \times {}^{3}_{4}\boldsymbol{T} \tag{12.3} $$

在式 (12.3) 中代入关节角 θ_i, 即可计算出最终的齐次变换矩阵, 因为三自由度机器人末端连杆不可转动, 因此末端不存在姿态, 仅有位置, 求出的 ${}^{0}_{4}\boldsymbol{T}$ 只有第四列三个数据表示其空间位置, 其余元素无意义。

使用 MATLAB2020b 以及 Robotics Toolbox10.4 工具箱对求解齐次变换矩阵的过程进行仿真验证。Robotics Toolbox 是一款功能强大并且专门针对机器人进行仿真建模的工具箱, 工具箱本身集成了非常多机器人领域的求解函数, 用户只需要在使用时进行调用即可。

首先利用 L=Link (OPTIONS) 创建一个指定运动学、动力学参数的连杆。其中 Link 函数的调用格式如下:

```
L=Link ([alpha A theta D]) ;
```

```
L=Link ([alpha A theta D sigma]) ;
L=Link ([alpha A theta D sigma offset]) ;
L=Link ([alpha A theta D], CONVENTION) ;
L=Link ([alpha A theta D sigma], CONVENTION) ;
L=Link ([theta D A alpha sigma offset], CONVENTION) ;
```

参数 “theta” 代表关节角, 为初次建模以后的值, 因为 D−H 参数建模时 x 轴全部设定为平行, 所以其为 0; 参数 “D” 代表连杆偏距; 参数 “alpha” 代表扭转角; 参数 “A” 代表连杆长度; 参数 “sigma” 代表关节类型, sigma 为 0 时是旋转关节, 非 0 时是移动关节, 若省略该参数, 则默认是 0 (即旋转关节) ; 参数 “offset” 代表关节变量偏移量, 也就是仿真移动机器人时关节角变化的角度; 参数 CONVENTION 分为 “modified” 和 “standard” , 其中 standard 代表采用标准的 D−H 参数, modified 代表采用改进的 D−H 参数。

在进行正运动学求解时, 需要调用 fkine 函数, 其调用格式为

TR = fkine (robot, q) ; TR = robot.fkine (q) ;

robot 是所建模的机器人的名字; q 为关节角的矩阵, 单位为 rad。

机器人的参数设置如下:

```
clear;
clc;
%建立机器人模型
%      theta      d       a      alpha     sigma    offset
ML1=Link ([0    143      0        0          0        0], 'modified') ;
ML2=Link ([0    114      0       pi/2        0        0 ], 'modified') ;
ML3=Link ([0    127    266.5      0          0        0 ], 'modified') ;
ML4=Link ([0    57       0       pi/2        0        0 ], 'modified') ;
modrobot=SerialLink ([ML1 ML2 ML3 ML4], 'name', '三轴') ;
teach (modrobot) ;
modrobot.plot ([0, 0, 0, 0]) ;%输出机器人模型, 后面的四个角为输出时
                                       的theta姿态
```

然后利用 SeriaLink 类建立机器人模型, 利用 teach 函数以关节角形式驱动机器人, 利用 plot 函数以图形方式显示机器人。运行结果如图 12.4 所示。

修改转动关节角度:

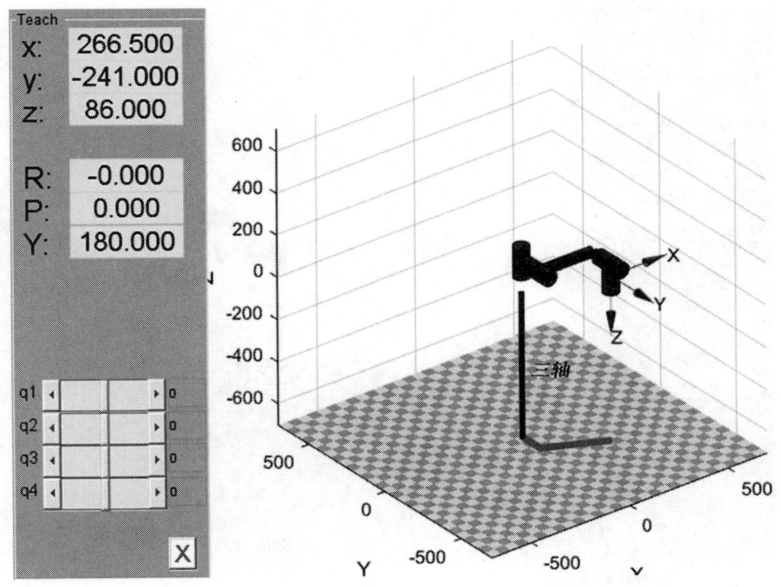

图 **12.4** 机器人工具箱 **GUI**

```
clear;
clc;
%建立机器人模型
%        theta     d        a     alpha   sigma   offset
ML1=Link ([0      143      0       0        0        0], 'modified') ;
ML2=Link ([0      114      0       pi/2     0        0 ], 'modified') ;
ML3=Link ([0     127     266.5      0       0        0 ], 'modified') ;
ML4=Link ([0      57       0       pi/2     0        0 ], 'modified') ;
modrobot=SerialLink ([ML1 ML2 ML3 ML4], 'name', '三轴') ;
teach (modrobot) ;
theta=[150, 130, 180, 0];
thetaread=theta*pi/180;
modrobot.plot (thetaread); %输出机器人模型，后面的四个角为输出时的
                                    theta姿态
modt04=modrobot.fkine (thetaread) %工具箱正解函数
```

运行结果和对应的齐次变换矩阵如图 12.5 所示。

最终的机器人末端位姿为 [306.7, 101.2, 310.5], 在 Teach 界面, 拖动箭头处滑块会显示末端位置, 这时若没有动它, 默认为初始位置。图 12.6 所示为使用 Teach 函数确认位置正解。

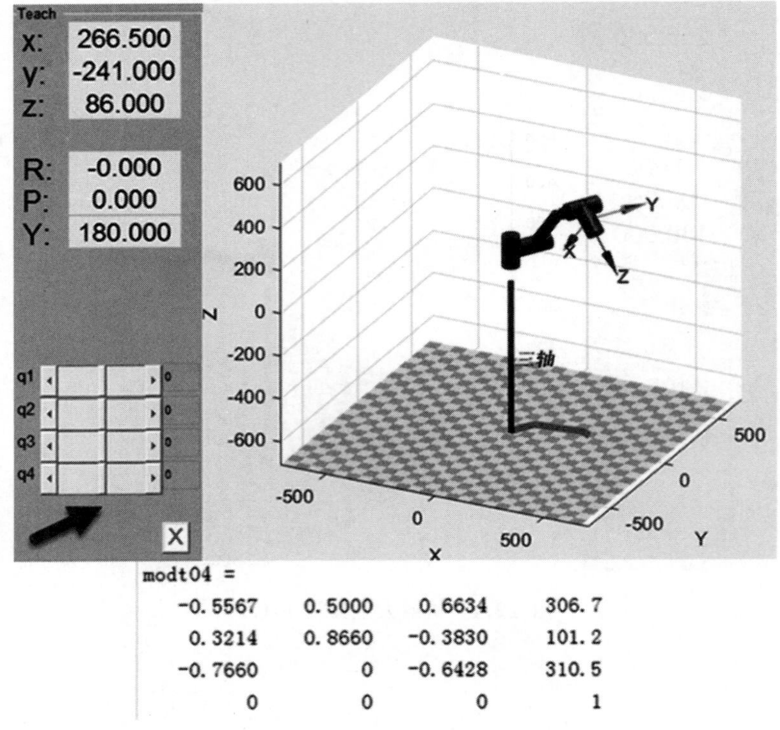

图 **12.5** 运行结果

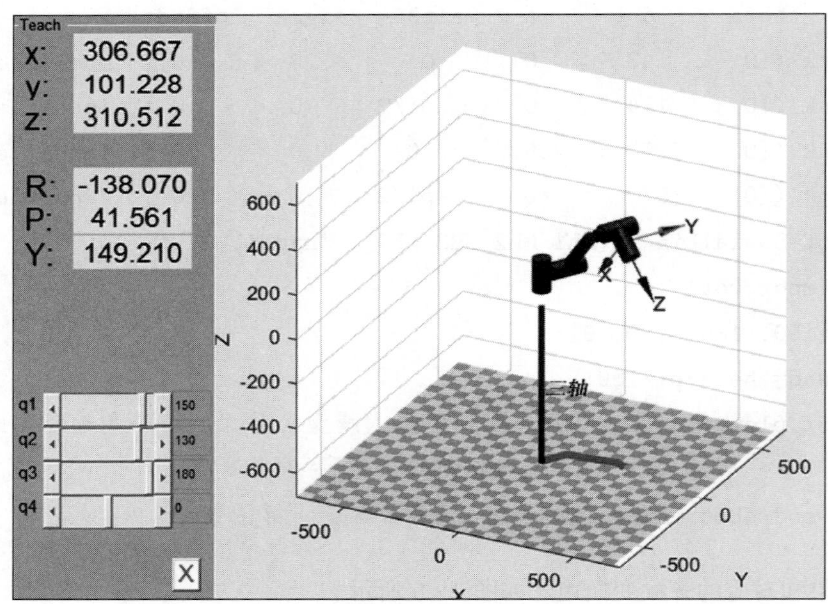

图 **12.6** 使用 **Teach** 函数确认正解

因为需要实际控制, 使用 m 语言编写正解函数, 编写思路即按照 12.3.1 节建立 $\{i-1\}$ 坐标系过渡到 $\{i\}$ 坐标系的齐次变换矩阵, 然后相乘。代码如下:

```
function [T04]=myfkine (theta1, theta2, theta3, theta4)
%    theta     d        a          alpha     offset
MDH=[theta1   143      0           0;
     theta2   114      0           pi/2;
     theta3   127      266.5       0;
     theta4   57       0           pi/2;];
T01=[cos (MDH (1, 1))              -sin (MDH (1, 1))                 0
MDH (1, 3);
     cos (MDH (1, 4)) *sin (MDH (1, 1))    cos (MDH (1, 4)) *cos (MDH
(1, 1))    -sin (MDH (1, 4))  -MDH (1, 2) *sin (MDH (1, 4));
     sin (MDH (1, 4)) *sin (MDH (1, 1))    sin (MDH (1, 4)) *cos (MDH
(1, 1))    cos (MDH (1, 4))   MDH (1, 2) *cos (MDH (1, 4));
     0                                0                              0
1];
T12=[cos (MDH (2, 1))              -sin (MDH (2, 1))                 0
MDH (2, 3);
     cos (MDH (2, 4)) *sin (MDH (2, 1))    cos (MDH (2, 4)) *cos (MDH
(2, 1))    -sin (MDH (2, 4))  -MDH (2, 2) *sin (MDH (2, 4));
     sin (MDH (2, 4)) *sin (MDH (2, 1))    sin (MDH (2, 4)) *cos (MDH
(2, 1))    cos (MDH (2, 4))   MDH (2, 2) *cos (MDH (2, 4));
0                              0                            0
1];
T23=[cos (MDH (3, 1))              -sin (MDH (3, 1))                 0
MDH (3, 3);
     cos (MDH (3, 4)) *sin (MDH (3, 1))    cos (MDH (3, 4)) *cos (MDH
(3, 1))    -sin (MDH (3, 4))  -MDH (3, 2) *sin (MDH (3, 4));
     sin (MDH (3, 4)) *sin (MDH (3, 1))    sin (MDH (3, 4)) *cos (MDH
(3, 1))    cos (MDH (3, 4))   MDH (3, 2) *cos (MDH (3, 4));
0                              0                            0
1];
T34=[cos (MDH (4, 1))              -sin (MDH (4, 1))                 0
```

```
MDH (4, 3);
    cos (MDH (4, 4)) *sin (MDH (4, 1))    cos (MDH (4, 4)) *cos (MDH
(4, 1))   -sin (MDH (4, 4))  -MDH (4, 2) *sin (MDH (4, 4));
    sin (MDH (4, 4)) *sin (MDH (4, 1))    sin (MDH (4, 4)) *cos (MDH
(4, 1))   cos (MDH (4, 4))   MDH (4, 2) *cos (MDH (4, 4));
0                              0                              0
1];
T04=T01*T12*T23*T34;
```

调用自编代码运行, 第一次因为直接调用 theta 数组, 选用的 150°、130°、180° 角度转换为弧度时需要乘 π/180, 会有转换误差, 矩阵相乘后, 还会有累积误差, 而 MATLAB计算机制只取小数点后 4 位, 所以相差较大。第二次直接传入数值, 不经过中间数组, 结果精确。由此验证了自编函数的正确性, 如图 12.7。

```
modt04 =
   -0.5567    0.5000    0.6634    306.7
    0.3214    0.8660   -0.3830    101.2
   -0.7660         0   -0.6428    310.5
         0         0         0        1

modmyt04 =

   -0.1504    0.5000    0.8529  317.4662
    0.0868    0.8660   -0.4924   94.9937
   -0.9848    0.0000   -0.1736  337.2529
         0         0         0    1.0000


modmyt04 =

   -0.5567    0.5000    0.6634  306.6673
    0.3214    0.8660   -0.3830  101.2284
   -0.7660    0.0000   -0.6428  310.5120
         0         0         0    1.0000
```

图 **12.7** 输出结果对比

12.2.2 基于 cSPACE系统实验验证正运动学

在机器人技术的开发过程中, 建模和仿真的工具长期以来一直被使用, 但传统的开发方法是设计者基于文本工具进行代码编写和数学建模, 对于模型的开发不仅烦冗抽象, 而且耗时、容易出错, 相较于现代复杂的控制系统并不适用。基于文本程序的调试, 是一个烦琐复杂的过程, 需要经过不断的测试和纠错, 才可以创建一个没有故障的系统, 并且由于其开发工具图形化的限制, 也为机器人技术的开发增加了难度。因此, 随着机器人发展浪潮的推进, 基于模型设计的方法逐渐成为各大机器人企业和科研机构研究的热点, 这种方法提供了一个通用、统一的图形化建模环境, 模块之间分层独立设计, 增强了系统设计的灵活性, 并降低了逻辑的复杂度。本节将以三轴协作机器人运动控制系统的设计进行实验验证。实验程序采用基于模型设计的开发方式。图 12.8 为根据机器人正/逆解搭建的实验模型。

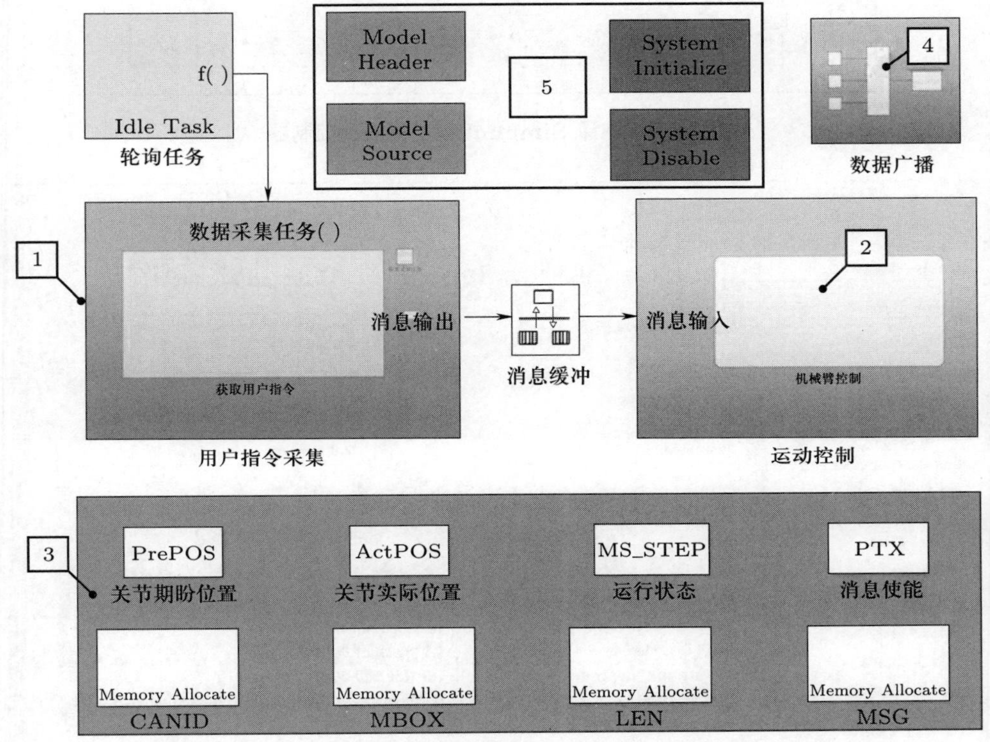

图 **12.8** 三轴机械臂点到点 (**PTP**) 运动控制模型

模型主要分为以下 5 个部分:

1) 上位机接收子系统, 主要由 SCI 接收模块和消息检验模块组成。该子系统主要是将 SCI 接收到的信息传输给 PTX, 校验接收到的数据是否有误, 主要是验证前八个数据的和是否等于第九个数据: 若相等, 将上位机接收到的指令传输到后面的运动控制模块; 若不相等, 输出 0。

2) 运动控制子系统, 使用 stateflow 状态图搭建, 包括运动学正解/逆解和底层驱动器指令。

3) 运动控制所需要的共享变量模块 Data StoreMemory 和内存分配 MemoryAllocate 模块。

4) 数据广播模块, 将获取到的传感器数据发送给上位机。

5) 初始化函数, 用于系统初始化, 头文件声明。

验证步骤:

1) 编译下载: 点击 Simulink的编译按钮或者按 Ctrl+B, 将模型下载到机器人控制器控制器中, 编译下载完后, 会出现如图 12.9 所示的界面, 点击下方的 Simulink模块会自动跟踪对应生成的代码 (图 12.10) , 可视化效果比较好。

图 12.9 编译 Simulink模型下载到控制器

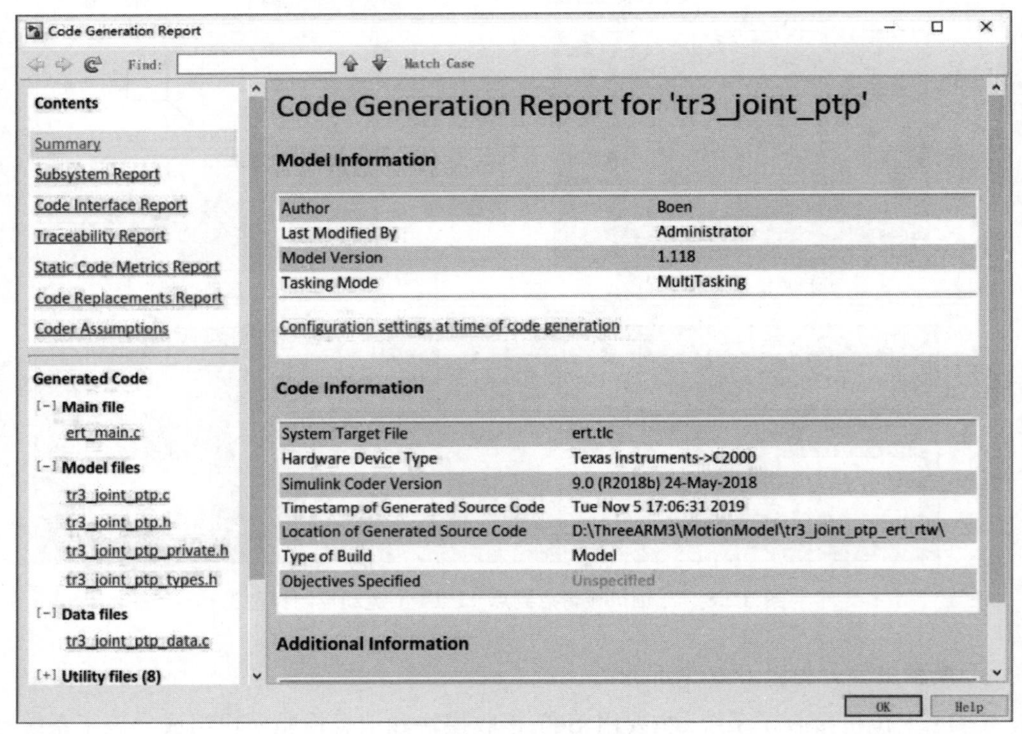

图 12.10 代码跟踪界面

2) 修改仿真器型号: 如果是首次通过 Simulink 模型编译下载到机器人控制器的话, 需要设置仿真器的型号, 测试采用的是 XDS100V3 仿真器 (机器人控制器默认为 XDS100V2, 所以学生做实验时应该配置为 XDS100V2) 。首先复制 MATLAB 文件夹路径。然后打开 CCS 软件, 将 Simulink 生成的工程文件导入 (图 12.11) 。

3) 双击 f28335.ccxml 文件, 将仿真器的型号选择为对应的版本、芯片型号 TMS320F28335 (图 12.12) , 最后点击右下方的 "Test Connection" , 会输出 "The JTAG DR Integrity scan-test has succeeded"。然后重新将 Simulink 模型烧写到机器人控制器中。

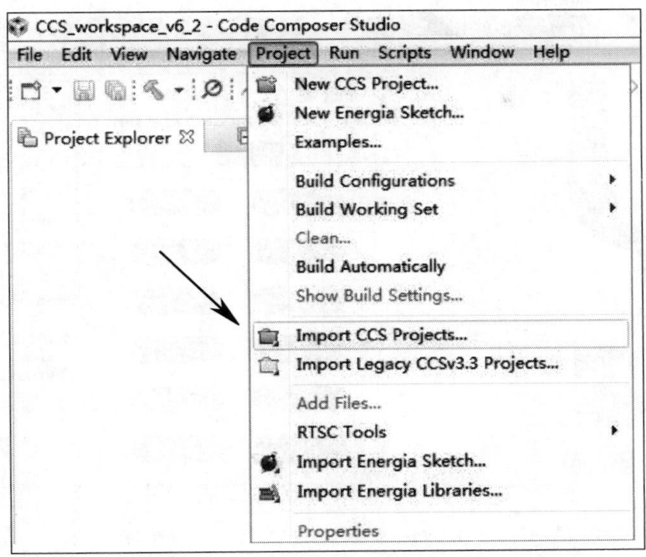

图 12.11　导入 CCS6.2

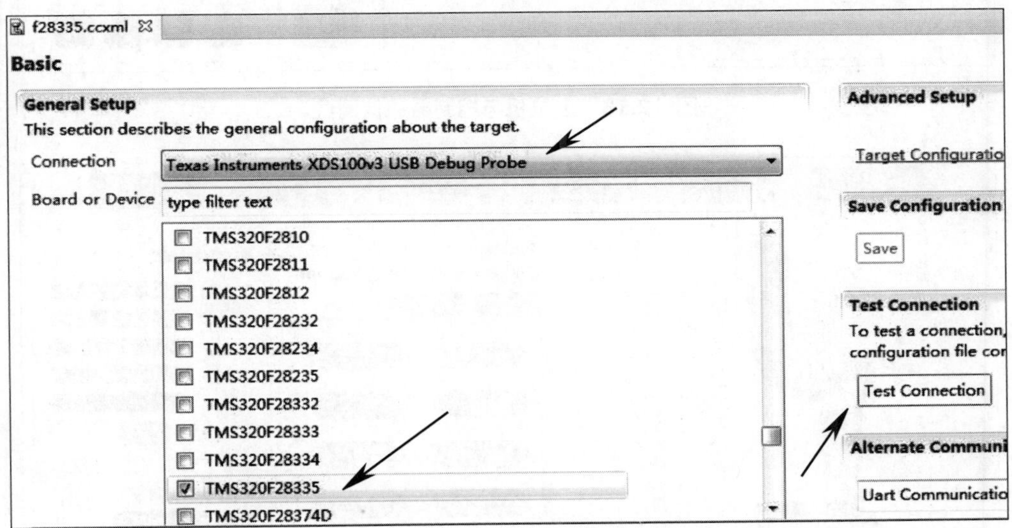

图 12.12　测试仿真器通信

4) 打开机器人上位机界面, 进入机器人示教界面, 选择对应的 USB-TTL 的端口号, 点击“连接”按钮即可与控制器进行通信 (图 12.13) 。操作完成后, 点击“启动”按钮, 此时机器人会有三声松开抱闸的声音, 说明机器人已经正常启动 (图 12.14) 。

当确保机器人已经启动, 此时可以在“关节角度”中输入 3 个关节的角度值, 然后点击“移动”按钮, 即可实现正解控制 (图 12.15) 。

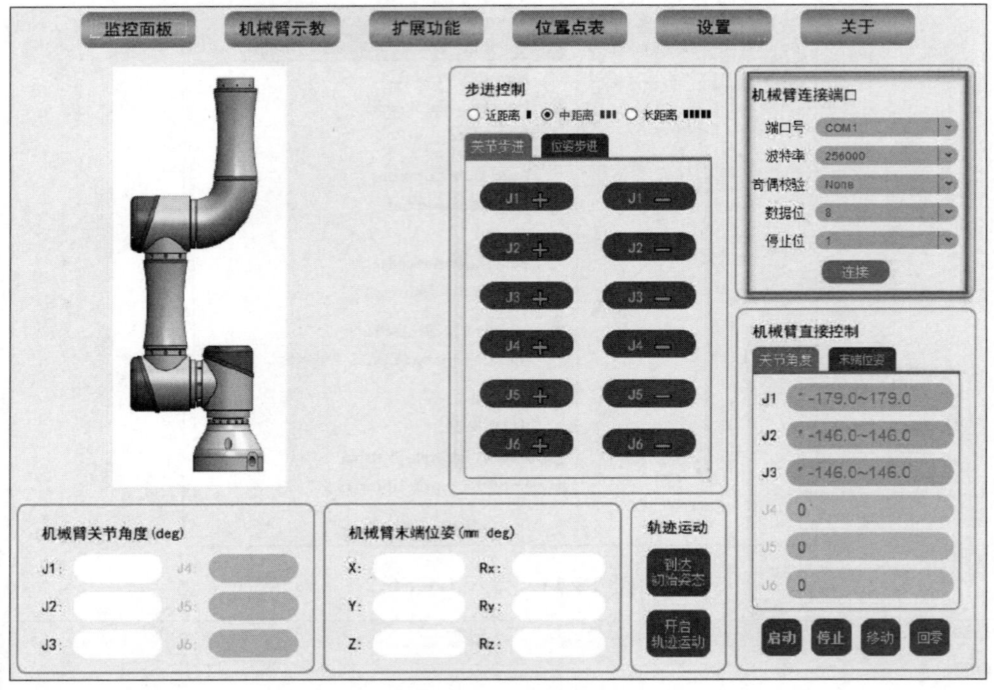

图 12.13　上位机与控制器通信测试

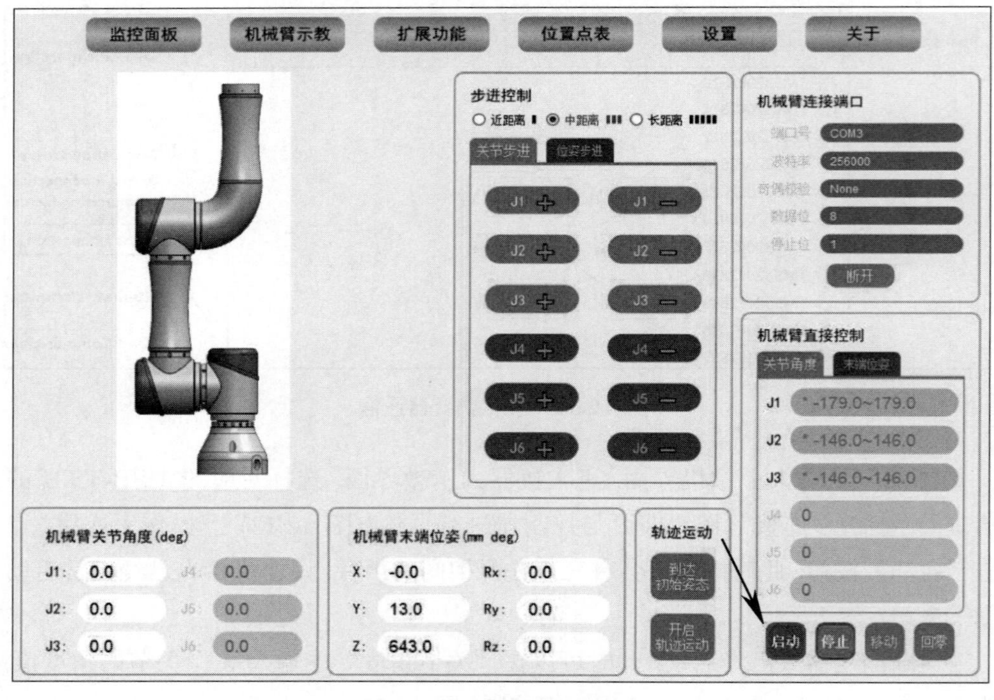

图 12.14　启动机器人

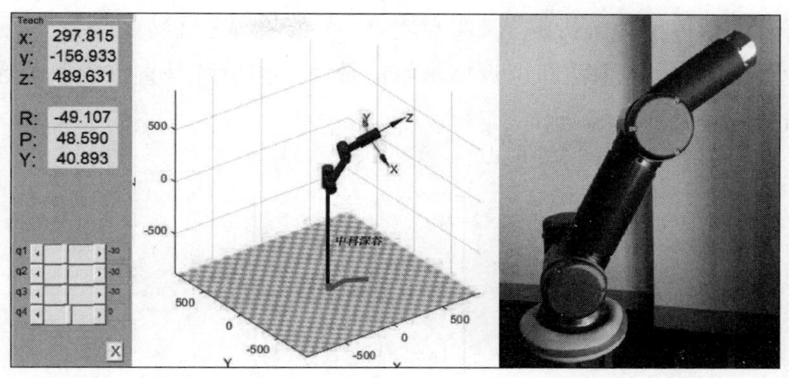

图 **12.15** 关节角为 [−30, −30, −30] 时机器人对应的位姿

12.3 三自由度协作机器人逆运动学仿真和实验

12.3.1 MATLAB/Simulink 逆运动学算法实现

John J. Craig 在《机器人导论中》提出: 当一个操作臂少于 6 个自由度时, 它在三维空间内不能到达全部位置。因此当给定一个位置时, 三轴协作机器人受到连杆长度、连杆扭角等因素的限制, 不能到达目标位置。所以需要求解工作空间: 将一个关节固定, 对其余关节角任意取值, 利用正运动学求解末端位置, 对其他关节重复迭代, 每次循环在三维空间中标注一个点。

选取 30 000 个点, 利用 rand (n, 1) 函数获取 (0, 1) 内随机数列向量。部分代码如下:

```
modrobot.plot ([0, 0, 0, 0]) ;
hold on;
N=30000;                                  %随机次数
theta1=-165/180*pi+ (165/180*pi+165/180*pi) *rand (N, 1);  %关节1限制
theta2=-90/180*pi+ (155/180*pi+90/180*pi) *rand (N, 1);    %关节2限制
theta3=-200/180*pi+ (70/180*pi+200/180*pi) *rand (N, 1);   %关节3限制
theta4=-170/180*pi+ (170/180*pi+170/180*pi) *rand (N, 1);  %关节4限制
M=[1 1 1 0 0 0];
for n=1: 1: 30000
modmyt04=mymodfkine2 (theta1(n), theta2(n), theta3(n), theta4(n));
plot3 (modmyt04 (1, 4) , modmyt04 (2, 4) , modmyt04 (3, 4) , 'b.',
'MarkerSize', 0.5)
end
```

逆解分为数值解和解析解 (又叫封闭解) 。数值解是在特定条件下, 采用有限元, 以数值逼近法和插值法获取近似求解的数值。解析解是直接求取函数表达式, 代入数据可以得出精确解 [2]。

现在已知 ${}_4^0\boldsymbol{T}$:

$$
{}_4^0\boldsymbol{T}=\begin{bmatrix} n_x & o_x & a_x & p_x \\ n_y & o_y & a_y & p_y \\ n_z & o_z & a_z & p_z \\ 0 & 0 & 0 & 1 \end{bmatrix} \tag{12.4}
$$

目前不知道的只有关节角一个参数, 将 D−H 参数中其他 3 个不变量代入齐次变换矩阵中, 有

$$
{}_4^0\boldsymbol{T}=\begin{bmatrix} \cos\theta_i & -\sin\theta_i & 0 & a_{i-1} \\ \sin\theta_i\cos\alpha_{i-1} & \cos\theta_i\cos\alpha_{i-1} & -\sin\alpha_{i-1} & -d_i\sin\alpha_{i-1} \\ \sin\theta_i\sin\alpha_{i-1} & \cos\theta_i\sin\alpha_{i-1} & \cos\alpha_{i-1} & d_i\cos\alpha_{i-1} \\ 0 & 0 & 0 & 1 \end{bmatrix} \tag{12.5}
$$

$$
{}_1^0\boldsymbol{T}=\begin{bmatrix} \cos\theta_1 & -\sin\theta_1 & 0 & 0 \\ \sin\theta_1 & \cos\theta_1 & 0 & 0 \\ 0 & 0 & 1 & d_1 \\ 0 & 0 & 0 & 1 \end{bmatrix} \tag{12.6}
$$

$$
{}_2^1\boldsymbol{T}=\begin{bmatrix} \cos\theta_2 & -\sin\theta_2 & 0 & a_3 \\ 0 & 0 & -1 & -d_2 \\ \sin\theta_2 & \cos\theta_2 & 0 & 0 \\ 0 & 0 & 0 & 0 \end{bmatrix} \tag{12.7}
$$

$$
{}_3^2\boldsymbol{T}=\begin{bmatrix} \cos\theta_3 & -\sin\theta_3 & 0 & a_3 \\ \sin\theta_3 & \cos\theta_3 & 0 & 0 \\ 0 & 0 & 1 & d_3 \\ 0 & 0 & 0 & 1 \end{bmatrix} \tag{12.8}
$$

$$
{}_4^3\boldsymbol{T}=\begin{bmatrix} \cos\theta_4 & -\sin\theta_4 & 0 & 0 \\ 0 & 0 & -1 & -d_4 \\ \sin\theta_4 & \cos\theta_4 & 0 & 0 \\ 0 & 0 & 0 & 1 \end{bmatrix} \tag{12.9}
$$

对于齐次变换矩阵, 其逆矩阵为

$$
\boldsymbol{T}^{-1}=\begin{bmatrix} n_x & n_y & n_z & -\boldsymbol{p}\cdot\boldsymbol{n} \\ o_y & o_y & o_z & -\boldsymbol{p}\cdot\boldsymbol{o} \\ a_x & a_y & a_z & -\boldsymbol{p}\cdot\boldsymbol{a} \\ 0 & 0 & 0 & 1 \end{bmatrix} \tag{12.10}
$$

式中, $\boldsymbol{p}=[p_x \quad p_y \quad p_z]^{\mathrm{T}}, \boldsymbol{n}=[n_x \quad n_y \quad n_z], \boldsymbol{o}=[o_x \quad o_y \quad o_z], \boldsymbol{a}=[a_x \quad a_y \quad a_z]$。

$$
{}_1^0\boldsymbol{T}^{-1}=\begin{bmatrix} \cos\theta_1 & \sin\theta_1 & 0 & 0 \\ -\sin\theta_1 & \cos\theta_1 & 0 & 0 \\ 0 & 0 & 1 & -d_1 \\ 0 & 0 & 0 & 1 \end{bmatrix} \tag{12.11}
$$

将式 (12.6) 至式 (12.9) 相乘得 ${}_4^1\boldsymbol{T}$, 进一步简化用 c_i 表示 $\cos\theta_i$, s_i 表示 $\sin\theta_i$, 有

$$
{}_4^1\boldsymbol{T}=\begin{bmatrix} \mathrm{c_4c_2c_3-s_2s_3} & \mathrm{-s_4c_2c_3-s_2s_3} & \mathrm{c_2s_3+c_3s_2} & d_4(\mathrm{c_2s_3+c_3s_2})+a_3\mathrm{c_2} \\ -\mathrm{s_4} & -\mathrm{c_4} & 0 & -d_2-d_3 \\ \mathrm{c_4c_2c_3+c_3s_2} & \mathrm{-s_4c_2c_3+c_3s_2} & \mathrm{s_2s_3-c_2c_3} & a_3\mathrm{s_2}-d_4(\mathrm{c_2c_3-s_2s_3}) \\ 0 & 0 & 0 & 1 \end{bmatrix} \tag{12.12}
$$

将式 (12.11) 左乘式 (12.4) 得

$$
{}_1^0\boldsymbol{T}^{-1}\times{}_4^0\boldsymbol{T}={}_2^1\boldsymbol{T}\times{}_3^2\boldsymbol{T}\times{}_4^3\boldsymbol{T} \tag{12.13}
$$

$$
\begin{bmatrix} \cos\theta_1 & \sin\theta_1 & 0 & 0 \\ -\sin\theta_1 & \cos\theta_1 & 0 & 0 \\ 0 & 0 & 1 & -d_1 \\ 0 & 0 & 0 & 1 \end{bmatrix}\begin{bmatrix} n_x & o_x & a_x & p_x \\ n_y & o_y & a_y & p_y \\ n_z & o_z & a_z & p_z \\ 0 & 0 & 0 & 1 \end{bmatrix}={}_4^1\boldsymbol{T} \tag{12.14}
$$

因为矩阵对应元素相等, 选取式 (12.12) 和式 (12.14) 矩阵第二行第四列元素对应相等, 列方程得到:

$$
-\mathrm{s}_1p_x+\mathrm{c}_1p_y=-(d_2+d_3) \tag{12.15}
$$

令 $p_x=\rho\cos\varphi, p_y=\rho\sin\varphi$, 即

$$
\rho=\sqrt{p_x^2+p_y^2}, \varphi=\arctan\left(\frac{p_y}{p_x}\right) \tag{12.16}
$$

利用和差化积公式化简式 (12.16) :

$$
\sin(\varphi-\theta_1)=-\frac{d_2+d_3}{\rho} \tag{12.17}
$$

根据三角函数公式可得

$$\cos(\varphi-\theta_1)=\pm\sqrt{1-\left(\frac{d_2+d_3}{\rho}\right)^2} \tag{12.18}$$

因此可求得

$$\varphi-\theta_1=\arctan\left[-\frac{d_2+d_3}{\rho}\pm\sqrt{1-\left(\frac{d_2+d_3}{\rho}\right)^2}\right] \tag{12.19}$$

将式 (12.16) 代入式 (12.19) 并化简得:

$$\theta_1=\arctan(p_x,p_y)-\arctan\left[-(d_2+d_3)+\sqrt{p_x^2+p_y^2-(d_2+d_3)^2}\right] \tag{12.20}$$

$$\theta_1'=\arctan(p_x,p_y)-\arctan\left[-(d_2+d_3)-\sqrt{p_x^2+p_y^2-(d_2+d_3)^2}\right] \tag{12.21}$$

根据求解逆解, 每个关节角都有至少两个角度, 3 个角度至少有 8 组解, 但是利用矩阵对应相等求出角度, 只是利用了其中容易求解的方程, 其他方程并没有用, 也就是不知道其他方程中是否存在对目前解的限制, 所以 θ_1 求出的解需要舍弃一部分。

逆解的验证需要调用 Robotics Toolbox 工具箱的 ikine 函数。调用格式如下:

```
Q=ikine (robot, T) ;
Q=robot.ikine (T) ;
Q=ikine (robot, T, Q) ;
Q=robot.ikine (T, Q) ;
Q=ikine (robot, T, Q, M) ;
Q=robot.ikine (T, Q, M) ;
```

robot 为建模的机器人名字, Q 为初始点 (默认为 0) , T 为逆解的矩阵。调用时, 因为 ikine 函数默认为六轴机器人的逆解, 自由度少于 6 个, 添加一个掩模矩阵 (mask matrix) 忽略其他几个关节。部分代码如下:

```
T1=transl (306.667, 101.228, 310.512) ;
M=[1 1 1 0 0 0];
q=modrobot.ikine (T1, 'mask', M)
q_rad=q*180/pi
```

transl 表示坐标系的平移变换矩阵, 自动填充为齐次变换矩阵, (306.667, 101.228, 310.512) 为角度分别为 (150, 130, 180) 的末端位置。

运行结果如图 12.16 所示。

```
    1.0000         0         0  306.6670
         0    1.0000         0  101.2280
         0         0    1.0000  310.5120
         0         0         0    1.0000


q =

    1.1613    0.8727   -0.0000         0


q_rad =

   66.5353   50.0001   -0.0004         0
```

图 12.16 运行结果

但是由图所示, Robotics Toolsbox 只能返回一组解, 为了找到所有可能解, 编写 m 代码, 部分代码如下:

```
ForJudgment1=px^2+py^2-(d2+d3) ^2;          %求解theta1
   if ForJudgment1<-1e-6
      disp ('超出工作空间, 无法求解');
    else
       if ForJudgment1>=-1e-6&&ForJudgment1<0
         ForJudgment1=0;
       end
   end

theta1_1=(atan2(py, px) -atan2(-(d2+d3), sqrt(ForJudgment1)))
*180/pi;

theta1_2=(atan2(py, px)-atan2(-(d2+d3), -sqrt(ForJudgment1)))
*180/pi;

s3=(px^2+py^2+(pz-d1)^2-(d2+d3)^2-d4^2-a3^2)/(2*d4*a3);   %求
解theta3
theta3_1= (asin (s3)) *180/pi;     %角度制
theta3_2= (pi-asin (s3)) *180/pi;

ForJudgment2=a3^2+d4^2+2*a3*d4*s3-(pz-d1) ^2;     %求解theta2
```

```
    if ForJudgment2<-1e-6
        disp ('超出工作空间, 无法求解');
      else
        if ForJudgment2>=-1e-6&&ForJudgment2<0
            ForJudgment2=0;
        end
    end
s2_1= ((pz-d1) * (d4*s3+a3) +d4*cos (theta3_1*pi/180) *sqrt
((ForJudgment2))) / (ForJudgment2+ (pz-d1) ^2);
s2_2= ((pz-d1) * (d4*s3+a3) +d4*cos (theta3_2*pi/180) *sqrt
((ForJudgment2))) / (ForJudgment2+ (pz-d1) ^2);
theta2_1= (asin (s2_1)) *180/pi;
theta2_2= (pi-asin (s2_1)) *180/pi;
theta2_3= (asin (s2_2)) *180/pi;
theta2_4= (pi-asin (s2_2)) *180/pi;
```

运行结果如图 12.17 所示, 说明自编代码可以求解出所有解。

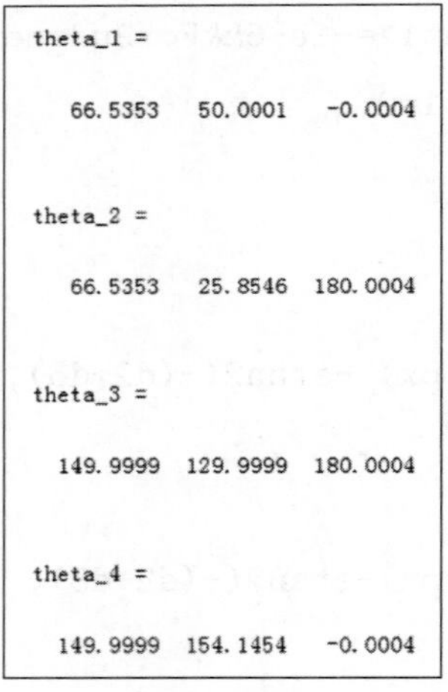
```
theta_1 =

   66.5353   50.0001   -0.0004


theta_2 =

   66.5353   25.8546  180.0004


theta_3 =

  149.9999  129.9999  180.0004


theta_4 =

  149.9999  154.1454   -0.0004
```

图 12.17 运行结果二

12.3.2 基于 cSPACE系统实验验证逆运动学

首先对 PTP 控制 Simulink 模型文件进行介绍。Kinematics_Control 文件夹下主要包括如下内容 (图 12.18) :

1) Forward_ModifiedDH.m 自主编写的三轴协作机器人正解函数;

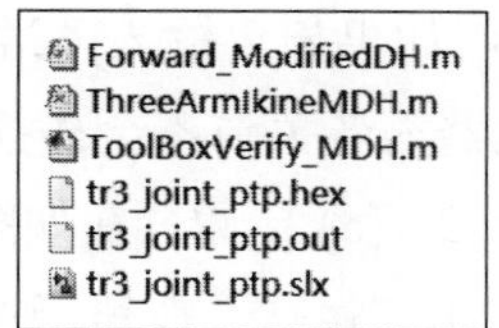

图 **12.18** **PTP** 控制 **Simulink** 模型文件

2) ThreeArmIkineMDH.m 自主编写的三轴协作机器人逆解函数;

3) ToolBoxVerify_MDH.m 机器人工具箱验证代码;

4) tr3_joint_ptp.hex 模型编译生成的 hex 文件;

5) tr3_joint_ptp.out 模型编译生成的 hex 文件;

6) tr3_joint_ptp.slx PTP 的 Simulink 控制模型。

硬件在环仿真实验步骤如下:

1) 点击编译按钮或者按 Ctrl+B, 将模型下载到机器人控制器中。

2) 打开机器人上位机界面, 进入机器人示教界面, 选择对应的 USB-TTL 的端口号, 点击“连接”按钮即可与控制器进行通信 (图 12.19) 。

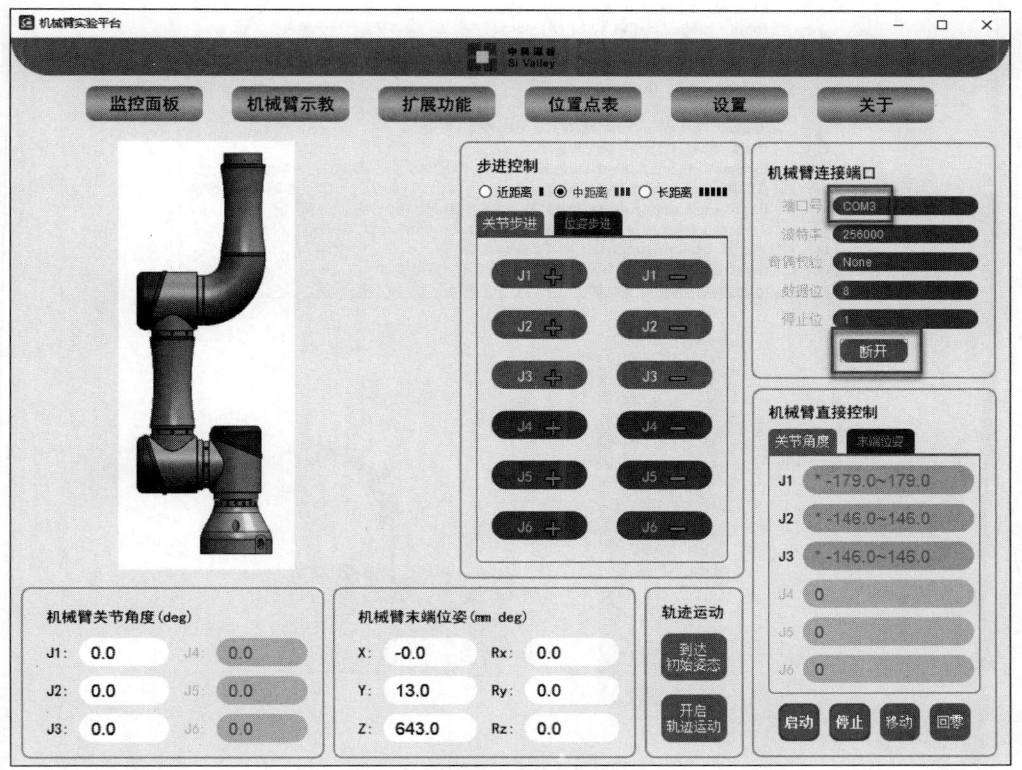

图 **12.19** 上位机和控制器进行通信连接

3) 当确保机器人已经启动，如果想要输入末端位姿来控制机器人，需要事先在 MATLAB里做仿真，确保机器人各关节不会碰撞，打开运动学控制文件夹下的Forward_ModifiedDH.m [图 12.20 (a)]，通过在如图 12.20 (b) 所示箭头所指处输入末端位姿求解关节角度值，点击“运行”按钮，通过三维仿真查看机器人是否会发生碰撞 [图 12.20 (c)]。

4) 如果机器人各关节不会发生干涉，此时便可在上位机直接输入仿真的末端位姿控制机器人 (图 12.21) 。

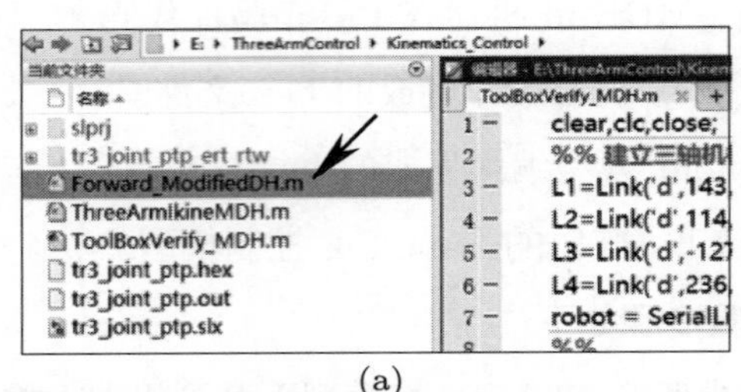

(a)

(b)

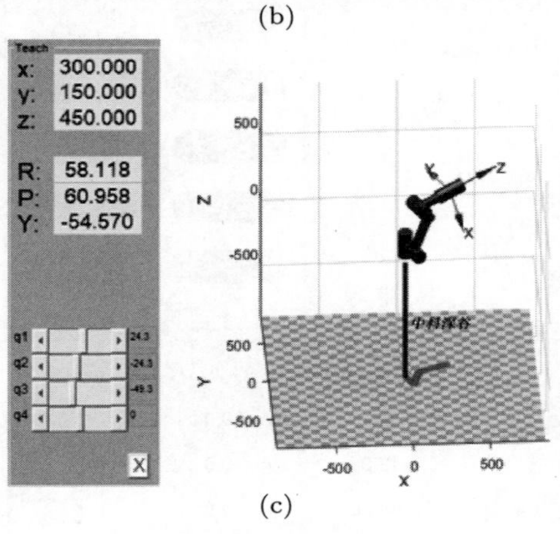

(c)

图 12.20 逆解仿真

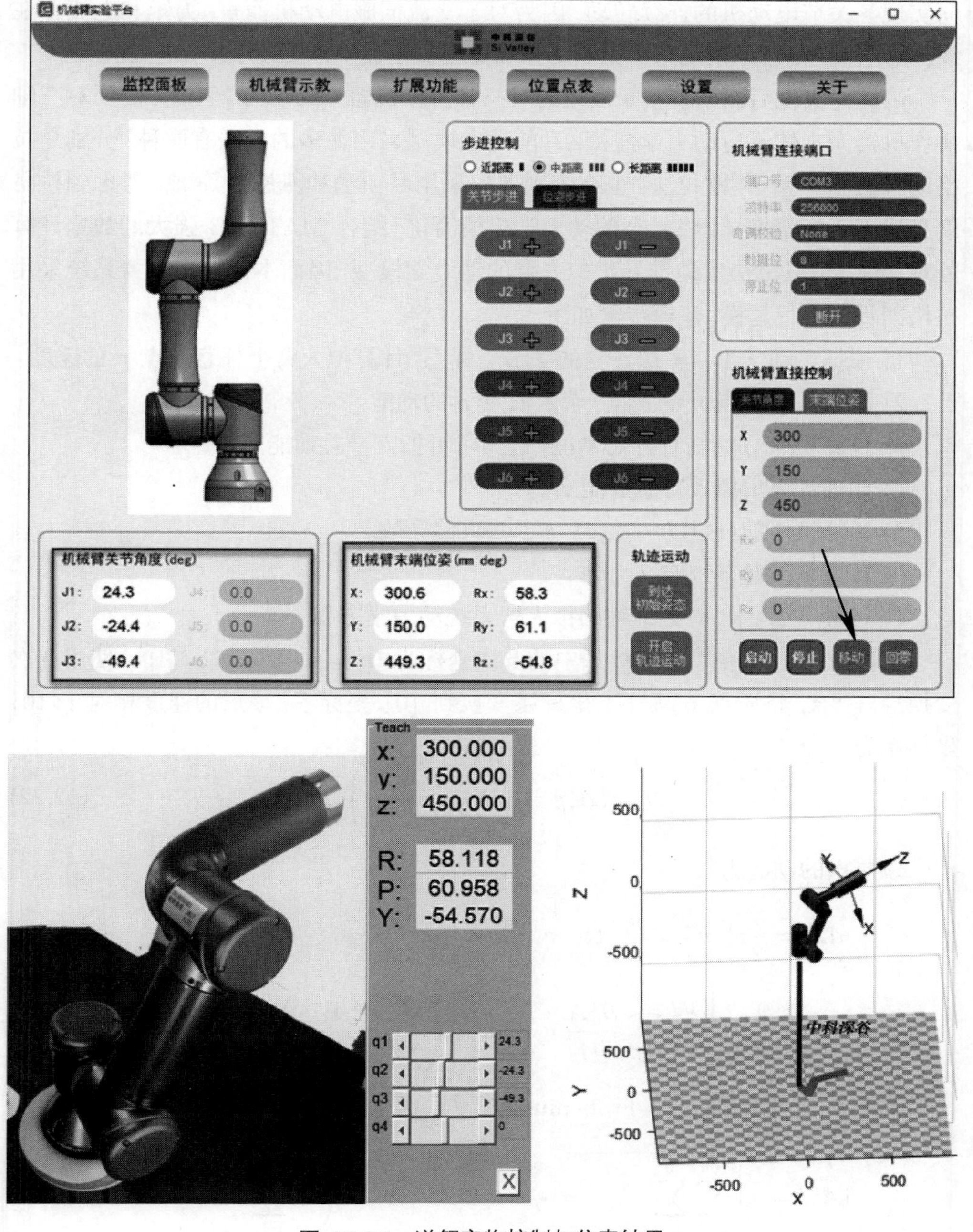

图 12.21 逆解实物控制与仿真结果

12.4 三自由度协作机器人动力学建模

机器人的动力学研究一直是现代控制理论的一个重点研究内容。动力学控制通过控制各关节电动机驱动力矩, 根据系统运行情况不断调整控制力矩的大小和方向实现各关节电动机的连续转动, 因为对于交流伺服电动机而言, 力矩和电流存在线性对应关系, 所以说动力学控制工作在驱动器电流环, 驱动器输入电流值。

因此为实现后面章节基于模型的对三轴协作机器人的动力学控制, 需要对三轴协作机器人本体进行动力学建模, 目前建立模型采用最多的方法有两种, 分别是拉格朗日法和牛顿 – 欧拉法, 也有个别建模采用高斯法和凯恩法等 [3], 考虑到拉格朗日法基于能量推导, 将复杂的动力学建模简化, 结合 MATLAB 强大的数据计算处理功能, 可以更快速地推导出拟人臂的动力学模型, 因而本课题拟人臂系统采用拉格朗日法进行建模, 建模步骤如下:

1) 根据运动学 D–H 法建立的关节坐标系, 计算拟人臂上任意质点 p 的速度。

2) 根据任意质点 p 的速度, 确定质点 p 的动能。

3) 计算质点 p 所在杆件总动能, 进而求得拟人臂总动能 E_k。

4) 同理计算出拟人臂总势能 E_p。

5) 计算拉格朗日量 $L = E_k - E_p$, 并求偏导数。

6) 计算拟人臂系统广义力 $\boldsymbol{F}$。

7) 将 5) 代入 6) 得到最终的拟人臂系统动力学方程。

记任意质点 p 在 $\{i\}$ 坐标系中的齐次坐标为 ${}^i\boldsymbol{r} = [{}^ix \quad {}^iy \quad {}^iz \quad 1]^{\mathrm{T}}$, 使用齐次变换矩阵 ${}^0\boldsymbol{A}_i$ 将质点 p 从 $\{i\}$ 坐标系变换到 $\{0\}$ 坐标系, 该点的速度相对于 $\{0\}$ 坐标系为

$$\dot{\boldsymbol{r}} = {}^0\boldsymbol{A}_i^i\dot{\boldsymbol{r}} = \left(\sum_{j=1}^{i}\frac{\partial^0\boldsymbol{A}_i}{\partial q_j}\dot{q}_j\right){}^i\dot{\boldsymbol{r}} \tag{12.22}$$

该质点的动能为

$$\begin{aligned}\mathrm{d}\boldsymbol{T}_i &= \frac{1}{2}\dot{\boldsymbol{r}}\cdot\dot{\boldsymbol{r}}\mathrm{d}m = \frac{1}{2}\mathrm{tr}(\dot{\boldsymbol{r}}\dot{\boldsymbol{r}}^{\mathrm{T}})\mathrm{d}m \\ &= \frac{1}{2}\mathrm{tr}\left\{\left[\left(\sum_{j=1}^{i}\frac{\partial^0\boldsymbol{A}_i}{\partial q_j}\dot{q}_j\right){}^i\dot{\boldsymbol{r}}\right]\left[\left(\sum_{j=1}^{i}\frac{\partial^0\boldsymbol{A}_i}{\partial q_j}\dot{q}_j\right){}^i\dot{\boldsymbol{r}}\right]^{\mathrm{T}}\right\}\mathrm{d}m\end{aligned} \tag{12.23}$$

式 (12.23) 中包含矩阵 Frobenius (弗罗贝尼乌斯) 范数形式, 简称 F–范数:

$$\|\boldsymbol{A}\|_{\mathrm{F}} = \sqrt{\sum_{i=1}^{m}\sum_{j=1}^{n}|a_{ij}|^2} = \sqrt{\mathrm{trace}(\boldsymbol{A}*\boldsymbol{A})} = \sqrt{\sum_{i=1}^{\min(m,n)}\sigma_i^2} \tag{12.24}$$

因为动能为标量, ${}^i\dot{\boldsymbol{r}}\times{}^i\dot{\boldsymbol{r}}^{\mathrm{T}}$ 为标量, 可以提取包含 ${}^i\dot{\boldsymbol{r}}\times{}^i\dot{\boldsymbol{r}}^{\mathrm{T}}$ 单独计算公式:

$$\frac{1}{2}\mathrm{tr}\left[\sum_{j=1}^{i}\sum_{k=1}^{i}\frac{\partial^0\boldsymbol{A}_i}{\partial q_j}{}^i\dot{\boldsymbol{r}}^i\dot{\boldsymbol{r}}^{\mathrm{T}}\left(\frac{\partial^0\dot{\boldsymbol{A}}_i}{\partial q_j}\right)^{\mathrm{T}}\dot{q}_j\dot{q}_k\right]$$

式中, j 表示列向量; k 表示行向量。

将机器人杆 i 上任一质点的动量进行体积分得到杆 i 的动能:

$$T=\int \mathrm{d}T_i=\frac{1}{2}\int \mathrm{tr}\left\{\left[\left(\sum_{j=1}^{i}\frac{\partial^0\boldsymbol{A}_i}{\partial q_j}\dot{q}_j\right){}^i\dot{\boldsymbol{r}}\right]\left[\left(\sum_{j=1}^{i}\frac{\partial^0\boldsymbol{A}_i}{\partial q_j}\dot{q}_j\right){}^i\dot{\boldsymbol{r}}\right]^{\mathrm{T}}\right\}\mathrm{d}m$$

$$=\frac{1}{2}\mathrm{tr}\left[\sum_{j=1}^{i}\sum_{k=1}^{i}\frac{\partial^0\boldsymbol{A}_i}{\partial q_j}\left(\int {}^i\dot{\boldsymbol{r}}{}^i\dot{\boldsymbol{r}}^{\mathrm{T}}\right)\frac{\partial({}^0\boldsymbol{A}_i)^{\mathrm{T}}}{\partial q_j}\dot{q}_j\dot{q}_k\right]\mathrm{d}m \tag{12.25}$$

因为对杆件进行体积分, 只需包含杆件坐标信息的项积分 (x,y,z) , 也就是 ${}^i\dot{\boldsymbol{r}}$。其中项 $\left[\int {}^i\dot{\boldsymbol{r}}{}^i\dot{\boldsymbol{r}}^{\mathrm{T}}\right]\mathrm{d}m$ 为对称常数值阵 $\boldsymbol{J}_i$, 描述了杆件 i 的质量分布情况, 针对式 (12.25), 有

$$\boldsymbol{J}_i=\int\begin{bmatrix}{}^ix\\{}^iy\\{}^iz\\1\end{bmatrix}[{}^ix\quad {}^iy\quad {}^iz\quad 1]\mathrm{d}m$$

$$=\begin{bmatrix}\int {}^ix^2\mathrm{d}m & \int {}^ix{}^iy\mathrm{d}m & \int {}^ix{}^iz\mathrm{d}m & \int {}^ix\mathrm{d}m\\ \int {}^ix{}^iy\mathrm{d}m & \int {}^iy^2\mathrm{d}m & \int {}^iy{}^iz\mathrm{d}m & \int {}^iy\mathrm{d}m\\ \int {}^ix{}^iz\mathrm{d}m & \int {}^iy{}^iz\mathrm{d}m & \int {}^iz^2\mathrm{d}m & \int {}^iz\mathrm{d}m\\ \int {}^ix\mathrm{d}m & \int {}^iy\mathrm{d}m & \int {}^iz\mathrm{d}m & \int \mathrm{d}m\end{bmatrix} \tag{12.26}$$

式 (12.26) 刻画了刚体的质量分布情况, 它包含有杆件的质量 $m_i\left(\int\mathrm{d}m\right)$, 杆件的质心 $[x_i,y_i,z_i]^{\mathrm{T}}\left(\int {}^ix\mathrm{d}m,\int {}^iy\mathrm{d}m,\int {}^iz\mathrm{d}m\right)$, 三个对轴的转动惯量 $I_x\left(\int {}^ix\mathrm{d}m\right)$、$I_y\left(\int {}^iy\mathrm{d}m\right)$ $I_z\left(\int {}^iz\mathrm{d}m\right)$ 和惯性积 I_{xy}、I_{yz}、$I_{xz}\left(\int {}^ix{}^iy\mathrm{d}m,\int {}^iy{}^iz\mathrm{d}m,\int {}^ix{}^iz\mathrm{d}m\right)$。

$I_x\left(\int {}^ix\mathrm{d}m\right)$、$I_y\left(\int {}^iy\mathrm{d}m\right)$、$I_z\left(\int {}^iz\mathrm{d}m\right)$ 可以具体表示成:

$$I_x=\int(y^2+z^2)\mathrm{d}m, I_y=\int\left(x^2+z^2\right)\mathrm{d}m, I_z=\int\left(x^2+y^2\right)\mathrm{d}m$$

$$
\boldsymbol{J}_i = \begin{bmatrix}
\dfrac{(-{}^iI_x + {}^iI_y + {}^iI_z)}{2} & {}^iI_{xy} & {}^iI_{xz} & m_i^i x_{ci} \\
{}^iI_{xy} & \dfrac{(-{}^iI_x + {}^iI_y + {}^iI_z)}{2} & {}^iI_{yz} & m_i^i y_{ci} \\
{}^iI_{xz} & {}^iI_{yz} & \dfrac{(-{}^iI_x + {}^iI_y + {}^iI_z)}{2} & m_i^i z_{ci} \\
m_i^i x_{ci} & m_i^i y_{ci} & m_i^i z_{ci} & m_i
\end{bmatrix} \tag{12.27}
$$

然后将 3 个连杆的动能相加求和:

$$
\begin{aligned}
T &= \sum_{i=1}^{n} T_i = \sum_{i=1}^{n} \frac{1}{2} \mathrm{tr} \left[\sum_{j=1}^{i} \sum_{k=1}^{i} \frac{\partial {}^0\boldsymbol{A}_i}{\partial q_j} \left[\int {}^i\dot{\boldsymbol{r}}{}^i\dot{\boldsymbol{r}}^{\mathrm{T}} \right] \frac{\partial ({}^0\boldsymbol{A}_i)^{\mathrm{T}}}{\partial q_j} \dot{q}_j \dot{q}_k \right] \\
&= \frac{1}{2} \sum_{i=1}^{n} \sum_{j=1}^{i} \sum_{k=1}^{i} \frac{\partial {}^0\boldsymbol{A}_i}{\partial q_j} J_i \frac{\partial ({}^0\boldsymbol{A}_i)^{\mathrm{T}}}{\partial q_j} \dot{q}_j \dot{q}_k
\end{aligned} \tag{12.28}
$$

因为 $\dot{q}_j\dot{q}_k$ 需要完整包含 $\dot{\boldsymbol{q}}^{\mathrm{T}}\dot{\boldsymbol{q}}$, 所以需要变换 3 个求和符号, 因为 $\sum\limits_{i=1}^{n}\sum\limits_{j=1}^{i}\sum\limits_{k=1}^{i}$ 可以变换为 $\sum\limits_{j=1}^{n}\sum\limits_{i=j}^{n}\sum\limits_{k=1}^{i}$, 即

$$
\sum_{i=1}^{n}\sum_{j=1}^{i} f(i,j) = \sum_{j=1}^{n}\sum_{i=j}^{n} f(i,j) \tag{12.29}
$$

因为:

$$
f(i,1) + \cdots + f(i,i) = f(j,1) + \cdots + f(n,n)
$$

$$
f(\max(j,k),k) + \cdots + f(n,k) = f(j,1) + \cdots + f(n,n)
$$

可知 $\sum\limits_{j=1}^{n}\sum\limits_{i=j}^{n}\sum\limits_{k=1}^{i} = \sum\limits_{j=1}^{n}\sum\limits_{k=1}^{n}\sum\limits_{i=\max(j,k)}^{i}$, 式 (12.29) 可以变换为

$$
\sum_{i=j}^{n}\sum_{k=1}^{i} f(i,k) = \sum_{k=1}^{n}\sum_{i=\max(j,k)}^{n} f(i,k) \tag{12.30}
$$

机器人总动能为

$$
T = \frac{1}{2} \sum_{j=1}^{n}\sum_{k=1}^{n}\sum_{i=\max(j,k)}^{n} \frac{\partial {}^0A_i}{\partial q_j} \boldsymbol{J}_i \frac{\partial ({}^0\boldsymbol{A}_i)^{\mathrm{T}}}{\partial q_j} \dot{q}_j \dot{q}_k \tag{12.31}
$$

式 (12.31) 中

$$
\sum_{j=1}^{n}\sum_{k=1}^{n} \dot{q}_j \dot{q}_k = \dot{\boldsymbol{q}}^{\mathrm{T}} \dot{\boldsymbol{q}}
$$

$$T = \frac{1}{2}\dot{\boldsymbol{q}}^{\mathrm{T}} \sum_{i=\max(j,k)}^{n} \frac{\partial^0 \boldsymbol{A}_i}{\partial q_j} \boldsymbol{J}_i \frac{\partial ({}^0\boldsymbol{A}_i)^{\mathrm{T}}}{\partial q_j} \dot{\boldsymbol{q}} \tag{12.32}$$

式 (12.32) 中的 $\sum_{i=\max(j,k)}^{n} \frac{\partial^0 \boldsymbol{A}_i}{\partial q_j} \boldsymbol{J}_i \frac{\partial ({}^0\boldsymbol{A}_i)^{\mathrm{T}}}{\partial q_j} = \boldsymbol{H}(\boldsymbol{q})$, 也就是惯性矩阵。$T$ 始终大于 0, 所以 $\boldsymbol{H}(\boldsymbol{q})$ 为对称正定矩阵。因为机器人可以看作刚体, 根据欧拉公式, 可以将刚体的动能表示为平动动能加上转动动能的形式。对于式 (12.32) , 可以简化为

$$T = \frac{1}{2} m \boldsymbol{v}^{\mathrm{T}} \boldsymbol{v} + \frac{1}{2} \boldsymbol{w}^{\mathrm{T}} I \boldsymbol{w}$$

因为关节坐标为广义坐标, 对于合适的雅可比矩阵 $\boldsymbol{J_v}$ 和 $\boldsymbol{J_w}$, 有

$$\boldsymbol{v}_i = \boldsymbol{J_v}(\boldsymbol{q})\dot{\boldsymbol{q}}, \boldsymbol{w_i} = \boldsymbol{J_w}(\boldsymbol{q})\dot{\boldsymbol{q}}$$

雅可比矩阵中的前三列为速度部分、后三列为角速度部分, 如果是六轴机器人就是 6×6 阶矩阵, 如果是三轴协作机器人就是 6×3 阶矩阵。行部分始终不变, 因此描述机器人末端位姿为 6×1 阶矩阵。

$$\boldsymbol{Y}_i = f_i(x_1, x_2, \cdots, x_6)$$

因为 y_i 变化引起 $(x_1, x_2, \cdots, x_6)$ 变化, 可以写出 x_i 相对于 y_i 的雅可比矩阵 [4]。

$$\begin{bmatrix} \delta y_1 \\ \delta y_2 \\ \delta y_3 \\ \delta y_4 \\ \delta y_5 \\ \delta y_6 \end{bmatrix} = \begin{bmatrix} \frac{\delta f_1}{\delta x_1} & \frac{\delta f_1}{\delta x_2} & \frac{\delta f_1}{\delta x_3} & \frac{\delta f_1}{\delta x_4} & \frac{\delta f_1}{\delta x_5} & \frac{\delta f_1}{\delta x_6} \\ \frac{\delta f_2}{\delta x_1} & \frac{\delta f_2}{\delta x_1} & \frac{\delta f_2}{\delta x_1} & \frac{\delta f_2}{\delta x_1} & \frac{\delta f_2}{\delta x_1} & \frac{\delta f_2}{\delta x_1} \\ \frac{\delta f_3}{\delta x_1} & \frac{\delta f_3}{\delta x_1} & \frac{\delta f_3}{\delta x_1} & \frac{\delta f_3}{\delta x_1} & \frac{\delta f_3}{\delta x_1} & \frac{\delta f_3}{\delta x_1} \\ \frac{\delta f_4}{\delta x_1} & \frac{\delta f_4}{\delta x_1} & \frac{\delta f_4}{\delta x_1} & \frac{\delta f_4}{\delta x_1} & \frac{\delta f_4}{\delta x_1} & \frac{\delta f_4}{\delta x_1} \\ \frac{\delta f_5}{\delta x_1} & \frac{\delta f_5}{\delta x_1} & \frac{\delta f_5}{\delta x_1} & \frac{\delta f_5}{\delta x_1} & \frac{\delta f_5}{\delta x_1} & \frac{\delta f_5}{\delta x_1} \\ \frac{\delta f_6}{\delta x_1} & \frac{\delta f_6}{\delta x_1} & \frac{\delta f_6}{\delta x_1} & \frac{\delta f_6}{\delta x_1} & \frac{\delta f_6}{\delta x_1} & \frac{\delta f_6}{\delta x_1} \end{bmatrix} \begin{bmatrix} \mathrm{d}x_1(t) \\ \mathrm{d}x_2(t) \\ \mathrm{d}x_3(t) \\ \mathrm{d}x_4(t) \\ \mathrm{d}x_5(t) \\ \mathrm{d}x_6(t) \end{bmatrix} \tag{12.33}$$

因为机器人的末端位姿采用 (x, y, z, r, p, γ) 表示, 所以替换为

$$\begin{bmatrix}\delta x\\ \delta y\\ \delta z\\ \delta r\\ \delta p\\ \delta \gamma\end{bmatrix}=\begin{bmatrix}\dfrac{\delta f_x}{\delta\theta_1} & \dfrac{\delta f_x}{\delta\theta_2} & \dfrac{\delta f_x}{\delta\theta_3} & \dfrac{\delta f_x}{\delta\theta_4} & \dfrac{\delta f_x}{\delta\theta_5} & \dfrac{\delta f_x}{\delta\theta_6}\\ \dfrac{\delta f_y}{\delta\theta_1} & \dfrac{\delta f_y}{\delta\theta_2} & \dfrac{\delta f_y}{\delta\theta_3} & \dfrac{\delta f_y}{\delta\theta_4} & \dfrac{\delta f_y}{\delta\theta_5} & \dfrac{\delta f_y}{\delta\theta_6}\\ \dfrac{\delta f_z}{\delta\theta_1} & \dfrac{\delta f_z}{\delta\theta_2} & \dfrac{\delta f_z}{\delta\theta_3} & \dfrac{\delta f_z}{\delta\theta_4} & \dfrac{\delta f_z}{\delta\theta_5} & \dfrac{\delta f_z}{\delta\theta_6}\\ \dfrac{\delta f_r}{\delta\theta_1} & \dfrac{\delta f_r}{\delta\theta_2} & \dfrac{\delta f_r}{\delta\theta_3} & \dfrac{\delta f_r}{\delta\theta_4} & \dfrac{\delta f_r}{\delta\theta_5} & \dfrac{\delta f_r}{\delta\theta_6}\\ \dfrac{\delta f_p}{\delta\theta_1} & \dfrac{\delta f_p}{\delta\theta_2} & \dfrac{\delta f_p}{\delta\theta_3} & \dfrac{\delta f_p}{\delta\theta_4} & \dfrac{\delta f_p}{\delta\theta_5} & \dfrac{\delta f_p}{\delta\theta_6}\\ \dfrac{\delta f_\gamma}{\delta\theta_1} & \dfrac{\delta f_\gamma}{\delta\theta_2} & \dfrac{\delta f_\gamma}{\delta\theta_3} & \dfrac{\delta f_\gamma}{\delta\theta_4} & \dfrac{\delta f_\gamma}{\delta\theta_5} & \dfrac{\delta f_\gamma}{\delta\theta_6}\end{bmatrix}\begin{bmatrix}\mathrm{d}\theta_1(t)\\ \mathrm{d}\theta_2(t)\\ \mathrm{d}\theta_3(t)\\ \mathrm{d}\theta_4(t)\\ \mathrm{d}\theta_5(t)\\ \mathrm{d}\theta_6(t)\end{bmatrix} \tag{12.34}$$

结合欧拉公式写出带有雅可比矩阵的机器人动能表达式:

$$T=\frac{1}{2}\dot{\boldsymbol{q}}^{\mathrm{T}}\left[\sum_{i=1}^{n}m_i\boldsymbol{J}_{li}^{\mathrm{T}}(\boldsymbol{q})\boldsymbol{J}_{li}(\boldsymbol{q})+\boldsymbol{J}_{Ai}^{\mathrm{T}}(\boldsymbol{q})\boldsymbol{I}_{ci}\boldsymbol{J}_{Ai}(\boldsymbol{q})\right]\dot{\boldsymbol{q}} \tag{12.35}$$

$$\sum_{i=1}^{n}\mathrm{tr}\left[\frac{\partial^0\boldsymbol{A}_i}{\partial q_j}\boldsymbol{J}_i\frac{\partial(^0\boldsymbol{A}_i)^{\mathrm{T}}}{\partial q_j}\right]=\sum_{i=1}^{n}m_i\boldsymbol{J}_{li}^{\mathrm{T}}(\boldsymbol{q})\boldsymbol{J}_{li}(\boldsymbol{q})+\boldsymbol{J}_{Ai}^{\mathrm{T}}(\boldsymbol{q})\boldsymbol{I}_{ci}\boldsymbol{J}_{Ai}(\boldsymbol{q}) \tag{12.36}$$

当 i=1 时,

$$^0\boldsymbol{A}_1=\mathrm{Rot}_{x_0}(\alpha_0)\mathrm{Trans}_{x_0}(a_0)\mathrm{Rot}_{z_1}(\theta_1)\mathrm{Trans}_{z_1}(d_1) \tag{12.37}$$

$$^0\boldsymbol{A}_1=\begin{bmatrix}\cos\theta_1 & -\sin\theta_1 & 0 & a_1\\ \sin\theta_1\cos\alpha_0 & \cos\theta_1\cos\alpha_0 & -\sin a_0 & -d_1\sin\alpha_0\\ \sin\theta_1\sin\alpha_0 & \cos\theta_1\sin\alpha_0 & \cos\alpha_0 & d_1\cos\alpha_0\\ 0 & 0 & 0 & 1\end{bmatrix} \tag{12.38}$$

式 (12.38) 只对 θ_1 求导, 得到:

$$^0\dot{\boldsymbol{A}}_1=\begin{bmatrix}-\sin\theta_1 & -\cos\theta_1 & 0 & a_1\\ \cos\theta_1\cos\alpha_0 & \cos\theta_1\cos\alpha_0 & -\sin a_0 & -d_1\sin\alpha_0\\ \cos\theta_1\sin\alpha_0 & \cos\theta_1\sin\alpha_0 & \cos\alpha_0 & d_1\cos\alpha_0\\ 0 & 0 & 0 & 1\end{bmatrix} \tag{12.39}$$

使用 MATLAB 矩阵计算功能计算出 $\boldsymbol{M}$ 矩阵, 求解代码如下:

```
for i=1:3
M=M+simplify ([m (i) .*Jvc (: , : , i) .'*Jvc (: , : , i) +Jwc (: ,
: , i) .'*In (: , : , i) *Jwc (: , : , i) ]);
end
disp ('动力学方程中的惯量矩阵项M: ');M
```

求离心力与惯性力矩阵 $\boldsymbol{Cq}$:

$$\boldsymbol{C}_{ij} = \sum_{k=1}^{n} \frac{1}{2}\left(\frac{\delta \boldsymbol{M}_{ij}}{\delta \boldsymbol{q}_k} + \frac{\delta \boldsymbol{M}_{ik}}{\delta \boldsymbol{q}_j} - \frac{\delta \boldsymbol{M}_{jk}}{\delta \boldsymbol{q}_i}\right)\dot{\boldsymbol{q}}_k \tag{12.40}$$

式中, $\left(\frac{\delta M_{ij}}{\delta q_k} + \frac{\delta M_{ik}}{\delta q_j} - \frac{\delta M_{jk}}{\delta q_i}\right)$ 称为第一类克里斯托费尔 (Christoffel) 符号。

$\boldsymbol{M} - 2\boldsymbol{C}$ 为反对称矩阵。MATLAB 求解代码如下:

```
function Cq=myfunTwolinkDirecC (n, D, q, dq)
for k=1:n
    for j=1:n
        for i=1:n

Ct (i) =1/2* ((diff (D (k, j), q (i)) + (diff (D (k, i), q (j)))
- (diff (D (i, j) , q (k))))) *dq (i);
                end
            C (k, j) =sum (Ct);
    end
end
Cq=simplify (C);
end
```

机器人的重力矩阵为

$$\boldsymbol{V}_i = -m_i \boldsymbol{g}^0 \boldsymbol{A}_i \boldsymbol{r}_{ci} \tag{12.41}$$

杆 i 的势能为

$$\boldsymbol{V} = \sum_{i=1}^{n} -m_i \boldsymbol{g}^{\mathrm{T}0} \boldsymbol{A}_i \boldsymbol{r}_{ci} \tag{12.42}$$

对势能求导得到重力项, MATLAB 求解代码如下:

```
syms g Gg real
g=[0, Gg, 0]';P=0;
for k=1:2
    P=P+m (k) *g.'*oc (1: 3, : , k);
end
for i=1:2
```

```
        gk (i) =diff (P, q (i));
    end
```

12.5 三自由度协作机器人动力学控制与实现

12.5.1 动力学控制器设计

首先介绍自适应控制器[5]。自适应算法就是在不知道系统中某些参数的具体值, 只知道其为常数的情况下, 对系统进行稳定控制。

例如系统:

$$\dot{x} = ax^2 + u \tag{12.43}$$

给定系统一个期望轨迹, 可控制其跟踪轨迹。设 x_{d} 为期望值, x 为实际值, e 为误差, 且有

$$\dot{e} = \dot{x}_{\mathrm{d}} - \dot{x} = \dot{x}_{\mathrm{d}} - ax^2 - u \tag{12.44}$$

这时如果想让系统精确跟踪期望值, 则跟踪误差应为 0, 即 e 为 0。

假设一个李雅普诺夫函数 $V(e)$:

$$V(e) = \frac{1}{2}e^2 \tag{12.45}$$

$$\dot{V}(e) = e \times \dot{e} \tag{12.46}$$

$$\dot{V}(e) = e(\dot{x}_{\mathrm{d}} - ax^2 - u) \tag{12.47}$$

如果知道 a 的值, 直接令 $u = \dot{x}_{\mathrm{d}} - ax^2 + ke, k > 0$, 代入式 (12.47) 可得

$$\dot{V}(e) = -ke^2 \tag{12.48}$$

为负定, 所以系统稳定。但是实际上并不知道 a, 所以估计一个值, 也就是 $\hat{a}$。设 $\tilde{a} = a - \hat{a}$, 也就是估计值的误差, 两边求导得

$$\dot{\tilde{a}} = \dot{a} - \dot{\hat{a}} \Rightarrow \dot{\tilde{a}} = -\dot{\hat{a}} \tag{12.49}$$

假设李雅普诺夫方程有两个误差项: $\tilde{a}$ 和 e。

因此需要设:

$$V_{e,\tilde{a}} = \frac{1}{2}e^2 + \frac{1}{2}\tilde{a}^2 \tag{12.50}$$

求出 $\dot{V}_{e,\tilde{a}}$ 为

$$\dot{V}_{e,\tilde{a}} = e\dot{e} + \tilde{a}\dot{\tilde{a}} \tag{12.51}$$

将式 (12.44) 、式 (12.49) 代入式 (12.51) 得

$$\dot{V}_{e,\tilde{a}} = -ke^2 - \tilde{a}(x^2 + \dot{\hat{a}}) \tag{12.52}$$

这时使得 $x^2 + \dot{\hat{a}} = 0$, 当 e=0 时, $\tilde{a}$ 可以任意取值保证 $\dot{V}_{e,\tilde{a}} = 0$, 因此此时 $\dot{V}_{e,\tilde{a}}$ 为半负定, 现在只能说明这个系统稳定。

下面使用类李雅普诺夫引理 (Lyapunov-like Lemma) 进行佐证, 类李雅普诺夫引理如下:

1) $V \geqslant 0$;

2) $\dot{V} \leqslant -g(t), g(t) \geqslant 0$;

3) $\dot{g}(t) \in L_\infty$, 如果 $\dot{g}(t)$ 有界, $g(t)$ 是一致连续的, $\lim\limits_{t\to\infty} g(t) = 0$。

$V \geqslant 0$, $\dot{V} \leqslant -g(t)$, $g(t) = ke^2 (k \neq 0)$, 那么 $\dot{g}(t) = 2ke\dot{e}$ 有界, 并且 $g(t) = ke^2$ 为连续一致性函数。因为符合类李雅普诺夫引理, 所以 $\lim\limits_{t\to\infty} g(t) = 0$, 由于假设 $k \neq 0$, 只有 e 等于 0, 即系统为渐进稳定。

以下结合机器人系统特性设计机器人控制器, 因为机器人的动力学特性是其惯性参数的线性函数, 其线性函数可以如式 (12.53) 表示:

$$\boldsymbol{M}(\boldsymbol{q})\ddot{\boldsymbol{q}} + \boldsymbol{C}(\boldsymbol{q}, \dot{\boldsymbol{q}})\dot{\boldsymbol{q}} + \boldsymbol{D}\dot{\boldsymbol{q}} + \boldsymbol{g}(\boldsymbol{q}) = \boldsymbol{Y}(\boldsymbol{q}, \dot{\boldsymbol{q}}, \ddot{\boldsymbol{q}})\boldsymbol{a} = \boldsymbol{\tau} \tag{12.53}$$

式 (12.53) 将理想机器人动力学方程分离为未知机器人参数矩阵 $\boldsymbol{Y}(\boldsymbol{q}, \dot{\boldsymbol{q}}, \ddot{\boldsymbol{q}})$ 乘以机器人惯性参数矩阵的形式。机器人的惯性参数矩阵没有进行辨识, 但是可以确定其为一个常数, 现在设计的自适应控制器就是要适应这个不确定的常数矩阵 $\boldsymbol{a}$。

假设机器人的李雅普诺夫函数包含两个参数的误差: 一个是角度误差, 另一个是角速度误差。李雅普诺夫方程为

$$V(\boldsymbol{s}, \tilde{\boldsymbol{q}}) = \frac{1}{2}\boldsymbol{s}^{\mathrm{T}}\boldsymbol{M}(\boldsymbol{q})\boldsymbol{s} + \frac{1}{2}\tilde{\boldsymbol{q}}^{\mathrm{T}}\boldsymbol{N}\tilde{\boldsymbol{q}} > 0 \tag{12.54}$$

把角速度误差用 s 表示:

$$\boldsymbol{s} = \dot{\boldsymbol{q}}_r - \dot{\boldsymbol{q}} = \dot{\tilde{\boldsymbol{q}}} + \boldsymbol{\Lambda}\tilde{\boldsymbol{q}} \tag{12.55}$$

对式 (12.54) 求导, 需要分别对 $\boldsymbol{s}$ 矩阵和 $\tilde{\boldsymbol{q}}$ 矩阵求导。向量积对列向量 $\boldsymbol{s}$ 或者 $\tilde{\boldsymbol{q}}$ 求导与标量求导不同, 其求导法则如式 (12.56) :

$$\frac{d(\boldsymbol{x}^{\mathrm{T}}\boldsymbol{A}\boldsymbol{x})}{d\boldsymbol{x}} = \frac{d(\boldsymbol{x}^{\mathrm{T}})}{d\boldsymbol{x}}\boldsymbol{A}\boldsymbol{x} + \frac{d(\boldsymbol{x}^{\mathrm{T}}\boldsymbol{A}^{\mathrm{T}})}{d\boldsymbol{x}}\boldsymbol{x} = (\boldsymbol{A} + \boldsymbol{A}^{\mathrm{T}})\boldsymbol{x} \tag{12.56}$$

根据式 (12.56) 所示求导公式可得

$$\dot{V}_{s,q} = \frac{1}{2}\boldsymbol{s}^{\mathrm{T}}[\boldsymbol{M}(\boldsymbol{q}) + \boldsymbol{M}^{\mathrm{T}}(\boldsymbol{q})]\dot{\boldsymbol{s}} + \frac{1}{2}\boldsymbol{s}^{\mathrm{T}}\dot{\boldsymbol{M}}(\boldsymbol{q})\boldsymbol{s} + \frac{1}{2}\tilde{\boldsymbol{q}}^{\mathrm{T}}(\boldsymbol{N} + \boldsymbol{N}^{\mathrm{T}})\dot{\tilde{\boldsymbol{q}}} \tag{12.57}$$

化简得

$$\dot{V}_{s,q}=\frac{1}{2}\boldsymbol{s}^{\mathrm{T}}[2\boldsymbol{M}(\boldsymbol{q})]\dot{\boldsymbol{s}}+\frac{1}{2}\boldsymbol{s}^{\mathrm{T}}\dot{\boldsymbol{M}}(\boldsymbol{q})\boldsymbol{s}+\frac{1}{2}\tilde{\boldsymbol{q}}^{\mathrm{T}}(2\boldsymbol{N})\dot{\tilde{\boldsymbol{q}}}\tag{12.58}$$

$$\dot{V}_{s,q}=\boldsymbol{s}^{\mathrm{T}}\boldsymbol{M}(\boldsymbol{q})\dot{\boldsymbol{s}}+\frac{1}{2}\boldsymbol{s}^{\mathrm{T}}\dot{\boldsymbol{M}}(\boldsymbol{q})\boldsymbol{s}+\tilde{\boldsymbol{q}}^{\mathrm{T}}\boldsymbol{N}\dot{\tilde{\boldsymbol{q}}}\tag{12.59}$$

结合动力学公式 (12.53) 得

$$\dot{V}_{s,q}=-\boldsymbol{s}^{\mathrm{T}}[\boldsymbol{C}(\boldsymbol{q},\dot{\boldsymbol{q}})\boldsymbol{s}+\boldsymbol{D}\boldsymbol{s}+\boldsymbol{K}_D(\boldsymbol{s})]+\frac{1}{2}\boldsymbol{s}^{\mathrm{T}}\dot{\boldsymbol{M}}(\boldsymbol{q})\boldsymbol{s}+\tilde{\boldsymbol{q}}^{\mathrm{T}}\boldsymbol{N}\dot{\tilde{\boldsymbol{q}}}\tag{12.60}$$

式中,

$$\frac{1}{2}\boldsymbol{s}^{\mathrm{T}}\dot{\boldsymbol{M}}(\boldsymbol{q})\boldsymbol{s}=\boldsymbol{s}^{\mathrm{T}}\boldsymbol{c}(\boldsymbol{q},\dot{\boldsymbol{q}})\boldsymbol{s}\tag{12.61}$$

化简得

$$\dot{V}_{s,q}=-\boldsymbol{s}^{\mathrm{T}}[\boldsymbol{D}\boldsymbol{s}+\boldsymbol{K}_D(\boldsymbol{s})]\boldsymbol{s}+\tilde{\boldsymbol{q}}^{\mathrm{T}}\boldsymbol{N}\dot{\tilde{\boldsymbol{q}}}\tag{12.62}$$

$$\dot{V}_{s,q}=-(\dot{\tilde{\boldsymbol{q}}}+\boldsymbol{\Lambda}\tilde{\boldsymbol{q}})^{\mathrm{T}}\boldsymbol{K}_D(\boldsymbol{s})(\dot{\tilde{\boldsymbol{q}}}+\boldsymbol{\Lambda}\tilde{\boldsymbol{q}})+\tilde{\boldsymbol{q}}^{\mathrm{T}}\boldsymbol{N}\dot{\tilde{\boldsymbol{q}}}\tag{12.63}$$

式 (12.63) 中:

$$-(\dot{\tilde{\boldsymbol{q}}}^{\mathrm{T}}+\boldsymbol{\Lambda}\tilde{\boldsymbol{q}}^{\mathrm{T}})\boldsymbol{K}_D(\boldsymbol{s})(\dot{\tilde{\boldsymbol{q}}}+\boldsymbol{\Lambda}\tilde{\boldsymbol{q}})=-\dot{\tilde{\boldsymbol{q}}}^{\mathrm{T}}\boldsymbol{K}_D(\boldsymbol{s})\dot{\tilde{\boldsymbol{q}}}-\tilde{\boldsymbol{q}}^{\mathrm{T}}\boldsymbol{\Lambda}\boldsymbol{K}_D(\boldsymbol{s})\boldsymbol{\Lambda}\tilde{\boldsymbol{q}}-\dot{\tilde{\boldsymbol{q}}}^{\mathrm{T}}2\boldsymbol{K}_D(\boldsymbol{s})\boldsymbol{\Lambda}\dot{\tilde{\boldsymbol{q}}}\tag{12.64}$$

假设 $\boldsymbol{N}$ 为 $2\boldsymbol{K}_D\boldsymbol{\Lambda}$, 代入式 (12.63) 中得到: $-\dot{\tilde{\boldsymbol{q}}}^{\mathrm{T}}\boldsymbol{K}_D(\boldsymbol{s})\dot{\tilde{\boldsymbol{q}}}-\tilde{\boldsymbol{q}}^{\mathrm{T}}\boldsymbol{\Lambda}\boldsymbol{K}_D(\boldsymbol{s})\boldsymbol{\Lambda}\tilde{\boldsymbol{q}}$, $\boldsymbol{N}$ 为增益正定矩阵, $\boldsymbol{N}=\boldsymbol{N}^{\mathrm{T}}$。

$$\dot{V}_{s,q}=-\boldsymbol{s}^{\mathrm{T}}\boldsymbol{D}\boldsymbol{s}-\dot{\tilde{\boldsymbol{q}}}^{\mathrm{T}}\boldsymbol{K}_D(\boldsymbol{s})\dot{\tilde{\boldsymbol{q}}}-\tilde{\boldsymbol{q}}^{\mathrm{T}}\boldsymbol{\Lambda}\boldsymbol{K}_D(\boldsymbol{s})\boldsymbol{\Lambda}\tilde{\boldsymbol{q}}\tag{12.65}$$

式中, $\boldsymbol{D}$、$\boldsymbol{K}_D$、$\boldsymbol{\Lambda}$ 为正定矩阵。当 $\boldsymbol{s}$、$\tilde{\boldsymbol{q}}$、$\dot{\tilde{\boldsymbol{q}}}$ 为 $\boldsymbol{0}$ 时, 式 (12.65) 为 0。

因为前面说过质量矩阵是包含 $\boldsymbol{q}$ 的对称正定矩阵, 可知:

$$\boldsymbol{M}=\boldsymbol{M}^{\mathrm{T}}\tag{12.66}$$

所以, 设计控制器:

$$\boldsymbol{\tau}=\boldsymbol{M}(\boldsymbol{q})\ddot{\boldsymbol{q}}_r+\boldsymbol{C}(\boldsymbol{q},\dot{\boldsymbol{q}})\dot{\boldsymbol{q}}_r+\boldsymbol{D}\dot{\boldsymbol{q}}_r+\boldsymbol{g}(\boldsymbol{q})+\boldsymbol{K}_D\boldsymbol{s}\tag{12.67}$$

得到

$$\boldsymbol{M}(\boldsymbol{q})\dot{\boldsymbol{s}}+\boldsymbol{C}(\boldsymbol{q},\dot{\boldsymbol{q}})\boldsymbol{s}+\boldsymbol{D}\boldsymbol{s}+\boldsymbol{K}_D(\boldsymbol{s})=0\tag{12.68}$$

根据恒等式:

$$\frac{1}{2}\dot{\boldsymbol{\theta}}^{\mathrm{T}}\dot{\boldsymbol{M}}(\boldsymbol{\theta})\dot{\boldsymbol{\theta}}=\dot{\boldsymbol{\theta}}^{\mathrm{T}}\boldsymbol{C}(\boldsymbol{\theta},\dot{\boldsymbol{\theta}})\dot{\boldsymbol{\theta}}\tag{12.69}$$

建立机器人名义动力学模型:

$$\boldsymbol{\tau}=\hat{\boldsymbol{M}}(\boldsymbol{q})\ddot{\boldsymbol{q}}_r+\hat{\boldsymbol{C}}(\boldsymbol{q},\dot{\boldsymbol{q}})\dot{\boldsymbol{q}}_r+\hat{\boldsymbol{D}}\dot{\boldsymbol{q}}_r+\hat{\boldsymbol{g}}(\boldsymbol{q})+\boldsymbol{K}_D\boldsymbol{s}=\boldsymbol{Y}(\boldsymbol{q},\dot{\boldsymbol{q}},\dot{\boldsymbol{q}}_r,\ddot{\boldsymbol{q}}_r)\hat{\boldsymbol{a}}+\boldsymbol{K}_D\boldsymbol{s} \tag{12.70}$$

加入估计量 $\boldsymbol{a}$, 李雅普诺夫方程需要增加一个变量为

$$V(\boldsymbol{s},\tilde{\boldsymbol{q}},\tilde{\boldsymbol{a}})=\frac{1}{2}\boldsymbol{s}^{\mathrm{T}}\boldsymbol{M}(\boldsymbol{q})\boldsymbol{s}+\tilde{\boldsymbol{q}}^{\mathrm{T}}\boldsymbol{\Lambda}\boldsymbol{K}_D\tilde{\boldsymbol{q}}+\frac{1}{2}\tilde{\boldsymbol{a}}^{\mathrm{T}}\boldsymbol{\Gamma}\tilde{\boldsymbol{a}} \tag{12.71}$$

对式 (12.71) 求导得

$$\begin{aligned}\dot{V}(\boldsymbol{s},\tilde{\boldsymbol{q}},\tilde{\boldsymbol{a}})=&-\boldsymbol{s}^{\mathrm{T}}\boldsymbol{D}\boldsymbol{s}-\dot{\tilde{\boldsymbol{q}}}^{\mathrm{T}}\boldsymbol{K}_D(\boldsymbol{s})\dot{\tilde{\boldsymbol{q}}}-\tilde{\boldsymbol{q}}^{\mathrm{T}}\boldsymbol{\Lambda}\boldsymbol{K}_D(\boldsymbol{s})\boldsymbol{\Lambda}\tilde{\boldsymbol{q}}+\\&\tilde{\boldsymbol{a}}^{\mathrm{T}}(\boldsymbol{\Gamma}\dot{\tilde{\boldsymbol{a}}}-\boldsymbol{Y}^{\mathrm{T}}(\boldsymbol{q},\dot{\boldsymbol{q}},\dot{\boldsymbol{q}}_r,\ddot{\boldsymbol{q}}_r)\boldsymbol{s}\end{aligned} \tag{12.72}$$

易知式 (12.72) 右边前三项为负定, 要让整体公式为负定, 则需要使 $\boldsymbol{\Gamma}\dot{\tilde{\boldsymbol{a}}}-\boldsymbol{Y}^{\mathrm{T}}(\boldsymbol{q},\dot{\boldsymbol{q}},\dot{\boldsymbol{q}}_r,\ddot{\boldsymbol{q}}_r)\boldsymbol{s}=0$ 成立。

根据 $\dot{\tilde{\boldsymbol{a}}}=\dot{\boldsymbol{a}}-\dot{\hat{\boldsymbol{a}}}\Rightarrow\dot{\tilde{\boldsymbol{a}}}=-\dot{\hat{\boldsymbol{a}}}$ 可得

$$\hat{\boldsymbol{a}}=-\int\boldsymbol{\Gamma}^{-1}\boldsymbol{Y}^{\mathrm{T}}(\boldsymbol{q},\dot{\boldsymbol{q}},\dot{\boldsymbol{q}}_r,\ddot{\boldsymbol{q}}_r)\boldsymbol{s} \tag{12.73}$$

至此, 需要自适应的机器人惯性参数 $\boldsymbol{a}$ 可以用式 (12.73) 表示。将式 (12.73) 代入式 (12.67) 的控制方程得到自适应控制器各关节的驱动力矩 $\boldsymbol{\tau}$:

$$\boldsymbol{\tau}=\boldsymbol{Y}(\boldsymbol{q},\dot{\boldsymbol{q}},\dot{\boldsymbol{q}}_r,\ddot{\boldsymbol{q}}_r)\hat{\boldsymbol{a}}+\boldsymbol{K}_D(\dot{\tilde{\boldsymbol{q}}}+\boldsymbol{\Lambda}\tilde{\boldsymbol{q}}) \tag{12.74}$$

式中, $\boldsymbol{\tau}=[\tau_1\quad\tau_2]^{\mathrm{T}}$。经计算, 采用上述控制律得到的空间两关节控制力矩为

$$\tau_1=\ddot{q}_{r1}\hat{a}_1+\ddot{q}_{r2}\hat{a}_2+Y_{13}\hat{a}_3+(\cos q_{11})\hat{a}_4+\cos(q_{11}+q_{12})\hat{a}_5+\dot{q}_{r1}\hat{f}_1-K_{D1}s_1 \tag{12.75}$$

$$\tau_2=(\ddot{q}_{r1}+\ddot{q}_{r12})\hat{a}_2+Y_{23}\hat{a}_3+\cos(q_{11}+q_{12})\hat{a}_5+\dot{q}_{r2}\hat{f}_2-K_{D2}s_2 \tag{12.76}$$

12.5.2 MATLAB/Simulink 算法仿真

由 12.5.1 节设计的自适应算法控制器, 其控制力矩如式 (12.75)、式 (12.76) 表示。

给出两个关节的角度、角速度和角加速度的参考轨迹依次为

$$\boldsymbol{q}^{\mathrm{d}}(t)=\begin{bmatrix}x_1^{\mathrm{d}}\\x_2^{\mathrm{d}}\end{bmatrix}=\begin{bmatrix}0.8\sin\dfrac{\pi}{3}t\\0.8\sin\dfrac{\pi}{3}t\end{bmatrix}$$

$$\dot{\boldsymbol{q}}^{\mathrm{d}}(t)=\begin{bmatrix}\dot{x}_1^{\mathrm{d}}\\\dot{x}_2^{\mathrm{d}}\end{bmatrix}=\begin{bmatrix}0.84\cos\dfrac{\pi}{3}t\\0.84\cos\dfrac{\pi}{3}t\end{bmatrix}$$

$$\ddot{\boldsymbol{q}}^{\mathrm{d}}(t)=\begin{bmatrix}\ddot{x}_1^{\mathrm{d}}\\ \ddot{x}_2^{\mathrm{d}}\end{bmatrix}=\begin{bmatrix}-0.88\sin\dfrac{\pi}{3}t\\ -0.88\sin\dfrac{\pi}{3}t\end{bmatrix}$$

为保证计算结果的精度和稳定性，给定系统的初始状态为

$$[q_1\quad \dot{q}_1\quad q_2\quad \dot{q}_2]=[0\quad 0\quad 0\quad 0],\quad \boldsymbol{K}_D=10\boldsymbol{I},\quad \boldsymbol{\Lambda}=2\boldsymbol{I},\quad \boldsymbol{\lambda}=\boldsymbol{I}$$

在 MATLAB 中搭建 Simulink 闭环仿真程序如图 12.22 所示，取仿真步长 $h=10^{-3}$，截断误差为 $O(h^5)$，得到控制力矩、关节误差和参数估计值 $(a_1,a_2,a_3,a_4,a_5,f_1,f_2)$ 的仿真结果如图 12.23 至图 12.31 所示 [6]。

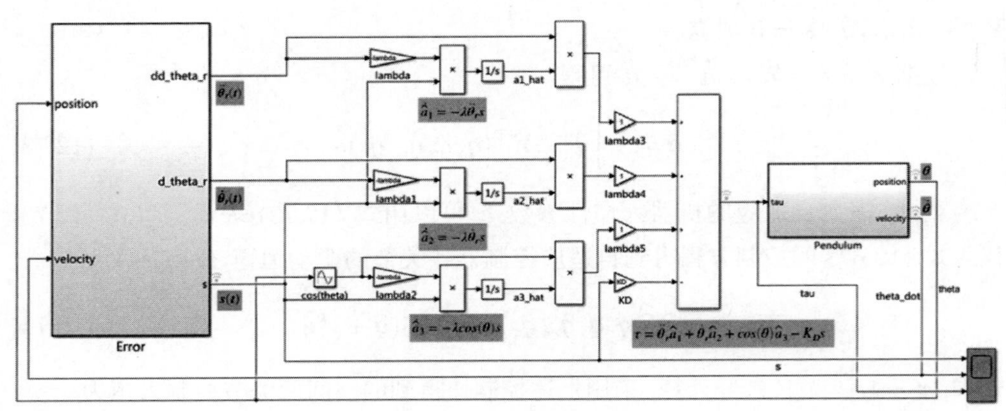

图 **12.22** **Simulink** 仿真

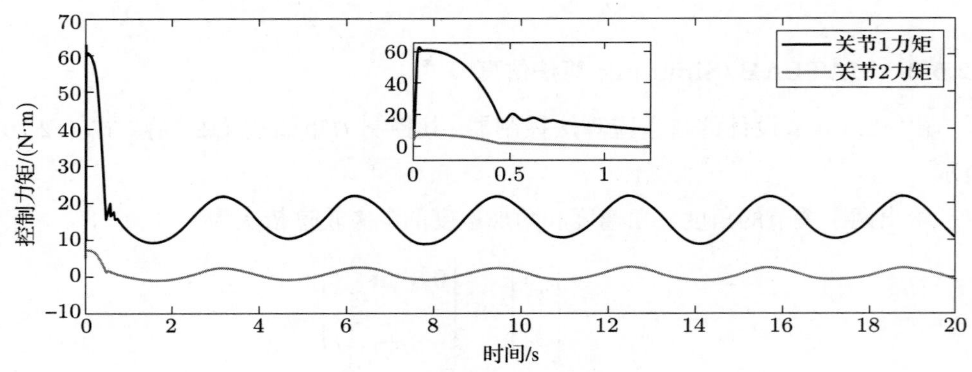

图 **12.23** 关节 1、关节 2 力矩曲线

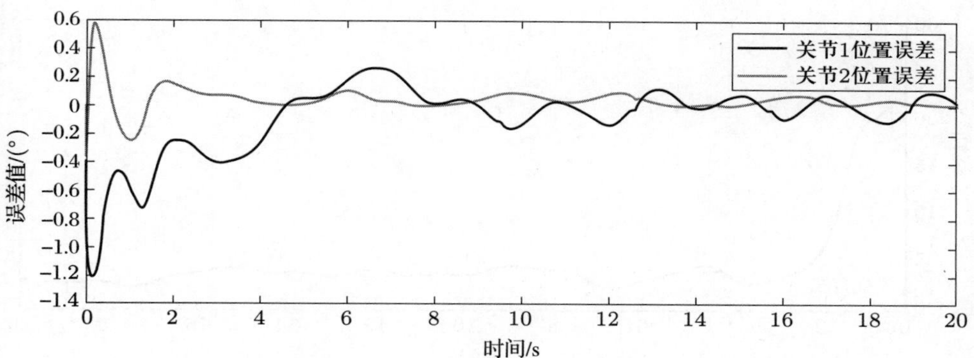

图 **12.24** 关节 1、关节 2 误差曲线

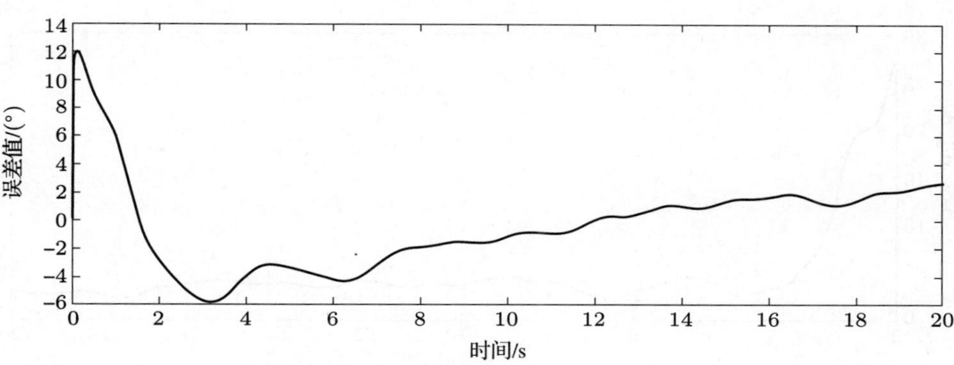

图 **12.25** a_1 估计误差曲线

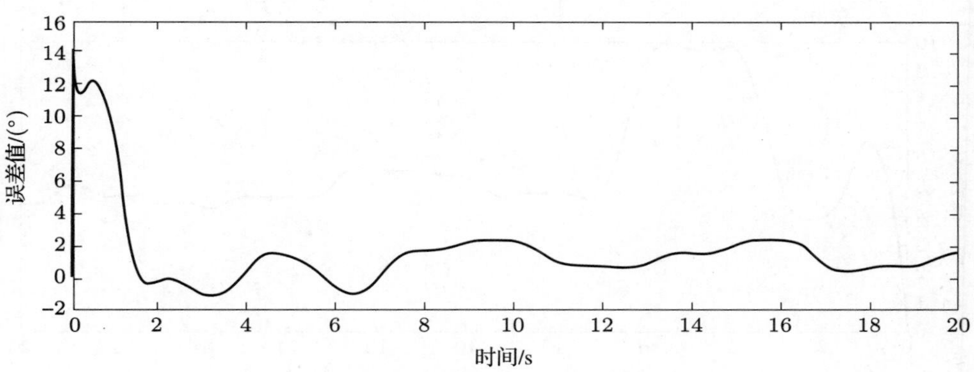

图 **12.26** a_2 估计误差曲线

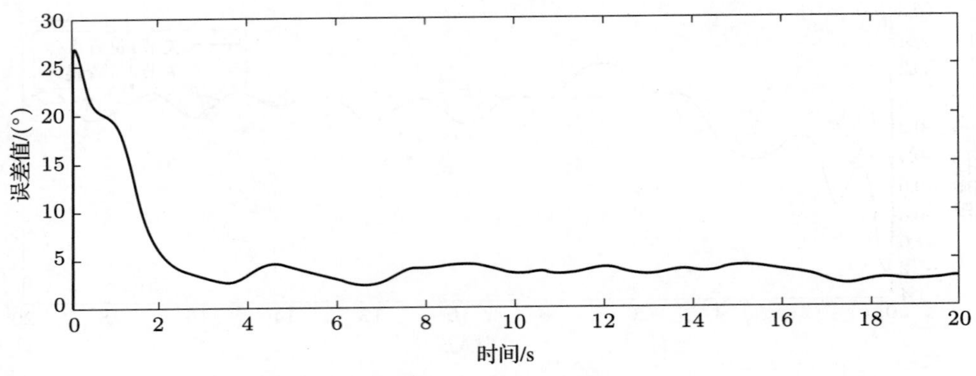

图 **12.27** a_3 估计误差曲线

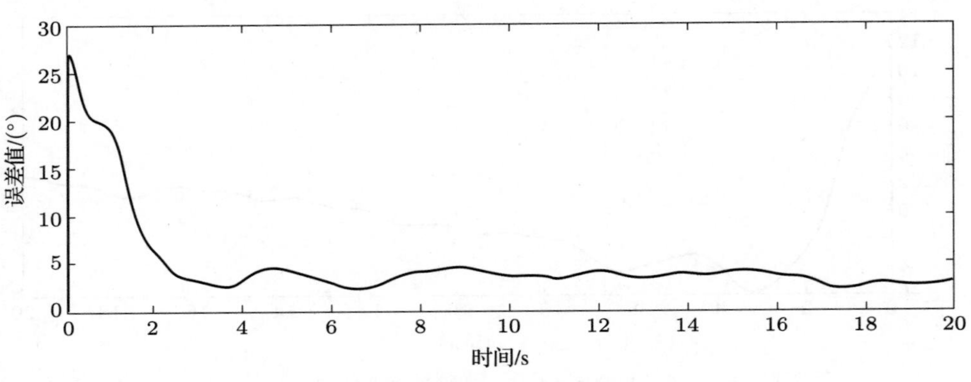

图 **12.28** a_4 估计误差曲线

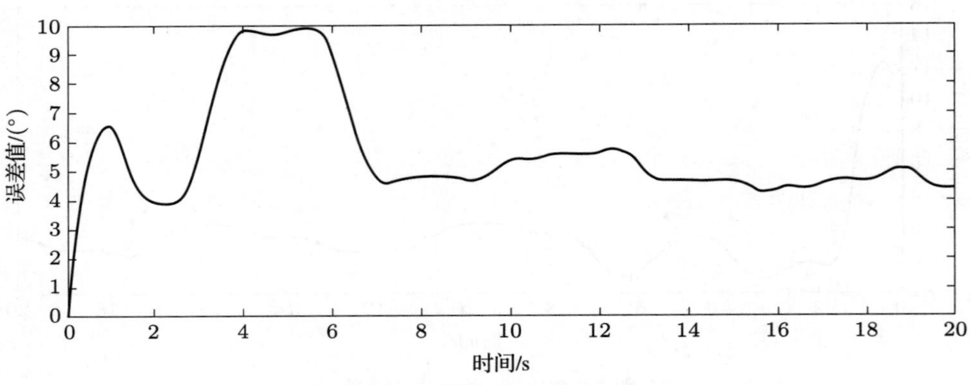

图 **12.29** a_5 估计误差曲线

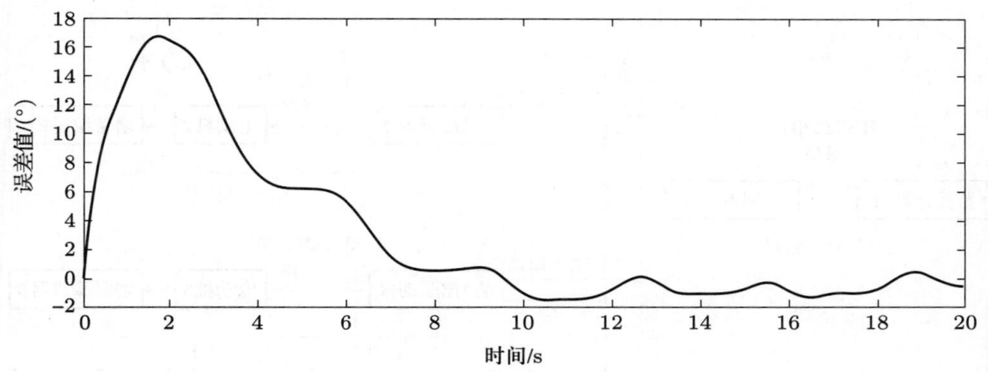

图 12.30 f_1 估计误差曲线

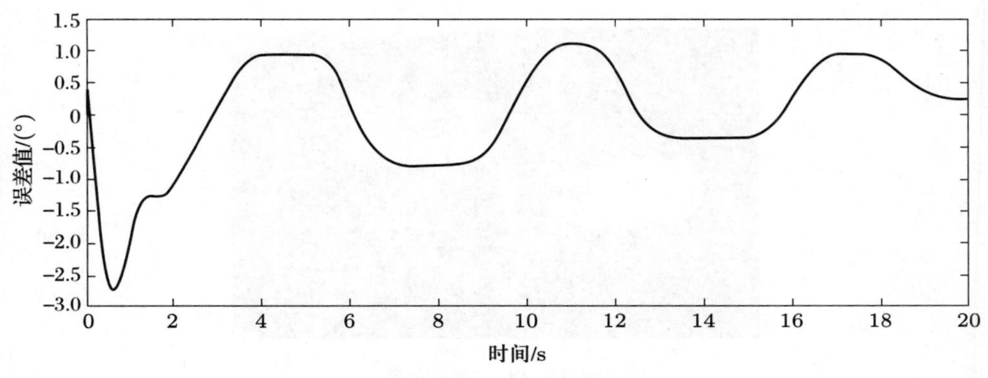

图 12.31 f_2 估计误差曲线

机器人系统轨迹跟踪控制的目标是控制关节角跟踪误差快速收敛, 并且对给定的期望轨迹能够快速响应。由图 12.23 可以看出, 自适应控制器由于系统初始状态未知, 初始控制成本较高, 经过参数估计调节后, 快速趋于准确, 转矩逐渐趋于稳定。由图 12.24 可以看出, 关节误差在 0.1 s 后快速收敛, 在 4 s 时趋于稳定。系统参数不确定对跟踪精度的影响被自适应率约束, 关节角度在自适应控制器作用下能够准确地跟踪期望轨迹。图 12.25 至图 12.31 为各参数估计误差变化趋势。由此证明了自适应控制器在确保系统稳定的前提下, 能够快速准确地在线辨识动力学模型中的参数, 从而达到改善机器人动态特性和时变轨迹跟踪精度的效果。

12.5.3 cSPACE 系统实验验证

根据设计的三轴协作机器人系统实验平台, 包括结构功能、控制器、驱动器和上位机软件, 可对平面两关节自适应算法进行实验验证, 实验原理如图 12.32 所示。

根据平面两关节建模需求, 选取机器人关节 2 和关节 3 进行实验, 实验初始位置如图 12.33 所示, 初始位置摆放符合建模初始条件。

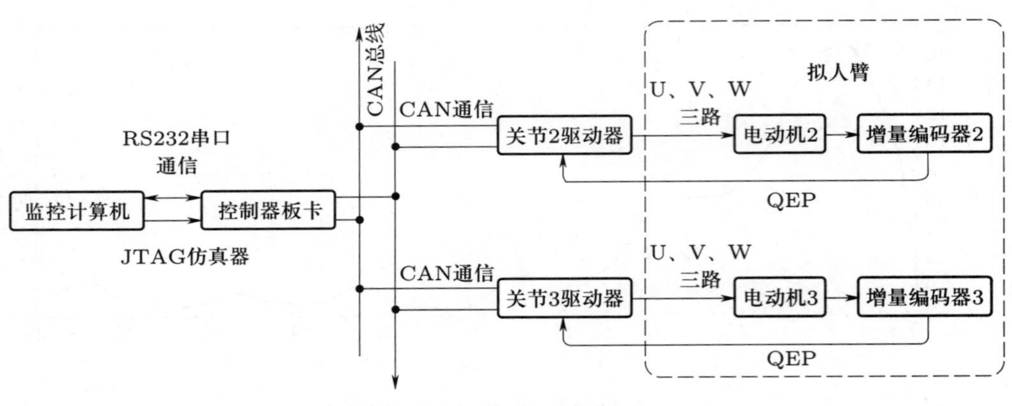

图 **12.32** 实验原理

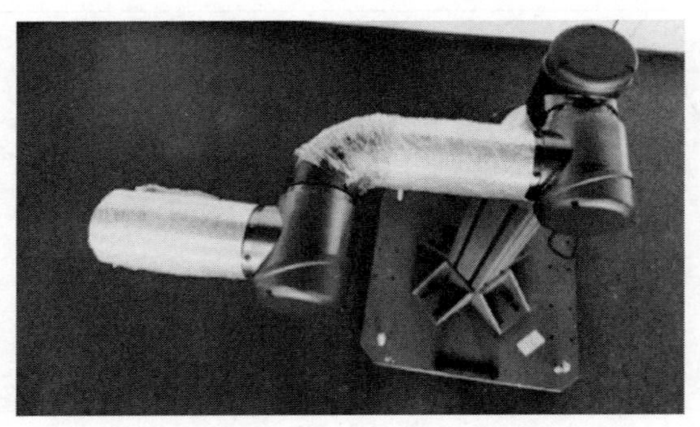

图 **12.33** 初始位置

图 12.34 中, 1 为上位机回显当前关节速度模块; 2 为编码器和驱动器反馈回来的电动机状态信息, 从上到下依次为关节 2 内转子位置、关节 3 内转子位置、关节 2 内转子角速度和关节 3 内转子角速度, 并经换算得到输入关节信息 (角度、角速度、角加速度); 3 为指令转换模块; 4 为上位机下发控制参数, 从上到下依次为位置触发模块、关节参考位置增益和算法参数 α; 5 为上位机实时回显内转子位置误差模块; 6 为自适应算法, 其 Simulink 程序如图 12.35 所示; 7 为永磁同步电动机力矩转电流系数; 8 为上位机下发控制参数, 从上到下依次为输出触发模块、参数 λ 和参数 K_D; 9 为上位机回显当前控制力矩模块; 10 为输出触发模块; 11 为对控制力矩限幅, 防止调试中力矩激增损坏电动机; 12 为驱动器指令切换, 指令包括打开抱闸、切换驱动器至电流环和数据下发; 13 为 CAN 通信发送模块, 把计算出的电流发送到驱动器。

设置采样时间 5×10^{-4} s, 上位机显示采样点数 10 000, 在上位机上同时使能位置信号和控制量输出, 通过逐渐增大 3 个参数, 最终在 $\alpha = 15$、$\lambda = 120$ 和 $K_D = 12$ 时得到如图 12.36 的实验结果。其中窗口一为关节 2 内转子误差 (°); 窗口二为关节 3 内转子误差 (°); 窗口三为关节 2 的控制力矩 τ_1 (0.006 9 N·m); 窗

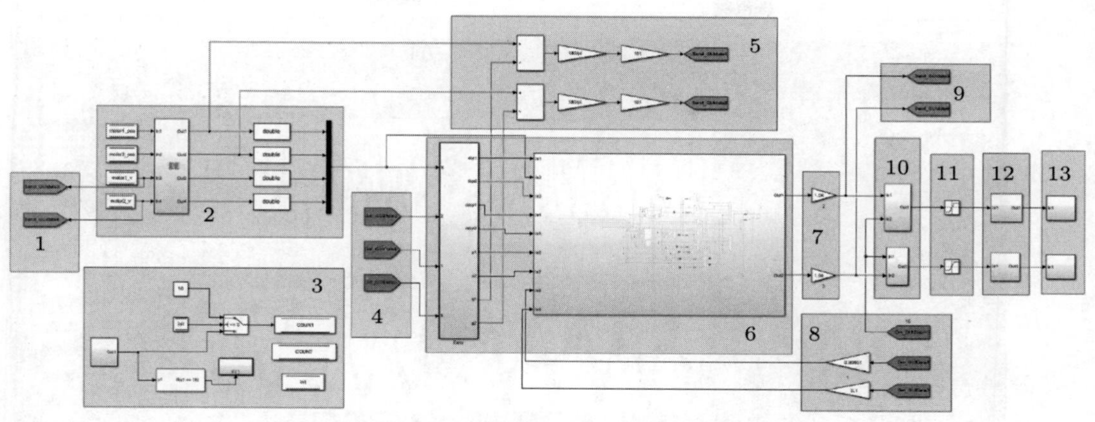

图 **12.34** **Simulink** 控制框图

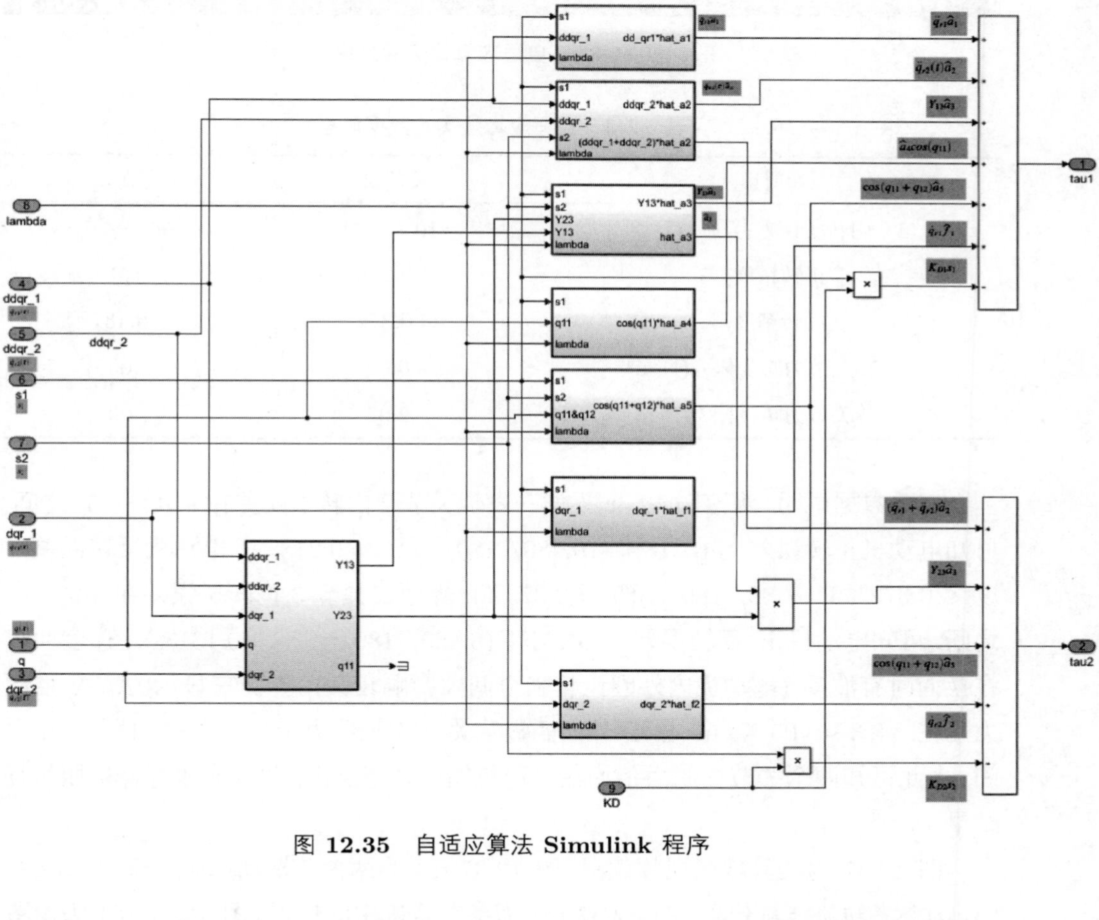

图 **12.35** 自适应算法 **Simulink** 程序

口四为关节 3 的控制力矩 τ_2 (0.006 9 N·m); 左侧通道 1~10 为数据回采所需通道 (1~4 为波形曲线窗口显示, 5~10 为数据数值窗口显示); 右侧 write 1~15 为算法参数写入通道。自适应算法实验数据汇总如表 12.3 所示。

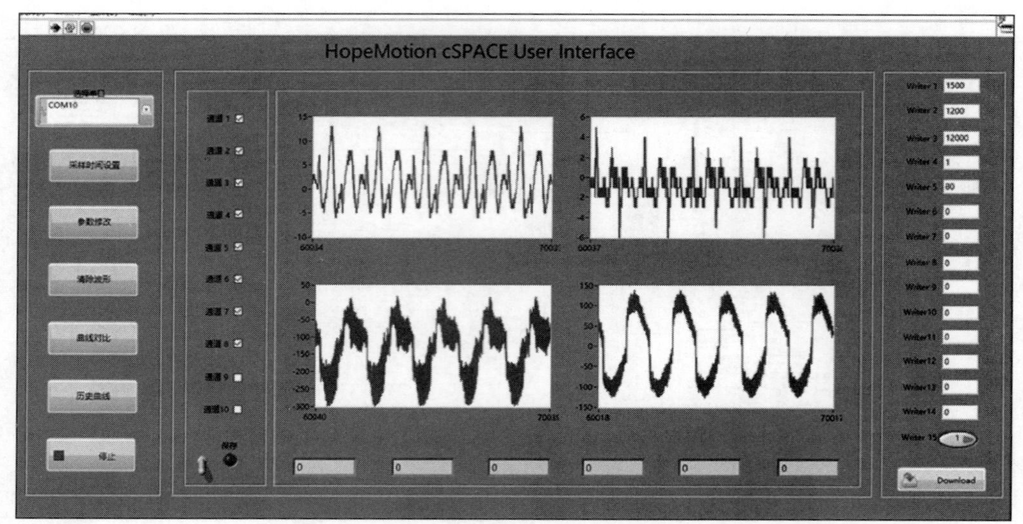

图 12.36 自适应算法实验结果

表 12.3 自适应算法实验数据汇总

项目	关节 2	关节 3
内转子误差范围/ (°)	$-10 \sim +15$	$-6 \sim +6$
正转精度/%	$\leqslant 0.218$	$\leqslant 0.131$
反转精度/%	$\leqslant 0.372$	$\leqslant 0.131$
正转关节力矩上限/ (N·m)	+0.69	+1.035
反转关节力矩下限/ (N·m)	−2.07	−1.035

实验数据说明: 观察图 12.36 界面一发现关节 2 内转子误差在 $-10°\sim15°$ 之间, 可知电动机正转误差 $\leqslant 0.218\%$ $(10/[80/(180/\pi)]\% = 0.218\%)$, 电动机反转误差精度 $\leqslant 0.372\%$ $(15/[80/(180/\pi)]\% = 0.372\%)$; 界面二关节 3 内转子误差在 $-6°\sim6°$ 之间, 可知电动机正/反转误差 $\leqslant 0.131\%$ $(6/[80/(180/\pi)]\% = 0.131\%)$, 速度曲线在换向时有波动 (电动机内外圈齿轮啮合间隙影响较大); 界面三显示关节 2 控制力矩在 $-0.3\sim0.05$ N · m 之间, 界面四显示关节 3 控制力矩 $-0.15\sim0.15$ N · m 之间, 由此可知两个关节控制力拒均在电动机额定转矩之内, 并且曲线符合预期仿真结果。

图 12.37 为实验现场视频截图, 图 12.37 (a) 为两关节摆动起始位置, 图 12.37 (b) 为参考轨迹波峰位置, 图 12.37 (c) 为参考轨迹中间位置, 图 12.37 (d) 为参考轨迹波谷位置。实物观测关节电动机基本无抖动, 运行平稳, 可长时间连续运转。

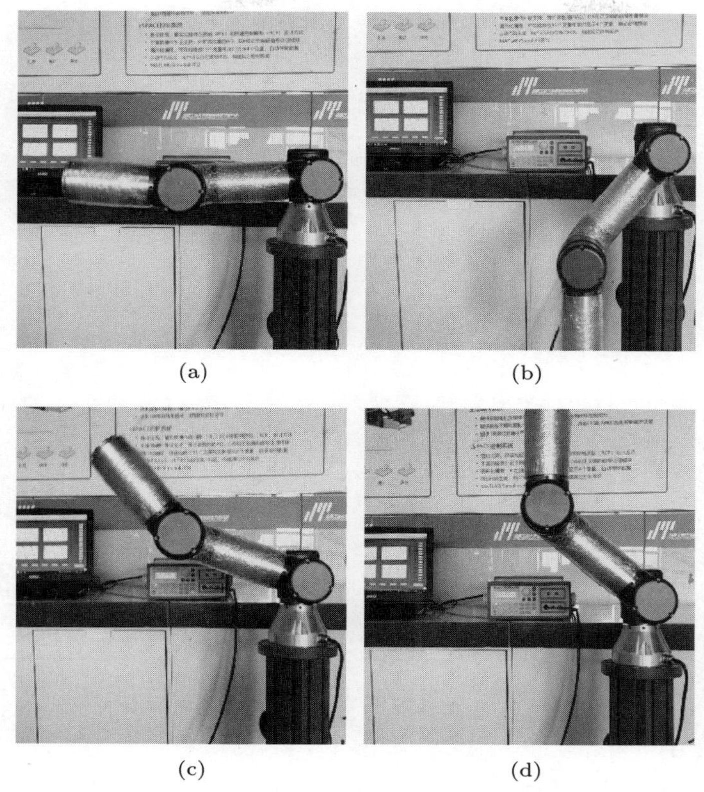

(a) (b) (c) (d)

图 **12.37** 自适应算法实验现场

参考文献

[1] 克雷格. 机器人学导论 [M]. 贠超, 王伟, 译. 北京: 机械工业出版社, 2018.

[2] 斯庞, 哈钦森, 维德雅萨加. 机器人建模和控制 [M]. 贾振中, 徐静, 付成龙, 等译. 北京: 机械工业出版社, 2016.

[3] 霍伟. 机器人动力学与控制 [M]. 北京: 高等教育出版社, 2005.

[4] 蔡自兴. 机器人学 [M]. 北京: 清华大学出版社, 2000.

[5] Slotine J J E, Li W. Applied nonlinear control[M]. Englewood Cliffs, NJ: Prentice Hall, 1991.

[6] 刘金琨. 机器人控制系统的设计与 MATLAB 仿真 [M]. 北京: 清华大学出版社, 2008.

第 13 章　并联机器人运动学分析与实验

前面介绍了 SCARA 机器人和协作机器人, 它们都属于典型的串联机器人, 本章将介绍并联机器人的控制。并联机器人是具有两个或两个以上自由度, 上下平台用两个以上分支相连, 且以并联方式驱动的机构, 即组成机器人机构的各驱动机构形成多个封闭的构件系统。并联机构相较于串联机构具有刚度大、机构稳定、承载能力大、微动精度高、运动负荷小等优点 [1]。在位置求解上, 串联机构正解容易, 但逆解十分困难, 而并联机构正解困难, 逆解却非常容易。由于方程组的高度非线性, 使得并联机器人的运动学正解问题一直是并联机器人研究的难点。由于机器人在线实时计算是要计算逆解的, 这对串联式十分不利, 而并联式却容易实现。本章将通过对并联机器人的运动学分析, 详细介绍正/逆运动学的算法, 并结合 MATLAB/Simulink 仿真软件, 验证算法的准确性。同时, 将介绍并联机器人杆长空间轨迹规划及其运动控制。

13.1　并联机器人运动学分析

13.1.1　并联机器人运动学特点介绍

并联机器人分析主要是从运动学角度对并联机器人的结构和性能进行分析, 涉及并联机器人的运动学正解、逆解以及其运动学性能评价参数。以下主要介绍 Stewart 并联机器人正/逆解的数值解法。

13.1.2　并联机器人逆解分析

图 13.1 所示为六自由度 Stewart – Gough 并联机器人的三维模型, 移动平台

图 13.1　六自由度 **Stewart – Gough** 并联机器人的三维模型

与固定平台之间通过六根相同的伸缩杆连接, 伸缩杆与两个平台之间均采用球运动副连接。移动平台和固定平台上的 6 个球运动副成对安装在平台上, 且 3 对均布在平台同一圆周上。实际应用中, 根据不同的使用要求, 伸缩杆可为电缸、液压缸或气缸。移动平台为末端执行器, 伸缩杆为驱动器。

图 13.2 所示为六自由度 Stewart 平台的机构分析简图, 固定平台上 6 个球运动副分别为 $A_1, A_2, \cdots, A_6$, 移动平台上 6 个球运动副分别为 $B_1, B_2, \cdots, B_6$。为了方便对其进行进一步分析, 在固定平台上建立坐标系 O_1-$x_1y_1z_1$, 其原点 O_1 位于固定平台中心, x_1 轴穿过 A_1A_2 连线的中点, z_1 轴竖直向上, y_1 轴由右手定则确定。在移动平台上建立坐标系 O_2-$x_2y_2z_2$, O_2 位于移动平台的中点, x_2 轴、y_2 轴、z_2 轴分别与 x_1 轴、y_1 轴、z_1 轴平行且同向。

运动学逆解问题是已知末端执行器的位姿, 即末端位置 $\boldsymbol{P}$ 和末端姿态 $\boldsymbol{R}$, 求该位姿对应的驱动器输入长度 L_i'。

设 $\boldsymbol{C}_i$ 为上平台 (即移动平台) 的第 i 个铰点在 O_2-$x_2y_2z_2$ 坐标系中的坐标。由于 O_2 是活动的, 故 $\boldsymbol{C}_i$ 为相对坐标。$\boldsymbol{B}_i$ 为上平台的第 i 个铰点在 O_1-$x_1y_1z_1$ 坐标系中的坐标, 即绝对坐标。$\boldsymbol{A}_i$ 为下平台 (即固定平台) 的第 i 个铰点在 O_1-$x_1y_1z_1$ 坐标系中的坐标。$\boldsymbol{R}$ 为由坐标系 O_2-$x_2y_2z_2$ 到坐标系 O_1-$x_1y_1z_1$ 的方向余弦矩阵。则

$$\boldsymbol{A}_i = [x_{A_i} \quad y_{A_i} \quad z_{A_i}]^{\mathrm{T}} \tag{13.1}$$

$$\boldsymbol{B}_i = [x_{B_i} \quad y_{B_i} \quad z_{B_i}]^{\mathrm{T}} \tag{13.2}$$

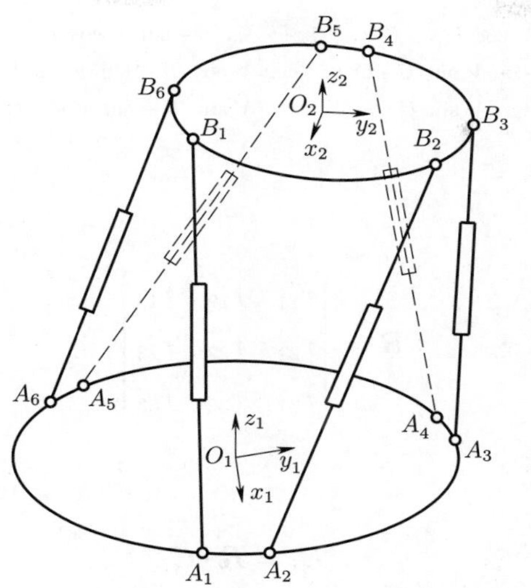

图 **13.2** **Stewart** 平台的机构分析简图

$$\boldsymbol{C}_i = [x_{C_i} \;\; y_{C_i} \;\; z_{C_i}]^{\mathrm{T}} \tag{13.3}$$

式中, i=1, 2, $\cdots$, 6。$\boldsymbol{A}_i$、$\boldsymbol{C}_i$ 根据并联机器人的上平台和下平台的尺寸即可得到。

设上平台绕 z、y、x 轴旋转的角度分别为 V、U、T, 则由坐标系 O_2-$x_2y_2z_2$ 到坐标系 O_1-$x_1y_1z_1$ 的方向余弦矩阵为

$$\boldsymbol{R}_{z(V)} = \begin{bmatrix} \cos V & -\sin V & 0 \\ \sin V & \cos V & 0 \\ 0 & 0 & 1 \end{bmatrix} \tag{13.4}$$

$$\boldsymbol{R}_{y(U)} = \begin{bmatrix} \cos U & 0 & \sin U \\ 0 & 1 & 0 \\ -\sin U & 0 & \cos U \end{bmatrix} \tag{13.5}$$

$$\boldsymbol{R}_{x(T)} = \begin{bmatrix} 1 & 0 & 0 \\ 0 & \cos T & -\sin T \\ 0 & \sin T & \cos T \end{bmatrix} \tag{13.6}$$

$$\boldsymbol{R} = \boldsymbol{R}_{z(V)} \cdot \boldsymbol{R}_{y(U)} \cdot \boldsymbol{R}_{x(T)} \tag{13.7}$$

$$\boldsymbol{R} = \begin{bmatrix} \cos V & -\sin V & 0 \\ \sin V & \cos V & 0 \\ 0 & 0 & 1 \end{bmatrix} \begin{bmatrix} \cos U & 0 & \sin U \\ 0 & 1 & 0 \\ -\sin U & 0 & \cos U \end{bmatrix} \begin{bmatrix} 1 & 0 & 0 \\ 0 & \cos T & -\sin T \\ 0 & \sin T & \cos T \end{bmatrix} \tag{13.8}$$

$$\boldsymbol{R}=\begin{bmatrix}\cos V\cos U & -\sin V\cos U & \sin U\\ \sin V\cos T+\cos V\sin U\sin T & \cos V\cos T-\sin V\sin U\sin T & -\cos U\sin T\\ \sin V\cos T-\cos V\sin U\cos T & \cos V\sin T+\sin V\sin U\cos T & \cos U\cos T\end{bmatrix} \tag{13.9}$$

令

$$\boldsymbol{R}=\begin{bmatrix}r_{11} & r_{12} & r_{13}\\ r_{21} & r_{22} & r_{23}\\ r_{31} & r_{32} & r_{33}\end{bmatrix} \tag{13.10}$$

则由坐标变换得

$$\boldsymbol{B}_i=\boldsymbol{R}\cdot\boldsymbol{C}_i \tag{13.11}$$

$$\boldsymbol{A}_i=\begin{bmatrix}x_{A_i} & y_{A_i} & z_{A_i}\end{bmatrix}^{\mathrm{T}} \tag{13.12}$$

对于每一个驱动杆, 可以建立一个闭环向量表达式 [2](如图 13.3 带箭头粗实线所示):

$$\overline{\boldsymbol{B}_i}\ \overline{\boldsymbol{A}_i}=\boldsymbol{R}\cdot\boldsymbol{C}_i+\boldsymbol{P}-\boldsymbol{A}_i \tag{13.13}$$

式中, 末端位置 $\boldsymbol{P}$ 为上平台几何中心点的绝对坐标。

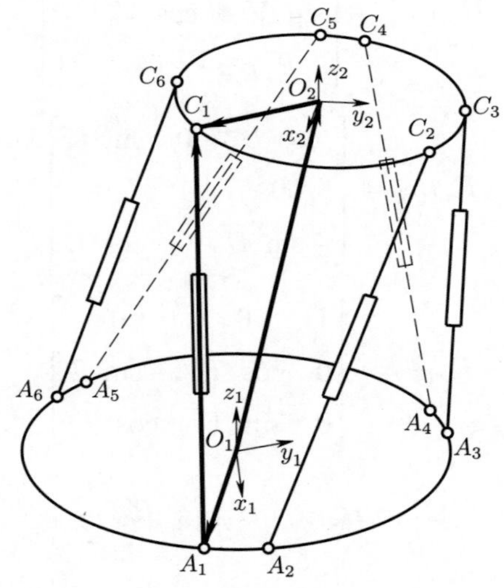

图 **13.3**　闭环向量图

当给定活动平台的位姿, 即已知 (x_p, y_p, z_p, V, U, T) 时, 每条杆的长度为

$$L_i=\sqrt{(\boldsymbol{R}\cdot\boldsymbol{C}_i+\boldsymbol{P}-\boldsymbol{A}_i)^{\mathrm{T}}(\boldsymbol{R}\cdot\boldsymbol{C}_i+\boldsymbol{P}-\boldsymbol{A}_i)} \tag{13.14}$$

可得到方程:

$$(x_{C_i}r_{11}+y_{C_i}r_{12}+z_{C_i}r_{13}+x_p-x_{A_i})^2+(x_{C_i}r_{21}+y_{C_i}r_{22}+z_{C_i}r_{23}+ \\ y_p-y_{A_i})^2+(x_{C_i}r_{31}+y_{C_i}r_{32}+z_{C_i}r_{33}+z_p-z_{A_i})^2-L_i^2=0 \tag{13.15}$$

式中, i= 1, 2, $\cdots$, 6。

式 (13.15) 中, $\boldsymbol{A}_i$, $\boldsymbol{C}_i$ 坐标根据机器人尺寸参数确定。因此, 将相关已知参数代入式 (13.15) 可得到相应驱动杆长度, 从而完成 Stewart 平台运动学逆解。如果所求得的杆长不在设计参数的杆长范围内, 或得到的杆长为复数, 说明所设计的 Stewart 平台无法到达该位姿。

13.1.3 并联机器人正解数值法分析

运动学正解问题是已知各驱动杆长度, 求解对应的末端执行器位姿的问题。

利用数值法求解并联机器人正解的过程如图 13.4 所示。

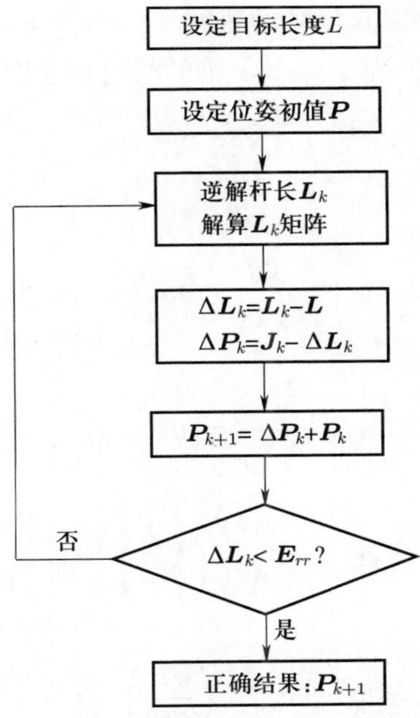

图 13.4 数值法正解求解流程

位置正解求解是已知 6 个驱动杆长求动平台位姿。假定初值用 $(x_0, y_0, z_0, V_0, U_0, T_0)$ 来表示, 根据 13.1.2 节中位置逆解方法可以由初值求得各杆长度 L'_i。设目标杆长为 L_i (i= 1, 2, $\cdots$, 6), 并把两者差值记为 ΔL_i。令

$$\boldsymbol{y}_{0i}=[x_{C_i} \quad y_{C_i} \quad z_{C_i} \quad 1]^{\mathrm{T}} \tag{13.16}$$

$$\boldsymbol{y}_i = [x_{B_i} \quad y_{B_i} \quad z_{B_i} \quad 1]^{\mathrm{T}} \tag{13.17}$$

$$\boldsymbol{y}_i = \boldsymbol{R} \cdot \boldsymbol{y}_{0i} \tag{13.18}$$

$$\boldsymbol{R} = \begin{bmatrix} \cos V \cos U & -\sin V \cos U & \sin U & x_p \\ \sin V \cos T + \cos V \sin U \sin T & \cos V \cos T - \sin V \sin U \sin T & -\cos U \sin T & y_p \\ \sin V \cos T - \cos V \sin U \cos T & \cos V \sin T + \sin V \sin U \cos T & \cos U \cos T & z_p \\ 0 & 0 & 0 & 1 \end{bmatrix} \tag{13.19}$$

由逆解方程式 (13.14) 可以看出, L_i 是 $(x_p,\ y_p,\ z_p,\ V,\ U,\ T)$ 的函数。设:

$$L_i = f_i\,(x_p\ , y_p,\ z_p,\ V,\ U,\ T) \tag{13.20}$$

对式 (13.20) 求导, 建立并联机器人速度关系式, 得到:

$$\dot{L}_i = \begin{bmatrix} \dfrac{\partial f_i}{\partial x_p} & \dfrac{\partial f_i}{\partial y_p} & \dfrac{\partial f_i}{\partial z_p} & \dfrac{\partial f_i}{\partial T} & \dfrac{\partial f_i}{\partial U} & \dfrac{\partial f_i}{\partial V} \end{bmatrix} [v_x \quad v_y \quad v_z \quad \omega_x \quad \omega_y \quad \omega_z]^{\mathrm{T}} \tag{13.21}$$

式中, $\dot{L}_1, \dot{L}_2, \cdots, \dot{L}_6$ 分别为 6 根杆的速度; v_x、v_y、v_z 分别为上平台中心点的移动速度; ω_x、ω_y、ω_z 分别为绕 x、y、z 轴的瞬时角速度 [3]。其中:

$$\frac{\partial f_i}{\partial x_p} = \frac{\partial f_i}{\partial x_{B_i}} \frac{\partial x_{B_i}}{\partial x_p} = l_i \tag{13.22}$$

$$\frac{\partial f_i}{\partial y_p} = m_i \tag{13.23}$$

$$\frac{\partial f_i}{\partial z_p} = n_i \tag{13.24}$$

$$\frac{\partial f_i}{\partial T} = [l_i \ m_i \ n_i] \cdot \left(\frac{\partial R}{\partial T}\right) \cdot \boldsymbol{y}_{0i} = S_i \tag{13.25}$$

$$\frac{\partial f_i}{\partial U} = [l_i \ m_i \ n_i] \cdot \left(\frac{\partial R}{\partial U}\right) \cdot \boldsymbol{y}_{0i} = M_i \tag{13.26}$$

$$\frac{\partial f_i}{\partial V} = [l_i \ m_i \ n_i] \cdot \left(\frac{\partial R}{\partial V}\right) \cdot \boldsymbol{y}_{0i} = N_i \tag{13.27}$$

(l_i, m_i, n_i) (i=1, 2, ⋯, 6) 为杆 i 在空间的单位方向向量, 即

$$l_i = (\ x_{A_i} - x_{B_i})\,/L_i \tag{13.28}$$

$$m_i = (\ y_{A_i} - y_{B_i})/L_i \tag{13.29}$$

$$n_i = (\ z_{A_i} - z_{B_i})/L_i \tag{13.30}$$

因为 L_i (i=1, 2, ···, 6) 相互独立, 故式 (13.21) 可写成矩阵形式:

$$\begin{bmatrix} \dot{L}_1 \\ \dot{L}_2 \\ \dot{L}_3 \\ \dot{L}_4 \\ \dot{L}_5 \\ \dot{L}_6 \end{bmatrix} = \begin{bmatrix} l_1 & m_1 & n_1 & S_1 & M_1 & N_1 \\ l_2 & m_2 & n_2 & S_2 & M_2 & N_2 \\ l_3 & m_3 & n_3 & S_3 & M_3 & N_3 \\ l_4 & m_4 & n_4 & S_4 & M_4 & N_4 \\ l_5 & m_5 & n_5 & S_5 & M_5 & N_5 \\ l_6 & m_6 & n_6 & S_6 & M_6 & N_6 \end{bmatrix} \begin{bmatrix} v_x \\ v_y \\ v_z \\ \omega_x \\ \omega_y \\ \omega_z \end{bmatrix} \tag{13.31}$$

式 (13.31) 两边同乘 dt, 并且用上述所求的 ΔL_i (i=1, 2, ···, 6) 表示杆长的增量, $(\Delta x, \Delta y, \Delta z, \Delta V, \Delta U, \Delta T\ )$ 表示位姿的增量, 则式 (13.31) 变为

$$\begin{bmatrix} \Delta L_1 \\ \Delta L_2 \\ \Delta L_3 \\ \Delta L_4 \\ \Delta L_5 \\ \Delta L_6 \end{bmatrix} = \begin{bmatrix} l_1 & m_1 & n_1 & S_1 & M_1 & N_1 \\ l_2 & m_2 & n_2 & S_2 & M_2 & N_2 \\ l_3 & m_3 & n_3 & S_3 & M_3 & N_3 \\ l_4 & m_4 & n_4 & S_4 & M_4 & N_4 \\ l_5 & m_5 & n_5 & S_5 & M_5 & N_5 \\ l_6 & m_6 & n_6 & S_6 & M_6 & N_6 \end{bmatrix} \begin{bmatrix} \Delta x \\ \Delta y \\ \Delta Z \\ \Delta V \\ \Delta U \\ \Delta T \end{bmatrix} \tag{13.32}$$

由式 (13.32) 可求得位姿增量 $(\Delta x, \Delta y, \Delta z, \Delta T, \Delta U, \Delta V\ )$, 然后让位姿从初始状态变化, 使各分量变为 $x = x_0 + \Delta x$, $y = y_0 + \Delta y$, $\cdots$, $V = V_0 + \Delta V$, 重复以上过程, 直到 $\max|\Delta L_i|$ 小于指定的允差值 X 为止, 这时可认为平台的位姿已经求出。

13.1.4 并联机器人正解解析法分析

由逆解求得的方程:

$$L_i = \sqrt{(\boldsymbol{R} \cdot \boldsymbol{C}_i + \boldsymbol{P} - \boldsymbol{A}_i)^{\mathrm{T}} (\boldsymbol{R} \cdot \boldsymbol{C}_i + \boldsymbol{P} - \boldsymbol{A}_i)} \tag{13.33}$$

考虑动坐标系相对于静坐标系的旋转矩阵

$$\boldsymbol{R} = [\boldsymbol{r}_1 \quad \boldsymbol{r}_2 \quad \boldsymbol{r}_3] = \begin{bmatrix} r_{11} & r_{12} & r_{13} \\ r_{21} & r_{22} & r_{23} \\ r_{31} & r_{32} & r_{33} \end{bmatrix} \tag{13.34}$$

$$\boldsymbol{P}=[x_p \quad y_p \quad z_p]^{\mathrm{T}} \tag{13.35}$$

由于 $\boldsymbol{R}$ 是单位正交矩阵, 则有

$$\boldsymbol{r}_1^{\mathrm{T}}\boldsymbol{r}_1=1 \tag{13.36}$$

$$\boldsymbol{r}_2^{\mathrm{T}}\boldsymbol{r}_2=1 \tag{13.37}$$

$$\boldsymbol{r}_3^{\mathrm{T}}\boldsymbol{r}_3=1 \tag{13.38}$$

$$\boldsymbol{r}_1^{\mathrm{T}}\boldsymbol{r}_2=0 \tag{13.39}$$

$$\boldsymbol{r}_1^{\mathrm{T}}\boldsymbol{r}_3=0 \tag{13.40}$$

$$\boldsymbol{r}_2^{\mathrm{T}}\boldsymbol{r}_3=0 \tag{13.41}$$

即

$$r_{11}^2+r_{21}^2+r_{31}^2=1 \tag{13.42}$$

$$r_{12}^2+r_{22}^2+r_{32}^2=1 \tag{13.43}$$

$$r_{13}^2+r_{23}^2+r_{33}^2=1 \tag{13.44}$$

$$r_{11}r_{12}+r_{21}r_{22}+r_{31}r_{32}=0 \tag{13.45}$$

$$r_{11}r_{13}+r_{21}r_{23}+r_{31}r_{33}=0 \tag{13.46}$$

$$r_{12}r_{13}+r_{22}r_{23}+r_{32}r_{33}=0 \tag{13.47}$$

将式 (13.34)、式 (13.35) 代入式 (13.33), 可以得到 6 个独立方程式 [4], 其与式 (13.42) 至式 (13.47) 组成包含 12 个未知数的 12 个独立方程。但该方程组高度非线性, 采用一般的求解技巧根本无法求解该方程组。因此, 对于该方程组求解的研究也是 Stewart 平台运动学正解研究的重要方向。

13.2 并联机器人运动学仿真

13.2.1 逆运动学仿真

在并联机器人实际应用中, 通过给定末端位置, 经由逆解算法解算出并联机器人 6 个伸缩杆的杆长, 解算出的长度值通过控制器下发到驱动器, 伸缩电缸的电动机在驱动器的作用下转动, 使得各个伸缩杆末端到达目标长度。

下面对 13.1 节中的 Stewart 模型进行逆运动学仿真。

设 $\boldsymbol{A}_1=[281.61 \quad -40 \quad 0]^{\mathrm{T}}$, $\boldsymbol{C}_1=[105.81 \ -113.27 \ \ 0]^{\mathrm{T}}$, 则相应地可以得到定平台和动平台其他点的坐标:

$$\boldsymbol{A}_2=[281.61 \ \ 40 \quad 0]^{\mathrm{T}},\ \boldsymbol{C}_2=[105.81 \quad 113.27 \quad 0]^{\mathrm{T}}$$

$$\boldsymbol{A}_3 = [-106.16 \quad 263.88 \quad 0]^{\mathrm{T}},\ \boldsymbol{C}_3 = [45.19 \quad 148.27 \quad 0]^{\mathrm{T}}$$

$$\boldsymbol{A}_4 = [-175.45 \quad 223.88 \quad 0]^{\mathrm{T}},\ \boldsymbol{C}_4 = [-151 \quad 35 \quad 0]^{\mathrm{T}}$$

$$\boldsymbol{A}_5 = [-175.45 \quad -223.88 \quad 0]^{\mathrm{T}},\ \boldsymbol{C}_5 = [-151 \quad -35 \quad 0]^{\mathrm{T}}$$

$$\boldsymbol{A}_6 = [-106.16 \quad -263.88 \quad 0]^{\mathrm{T}},\ \boldsymbol{C}_6 = [45.19 \quad -148.27 \quad 0]^{\mathrm{T}}$$

末端姿态为 $(x, y, z, V, U, T) = (0,\ 0,\ 420,\ 30^\circ,\ 30^\circ,\ 30^\circ)$, 则相应的旋转矩阵为

$$\boldsymbol{R}_{z(V)} = \begin{bmatrix} \cos 30^\circ & -\sin 30^\circ & 0 \\ \sin 30^\circ & \cos 30^\circ & 0 \\ 0 & 0 & 1 \end{bmatrix}$$

$$\boldsymbol{R}_{y(U)} = \begin{bmatrix} \cos 30^\circ & 0 & \sin 30^\circ \\ 0 & 1 & 0 \\ -\sin 30^\circ & 0 & \cos 30^\circ \end{bmatrix}$$

$$\boldsymbol{R}_{x(T)} = \begin{bmatrix} 1 & 0 & 0 \\ 0 & \cos 30^\circ & -\sin 30^\circ \\ 0 & \sin 30^\circ & \cos 30^\circ \end{bmatrix}$$

则

$$\boldsymbol{R} = \boldsymbol{R}_{z(V)} \cdot \boldsymbol{R}_{y(U)} \cdot \boldsymbol{R}_{x(T)} = \begin{bmatrix} 0.023\,8 & 0.303\,0 & 0.952\,7 \\ -0.152\,4 & -0.940\,7 & 0.303\,0 \\ 0.988\,0 & -0.152\,4 & 0.023\,8 \end{bmatrix}$$

由 $\boldsymbol{B}_i = \boldsymbol{R} \cdot \boldsymbol{C}_i$ 可以得到:

$$\boldsymbol{B}_1 = (-31.801\,7 \quad 90.430\,4 \quad 121.806\,6)^{\mathrm{T}}$$

$$\boldsymbol{B}_2 = (36.836\,9 \quad -122.682\,4 \quad 87.280\,7)^{\mathrm{T}}$$

$$\boldsymbol{B}_3 = (45.999\,0 \quad -146.369\,1 \quad 22.052\,0)^{\mathrm{T}}$$

$$\boldsymbol{B}_4 = (7.011\,7 \quad -9.912\,3 \quad -154.527\,0)^{\mathrm{T}}$$

$$\boldsymbol{B}_5 = (-14.197\,4 \quad 55.938\,7 \quad -143.858\,6)^{\mathrm{T}}$$

$$\boldsymbol{B}_6 = (-43.848\,6 \quad 132.594\,7 \quad 67.246\,3)^{\mathrm{T}}$$

已知 $\boldsymbol{P} = [0 \quad 0 \quad 420]^{\mathrm{T}}$, 将 $\boldsymbol{R}$、$\boldsymbol{C}_i$、$\boldsymbol{P}$、$\boldsymbol{A}_i$ 的值代入式 (13.13)、式 (13.14) 可得

$$L_1 = 639.369\,5, \quad L_2 = 586.270\,5, \quad L_3 = 621.986\,1$$

$$L_4 = 398.029\,0, \quad L_5 = 424.917\,7, \quad L_6 = 631.255\,8$$

通过 MATLAB/Simulink 的 M Function 模块封装并联机器人杆长运动控制程序, 并给出 x、y、z、V、U、T 6 个输入参数, 经由算法解算出并联机器人 6 个伸缩杆的杆长。在实物控制过程中, 解算出的长度值通过控制器下发到驱动器, 伸缩电缸的电动机在驱动器的作用下转动, 使得各个伸缩杆末端到达目标长度。搭建的运动学仿真系统如图 13.5 所示。

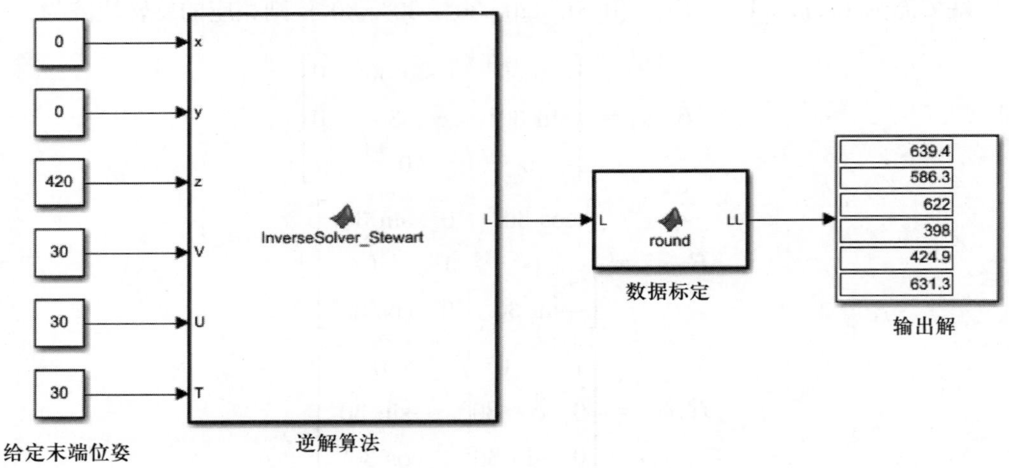

图 13.5　逆运动学仿真系统

13.2.2　正运动学仿真

根据 13.1.3 节中分析的利用数值迭代法求正解过程, 在 MATLAB 中编写并联机器人正解算法。将通过逆解算法输出的杆长作为正解的输入, 通过正解算法解算出位姿, 并将其与给定位姿进行比较, 验证正解算法的正确性, 如图 13.6 所示。在误差范围允许内, 可认为正解算法正确。

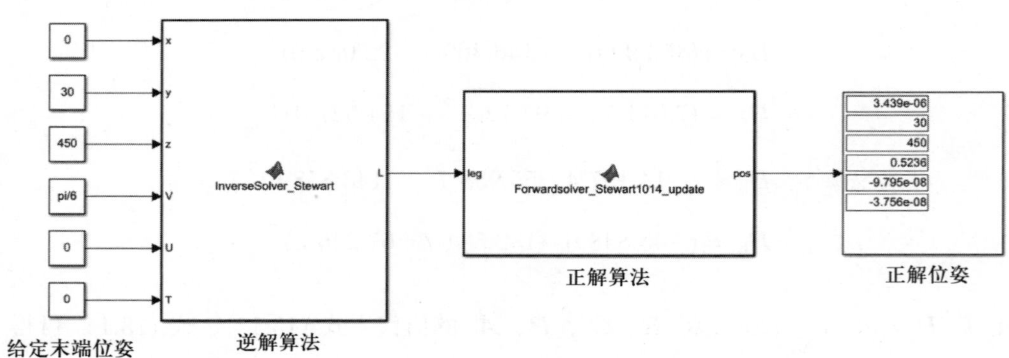

图 13.6　正运动学仿真系统

13.3 并联机器人运动轨迹规划

13.3.1 并联机器人运动轨迹规划概念

一般来说, 并联机器人的轨迹规划方法主要是在选定的插值点上给出伸缩杆杆长、速度和加速度约束, 轨迹规划器从优化后多项式算法中选取参数化轨迹, 对各杆长节点进行插值, 并满足系统的约束条件。其中涉及的轨迹规划函数必须平滑连续, 以保证机器人运动过程中的平稳性。在对伸缩杆空间进行轨迹规划时, 需要将伸缩杆长度变量表示成与时间有关的函数, 并计算其对时间的一阶和二阶导数, 求出伸缩杆速度和加速度与时间的关系。关节空间轨迹规划控制流程如图 13.7 所示。给定末端执行器起止点的位姿, 运动过程中的位姿以及结束点的位姿, 需要通过运动学逆解算法进行解算, 转化为并联机器人各个伸缩杆的变量。

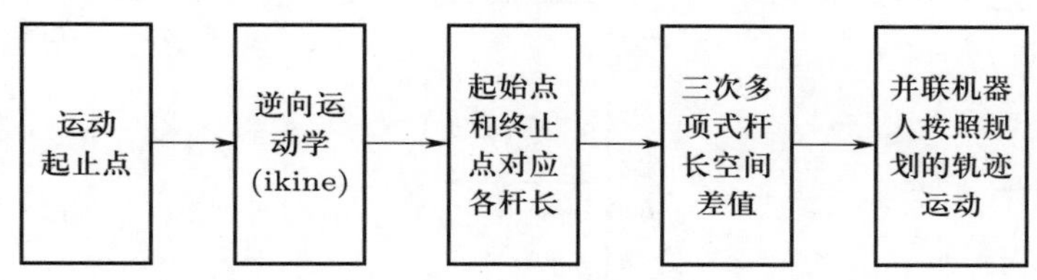

图 13.7 关节空间轨迹规划控制流程

伸缩杆空间轨迹规划主要解决在一定时间内机器人从初始位姿移动到结束位姿的杆长变化问题, 在实际应用中, 经常会对点到点或者连续路径规划中的多点进行规划。两点之间一般借助多项式对运动的变量做插值规划, 并引入杆的速度和加速度约束, 保证并联机器人能够平稳连续的运动。

如图 13.8 所示, 在杆长空间轨迹规划过程中, 由于各个杆长的规划算法是独立分开的, 因此规划的效果直观简单移动效率很高。对于确定的起始和终止点位姿, 通过逆运动学算法可以求出两个位姿对应的各杆长度。此时, 引入多项式对并联机器人各杆长进行规划, 该多项式算法主要采用三次多项式, 下面会对三次多项式算法做具体解析。

13.3.2 三次多项式轨迹规划插值函数

设定杆长空间三次多项式插值函数为

$$L(t) = A_0 + A_1 t + A_2 t^2 + A_3 t^3 \tag{13.48}$$

式 (13.48) 中共有 4 个待定系数, 时间变量的系数均为未知参数。对应杆速度和杆加速度函数表达式分别为

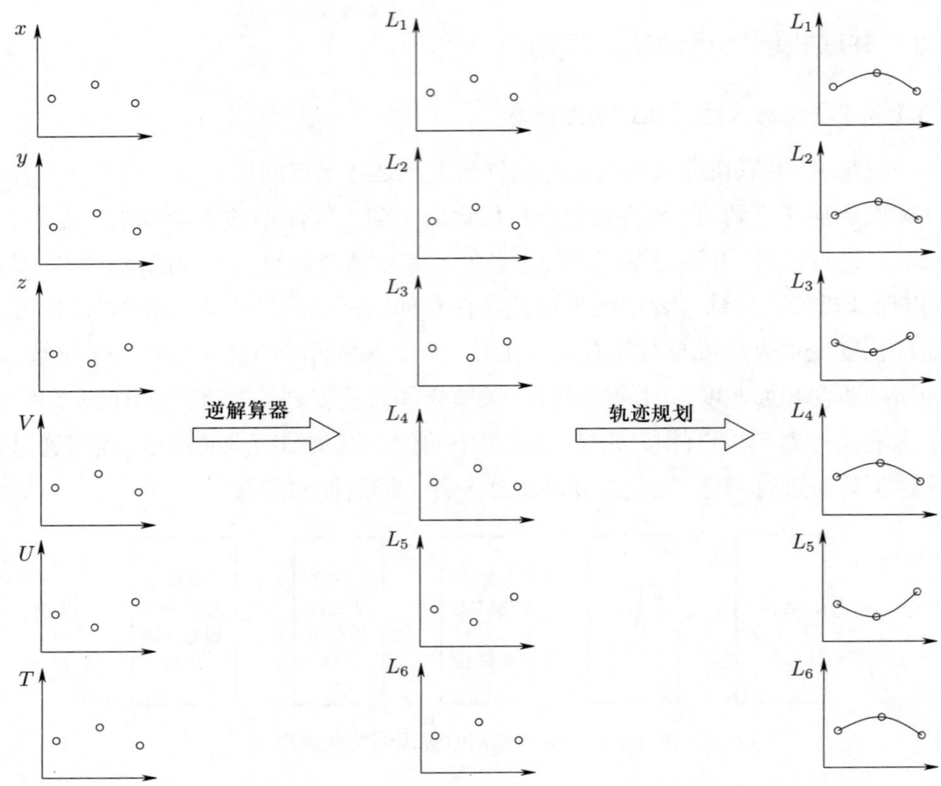

图 **13.8** 杆长空间轨迹规划流程解析

$$\dot{L}(t) = A_1 + 2A_2t + 3A_3t^2 \tag{13.49}$$

$$\ddot{L}(t) = 2A_2 + 6A_3t \tag{13.50}$$

通过给定运动过程中的约束条件, 可求出多项式中的未知参数。

设起始时刻 t_0 和终止时刻 t_{f} 的杆长分别为

$$\begin{cases} L(t_0) = L_0 \\ L(t_{\mathrm{f}}) = L_{\mathrm{f}} \\ \dot{L}(t_0) = \dot{L}_0 \\ \dot{L}(t_{\mathrm{f}}) = \dot{L}_{\mathrm{f}} \end{cases} \tag{13.51}$$

根据运动空间轨迹规划的连续性要求, 需要保证始末速度函数的一致, 对于两个节点之间规划可以设定起始和终止位置的杆长线速度均为零:

$$\dot{L}(t_0) = 0 \tag{13.52}$$

$$\dot{L}(t_{\mathrm{f}}) = 0 \tag{13.53}$$

通过上式, 可以求解出 4 个未知参数:

$$
\begin{cases}
A_0 = L_0 \\
A_1 = 0 \\
A_2 = \dfrac{3}{{t_\mathrm{f}}^2}\left(L_\mathrm{f} - L_0\right) \\
A_3 = -\dfrac{3}{{t_\mathrm{f}}^2}\left(L_\mathrm{f} - L_0\right)
\end{cases}
\tag{13.54}
$$

将式 (13.54) 代入式 (13.48), 可以得到三次多项式轨迹函数:

$$
L\left(t\right) = L_0 + \frac{3}{{t_\mathrm{f}}^2}(L_\mathrm{f} - L_0)t^2 - \frac{2}{{t_\mathrm{f}}^3}(L_\mathrm{f} - L_0)t^3 \tag{13.55}
$$

一般情况下, 空间轨迹规划存在于多节点之间。需要把整个运动过程根据规划要求分成不同节点数, 在众多节点中连续两个节点可以看作“始末点”, 这样便可以使用空间插值方法规划整个运动过程, 使得各个关节在轨迹节点上实现平滑过渡。由于中间节点在规划过程中速度不为零, 所以速度变化需要满足以下要求:

$$
\dot{L}\left(t_0\right) = v_0 \tag{13.56}
$$

$$
\dot{L}\left(t_\mathrm{f}\right) = v_\mathrm{f} \tag{13.57}
$$

将约束条件代入三次多项式函数, 求得多项式系数:

$$
\begin{cases}
A_0 = L_0 \\
A_1 = \dot{L}_0 \\
A_2 = \dfrac{3}{{t_\mathrm{f}}^2}\left(L_\mathrm{f} - L_0\right) - \dfrac{2}{t_\mathrm{f}}\dot{L}_0 - \dfrac{1}{t_\mathrm{f}}\dot{L}_\mathrm{f} \\
A_3 = -\dfrac{3}{{t_\mathrm{f}}^3}\left(L_\mathrm{f} - L_0\right) + \dfrac{1}{{t_\mathrm{f}}^2}\left(L_\mathrm{f} + L_0\right)
\end{cases}
\tag{13.58}
$$

式中, L_0、L_f 分别为起始点和终止点的杆长; $\dot{L}_0$、$\dot{L}_\mathrm{f}$ 分别为起始点和终止点的杆长线速度; $\ddot{L}_0$、$\ddot{L}_\mathrm{f}$ 分别为起始点和终止点的杆长加速度。此时, 可得到三次多项式轨迹函数:

$$
\begin{cases}
L\left(t\right) = A_0 + A_1 t + A_2 t^2 + A_3 t^3 \\
\dot{L}\left(t\right) = A_1 + 2A_2 t + 3A_3 t^2 \\
\ddot{L}\left(t\right) = 2A_2 + 6A_3 t
\end{cases}
\tag{13.59}
$$

13.3.3 三次多项式运动轨迹规划仿真

通过以上分析, 可以计算伸缩杆在满足速度要求的起始点到终止点之间运动规划情况。图 13.9 所示为三次多项式 Simulink 轨迹规划仿真, 图 13.10 所示为轨迹规划算法模块: 要求机器人某一关节在 10 s 内, 由初始点 A 到终止点 B 的运动变化情况。

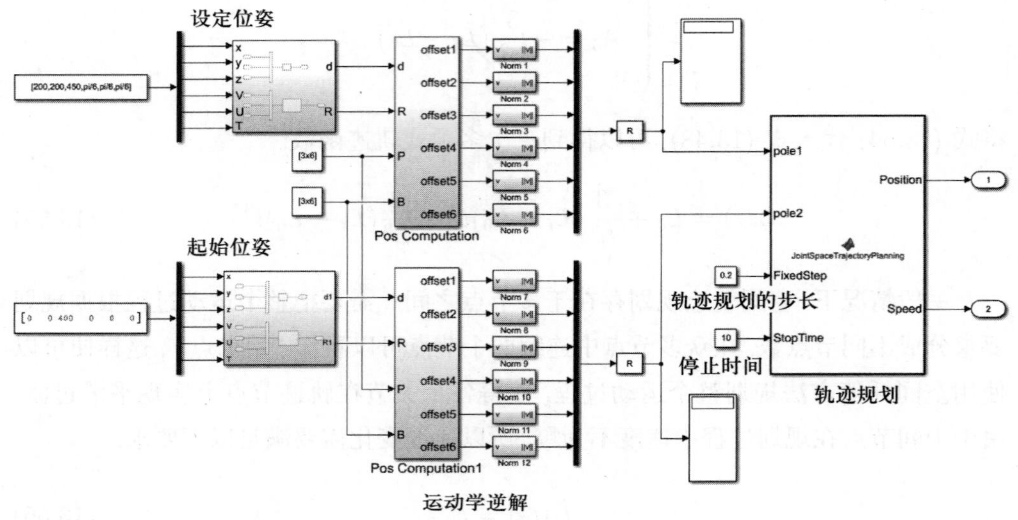

图 13.9 **Simulink** 轨迹规划仿真

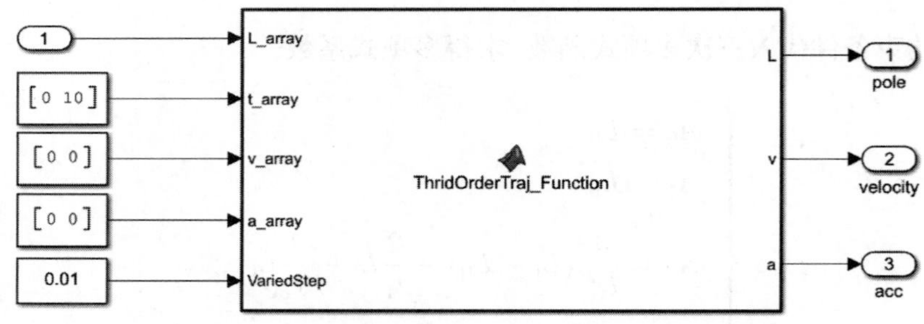

图 13.10 **Simulink** 轨迹规划算法模块

运动规划过程中的杆长变化及速度、加速度变化如图 13.11 至图 13.13 所示。

13.4 并联机器人运动学控制系统搭建及实验

(1) 并联机器人控制系统组成

如图 13.14 所示, 控制系统的具体组成包括:

1) Stewart 并联机器人本体 (具体包括力矩电动机、减速器、编码器、驱动器等);

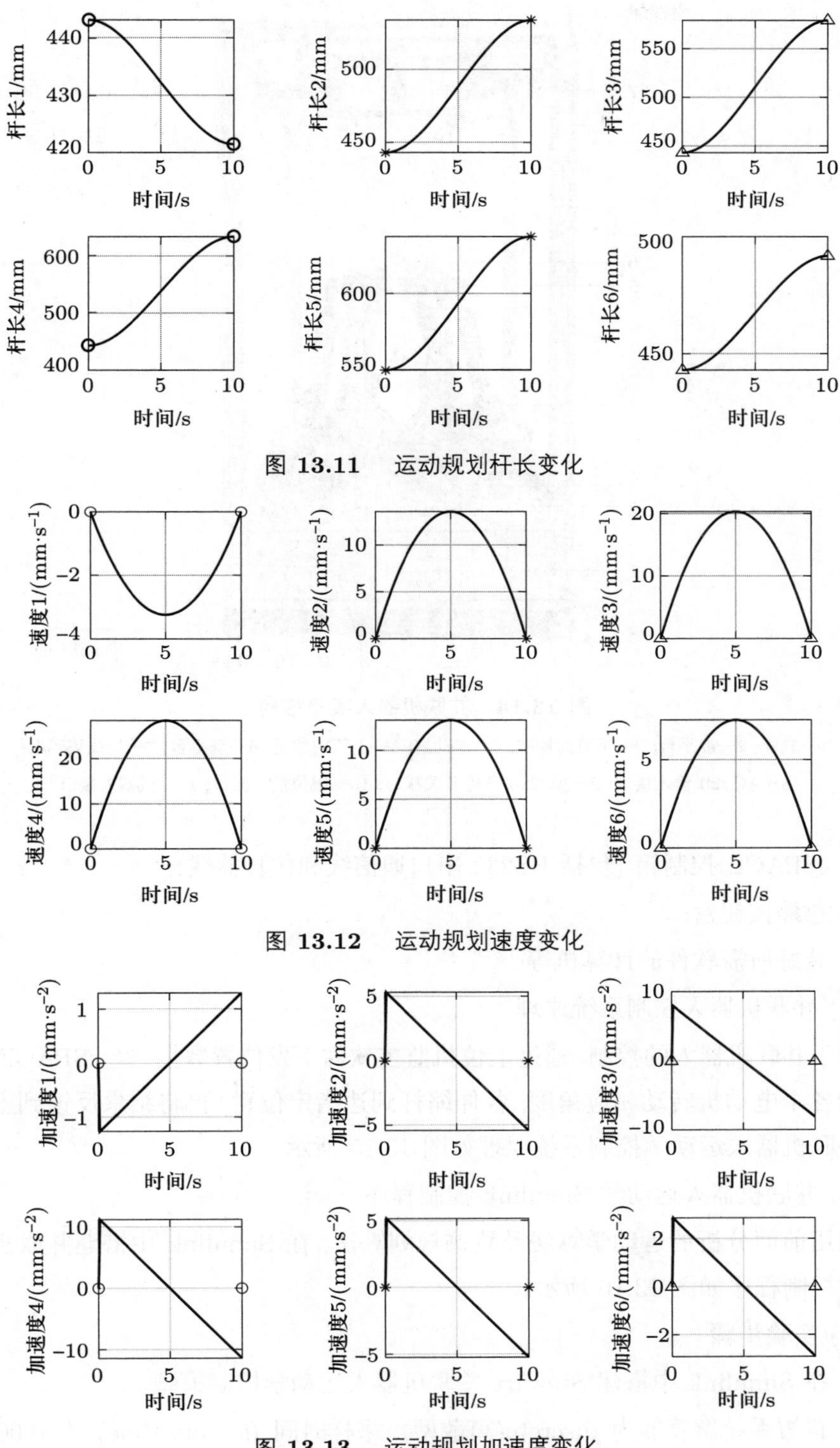

图 13.11　运动规划杆长变化

图 13.12　运动规划速度变化

图 13.13　运动规划加速度变化

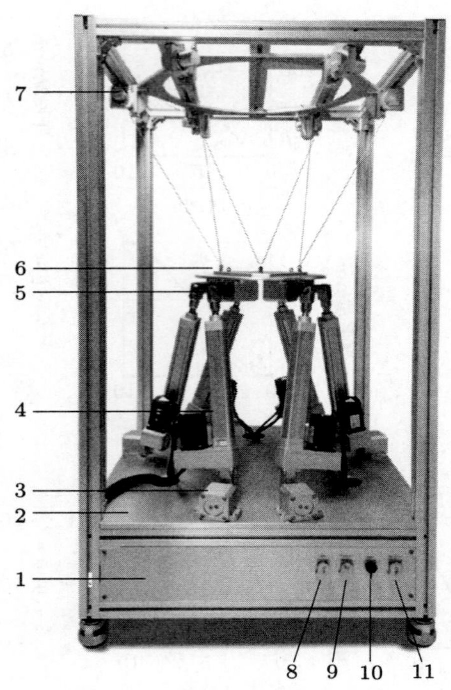

图 13.14 并联机器人实验结构

1—底座; 2—静平台; 3—下万向铰链; 4—电动缸; 5—上万向铰链; 6—动平台; 7—拉线编码器; 8—AC220 输入接口; 9—AC220 急停开关接口; 10—限位信号接口; 11—机器人接口

2) cSPACE 控制箱 (包括 RS232 串口通信线和仿真器线);

3) 急停按钮盒;

4) 装好所需软件的计算机等。

(2) 并联机器人控制系统原理

对于并联机器人的控制, 通过上位机监控软件下发位置数据, 经 cSPACE 控制板驱动各个电动机转动相应角度, 各伸缩杆到达指定位置, 再将结果反馈到上位机中。并联机器人运动学控制系统原理如图 13.15 所示。

(3) 并联机器人运动学 Simulink 控制程序

利用前面分析的运动学算法及轨迹规划算法, 在 Simulink 中搭建并联机器人运动学控制程序如图 13.16 所示。

(4) 实验步骤

1) 在 Simulink 中搭建 Stewart 并联机器人运动学控制模型。

2) 设置系统解算器为 discrete(离散型), 采样时间 (simple time) 为 0.000 5 s (注意: 控制器里有关时间的函数不得低于系统采样时间)。

3) 编译搭建好的模型, 生成 CCS 工程文件 (生成的 _ert_rtw 在编译时

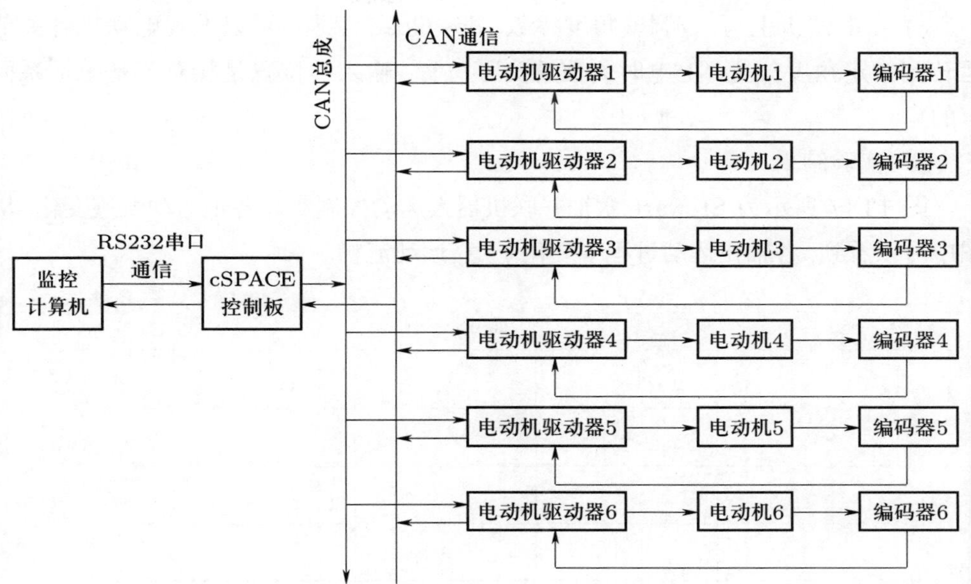

图 **13.15**　并联机器人运动学控制系统原理

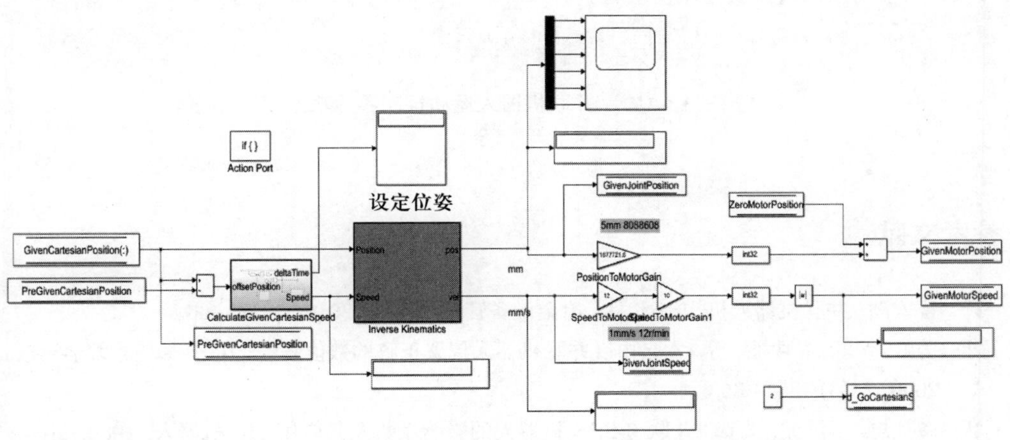

图 **13.16**　并联机器人运动学 **Simulink** 控制程序

MATLAB 主界面的子文件夹里)。

4) 接线, 把并联机器人的 CAN 信号线和电源线接到 cSPACE 控制箱的相应接口, 仿真器线和 RS232 串口发送线连在 cSPACE 控制箱和 PC 主机两头。

5) 并联机器人上电 (注意确保抱闸全部打开), cSPACE 控制箱上电; 打开 CCS, 导入刚刚编译好的 CCS 工程文件, 配置仿真器参数。

6) 打开上位机 cSPACEWatch0, 在检测界面选择串口和相应通道。

7) Debug 下载调试好的程序到 cSPACE 控制器中, 此时会看到 cSPACE-Watch0 上位机监测界面有数据返回 (根据需求可自行选择返回值)。

8) 在上位机上写入/调整角度参数, download 实验, 可以发现电动机各关节运转到指定角度位置 (上电时刻位置为零位置, 输入的位置是相对于基坐标系而言的)。

(5) 实验结果

图 13.17 所示为 Stewart 六轴并联机器人运动控制实验各轴运动轨迹变化, 从图中可以看到, 各轴在运动过程中变化平稳, 运动流畅。

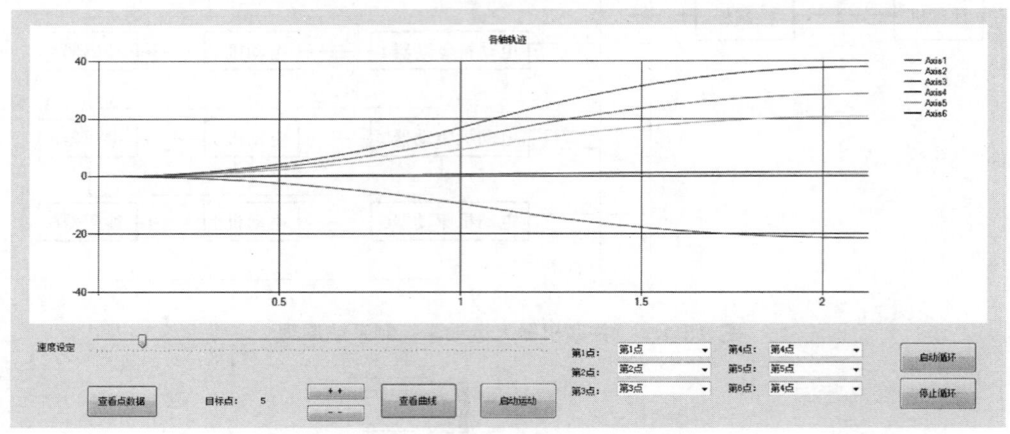

图 13.17　并联机器人运动控制实验轨迹

参考文献

[1] 鲁宏洲. 并联机器人机构综述 [J]. 冶金设备管理与维修, 2010(1): 64−66.

[2] 姜虹, 贾嵘, 董洪智, 等. 六自由度并联机器人位置正解的数值解法 [J]. 上海交通大学学报, 2000, 34(3): 351−353.

[3] 澹凡忠, 王洪波, 黄真. 并联 6-SPS 机器人的影响系数及其应用 [J]. 机器人, 1989, 11(5): 20−24, 29.

[4] 杨泽国. 六自由度 Stewart 平台运动学分析与优化 [D]. 北京: 中国地质大学 (北京), 2015.

第 14 章　移动机器人控制

前面章节主要讨论了工业环境中应用最为广泛的关节式机器人, 随着自主导航移动机器人在工业和日常生活中的应用越来越广泛, 以及移动机器人在自主决策及多机协作能力方面潜能的日益增长, 移动机器人在高级应用领域变得越来越重要, 本章将讨论轮式移动机器人的运动学建模、路径规划及路径跟踪技术 [1−2]。本章首先对实验平台进行简介, 接着对两轮差速移动机器人进行运动学分析, 并进行相应的仿真分析; 然后针对移动机器人自主导航设计路径规划方法, 此方法采用全局路径规划与局部路径规划融合的策略, 以确保移动机器人实现自主导航功能; 最后结合实验平台完成自主导航移动机器人实验。

14.1　移动机器人的运动控制

自主导航移动机器人的运动控制主要包括路径规划和路径跟踪。路径规划实现了移动机器人知道自己要到哪里去, 以及沿着什么样的路线到那里去; 路径跟踪解决移动机器人该怎么沿着规划好的路径走而不偏离路线。本章将对全局路径规划、局部路径规划、融合路径规划以及路径跟踪控制展开研究 [3]。

14.1.1　移动机器人路径规划

移动机器人路径规划可总结为三个问题: “我在哪”“我要到哪去”“我要怎么才能到达那里”。第一个问题由即时定位与建图 (simultaneous localization and mapping, SLAM) 算法解决, 准确定位并完成室内环境地图的创建。第二个和第三个问题则由本章研究的路径规划系统来解决 [4]。

路径规划技术是移动机器人的核心技术之一, 根据应用场景的不同分为室内路径规划与室外路径规划。在室外环境中通常采用基于卫星导航的路径规划系统, 如基于中国北斗卫星导航系统的路径规划系统、基于美国全球定位系统和欧盟伽利略卫星导航系统的路径规划系统等。此类系统技术成熟可靠, 实时性好, 但是一旦进入室内环境, 钢筋混凝土建造的建筑物会严重影响卫星信号的传输; 因此在室内通常不采用此类系统。在室内环境中, 通常使用双目相机、深度相机或激光雷达等传感器实现路径规划。不论是室外路径规划还是室内路径规划, 移动机器人都是根据环境感知传感器以及已知地图来确定自身位置, 并根据目标点在已知地图上的规划路径进行移动。

根据作用区域的不同, 路径规划分为全局路径规划与局部路径规划。全局路径规划依据起始点及已知环境地图规划出全局最优路径; 局部路径规划则依据全局最优路径及周围动态环境规划实时的机器人移动速度。常见的路径规划算法如图 14.1 所示。

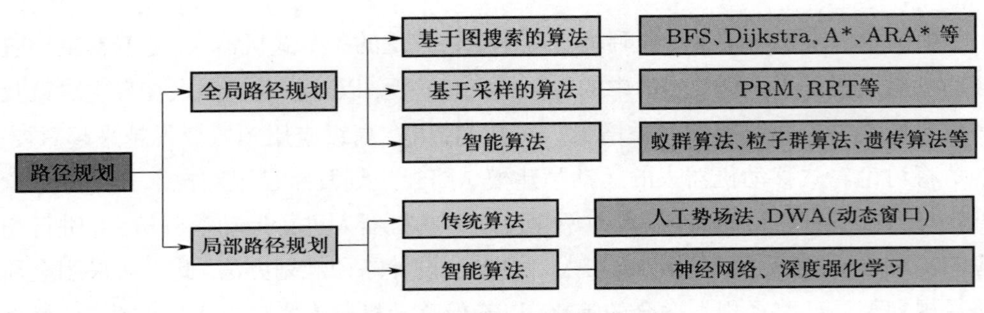

图 14.1　常见的路径规划算法

全局路径规划是在已知全局环境信息的前提下, 创建全局的环境地图模型, 然后在该模型上使用最优搜索算法得到全局最优路径, 最终机器人根据全局最优路径安全地移动到目标点处。

全局路径规划算法可以分为基于图搜索的算法、基于采样的算法和智能算法三类。

基于图搜索的全局路径规划算法有广度优先搜索 (breadth first search, BFS) 算法、Dijkstra 算法、A* 算法等。BFS 算法平等地搜索每一条可能的路径, 是全方位搜索的寻路算法; Dijkstra 算法是基于 BFS 算法优化而来的; A* 算法是在 Dijkstra 算法基础上加入启发式函数 $f(n) = g(n) + h(n)$ 优化而来的。

基于采样的全局路径规划算法有随机路径图 (probabilistic roadmaps, PRM) 算法和快速搜索随机树 (rapidly exploring random tree, RRT) 算法。RRT 算法根据地图中的随机增量分别从起点和终点生成两个路径树, 直到这两棵树合二为一, 经过平滑处理后得到曲线路径。

智能全局路径规划算法有蚁群算法、粒子群算法和遗传算法等。智能搜索算法是一类模仿自然界生物进化与行为的仿生算法。其中遗传算法受到达尔文进化论的启发, 模拟优胜劣汰的自然法则, 以获得全局最优解。

14.1.2 移动机器人路径跟踪

路径是由无数离散的点组成的, 那么只要遍历这些离散目标点, 就可以完成路径跟踪运动控制设计。纯跟踪 (pure pursuit) 是一种路径跟踪算法, 其原理是将机器人从当前位置移动到机器人前面的某个展望点, 输出期望转角控制信息, 并结合路径点曲率变化来计算期望线速度。路径跟踪控制框架如图 14.2 所示。

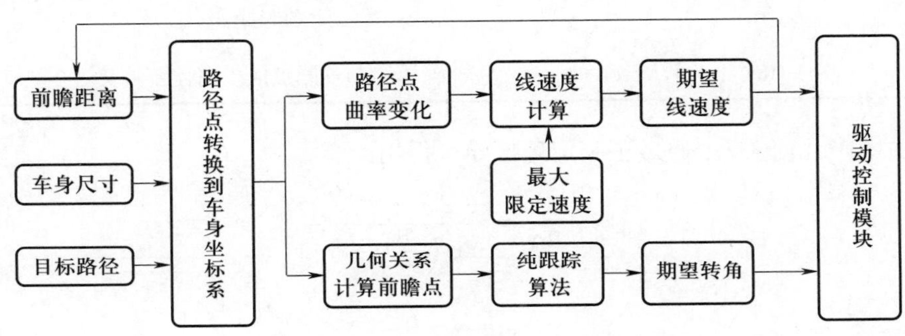

图 **14.2** 路径跟踪控制框架

(1) 期望转角控制设计

依据纯跟踪控制原理, 经简化和抽象, 只画出车体轴距和车体中心点以表明几何关系, 建立差速移动机器人和路径的运动关系分析模型如图 14.3 所示。

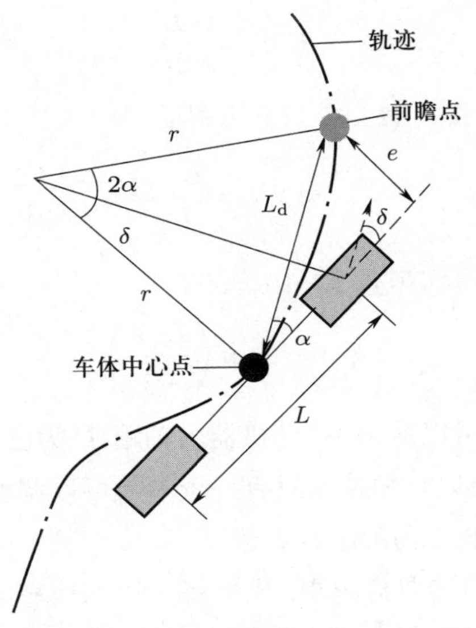

图 **14.3** 纯跟踪算法分析模型

图 14.3 中各符号含义如表 14.1 所示。

表 **14.1** 图 **14.3** 中符号含义

符号 (单位)	物理量
r(m)	车体中心 (小圆) 转弯半径
L(m)	移动机器人轴距
δ(rad)	移动机器人转角
α(rad)	车身与前瞻点夹角
L_{d}(m)	前瞻距离
e(m)	与前瞻点的横向偏差

由图中几何关系, 通过正弦定理推导可得出:

$$\frac{L_{\mathrm{d}}}{\sin 2\alpha} = \frac{r}{\sin\left(\frac{\pi}{2} - \alpha\right)} \tag{14.1}$$

$$\sin\alpha = \frac{e}{L_{\mathrm{d}}} \tag{14.2}$$

式 (14.1) 由倍角公式可写为

$$\frac{L_{\mathrm{d}}}{2\sin\alpha \cdot \cos\alpha} = \frac{r}{\cos\alpha} \ \Rightarrow \frac{1}{r} = \frac{2\sin\alpha}{L_{\mathrm{d}}} \tag{14.3}$$

移动机器人转角表达式可写为

$$\tan\delta = \frac{L}{2r} \tag{14.4}$$

由式 (14.2)、式 (14.3) 和式 (14.4) 联立可得

$$\tan\delta = \frac{L \cdot e}{L_{\mathrm{d}}^2} \tag{14.5}$$

由此可得移动机器人转角控制表达式:

$$\delta = \arctan\left(\frac{L \cdot e}{L_{\mathrm{d}}^2}\right) \tag{14.6}$$

由转角控制表达式可以看出, 移动机器人轴距 L 为已知, 预瞄点的横向偏差 e 由前瞻距离 L_{d} 确定, 所以转角控制只有一个参数可以调整, 即前瞻距离 L_{d}, 所以纯跟踪控制效果主要取决于前瞻距离的选取。

一般来说, 前瞻距离选取得越小, 机器将更快速地靠向规划路径, 从而实际路径将会更加贴合规划路径, 但是也会随着实际路径发生振荡, 如图 14.4 (a) 所示;

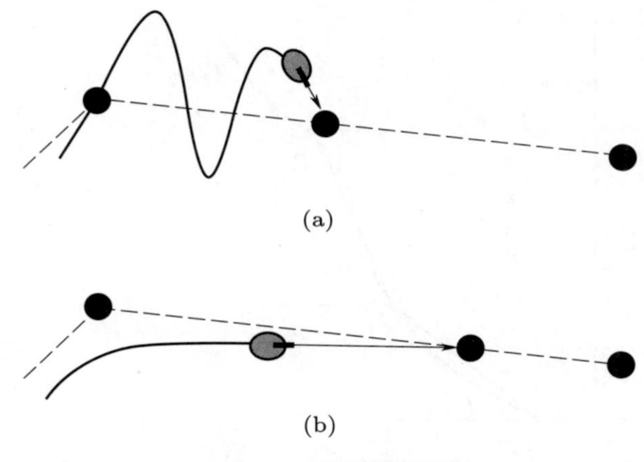

(a)

(b)

图 14.4　控制精度原理

反之, 较大的前瞻距离, 可以减少沿路径的振荡, 控制效果会越平滑, 如图 14.4 (b) 所示。

所以前瞻距离的选取至关重要, 前瞻预瞄距离的选取和当前车速有关, 通常来说前瞻距离 L_{d} 被认为是车体线速度的函数, 如式 (14.7) 所示, 在不同的车速下选择不同的前瞻距离。

$$\delta = \arctan\left(\frac{L \cdot e}{v^2}\right) \tag{14.7}$$

(2) 期望线速度控制设计

对于期望线速度的控制, 根据预瞄点搜索算法, 结合其预瞄点搜索策略, 采用一次性曲率计算方法, 即先计算路径序列各点曲率变化, 利用预瞄点搜索策略搜索机器人车体前瞻距离对应的路径点, 则该点即为曲率变化对应的前瞻点, 则移动机器人此刻的线速度与当前前瞻点曲率变化有关, 由此输出移动机器人满足路径点曲率变化所期望的线速度。

首先根据移动机器人控制经验可知, 线速度的控制与曲率变化有关, 如此计算路径序列各点曲率变化示意如图 14.5 所示。

设 P_i $(i = 1, 2, \cdots, n)$ 为路径序列点, ρ_i $(i = 1, 2, \cdots, n)$ 为序列点间的曲率, 路径序列各点的曲率变化公式为

$$\rho_i = \frac{Y\left(P_{i+1}\right) - Y\left(P_i\right)}{X\left(P_{i+1}\right) - X\left(P_i\right)} \tag{14.8}$$

$$k_i = \left|\rho_i - \rho_{i-1}\right| \tag{14.9}$$

式中, $(X(P_i), Y(P_i)$) 为预瞄点坐标; k_i $(i = 1, 2, \cdots, n-1)$ 为路径终点之前路径点的曲率变化。

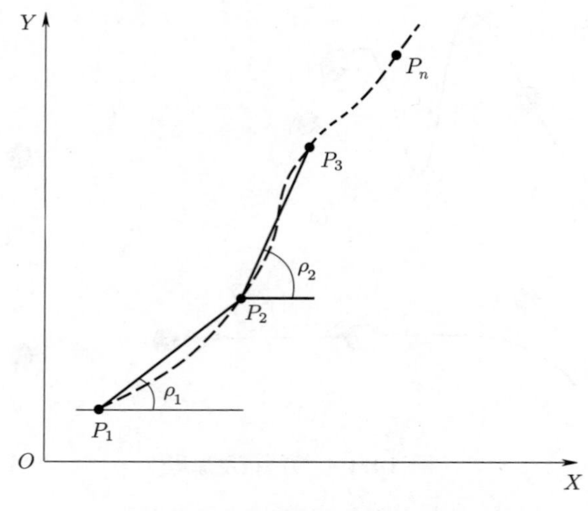

图 14.5 预瞄点曲率变化示意

完成路径序列各点曲率变化计算之后, 根据前瞻点搜索算法建立的搜索模型如图 14.6 所示。

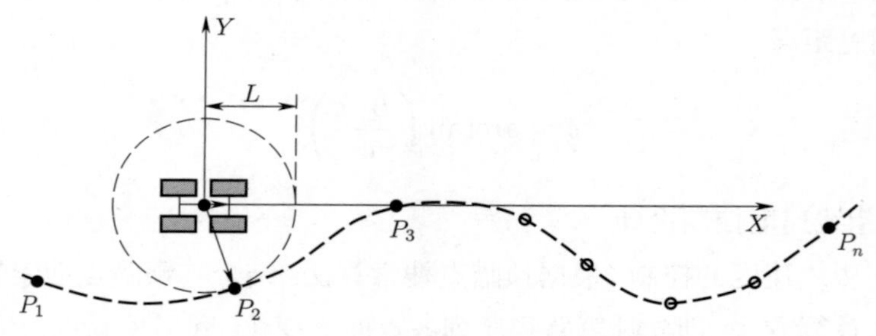

图 14.6 路径前瞻点搜索模型

前瞻距离对应的路径前瞻点搜索策略如下:

1) 当所有点到车体中心点的距离都大于前瞻距离时, 选择最近的点为前瞻点;

2) 当所有点到车体中心点的距离都小于前瞻距离时, 选择最远的点为前瞻点;

3) 沿车身前进方向搜索一点满足与车体中心点的距离小于前瞻距离, 而该点下一个点与车体中心点的距离大于前瞻距离, 则该点为前瞻点;

4) 完成一次前瞻点搜索, 当移动机器人移动到新位置时, 重复上述步骤完成新的前瞻点搜索。

由式 (14.9) 计算路径序列各点曲率变化之后, 根据移动机器人控制经验可知: 曲率变化越大, 对线速度影响越大, 车速越小; 曲率变化越小, 对线速度影响越小, 车速较大。根据驱动器设置的车体安全最大车速 $v_{\max}$, 现为了保证车体跟随曲率变化能安全移动, 当移动机器人搜索到当前前瞻点之后, 当前前瞻点的曲率变化 k_i,

则期望车速设置为

$$v = \left(1 - \frac{k_i}{\lambda}\right)^2 \cdot v_{\max} \tag{14.10}$$

式中, λ 为常数, 在各点曲率变化计算时可以计算得到最大曲率变化 $k_{\max}$ 和最小曲率变化 $k_{\min}$, λ 的取值介于两者之间。

14.2 移动机器人平台介绍

本节将以智能移动机器人作为实例来介绍两轮差速运动学模型和移动机器人路径规划。智能移动机器人如图 14.7 所示。

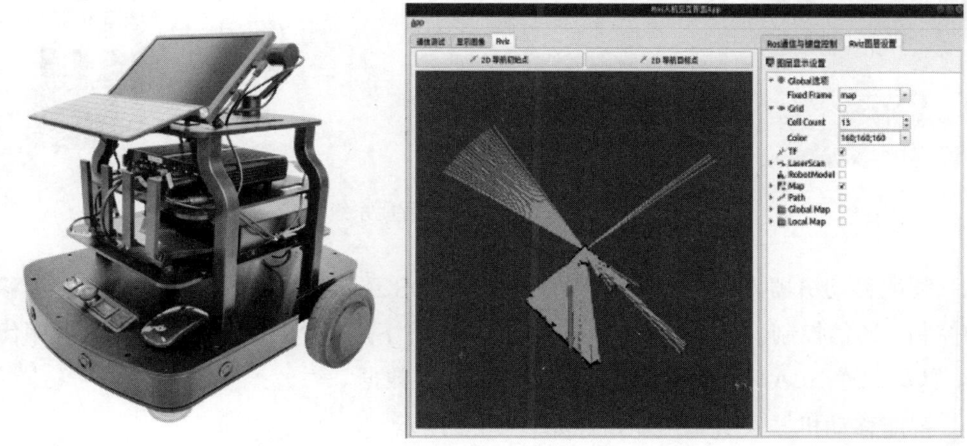

图 **14.7** 智能移动机器人

智能移动机器人底盘平台 (型号: MSAIV) 是由双驱动轮毂电动机、X86 工控机、2D 云台、深度相机、2D 激光雷达、九轴 IMU、前后碰撞雷达、控制电路和稳压电源组成。底盘是由双驱动控制两个轮毂电动机作为动力来源, 配合两个万向轮, 采用差速控制模型, 同时车体四周安装前四后四防碰撞传感器、车身安装 360° 激光传感器、驱动器提供编码器数据、IMU 传感器提供九轴数据、深度摄像头采集图像信息和深度信息, 这些组成了传感器系统, 控制系统硬件由 I7 系列工控机提供高效的运算力保障, 结合车体显示器, 键鼠套装, 遥控手柄可方便车体调试, 算法验证。驱动器采用 STM32F103 单片机搭配轮毂电动机伺服控制技术, 控制系统采用 Ubuntu-ROS。电源方面采 DC 24 V, 15 Ah 可保障车体至少 4 个小时的充足续航。多传感器人工智能移动机器人底盘平台由我们自主研发的工业驱动器结合机器人 Ubuntu-ROS 系统组成, 为教学和科研提供优越的开放性支撑, 智能系统构成如图 14.8 所示。

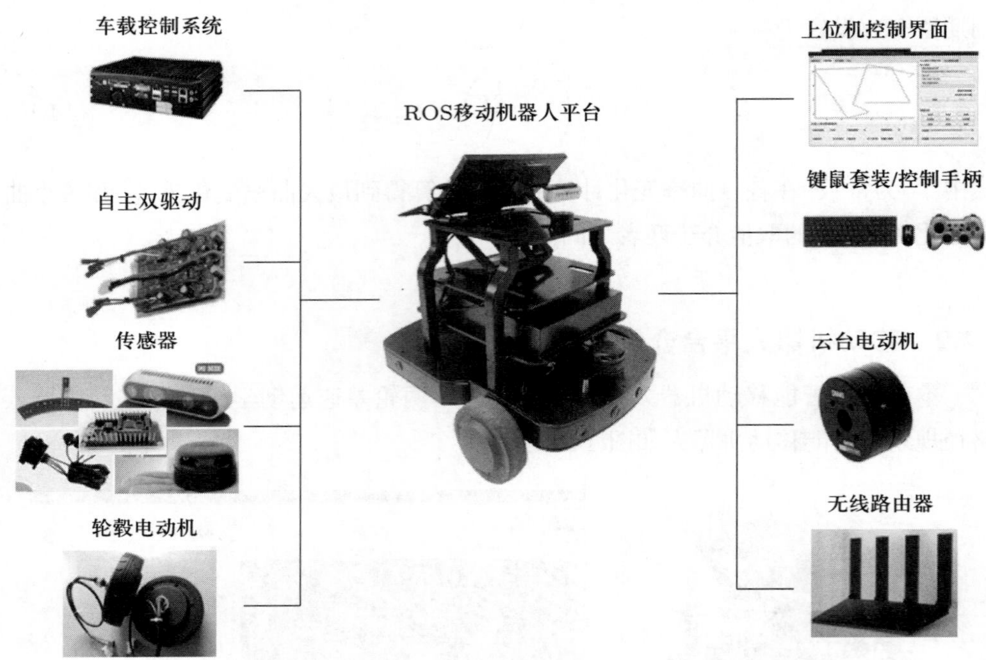

图 14.8　智能移动机器人智能系统构成

智能移动机器人底盘平台可以在 Linux/ROS 环境下运行 SLAM 算法, 进行移动控制、通信控制、避障等实验, 可在 ROS 环境下进行路径规划控制, 调试程序代码, 以及配置 SLAM 算法参数, 以融合多传感器数据。

智能移动机器人整车性能指标如表 14.2 所示。

表 14.2　智能移动机器人整车性能指标

参数类型	项目	指标
机械参数	长 × 宽 × 高/(mm×mm×mm)	600×500×590
	轮距/mm	445
	车体质量/kg	35
	电池类型	锂电池 24 V, 15 Ah
	电动机	轮毂电动机 2×250 W+2 万向轮
	驱动形式	两轮差速驱动
	转向	差速转向
性能参数指标	空载最高车/($m\cdot s^{-1}$)	⩽1
	最小转弯半径	可原地转弯
	最大爬坡能力	⩽10°

续表

参数类型	项目	指标
性能参数指标	最小离地间/mm	70
	差分驱动	运动学算法
	惯导 IMU	欧拉角算法
	ROS 里程计	编码器
	SLAM 算法	Gmapping、hector、karto
	NAV 算法	Amcl 定位、move_base 避障
配置参数	控制模式	遥控控制、键盘、RVIZ
	遥控器	机器人专用 PS3
	驱动器	自主双驱动
	雷达	思岚 A2 雷达
	工控机	I7 系列
	相机	InterD435I
	IMU	MPU9250
	无线路由器	华为千兆四核
	显示器	11.6 寸
	避障传感器	前后共 8 个雷达测距

双驱动性能指标如表 14.3 所示。

表 14.3　双驱动性能指标

工作电压	24~36 V DC
输出电流	均值 10 A, 峰值 20 A
额定转速	伺服电动机 3 000 r/min
适配电动机	25~360 W 低压交流伺服电动机
控制方式	上位机通信控制等, 支持位置、速度和力矩模式
通信方式	RS232、RS485
异常保护	具备欠压、过压、过载、过流、编码器异常等
使用场合	尽量避免粉尘、油雾及腐蚀性气体
工作温度	–10～+50 ℃
保存温度	–20～+80 ℃

工控机性能指标如表 14.4 所示。

表 **14.4** 工控机性能指标

型号	Intel 酷睿八代四核计算机主机 (I7-8565U)
CPU	8 代 I7 四核八线程处理器, 主频 1.8 GHz, 睿频 4.0 GHz
显卡	英特尔 iris Plus Graphics 640
视频输出	1×DP+HDMI
音频	1×SPK+1×MIC
硬盘接口	M.2 (支持 PCIE 总线 NVME 高速固态)
内存	双 DDR4 内存插槽, 最大支持 32 GB
USB 接口	4×USB3.0　4×USB2.0
网络接口	1×LAN 网络接口
WIFI	自带双天线 WIFI 模块
颜色	黑色
大小	22.5 cm×18.5 cm×4.8 cm
电源	19 V−5 A 5.5×2.5 规格
操作系统	Ubuntu16.04+ROS

14.3 移动机器人运动学建模与仿真

14.3.1 移动机器人运动学建模

本节研究对象为两轮差速型轮式移动机器人, 如图 14.9 所示, 该机器人是由一个辅助轮和两个驱动轮所组成的一个小车。其中, 辅助轮是一个万向轮, 它起到了支撑车体和导向的作用, 两个驱动轮分别由两个独立的直流伺服电动机来提供动力进行驱动, 我们可以通过控制两个驱动轮的转向和转速来控制机器人的速度与转向, 从而实现两轮差速移动机器人的各种运动形式的控制。

如图 14.9 所示, xOy 为惯性笛卡儿坐标系, (x_C, y_C) 为机器人质心的坐标, v 为机器人车体的速度, ω 为机器人车体绕质心旋转的角速度, v_{R} 和 v_{L} 分别为机器人右轮和左轮速度, 惯性笛卡儿坐标轴 x 与机器人朝向的夹角为 θ, 机器人车轮半径为 r, 车轮到机器人质心的距离为 L, 即机器人的宽度为 $2L$。

图 14.10 所示为两轮差速移动机器人的运动示意, 该图表征了两轮差速移动机器人在平面内的运动学状态。

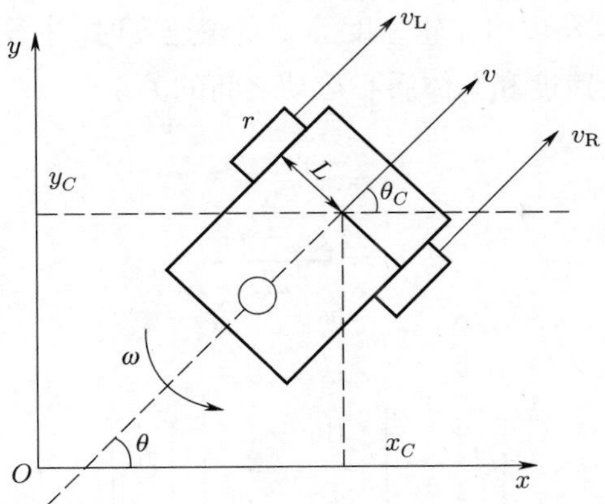

图 **14.9** 两轮差速移动机器人结构

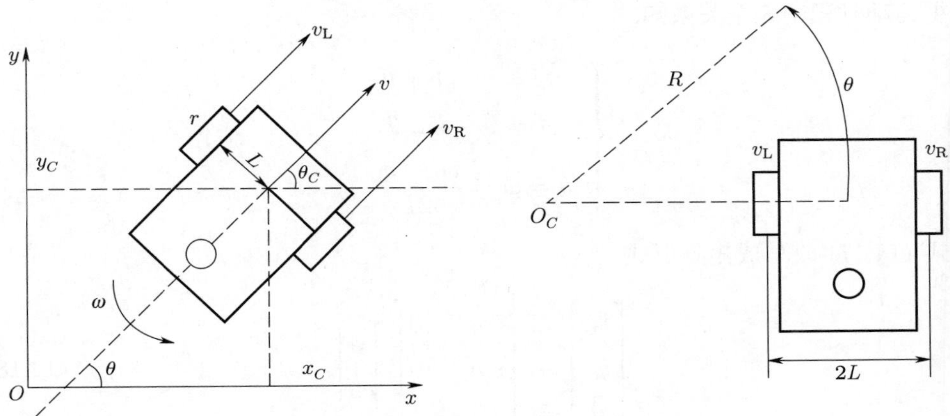

图 **14.10** 两轮差速移动机器人的运动示意图

移动机器人前进速度等于左、右轮速度的平均值:

$$v = \frac{v_{\mathrm{R}} + v_{\mathrm{L}}}{2} \tag{14.11}$$

假设机器人做圆周运动, 从起点出发绕圆心转一圈回到起点处, 在这过程中机器人累计的航向角为 360°, 同时它也确实绕轨迹圆心运动了 360°, 说明机器人航向角变化多少度, 就绕圆心旋转了多少度。而这 3 个角度中, 绕 O_C 的转角 θ 很容易计算出来, 由于相邻时刻时间很短, 角度变化量 θ 很小, 如式 (14.12) 所示:

$$\omega = \frac{\theta_1}{\Delta t} = \frac{v_{\mathrm{R}} - v_{\mathrm{L}}}{2L} \tag{14.12}$$

因此可以推出移动机器人圆弧运动的半径, 如式 (14.13) 所示:

$$R = \frac{v}{\omega} = \frac{2L\left(v_{\mathrm{R}} + v_{\mathrm{L}}\right)}{2\left(v_{\mathrm{R}} - v_{\mathrm{L}}\right)} \tag{14.13}$$

由式 (14.13) 可以发现当左轮速度等于右轮速度时，半径无穷大，即直线运动。综合起来，得到左右轮速度和车体质心运动之间的关系：

$$v = \frac{v_{\mathrm{R}} + v_{\mathrm{L}}}{2} \tag{14.14}$$

$$\omega = \frac{v_{\mathrm{R}} - v_{\mathrm{L}}}{2L} \tag{14.15}$$

改写成矩阵形式如下：

$$\begin{bmatrix} v \\ \omega \end{bmatrix} = \begin{bmatrix} \frac{1}{2} & \frac{1}{2} \\ \frac{1}{2L} & -\frac{1}{2L} \end{bmatrix} \begin{bmatrix} v_{\mathrm{R}} \\ v_{\mathrm{L}} \end{bmatrix} \tag{14.16}$$

根据运动过程中矢量关系知：

$$\begin{cases} \dot{x}_C = v \cdot \cos\theta \\ \dot{y}_C = v \cdot \sin\theta \\ \dot{\theta} = \omega = \dfrac{v_{\mathrm{R}} - v_{\mathrm{L}}}{2L} \end{cases} \tag{14.17}$$

将式 (14.17) 改写成矩阵形式：

$$\begin{bmatrix} \dot{x}_C \\ \dot{y}_C \\ \dot{\theta} \end{bmatrix} = \begin{bmatrix} \cos\theta & 0 \\ \sin\theta & 0 \\ 0 & 1 \end{bmatrix} \begin{bmatrix} v \\ \omega \end{bmatrix} \tag{14.18}$$

于是得到运动学方程如下：

$$\begin{bmatrix} \dot{x}_C \\ \dot{y}_C \\ \dot{\theta} \end{bmatrix} = \begin{bmatrix} \cos\theta & 0 \\ \sin\theta & 0 \\ 0 & 1 \end{bmatrix} \begin{bmatrix} \frac{1}{2} & \frac{1}{2} \\ \frac{1}{2L} & -\frac{1}{2L} \end{bmatrix} \begin{bmatrix} v_{\mathrm{R}} \\ v_{\mathrm{L}} \end{bmatrix} \tag{14.19}$$

14.3.2 移动机器人运动学仿真

依据两轮差速驱动移动机器人的运动学方程式 (14.19) 可搭建模型如图 14.11 所示。

两轮差速驱动方式 (即 v_{L} 和 v_{R} 间存在的速度差关系) 决定了其具备不同的 3 种运动状态，如图 14.12 至图 14.14 所示。

1) 当 $v_{\mathrm{L}} = v_{\mathrm{R}}$ 时，移动机器人做直线运动；

2) 当 $v_{\mathrm{L}} = -v_{\mathrm{R}}$ 时，移动机器人绕中心点原地旋转；

3) 当 $v_{\mathrm{L}} \neq -v_{\mathrm{R}}$ 时，移动机器人做圆弧运动。

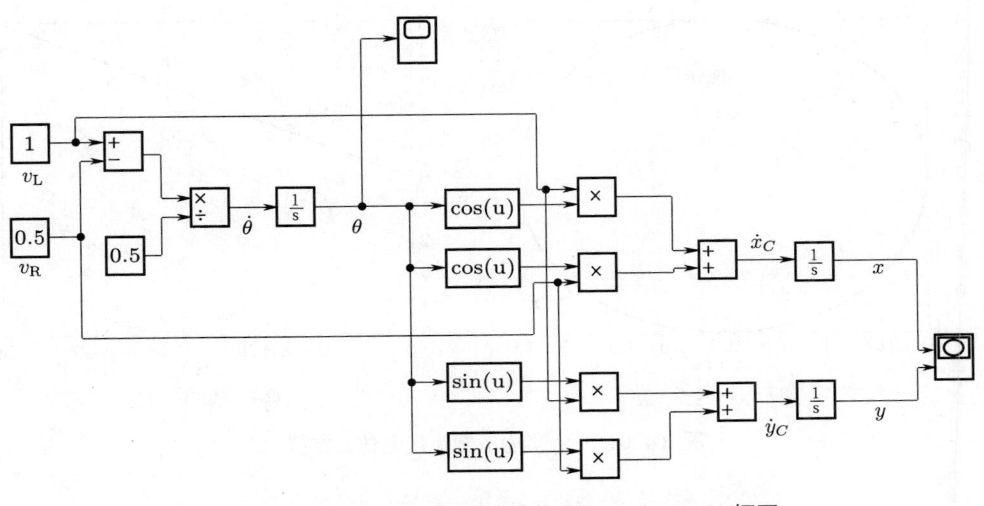

图 14.11　两轮差速驱动移动机器人 Simulink 框图

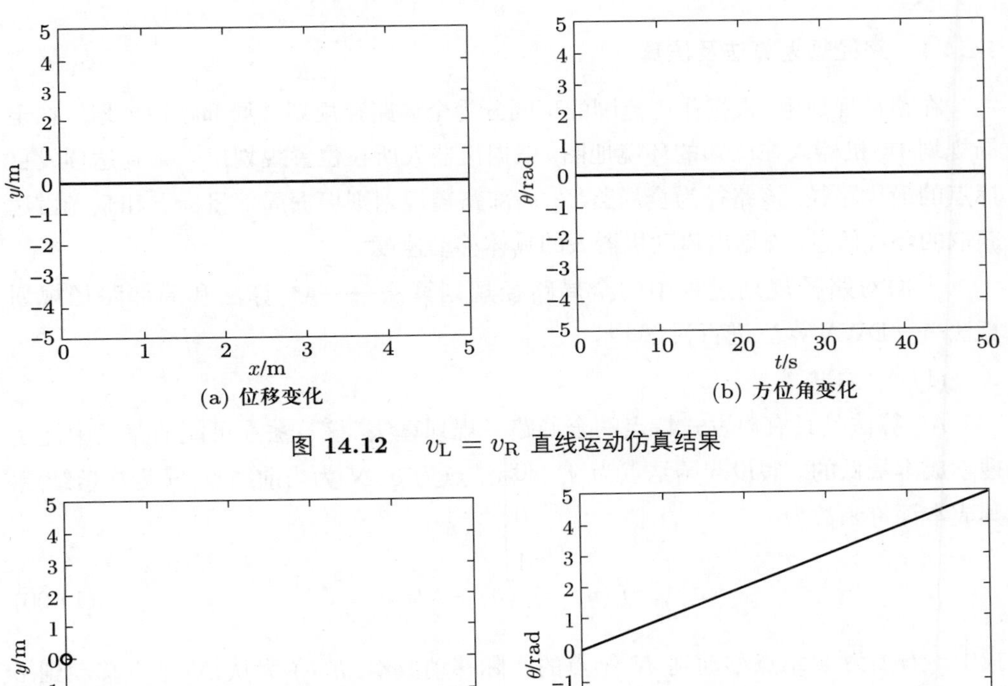

(a) 位移变化　(b) 方位角变化

图 14.12　$v_L = v_R$ 直线运动仿真结果

(a) 位移变化　(b) 方位角变化

图 14.13　$v_L = -v_R$ 原地旋转运动仿真结果

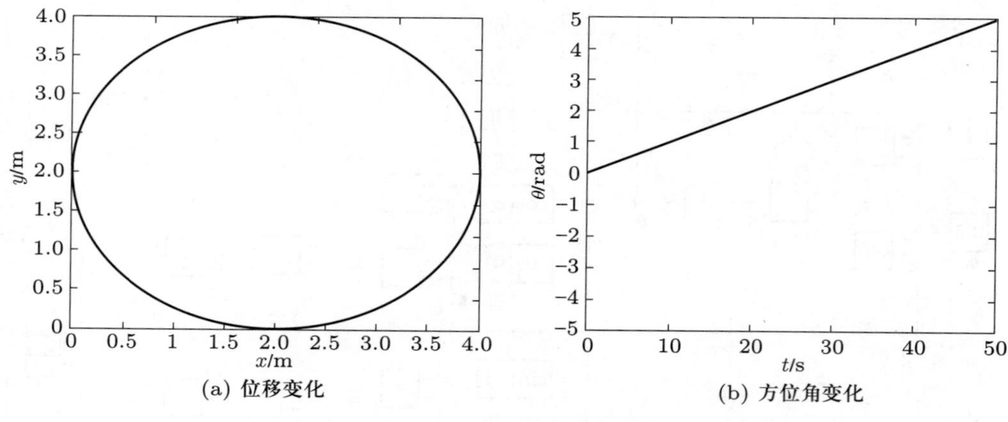

(a) 位移变化　　(b) 方位角变化

图 14.14　$v_{\mathrm{L}} \neq v_{\mathrm{R}}$ 圆弧运动仿真结果

14.4　移动机器人路径规划

14.4.1　路径规划算法及仿真

在路径规划中, 根据作用范围的不同分为全局路径规划、局部路径规划。在全局规划中, 机器人在已知的环境地图, 根据机器人所在位置规划出一条到达预设目标点的最优路径, 该路径为全局路径; 局部路径规划则根据局部目标点和激光雷达获取的环境信息, 规划出移动机器人的具体移动速度。

下面对路径规划过程中的全局路径规划算法——A* 算法和局部路径规划算法——DWA 算法进行讲解 [5]。

(1) A* 算法

A* 算法是具有启发式特点的全局路径规划算法, 该算法在可能的路径中优先搜索成本最低的。假设起始结点为 s, 目标结点为 g, N 为当前结点, n 为搜索结点, 其成本评价函数为

$$f(n) = g(n) + h(n) \tag{14.20}$$

式中, $g(n)$ 为 s 结点移动到 N 结点的实际移动成本; $h(n)$ 为从 N 结点移动到 g 结点的启发式成本, 即预计成本。启发函数 $h(n)$ 在成本评价函数 $f(n)$ 中尤为重要, 若 $h(n) \ll g(n)$ 或者 $h(n) = 0$, 那么 $f(n) = g(n)$, 成本评价函数与 $g(n)$ 等价, 算法转变为 Dijkstra 算法。此时能够求出最优解, 但是算法的运行速度下降。若 $h(n) \gg g(n)$, 算法的运行速度则大大提高, 但不保证搜索到最优解。

在基于栅格地图的全局路径规划中, A* 算法主要通过 OPEN 列表和 CLOSE 列表来探索路径并找到从 s 结点移动到 g 结点的最优路径。

A* 算法的具体步骤如下:

步骤一: 创建两个空列表——OPEN 列表和 CLOSE 列表, 分别存放的是待处理的结点和已经处理的节点。将起始节点也加入 OPEN 列表中等待处理。

步骤二: 将与 s 结点邻接的 8 个结点加入 OPEN 列表中, 并将这些结点的父结点设为 s 结点, 然后从 OPEN 列表中移除 s 结点, 将之加入 CLOSE 列表中。

步骤三: 在 OPEN 列表中选取成本评价最小的结点, 即 $f(n)$ 最小的结点作为当前结点 N, 将 N 结点从 OPEN 列表移入 CLOSE 列表。若 N 结点为目标结点 g, 则说明最优解已找到, 可逆序依次查找父结点生成最优路径。若不是, 则继续步骤四。

步骤四: 遍历结点 N 邻接的所有结点 (非障碍物结点且不在 CLOSE 列表中的结点), 并计算这些结点的 $f(n)$ 与 $g(n)$, 将这些结点中不在 OPEN 列表中的加入 OPEN 列表, 并将这些结点的父节点设为 N 结点。如果这些结点中存在某一结点 m 已经在 OPEN 列表中, 则比较当前结点的 $g(n)$ 与之前 $g(m)$ 的大小; 若 $g(n)$ 的值更小, 则将结点 m 的父节点更新为 N 结点, 并更新其 $f(n)$ 与 $g(n)$; 否则结点 m 不更新。

以此规则重复步骤三至步骤四, 直到目标结点加至 CLOSE 列表, 此时根据经过的结点进行回溯便可以找到起点至终点的最短路径。A* 算法流程如图 14.15 所示。

根据 A* 算法流程, 采用 MATLAB 仿真, 仿真结果如图 14.16 所示, 其中 ▲ 为起点, ● 为终点, ⊗ 为障碍物, 线条为搜索的最优路径。

(2) DWA

在室内环境中, 局部路径规划算法通常采用动态窗口算法 (dynamic window approach, DWA) 。该算法的基本思想: 对满足一定速度条件的速度向量 (v, ω) 集合 (其中 v 为移动机器人的线速度, ω 为移动机器人的角速度) 进行采样; 根据采样的速度向量结合移动机器人的运动模型, 预测在该采样速度向量下的轨迹; 最后选择适当的评价函数对这些采样的预测轨迹评分, 选取最优的速度向量 (v,ω) 控制接下来移动机器人的运动。

DWA的具体步骤如下:

步骤一: 生成速度向量采样窗口, 并进行采样。

在不加任何限制条件的情况下, 速度向量 (v,ω) 有无数种组合, 对无数种组合进行采样显然不合适。因此我们需要根据适用环境以及移动机器人的机动性能来缩小采样窗口。

首先, 移动机器人的移动速度应限制在一定的范围 V_{m} 内, 以保证其平稳运行:

$$V_{\mathrm{m}} = \{(v,\omega)\,|v_{\min} \leqslant v \leqslant v_{\max},\ \omega_{\min} \leqslant \omega \leqslant \omega_{\max}\} \tag{14.21}$$

式中, $v_{\min}$ 和 $v_{\max}$ 分别为移动机器人的最小线速度和最大线速度; $\omega_{\min}$ 和 $\omega_{\max}$ 分别为移动机器人的最小角速度和最大角速度。

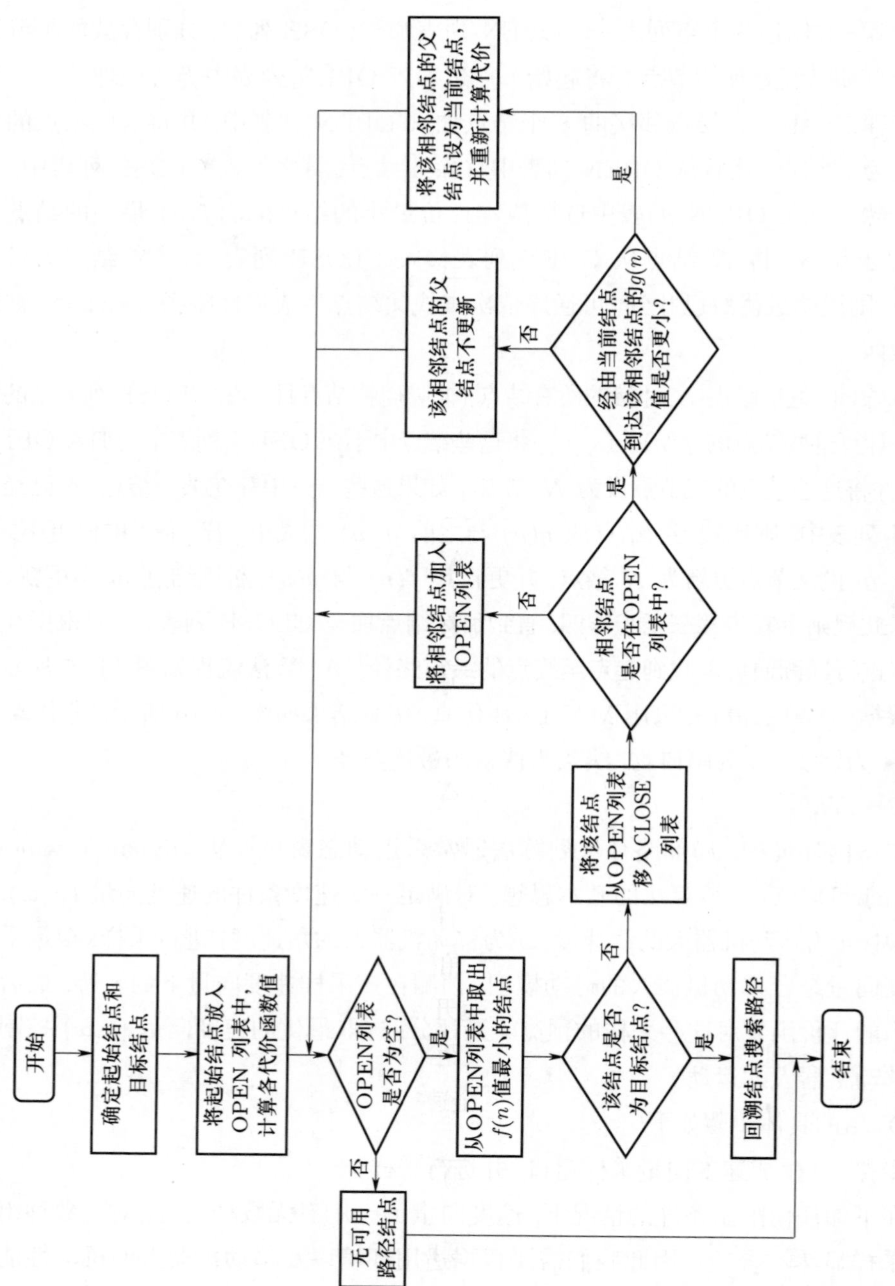
开始
确定起始结点和目标结点
将起始结点放入OPEN 列表中，计算各代价函数值
OPEN列表是否为空?
否
无可用路径结点
是
从OPEN列表中取出$f(n)$值最小的结点
该结点是否为目标结点?
是
回溯结点搜索路径
结束
否
将该结点从OPEN列表移入CLOSE列表
相邻结点是否在OPEN列表中?
否
将相邻结点加入OPEN列表
是
经由当前结点到达该相邻结点的$g(n)$值是否更小?
否
该相邻结点的父结点不更新
是
将该相邻结点的父结点设为当前结点，并重新计算代价

图 14.15　**A* 算法流程**

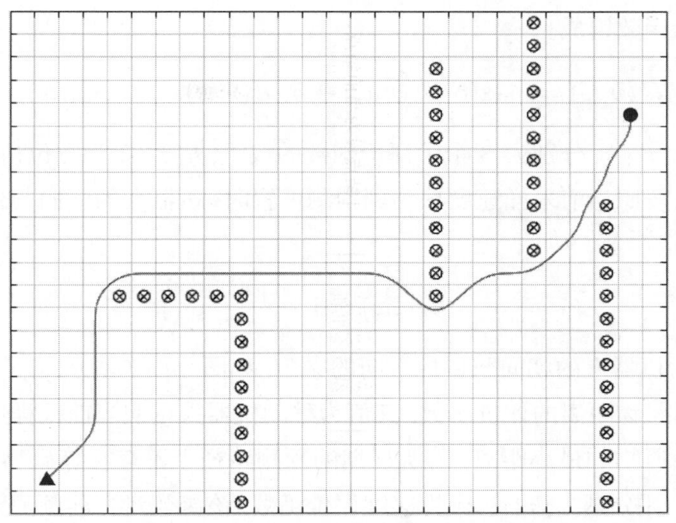

图 14.16　A* 仿真结果

其次, 由于移动机器人的驱动电动机的性能 (加速度、扭矩) 限制, 根据当前机器人移动速度向量及加速性能, 能够确定在采样间隔 Δt 内速度向量的变化, 该速度向量集合称为动态窗口 V_{d}。

$$V_{\mathrm{d}} = \{(v,\omega)\,|v_{\mathrm{c}} - v_{\mathrm{b}} \cdot \Delta t \leqslant v \leqslant v_{\mathrm{c}} + v_{\mathrm{a}} \cdot \Delta t,\\ w_{\mathrm{c}} - \omega_{\mathrm{b}} \cdot \Delta t \leqslant w \leqslant w_{\mathrm{c}} + \omega_{\mathrm{a}} \cdot \Delta t\} \tag{14.22}$$

式中, $(v_{\mathrm{c}}, \omega_{\mathrm{c}})$ 为当前机器人的移动速度向量; $(\dot{v}_{\mathrm{a}},\ \dot{v}_{\mathrm{c}})$ 为移动机器人最大线减速度和线加速度; $(\dot{\omega}_{\mathrm{a}},\ \dot{\omega}_{\mathrm{c}})$ 为移动机器人最大角减速度和角加速度。

最后, 为了使机器人在移动过程中避开障碍物, 在机器人撞到障碍物前必须即时停止, 即刹车距离必须小于移动机器人距离障碍物体的最小距离 $d(v,\omega)$。在该条件的限制下形成的速度向量空间称为安全速度向量集合 V_{s}。

$$V_{\mathrm{s}} = \{(v,\omega)\,|v \leqslant \sqrt{2d\,(v,\omega) \cdot v_{\mathrm{b}}},\ \omega \leqslant \sqrt{2d\,(v,\omega) \cdot \omega_{\mathrm{b}}}\} \tag{14.23}$$

综合上述三条限制条件最终生成速度向量采样窗口 V, 在采样窗口 V 中, 以 Δt 为采样间隔进行采样。

$$V = V_{\mathrm{m}} \cap V_{\mathrm{d}} \cap V_{\mathrm{s}} \tag{14.24}$$

步骤二: 通过评价函数对采样的速度进行评价。

采样完成后, 对所采用速度的预测轨迹进行评分, 评分决定了下一时刻控制机器人移动的速度, 因此评价函数对 DWA来说至关重要。DWA中评价函数 $G(v,\omega)$

由三个子评价函数组成。

$$G(v,\omega) = \max(\alpha \cdot h(v,\omega) + \beta \cdot d(v,\omega) + \gamma \cdot v(v,\omega)) \tag{14.25}$$

式中, 参数 α、β、γ 分别为 3 个子评价函数的权重; $h(v,\omega)$ 为方位角评价函数, 表示移动机器人按照当前采样速度移动到预测位置时, 机器人的朝向与目标方向的一致性, 方程为

$$h(v,\omega) = 1 - \frac{|\theta|}{\pi} \tag{14.26}$$

其中 θ 为机器人的朝向与目标方向的夹角, 如图 14.17 所示; $d(v,\omega)$ 为表示移动机器人与障碍物距离的评价函数, 其值为移动机器人按照当前采样速度移动到预测位置时与障碍物的最小距离, 若所规划的预测路径上不存在障碍物, 则该值为常数, 距离越大, 评分越高; $v(v,\omega)$ 为速度评价函数, 该函数对当前预测路径的机器人移动速度进行评价, 速度越快, 评分越高。

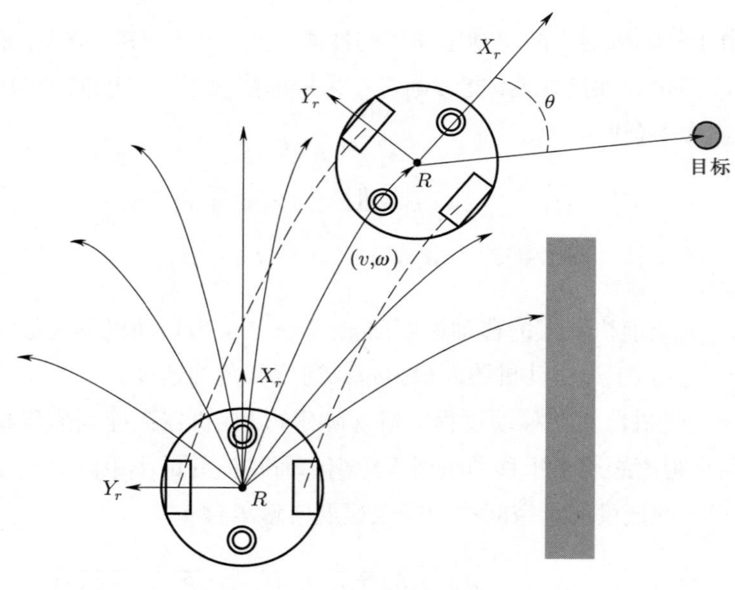

图 14.17　DWA示意

上述 3 个子评价函数, 通常需要进行归一化处理, 然后再乘上各自权重, 组成 DWA 算法的评价函数 $G(v,\omega)$ 。通过对权重参数 α、β、γ 进行调整, 可使算法效果发生不同的变化。

图 14.17 为 DWA 算法示意, 其中矩形为障碍物, 圆形为目标点, 有向线段是从采样窗口采样出来的速度。

根据 DWA 算法流程, 采用 Python 仿真如下, 供读者参阅。仿真结果如图 14.18 所示, 其中 ○ 为终点, 多簇线条为机器人在环境中模拟的多组轨迹, 利用轨

迹评价函数 $G(v,\omega)$ 对这些轨迹进行评价, 选取最优轨迹对应的速度驱动机器人向终点运动。

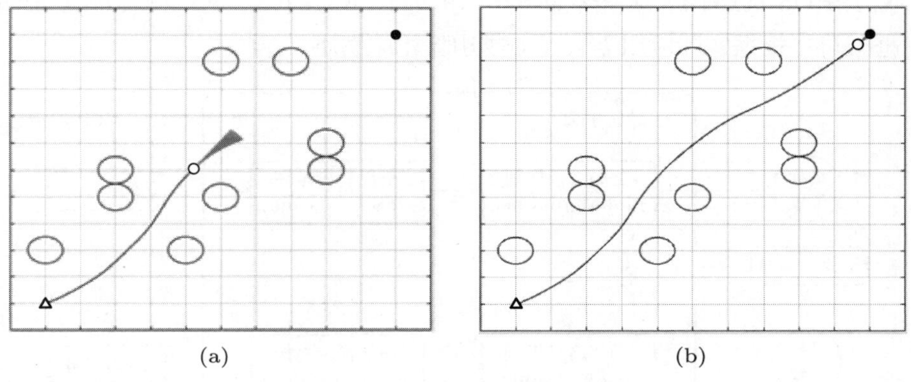

(a) (b)

图 14.18 DWA 仿真结果

14.4.2 路径规划算法实验

前文分析了全局路径规划 A* 算法和局部路径规划 DWA。A* 算法根据全局地图得到全局最优解。如只根据全局路径规划进行路径规划, 机器人在移动过程中会发生碰撞; DWA 可以得到局部最优解, 但不能得到全局最优路径。综上, 将两种算法相融合进行机器人路径规划。

混合路径规划步骤如下:

1) 获取全局栅格地图。本节机器人的路径规划算法是在栅格地图上规划路径的, 所以需要通过前文研究的 SLAM 算法创建机器人工作环境的二维栅格地图。

2) 定位。通过激光雷达获取机器人所在环境信息, 确定机器人在栅格地图上的位置。

3) 获取机器人路径规划的全局目标点。

4) A* 算法规划全局路径。通过 A* 算法根据机器人当前位姿和目标点位姿规划出一条全局最优路径。

5) 分割全局路径确定局部目标点。将较长的全局路径点进行分割, 分割成长度间隔为 1 m 的局部目标点。

6) DWA 算法规划局部路径。在获得局部目标点后, 通过 DWA 规划出机器人局部最优路径。根据最优局部路径所规划出的速度驱动机器人移动至局部目标点。

7) 判断机器人当前所在位置是否为全局目标点。当机器人到达局部目标点后, 会将当前机器人所在位置与全局目标点进行比较, 如果不是全局目标点, 则返回步骤 5) 继续确定新的局部目标点。当机器人当前所在位置为全局目标点时, 则完成整个机器人路径规划。

基于 ROS 的路径规划框架如图 14.19 所示, 由于 ROS 的松耦合特点, 该路径规划框架可以根据实际应用需求添加或删除相应模块。

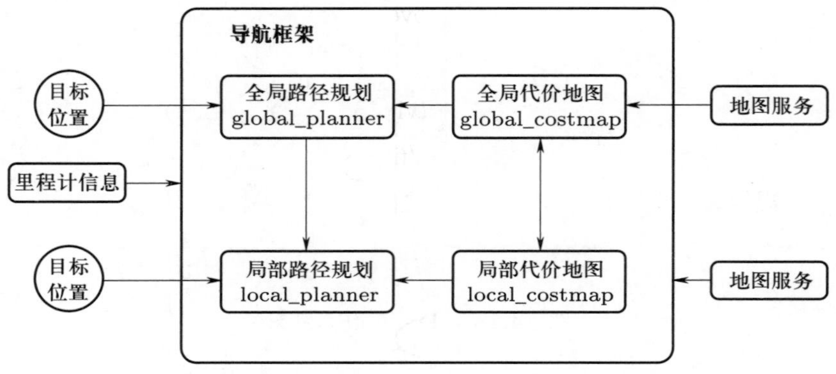

图 **14.19** 基于 **ROS** 的路径规划框架

该路径规划框架根据机器人的需求, 首先依据底层控制系统的里程计信息和激光雷达完成地图构建, 同时在框架内实现本节提出的 A* 算法和 DWA 混合路径规划策略。

(1) 智能移动机器人平台路径规划功能包结构

1) catkin_ws/src/zeus_nav。

2) config: 建图的配置文件。

3) launch: 存放 launch 文件的地方, 用于启动多节点和配置相关参数。

4) maps: 存放建立的地图文件。

5) src: 空文件夹。

6) scripts: 存放相关的脚本文件。

7) Include: 存放结点所需的头文件。

8) CMakeLists.txt: cmake 编译所需要链接的文件和规则。

9) package.xml: 添加所需要依赖的文件。

(2) 智能移动机器人平台路径规划操作步骤

1) 首先需要开启 ROS 系统的节点管理器 Node Master;

2) 在路径规划开启前, 需要确保通过 SLAM 构建的环境地图文件存在正确的文件目录中, 并且尽量让机器人保持和建图时相同的初始位姿原地待命。

3) 开启激光雷达的驱动程序节点和 IMU 节点, 此时激光雷达和陀螺仪开始工作, 通过终端的输出提示或者观察 rqt_graph 可以检查判断激光雷达和 IMU 是否正确运行。

4) 然后执行开启路径规划的命令, 开启 move_base 结点, 此时 move_base 结点会订阅/map_server 结点发布的/map 话题, 获取通过 SLAM 构建的静态环境地图; 同时也会订阅激光雷达结点发布的话题/scan 以及每个结点发布的 tf 变换。

5) 紧接着开启 SOCKET 网络通信结点/served 和串口通信结点/my_serial_node, 串口结点/my_serial_node 订阅/move_base 发布的话题/cmd_vel, 该话题中的消息就是机器人运行的期望速度。

6) 最后开启 Rviz 可视化工具, 在 Rviz 的 Display 选项卡中选择订阅/map、/global_path、/local_path 和/odometry/filtered 等话题, 此时通过 rqt_graph 工具查看路径规划时 ROS 系统网络中结点之间的数据流向, 如图 14.20 所示。

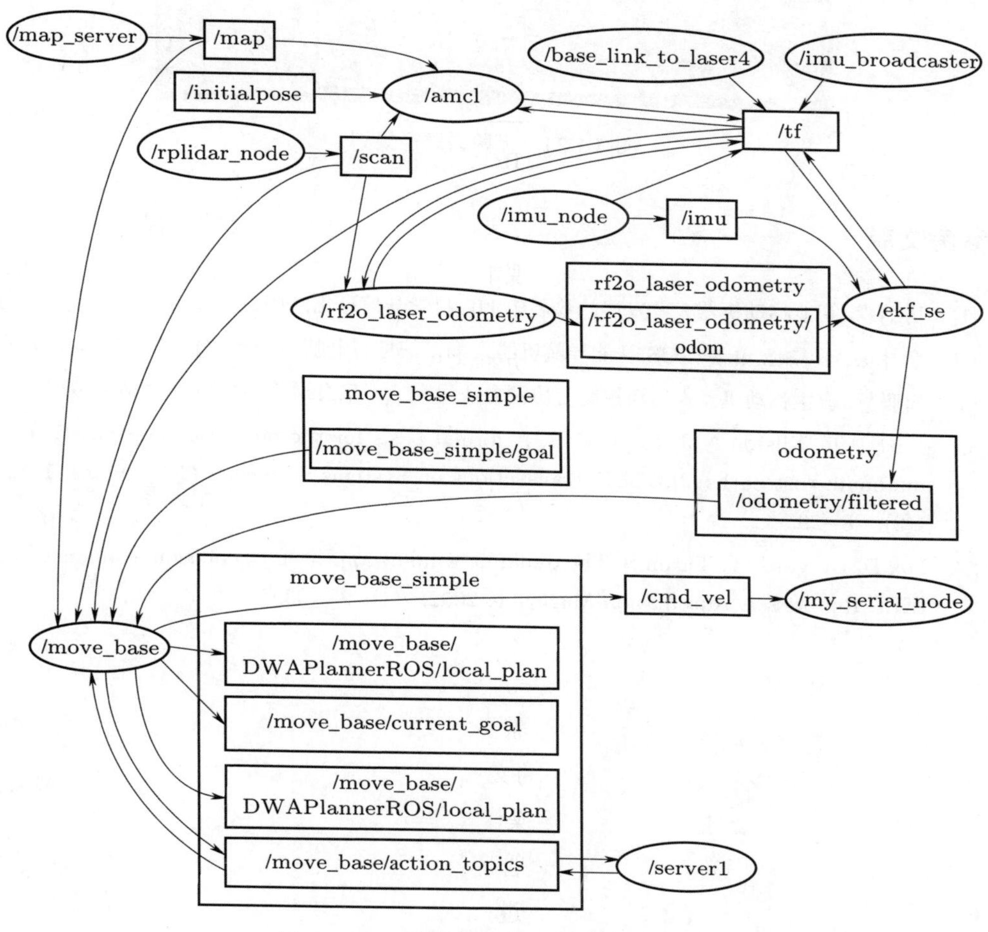

图 **14.20** 路径规划结点之间的数据流向

路径规划的相关命令开启成功之后, 通过 Rviz 可以观察到机器人会规划出一条绿色的全局路径, 以及不断规划的蓝色局部路径, 如图 14.21 所示。

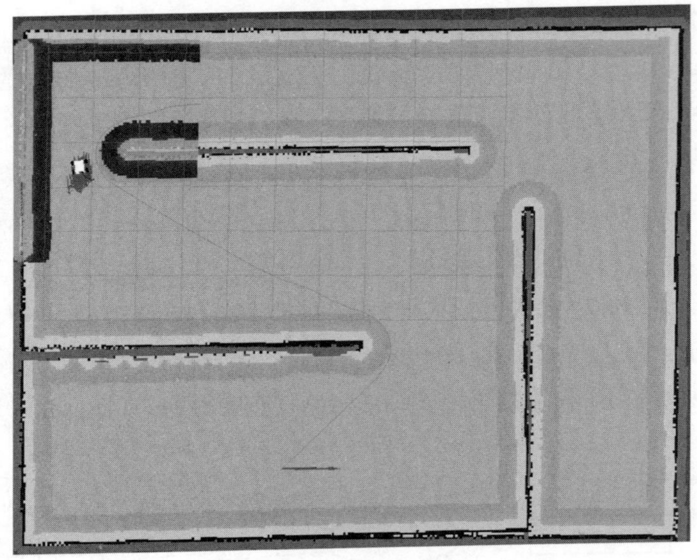

图 **14.21** 无障碍路径规划

参考文献

[1] 房纳森. 智能移动机器人及发展趋势展望 [J]. 科学与信息化, 2018(36): 46, 49.

[2] 李林琛, 李雪艳. 开源 ROS 智能导航机器人 [J]. 信息与电脑, 2018(13): 75−77.

[3] 唐聪慧. 自主移动机器人运动控制与协调方法研究 [J]. 信息通信, 2019(7): 267−268.

[4] Hart P E, Nilsson N J, Raphael B. A formal basis for the heuristic determination of minimum cost paths [J]. IEEE Transactions on Systems Science & Cybernetics, 1972, 4(2): 28−29.

[5] Fox D, Burgard W, Thrun S. The dynamic window approach to collision avoidance [J]. IEEE Robotics & Automation Magazine, 2002, 4(1): 23−33.

索　引

E

F

G

H

J

K

L

M

N

O

P

R

S

U

W

X

Y

Z

机器人科学与技术丛书

已出书目

□ 机构学与机器人学的几何基础与旋量代数
戴建生　著

□ 柔顺机构设计理论与实例
Larry L. Howell　等　编著
陈贵敏　于靖军　马洪波　邱丽芳　译

□ 月球车移动系统设计
邓宗全　高海波　丁亮　著

□ 并联机器人机构学基础
刘辛军　著

□ 可重构机构与可重构机器人
——分岔演变的运动学分析、综合及其控制
戴建生　康熙　宋亚庆　魏俊　著

□ 星球车及空间机械臂
——地面运动性能测试的微低重力模拟方法及应用
高海波　刘振　著

□ 机器人机构拓扑特征运动学
沈惠平　著

□ 机器人机构拓扑学及其创建历程
杨廷力　著

□ 面向野外环境的六足机器人技术
高海波　著

■ 机器人控制：理论、建模与实现
赵韩　甄圣超　孙浩　吴其林　著

即将出版

□ 数学基础及其在机器人的应用
Harald Löwe　雷保珍　著

□ 连杆与机器人机构学
高峰　著

□ 游动微纳机器人
李隆球　李天龙　周德开　常晓丛　著